Kosmos Himmels Jahr 2015

Sonne, Mond und Sterne im Jahreslauf

Herausgegeben von Hans-Ulrich Keller
unter Mitarbeit von Erich Karkoschka

KOSMOS

Inhalt

Am 20. März 2015: Sonnenfinsternis

Die Monatsthemen Januar – Juni

Abbildungen zu den Planeten

Inhalt

Die Monatsthemen Juli – Dezember

Wichtige Abbildungen und Tabellen

Das Kosmos Himmelsjahr – die Welt der Sterne im Jahreslauf

Wie Schatten flieht die edle Zeit,
oh Mensch, gedenk der Ewigkeit!

Sonnenuhrspruch

Ewigkeit – was für ein bedeutungsschweres Wort! Und doch wird es oft in banalen Situationen gedankenlos verwendet. Man wartet „eine Ewigkeit lang" auf die nächste Straßenbahn. Trifft man nach längerer Zeit einen Bekannten wieder, heißt es öfters: „Wir haben uns eine Ewigkeit nicht gesehen!"

Ewigkeit – Zeitdauer ohne Grenzen. Dafür fehlt uns jede konkrete Vorstellung. Einst dachte man, die überirdischen Gestirne seien ewige und unvergängliche Gebilde. Doch Sterne entstehen, leuchten eine Zeitlang und erlöschen schließlich. Selbst das Universum existiert nicht seit einer Ewigkeit, sondern „nur" seit knapp 14 Milliarden Jahren. In einer fernen Zukunft wird es in den zeitlosen Zustand der Ewigkeit eintreten, aus dem es einst hervorgegangen ist.

Das Fortschreiten der Zeit wird am Lauf der Gestirne deutlich. Der Wechsel von Tag und Nacht, die periodisch veränderlichen Lichtgestalten des Mondes und die regelmäßige Abfolge der Jahreszeiten lassen auch dem astronomischen Laien bewusst werden, dass die Zeit nicht still steht. Tag folgt auf Tag, Monat auf Monat, Jahr auf Jahr. Fast unmerklich schreitet jeder seinem Endziel entgegen. Daran soll uns obiger Sonnenuhrspruch erinnern.

Hilfreich für Sternfreunde

Den Lauf der Gestirne bewusst zu verfolgen und interessante Himmelsereignisse zu beobachten, zählt zu den schönsten und erhabendsten Tätigkeiten. Was sich wann und wo am Sternenhimmel ereignet, ist daher im *Kosmos Himmelsjahr* vermerkt.

Auch der 105. Jahrgang des vorliegenden Jahrbuches soll sowohl dem Einsteiger in die Himmelskunde als auch dem kundigen Amateurastronomen die erforderlichen Hinweise und Daten für eigene astronomische Beobachtungen bieten.

Der erfahrene Himmelsbeobachter findet auf der vorderen Umschlagklappe Kurzhinweise zum Gebrauch dieses Jahrbuches. Ausführliche Erläuterungen zu den wichtigsten Grundtatsachen der Astronomie findet der Einsteiger in die Himmelskunde ab Seite 10.

Eine kalendarische Übersicht enthält das Kapitel „Das Jahr 2015 auf einen Blick" auf Seite 8. Dem Hauptteil vorangestellt ist die Beschreibung der Sonnen- und Mondfinsternisse, die sich im Jahr 2015 ereignen (siehe Seite 24).

Der Anhang enthält ein Verzeichnis von Planetarien und Sternwarten sowie eine Liste von amateurastronomischen Einrichtungen, die den Kontakt zu Gleichgesinnten erleichtern soll.

Beschreibungen und Tabellen

Um möglichst allen Leserinnen und Lesern – vom Einsteiger bis zum versierten Beobachter – zu dienen, wird in den Monatsübersichten eine einfache, beschreibende Darstellung aller interessanten Himmelsvorgänge gebracht, während im Tabellenteil am Schluss wichtige Beobachtungsdaten in Form von Zahlentafeln vermerkt sind.

Eine ausführliche Erläuterung zu den einzelnen Fachbegriffen findet man im *Wörterbuch der Astronomie*, in dem alle wichtigen Begriffe verständlich erklärt werden. Das *Wörterbuch der*

Der offene Sternhaufen M 67 im Sternbild Krebs. Rund 500 Sonnen leuchten in 3000 Lichtjahren Entfernung. Die Sterne in M 67 sind gut vier Milliarden Jahre alt und damit jünger als unser Sonnensystem. Aufgenommen von Martin Gertz auf der Sternwarte Welzheim.

Astronomie ist im Kosmos-Verlag erschienen und überall im Buchhandel erhältlich.

Professionelle Daten

Die Daten für das vorliegende Jahrbuch stammen, soweit nicht nachstehend besonders vermerkt, vom Planetarium Stuttgart. Das Institut de Mécanique Céleste et de Calcul des Éphémérides (IMCCE), Observatoire de Paris, lieferte die Daten für die Jupitermonderscheinungen, die Angaben für die Sternbedeckungen hat Dr. Erich Karkoschka berechnet, die Sonnenfleckenrelativzahlen das Observatoire Royal de Belgique, Brüssel, und die Daten für die Sternschnuppenströme die International Meteor Organization (IMO), wofür Herrn Dr. Jürgen Rendtel (Potsdam) zu danken ist.

Mein besonderer Dank gilt meinem Mitarbeiter, Herrn Dr. Erich Karkoschka (Lunar and Planetary Laboratory, University of Arizona, Tucson) für seine Ephemeridenberechnungen und Anfertigung vieler Skizzen und Abbildungen. Dank schulde ich auch Herrn Gerhard Weiland, der mit großer Sorgfalt und Umsicht die Reinzeichnungen der Grafiken angefertigt hat, sowie Herrn Wil Tirion für die Herstellung der Monatssternkarten und Abbildungen zum Planetenlauf. Dankbar bin ich auch Herrn Michael Vogel, der sorgfältig Korrektur gelesen hat.

Zu danken habe ich ferner den Mitgliedern der Beobachtergruppe des Planetariums Stuttgart, insbesondere Herrn Martin Gertz, für die hervorragenden Astroaufnahmen, die sie auf der Sternwarte Welzheim gewonnen haben. Dank gebührt auch Frau Claudia Dintner für die sorgfältige Reinschrift des Manuskripts sowie den Mitarbeiterinnen und Mitarbeitern des Verlages, namentlich den Herren Siegfried Fischer und Sven Melchert, für die hervorragende Zusammenarbeit, ohne die dieses Jahrbuch nicht pünktlich erscheinen könnte.

Stuttgart, im März 2014
Hans-Ulrich Keller

Das Jahr 2015 auf einen Blick

Das Jahr 2015 ist nach dem Gregorianischen Kalender ein Gemeinjahr mit **365** Tagen.
Beginn der Jahreszeiten:
Frühling (Tagundnachtgleiche): 20. März, 23^h45^m
Sommer (Sonnenwende): 21. Juni, 17^h38^m
Herbst (Tagundnachtgleiche): 23. September, 9^h21^m
Winter (Sonnenwende): 22. Dezember, 5^h48^m
Sommerzeit: Die Mitteleuropäische Sommerzeit (MESZ) geht gegenüber der Mitteleuropäischen Zeit (MEZ) um eine Stunde vor. Sie soll vom **29. März** bis **25. Oktober 2015** gelten. Kurzfristige Änderungen sind möglich.

Fest- und Feiertage 2015

Neujahrstag:	Donnerstag,	1. Januar
Aschermittwoch:		18. März
Karfreitag:		3. April
Ostersonntag:		**5. April**
Ostermontag:		6. April
Maifeiertag	**Freitag,**	1. Mai
Christi Himmelfahrt:	Donnerstag,	14. Mai
Pfingstsonntag:		24. Mai
Pfingstmontag:		25. Mai
Fronleichnam:	Donnerstag,	4. Juni
Allerheiligen:	Sonntag,	1. November
Buß- und Bettag:	Mittwoch,	18. November
Totensonntag:		22. November
1. Advent:	Sonntag,	29. November
Heiliger Abend:	Donnerstag,	24. Dezember
1. Weihnachtstag:	**Freitag,**	25. Dezember
2. Weihnachtstag:	Samstag,	26. Dezember
Silvester:	**Donnerstag,**	31. Dezember

Staatsfeiertage 2015

Tag der deutschen Einheit:	Samstag,	3. Oktober
Österreichischer Nationalfeiertag:	Montag,	26. Oktober
Schweizer Bundesfeier:	Samstag,	1. August
Liechtensteiner Staatsfeiertag:	Samstag,	15. August

Kalenderären 2015

Das **jüdische Jahr** 5776 beginnt am 13. September mit Sonnenuntergang. Der jüdische Neujahrstag fällt daher auf den 14. September 2015.
Das **islamische Jahr** 1437 beginnt am 14. Oktober mit Sonnenuntergang. Der erste Tag des islamischen Jahrs 1437 korrespondiert mit dem 15. Oktober 2015.

Am 19. Februar 2015 beginnt das 32. Jahr im 79. Zyklus des traditionellen **chinesischen Kalenders**. Es ist das Jahr des Schafbocks (yi-wei).

Am 14. September beginnt in der **byzantinischen Ära** das Jahr 7524.

Am 1. Januar beginnt das **japanische Jahr** 2675.

Am 12. September beginnt das Jahr 1732 der **Ära Diokletians**.

Am 14. September beginnt das Jahr 2327 der **Seleukidenära**.

Am 14. Januar beginnt das Jahr 2768 der **römischen Ära a.u.c.**

Der 14. Januar 2015 des **Gregorianischen** Kalenders korrespondiert mit dem 1. Januar 2015 des **Julianischen** Kalenders.

Das Jahr 2015 entspricht dem Jahr 6728 der **Julianischen Periode**.

Der 1. Januar 2015 (0^h Weltzeit = 1^h Mitteleuropäische Zeit) hat die **Julianische Tagesnummer** 2 457 023,5

Chronologie 2015

Sonnenzirkel: 8
Goldene Zahl (Mondzirkel): II
Sonntagsbuchstabe: D
Indiktion (Römerzinszahl): 8
Epakte: 10
Jahresregent: Jupiter

Finsternisse 2015

Im Jahr 2015 ereignen sich vier Finsternisse: eine totale Sonnenfinsternis am 20. März und eine partielle Sonnenfinsternis am 13. September sowie zwei totale Mondfinsternisse, jeweils am 4. April und am 28. September. Die totale Sonnenfinsternis am 20. März ist in Mitteleuropa in ihren partiellen Phasen beobachtbar. Die totale Mondfinsternis am 28. September ist in ihrer vollen Länge von Mitteleuropa aus beobachtbar. Die beiden anderen Finsternisse bleiben von Mitteleuropa aus unbeobachtbar.

Ausführliche Erläuterungen zu den Finsternissen findet man im Kapitel „Sonnen- und Mondfinsternisse 2015“ auf Seite 24.

Stefan Seip

Die schmale Sichel der Venus am Tag ihrer unteren Konjunktion.

Planeten 2015

Merkur zeigt sich Mitte Januar sowie Ende April bis Mitte Mai am Abendhimmel. Am Morgenhimmel bietet der flinke Planet von Mitte bis Ende Oktober und im Dezember eine Morgensichtbarkeitschance.

Venus beginnt das Jahr als Abendstern. Ende Juli zieht sie sich vom Abendhimmel zurück. Am 15. August steht sie in unterer Konjunktion mit der Sonne. Ende August taucht sie am Morgenhimmel auf und bleibt bis Jahresende Morgenstern. Am **6. Juni** erreicht sie ihre **größte östliche Elongation** von der Sonne. In **größtem Glanz** strahlt sie am **10. Juli** am Abendhimmel. Am **21. September** leuchtet Venus in **größtem Glanz** am Morgenhimmel. Am 26. Oktober steht sie in **größter westlicher Elongation**.

Mars kann zu Jahresanfang in der ersten Nachthälfte gesehen werden. Am **14. Juni** kommt Mars in **Konjunktion** mit der Sonne. Ende August erscheint Mars am Morgenhimmel.

Jupiter kommt am **6. Februar** im Sternbild Krebs in **Opposition** zur Sonne. Bis Mitte Juli kann der Riesenplanet am Abendhimmel gesehen werden. Am 26. August steht er in Konjunktion mit der Sonne. Gegen Mitte September taucht Jupiter am Morgenhimmel auf und wird Ende des Jahres zum Planeten der zweiten Nachthälfte.

Saturn steht am **23. Mai** im Sternbild Waage in **Opposition** zur Sonne. Von Ende April bis Mitte Oktober ist der Ringplanet am Abendhimmel vertreten. Am 30. November wird er von der Sonne eingeholt und steht in Konjunktion mit ihr. Ende Dezember erscheint der Ringplanet wieder am Morgenhimmel.

Uranus kommt am **12. Oktober** im Sternbild Fische in **Opposition** zur Sonne. In Konjunktion mit der Sonne steht Uranus am 6. April.

Neptun erreicht seine **Opposition** am **1. September** im Sternbild Wassermann. In Konjunktion mit der Sonne steht Neptun am 26. Februar.

Pluto, der prominenteste Zwergplanet unseres Sonnensystems, steht am **6. Juli** im Sternbild Schütze in **Opposition** zur Sonne. Seine Konjunktion mit der Sonne erreicht Pluto bereits am 4. Januar.

Ausführliche Angaben über die Sichtbarkeit der Planeten entnehme man der Rubrik „Planetenlauf“ in den Monatsübersichten.

Erläuterungen zum Gebrauch

Wer zum ersten Mal dieses Jahrbuch in Händen hält, dem bieten nachstehende Erläuterungen eine erste Einführung in seine Benutzung. Wer jedoch schon mit den Grundlagen der Himmelskunde vertraut ist, kann sofort die „Kurzhinweise zum Gebrauch" dieses Jahrbuches auf der vorderen Umschlagklappe aufschlagen.

Im *Kosmos Himmelsjahr* ist das Bild des abendlichen Fixsternhimmels für jeden Monat beschrieben. Eine Sternkarte erleichtert die Übersicht. Außerdem ist die Stellung des Großen Wagens und des Himmels-Ws um 22^h MEZ für jeden Monat aus einer Grafik ersichtlich. Der Große Wagen und das Himmels-W sind in jeder klaren Nacht zu beobachten, da sie bei uns zirkumpolar sind, also niemals untergehen.

Während die Fixsterne ihre Stellungen zueinander nicht ändern, sondern nur gemeinsam infolge der Erdrotation über das Firmament ziehen, gibt es Gestirne, die ihre Position im Laufe von Wochen und Monaten ändern. Man nennt sie Wandelsterne oder Planeten. Sie sind die Geschwister unserer Erde, die ebenfalls ein Planet ist. Mit freiem Auge sind fünf Planeten zu sehen: Merkur, Venus, Mars, Jupiter und Saturn.

Von der Erde aus gesehen wandert somit die Sonne in einem Jahr durch die bekannten Sternbilder des Tierkreises. Der Wanderweg der Sonne heißt Ekliptik. Mond und Planeten bewegen sich ebenfalls in der Nähe der Ekliptik. Sie sind daher stets in den Tierkreissternbildern zu finden.

Sterne, Sternbilder und Sternkarten

Je nach Fantasie und Kultur haben die einzelnen Völker Sterne und Sternbilder unterschiedlich benannt. Die Internationale Astronomische Union (IAU) hat für die gesamte Himmelskugel 88 Sternbilder festgelegt, die für alle Astronomen und Sternfreunde verbindlich sind. Diese 88 Sternbilder haben lateinische Namen und jeweils eine Abkürzung von drei Buchstaben; Beispiel: der Krebs, lat.: Cancer, Abkürzung: Cnc.

Speziell für die Benutzer des Himmelsjahres empfehlen sich zur ersten Orientierung die Sternkarten im *Atlas für Himmelsbeobachter* von Erich Karkoschka. Neben den klassischen Sternatlanten gibt es heute auch gute Computerprogramme, die einen gewünschten Himmelsausschnitt am Monitor erscheinen lassen.

Nur die hellsten oder auffällige Sterne, die beispielsweise periodisch ihre Helligkeit ändern, haben Eigennamen erhalten. So heißen die beiden hellsten Sterne im Wintersternbild Orion Beteigeuze und Rigel, der berühmte veränderliche Stern im Perseus Algol.

Etwas systematischer hat Johannes Bayer im Jahre 1603 die Sterne bezeichnet, nämlich mit griechischen Buchstaben und dem Genitiv des lateinischen

Sternbildnamens. So bekam der hellste Stern in der Leier die Bezeichnung α Lyrae (oder kurz α Lyr), der zweithellste β Lyrae, der dritthellste γ Lyrae usw. Die Helligkeitsfolge ist aber nicht immer streng eingehalten, manchmal hat die Mythologie Vorrang; von den beiden hellen Zwillingssternen trägt der hellere Pollux die Bezeichnung β Geminorum, der etwas schwächere Kastor α Geminorum. Bei Doppelsternen wird gelegentlich noch ein Index an den griechischen Buchstaben angehängt. Beispiel: ε_1 und ε_2 Lyrae, der berühmte Vierfachstern in der Leier (jede Komponente ist ihrerseits ebenfalls ein Doppelstern). Die 24 griechischen Buchstaben (siehe Seite 20) pro Sternbild reichen natürlich nicht aus, um alle Sterne zu benennen.

Den ersten umfangreichen Sternkatalog nach Erfindung des Fernrohrs hat John Flamsteed (1646–1719) im Jahre 1712 herausgegeben. Flamsteed hat die Sterne in einem Sternbild durchnummeriert. So hat ω Aurigae beispielsweise bei Flamsteed die Bezeichnung 4 Aurigae. Viele Sterne, die keine Bayer-Bezeichnung haben, sind jedoch mit Flamsteed-Nummern gekennzeichnet.

Bei schwächeren Sternen gibt man die Katalognummer an, unter der sie verzeichnet sind, oder einfach die genauen Koordinaten. Beispiele für Katalognummern: BD +52°1312 bedeutet Stern Nummer 1312 in der Deklinationszone von +52° bis +53° der sogenannten Bonner Durchmusterung. HD 128974, Stern aus dem Henry-Draper-Katalog, SAO 146912, Stern aus dem Smithsonian Astrophysical Observatory Star Catalogue, FK5: 1051, Stern aus dem 5. Fundamental-Katalog.

Sterne, deren Helligkeit variiert, werden häufig mit großen lateinischen Buchstaben und ihren Sternbildnamen versehen: RR Lyrae, T Coronae Borealis. Man kann somit aus der Bezeichnung auf die Eigenart dieser Sterne schließen.

Martin Gertz, Sternwarte Welzheim

E.1 Der Große Wagen gilt als das bekannteste „Sternbild", ist aber nur ein Teil des Sternbildes Großer Bär.

Sternhaufen und Nebel

Man unterscheidet offene und kugelförmige Sternhaufen. Offene Sternhaufen enthalten Dutzende bis einige hundert Sterne, die alle einzeln als Lichtpunkte erkennbar sind. Kugelhaufen haben Hunderttausende bis Millionen Mitgliedssterne und sind als verwaschene, kreisrunde Lichtfleckchen zu sehen. Nur die Randpartien sind in Einzelsterne auflösbar, im Zentrum stehen die Sterne zu dicht, um als einzelne Lichtpunkte erkannt zu werden.

Zwischen den punktförmigen Sternen zeigen sich auch nebelhafte Gebilde. Bei den „Nebeln" gilt es zwei Kategorien zu unterscheiden: Einmal beobachtet man tatsächlich Staub- und Gasmassen zwischen den Sternen unserer Milchstraße, wie zum Beispiel im Sternbild Orion den berühmten Orionnebel. Andere

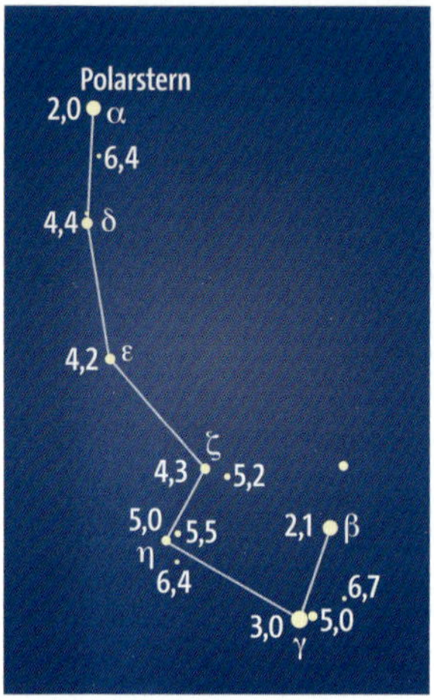

E.2 Sternbild Kleiner Wagen mit Helligkeitsangaben in Größenklassen für die einzelnen Sterne.

nebelhafte Lichtfleckchen lassen sich jedoch mit sehr großen Teleskopen in einzelne Sterne auflösen. Hier sieht man fremde, ferne Milchstraßensysteme. Das Licht von Milliarden Sternen wird von uns nur als schwaches Nebelfleckchen registriert, wie beispielsweise beim Andromedanebel. Wegen ihrer häufig spiraligen Gestalt spricht man auch von Spiralnebeln oder Galaxien.

Der französische Astronom Charles Messier (1730–1817) hat einen Katalog mit über hundert Sternhaufen und Nebeln zusammengestellt. Der Orionnebel wird z.B. mit M 42, der Andromedanebel mit M 31, der Kugelhaufen im Herkules mit M 13 bezeichnet. Wesentlich umfangreicher ist der Katalog von John L. E. Dreyer mit dem Namen *New General Catalogue of Nebulae and Clusters of Stars*, abgekürzt NGC. Später erschienen noch zwei Ergänzungen (*Index-Catalogue I and II*, kurz IC I und IC II) und schließlich der überarbeitete *Revised New General Catalogue* (RNGC). Daher trägt der Andromedanebel M 31 auch die Bezeichnung NGC 224.

Die Helligkeit der Sterne

Man teilt die Sterne in Größenklassen ein. Diese Größenklassen geben nicht den Durchmesser oder die wahre Leuchtkraft der Sterne an, sondern ihre scheinbare Helligkeit am Himmel. Sterne erster Größe sind dabei heller als solche zweiter Größe. Ein schwaches Sternpünktchen sechster Größe ist eben noch mit bloßen Augen zu erkennen. Ein Stern erster Größe ist dabei hundertmal heller als ein Stern sechster Größe. Daraus folgt, dass ein Stern zweiter Größe 2,512-mal lichtschwächer ist als ein Stern erster Größe. Ein Stern dritter Größe wiederum ist 2,512-mal lichtschwächer als ein Stern zweiter Größe, denn $2{,}512^5 = 100$. Die Größenklassenskala ist somit ein logarithmisches Maß.

Als Abkürzung verwendet man ein kleines hochgestelltes ^{m} für magnitudo (lat.) = Größe. Sterne, die heller als 1^m sind, bezeichnet man mit 0^m, -1^m, -2^m usw. Die Venus kann -4^m hell sein. Das bedeutet, dass sie dann hundertmal heller strahlt als ein Stern erster Größe, also mit 1^m! In manchen Schriften findet man gelegentlich die Abkürzung „mag“ für Größenklasse. In der Fachastronomie ist sie jedoch nicht in Gebrauch. Mit Teleskopen lassen sich auch Sterne beobachten, die schwächer sind als 6^m. In einem guten Fernglas sind Sterne bis 10^m erkennbar.

In großen Teleskopen werden Sterne bis 26^m beobachtet, also Objekte, die hundert Millionen Mal lichtschwächer sind als die schwächsten, dem menschlichen Auge zugänglichen Sterne mit 6^m. Die Helligkeiten der Sterne zu schätzen, sollte man üben. Abb. E.2 zeigt den Kleinen Wagen, wobei die Helligkeiten der einzelnen Sterne vermerkt sind. Da das Sternbild Kleiner Wagen zirkumpolar ist, kann es in jeder klaren Nacht zu jeder Uhrzeit gesehen werden.

Stünden alle Sterne gleich weit entfernt, sozusagen in einer Normentfernung, dann entspräche die beobachtete scheinbare Helligkeit auch ihrer wirklichen Leuchtkraft. Eine solche Normentfernung wurde mit 10 Parsec (knapp 33 Lichtjahre) festgelegt. Man rechnet nun die Helligkeit aus, die ein Stern in 10 Parsec Entfernung hätte, und bezeichnet diese Größe als „absolute Helligkeit“ oder „wahre Leuchtkraft“ eines Sterns.

Um die absolute nicht mit der scheinbaren Helligkeit zu verwechseln, wird sie mit einem großen M (Magnitudo) abgekürzt. Beispiel: Unsere Sonne hat die enorme scheinbare Helligkeit von -27^m am Firmament und eine absolute Helligkeit von

$+4{,}8^M$. Das heißt, in 33 Lichtjahren Entfernung erschiene uns die Sonne nur noch als Sternchen 5. Größe. Anmerkung: Da ^{m} auch für Minute steht, ist aus dem Textzusammenhang zu entnehmen, ob Helligkeiten oder Zeiten beziehungsweise Koordinaten gemeint sind.

Entfernungsangaben

In der Astronomie verwendet man, um große Zahlenungetüme zu vermeiden, für die Distanzen im Sonnensystem als Längenmaß die Astronomische Einheit (AE). Eine Astronomische Einheit entspricht der mittleren Entfernung der Erde von der Sonne, das sind rund 150 Millionen Kilometer.

Es gilt: 1 AE = 149 597 870 km

Diese Strecke legt das Licht in 8^m20^s zurück. Man spricht von der Lichtlaufzeit der Astronomischen Einheit. Jupiter ist beispielsweise 5,2 AE von der Sonne und Neptun rund 30 AE von ihr entfernt. Die Lichtlaufzeiten der Planetendistanzen betragen Minuten bis wenige Stunden. Die Sterne sind jedoch so weit entfernt, dass ihr Licht Jahre, Jahrhunderte und Jahrmillionen zur Erde unterwegs ist. Man gibt daher ihre Distanzen in Lichtlaufzeiten an, wobei man ein Lichtjahr (LJ) als Einheit nimmt. In einem Jahr legt ein Lichtstrahl im Vakuum rund zehn Billionen Kilometer zurück.

Es gilt: 1 LJ = $9{,}46 \times 10^{12}$ km
= 63 240 AE

Ein Lichtjahr ist somit keine Zeit-, sondern eine Entfernungsangabe. In der Stellarastronomie wird ferner das Parsec (Parallaxensekunde) verwendet. Ein Parsec entspricht 3,26 Lichtjahren. Die Definition des Parsec findet man im Begleitbuch zum *Himmelsjahr*, dem *Kompendium der Astronomie* im Abschnitt „Entfernungseinheiten in der Astronomie".

Im *Himmelsjahr* werden die Entfernungen im Sonnensystem in AE und die Fixsterndistanzen in Lichtjahren angegeben. Parsec werden nicht verwendet.

Zeitangaben

Alle Uhrzeiten im *Himmelsjahr* sind grundsätzlich in Mitteleuropäischer Zeit (MEZ) angegeben. Die Mitteleuropäische Zeit ist die mittlere Sonnenzeit des Meridians 15° östlich von Greenwich (Nullmeridian der Erde). Sie geht gegenüber der Weltzeit (UT = Universal Time) um eine Stunde vor. Es gilt: Weltzeit plus eine Stunde = MEZ.

Wenn es in Greenwich Mitternacht (0^h) ist, dann haben wir schon 1^h (MEZ) morgens. Für ortsabhängige Angaben (z.B. Auf- und Untergänge) gelten alle Zeiten genau für den Ort 10° östlich von Greenwich und 50° nördlicher Breite. Dieser Punkt liegt für Mitteleuropa ziemlich zentral.

Die Sommerzeit ist eine willkürliche Verschiebung der Zonenzeit um eine Stunde, um die Tageshelligkeit besser auszunutzen und (angeblich) Energie einzusparen. Sie beruht nicht auf astronomischen Grundlagen und ist außerdem von Staat zu Staat verschieden. Um die Benutzer des Himmelsjahres nicht zu verwirren und die Daten konsistent zu halten, sind alle Angaben das ganze Jahr durchgehend in MEZ vermerkt. Es gilt: MEZ plus eine Stunde = MESZ (Mitteleuropäische Sommerzeit). Gilt in einem Land die Sommerzeit, so ist zu den Zeitangaben im *Himmelsjahr* einfach eine Stunde zu addieren.

Achtung: Fällt ein Ereignis in die letzte Stunde vor Mitternacht, so ändert sich auch das Datum um einen Tag.

Während der Dauer der Sommerzeit sind alle Zeitangaben in den Tabellen in einem dunkleren Farbton unterlegt.

Auf- und Untergangszeiten

Alle Auf- und Untergangszeiten (MEZ) gelten exakt für 10° östlicher Länge und 50° nördlicher Breite.

Für andere Orte in Mitteleuropa können diese Zeiten erheblich differieren (bis etwa eine halbe Stunde). Um schnell auch für andere Orte die Auf- und Untergänge ermitteln zu können, ist das Nomogramm auf Seite 292 gedacht.

Im Nomogramm sind die wichtigsten Städte in Mitteleuropa eingetragen. Man wähle eine Stadt, die dem eigenen Standpunkt am nächsten kommt. Dann lege man ein Lineal so auf das Nomogramm, dass es mit der

Deklination des Gestirns beziehungsweise der Uhrzeit laut Tabelle „Sonnenlauf" am oberen Bogen übereinstimmt. Dabei gilt das obere Vorzeichen für den Aufgang, das untere für den Untergang. Die Verbindungslinie (Lineal) gibt dann am unteren Bogen die Korrektur für die Auf- bzw. Untergangszeit an. Positive Werte bedeuten eine Verspätung, ein negativer Wert deutet an: Der Auf- oder Untergang erfolgt entsprechend früher. Die Zahlen geben die Minuten an.

Beispiel: Wann geht in Wien am 31. März die Sonne auf? Man verbinde mit einem Lineal den Punkt „Wien" mit der 6-Uhr-Marke am oberen Bogen. Denn laut Tabelle „Sonnenlauf" auf Seite 76 erfolgt der Sonnenaufgang am 31. März um 6^h00^m. Die Verbindungslinie schneidet den unteren Bogen bei -24^m. Der Sonnenaufgang erfolgt in Wien somit 24 Minuten früher, also um 5^h36^m MEZ bzw. 6^h36^m Sommerzeit. Wem die Verwendung des Nomogramms zu kompliziert erscheint, der kann auch die Tabelle zur Auf- und Untergangskorrektur auf Seite 291 benutzen. Man suche die seinem Wohnort nächstliegende Stadt und lese einfach die Korrekturzeit in Minuten ab, wobei für Mond, Planeten oder Sterne noch vorher die Deklination zu ermitteln ist. Bei der Sonne beachte man das Datum.

Sommerzeit (MESZ) in der Bundesrepublik Deutschland

	Beginn Sonntag	Ende Sonntag		Beginn Sonntag	Ende Sonntag
1980	06. April	28. September	2000	26. März	29. Oktober
1981	29. März	27. September	2001	25. März	28. Oktober
1982	28. März	26. September	2002	31. März	27. Oktober
1983	27. März	25. September	2003	30. März	26. Oktober
1984	25. März	30. September	2004	28. März	31. Oktober
1985	31. März	29. September	2005	27. März	30. Oktober
1986	30. März	28. September	2006	26. März	29. Oktober
1987	29. März	27. September	2007	25. März	28. Oktober
1988	27. März	25. September	2008	30. März	26. Oktober
1989	26. März	24. September	2009	29. März	25. Oktober
1990	25. März	30. September	2010	28. März	31. Oktober
1991	31. März	29. September	2011	27. März	30. Oktober
1992	29. März	27. September	2012	25. März	28. Oktober
1993	28. März	26. September	2013	31. März	27. Oktober
1994	27. März	25. September	2014	30. März	26. Oktober
1995	26. März	24. September	2015	29. März	25. Oktober
1996	31. März	27. Oktober	2016	27. März	30. Oktober
1997	30. März	26. Oktober	2017	26. März	29. Oktober
1998	29. März	25. Oktober	2018	25. März	28. Oktober
1999	28. März	31. Oktober	2019	31. März	27. Oktober

Die Sternzeit: Um mit einem Fernrohr ein bestimmtes Gestirn zu finden, muss man die Stellung des Beobachters auf der Erde zu einer bestimmten Uhrzeit des Tages relativ zur Fixsternwelt kennen. Man braucht dazu einen Referenzpunkt unter den Sternen. Dies ist der Frühlingspunkt. Er ist der Schnittpunkt der aufsteigenden Sonnenbahn mit dem Himmelsäquator. Im Frühlingspunkt steht die Sonne zu Frühlingsbeginn. Er ist auch der Nullpunkt der äquatorialen Himmelskoordinaten. Nimmt man statt der Sonne den unter den Fixsternen (fast) feststehenden Frühlingspunkt, erhält man statt der Sonnenzeit die Sternzeit.

Steht der Frühlingspunkt im Süden (Meridian), spricht man von 0^h Sternzeit, eine Stunde später von 1^h Sternzeit, usw. Es gilt: **Sternzeit = Stundenwinkel des Frühlingspunktes**.

Im *Himmelsjahr* ist die Sternzeit jeweils für 1^h MEZ (= 0^h Weltzeit) von zehn zu zehn Tagen für den Meridian von Greenwich

(Nullmeridian) angegeben (siehe Tabelle auf Seite 286).

Die Tabelle auf Seite 290 erlaubt eine schnelle Bestimmung der Sternzeit zur abendlichen Beobachtungsstunde. Die Tabelle „Sternzeit" gibt die Sternzeit um 20^h MEZ (= 21^h MESZ) am Ortsmeridian 10° östlicher Länge für jeden Tag des Jahres an.
Um den Stundenwinkel eines Gestirns zu ermitteln, bilde man die Differenz: Sternzeit minus Rektaszension des Gestirns, dann hat man den Stundenwinkel zum Beobachtungszeitpunkt und kann das Teleskop entsprechend einstellen.

Für die Bestimmung des Stundenwinkels eines Planeten kann man auch seine Kulminationszeit (Zeit des Meridiandurchganges) benutzen, wenn man keine Sternzeituhr zur Verfügung hat und sich die Berechnung der Sternzeit zum Beobachtungszeitpunkt ersparen will. Die Kulminationszeiten der Planeten und Kleinplaneten sind auf den Seiten 280 bis 284 angegeben. Die Kulminationszeit gilt für 10° östlicher Länge. Zunächst ist die Korrektur für die Längendifferenz des Beobachtungsortes anzubringen (siehe Seite 291, Spalte Zeitkorrektur gegen 10° östlicher Länge). Um diese so erhaltene Zeit geht der Planet durch den Meridian des Beobachters und hat somit den Stundenwinkel Null. Man bilde nun die Zeitdifferenz zwischen der Beobachtungszeit und der Zeit des Meridiandurchganges. Sie entspricht direkt dem Stundenwinkel (im Zeitmaß).

Die Dynamische Zeit: In der Astronomie wird seit 1984 eine Dynamische Zeit verwendet, die die früher übliche Ephemeridenzeit abgelöst hat. Nähere Erläuterungen zu den Dynamischen Zeitskalen finden sich in dem Buch *Kompendium der Astronomie*. Die genaue Differenz der Dynamischen Zeit (TT = Terrestrial Time) zur Weltzeit (UT = Universal Time) kann erst im Nachhinein aus Beobachtungen der Gestirnspositionen bestimmt werden. Der extrapolierte Wert für das Jahr 2015 lautet: $\Delta T = +68$ Sekunden, wobei $\Delta T = TT - UTC$ gilt. Die koordinierte Weltzeit (UTC) hinkt somit der Dynamischen Zeit (TT) um mehr als eine Minute nach.

Der beobachtende Sternfreund kann die TT unberücksichtigt lassen, wenn er nicht hohe Genauigkeitsansprüche hat. Wer jedoch die Angaben im *Himmelsjahr* mit anderen Jahrbüchern vergleicht, muss beachten, dass alle Zeitangaben hier in MEZ = UTC + 1^h und nicht in TT vermerkt sind.

Der Himmelskalender

Jede Monatsübersicht beginnt mit dem zweiseitigen Himmelskalender. Auf der ersten Seite wird in kurzen Stichworten auf aktuelle Ereignisse im betreffenden Monat hingewiesen. Eine kleine Grafik zeigt die Stellung von Großem Wagen und Himmels-W jeweils um 22 Uhr MEZ relativ zum Nordhorizont. Sie soll zum schnellen Auffinden des Polarsterns dienen. Außerdem ist ein Himmelsanblick mit einer interessanten Konstellation – meist Begegnungen von hellen Planeten mit dem Mond – dargestellt.
Die zweite Seite des Himmelskalenders enthält eine Tabelle mit den Wochentagen und für jeden Tag die entsprechende Mondphase in einer kleinen Grafik. Vermerkt sind in der Tabelle ferner Feiertage, die Hauptphasen des Mondes, sichtbare Konstellationen von Mond und Planeten sowie bei uns beobachtbare Finsternisse.

Der Sonnenlauf

Die Bewegung der Sonne durch den Tierkreis ist zu Beginn jeder Monatsübersicht aus einer kleinen Grafik zu entnehmen. Die Grenzen der Sternbilder sind eingetragen sowie die wichtigsten Bahnpunkte der Sonne.

Die Tages- und Nachtstunden sowie Dämmerungslängen werden durch eine dreiteilige Zeichnung (Uhrensymbole) veranschaulicht. Diese soll einen groben und schnellen Überblick über die Länge der Tages- und Nachtzeit geben. Für die Dämmerungszeiten wurde die nautische Dämmerung (Sonne 12° unter dem Horizont) eingesetzt.

Die Tabelle „Sonnenlauf" gibt die Auf- und Untergangszeiten, Meridiandurchgang (Kulmination), Zeitgleichung und die Mittagshöhe der Sonne an sowie die äquatorialen Koordinaten Rektaszension und Deklination für 1^h MEZ jeweils von fünf zu fünf Tagen.

Die Zeiten gelten exakt für einen zentralen Ort mit 10° östlicher Länge und 50° nördlicher Breite. Für diesen Ort gelten auch die Dämmerungszeiten. Angegeben ist jeweils der Beginn und das Ende der nautischen Dämmerung.

Die Sonnenhöhe zu Mittag: Sie ist in der Tabelle „Sonnenlauf" für 50° nördlicher Breite angegeben. Für andere Breiten ist sie einfach zu ermitteln: 90° minus geografische Breite des Beobachters plus Sonnendeklination. Beispiel: Wie hoch steht die Sonne am 10. Juni zu Mittag (Kulmination) in Düsseldorf (geografische Breite: +51°)? 90° – 51° + 23° = 62° (Im Winterhalbjahr die negativen Deklinationen der Sonne beachten!).

In der Grafik „Sonnenlauf" jeweils zu Monatsbeginn ist die scheinbare Sonnenbahn (Ekliptik) durch die Sternbilder des Tierkreises für den jeweiligen Monat eingezeichnet. Ferner sind die Eintritte der Sonne sowohl in die einzelnen Tierkreissternbilder als auch in die Tierkreiszeichen vermerkt sowie die Äquinoktien (Tagundnachtgleichen) und Solstitien (Sommer- und Winterbeginn).

Die Zeitgleichung: Die Sonnenzeit wird nach einer fiktiven „mittleren Sonne" gerechnet. Die wahre Sonne läuft nämlich ungleichförmig. So geht sie einmal vor, dann wieder nach. Die Differenz kann bis zu einer Viertelstunde plus oder minus betragen. Diese Differenz wird Zeitgleichung (ZGL) genannt. Sie ist definiert zu:

ZGL = Wahre Sonnenzeit minus Mittlere Sonnenzeit

Die Zeitgleichung und die Kulmination der wahren Sonne sind tabellarisch aufgeführt. Ein negativer Wert der Zeitgleichung bedeutet, die wahre Sonne geht nach der mittleren durch den Meridian.

Der Mondlauf

Auf- und Untergangszeiten (MEZ) gelten genau für 10° östlicher Länge und 50° nördlicher Breite (siehe Zeitangaben). Ferner sind die Kulminationszeiten (Meridiandurchgänge) für 10° östlicher Länge tabelliert.

Der Mond bewegt sich recht schnell durch den Tierkreis. Deshalb sind für jeden Tag des Jahres seine Koordinaten angegeben. Sie gelten jeweils für 1^h MEZ (= 0^h Weltzeit). Wem diese Zahlen nichts sagen, der findet in der Spalte „Sterne und Sternbilder" die Position des Mondes im Tierkreis vermerkt. Ein Sternchen (*) deutet auf eine Sternbedeckung hin.

Die Position des Mondes gilt wie erwähnt für 1^h MEZ. Wer also abends beobachtet, sollte die Stellung des Mondes im Tierkreis aus der Zeile des folgenden Tages entnehmen, denn der Mond läuft recht rasch. Nähere Angaben zu den Sternbedeckungen finden sich in der Tabelle „Sternbedeckungen durch den Mond" auf Seite 288. Die letzte Spalte enthält die Mondphasen sowie wichtige Punkte in der Bahn.

Die Mondbahn ist rund 5° gegen die Ekliptik (scheinbare Sonnenbahn) geneigt. Aufsteigender Knoten bedeutet, der Mond überschreitet die Ekliptik nach Norden; absteigender Knoten, er wechselt wieder nach Süden. Größte Nordbreite: Der Mond steht am weitesten in nördlicher Richtung von der Ekliptik entfernt; analog dazu heißt größte Südbreite: Der Mond hat maximalen südlichen Abstand von der Ekliptik.

Im Tabellenteil findet man auf Seite 278/279 die Mondbahn relativ zur Ekliptik eingetragen. Wegen der Rückläufigkeit der Mondbahnknoten verläuft die Mondbahn unter den Sternen in jedem Jahr anders.

Die Libration: Bei größter Südbreite ist die Nordhalbkugel des Mondes uns ein wenig mehr zugekehrt, man spricht von maximaler Libration Nord; entsprechend sieht man bei größter Nordbreite mehr vom Südpolgebiet des Mondes. Libration West: Westrand des Mondes, Libration Ost: Ostrand des Mondes ist uns zugekehrt (Astronomische Definition West/Ost siehe auch *Kompendium der Astronomie*, Kapitel „Der Mond der Erde").

„Libration West" bedeutet, das Mare Crisium zeigt sich randfern, das Mare Smythii wird sichtbar. „Libration Ost" heißt, das Mare Crisium rückt an den Westrand, im Osten zeigt sich der Ringwall Grimaldi randfern und das Mare Orientale wird gut sichtbar.

Bei Erdnähe und Erdferne ist die Distanz des Mondes jeweils in tausend Kilometer vermerkt. Außerdem ist der scheinbare Monddurchmesser in Bogenminuten angegeben. Neben der Phase „Neumond" steht die Brownsche Lunationsnummer. Eine Lunation ist die Zeitspanne, die der Mond benötigt, um einmal alle Phasen zu durchlaufen, also von einem Neumond bis zum nächstfolgenden. Diese Zeitspanne heißt „Synodischer Monat". Auf Vorschlag von Ernst William Brown werden die Lunationen seit dem Neumond vom 16. (17.) Januar 1923 fortlaufend nummeriert.

Der Planetenlauf

Planeten sind Geschwister der Erde. Sie laufen gemeinsam mit ihr um die Sonne. Je näher ein Planet der Sonne steht, desto schneller wandert er um sie. Wir beobachten die Planeten nicht von einem ruhenden Punkt aus, sondern vom Raumschiff Erde, das ständig in Bewegung ist. Deshalb erscheinen uns von der Erde aus (geozentrisch) die Bewegungen der Planeten vor dem Hintergrund der fernen Fixsterne – dem Muster der Sternbilder also – recht kompliziert. Überholt die Erde einen weiter außen laufenden Planeten, so scheint er einige Wochen lang zurückzubleiben, er ist „rückläufig", wie man zu sagen pflegen. Anschließend bewegt er sich wieder in der ursprünglichen Richtung wie die Sonne von West nach Ost, er ist wieder „rechtläufig". Durch diesen Bewegungswechsel bildet die Bahn des Planeten eine Schleife.

Ob ein Planet am Himmel zu sehen ist, hängt von der gegenseitigen Stellung von Sonne und Planet ab. Steht ein äußerer Planet von der Erde aus gesehen hinter der Sonne, Planet – Sonne – Erde bilden also eine Linie, so ist er nicht beobachtbar (Abb. E.3). Da er in Sonnenrichtung steht, geht er mit der Sonne auf und unter, bleibt somit nachts unter dem Horizont verborgen. Diese Konstellation heißt Konjunktion.

Steht der Planet von der Erde aus gesehen der Sonne gegenüber, also in der Reihenfolge Sonne – Erde – Planet (Abb. E.3), so spricht man von Opposition oder Gegenschein. Der Planet ist die ganze Nacht über zu sehen, da er mit Sonnenuntergang aufgeht und morgens mit Sonnenaufgang unter dem Westhorizont verschwindet. Bilden Sonne – Erde – Planet ein rechtwinkliges Dreieck, so spricht man von einer Quadratur.

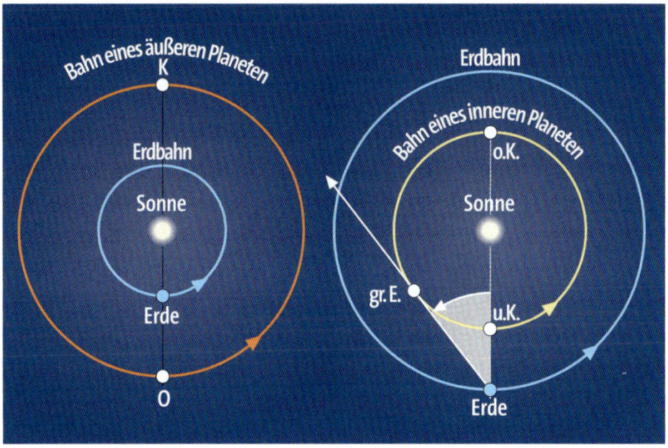

E.3 Die linke Zeichnung zeigt die Erdbahn und die Bahn eines äußeren Planeten. Bei O steht der Planet in Opposition, bei K in Konjunktion. Auf der rechten Seite der Abbildung sind die Erdbahn und die Bahn eines inneren Planeten dargestellt. Bei u.K. steht der Planet in unterer, bei o.K. in oberer Konjunktion mit der Sonne. Bei gr. E. steht er in größter Elongation (Winkel grau gerastert).

Die inneren Planeten Merkur und Venus können niemals in Oppositionsstellung kommen. Dafür unterscheidet man bei ihnen zwischen oberer und unterer Konjunktion (Abb. E.3). In diesen beiden Stellungen bleibt der Planet unsichtbar. Nur wenn der Planet westlich oder östlich der Sonne „in Elongation" steht, kann er gesehen werden. Steht Venus in östlicher Elongation, so geht sie erst nach Sonnenuntergang unter, sie ist dann Abend-

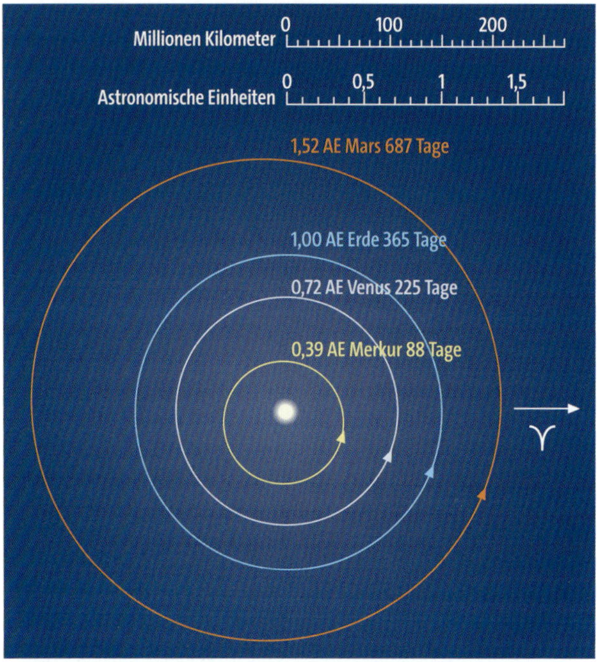

E.4 Die Bahnen der inneren Planeten um die Sonne (1 AE = 1 Astronomische Einheit = 149,6 Millionen Kilometer). Der Pfeil deutet die Richtung zum Frühlingspunkt an (Symbol: ♈).

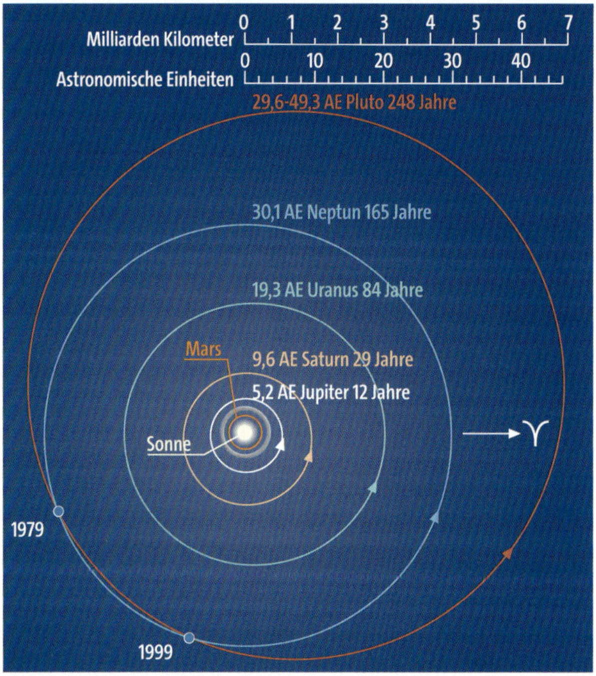

E.5 Die Bahnen der äußeren Planeten. Zwischen der Marsbahn und der Jupiterbahn laufen Abertausende Kleinplaneten (Planetoiden) um die Sonne. Wegen seiner stark exzentrischen Bahn war Pluto von 1979 bis Anfang Februar 1999 der Sonne näher als Neptun.

stern. Steht sie in westlicher Elongation, so geht sie vor der Sonne auf und ist am Morgenhimmel zu sehen.

Ähnliches gilt für Merkur. Die größte Elongation (Winkelabstand von der Sonne) kann für die Venus 48° betragen, für den sonnennäheren Merkur aber nur 28°. Merkur ist daher schwierig zu beobachten – entweder abends kurz nach Sonnenuntergang tief im Westen oder kurz vor Sonnenaufgang tief am Osthimmel. Die Sichtbarkeiten der Planeten hängen nicht nur von den geometrischen Verhältnissen (Stellung des Planeten und der Sonne), sondern auch von meteorologischen Gegebenheiten ab. Eine starke Dunstglocke, hohe Luftfeuchtigkeit (Nebel) oder irdisches Streulicht (Neonreklame, Fahrzeugscheinwerfer, Lichtdom eines Stadions) beeinträchtigen die Beobachtung.

Eine Grafik vor der Rubrik „Planetenlauf" ermöglicht einen

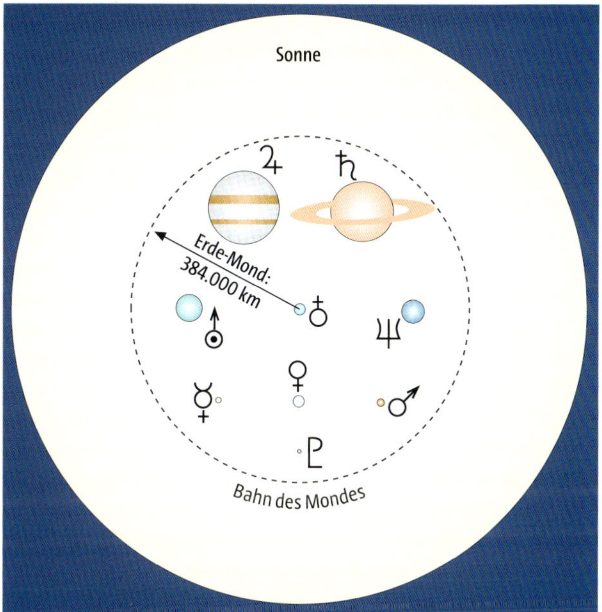

E.6 Größenverhältnisse der Planeten und der Mondbahn im Vergleich zur Sonne. Darunter sind die astronomischen Symbole der Planeten vermerkt, die auch in den monatlichen Sternkarten des Himmelsjahres die Orte der betreffenden Planeten markieren.

☉ Sonne	ø	1.392.000 km	♃ Jupiter	ø	142.796 km
☿ Merkur	ø	4.878 km	♄ Saturn	ø	120.536 km
♀ Venus	ø	12.104 km	♅ Uranus	ø	51.118 km
♁ Erde	ø	12.756 km	♆ Neptun	ø	49.424 km
♂ Mars	ø	6.794 km	♇ Pluto	ø	2.300 km

schnellen Überblick, welche Planeten am Abend, die ganze Nacht über, am Morgen oder gar nicht zu sehen sind. Eine grafische Jahresübersicht der Stellung, Größe, Helligkeit und Sichtbarkeit der Planeten findet sich auf den Seiten 276–277.

Die großen Planeten

Merkur: Sonnennächster Planet, zwischen $+3^m$ und $-1^m{,}5$ hell; schwer zu beobachten, da nur kurze Sichtbarkeitsperioden und stets horizontnahe Stellung; chromgelbes Licht.

Venus: Nach Sonne und Mond hellstes Gestirn, oft als Abend- bzw. Morgenstern bezeichnet. Helligkeiten von $-3^m{,}9$ bis $-4^m{,}9$; strahlend weißes Licht; entweder abends am Westhimmel oder morgens in der östlichen Himmelshemisphäre zu sehen.

Mars: Äußerer Nachbarplanet der Erde, auffallend seine rötliche Farbe (der „rote Planet"); sehr unterschiedliche Helligkeiten von $+1^m{,}8$ bis $-2^m{,}9$.

Jupiter: Der größte aller Planeten, ein auffallend heller Planet, daher kaum zu übersehen; Helligkeit von $-1^m{,}7$ bis $-2^m{,}9$, weißlichgelbes Licht.

Saturn: Der sonnenfernste mit freiem Auge noch sichtbare Planet strahlt in einem fahlen Licht zwischen $+1^m{,}3$ und 0^m, in Ausnahmefällen bis $-0^m{,}5$. Den berühmten Ring kann man mit einem Fernrohr ab etwa 30-facher Vergrößerung erkennen.

Uranus: Ist theoretisch mit bloßem Auge gerade noch erkennbar (Oppositionshelligkeit $5^m{,}5$). Wohlgemerkt „theoretisch", es empfiehlt sich auf alle Fälle ein gutes Fernglas, um Uranus zu finden! Farbe: grünlich. Die im März 1977 entdeckten Ringe sind jedoch selbst in großen Fernrohren für Hobbyastronomen nicht zu sehen.

Neptun: sonnenfernster Planet, Helligkeit um $7^m{,}9$; zeigt im Fernrohr ein winziges, grünblaues Scheibchen.

Pluto: Seit IAU-Beschluss vom August 2006 als Zwergplanet eingestuft, ist sehr lichtschwach, Helligkeit 14^m. Nur gut ausgerüstete Amateurastronomen können ihn beobachten.

Die Angaben der scheinbaren Helligkeiten sind – wie international üblich – V-Helligkeiten (nach dem UBV-System von Johnson). Die früher gebräuchlichen „visuellen" (m_{vis}) Helligkeiten sind um ca. $0^m{,}2$ geringer, werden aber in manchen anderen Quellen noch verwendet.

Kleinplaneten

Außer den acht großen Planeten schwirren noch Tausende kleiner und kleinster Planeten (Planetoiden oder Asteroiden) um die Sonne. Der erste wurde in der Neujahrsnacht des Jahres 1801 von Giuseppe Piazzi in Palermo entdeckt und auf den Namen Ceres getauft. Heute sind einige hunderttausend Planetoiden katalogisiert. Die meisten bewegen sich zwischen Mars und Jupiter um die Sonne. Einige haben jedoch sehr langgestreckte Bahnen, die die Bahnen anderer Planeten kreuzen. Sie können auch der Erde recht nahe kommen. Einige Planetoiden, die in diesem Jahr heller als 9^m werden, sind in der Rubrik „Planetenlauf" verzeichnet.

Die Monde der Planeten

Die beiden winzigen Marsmonde, die zahlreichen Uranusmonde, die Neptunmonde und die Plutomonde sind so lichtschwach, dass sie nicht mit den bescheidenen optischen Hilfsmitteln der Sternfreunde zu beobachten sind. Deshalb sind sie hier nicht aufgeführt.

Jupiter: Die vier hellsten Monde sind schon in kleinen Teleskopen leicht zu sehen: I Io, II Europa, III Ganymed und IV Kallisto. In den Monaten, in denen Jupiter zu beobachten ist, findet man jeweils eine Grafik, aus der die Positionen der Jupitermonde im umkehrenden Fernrohr ersichtlich sind. Sie lassen die gegenseitigen Stellungen und die Bewegungsabläufe der Jupitermonde erkennen.

Die waagerechten Linien in der Grafik beziehen sich auf 1^h MEZ des jeweiligen Datums, das links angegeben ist. Die Schnittpunkte der waagerechten Linien mit den Kurven der Jupitermonde geben somit deren Positionen jeweils um 1^h MEZ an.

Am unteren Rand jeder Grafik findet man eine Darstellung der Jupitermondbahnen relativ zum Beobachter.

Erscheinungen der Jupitermonde: Für den Fernrohrbesitzer ist es reizvoll, Bedeckungen, Verfinsterungen, Durchgänge und Schattenwürfe der Monde des Riesenplaneten auf Jupiter selbst zu beobachten.

Sofern diese Ereignisse von Mitteleuropa aus beobachtbar sind, findet man sie in der Rubrik „Jupitermonderscheinungen" verzeichnet. Es gelten folgende Abkürzungen:
B = Bedeckung, Mond verschwindet hinter der Jupiterscheibe
D = Durchgang, Mond geht vor der Planetenscheibe vorbei
S = Schattendurchgang, Mond wirft seinen Schatten auf Jupiter
V = Verfinsterung, Mond wird vom Jupiterschatten getroffen
A = Anfang der Erscheinung
E = Ende der Erscheinung
I: Io, II: Europa, III: Ganymed, IV: Kallisto.
Beispiel:

Januar: 17. 4 51 II SA

bedeutet: Am 17. Januar um 4^h51^m MEZ beginnt der Schatten von Mond II (Europa) über die Jupiterkugel zu wandern.

Im Jahr 2015 kommt es außerdem zu gegenseitigen Bedeckungen und Verfinsterungen der Jupitermonde, da sich die Erde fast exakt in der Bahnebene der Jupitermonde befindet. Auch diese seltenen und spannenden Phänomene sind in der

Das griechische Alphabet

Α	α	Alpha	a	Η	η	Eta	e	Ν	ν	Nü	n	Τ	τ	Tau	t
Β	β	Beta	b	Θ	ϑ	Theta	th	Ξ	ξ	Xi	x	Υ	υ	Ypsilon	y
Γ	γ	Gamma	g	Ι	ι	Jota	i, j	Ο	ο	Omikron	o	Φ	φ	Phi	ph
Δ	δ	Delta	d	Κ	κ	Kappa	k	Π	π	Pi	p	Χ	χ	Chi	ch
Ε	ε	Epsilon	e	Λ	λ	Lambda	l	Ρ	ϱ	Rho	r	Ψ	ψ	Psi	ps
Ζ	ζ	Zeta	z	Μ	μ	Mü	m	Σ	σ ς	Sigma	s	Ω	ω	Omega	o

monatlichen Rubrik „Jupitermonde" aufgeführt.
Beispiel für 31. Januar 2015:

31. 20 48 I BA II

bedeutet: Am 31. Januar beginnt Mond II (Europa) um 20^h48^m MEZ Mond I (Io) zu bedecken. Beispielsweise bedeutet I BA immer einen Bedeckungsanfang von Io.

Saturn: Schon mit einem guten Fernglas ist der Riesenmond Titan zu erkennen. Im Fernrohr sind auch die Monde Rhea, Dione und Tethys sowie Japetus in westlicher Elongation (er ist dann rund 2^m heller) zugänglich. Für die Monate, in denen Saturn zu beobachten ist, findet man jeweils eine Grafik, aus der die Stellungen und die Bewegungsabläufe der Saturnmonde Tethys, Dione, Rhea, Titan und Japetus zu entnehmen sind. Die Bahnlagen der Saturnmonde relativ zum Beobachter sind jeweils darunter abgebildet.

Sternschnuppen

Sternschnuppen, die in Strömen periodisch auftreten, sind in den Monatsübersichten angegeben. Bei den verzeichneten Daten, vor allem, was die Häufigkeit betrifft, ist mit erheblichen Abweichungen zu rechnen. Die in vorliegendem Jahrbuch verwendeten Daten stammen von der International Meteor Organization (IMO) und werden jährlich aktualisiert.

Die angegebene Meteorrate bezieht sich auf die unter besten Sichtbedingungen (ohne Störung durch irdische Lichtquellen oder Mondlicht) mit bloßen Augen pro Stunde sichtbare Zahl der Sternschnuppen für den Idealfall, dass der Radiant im Zenit steht. Vor allem bei horizontnahen Radianten ist die pro Stunde zu beobachtende Sternschnuppenzahl erheblich geringer.

Konstellationen und Ereignisse

Diese Übersicht weist auf Konjunktionen (Begegnungen) zwischen den großen Planeten, mit Sonne und Mond sowie auf alle Oppositionen zur Sonne und die größten Elongationen der inneren Planeten hin. Auch Perihel- (Sonnennähe) und Aphelstellungen (Sonnenferne) der Planeten sind angegeben.

Sind Begegnungen des Mondes mit Planeten prinzipiell beobachtbar, so sind die Winkeldistanzen topozentrisch (für +50° Breite) angegeben und durch **Fettdruck** hervorgehoben.

Für die übrigen Konjunktionen sind die Abstandsangaben geozentrische Werte (Normaldruck). Denn durch die relative Erdnähe des Mondes ergibt sich eine große Parallaxe, das heißt, der Winkelabstand des Mondes von einem Planeten kann bis etwa 1° differieren zwischen einem (fiktiven) Beobachter im Erdmittelpunkt (geozentrisch) und einem Beobachter auf der Erdoberfläche (topozentrisch). Ferner sind wichtige Ereignisse durch **Fettdruck** hervorgehoben.

Fixsternhimmel

Da die Sonne täglich um rund 1° unter den Sternen nach Osten vorrückt, ändert sich der Anblick des Himmels im Laufe eines Jahres. Genauer: Täglich durchschreiten die Fixsterne den Meridian vier Minuten früher als am Vortag. In 30 Tagen, also einem Monat, macht das schon zwei Stunden!

Mitte Dezember steht das Sternbild Orion gegen Mitternacht im Süden. Mitte Januar schon um 22 Uhr, und Mitte Februar geht Orion um 20 Uhr durch den Meridian. Dadurch ändert sich zur gleichen Beobachtungsstunde die Himmelsszene mit dem Datum. Nach einem Monat ist der Anblick noch nicht allzu verschieden vom Vormonat, aber nach einem Vierteljahr (sechs Stunden!) hat sich die Szenerie völlig umgestellt.

Man spricht daher von einem typischen Frühlings-, Sommer-, Herbst- und Wintersternhimmel. Gemeint ist der Anblick des Fixsternhimmels in den Abendstunden der jeweiligen Jahreszeit.

Die Monatssternkarte dient der schnellen Orientierung. Sie zeigt den beobachtbaren Himmelsausschnitt für 50° nördlicher Breite zur Standardbeobachtungszeit (am Monatsersten um 23^h MEZ, am 15. um 22^h MEZ).

Ebenfalls in die Monatssternkarten eingetragen sind die fünf hellen Planeten (Merkur bis Saturn), sofern sie zur Monatsmitte um 22^h MEZ über dem Horizont stehen.

Zum Rand hin erscheint die Sternkarte aufgehellt. Es werden damit die Extinktion und die durch künstliche Lichtquellen fast immer aufgehellten Horizonte nachempfunden.

Die monatlichen Sternkarten können auch zur Beobachtung am Morgenhimmel herangezogen werden. Unter jeder Sternkarte finden sich die entsprechenden Datums- und Uhrzeitangaben.

Man beachte noch, dass für andere Monate der Planetenstand nicht aktuell ist. Man entnehme ihn der Grafik „Planetenlauf" im aktuellen Monat.

Monatsthemen

Hier wird monatlich ein Kapitel aus der Himmelskunde kurz und bündig dargestellt, zum leichteren und allmählichen Eindringen in die Wissenschaft von den Sternen. Auch über neue Forschungsergebnisse aus der Astronomie wird berichtet.

Wer ältere Jahrgänge des Himmelsjahres besitzt, möchte gelegentlich in einem Monatsthema der letzten Jahre nachsehen. Im *Kosmos Himmelsjahr 2010* findet man auf Seite 273 ein Verzeichnis der Monatsthemen von 2001–2010. Ferner ist im *Kosmos Himmelsjahr 2001* auf Seite 249 ein Verzeichnis der Monatsthemen 1990–2000 und im *Himmelsjahr 1989* auf Seite 193 ein Verzeichnis der Monatsthemen 1982–1989 abgedruckt.

Tabellen und Ephemeriden

Für den fortgeschrittenen Amateurastronomen sind im Anhang wichtige Beobachtungsgrundlagen vermerkt. Der Anfänger kann diese Angaben unberücksichtigt lassen. Ab Seite 278 findet man die **ekliptikalen Koordinaten** des Mondes, der Sonne und der großen Planeten von Merkur bis Saturn.

Die **äquatorialen Koordinaten** der Planeten und Kleinplaneten sind für das Äquinoktium J2000.0 angegeben, damit man sie leichter in vorhandene Sternkarten einzeichnen kann. Die Aufsuchkärtchen gelten ebenfalls für J2000.0. Ferner sind Kulminationszeiten sowie die Auf- bzw. Untergangszeiten, Scheibchendurchmesser in Bogensekunden und beleuchteter Teil der Planetenscheibchen vermerkt. Bei Saturn ist noch die Ringöffnung zur Erde und zur Sonne sowie die scheinbare Ausdehnung der großen und der kleinen Ringachse angegeben.

Für Sonne und Jupiter (System I und II) sind die **Zentralmeridiane** (Meridiane durch den Scheibenmittelpunkt) jeweils für 1^h MEZ vermerkt. Ferner gibt die Sonnenephemeride die Entfernung der Sonne von der Erde in AE an sowie ihren scheinbaren Durchmesser, die Achsenlage und die Sternzeit an.

Sternbedeckungen durch den Mond sind für Berlin, Dresden, Hamburg, Hannover, Düsseldorf, Frankfurt (Main), Leipzig, München, Nürnberg, Stuttgart, Wien und Zürich angegeben. Aus Platzersparnisgründen ist jeweils nur ein Positionswinkel angegeben, der lediglich dem leichteren Aufsuchen des zu bedeckenden Sternes dienen soll. In den Monatsübersichten wird unter der Rubrik „Mondlauf" in der Spalte „Sterne und Sternbilder" durch ein Sternchen (*) auf eine Sternbedeckung hingewiesen.

Veränderliche Sterne sind im Anschluss an die Fixsternmonatsübersichten aufgeführt. Für Algol (β Persei) und β Lyrae findet der Sternfreund jeweils die Minima-Zeiten, für δ Cephei die Lichtmaxima und für den langperiodischen Veränderlichen Mira (ο Ceti) den jeweiligen Helligkeitszustand. Die Aufsuchkärtchen findet man auf der hinteren Umschlagklappe. Bei den Minima-Angaben für Algol ist die Lichtzeitkorrektur (heliozentrisch auf geozentrisch) berücksichtigt.

Eine **Sternzeittafel** soll die rasche Bestimmung der Sternzeit zur abendlichen Beobachtungsstunde ermöglichen. Die Sternzeit für 1^h MEZ, bezogen auf den Meridian von Greenwich (Nullmeridian), findet man in der Tabelle „Ephemeride der Sonnenscheibe" (letzte Spalte).

Das **Julianische Datum** ist jeweils für den Monatsersten in der Rubrik „Sonnenlauf" angegeben. Das Julianische Datum stellt eine fortlaufende Tageszählung dar, die mit dem 1. Januar des Jahres −4712 (= 4713 v. Chr.) beginnt.

Im Anhang finden sich **zwei Verzeichnisse astronomischer Institutionen**. Im Verzeichnis „Astronomische Institute, Planetarien und Sternwarten" findet man die professionellen Einrichtungen im deutschen Sprachraum. Das Verzeichnis „Amateurastronomische Vereinigungen, Beobachtungsstationen und Privatsternwarten" enthält astronomische Vereine, Schulsternwarten sowie ehrenamtlich betriebene Sternwarten mit Publikumsverkehr.

Dieses Verzeichnis soll dem Leser den Kontakt zu Gleichgesinnten erleichtern und die eigene Beobachtungstätigkeit fördern. Das Verzeichnis erhebt keinen Anspruch auf Vollständigkeit.

Weitere Adressen nimmt der Herausgeber gerne auf (Anschrift: Planetarium Stuttgart, Mittlerer Schlossgarten, 70173 Stuttgart).

Literaturhinweise

Erklärung astronomischer Fachbegriffe:
H.-U. Keller,
Wörterbuch der Astronomie

Einführung in die Astronomie:
W. E. Celnik, H.-M. Hahn,
Astronomie für Einsteiger

H.-U. Keller,
Kompendium der Astronomie

Sternkarten für eigene Beobachtungen:
H.-M. Hahn, G. Weiland,
Drehbare Kosmos-Sternkarte

E. Karkoschka,
Atlas für Himmelsbeobachter

R. W. Sinnott,
Kosmos Sternatlas kompakt

E. Karkoschka,
Drehbare Welt-Sternkarte

Software:
H.-U. Keller, E. Karkoschka,
Kosmos Himmelsjahr für PC und als App für iPhone/iPad

United Soft Media
Redshift für PC, MacOS und als App für iPhone/iPad

Astronomie im Internet:
www.kosmos-himmelsjahr.de
www.astronomie.de
www.sternwarte.de

Impressum

Umschlaggestaltung von eStudio Calamar unter Verwendung einer Illustration von Gunther Schulz. Das Titelbild zeigt die totale Sonnenfinsternis am 20. März 2015 über der Küste der Färöer-Inseln. Das Foto für diese Illustration wurde von Karen Hertlein zur Verfügung gestellt.

Mit 41 Farb- und Schwarzweißfotos, 210 Illustrationen von Gerhard Weiland, einer Illustration von Gunther Schulz sowie zwölf Planetenlauf- und zwölf Monatssternkarten von Wil Tirion.

Unser gesamtes Programm finden Sie unter **kosmos.de**.
Über Neuigkeiten informieren Sie regelmäßig unsere Newsletter, einfach anmelden unter **kosmos.de/newsletter**

MIX
Papier aus verantwortungsvollen Quellen
FSC® C012425
FSC www.fsc.org

Gedruckt auf chlorfrei gebleichtem Papier

ISSN: 1438-3306
ISBN: 978-3-440-14025-3
Redaktion: Sven Melchert
Produktion: Ralf Paucke, Siegfried Fischer
Printed in Germany/Imprimé en Allemagne

Anschrift des Herausgebers:
Prof. Dr. Hans-Ulrich Keller
Planetarium Stuttgart
Mittlerer Schlossgarten
D-70173 Stuttgart

Sonnen- und Mondfinsternisse 2015

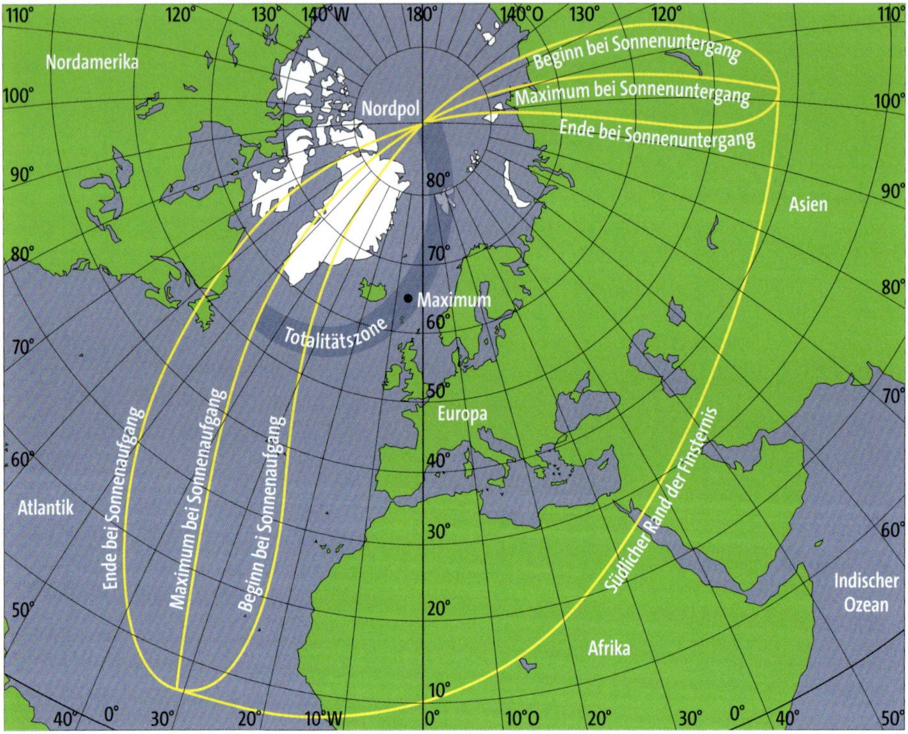

F.1 Globaler Verlauf der totalen Sonnenfinsternis vom 20. März 2015.

Im Jahr 2015 ereignen sich eine totale und eine partielle Sonnenfinsternis sowie zwei totale Mondfinsternisse. Von diesen vier Finsternissen ist die totale Sonnenfinsternis vom 20. März als partielle Finsternis und die totale Mondfinsternis vom 28. September in ihrer vollen Länge von Mitteleuropa aus beobachtbar.

Totale Sonnenfinsternis am 20. März

In den Vormittags- und Mittagsstunden am Freitag, 20. März, findet eine totale Sonnenfinsternis statt, die von Mitteleuropa aus in ihren partiellen Phasen beobachtbar ist. Für die meisten Orte in Mitteleuropa beginnt die Sonnenfinsternis gegen 9^h20^m MEZ und endet gegen 12^h00^m MEZ.

In Berlin werden maximal 74 % der Sonnenscheibenfläche vom Neumond bedeckt, in Dresden 71 %, in Hamburg 79 %, in München 68 %, in Stuttgart 71 %, in Wien 63 % und in Zürich 69 %. Für den in Mitteleuropa zentralen Ort 10° östlicher Länge und 50° nördlicher Breite beginnt die Finsternis um 9^h31^m MEZ und erreicht um 10^h40^m MEZ ihr Maximum, wobei 73 % der Sonnenscheibe vom Neumond bedeckt sind. Sie endet an diesem zentralen Ort um 11^h51^m MEZ (siehe dazu auch die Tabellen im Monatsthema März auf Seite 92 und 93).

Global betrachtet beginnt die Sonnenfinsternis (1. Kontakt) am 20. März um 8^h41^m MEZ am Ort 23°13′ westlicher Länge und 20°14′ nördlicher Breite und endet (4. Kontakt) um 12^h50^m MEZ am Ort 94°04′ östlicher Länge und 56°06′ nördlicher Breite.

Die Kernschattenspitze des Mondes berührt erstmals die Erdoberfläche im Nordatlantik, zieht in nordöstlicher Richtung zwischen den Britischen Inseln und Island hindurch, geht über die Färöer-Inseln und Spitzbergen. Sie verlässt die Erde schließlich in der Arktis nahe dem Nordpol.

Das Maximum wird um 10^h46^m MEZ am Ort 6°39′ westlicher Länge und 64°26′ nördlicher Breite erreicht. Dieser Platz liegt im Nordatlantik zwischen Island und Skandinavien. Die Totalität dauert hier 2^m17^s, die Breite der Totalitätszone beträgt 463 Kilometer. Die Sonne steht hier zur Totalität nur knapp 19° hoch. Die Größe der Finsternis beträgt das 1,045-fache des scheinbaren Sonnendurchmessers. Sie ist die 61. Finsternis im Saros-Zyklus 120, der insgesamt 71 Sonnenfinsternisse umfasst.

Die Finsternis ist sichtbar in ihren partiellen Phasen vom Nordatlantik aus, Grönland, Island, Europa, Nordafrika, Nordwestasien, nördliches Eismeer und Teilen der Arktis (siehe Abb. F.1 auf Seite 24). Eine ausführliche Beschreibung der Sonnenfinsternis findet man im Monatsthema März auf Seite 86.

Totale Mondfinsternis am 4. April

Diese Finsternis findet in den Mittagsstunden am Samstag, 4. April statt. Zu dieser Zeit befindet sich der Mond in Mitteleuropa unter dem Horizont, weshalb diese Finsternis hierzulande unbeobachtbar bleibt. Die Finsternis nimmt folgenden Verlauf:

	MEZ
Eintritt des Mondes in den Halbschatten	10^h00^m
Eintritt des Mondes in den Kernschatten	11^h15^m
Beginn der Totalität	12^h54^m
Mitte der Finsternis	13^h00^m
Ende der Totalität	13^h06^m
Austritt des Mondes aus dem Kernschatten	14^h45^m
Austritt des Mondes aus dem Halbschatten	16^h01^m

Der Verlauf der Finsternis ist in Abb. F.2 dargestellt. Die totale Phase dauert lediglich zwölf Minuten. Die Größe der Finsternis beträgt das 1,006-fache des scheinbaren Monddurchmessers. Das Sichtbarkeitsge-

F.2 Verlauf der totalen Mondfinsternis vom 4. April 2015.

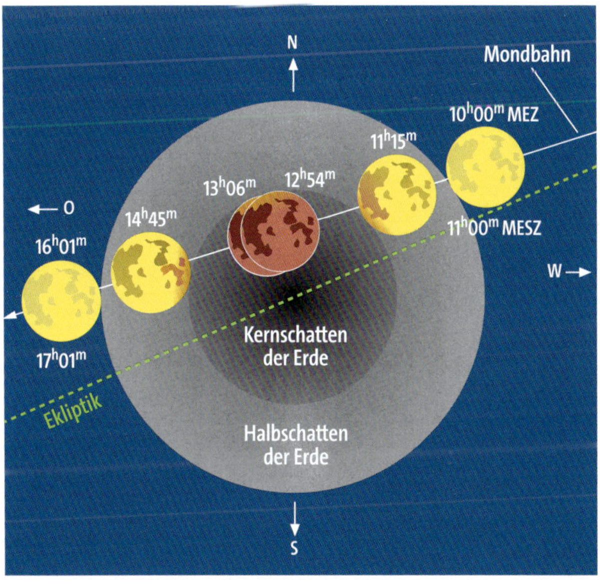

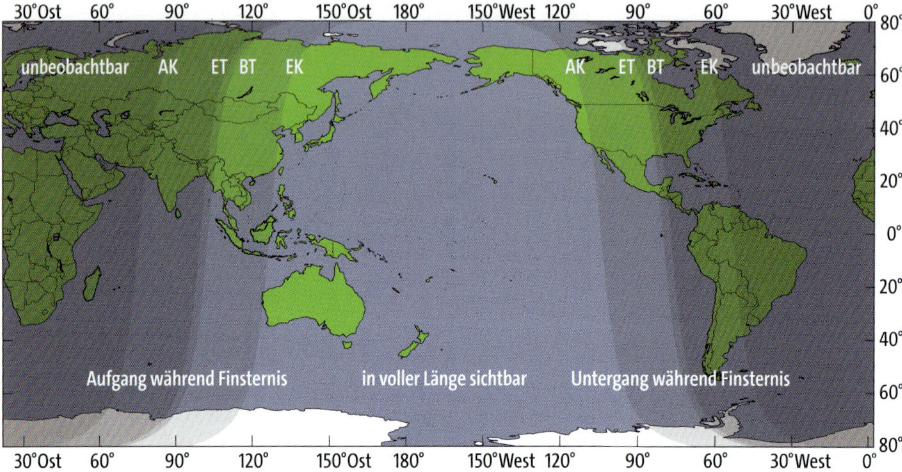

F.3 Sichtbarkeitsgebiet der totalen Mondfinsternis vom 4. April 2015. EK – Eintritt des Mondes in den Kernschatten der Erde, BT – Beginn der Totalität, ET – Ende der Totalität, AK – Austritt aus dem Kernschatten.

F.4 Globaler Verlauf der partiellen Sonnenfinsternis vom 13. September 2015.

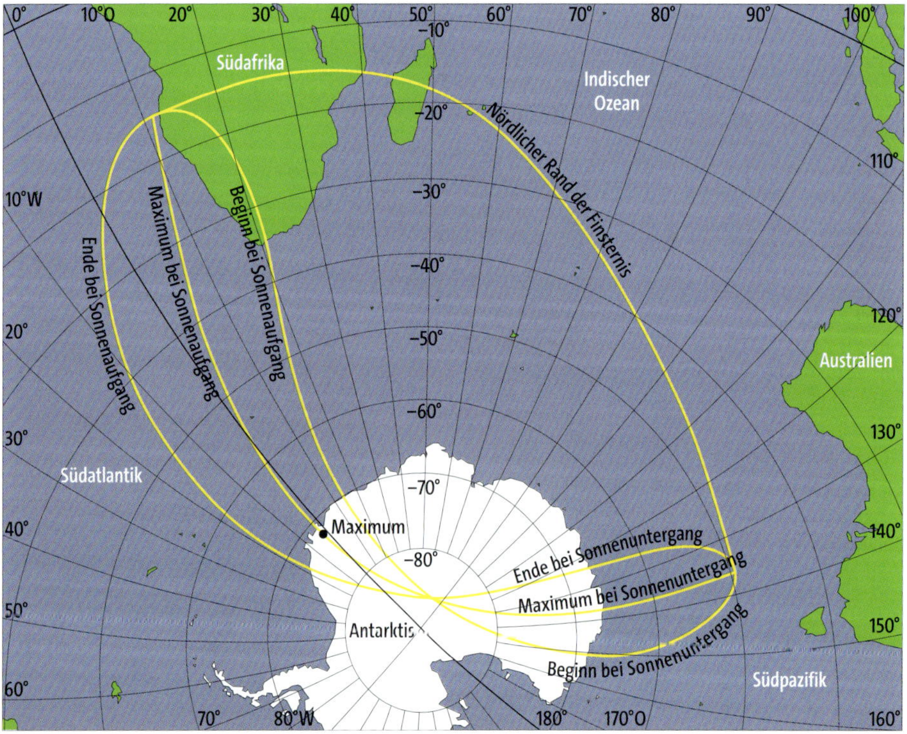

biet umfasst hauptsächlich den Pazifik, Ozeanien, Neuseeland, Australien, Alaska und Teile der Antarktis (siehe Abb. F.3). Diese Finsternis gehört zum Saros-Zyklus Nr. 132 und ist die 30. von insgesamt 71 Mondfinsternissen in diesem Zyklus.

F.5 Der total verfinsterte Mond (Foto: Martin Gertz/Sternwarte Welzheim)

Partielle Sonnenfinsternis am 13. September

Diese Finsternis ereignet sich in den Morgenstunden am Sonntag, 13. September und bleibt von der gesamten Nordhalbkugel der Erde aus unbeobachtbar. Sie ist lediglich sichtbar in Südafrika, Teilen des Indischen Ozeans und des Südatlantiks, in einigen Gebieten der Antarktis und des südlichen Eismeeres.

Die Sonnenfinsternis beginnt um 5^h42^m MEZ am Ort 20°39′ östlicher Länge und 27°12′ südlicher Breite. Dieser Punkt befindet sich in Südafrika. Die maximale Phase wird um 7^h54^m MEZ am Ort 2°17′ westlicher Länge und 72°13′ südlicher Breite erreicht. Dieser Ort liegt an der antarktischen Küste. In der maximalen Phase werden 78,8 % des scheinbaren Sonnendurchmessers vom Neumond bedeckt. Die Finsternis endet um 10^h06^m MEZ am Ort 125°07′ östlicher Länge und 62°03′ südlicher Breite. Dieser Ort befindet sich südlich von Australien im Eismeer nahe der antarktischen Küste (s. Abb. F.4). Diese Finsternis ist die Nummer 54 im Saros-Zyklus Nr. 125, der 73 Sonnenfinsternisse umfasst.

Totale Mondfinsternis am 28. September

Diese Finsternis findet in der zweiten Hälfte der Nacht von Sonntag, 27. auf Montag, 28. September statt. Sie ist in ihrer vollen Länge von Mitteleuropa aus beobachtbar.

F.5 Verlauf der totalen Mondfinsternis vom 28. September 2015.

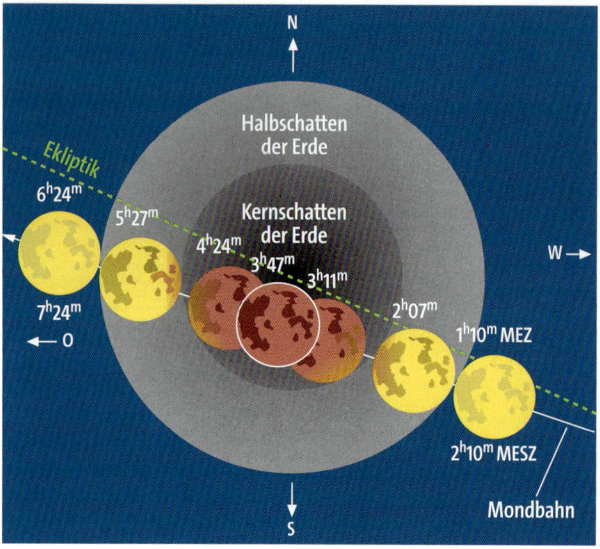

Die Mondfinsternis nimmt folgenden Verlauf:

	MEZ	MESZ
Eintritt des Mondes in den Halbschatten	1^h10^m	2^h10^m
Eintritt des Mondes in den Kernschatten	2^h07^m	3^h07^m
Beginn der Totalität	3^h11^m	4^h11^m
Mitte der Finsternis	3^h47^m	4^h47^m
Ende der Totalität	4^h24^m	5^h24^m
Austritt des Mondes aus dem Kernschatten	5^h27^m	6^h27^m
Austritt des Mondes aus dem Halbschatten	6^h24^m	7^h24^m

Der Verlauf der Finsternis ist in Abb. F.5 dargestellt. Die Größe der Finsternis beträgt das 1,282-fache des scheinbaren Monddurchmessers. Für 50° Nord und 10° Ost geht der Vollmond am 28. um 6^h26^m MEZ (= 7^h26^m MESZ) unter. Wie der Eintritt so bleibt auch der Austritt aus dem Halbschatten grundsätzlich unbeobachtbar. Die Mondfinsternis ist sichtbar von Mittel- und Westeuropa, Nordwestafrika, vom gesamten Atlantik, östlichem Nordamerika, Mittelamerika, ganz Südamerika, südöstlichen Teilen des Pazifiks und einigen Gebieten der Antarktis (siehe Abb. F.6).

Diese Finsternis ist die 28. im Saros-Zyklus Nr. 137, der insgesamt 81 Mondfinsternisse zählt.

F.6 Sichtbarkeitsgebiet der totalen Mondfinsternis vom 28. 9. 2015.

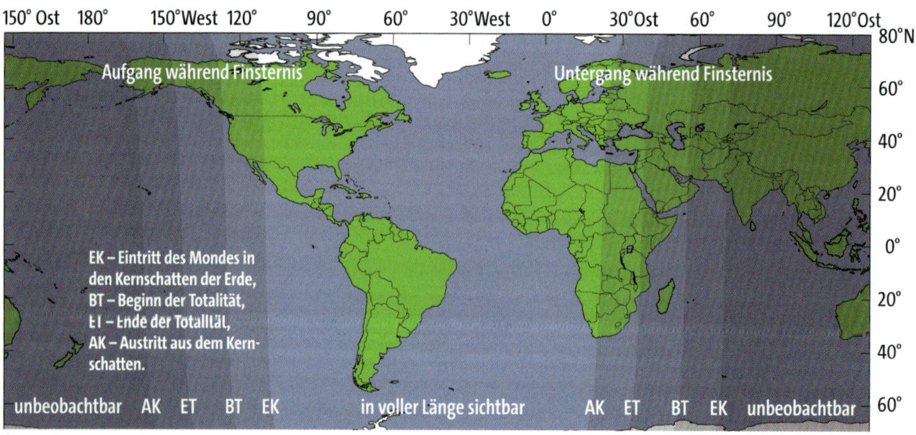

Januar 2015

- Merkur zeigt sich Mitte Januar am Abendhimmel.
- Venus eröffnet den Jahresreigen als heller Abendstern.
- Mars und Jupiter sind ebenfalls am Abendhimmel zu sehen.
- Die Erde kommt am 4. mit 147 Millionen Kilometer in Sonnennähe.

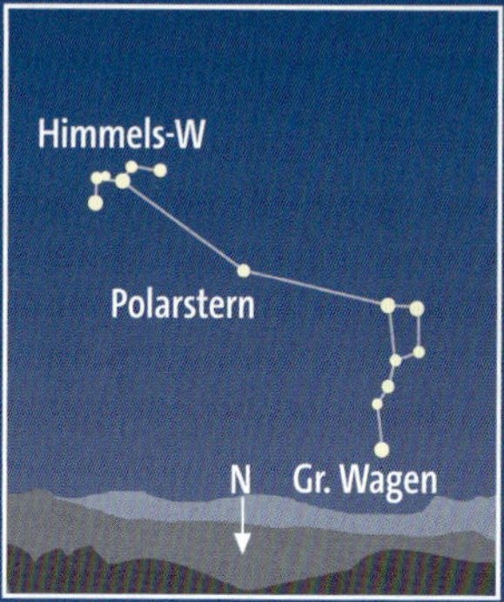

Großer Wagen und Himmels-W Anfang Januar um 22 Uhr

1.1 Anblick des Südwesthimmels am 22. Januar gegen 18^h30^m MEZ. Knapp über dem Horizont strahlt Venus, ein wenig höher steht Mars. Zwischen beiden Planeten sieht man die schmale Sichel des zunehmenden Mondes.

1 Do	Neujahr
2 Fr	
3 Sa	
4 So	Erde in Sonnennähe
5 Mo	**Vollmond**
6 Di	Heilige drei Könige
7 Mi	
8 Do	Mond bei Jupiter (Morgenhimmel)
9 Fr	Mond in Erdferne
10 Sa	Merkur bei Venus (Abendhimmel)
11 So	
12 Mo	
13 Di	Mond im letzten Viertel
14 Mi	
15 Do	
16 Fr	Mond bei Saturn (Morgenhimmel)

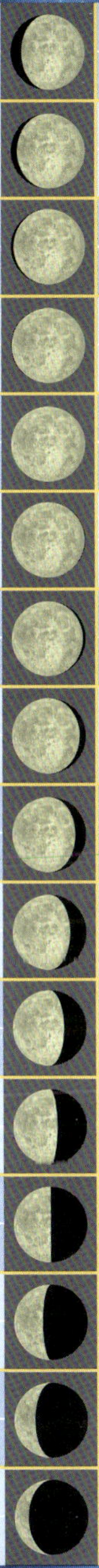

17 Sa	
18 So	
19 Mo	Mars bei Neptun (Abendhimmel)
20 Di	**Neumond**
21 Mi	Mond in Erdnähe und bei Merkur (Abendhimmel)
22 Do	
23 Fr	
24 Sa	
25 So	
26 Mo	
27 Di	Mond im ersten Viertel
28 Mi	
29 Do	
30 Fr	
31 Sa	

Sonne – Sternbilder

20. 1. 8^h:
Sonne tritt in das Sternbild Steinbock

20. 1. 11^h:
Sonne tritt in das Tierkreiszeichen Wassermann

Julianisches Datum am
1. Januar, 1^h MEZ: 2 457 023,5

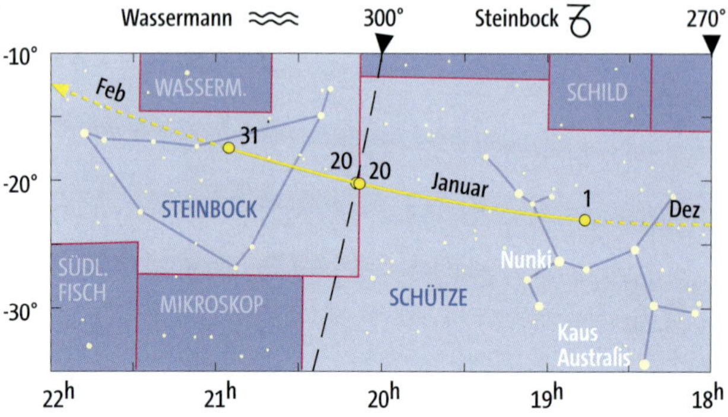

Tabelle Sonnenlauf

Tag	Dämmerg. Anfang	Aufgang MEZ	Kulmination	Untergang MEZ	Dämmerg. Ende	Mittagshöhe	Zeitgleichg.	Rektaszension	Deklination
	h m	h m	h m	h m	h m	o	m	h m	o
1.	6 59	8 19	12 23	16 28	17 48	17,0	– 3	18 44	–23,1
5.	6 59	8 18	12 25	16 33	17 52	17,4	– 5	19 01	–22,7
10.	6 58	8 16	12 27	16 39	17 57	18,0	– 7	19 23	–22,1
15.	6 56	8 13	12 29	16 46	18 03	18,9	– 9	19 45	–21,3
20.	6 52	8 09	12 31	16 54	18 10	19,9	–11	20 06	–20,3
25.	6 48	8 03	12 32	17 02	18 17	21,0	–12	20 27	–19,1
31.	6 42	7 56	12 33	17 12	18 26	22,6	–13	20 52	–17,6

Tages- und Nachtstunden

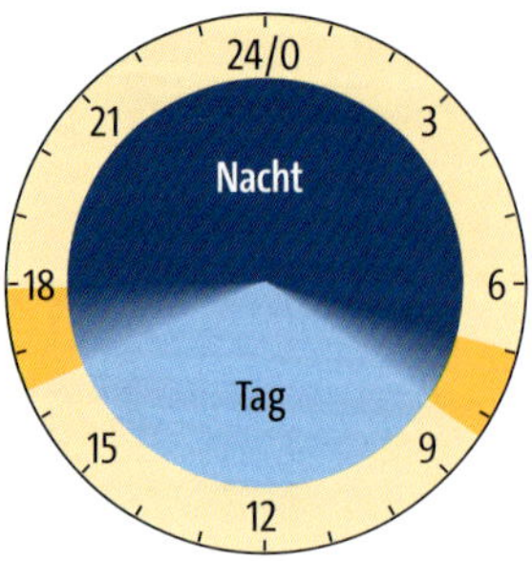

5. Januar

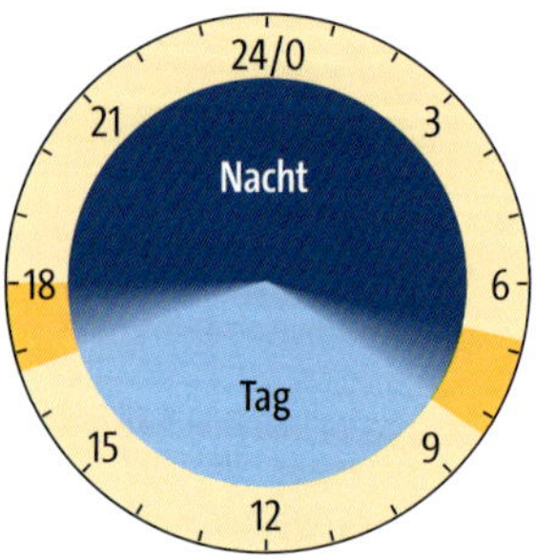

15. Januar

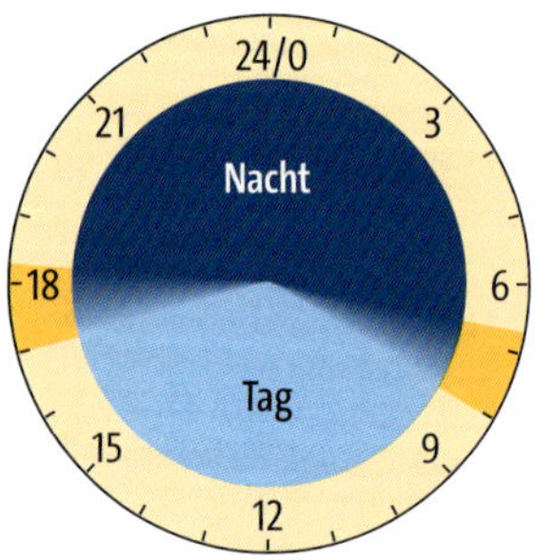

25. Januar

Tabelle Mondlauf

Datum	Aufg. MEZ	Kulmination	Unterg. MEZ	Rektaszension	Deklination	Sterne und Sternbilder	Phase	MEZ
	h m	h m	h m	h m	°			
Do 1.	14 01	21 37	4 17	3 15	+15,1	Widder	Libration West	
Fr 2.	14 43	22 29	5 21	4 09	+17,2	Stier, Hyaden		
Sa 3.	15 31	23 21	6 19	5 03	+18,4	Aldebaran		
So 4.	16 24	–	7 10	5 57	+18,6	Orion		
Mo 5.	17 21	0 11	7 55	6 49	+18,0	Alhena	**Vollmond** Größte Südbreite	$5^h 53^m$
Di 6.	18 21	1 00	8 33	7 41	+16,4	Zwillinge		
Mi 7.	19 22	1 48	9 06	8 30	+14,2	Krebs, Krippe		
Do 8.	20 23	2 33	9 34	9 18	+11,4	Krebs		
Fr 9.	21 24	3 16	10 00	10 05	+ 8,1	Löwe, Regulus	Erdferne 405/29,'5	19^h
Sa 10.	22 25	3 59	10 24	10 50	+ 4,6	Sextant		
So 11.	23 27	4 41	10 47	11 35	+ 0,9	Löwe		
Mo 12.	–	5 24	11 11	12 20	– 2,9	Jungfrau	Aufsteigender Knoten	
Di 13.	0 30	6 07	11 37	13 06	– 6,6	Spica	**Letztes Viertel**	$10^h 46^m$
Mi 14.	1 33	6 53	12 05	13 53	–10,1	Spica		
Do 15.	2 38	7 41	12 37	14 43	–13,2	Waage		
Fr 16.	3 43	8 32	13 16	15 35	–15,8	Waage	Libration Ost	
Sa 17.	4 47	9 26	14 03	16 31	–17,7	Schlangenträger		
So 18.	5 48	10 23	14 59	17 29	–18,5	Schlangenträger		
Mo 19.	6 44	11 23	16 05	18 29	–18,3	Schütze	Größte Nordbreite	
Di 20.	7 33	12 22	17 18	19 30	–16,8	Schütze	**Neumond Nr. 1139**	$14^h 14^m$
Mi 21.	8 15	13 21	18 36	20 32	–14,2	Steinbock	Erdnähe 360/33,'2	21^h
Do 22.	8 51	14 18	19 56	21 31	–10,6	Steinbock		
Fr 23.	9 24	15 14	21 15	22 30	– 6,3	Wassermann		
Sa 24.	9 55	16 07	22 32	23 26	– 1,7	Fische		
So 25.	10 24	17 00	23 47	0 21	+ 2,9	Fische	Absteigender Knoten	
Mo 26.	10 55	17 52	–	1 16	+ 7,2	Fische		
Di 27.	11 27	18 43	1 00	2 10	+11,1	Widder	**Erstes Viertel**	$5^h 48^m$
Mi 28.	12 03	19 35	2 09	3 03	+14,2	Widder	Libration West	
Do 29.	12 43	20 26	3 14	3 57	+16,5	Stier, Hyaden		
Fr 30.	13 29	21 17	4 13	4 50	+18,0	Aldebaran		
Sa 31.	14 19	22 07	5 06	5 43	+18,5	Stier		

Der Mond wandert an Jupiter vorbei

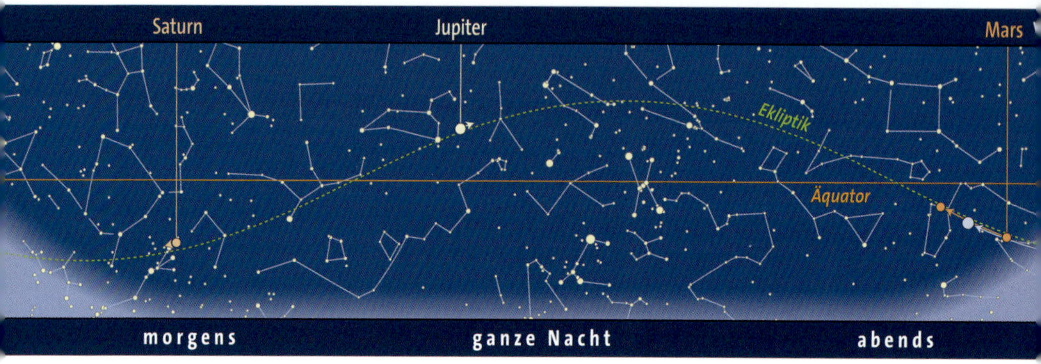

Merkur bietet Mitte Januar eine bescheidene Abendsichtbarkeit. Am 14. erreicht der flinke Planet mit 18°54′ seine größte östliche Elongation von der Sonne. Etwa vom 10. bis 19. kann man Merkur in der Abenddämmerung tief am Südwesthimmel erspähen (siehe Abb. 1.5 und 1.6 auf Seite 36). Unter guten Sichtbedingungen zeigt sich der sonnennahe Planet bereits am 7., wenn er gegen 17^h15^m in der Dämmerung sichtbar wird. An diesem Tag geht der $-0{,}^m8$ helle Merkur um 17^h55^m unter. Rund zwanzig Minuten vorher verblasst er in den horizontnahen Dunstschichten. Bis 19. sinkt die Merkurhelligkeit auf $-0{,}^m1$ ab, die Merkuruntergänge verspäten sich auf 18^h29^m. Letztmals

1.2 Heliozentrischer Anblick des Planetensystems im ersten Jahresviertel 2015. Eingetragen sind links die Positionen der inneren Planeten für den 1. Januar (1), 1. Februar (2) sowie 1. März (3) und 1. April (4). Der rechte Teil zeigt das äußere Planetensystem und einige Planetoiden zu Anfang und Ende des ersten Quartals. Die Pfeile deuten die Richtungen zu den ferneren Planeten und zum Frühlingspunkt an.

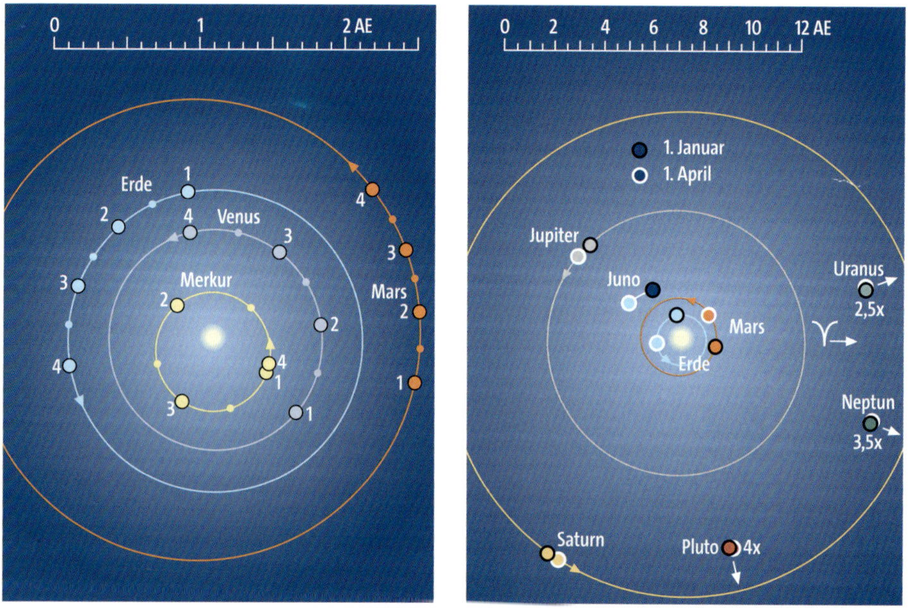

dürften erfahrene Beobachter den nur noch $0^{\mathrm{m}}{,}5$ hellen Merkur am 21. erkennen, wo er um $18^{\mathrm{h}}26^{\mathrm{m}}$ untergeht.

Am 10. kommt es zu einer Begegnung mit Venus, obwohl es sich rein formal nicht um eine Konjunktion handelt. Der geringste Abstand mit 0°39′ wird am 11. um 3^{h} erreicht. Sowohl am 10. als auch am 11. sieht man gegen 18^{h} Merkur nahe Venus stehen, die ob ihres Glanzes als Aufsuchhilfe dienen kann (siehe auch Abb. 1.8 auf Seite 37).

Ein interessanter Himmelsanblick ergibt sich am 21. gegen 18^{h}, wenn sich die extrem schmale Sichel des zunehmenden Mondes zu Merkur gesellt. Um den $0^{\mathrm{m}}{,}2$ hellen Merkur zu finden, sollte ein Fernglas eingesetzt werden (siehe Abb. 1.9 auf Seite 37).

Im Teleskop zeigt sich das $7{,}''2$ große Merkurscheibchen am 16. halb beleuchtet. Die Phase „Halbmerkur" wird als Dichotomie bezeichnet. Danach wird das Merkurscheibchen größer,

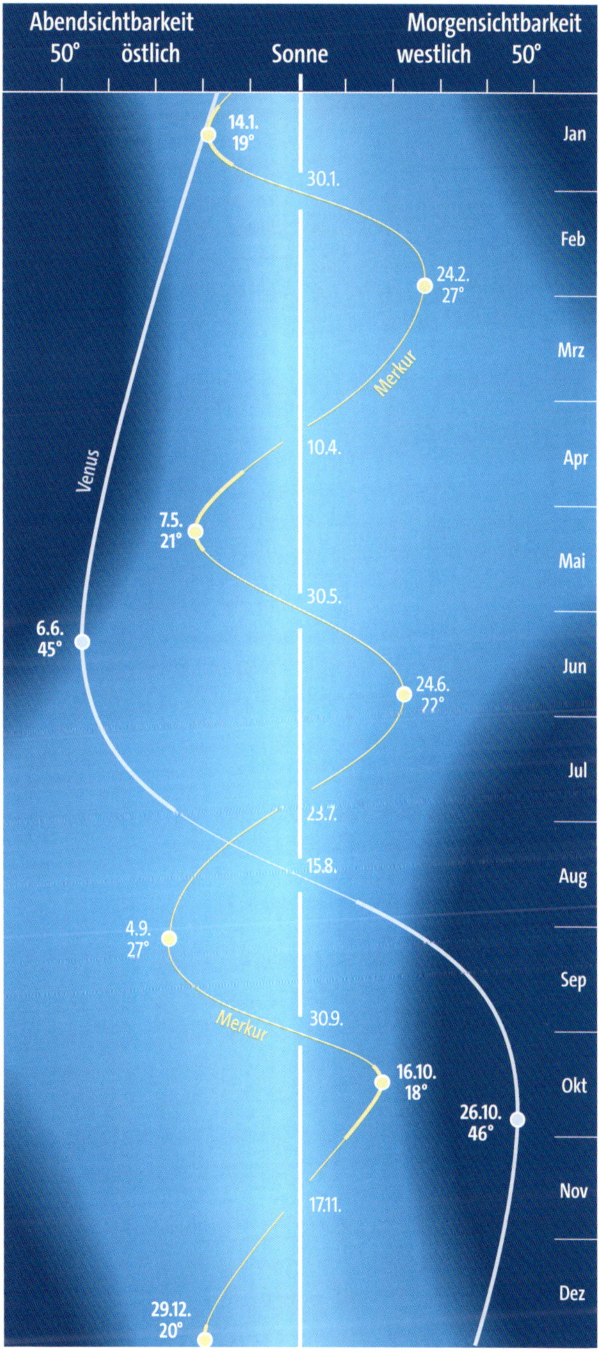

1.3 Winkelabstand zur Sonne von Merkur und Venus:
Elongationen und Konjunktionen der inneren Planeten Merkur und Venus von bzw. mit der Sonne im Jahre 2015. Die Datumsangaben beziehen sich jeweils auf die größten Elongationen sowie die Konjunktionen. Fettgedrucktes Datum bedeutet: in Mitteleuropa mit freiem Auge sichtbar. Unterbrochener Sonnenbalken weist auf eine untere Konjunktion hin, unterbrochene Planetenlinie auf eine obere Konjunktion.

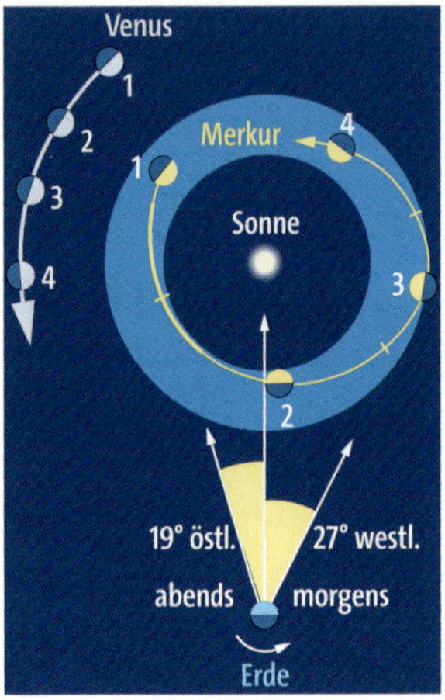

1.4 Bahnen von Merkur und Venus:
Heliozentrische Bewegungen von Merkur und Venus *relativ* zur Erde. In den dicker ausgezogenen Bahnteilen sind die Planeten beobachtbar. Die Zahlen markieren die Positionen jeweils zum Monatsersten. Östlicher Winkelabstand bedeutet Abendsichtbarkeit, westliche Elongation: Planet steht am Morgenhimmel.

der Beleuchtungsgrad geht zurück, weshalb auch die Merkurhelligkeit rasant abnimmt. Am 21. abends zeigt das $8{,}''5$ große Merkurscheibchen eine Sichel (Beleuchtungsgrad 25 Prozent).

Am 21. wird Merkur stationär und eilt rückläufig auf die Sonne zu, die ihm im Tierkreis entgegen kommt. Mit ihr trifft er am 30. zusammen, Merkur erreicht seine untere Konjunktion mit der Sonne. In unterer Konjunktion überholt ein Planet die Erde auf der Innenbahn.

Durch sein Perihel rast Merkur mit 59 Kilometer pro Sekunde am 21., wobei ihn nur 46,0 Millionen Kilometer (= 0,3075 AE) von der Sonne trennen. Dies ist die höchste Geschwindigkeit eines Planeten beim Lauf um die Sonne.

Venus eröffnet den Jahresreigen als Abendstern. Noch ist sie allerdings nicht besonders auffällig. Wenn sie bald nach Sonnenuntergang sichtbar wird, steht sie schon tief am Südwesthimmel. Im Frühjahr wird sie dann aber zu einem auffälligen Gestirn am Abendhimmel (siehe Abb. 3.2 auf Seite 78).

Am 1. geht die $-3{,}^{m}9$ helle Venus um 17^h45^m unter, am 15. um 18^h27^m und am Monatsende erst um 19^h18^m. Im Teleskop zeigt sich das nur 11″ große Planetenscheibchen fast voll beleuchtet. In den nächsten Monaten nimmt der Beleuchtungsgrad ab, der scheinbare Venusdurchmesser hingegen wächst an.

1.5 Merkur am Abendhimmel:
Stellung von Merkur über dem Südwesthorizont zu den angegebenen Daten jeweils eine Stunde nach Sonnenuntergang. Die Pfeile geben die Bewegungen von Merkur und Sonne während der letzten halben Stunde an.

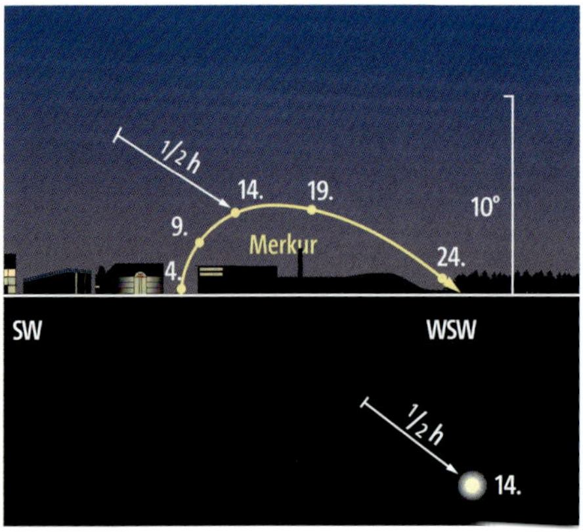

1.6 Sichtbarkeitsdiagramm für Merkur:
Das Diagramm gilt genau für 50° nördlicher Breite und 10° östlicher Länge. Dunkelgelbe Fläche: Unter günstigen Sichtbedingungen kann man Merkur mit bloßen Augen erkennen.

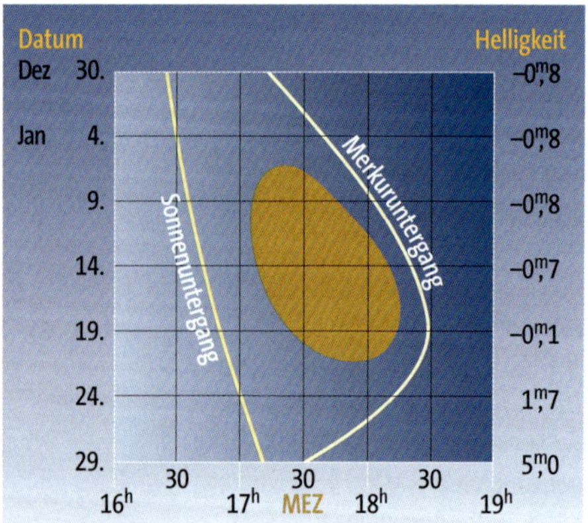

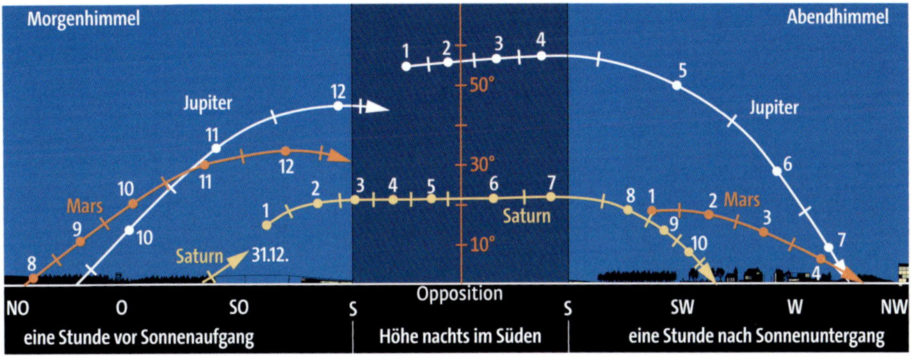

1.7 Mars, Jupiter und Saturn: Stellungen der Planeten Mars, Jupiter und Saturn im Jahr 2015. Im linken Teil sind die Positionen am Morgenhimmel jeweils eine Stunde vor Sonnenaufgang eingetragen, im rechten Teil die Positionen am Abendhimmel jeweils eine Stunde nach Sonnenuntergang. Im Mittelteil sind die Stellungen zur Kulminationszeit angegeben sowie die Kulminationshöhe.

Auf die Begegnung mit Merkur am 10. wurde schon unter „Merkur" hingewiesen (Abb. 1.8 unten). Ein netter Himmelsanblick ergibt sich am 22., wenn gegen 18^h30^m die schmale Sichel des zunehmenden Mondes zwischen Venus und Mars knapp über dem Südwesthorizont zu sehen ist (siehe Abb. 1.1 auf Seite 30).

Unser innerer Nachbarplanet tritt am 3. in das Sternbild Steinbock und wechselt am 25. in das Sternbild Wassermann.

Mars ist zu Jahresbeginn noch am frühen Abendhimmel zu sehen. Der rote Planet verlässt am 9. das Sternbild Steinbock und wechselt in den Wassermann. Er wandert somit ein wenig nach Norden. Die ansteigenden Deklinationen vergrößern seinen Tagbogen, was ihm eine gewisse Sichtbarkeitszeit sichert.

Am 1. erfolgt der Marsuntergang um 20^h01^m, am Monatsende um 20^h16^m. Seine Helligkeit geht leicht um $0\overset{m}{.}1$ auf $1\overset{m}{.}2$ zurück.

Am 19. zieht Mars nur 14′ südlich an Neptun vorbei. Die Begegnung ist nur in einem lichtstarken Fernglas oder Teleskop beobachtbar (siehe Abb. 1.11 auf Seite 41). Die Sichel des zunehmenden Mondes ist am 22. gegen 18^h30^m tief am Südwesthimmel zwischen Venus und Mars zu sehen (Abb. 1.1 auf Seite 30).

Das Marsscheibchen schrumpft im Januar von 4″,8 auf 4″,4 scheinbaren Durchmesser. Auf

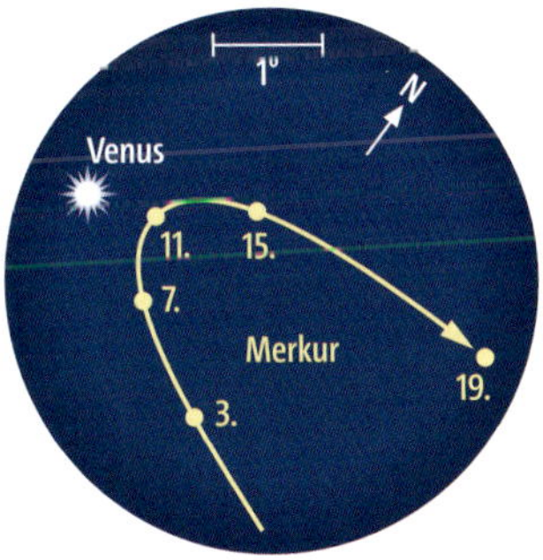

1.8 Merkur bei Venus: Nahe Begegnung von Merkur mit Venus um den 11. Januar. Fernglasanblick bei 5° Gesichtsfelddurchmesser. Eingetragen ist die Merkurbewegung relativ zur Venus.

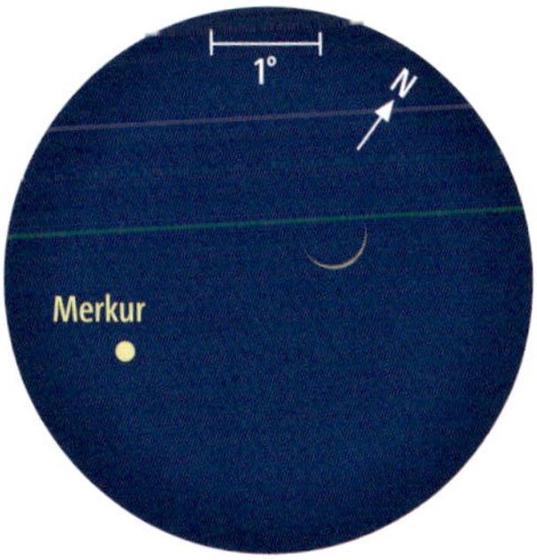

1.9 Mond bei Merkur: Begegnung der extrem schmalen Sichel des zunehmenden Mondes mit Merkur am 21. Januar. Fernglasanblick gegen 18^h bei 5° Gesichtsfelddurchmesser.

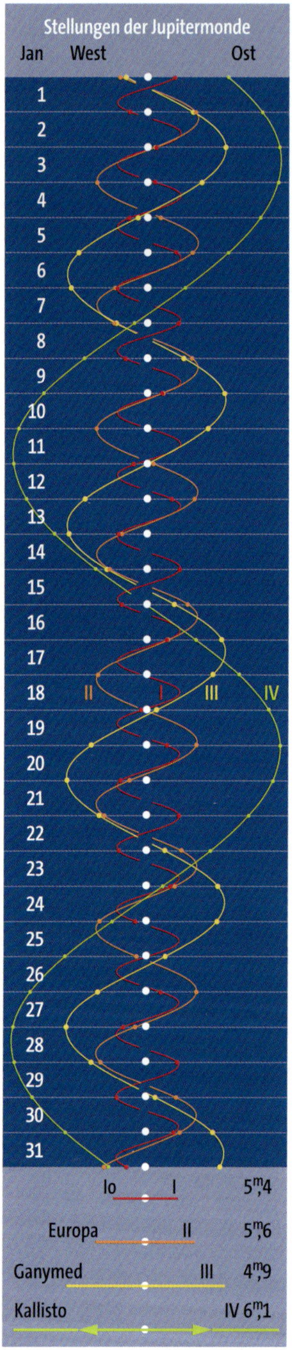

Jupitermonde

Tag	MEZ		Vorgang	
	h m			
1.	4 19	III	VA	
	5 01	II	VA	
	5 27	I	SA	
	6 15	I	DA	
2.	2 40	I	VA	
	5 47	I	BE	
	23 39	II	SA	
	23 55	I	SA	
3.	0 41	I	DA	
	1 15	II	DA	
	2 12	I	SE	
	2 33	II	SE	
	2 58	I	DE	
	4 09	II	DE	
	21 08	I	VA	
4.	0 14	I	BE	
	20 40	I	SE	
	21 21	III	DA	
	21 25	I	DE	
	21 56	III	SE	
	22 39	II	BE	
5.	0 58	III	DE	
7.	21 31	IV	DE	
8.	7 20	I	SA	
9.	4 34	I	VA	
	7 22	III	BA	II
	7 36	III	BE	II
10.	1 48	I	SA	
	2 15	II	SA	
	2 26	I	DA	
	3 34	II	DA	
	4 05	I	SE	
	4 44	I	DE	
	5 09	II	SE	
	6 29	II	DE	
	23 02	I	VA	
11.	1 59	I	BE	
	20 16	I	SA	
	20 51	II	VA	
	20 53	I	DA	
	22 16	III	SA	
	22 34	I	SE	

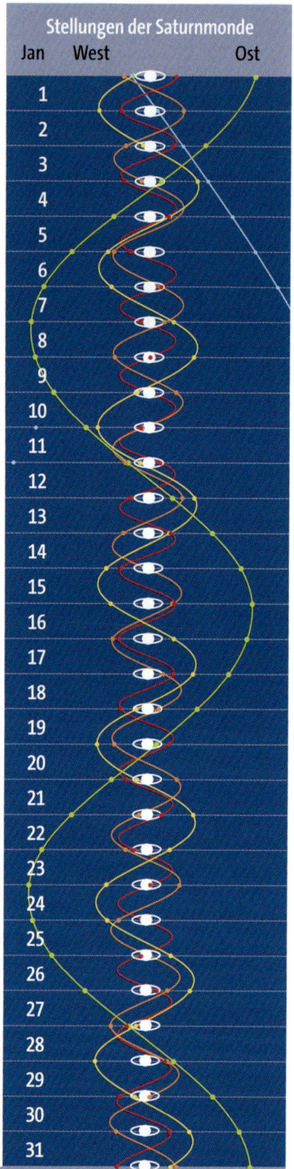

Japetus

5.	11^{m},8
10.	12^{m},2
15.	12^{m},5
20.	12^{m},7
25.	12^{m},5
30.	12^{m},1

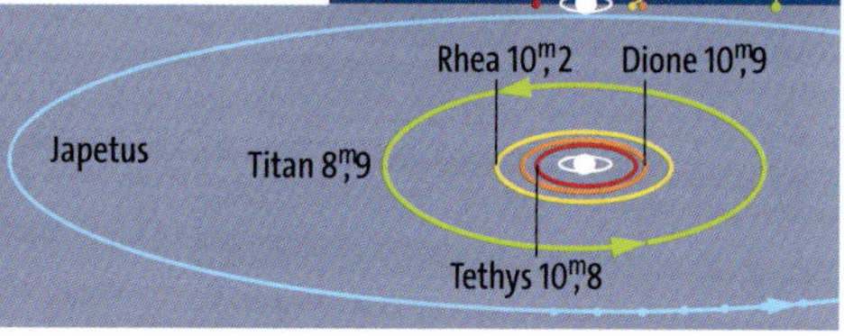

Tag	MEZ h m		Vorgang
11.	23 10	I	DE
12.	0 44	III	DA
	0 55	II	BE
	1 54	III	SE
	4 21	III	DE
	20 25	I	BE
15.	22 42	IV	VE
	22 52	IV	BA
16.	3 39	IV	BE
	6 28	I	VA
17.	3 41	I	SA
	4 11	I	DA
	4 51	II	SA
	5 52	II	DA
	5 59	I	SE
	6 28	I	DE
18.	0 56	I	VA
	3 44	I	BE
	22 10	I	SA
	22 37	I	DA
	23 24	II	VA
19.	0 27	I	SE
	0 54	I	DE
	2 15	III	SA
	3 10	II	BE
	3 31	II	BA III
	3 37	II	BE III
	4 04	III	DA
	5 53	III	SE
	19 25	I	VA
	22 10	I	BE
20.	19 20	I	DE
	21 04	II	SE
	21 54	II	DE
22.	21 23	III	BE
24.	4 11	IV	SA
	5 35	I	SA
	5 55	I	DA
	19 48	I	VA IV
	20 02	I	VE IV
25.	2 51	I	VA
	5 28	I	BE
26.	0 03	I	SA
	0 20	I	DA
	1 58	II	VA
	2 21	I	SE
	2 38	I	DE
	5 24	II	BE
	6 13	III	SA
	6 13	II	BA III
	6 19	II	BE III
	21 19	I	VA
	23 54	I	BE
27.	18 46	I	DA
	20 45	II	SA
	20 49	I	SE
	21 04	I	DE
	21 15	II	DA
	23 40	II	SE
28.	0 10	II	DE
	7 18	I	VA II
	7 27	I	VE II
29.	20 12	III	VA
30.	0 40	III	BE
31.	20 32	I	VA II
	20 40	I	VE II
	20 48	I	BA II
	20 55	I	BE II

ihm sind kaum mehr Details auszumachen. Auf der Nordhalbkugel des Mars beginnt am 11. der Winter.

Jupiter, rückläufig im Löwen an der Grenze zum Krebs, wird zum strahlenden Gestirn der gesamten Nacht. Der Riesenplanet strebt seiner Opposition entgegen, die er zu Beginn des nächsten Monats erreicht. Die Jupiterhelligkeit nimmt um 0^{m},2 zu und erreicht Ende Januar –2^{m},6. Damit ist er nach dem Untergang der Venus hellster Planet am Nachthimmel.

Der Riesenplanet überschreitet am 1. um 19^{h}54^{m} die östliche Horizontlinie und am 15. um 18^{h}52^{m}. Am Monatsletzten geht Jupiter bereits in den Nachmittagsstunden, nämlich um 17^{h}37^{m} auf.

Zu Jahresbeginn hat das Jupiterscheibchen 43″,4 scheinbaren Äquatordurchmesser und einen Poldurchmesser von 40″,6. Schon in kleinen Fernrohren erkennt man deutlich, dass Jupiter abgeplattet ist.

Am 8. erhält Jupiter Besuch vom noch fast vollen Mond (siehe Abb. unter der Tabelle „Mondlauf“ auf Seite 33).

Saturn kann am Morgenhimmel gesehen werden. Der Ringplanet wandert durch das Sternbild Waage und wechselt am 18. in das Sternbild Skorpion. Am 30. zieht Saturn 1°,0 nördlich an Acrab (β Scorpii, 2^{m},4) gemächlich vorbei (siehe Abb. 5.5 auf Seite 121).

Seine Aufgänge erfolgen nun immer früher: Am 1. geht Saturn um 5^{h}04^{m} auf, am 15. um 4^{h}16^{m} und am 31. schon um 3^{h}20^{m}. Etwa zwanzig Minuten nach seinem Aufgang sollte man Saturn knapp über dem Südosthorizont erkennen. Die Saturnhelligkeit nimmt leicht von 0^{m},6 auf 0^{m},5 zu.

Im Teleskop sieht man den mit knapp 25° fast maximal geöffneten Ring. Gegenwärtig blickt man auf die Nordseite des Saturnringsystems und die Nordhalbkugel des Saturn. Die scheinbare Längsausdehnung des Ringes misst 36″,7, der Querdurchmesser beträgt 15″,4. Der scheinbare Äquatordurchmesser weist eine Größe von 16″,2, der Poldurchmesser des stark abgeplatteten Saturnglobus (1:9,2) liegt bei 14″,7.

Am 16. passiert die Sichel des abnehmenden Mondes den Ringplaneten 1°,9 nördlich (siehe Abb. 1.10 auf Seite 40).

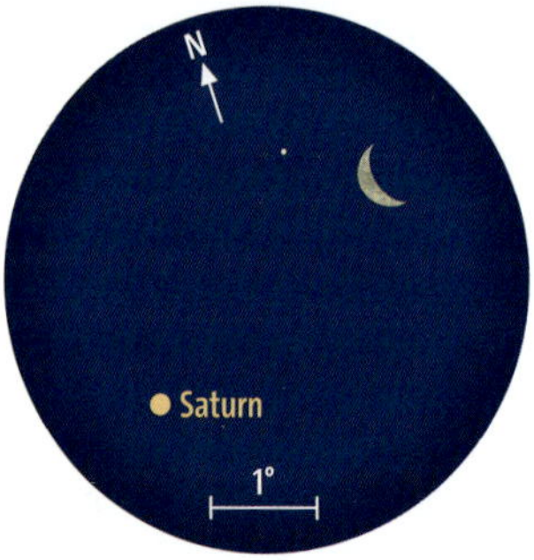

1.10 Mond bei Saturn: **Begegnung der Sichel des abnehmenden Mondes mit Saturn am 16. Januar. Fernglasanblick gegen 7^h MEZ bei 5° Gesichtsfelddurchmesser.**

Uranus, rechtläufig im Sternbild Fische, kann in der ersten Nachthälfte aufgefunden werden. Seine Helligkeit geht leicht um $0^m{,}1$ auf $5^m{,}9$ zurück. Der grünliche Planet hält sich südlich von δ Piscium ($4^m{,}4$) auf (siehe Aufsuchkarte Abb. 10.13 auf Seite 217).

Mit einem Fernglas oder Teleskop kann man ab 18^h den Planeten am Westhimmel aufspüren. Am 1. geht Uranus um 0^h51^m unter. Gegen Mitternacht wird der sonnenferne Planet in den horizontnahen Dunstschichten unsichtbar. Die Untergänge erfolgen immer früher, was seine Sichtbarkeitsdauer verkürzt. Am 15. geht Uranus um 23^h53^m unter, am 31. schon um 22^h52^m. Jeweils eine Stunde vor dem Untergang ist Uranus als Beobachtungsobjekt zu streichen.

Am 25. wird Uranus vom Mond bedeckt. Es ist dies die erste von dreizehn Bedeckungen im Jahre 2015, die aber allesamt von Mitteleuropa aus unbeobachtbar bleiben.

Neptun kann noch in der ersten Monatshälfte am frühen Abend mit Fernglas oder Teleskop aufgefunden werden. Der sonnenfernste Planet wandert langsam rechtläufig durch das Sternbild Wassermann (siehe Abb. 9.6 auf Seite 195). Die Sonne ist dem Planeten des Meeresgottes auf den Fersen. Ende nächsten Monat wird sie ihn einholen. Beide Himmelskörper stehen dann in Konjunktion miteinander. Am 1. geht der mit $7^m{,}9$ recht lichtschwache Planet um 21^h19^m unter. Gegen 18^h ist es dunkel genug, um nach dem bläulichen Planeten zu fahnden. Im Laufe des Monats geht die Neptunhelligkeit leicht um $0^m{,}1$ zurück. Neptun kulminiert am 1. bereits um 16^h06^m. Mit Einbruch der Dunkelheit steht er schon weit im Südwesten. Am 15. geht Neptun um 20^h27^m unter und am 31. bereits um 19^h27^m.

Am 19. zieht Mars nur 14′, also eine halbe Vollmondbreite, südlich an Neptun vorbei (siehe Abb. 1.11 auf Seite 41).

Pluto, Zwergplanet mit der Planetoiden-Nummer 134 340, hält sich im Jahr 2015 im Sternbild Schütze auf. Am 6. Juli kommt er in Opposition zur Sonne. Mit $14^m{,}1$ visueller Oppositionshelligkeit ist er nicht leicht zu beobachten, zumal er durch die ster-

Konstellationen und Ereignisse

Datum	MEZ	Ereignis
4.	1^h	Pluto in Konjunktion mit der Sonne
4.	8	Erde im Perihel (Sonnennähe), Abstand Erde – Sonne 147,096 Millionen Kilometer
8.	9	**Mond bei Jupiter**, Mond $5^\circ{,}1$ südlich, **Abstand $5^\circ{,}6$ um 6^h**
10.	18	**Merkur nahe Venus, Abstand $0^\circ{,}7$ um 18^h**
14.	21	Merkur in größter östlicher Elongation (19°)
16.	13	**Mond bei Saturn**, Mond $1^\circ{,}9$ nördlich, **Abstand $3^\circ{,}1$ um 7^h**
19.	22	**Mars bei Neptun**, Mars $0^\circ{,}2$ südlich, **Abstand $0^\circ{,}3$ um 19^h** (Fernglas!)
21.	5	Merkur im Stillstand, anschließend rückläufig
21.	19	**Mond bei Merkur**, Mond $3^\circ{,}0$ nördlich, **Abstand $2^\circ{,}3$ um 18^h**
21.	22	Merkur im Perihel
22.	6	Mond bei Venus, Mond $5^\circ{,}6$ nördlich
23.	2	Mond bei Neptun, Mond $3^\circ{,}9$ nördlich
23.	6	Mond bei Mars, Mond $3^\circ{,}9$ nördlich
25.	13	Mond bei Uranus, Mond $0^\circ{,}6$ nördlich (Bedeckung)
30.	15	Merkur in unterer Konjunktion mit der Sonne

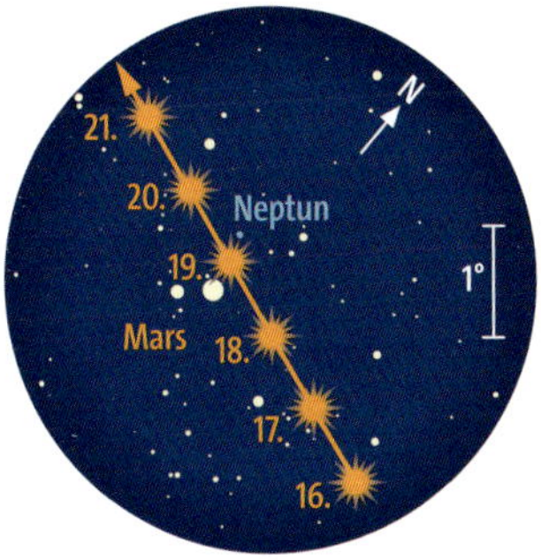

1.11 Mars bei Neptun:
Mars zieht am 19. Januar knapp an Neptun vorbei. Abendlicher Fernglasanblick bei 5° Gesichtsfelddurchmesser.

nenreiche Gegend der Milchstraße wandert. In der Rubrik „Planetenlauf“ wird er in den Monaten April, Juli und September erwähnt.

Am 4. steht Pluto in Konjunktion mit der Sonne. Von der Erde trennen ihn an diesem Tag 5052 Mio. Kilometer (= 33,77 AE), seine Sonnendistanz beträgt dann 4905 Mio. Kilometer (= 32,79 AE).

Planetoiden

Juno, Planetoid Nr. 3, kommt in der Nacht vom 29. auf 30. in **Opposition** zur Sonne. Sie wandert rückläufig durch das Sternbild Wasserschlange. Am 24. passiert sie 0,°8 südwestlich σ Hydrae (4,m4), wie aus Abb. 1.12 rechts zu ersehen ist. Zu Monatsbeginn noch 8,m5 hell, erreicht Juno eine Oppositionshelligkeit von 8,m1, was sie zu einem recht leichten Fernglasobjekt macht. Am 1. kulminiert Juno um 2^h34^m, am Oppositionstag bereits um 0^h17^m. Zur Opposition trennen uns 200 Millionen Kilometer (= 1,34 AE) von Juno, während ihre Sonnendistanz 344 Millionen Kilometer (= 2,30 AE) misst.

Vesta, Planetoid Nr. 4, steht am 11. in Konjunktion mit der Sonne. Von der Sonne ist sie an diesem Tag 327 Millionen Kilometer (= 2,19 AE) entfernt, von der Erde trennen sie 474 Millionen Kilometer (= 3,17 AE).

Periodische Sternschnuppenströme

Vom 1. bis 10. Januar sind die **Quadrantiden** (Ausstrahlungspunkt oder Radiant im Nordteil des Bootes) in der zweiten Nachthälfte zu sehen. In der Nacht vom 3. auf 4. Januar ist das spitze Maximum zu erwarten. Mit bis zu hundert Objekten pro Stunde ist im Maximum zu rechnen. In manchen Jahren wurden sogar über zweihundert pro Stunde beobachtet. Helle Sternschnuppen kommen dabei nur selten vor. In diesem Jahr stört Mondlicht die Beobachtungen. Die einzelnen Meteoroide haben mittlere Eintrittsgeschwindigkeiten in die Erdatmosphäre um 40 Kilometer pro Sekunde. Die Quadrantiden haben ihren Ursprung vermutlich im Kometen 96P/Machholz und im Kleinplaneten 2003 EH_1. Da der Radiant im Sternbild Bootes liegt, wird dieser Strom auch **Bootiden** genannt.

1.12 Bahn von Juno:
Scheinbare Bahn des Kleinplaneten (3) Juno im Gebiet der Sternbilder Krebs und Wasserschlange von November 2014 bis April 2015.

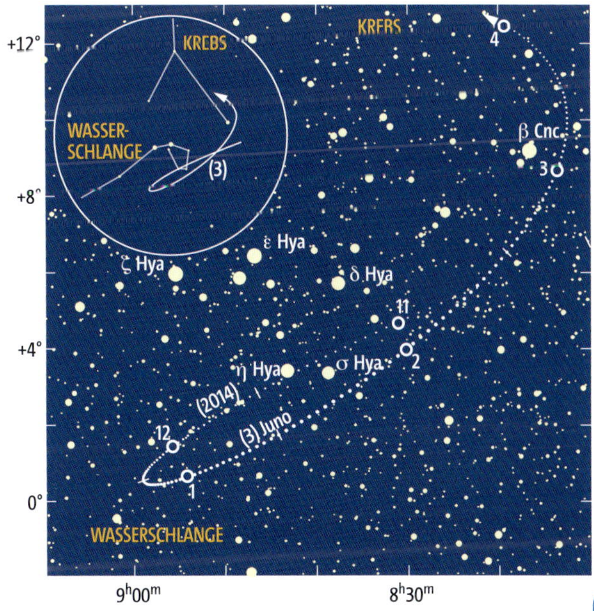

Ein wenig bekannter Strom sind die **Delta-Cancriden**. Sie tauchen zwischen dem 1. und 24. Januar auf. Das Maximum fällt auf den 17. Januar. Die Meteore entströmen dem Sternbild Krebs. Es handelt sich um langsame Sternschnuppen mit Geschwindigkeiten um 30 Kilometer pro Sekunde. Pro Stunde ist lediglich mit etwa vier Meteoren zu rechnen.

Ein relativ neuer Strom sind die **Gamma-Ursiden**. Während die bisher bekannten Ursiden in der zweiten Dezemberhälfte aufflammen, sind die Gamma-Ursiden um den 20. Januar zu erwarten. Bisher nur durch Radarbeobachtungen verfolgt, konnten in der Nacht vom 20. auf 21. Januar 2010 zehn Meteore dieses neuen Stromes visuell beobachtet werden, die relativ hell waren (mittlere scheinbare Helligkeit $0^{m}_{,}5$). Der Radiant dieses Stromes liegt nahe bei γ Ursae Minoris. Die Geschwindigkeiten der Gamma-Ursiden streuen um 30 Kilometer pro Sekunde.

Der Fixsternhimmel

Der Winterhimmel weist abends die meisten hellen Sterne auf. In keiner anderen Jahreszeit ist das abendliche Sternenzelt so reich bestückt an Glanzlichtern. Blickt man fast senkrecht nach oben, so entdeckt man einen gelblichen Stern erster Größe. Er wird Kapella genannt und ist der hellste Stern im Fuhrmann. Der Fuhrmann ist leicht zu erkennen: Ein Fünfeck mit Kapella an der Spitze. Häufig sieht man jedoch ein Sechseck – so werden auch die Linien in vielen Sternkarten gezeichnet. Auch in unserer Monatssternkarte bilden die Skelettlinien ein Sechseck, das den Fuhrmann markiert. Der Stern gegenüber der Kapella gehört jedoch schon zum Stier und firmiert unter β Tauri. Mit Eigennamen heißt er Al Nath und deutet die eine Hornspitze des Stierkopfes an. Die scheinbare Sonnenbahn, die Ekliptik, geht knapp südlich an Al Nath vorbei. Der Stier nimmt jetzt hoch im Süden seinen Platz ein. Auffällig leuchtet sein hellster Stern, der rötliche Aldebaran.

1.13 Das Himmels-W:
Das Sternbild Kassiopeia (auch als Himmels-W bekannt) dient als Polweiser.

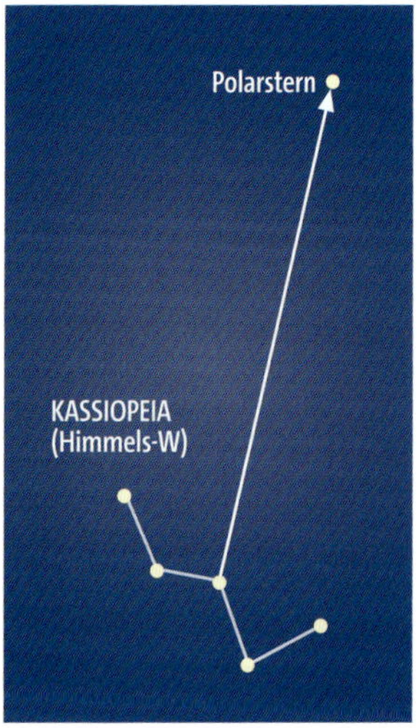

Aldebaran selbst steht mitten im eindrucksvollen Sternhaufen der Hyaden. Allerdings ist er nicht Mitglied dieses Sternhaufens. Mit 66 Lichtjahren Entfernung ist Aldebaran nur halb so weit weg wie die Hyadensterne. Er steht somit im Vordergrund der Hyaden. Noch ein weiterer, sehr einprägsamer offener Sternhaufen ist im Stier zu sehen: die Plejaden oder das Siebengestirn. Besonders im Fernglas hinterlassen die blau-weißen Plejadensterne einen bleibenden Eindruck.

Der eindrucksvolle Himmelsjäger

Das bekannteste Wintersternbild, der Himmelsjäger Orion, fällt halbhoch im Süden jedem auf, der jetzt zum Sternenhimmel blickt. Die beiden hellsten Sterne im Orion sind der rötliche Schulterstern Beteigeuze und der bläulich-weiße Fußstern Rigel. Dazwischen markieren drei Sterne zweiter Größe in einer Linie den Gürtel. Ganz allgemein spricht man daher von den drei Gürtelsternen des Orion. Sie haben die Fantasie der Menschen häufig angeregt, weshalb es viele Bezeichnungen für sie gibt. Die Landbevölkerung sah in ihnen die drei Mahder oder Schnitter, die die Ernte ein-

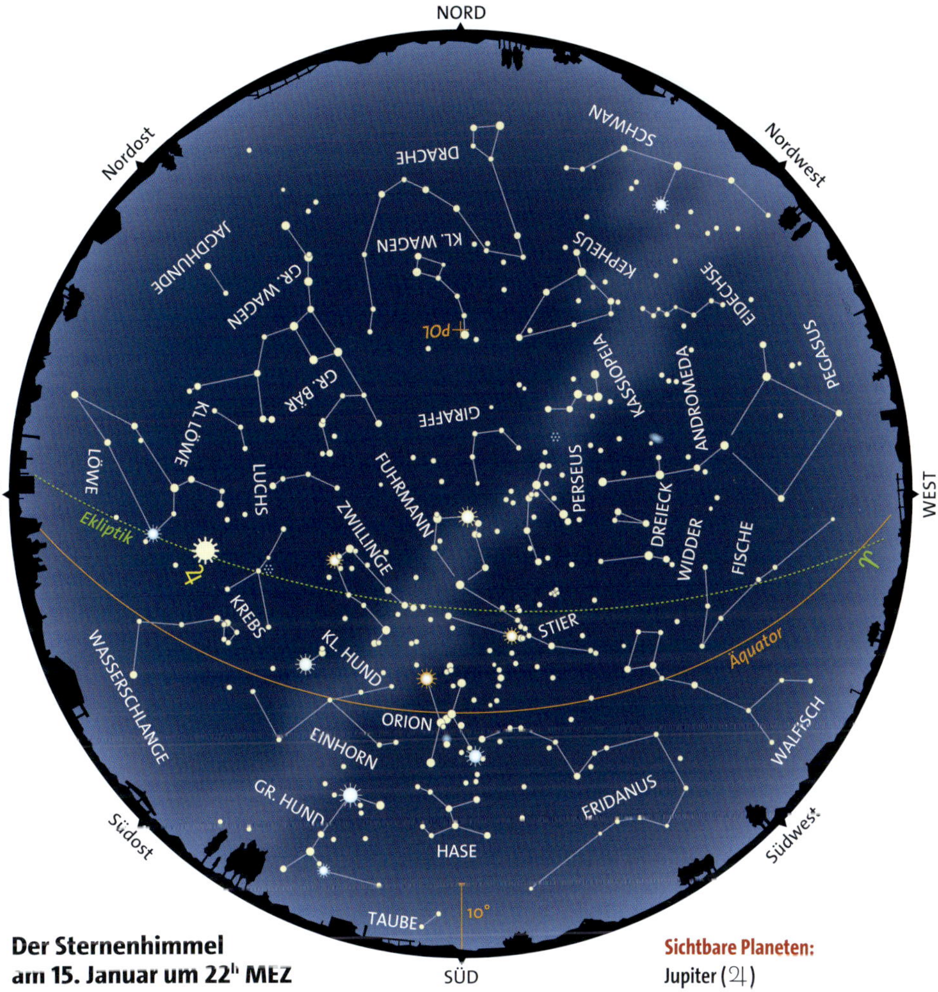

Der Sternenhimmel am 15. Januar um 22h MEZ

Sichtbare Planeten:
Jupiter (♃)

Die Sternkarte ist auch gültig für:

	MEZ	MESZ
1.10.	5^h	6^h
15.10.	4	5
1.11.	3	
15.11.	2	
1.12.	1	
15.12.	0	
1. 1.	**23**	
15. 1.	**22**	
31. 1.	**21**	
15. 2.	20	

bringen. Die Gürtelsterne sind nämlich zur Erntezeit im August am Morgenhimmel im Südosten zu sehen, wenn die Feldarbeiter ihr Tagwerk beginnen.

Im Südosten strahlt Sirius als hellster Stern des Himmels und Hauptstern im Großen Hund. Ein wenig höher leuchtet Prokyon im Kleinen Hund. Prokyon ist die griechische Bezeichnung für „Vorhund", denn Prokyon geht in unseren Breiten vor Sirius auf. Sirius und Prokyon sind relativ nahe Sterne, sie gehören zu den unmittelbaren Nachbarn unserer Sonne. Sirius ist knapp neun und Prokyon etwas mehr als elf Lichtjahre von unserem Sonnensystem entfernt. Beide Hundssterne besitzen je einen Weißen Zwerg als Begleiter.

Hoch im Osten haben sich die beiden Sternenketten der Zwil-

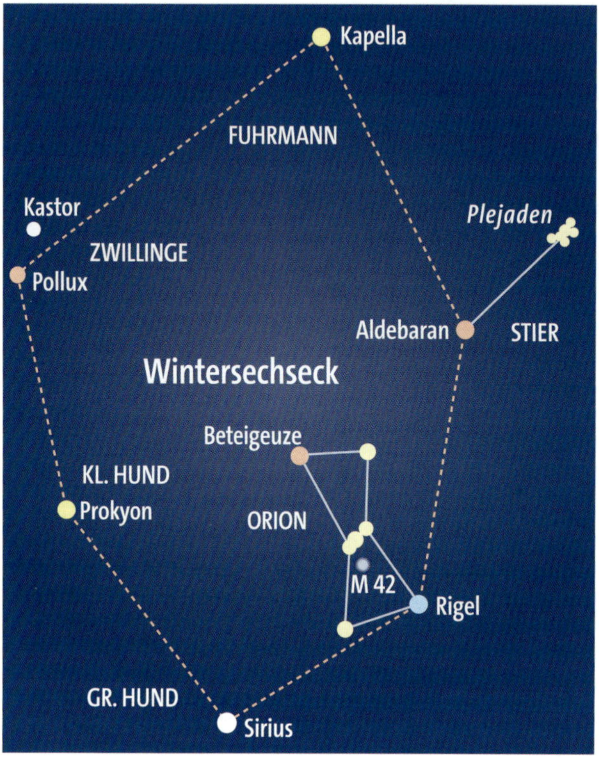

1.14 Das Wintersechseck: **Es setzt sich aus den sechs hellen Sternen Kapella im Fuhrmann, Aldebaran im Stier, Rigel im Orion, Sirius im Großen Hund, Prokyon im Kleinen Hund und Pollux in den Zwillingen zusammen.**

linge eingefunden. Ihre beiden hellsten Sterne heißen Kastor und Pollux. Das Sternenpolygon, das aus Kapella im Fuhrmann, Aldebaran im Stier, Rigel im Orion, Sirius im Großen Hund, Prokyon im Kleinen Hund und Pollux in den Zwillingen gebildet wird, nennt man Wintersechseck.

Vorboten des Frühlings

Der Blick nach Osten lässt den kommenden Frühling erahnen. Knapp über dem Osthorizont ist der mächtige Löwe erschienen. Der Löwe ist das bekannteste Frühlingssternbild. Im April geht der Löwe zur Standardbeobachtungszeit (= 22^h MEZ) gerade durch den Meridian. Der Löwe gehört zum Tierkreis. Zu den Tierkreisbildern zählen jene dreizehn Sternbilder, durch die die scheinbare Sonnenbahn zieht. In ihnen findet man daher auch den Mond und die Planeten.

Hoch im Nordwesten zeigt sich die Kassiopeia, ein Sternbild, das recht leicht zu erkennen ist. Es sieht aus wie ein großes W, weshalb man auch vom Himmels-W spricht. Die mittlere Spitze des Himmels-W deutet ungefähr auf den Polarstern, der am Deichselende des Kleinen Wagens steht. Der Kleine Wagen ist nicht ganz einfach zu erkennen, denn außer drei Sternen sind die anderen recht lichtschwach. Es müssen schon gute Sichtbedingungen herrschen – keinesfalls dürfen irdische Lichter stören –, um den Kleinen Wagen zu finden. Viel leichter sieht man den Großen Wagen. Nimmt man den Polarstern als Zentrum, dann stehen Himmels-W und

Veränderliche Sterne im Januar

Algol-Minima	5. 6^h08^m	8. 2^h56^m	10. 23^h47^m	13. 20^h35^m	28. 4^h43^m	31. 1^h31^m
β-Lyrae-Minima	4. 9^hH	10. 20^hN	17. 7^hH	23. 19^hN	30. 6^hH	
δ-Cephei-Maxima	3. 3^h	8. 12^h	13. 21^h	19. 5^h	24. 14^h	29. 23^h
Mira-Helligkeit	1. 10^m	10. 10^m	20. 10^m	31. 10^m		

Großer Wagen einander diametral gegenüber. Da beide Sternbilder bei uns zirkumpolar sind, kann man sie in jeder klaren Nacht des Jahres sehen. An ihnen lässt sich auch sehr schön die Drehung des himmlischen Uhrwerks im Laufe der Nacht verfolgen.

Die Stellungen von Großem Wagen und Himmels-W über dem Nordhorizont zum jeweiligen Monatsbeginn um 22^h MEZ findet man in einer kleinen Grafik stets auf der ersten Seite eines neuen Monatsabschnittes (z. B. für Januar auf Seite 30).

Von den Herbstbildern hält sich noch Perseus fast im Zenitbereich auf, während Andromeda und Pegasus sowie die Tierkreisbilder Widder und Fische den Westhimmel bevölkern.

Das Meeresungeheuer

Tief im Nordwesten ist noch Deneb im Schwan auszumachen. Im Südwesten findet man nur lichtschwache Sternbilder: den Fluss Eridanus und den Walfisch. Die lateinische Bezeichnung für ihn lautet Cetus. Der Cetus ist jedoch weder ein Wal noch ein Fisch, sondern schlicht ein Fabelwesen, das Meeresungeheuer, das die an einen Felsen geschmiedete Andromeda verschlingen will.

Fernab irdischer Lichtquellen kann man jetzt gut das schimmernde Band der winterlichen Milchstraße bewundern. Vom Südosten steigt es empor, zieht vorbei an Sirius durch die Zwillinge, Fuhrmann, Perseus und Kassiopeia und sinkt zum Nordwesthorizont hinab.

Doch nur wenige Menschen finden heutzutage noch die Gelegenheit, einmal die Milchstraße mit eigenen Augen am Nachthimmel zu sehen. Fast nirgendwo mehr in unseren Gegenden ist der Nachthimmel dunkel genug, um die Milchstraße wirklich beeindruckend zu erleben.

In den Tiefen von Raum und Zeit

Hubble Space Telescope (NASA/ESA)

1.15 Der Galaxienhaufen im Sternbild Haar der Berenike. Der Coma-Haufen enthält Dutzende großer Galaxien und insgesamt 11 000 Mitglieder. Seine Entfernung beträgt 300 Millionen Lichtjahre.

Schon wieder beginnt ein neues Jahr, und man hat nun „2015" zu schreiben. Viele Zeitgenossen, vor allem diejenigen, die schon etliche Jahre den Planeten Erde bewohnen, haben das Gefühl, die Zeit rase immer schneller dahin. „Time flies – die Zeit fliegt" sagen die Amerikaner. „Eins, zwei, drei im Sauseschritt, läuft die Zeit, wir laufen mit!" dichtete einst Wilhelm Busch. Die Zeit lässt sich weder bremsen noch beschleunigen. Sekunde folgt auf Sekunde, Stunde auf Stunde, Tag auf Tag, Jahr auf Jahr. Wir müssen mit dem Tempo der Zeit mithalten.

Der Ablauf der Zeit kann nicht nur nicht gebremst werden, er kann auch nicht umgekehrt werden. Man kann nicht in die Vergangenheit zurückkehren und eventuell Handlungen ungeschehen machen oder ändern. Zeitreisen kommen nur in Science-Fiction-Romanen vor, nicht aber in der Realität – zumindest nicht in unserer makroskopischen Welt. Im Bereich der Elementarteilchen hingegen existiert kein gerichteter Zeitablauf – einen Zeitpfeil gibt es nicht. Ein Photon oder ein Elektron altern nicht. Der Physiker sagt: Die Zeitsymmetrie ist nicht gebrochen. Anders verhält es sich in Vielteilchensystemen: Hier erscheint der Zeitpfeil, zwischen Vergangenheit, Gegenwart und Zukunft ist zu unterscheiden. Was in der Vergangenheit liegt, lässt sich nicht mehr beeinflussen, die Zukunft bleibt uns weitgehend verborgen. Zwar lassen sich die

Positionen der Himmelskörper in unserem Sonnensystem einige Tausend Jahre im Voraus kalkulieren, weil ihre Zahl gering ist. Daher auch der verständliche Wunsch, daraus das zukünftige Schicksal von Menschen vorherzusagen. Dies funktioniert allerdings nicht, obwohl uns die Sterndeuter dies immer wieder weismachen wollen. „Die Sterne lügen nicht!“ – Richtig, sie schweigen nämlich und sagen nichts.

Ein Mensch setzt sich im Mittel aus vier Quadrilliarden (4×10^{27}) Atomen zusammen. Daher spielt sich sein Leben in einer Zeitrichtung ab – von der Geburt bis zum Tod. Eine Rückkehr in die Jugend ist nicht möglich.

Kosmischer Kalender

Was große Dimensionen betrifft, ist unsere Vorstellungskraft sehr begrenzt. Ein langes Menschenleben von hundert Jahren ist überschaubar. Auch eine Zeitspanne von zweitausend Jahren kann man gedanklich nachvollziehen, wenn man sich beispielsweise mit den Ereignissen in der Antike beschäftigt. Aber eine Million Jahre entzieht sich unserer Vorstellung. Vor 200 Millionen Jahren im Erdmittelalter, dem Mesozoikum, stapften die Dinosaurier über die Oberfläche der Erde. Diese Zeitspanne ist absolut nicht mehr anschaulich vorstellbar, erst recht nicht das Alter der Erde von fast fünf Milliarden, also 5000 Millionen, Jahren. Selbst Modelle wie der Kosmische Kalender helfen dabei nur bedingt, große Zeitspannen zu erfassen (siehe Tafel auf Seite 53). Verkürzt man das Alter des Universums von knapp vierzehn Milliarden Jahren auf nur ein einziges, irdisches Jahr, dann dauert das Leben eines Hundertjährigen weniger als zwei Zehntel Sekunden – das kurze Aufblitzen einer Sternschnuppe.

Ähnlich ergeht es uns mit großen Raumdimensionen. Entfernungen auf der Erde sind uns von Reisen her vertraut. Die Distanz Erde – Mond von im Mittel 384 400 Kilometer kann man sich noch einigermaßen vorstellen. Die 150 Millionen Kilometer zur Sonne sind da schon schwieriger zu erfassen, auch wenn man sich klar macht, dass ein Wanderer 3400 Jahre oder ein modernes Verkehrsflugzeug 17 Jahre unterwegs wäre, um diese Strecke zurückzulegen. Gänzlich unmöglich ist es, die Entfernungen selbst der nächsten Sterne von zig Billionen Kilometer mental zu erfassen. Man behilft sich ein wenig, indem man die Laufzeit des Lichts angibt, um die großen Entfernungen zu überbrücken. Der hell strahlende Sirius am Winterhimmel ist 82 Billionen ($8{,}2 \times 10^{13}$) Kilometer von uns entfernt. Sein bläulich-weißes Licht ist daher fast neun Jahre durch das Weltall unterwegs, bis es auf der Erde eintrifft. Dabei ist Sirius einer der allernächsten Sterne. Die meisten Sterne sind Dutzende, Hunderte oder Tausende Lichtjahre von uns entfernt; andere Milchstraßensysteme, so genannte Galaxien, sogar Millionen oder Milliarden.

Planetenwege zur Veranschaulichung

Um die Distanz in unserem Sonnensystem anschaulich werden zu lassen, hat man vielerorts sogenannte Planetenwege angelegt. Auf ihnen erwandert man unser Planetensystem und bekommt dabei ein Gefühl für die *relativen* Distanzen, wenn schon die tatsächlichen Entfernungen jenseits unserer Alltagserfahrungen liegen. Im Maßstab $1:10^9$ (eins zu einer Milliarde) läuft man von der Erde zur Sonne 150 Meter. Bis zum sonnenfernsten Planeten Neptun sind es dann schon viereinhalb Kilometer.

Raum und Zeit sind in einer uns nicht anschaulich vorstellbaren Weise miteinander verwoben, wie uns Albert Einstein lehrte. Noch leicht nachvollziehbar ist, dass ein Blick in die Tiefen des Universums auch ein Blick in eine mehr oder minder ferne Vergangenheit ist. Da die Lichtgeschwindigkeit endlich ist (im Vakuum 300 000 Kilometer pro Sekunde, das entspricht in jeder Sekunde einer zurückgelegten Strecke vom siebeneinhalbfachen Erdumfang), sieht man die Sterne und Milchstraßensysteme, wie sie vor Jahren, Jahrtausenden oder Jahrmillionen ausgesehen haben. Und ein einziges Lichtjahr ist fast zehn Billionen (genau: $9{,}4605 \times 10^{12}$) Kilometer lang!

Recht beliebt ist es bei Sternführungen für Kinder, deren „Geburtstagsstern“ im Teleskop zu

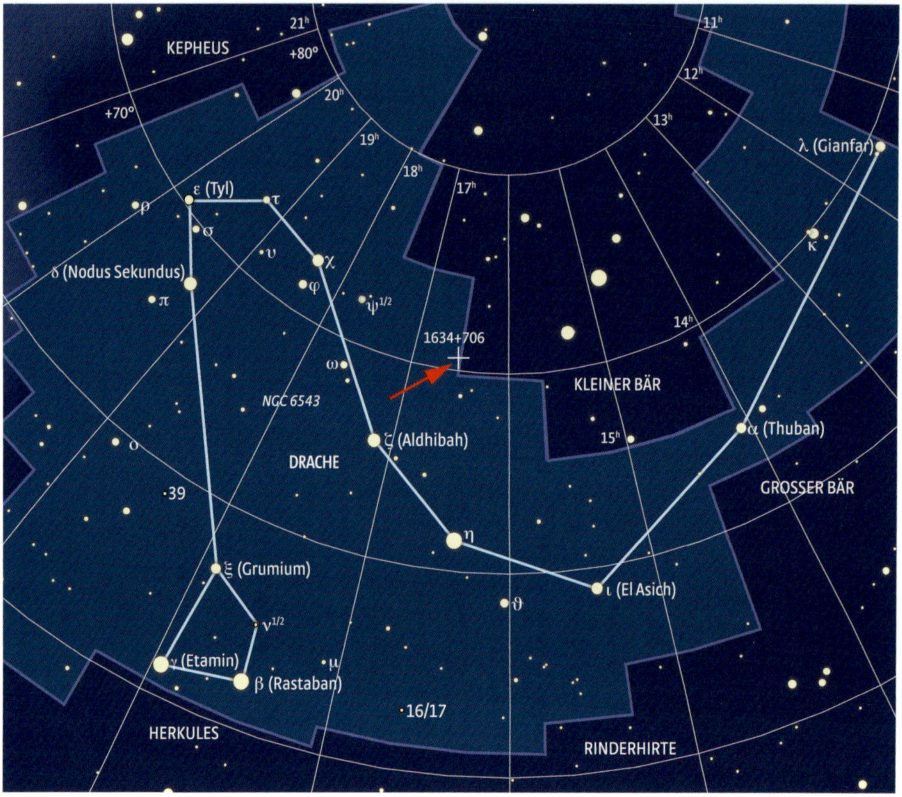

1.16 Das Sternbild Drache mit der Position des Quasars QSO 1634+706.

zeigen. Neunjährigen zeigt man den strahlend hellen, bläulich funkelnden Sirius, für Elfjährige wählt man Prokyon im Kleinen Hund, 16- bis 17-Jährigen präsentiert man Atair im Adler. Aber auch Erwachsene lassen sich gerne ihren Geburtstagsstern zeigen. Von Wega trennen uns 25 Lichtjahre, von Arktur 37, von Kapella 42, von Kastor 52, von Aldebaran 65 und von Regulus 77 Lichtjahre. Beteigeuze und Rigel scheiden als Geburtstagssterne aus – wer wird schon 430 oder gar 800 Jahre alt?

Häufig wird auf einer Sternwarte aus dem Publikum gefragt: „Wie tief ins Weltall kann man mit diesem Teleskop sehen?“ Nun, in einer sternklaren Nacht kann man bei guten Sichtbedingungen die Andromedagalaxie, unsere Nachbarmilchstraße, in fast drei Millionen Lichtjahren Entfernung schon mit bloßen Augen sehen.

Das fernste Objekt für Amateure

In einem mittelgroßen Teleskop von etwa 30 cm freier Öffnung kann man durchaus Sterne bis zu 15^{m} erkennen. Da bietet es sich an, einen Quasar, nämlich Q1634+706 einzustellen. Mit $14\overset{\mathrm{m}}{.}4$ ist er etwa so hell wie Pluto. Er liegt im Sternbild Drache an der Grenze zum Kleinen Bären. Man findet Q1634+706 etwa $1\overset{\circ}{.}9$ nordöstlich vom Stern 15 Draconis, nur 2′ östlich eines Paares von zwei 8^{m} hellen Sternen, die in Nord-Süd-Richtung stehen (siehe Abb. 1.16 und 1.17). Der Referent kann dem Publikum mitteilen: „Dieser Quasar, leuchtkräftiges Zentrum einer mächtigen Galaxie, ist das fernste Himmelsobjekt, das wir mit unserem Teleskop sehen können."

Doch wie weit ist Q1634+706 entfernt? Hier wird es schwierig. Bei solch enormen Distanzen im Weltall darf die Lichtlaufzeit nicht der Entfernung gleichgesetzt werden. Die Lichtlaufzeit des Quasars Q1634+706 beträgt 8,6 Milliarden Jahre. Man sieht also heute das Licht dieses Quasars, das er vor 8600 Millionen Jahren ausgesandt hat. Damals war das Universum aber viel kleiner als heute. In jener lang zurückliegenden Zeit betrug die Distanz Quasar–Erde (hätte es sie damals schon gegeben) nur 4,3 Milliarden Jahre (gültig für das wahrscheinliche Weltmodell $\Omega = 1$, $k = 0$, $h_0 = 0{,}7$). Zu behaupten, dass uns von diesem Quasar nunmehr 8,6 Milliarden Lichtjahre trennen, ist aber nicht korrekt. Denn infolge der Expansion des Universums ist er heute 12,9 Milliarden Lichtjahre von uns entfernt. Diese Aussage ist allerdings nicht sinnvoll. Die Lichtlaufzeit wird mit irdischen Uhren gemessen (im Prinzip; vor 8,6 Milliarden Jahren gab es hier weder Uhren noch die Erde und unser Sonnensystem auch nicht). Im Bezugssystem eines stets mit Lichtgeschwindigkeit reisenden Photons vergeht nämlich überhaupt keine Zeit. Würde man ebenfalls mit Lichtgeschwindigkeit das Photon begleiten, so würde eine mitgeführte Uhr um keine Sekunde vorrücken. Oder einfach gesagt: Wenn die Photonen den Quasar verlassen, sind sie im selben Augenblick auch schon hier auf der Erde – gemessen in ihrer Eigenzeit (siehe Kasten „Zeitdilatation" auf Seite 50).

Zeit ist nicht gleich Zeit

Es gibt keine in allen Raumpunkten des Universums gleiche, allgemeingültige Zeit. Eine absolute, gleichförmige Zeit gibt es nur in der klassischen Mechanik nach Vorstellung Isaac Newtons. Ein am hiesigen Ort im Augenblick eintretendes Ereignis ist für einen anderen Ort längst Vergangenheit, für wieder andere Orte aber liegt es in einer mehr oder minder fernen Zukunft. Nach der Frage, was „Zeit" eigentlich ist, antwortete einst Albert Einstein: „Zeit ist, was ich an der Uhr ablese." Nach seiner Speziellen Relativitätstheorie (SRT) gehen bewegte Uhren langsamer. Gemäß seiner Allgemeinen Relativitätstheorie (ART) gehen beschleunigte Uhren oder Uhren in einem Schwerefeld langsamer als schwerelose Uhren im Weltall. Eine der Kernaussagen der ART ist es, dass Gravitationsfelder und Beschleunigungen (Geschwindigkeitsänderungen pro Zeiteinheit) einander äquivalent sind.

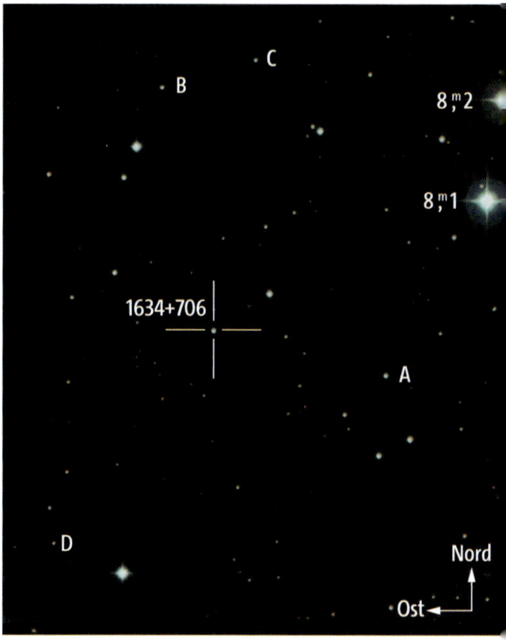

Digitized Sky Survey (STScI/NASA)

1.17 Aufsuchkarte für den Quasar QSO 1634+706 (Feld: 15′ × 15′). Position: $\alpha = 16^h34^m29^s$ / $\delta = +70°\,31'\,33''$ (J2000.0). V-Helligkeiten der Vergleichssterne: A = $14\overset{m}{,}2$ / B = $14\overset{m}{,}7$ / C = $15\overset{m}{,}2$ / D = $16\overset{m}{,}1$.

Anschaulich kann man das nicht begreifen. Dies ist aber kein Grund, die physikalischen Realitäten anzuzweifeln. In unserer Alltagserfahrung haben wir es mit geringen Geschwindigkeiten und kleinen Distanzen zu tun.

Gemäß der SRT und der ART kann der Zeitablauf doch verzögert werden. Merkbar wird dies aber erst bei hohen Geschwindigkeiten nahe der Lichtgeschwindigkeit. Bei Lichtgeschwindigkeit bleibt die Zeit ganz stehen. Allerdings kann ein ruhemassebehaftetes Objekt niemals die Lichtgeschwindigkeit erreichen. Denn um es auf Lichtgeschwindigkeit zu beschleunigen, wäre gemäß der SRT eine unendlich hohe Energie erforderlich. Sowohl die SRT als auch die ART sind durch zahlreiche Beobachtungen, Messungen und Experimente glänzend bestätigt worden.

Die Zeit in der Quantentheorie

Schließlich liefert auch die Theorie der Quantenmechanik verblüffende Einsichten in Raum und Zeit. Bei der Beobachtung eines Ereignisses zählen auch der Beobachter und seine Messapparaturen zum Gesamtvorgang, sie bilden *ein* System. Nur durch die Beobachtung wird das Ereignis real – etwas verkürzt ausgedrückt. Die Aussage, der Quasar ist „jetzt" 12,9 Milliarden Lichtjahre entfernt, ist sinnlos. Denn dies lässt sich weder beobachten noch ist der Zeitpunkt „jetzt" universell gültig; er ist abhängig von Ort, Geschwindigkeit und Schwerefeldern sowohl des irdischen Beobachters als auch des fernen Quasars. Jedes Bezugssystem hat seine „Eigenzeit", wie sich der Physiker ausdrückt.

Das Phänomen Zeit gab es nicht immer und eines Tages wird es auch keinen Zeitablauf mehr geben. Eine wesentliche Aussage der Quantenmechanik formuliert die Heisenbergsche Unschärferelation. Sie besagt, dass Größen wie Ort, Impuls, Energie, aber auch Raum und Zeit eines Ereignisses prinzipiell nicht mit beliebiger Genauigkeit zu bestimmen sind. Misst man die Energie eines Teilchens sehr präzise, so ist die Zeit nicht so genau zu ermitteln. Das Produkt aus Unschärfe der Energie ΔE und Unschärfe der Zeitmessung Δt ist stets größer oder höchstens gleich einem Wert h, den man Plancksches Wirkungsquantum (geteilt durch 2π) nennt:

$$\Delta E \cdot \Delta t \geq h/2\pi$$

Das Wirkungsquantum ist eine sehr kleine Zahl: $h = 6{,}626 \cdot 10^{-27}$ erg · sec. Auch für Raum und Zeit gibt es kleinste Einheiten, die Planck-Länge von 10^{-33} cm und die Planck-Zeit von 10^{-43} Sekunden. Kein Ort im Universum und keine Distanz können genauer als auf 10^{-33} cm angegeben werden. Ebenso können kein Zeitpunkt und kein Zeitintervall genauer als auf 10^{-43} Sekunden ermittelt werden. Die Zeit läuft diskontinuierlich ab, in Sprüngen von 10^{-43} Sekunden, ähnlich wie der Minutenzeiger einer Bahnhofsuhr von Minute zu Minute sprunghaft vorrückt. Auch Raum und Zeit unterliegen der Heisenbergschen Unschärferelation, die mit keinem Messverfahren überlistet werden kann. Sie stellt eine grundsätzliche Beschränkung bei der Beobachtung der Natur dar.

Zeitdilatation

Nach der Speziellen Relativitätstheorie (SRT) gehen Uhren in einem bewegten Bezugssystem um den Faktor $\beta = [1-(v/c)^2]^{1/2}$ langsamer. Eine auf der Erde gemessene Zeitspanne Δt verkürzt sich somit in einem Raumschiff, das sich mit der Geschwindigkeit v bewegt, auf die Zeitspanne $\Delta t' = \beta \cdot \Delta t$, was auch die Uhr im Raumschiff anzeigt. Eilt das Raumschiff mit halber Lichtgeschwindigkeit durch das Weltall, so schrumpft eine irdische Zeitspanne von $\Delta t = 1$ Jahr auf $\Delta t' = 0{,}866$ Jahre, also auf 10 Monate, 11 Tage, 18 Stunden und 28 Minuten.

Für ein Photon, das sich immer mit Lichtgeschwindigkeit c bewegt, wird $\Delta t' = 0$, das Photon altert nicht, egal, ob auf der Erde ein Jahr oder zwei Milliarden Jahre vergehen.

Nach der Allgemeinen Relativitätstheorie (ART) gehen Uhren im Gravitationsfeld bei einer Schwerebeschleunigung g um den Faktor $\gamma = [1-2GM/(r/c^2)]^{1/2}$ langsamer. Dabei ist r der Radius und M die Masse des gravitativ wirkenden Himmelskörpers, c die Lichtgeschwindigkeit (im Vakuum 299 792 km · s^{-1}) sowie G die universelle Gravitationskonstante ($G = 6{,}672 \cdot 10^{-8}\ cm^3\ g^{-1}\ s^{-2}$). Eine Uhr auf der Erdoberfläche bleibt somit infolge der irdischen Schwerebeschleunigung um 22 Millisekunden pro Jahr gegenüber einer schwerelos im All schwebenden Uhr zurück.

Am Ereignishorizont eines nicht-rotierenden Schwarzen Loches mit dem Schwarzschildradius $R_S = 2GM/c^2$ bleibt eine Uhr ganz stehen, es vergeht keine Zeit mehr, stets gilt $\Delta t' = 0$.

1.18 **Der Galaxienhaufen Abell 2744 mit mehr als 3000 Milchstraßensystemen. Im Hintergrund sind schwach leuchtende, winzig erscheinende Galaxien zu erkennen, die nur eine Milliarde Jahre nach dem Urknall entstanden sind.**

Fluktuation statt Singularität

Den Beginn des Universums kann man nicht genauer als auf 10^{-43} Sekunden nach der Urknall singularität angeben. Die Urknallsingularität ist allerdings eine Fiktion, nämlich ein mathematischer Begriff. In der Realität existieren keine Singularitäten. Vielmehr ging das Universum aus der primordialen Quantenfluktuation hervor infolge einer quantenmechanischen Symmetriebrechung, die spontan und akausal erfolgte. Dabei begannen drei Raum- und eine Zeitdimension zu expandieren. Im Quantenvakuum ist die Zahl der Dimensionen völlig unbestimmt, Raum- und Zeitdimensionen sind nicht unterscheidbar. Permanent schwankt die Zahl der Dimensionen, weshalb man auch von einer Quantenvakuumfluktuation spricht. Das klingt für den Nichtfachmann recht verwirrend. Aber das Fazit lässt sich einfach formulieren: Vor dem Big Bang, dem Urknall, gab es keinen Zeitablauf, kurz: die Zeit schlechthin gab es nicht. Vorstellbar ist dies nicht. Aber schon der große Kirchenlehrer Aurelius Augustinus von Hippo (354–430) sagte einst in einer visionären Vorausschau: Gott schuf die Welt nicht *in* der Zeit, sondern auch Raum und Zeit sind Produkte seines Schöpfungsaktes.

Das Ende der Zeit

Aber auch das Ende aller Zeiten ist vorhersehbar. Eines sehr fernen Tages wird es keinen Zeitablauf mehr geben. Das Universum strebt einem zeitlosen Zustand entgegen. Wie viele Beobachtungen erkennen lassen, sind die im Weltall vorhandenen Massen nicht ausreichend, um seine Expansion zum Stillstand zu bringen. Anschließend würde der Kosmos wieder schrumpfen und letztendlich in den ursprünglichen superdichten und hyperheißen Urzustand zusammenstürzen. Einen solchen Big Crunch (engl., Großer Krach) wird es nie geben. Vielmehr dehnt sich das Universum seit etwa sechs Milliarden Jahren immer schneller aus. Erst vor wenigen Jahren entdeckte man die beschleunigte Expansion des Weltalls, wofür inzwischen auch der Nobelpreis an die Entdecker verliehen wurde. Ursache für diese Akzeleration ist eine noch nicht restlos verstandene Dunkle Energie. Sie treibt die Galaxienhaufen und -superhaufen immer schneller auseinander.

Das Ende der Sterne

Eines Tages werden auch die jüngsten Sterne erloschen sein, im Weltall ist es dann zappenduster. Das goldene Zeitalter der leuchtenden Sonnen geht nach einer Billion (10^{12}) Jahren zu Ende. Dies ist etwa das Hundertfache des heutigen Weltalters von knapp 14 Milliarden Jahren. Nach zehn Trillionen (10^{19}) Jahren lösen sich die Galaxien auf. In solch gewaltigen Zeiträumen geschehen auch Dinge, die extrem unwahrscheinlich sind, wie enge Begegnungen von Sternen. Nach 10^{19} Jahren haben die aber recht häufig stattgefunden. Dabei werden nicht nur die Planeten ihren völlig erkalteten Sternen entrissen. Durch Impulsaustausch wird ein Stern aus seiner Galaxie katapultiert, der andere zieht eine immer engere Bahn um das Galaxienzentrum. Schließlich ist ein Teil der Schwarzen Zwerge, wie man die toten Sterne nennt, in die Tiefen des Universums geschleudert, der andere Teil ist in das supermassereiche Schwarze Loch im Zentrum gestürzt.

Nach einer Quintilliarde (10^{33}) Jahren stirbt die Materie, die Protonen zerfallen. Nach zehn Septilliarden (10^{46}) Jahren kollabieren und zerstrahlen danach augenblicklich die letzten der noch nicht zerfallenen Protonen (Anmerkung: 10^{33} Jahre ist die Halbwertszeit des Protonenzerfalls. Nach dieser Zeit ist die Hälfte aller Protonen zerfallen. Anders ausgedrückt: Ein Proton zerfällt nach 10^{33} Jahren mit 50 % Wahrscheinlichkeit).

Schließlich verdampfen nach hundert Dezilliarden (10^{65}) Jahren die stellaren Schwarzen Löcher aufgrund quantenmechanischer Prozesse. Endlich detonieren nach 10^{100} Jahren auch die supermassereichen Schwarzen Löcher, die zentralen Kerne einst mächtiger Galaxien. Übrig bleiben Elementarteilchen wie Photonen, Neutrinos, Elektronen und Positronen.

In jenen unvorstellbar fernen Zeiten hat das Universum eine ungeheure Ausdehnung erreicht mit einer extremen Leere. Nur alle paar Millionen Lichtjahre stieße man auf ein noch übrig gebliebenes Elementarteilchen. Es gibt kaum noch Ereignisse, es passiert schier nichts mehr. Das Universum nähert sich asymptotisch einem Zustand, in dem ein Zeitablauf nicht mehr feststellbar ist. Das Weltall strebt zur zeitlosen Ewigkeit.

Das Ende ist noch offen

Aber es kann auch ganz anders kommen. Noch kennen wir nicht die genauen Parameter der Dunklen Energie. Es mag sein, dass sie in einigen Dutzend Milliarden Jahren dominant wird und alles vernichtet – Galaxienhaufen, Milchstraßensysteme, Sterne und Planeten, ja selbst Moleküle, Atome und Elementarteilchen. Übrig bliebe – nichts, auch keine Zeit mehr (siehe Monatsthema Dezember „Das Große Zerreißen" auf Seite 262). Erst weitere Beobachtungen und Experimente werden Klarheit bringen, wie das zukünftige Schicksal des Universums verlaufen wird. Aber auch dann werden wieder neue Fragen auftauchen. Wie auch immer: Trotz aller Erkenntnisse bleibt das Universum wohl für immer ein Rätsel in Raum und Zeit.

Kosmischer Kalender

Datum	Uhrzeit	Ereignis
1. Januar	**$0^h00^m00^s$**	**Big Bang** (Urknall) / Entstehung des Universums / Primordiale Elementsynthese
	$0^h00^m15^s$	Ende der strahlungsdominierten Ära – das Weltall wird durchsichtig
5. Januar	$7^h02^m32^s$	Erste Sterne und erste Zwerggalaxien entstehen
10. April		Unser **Milchstraßensystem**, die Galaxis in der heutigen Größe und Form, hat sich aus Zwerggalaxien gebildet
1. September		Unsere **Sonne** samt Planeten entsteht
		Beginn der jeweiligen Erdzeitalter
16. September		**Archaikum** / Erde kühlt ab, Ozeane bilden sich
25. Oktober		**Proterozoikum** / erste Mikrofossilien
16. Dezember		**Paläozoikum**
		Kambrium / erste Chordatiere
17. Dezember		*Ordovizium* / erste Fische, Auftreten vieler Arten von Metazoen
19. Dezember		*Silur* / erste Pflanzen auf dem Festland
20. Dezember		*Devon* / erste Insekten, Amphibien, Nacktsamer
23. Dezember		*Karbon* / erste Reptilien, niedere Pflanzen, Schachtelhalmwälder
24. Dezember		*Perm* / Massenaussterben vieler Arten von Meeresbewohnern
25. Dezember		**Mesozoikum**
		Trias / erste Dinosaurier, erste Säugetiere
26. Dezember		*Jura* / erste Vögel, Hochblüte der Dinosaurier
27. Dezember	mittags	*Kreide* / erste Bedecktsamer
29. Dezember	6^h43^m	Großer Faunenschnitt: Aussterben der Dinosaurier und vieler anderer Spezies
29. Dezember	7^h	**Känozoikum**
		Tertiär / Säugetiere werden zur dominanten Spezies
30. Dezember		*Quartär* / erste Hominiden – Erscheinen der Frühmenschen
31. Dezember	10^h15^m	Zahlreiche Affenarten entwickeln sich
	23^h37^m	*Paläolithikum* (Altsteinzeit)
		Beginn der Günz–Eiszeit
	23^h54^m	Evolution der Anatomie der heutigen Menschen
	$23^h59^m44^s$	*Neolithikum* (Jungsteinzeit)
	$23^h59^m49^s$	Frühe Hochkulturen: Herrschaft der Sumerer in Mesopotamien, Einführung des ägyptischen Kalenders, Hieroglyphenschrift, Chinesen berechnen und beobachten Sonnen- und Mondfinsternisse
	$23^h59^m51^s$	Bronzezeit
	$23^h59^m53{,}7^s$	Eisenzeit / Gründung Roms
	$23^h59^m54{,}0^s$	Hochblüte der babylonischen Astronomie
	$23^h59^m54{,}5^s$	Demokrit von Abdera: Atomtheorie
	$23^h59^m55{,}4^s$	Christi Geburt
	$23^h59^m56{,}8^s$	Mohammeds Geburt
	$23^h59^m58{,}80^s$	Christoph Kolumbus entdeckt Amerika / Erfindung des Buchdrucks
	$23^h59^m58{,}92^s$	Nikolaus Kopernikus: heliozentrisches Weltbild
	$23^h59^m59{,}07^s$	Johannes Kepler: Planetengesetze / Beginn der modernen Astronomie
	$23^h59^m59{,}87^s$	Beginn des Weltraumzeitalters: Sputnik I
	$23^h59^m59{,}89^s$	Erste Landung von Menschen auf dem Mond
31. Dezember	**$24^h00^m00{,}0^s$**	**Heute <2015>**

Lässt man die knapp 14 Milliarden Jahre währende Geschichte des Universums auf ein kosmisches Weltenjahr schrumpfen, dann erscheint die Menschheit erst am 31. Dezember in den letzten Sekunden vor Mitternacht. Unsere technische Zivilisation währt gerade mal eine Sekunde. So gesehen ist der Mensch ein Augenblicksereignis in der Evolutionsgeschichte des Weltalls.

Februar 2015

- Jupiter kommt am 6. im Sternbild Krebs in Opposition zur Sonne – er ist die ganze Nacht über sichtbar.
- Venus beherrscht den Abendhimmel und trifft am 21. mit Mars zusammen.
- Saturn ist am Morgenhimmel vertreten.

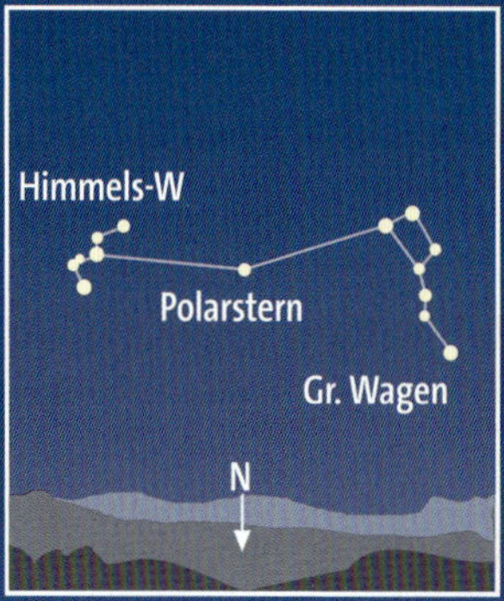

Großer Wagen und Himmels-W Anfang Februar um 22 Uhr

2.1 Himmelsanblick am 20. Februar gegen 19h MEZ. Tief am Westhorizont sieht man Venus und Mars nahe beieinander. Zu ihnen gesellt sich die extrem dünne Sichel des zunehmenden Mondes.

1 So	
2 Mo	
3 Di	
4 Mi	**Vollmond,** Mond bei Jupiter (ganze Nacht)
5 Do	
6 Fr	Mond in Erdferne Jupiter in Opposition
7 Sa	
8 So	
9 Mo	
10 Di	
11 Mi	
12 Do	Mond im letzten Viertel
13 Fr	Mond bei Saturn (Morgenhimmel)
14 Sa	
15 So	
16 Mo	
17 Di	Mond bei Merkur (Morgenhimmel)
18 Mi	
19 Do	**Neumond,** Mond in Erdnähe
20 Fr	Mond bei Mars und Venus (Abendhimmel)
21 Sa	
22 So	
23 Mo	
24 Di	
25 Mi	Mond im ersten Viertel
26 Do	
27 Fr	
28 Sa	

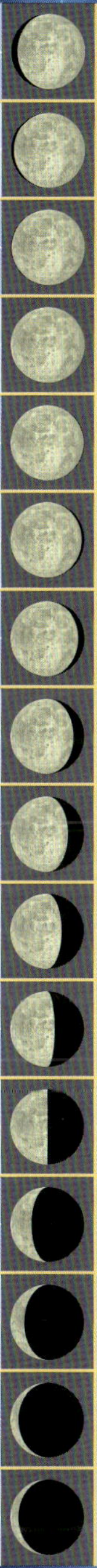
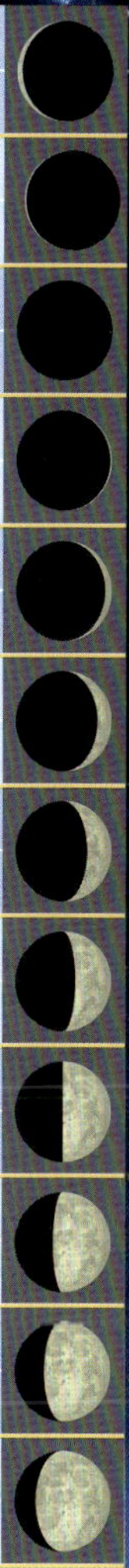

Sonne – Sternbilder

16.2. 18^h:
Sonne tritt in das Sternbild Wassermann
19.2. 1^h:
Sonne tritt in das Tierkreiszeichen Fische
Julianisches Datum am
1. Februar, 1^h MEZ: 2457054,5

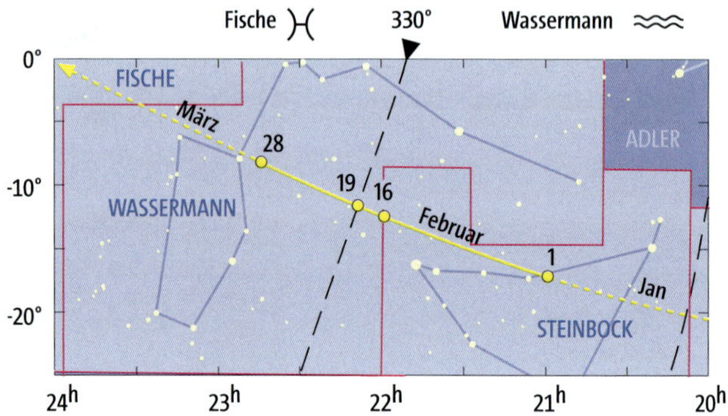

Tabelle Sonnenlauf

Tag	Dämmerg. Anfang	Aufgang MEZ	Kulmination	Untergang MEZ	Dämmerg. Ende	Mittagshöhe	Zeitgleichg.	Rektaszension	Deklination
	h m	h m	h m	h m	h m	°	m	h m	°
1.	6 40	7 54	12 34	17 14	18 27	22,9	−14	20 56	−17,3
5.	6 35	7 48	12 34	17 20	18 33	24,1	−14	21 12	−16,1
10.	6 28	7 40	12 34	17 29	18 41	25,6	−14	21 32	−14,6
15.	6 20	7 31	12 34	17 38	18 49	27,3	−14	21 52	−12,9
20.	6 12	7 22	12 34	17 46	18 57	29,1	−14	22 11	−11,2
25.	6 02	7 12	12 33	17 55	19 05	30,9	−13	22 31	− 9,4
28.	5 56	7 06	12 33	18 00	19 10	32,0	−13	22 42	− 8,2

Tages- und Nachtstunden

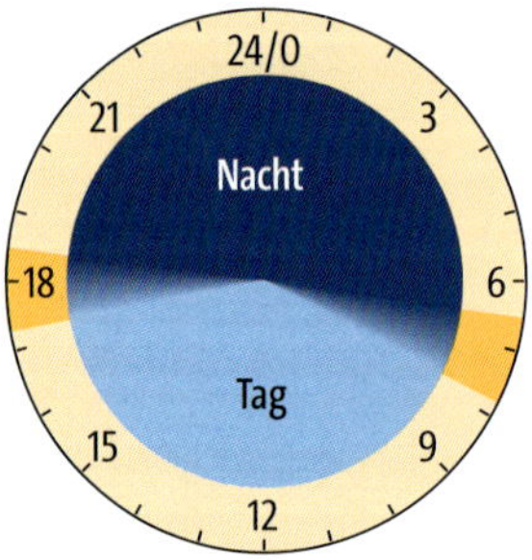

5. Februar

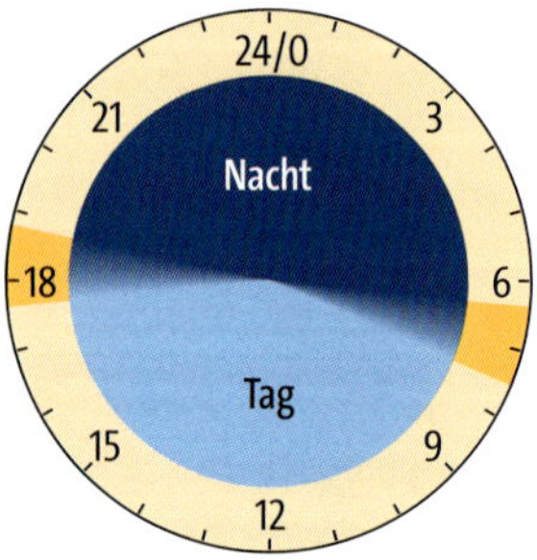

15. Februar

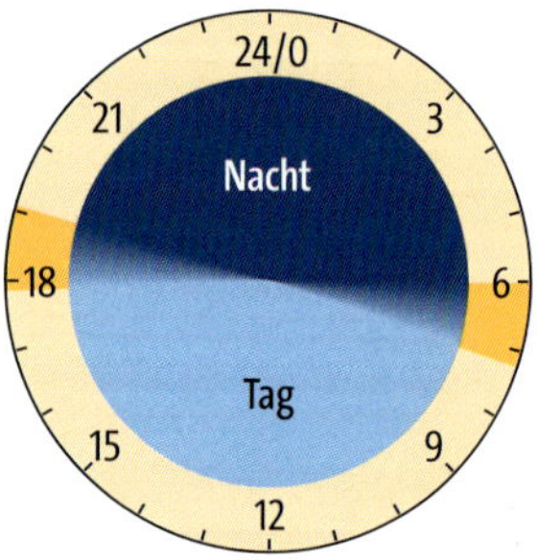

25. Februar

Tabelle Mondlauf

Datum		Aufg. MEZ	Kulmination	Unterg. MEZ	Rektaszension	Deklination	Sterne und Sternbilder	Phase	MEZ
		h m	h m	h m	h m	°			
So	1.	15 14	22 56	5 53	6 36	+18,1	* Alhena	Größte Südbreite	
Mo	2.	16 12	23 44	6 33	7 27	+16,9	Zwillinge		
Di	3.	17 12	–	7 07	8 17	+14,9	Krebs, Krippe		
Mi	4.	18 13	0 29	7 37	9 05	+12,3	Krebs	**Vollmond**	**$0^h 09^m$**
Do	5.	19 14	1 14	8 04	9 52	+ 9,2	Löwe, Regulus		
Fr	6.	20 15	1 57	8 29	10 37	+ 5,8	Sextant	Erdferne 406/29,4	7^h
Sa	7.	21 17	2 39	8 53	11 23	+ 2,1	Löwe		
So	8.	22 18	3 21	9 16	12 08	– 1,6	Jungfrau	Aufsteigender Knoten	
Mo	9.	23 21	4 04	9 41	12 53	– 5,3	Jungfrau		
Di	10.	–	4 48	10 07	13 39	– 8,8	Spica		
Mi	11.	0 23	5 34	10 37	14 27	–12,0	Waage		
Do	12.	1 27	6 22	11 12	15 17	–14,8	Waage	**Letztes Viertel**	**$4^h 50^m$**
Fr	13.	2 29	7 13	11 53	16 10	–16,8	Skorpion	Libration Ost	
Sa	14.	3 30	8 07	12 43	17 05	–18,1	Schlangenträger		
So	15.	4 27	9 04	13 42	18 03	–18,4	Schütze	Größte Nordbreite	
Mo	16.	5 18	10 02	14 50	19 03	–17,5	* Schütze		
Di	17.	6 04	11 01	16 05	20 03	–15,5	Schütze		
Mi	18.	6 44	11 59	17 24	21 03	–12,3	Wassermann		
Do	19.	7 19	12 57	18 45	22 03	– 8,4	Wassermann	**Neumond Nr. 1140** Erdnähe 357/33,5	**$0^h 47^m$** 8^h
Fr	20.	7 52	13 53	20 06	23 02	– 3,8	Wassermann		
Sa	21.	8 24	14 48	21 26	0 00	+ 0,9	Fische	Absteigender Knoten	
So	22.	8 55	15 43	22 42	0 56	+ 5,5	* Fische		
Mo	23.	9 28	16 36	23 55	1 52	+ 9,7	Fische		
Di	24.	10 04	17 29	–	2 48	+13,2	Widder		
Mi	25.	10 43	18 22	1 04	3 43	+15,8	* Stier	**Erstes Viertel** Libration West	**$18^h 14^m$**
Do	26.	11 28	19 14	2 06	4 37	+17,5	* Aldebaran		
Fr	27.	12 16	20 04	3 02	5 31	+18,3	* Stier		
Sa	28.	13 10	20 54	3 51	6 23	+18,1	* Alhena	Größte Südbreite	

Der Mond zieht südlich an Jupiter vorbei

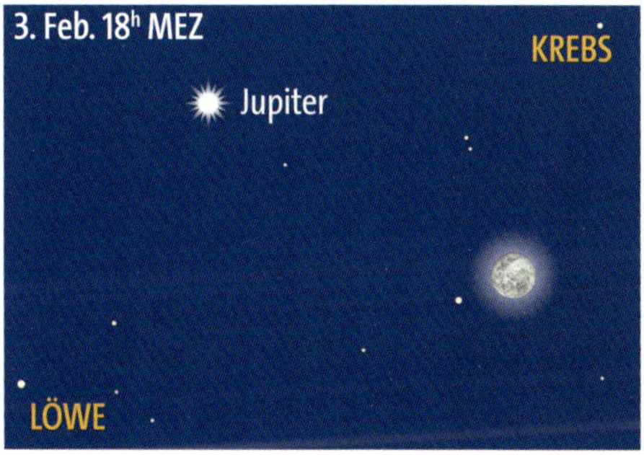

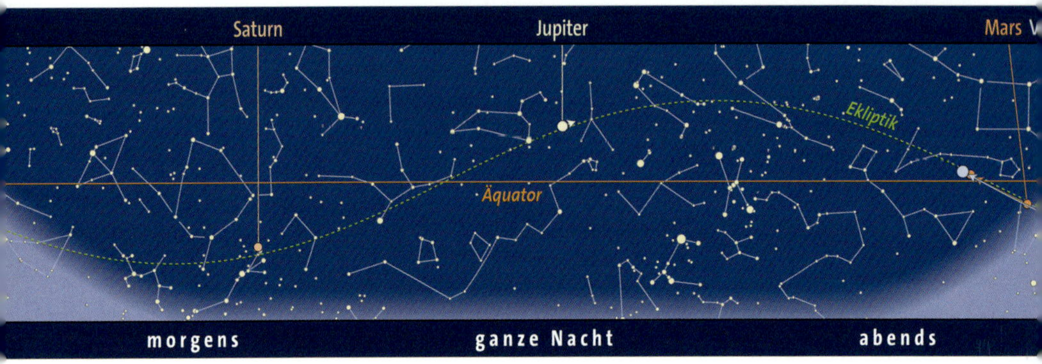

Merkur hat seine untere Konjunktion mit der Sonne gerade hinter sich und eilt rasch rückläufig von ihr weg. Schon am 11. wird er stationär und bewegt sich anschließend wieder rechtläufig durch den Tierkreis. Seine Konjunktionsschleife zieht Merkur im Sternbild Steinbock (siehe Abb. 2.2 unten). Die Formen der Konjunktionsschleifen fallen unterschiedlich aus, je nachdem wie weit Merkur von seinem auf- oder absteigenden Knoten entfernt ist (siehe Abb. 2.3 auf Seite 59).

Schließlich erreicht Merkur am 24. mit 26°45′ Winkelabstand seine größte westliche Elongation. Wegen der zum Osthorizont flach verlaufenden morgendlichen Ekliptik kommt es in unseren Breiten nicht zu einer Morgensichtbarkeit. Südlich einer Breite von 46° Nord kann man jedoch je nach Sichtbedingungen etwa vom 14. bis 22. den flinken Planeten in der Morgendämmerung rund eine halbe Stunde vor Sonnenaufgang knapp über dem Südosthorizont erkennen. Die Merkurhelligkeit nimmt in diesem Zeitraum von $0\overset{m}{.}3$ auf $0\overset{m}{.}0$ zu. Die Phase Halbmerkur wird am 19. abends erreicht.

Venus baut ihre Stellung als Abendstern aus. Sie strebt nach Norden. Am 20. passiert sie ein Grad südlich den Frühlingspunkt und überschreitet am 22. den Himmelsäquator in nördlicher Richtung.

Geht Venus am 1. noch um 19^h21^m unter, so erfolgt ihr Untergang am 28. erst um 20^h43^m. Am 1. zieht sie nur 50′ südlich am lichtschwachen Neptun im Wassermann vorbei. Der sonnenfernste Planet ist allerdings auch im Fernglas nicht mehr beobachtbar. Zu einer Begegnung mit Mars kommt es am 21., wobei Venus in 28′ Abstand südlich am roten Planeten vorbeizieht. Einen Tag vorher gesellt sich die dünne Sichel des zunehmenden Mondes zu unseren beiden Nachbarplaneten (siehe Abb. 2.1 auf Seite 54).

Im Fernrohr zeigt das Venusscheibchen einen leichten Beleuchtungsdefekt. Am Monatsende sind 86 Prozent des 12″ großen Planetenscheibchens beleuchtet.

Mars hält sich noch am frühen Abend über dem Westhimmel. Der rote Planet wandert am 9. aus dem Wassermann in das

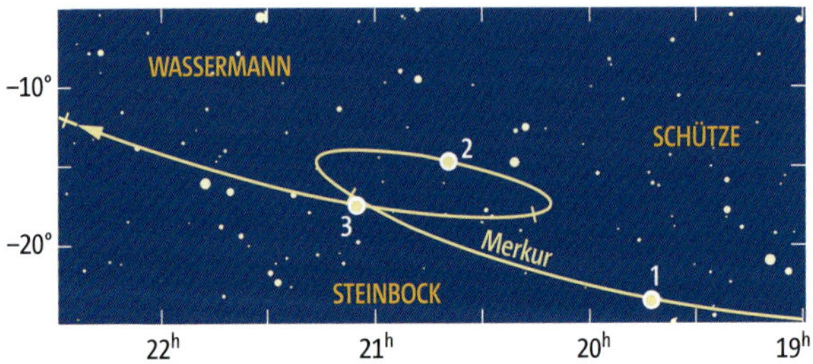

2.2 Bahn von Merkur: Scheinbare Merkurschleife im Gebiet der Sternbilder Steinbock und Wassermann. Die Zahlen geben die Merkurposition zum jeweiligen Monatsersten an (2 = 1. Februar).

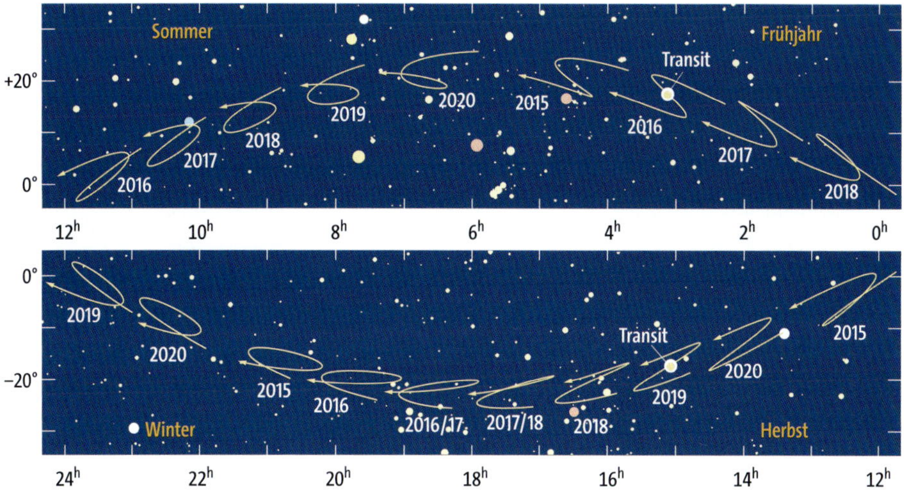

2.3 Konjunktionen von Merkur: Übersicht über die Konjunktionsschleifen von Merkur in den Jahren 2015 bis 2020.

Sternbild Fische. Am 19. zieht er 0°,6 südlich am Frühlingspunkt vorbei und überschreitet im letzten Februardrittel den Himmelsäquator in nördlicher Richtung. Obwohl sich deshalb seine Untergänge um elf Minuten verspäten, verkürzt sich seine Sichtbarkeit dennoch, weil es Ende des Monats fast 40^m später dunkel wird als zu Februarbeginn.

Am 1. geht Mars um 20^h16^m unter. Am 28. erfolgt der Untergang des $1^m{,}3$ hellen Mars um 20^h27^m.

Mars wird von Venus verfolgt, die ihn am 21. ein halbes Grad südlich überholt.

Am Vorabend gesellt sich zu den nahe beieinander stehenden Nachbarplaneten der Erde die schmale Sichel des zunehmenden Mondes – ein netter Himmelsanblick gegen 19^h knapp über dem Westhorizont (siehe Abb. 2.1 auf Seite 54).

Jupiter überschreitet rückläufig am 4. die Grenze vom Löwen zum Krebs. Am 6. kommt er im Sternbild Krebs in **Opposition** zur Sonne. Von Venus am frühen Abendhimmel abgesehen ist der Riesenplanet das auffälligste Ge-

Konstellationen und Ereignisse

Datum	MEZ	Ereignis
1.	12^h	Venus bei Neptun, Venus 0°,8 südlich
4.	10	**Mond bei Jupiter**, Mond 5°,2 südlich, **Abstand 5°,9 um 7^h**
6.	19	**Jupiter in Opposition** zur Sonne
11.	8	Merkur im Stillstand, anschließend rechtläufig
13.	1	**Mond bei Saturn**, Mond 2°,1 nördlich, **Abstand 2°,1 um 3^h**
17.	7	**Mond bei Merkur**, Mond 3°,5 nördlich, **Abstand 2°,6 um 7^h** (Fernglas!)
19.	14	Mond bei Neptun, Mond 3°,8 nördlich
21.	2	**Mond bei Mars**, Mond 1°,5 nördlich, **Abstand 4°,4 um 20^h am 20.**
21.	2	**Mond bei Venus**, Mond 2°,0 nördlich, **Abstand 3°,9 um 20^h am 20.**
21.	21	**Venus bei Mars**, Venus 0°,5 südlich, **Abstand 0°,5 um 20^h**
21.	23	Mond bei Uranus, Mond 0°,3 nördlich (Bedeckung)
24.	17	Merkur in größter westlicher Elongation (27°)
26.	6	Neptun in Konjunktion mit der Sonne

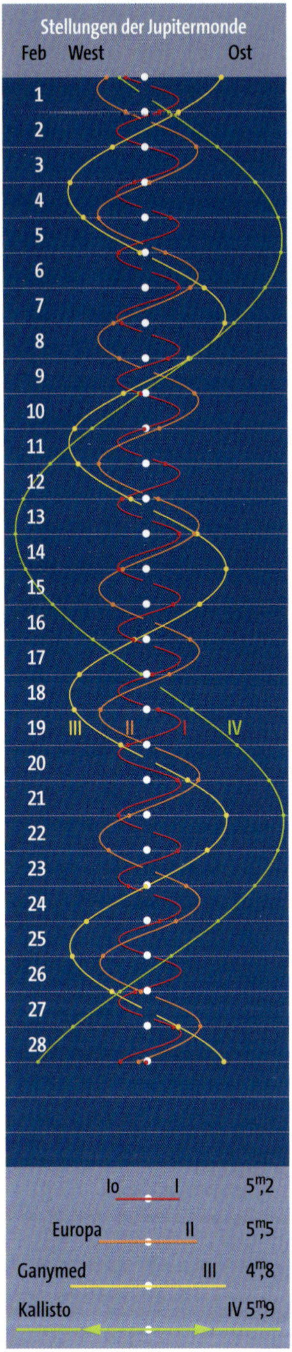

Jupitermonde

Tag	MEZ h m	Vorgang	
1.	4 45	I	VA
	22 45	IV	VA I
	22 54	IV	VE I
2.	1 57	I	SA
	2 04	I	DA
	3 30	II	BA I
	3 33	II	BE I
	4 14	I	SE
	4 21	I	DE
	4 31	II	VA
	19 17	I	VA III
	19 24	I	VE III
	19 32	I	BA III
	19 38	I	BE III
	23 13	I	VA
3.	1 38	I	BE
	20 25	I	SA
	20 30	I	DA
	22 43	I	SE
	22 47	I	DE
	23 22	II	SA
	23 30	II	DA
4.	2 17	II	SE
	2 25	II	DE
	20 04	I	BE
5.	19 56	III	VA I
	20 00	III	BA I
	20 03	III	VE I
	20 05	III	BE I
	20 43	II	BE
6.	0 11	III	VA
	3 55	III	BE
7.	22 55	I	BA II
	22 57	I	VA II
	23 01	I	BE II
	23 05	I	VE II
8.	6 37	I	BA
9.	3 47	I	DA
	3 51	I	SA
	6 05	I	DE
	6 08	I	SE
	6 26	II	BA I
	6 30	II	BE I

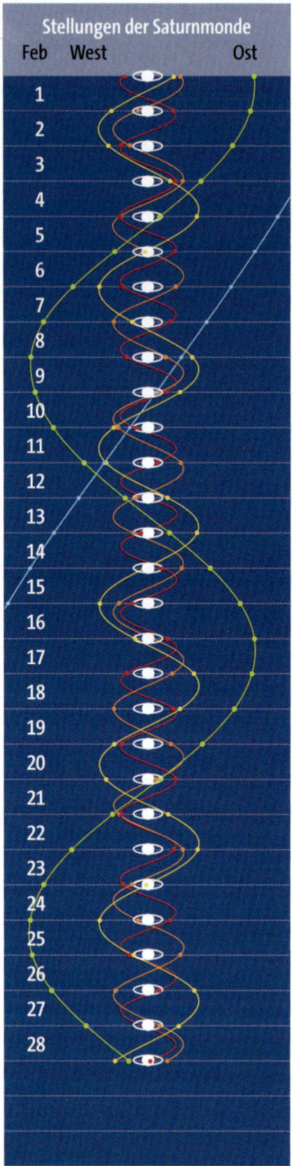

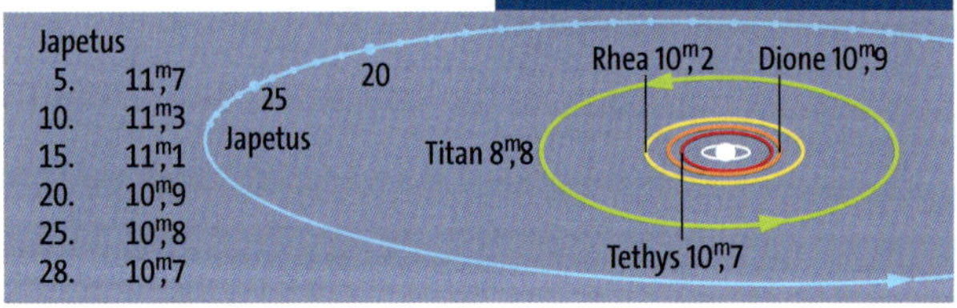

Tag	MEZ	Vorgang
	h m	
9.	21 28	IV DA
	21 56	I BA III
	22 01	I BE III
	22 06	I VA III
	22 11	IV SA
	22 13	I VE III
10.	1 03	I BA
	2 12	IV DE
	3 00	IV SE
	3 27	I VE
	22 13	I DA
	22 19	I SA
11.	0 30	I DE
	0 37	I SE
	1 45	II DA
	1 59	II SA
	4 40	II DE
	4 53	II SE
	19 29	I BA
	21 55	I VE
12.	18 56	I DE
	19 05	I SE
	19 25	II BA I
	19 28	II BE I
	20 04	II BA
	22 23	III BA I
	22 29	III BE I
	22 44	III VA I
	22 51	III VE I
	23 15	II VE
13.	3 32	III BA
14.	18 12	II SE
15.	1 00	I BA II
	1 06	I BE II
	1 20	I VA II
	1 28	I VE II
16.	5 31	I DA
	5 45	I SA
	18 08	III SA
	20 46	III DE
	21 46	III SE
17.	0 19	I BA III
	0 24	I BE III
	0 53	I VA III
	1 00	I VE III
	2 47	I BA
	5 21	I VE
	23 57	I DA
18.	0 13	I SA
	2 14	I DE
	2 31	I SE
	3 10	IV BA
	4 01	II DA
18.	4 35	II SA
	21 13	I BA
	23 50	I VE
19.	18 23	I DA
	18 42	I SA
	20 40	I DE
	20 59	I SE
	21 22	II BA I
	21 25	II BE I
	22 18	II BA
20.	0 48	III BA I
	0 54	III BE I
	1 35	III VA I
	1 43	III VE I
	1 49	II VE
	18 19	I VE
21.	20 04	II DE
	20 49	II SE
22.	3 05	I BA II
	3 11	I BE II
	3 41	I VA II
	3 49	I VE II
23.	20 26	III DA
	22 07	III SA
24.	0 03	III DE
	1 45	III SE
	2 42	I BA III
	2 47	I BE III
	3 38	I VA III
	3 45	I VE III
	4 31	I BA
25.	1 41	I DA
	2 07	I SA
	3 58	I DE
	4 25	I SE
	22 58	I BA
26.	1 45	I VE
	20 07	I DA
	20 36	I SA
	20 59	IV SE
	21 26	II BA IV
	21 30	II BE IV
	22 24	I DE
	22 53	I SE
	23 44	II VA IV
	23 53	II VE IV
27.	0 32	II BA
	3 17	III BA I
	3 24	III BE I
	4 23	II VE
	4 31	III VA I
	4 39	III VE I
	5 28	III VA IV
27.	5 39	III VE IV
	20 13	I VE
28.	19 26	II DA
	20 31	II SA
	22 20	II DE
	23 25	II SE

stirn am Nachthimmel, an dem er von Sonnenuntergang bis Sonnenaufgang vertreten ist. Am Oppositionstag geht der $-2\overset{m}{,}6$ helle Jupiter um 17^h09^m auf, passiert in der Oppositionsnacht um 0^h39^m den Meridian und geht dann morgens um 8^h04^m unter.

Bis Monatsende verfrüht sich der Jupiteruntergang auf 6^h31^m. Andererseits geht er am 28. schon um 15^h27^m auf, wenn es noch hell ist.

Seine geringste Entfernung von der Erde erreicht der Riesenplanet schon in den Morgenstunden am 6., wobei ihn 650 Millionen Kilometer (= 4,34 AE) von uns trennen. Dies entspricht einer Lichtlaufzeit von 36 Minuten.

Von der Sonne ist Jupiter zur Opposition 798 Millionen Kilometer entfernt, dies entspricht 5,33 AE. Damit ist Jupiter mehr als fünfmal weiter von der Sonne entfernt als die Erde.

Im Teleskop erkennt man ein ovales Planetenscheibchen, da Jupiter stark abgeplattet ist (1:16). Sein scheinbarer Äquatordurchmesser beträgt am Tag der Opposition $45\overset{''}{,}4$, der Poldurchmesser $42\overset{''}{,}4$. Schon in einem kleinen Teleskop sind Jupiters signifikante Wolkenstreifen und dunklen Bänder zu erken-

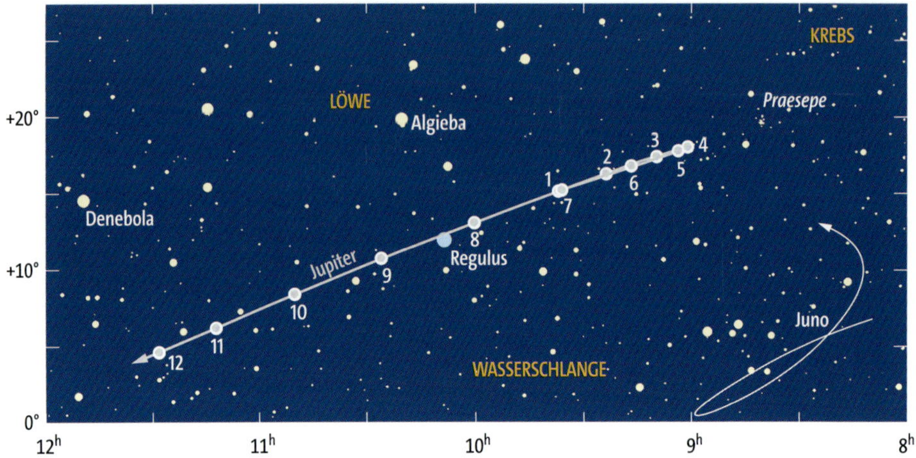

2.4 Bahn von Jupiter:
Scheinbare Bahn des Planeten Jupiter von Januar bis Dezember 2015 im Gebiet der Sternbilder Krebs und Löwe. Die Zahlen geben die Jupiterposition zum jeweiligen Monatsbeginn an (8 = 1. August). Eingetragen ist ferner die Lage der Oppositionsschleife des Kleinplaneten (3) Juno.

nen. Bereits im Fernglas sieht man die vier hellen Jupitermonde. Reizvoll ist es, das Wechselspiel der vier hellen Jupitermonde zu verfolgen, das schon die ersten Fernrohrbeobachter vor vierhundert Jahren faszinierte. Im Jahr 2015 kommt es außerdem zu gegenseitigen Bedeckungen und Verfinsterungen der Jupitermonde.

Seine diesjährige Oppositionsschleife beschreibt Jupiter zwischen dem offenen Sternhaufen Krippe im Krebs und dem Löwenhauptstern Regulus (siehe Abb. 2.4 oben).

Der Vollmond begegnet dem Riesenplaneten in den Morgenstunden des 4. Februar (siehe Abb. unter der Tabelle „Mondlauf" auf Seite 57).

Saturn, rechtläufig im Skorpion, kann am Morgenhimmel tief im Südosten gesehen werden. Die Aufgänge des Ringplaneten verfrühen sich im Laufe des Februar von 3^h16^m am 1. auf 2^h25^m am 15. und auf 1^h36^m am Monatsletzten. Am günstigsten ist Saturn gegen 6^h morgens zu beobachten, wo er sich in Meridiannähe am Südhimmel befindet. Seine Kulminationshöhe erreicht in 50° Nord immerhin 21°. Die Saturnhelligkeit steigt weiter leicht um $0^m\!\!.1$ auf $0^m\!\!.4$ an.

Der Mond begegnet Saturn kurz nach seiner Phase „abnehmender Halbmond" am 13. (siehe Abb. 2.5 unten).

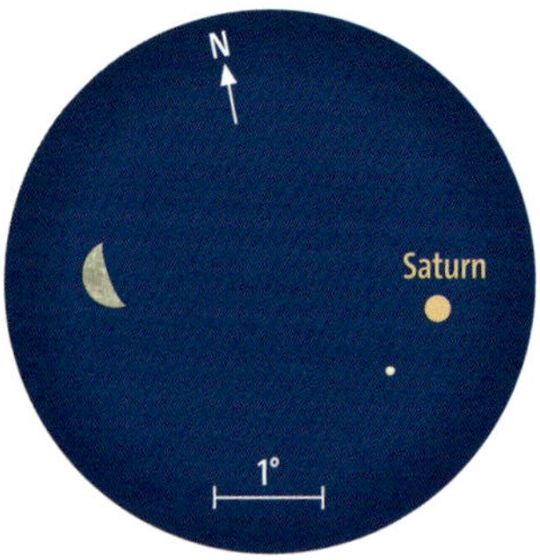

2.5 Mond bei Saturn:
Begegnung des abnehmenden Mondes mit Saturn am 13. Februar. Fernglasanblick gegen 6^h MEZ bei 5° Gesichtsfelddurchmesser.

Uranus kann noch am Abendhimmel mit Fernglas oder Teleskop gesehen werden. Seine Sichtbarkeitsdauer verkürzt sich allerdings drastisch. Der grünliche Planet geht immer früher unter, die Dunkelheit hingegen setzt immer später ein.

Am 1. geht der $5^m\!\!.9$ helle Uranus um 22^h49^m unter, am 15. um 21^h57^m und am 28. schon um 21^h09^m. Um den sonnenfernen Planeten zu finden, kann das Aufsuchkärtchen auf Seite 217 (Abb. 10.13) nützlich sein.

Neptun, rechtläufig im Wassermann, wird gegen Monatsende von der Sonne eingeholt. Am 26.

steht er in Konjunktion mit ihr. Somit hält sich Neptun am Taghimmel auf und bleibt nachts unbeobachtbar unter dem Horizont. Die Begegnung mit Venus am 1. entgeht uns.

Am Tag der Konjunktion erreicht Neptun mit 4631 Millionen Kilometer (= 30,96 AE) seine größte Entfernung in diesem Jahr von der Erde. Von der Sonne trennen ihn am 26. immerhin 4483 Millionen Kilometer (= 29,97 AE). Neptun ist der sonnenfernste Planet unseres Sonnensystems.

Planetoiden

Juno (3), rückläufig im Sternbild Wasserschlange, stand Ende des Vormonats in Opposition zur Sonne. Sie steuert nach Nordwesten und nähert sich Altarf (β Cnc; $3^{m}\!,5$), der gut als Aufsuchhilfe dienen kann (siehe Abb. 1.12 auf Seite 41). Am 16. wechselt Juno in das Sternbild Krebs. Ihre Helligkeit sinkt rapide von $8^{m}\!,2$ auf $8^{m}\!,8$ ab.

Juno kulminiert am 1. um $0^{h}08^{m}$, am 15. um $22^{h}58^{m}$ und am 28. bereits um $22^{h}01^{m}$.

Periodische Sternschnuppenströme

Im Februar sind die wenigsten Meteorströme bekannt. Die in der ersten Februarwoche zu erwartenden **Alpha-Aurigiden** mit ihrem Ausstrahlungspunkt in der Nähe von Kapella scheinen wohl nach Auswertung neuerer Daten endgültig versiegt zu sein. Weitere Beobachtungen sind jedoch erwünscht. Es bietet sich auch die Chance, weitere Ströme zu entdecken. Zudem sind im Februar schon recht helle Feuerkugeln oder Boliden gesichtet worden. Der spektakulärste Fall ereignete sich am 15. Februar 2013, als über der russischen Stadt Tscheljabinsk eine gewaltige Feuerkugel erschien und schließlich explodierte, mit all ihren Folgen.

Auch die **Delta-Leoniden**, deren Maximum um den 24. Februar liegen soll und die stets als recht schwacher Strom galten, dürften von der Liste der periodischen Sternschnuppenströme zu streichen sein. In den letzten Jahren gab es jedenfalls keine signifikanten Beobachtungsdaten, die die Existenz dieses Stromes bestätigen könnten.

Zum Monatsende erscheinen die ersten **Virginiden** am Morgenhimmel.

Der Fixsternhimmel

Der Anblick des abendlichen Sternenhimmels hat sich im Vergleich zum Vormonat nur wenig verändert. Die gesamte Sternbilderszenerie hat sich allerdings merkbar nach Westen verschoben. Zur Standardbeobachtungszeit, gegen 23^{h} zu Monatsbeginn beziehungsweise 22^{h} zur Monatsmitte, hat der Himmelsjäger Orion den Meridian bereits überschritten. Sirius zieht im Süden die Blicke auf sich. Auch die Zwillinge kulminieren eben. Das Himmels-W sinkt langsam im Nordwesten herunter, während sich der Große Wagen im Nordosten immer höher schiebt. Im Westen erinnern noch Perseus und tiefer Andromeda an vergangene Herbsttage. Die übrigen Herbstbilder sind unter dem Horizont verschwunden oder gerade im Untergang begriffen, wie Pegasus, Fische und Walfisch.

Im Südosten ist der Löwe auf der Himmelsbühne erschienen. Er kündigt den baldigen Frühling an. Der Löwe ist das bekannteste der Frühlingssternbilder. Sein hellster Stern wurde von Nikolaus Kopernikus „Regulus" getauft, was soviel wie „Kleiner König" heißt. Doch schon die alten Babylonier sahen im Löwenhauptstern einen König.

Hoch im Süden wandern gerade die Zwillinge durch den Meridian. Sie werden durch zwei Sternenketten dargestellt, die das ungleiche Brüderpaar Kastor und Pollux darstellen sollen. So heißen auch die beiden hellsten und östlichsten Sterne der Ketten. Der griechischen Mythologie nach war Pollux unsterblich, Kastor wurde als Sterbli-

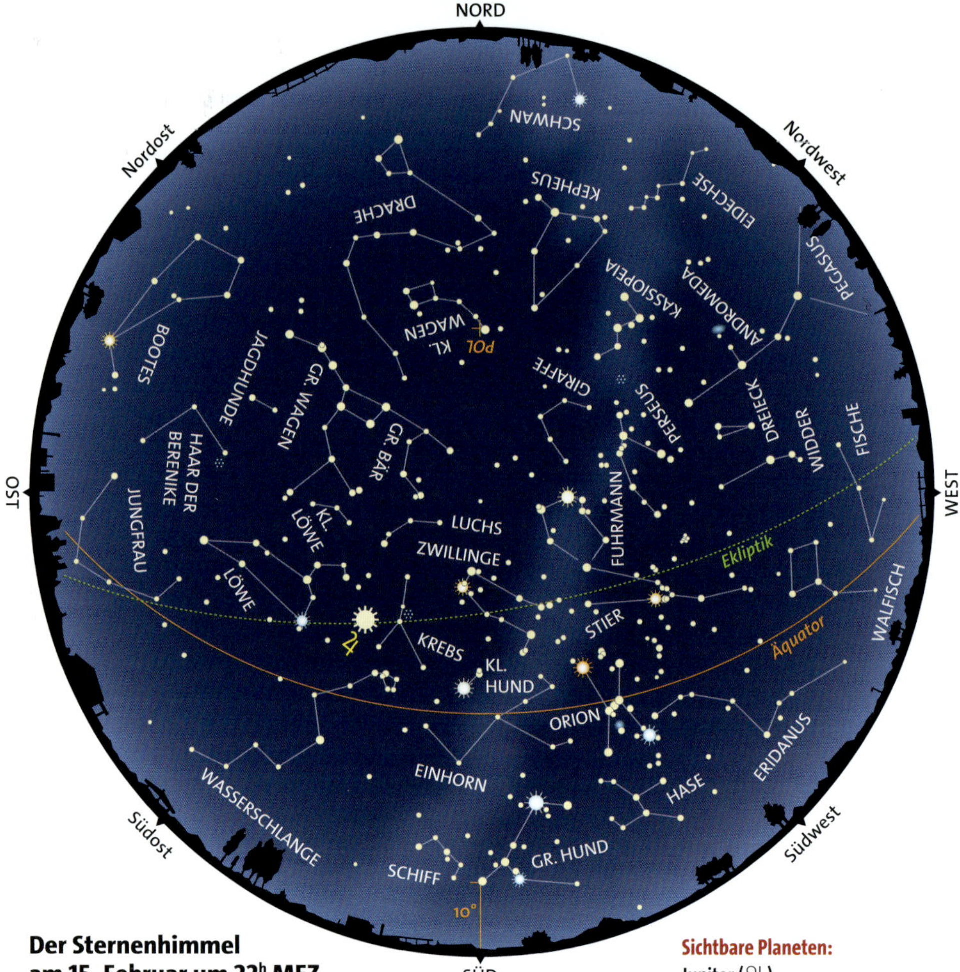

Der Sternenhimmel am 15. Februar um 22h MEZ

Sichtbare Planeten:
Jupiter (♃)

Die Sternkarte ist auch gültig für:		
	MEZ	MESZ
1.11.	5h	
15.11.	4	
1.12.	3	
15.12.	2	
1. 1.	1	
15. 1.	0	
1. 2.	**23**	
15. 2.	**22**	
28. 2.	**21**	
15. 3.	20	

cher jedoch einst im Kampf getötet. Da die nördlichsten Abschnitte der Ekliptik durch die Zwillinge verlaufen, gehören sie wie Krebs und Löwe zum Tierkreis.

Unauffälliger Krebs

Der Krebs liegt zwischen den Zwillingen im Meridian und dem Löwen halbhoch über dem Osthorizont. Da sich keine hellen Sterne im Krebs finden, fällt er kaum auf. Zwar ist er dem Namen nach gut bekannt, da er ebenfalls ein Tierkreissternbild ist. Aber am Firmament findet man ihn nur unter sehr guten Sichtbedingungen, nicht aber in den licht- und schmutzverseuchten Dunstglocken über unseren Städten und Siedlungen.

Auch der offene Sternhaufen Praesepe (lat., die Krippe) liegt im Krebs und ist ein wunderschönes Fernglasobjekt. Die Katalogbezeichnung der Krippe lautet M 44. Das M steht für Messier, den französischen Kometenjäger, der die auffälligsten Sternhaufen und Nebel in einem Katalog zusammengefasst hat.

Wer die helleren Sterne und die markanten Bilder schon gut kennt und schnell am Nachthimmel entdeckt, sollte ab und zu auch einmal nach lichtschwächeren und darum weniger bekannten Bildern Ausschau halten. Als geeignetes Übungsobjekt empfiehlt sich die Wasserschlange, deren Kopf ein wenig südlich vom Krebs liegt und die sich nach Südosten hinunterschlängelt. Hydra ist die lateinische Bezeichnung für die weibliche Wasserschlange. Tief am Südhimmel, nahe dem Himmelssüdpol gibt es das Sternbild Hydrus, die männliche oder kleine Wasserschlange.

Einsamer Leuchtturm

Vergleichsweise auffallend ist der Hauptstern der Wasserschlange, Alphard oder α Hydrae genannt. Alphard steht in einer sonst an helleren Sternen armen Gegend und ist deshalb leicht zu identifizieren. Er markiert das Herz der Wasserschlange und ist $2\overset{m}{,}0$ hell. Die Wasserschlange ist das ausgedehnteste Sternbild am Himmel. Es zieht sich rund sieben Rektaszensionsstunden in Äquatornähe am Firmament entlang. Der Kopf der Wasserschlange liegt noch nördlich des Himmelsäquators und südwestlich von Regulus im Löwen. Außer Alphard sind alle übrigen Sterne der Wasserschlange schwächer als 3. Größenklasse. Südlich von Alphard knickt die Wasserschlange in Richtung Osten ab und zieht sich südlich von Becher, Rabe und Jungfrau bis zu ihrem Schwanz, der zwischen den Sternbildern Waage und Centaurus liegt.

Objekte für Feldstecher und Fernrohr

Wer erstmals oder nur gelegentlich mit Fernglas oder Teleskop den Sternenhimmel durchforstet, wird zunächst die prominenten Objekte des winterlichen Sternenhimmels ins Visier nehmen. Dazu zählen die beiden offenen Sternhaufen Hyaden und Plejaden im Stier, der große Orionnebel südlich der drei Gürtelsterne des Himmelsjägers und der offene Sternhaufen Krippe (oder Praesepe) im Sternbild Krebs. Alles Objekte, die schon mit bloßen Augen zu sehen sind, wenn man helles Mondlicht oder Stadtlicht meidet und sich in dunkler Umgebung aufhält. Aber erst im Fernglas kommen diese Juwelen des Himmels so richtig zur Geltung. Sie sollten auch bei keiner abendlichen Führung auf einer Sternwarte fehlen. Denn selbst für Laien sind diese „Wunder des Himmels" sehr beeindruckend. Schon der beginnende Sternfreund oder der Gelegenheitsbeobachter findet oben erwähnte „Standardobjekte" relativ leicht am Himmel. Die Monatssternkarte dient dabei zur ersten Orientierung. In ihr findet man die Lage und Position der einzelnen Sternbilder in Abhängigkeit von Datum und Uhrzeit. Wo die nachstehend aufgeführten Beobachtungsobjekte in den einzelnen Sternbildern liegen, ersieht man aus dem *Atlas für Himmelsbeobachter* von Erich Karkoschka.

Lohnenswert: der Orionnebel

Der große Orionnebel ist schnell zu entdecken, wenn man von

Veränderliche Sterne im Februar

Algol-Minima	2. 22^h22^m	5. 19^h10^m	20. 3^h18^m	23. 0^h06^m	25. 20^h56^m	28. 17^h45^m
β-Lyrae-Minima	5. 17^hN	12. 5^hH	18. 16^hN	25. 3^hH		
δ-Cephei-Maxima	4. 8^h	9. 17^h	15. 1^h	20. 10^h	25. 19^h	
Mira-Helligkeit	1. 10^m	10. 9^m	20. 9^m	28. 9^m		

2.6 Sternbild Orion:
Skelettkarte des Sternbildes Orion. Eingetragen ist die Position von M 42 südlich der drei Gürtelsterne.

den drei Gürtelsternen ausgehend das Fernglas nach Süden schwenkt. Eine Ansammlung von glitzernden und funkelnden Sternen, eingebettet in leuchtende Nebel, kommt ins Blickfeld. Kaum ein Beobachter bleibt bei diesem Anblick unbeeindruckt. Bei Beobachtung mit einem Teleskop gilt: niedrige Vergrößerung, großes Gesichtsfeld wählen! Mythologisch gesehen gehört diese Partie zum Schwertgehänge des Himmelsjägers. Was man hier sieht, sind junge, heiße, bläuliche Sterne – erst wenige Millionen Jahre alt. Der Orionnebel ist eine riesige Ansammlung aus Gas- und Staubwolken, in denen heute noch neue Sterne geboren werden. M 42 – so die Katalogbezeichnung – ist ein wahres Sternentstehungsnest. Beindruckend ist auch der Vierfachstern ϑ Orionis, als „Trapez“ bekannt. Im Fernglas hat man eher den Eindruck, nur einen Stern zu sehen, im Teleskop sieht man bei entsprechender Vergrößerung die vier Sternpunkte des Trapezes aber deutlich. Das Zentrum des Orionnebels ist fast 1500 Lichtjahre entfernt.

Die inneren Partien von M 42 werden gelegentlich auch „Huygens-Region“ genannt nach dem berühmten holländischen Astronomen und Physiker Christian Huygens, der den Orionnebel als einer der ersten mit einem Fernrohr beobachtete. John Herschel beschreibt den Nebel 1820 folgendermaßen: „... sieht aus wie eine rinnende Flüssigkeit bestreut mit Wollflocken oder wie eine zerbrochene himmlische Makrele“. Solche Eindrücke gewinnt man allerdings nur bei starker Vergrößerung!

Das bläuliche Leuchten von M 42 empfinden manche Beobachter eher als grünlich. Es handelt sich dabei um das Licht heißer, bläulicher Sterne, das am interstellaren Staub reflektiert wird. Hinzu kommt ein grünliches Schimmern des doppelt ionisierten Sauerstoffs (Emissionslinien von O III bei 4959 Å und 5007 Å).

Die dunkle Stelle knapp östlich vom hellen Zentrum wurde im 19. Jahrhundert von Admiral William Henry Smyth (1788–1865) als „das Fischmaul“ bezeichnet. Direkt daneben stößt man auf M 43, ein Gasnebel, der ebenso zum Orion-Komplex zählt wie auch der Flammennebel, der die Dunkelwolke enthält, die aussieht wie der Kopf eines Gauls und darum auch Pferdekopfnebel genannt wird. Flammen- und Pferdekopfnebel sind optisch nur sehr schwer und auch nur in größeren Instrumenten (ab 20 cm Öffnung) auszumachen. Erst auf Fotografien werden sie in voller Pracht sichtbar.

Schöne Sternhaufen

Unverzichtbar bei jeder Beobachtung des Winterhimmels ist ein Blick auf die beiden offenen Sternhaufen Plejaden und Hyaden im Stier. Während die Plejaden im Fernglas voll zu erfassen sind, bekommt man die Hyaden nicht in vollem Umfang in das Gesichtsfeld. Man schwenke daher sein Binokular langsam hin und her, um die beeindruckende Pracht der Hyaden zu genießen.

Während die Plejaden (M 45) von uns 420 Lichtjahre entfernt sind, trennen uns nur 140 Lichtjahre von den Hyaden, dem Regengestirn. Mitten in den Hyaden steht Aldebaran, der orange Hauptstern des Stiers. Mit 66 Lichtjahren Entfernung gehört er nicht zum Haufen der Hyadensterne, sondern er hält sich im Vordergrund auf.

Zwei weitere offene Sternhaufen im Stier locken den erfahrenen Beobachter: NGC 1647 und NGC 1746. Sie liegen auf der Verbindungslinie Aldebaran – Al Nath (β Tauri). NGC 1647 in 1800 Lichtjahren Distanz ist beeindruckender als NGC 1746. Er liegt nahe bei 97 Tau ($5\overset{\mathrm{m}}{,}1$). Bei geringer Vergrößerung von etwa 10× macht er im Fernglas einen entfernt ähnlichen Eindruck wie der Krabben-Nebel (M 1). Einige Sterne sind 6^{m} hell, die meisten jedoch wesentlich lichtschwächer.

NGC 1746 ist nicht nur weniger beeindruckend, er ist vor allem schwieriger zu finden. Denn seine Sterne sind relativ weit verstreut und wenig konzentriert. Deshalb nimmt man ihn im Teleskop bei kleinem Gesichtsfeld oft gar nicht als Sternhaufen wahr. Eher erkennt man ihn im lichtstarken Fernglas. NGC 1746 liegt etwa 2° nördlich von ι Tau und knapp südwestlich von 103 Tau (siehe Sternkarte Nr. 14 im *Kosmos Sternatlas kompakt* von Roger W. Sinnott). NGC 1746 ist mit 1400 Lichtjahren Entfernung näher als NGC 1647.

Vorzeigeobjekt in den Zwillingen

Ein interessanter offener Sternhaufen ist ferner M 35 in den Zwillingen. In jedem Fernglas ist er leicht auszumachen. Er befindet sich etwa $2\overset{\circ}{,}5$ nordwestlich von η Geminorum, auch als Propus mit Eigenname bekannt. M 35 erscheint etwas länglich. Erst im Teleskop wird die wahre Pracht seiner rund 300 Mitgliedssterne erkennbar, die 2800 Lichtjahre von uns entfernt sind. Knapp neben M 35 stößt man auf NGC 2158, ebenfalls ein offener Sternhaufen, aber gut viermal weiter als M 35 von uns entfernt. Selbst in einem Vierzöller erscheint NGC 2158 recht schwach, allerdings auch recht sternreich.

Ein weiterer offener Sternhaufen sei genannt, M 50 im Einhorn (Monoceros). Er liegt in einer relativ sternarmen Gegend auf der Verbindungslinie Sirius – Prokyon, rund 10° nördlich von Sirius. Mit $6\overset{\mathrm{m}}{,}3$ und etwa 15′ Durchmesser fällt er schon im bescheidenen Fernglas auf. Seine hellsten Sterne sind einzeln auszumachen. Der südlichste und hellste von ihnen ist ein roter Riese. Die Sterne wirken etwas verstreut. Die Entfernung von M 50 beträgt rund 3300 Lichtjahre.

Vier Doppelsterne

Blicken wir zurück zum Orion! Knapp südlich von M 42 stößt man auf die beiden Doppelsterne ι Orionis und σ Orionis. Mit $2\overset{\mathrm{m}}{,}8$ ist ι Orionis der hellste Stern in diesem Areal. In 11″ Distanz hat er einen $6\overset{\mathrm{m}}{,}9$ hellen Begleiter. Beide Sterne sind heiße, bläuliche Sonnen in 1400 Lichtjahren Distanz. Das Paar ist in einem Dreizöller als Doppelstern erkennbar.

Die Hauptkomponente von σ Orionis ist $3\overset{\mathrm{m}}{,}8$ hell und hat in 42″ einen $6\overset{\mathrm{m}}{,}6$ hellen Begleiter. Beide sind heiße, bläuliche Sterne (Spektraltyp O). Wegen ihrer großen Separation ist dieses Paar trotz des starken Helligkeitsunterschiedes sehr leicht zu trennen. σ Orionis ist rund 1200 Lichtjahre entfernt.

Ein bekannter und leicht zu trennender Doppelstern ist Algieba, γ Leonis, der Halsstern des Löwen. Zwei rötliche Sterne ($2\overset{\mathrm{m}}{,}3$ und $3\overset{\mathrm{m}}{,}5$) sind $4\overset{\prime\prime}{,}8$ voneinander getrennt. Algieba ist 126 Lichtjahre entfernt.

Schwieriger schon ist ζ Cancri oder Tegmeni mit Eigenname zu trennen. Die Hauptkomponente ist ein gelber Stern (G0) von $5\overset{\mathrm{m}}{,}0$, die in 6″ einen $6\overset{\mathrm{m}}{,}1$ hellen Begleiter hat. Die Hauptkomponente selbst ist ihrerseits ein Doppelstern mit nur 1″ Separation. Die Komponenten sind $5\overset{\mathrm{m}}{,}0$ und $6\overset{\mathrm{m}}{,}0$ hell.

Die Kräfte des Herrn Coriolis

Zéphirin Félix Jean Marius Belliard

2.7 Gaspard Gustave de Coriolis (1792–1843) hat die nach ihm benannten Kräfte genau beschrieben.

Um gleich einem Missverständnis vorzubeugen: Es geht hier nicht um die Muskelkräfte des berühmten Herrn Coriolis. Wie stark er war, wissen wir heute nicht mehr. Unsterblich aber hat ihn seine Beschreibung derjenigen Kräfte gemacht, die auftreten, wenn sich Objekte auf rotierenden Flächen oder Körpern bewegen. Man nennt sie schlicht Corioliskräfte. Sie spielen in der Meteorologie und Astronomie eine wichtige Rolle und erklären das Zustandekommen von Wirbelbewegungen im Luftmeer der Erde und in den Atmosphären der Planeten.

Der französische Mathematiker und Physiker Gaspard Gustave de Coriolis wurde am 21. Mai 1792 in Paris geboren. Seine Vorfahren, meist Juristen, stammen aus der Provence, wo sie im 17. Jahrhundert in den Adelsstand erhoben wurden. Sein Vater war ein königstreuer Offizier, der nach der Revolution von Paris nach Nancy flüchtete.

Gaspard wuchs in Nancy auf. 1808 wurde er als zweitbester seines Jahrgangs in die französische Eliteakademie École Polytechnique aufgenommen. Dabei beschäftigte er sich mit mechanischen Problemen wie den Auswirkungen des Dralls von Billardkugeln. Als Gaspard 18 Jahre alt war, starb sein Vater, der sich nach seiner jäh endenden Offizierslaufbahn als Industrieller betätigt hatte. Um seine Familie finanziell zu unterstützen, trat Gaspard eine Stelle als Tutor an der École Polytechnique an, die er auf Empfehlung des berühmten Mathematikers Augustin-Louis Cauchy erhielt.

Im Jahre 1829 erschien sein Buch *Du calcul de l'effet des machines*, in dem er die theoretischen Grundlagen von Maschinen behandelte. Auch beschreibt er darin die Berechnung des Wirkungsgrades einer Maschine und definiert Begriffe wie „Arbeit“ und „kinetische Energie“, wobei er sich auf Vorarbeiten von Lazare Carnot stützt.

Ab 1832 lehrte Coriolis als Professor für angewandte Mechanik an der École des Ponts et Chaussées in Paris. Dabei beschäftigte er sich vornehmlich mit rotierenden Bezugssystemen. Er erkannte 1835, dass außer der Fliehkraft bei bewegten Körpern in einem rotierenden Bezugssystem eine weitere Trägheitskraft auftritt, eben die heute nach ihm benannte Corioliskraft. Aufgrund seiner überragenden Leistungen wurde Coriolis im Jahre 1836 als Nachfolger von Claude Navier in die Académie des Sciences, die französische Wissenschaftsakademie, gewählt.

Zeit seines Lebens war Coriolis gesundheitlich angeschlagen. Vermutlich deshalb hat er nie geheiratet. Im Frühjahr 1843 erkrankte er ernstlich. Am 19. September 1843 starb Coriolis in Paris.

Wie bewegen sich Körper?

Im Altertum und Mittelalter lehrten diverse Philosophen, die natürliche Bewegung eines Körpers, auf den keine Kraft ausgeübt wird, erfolge auf einer Kreisbahn. Nach Aristoteles laufen alle Himmelskörper kräftefrei auf Kreisen. Nach Galileo Galilei ändert sich der Bewegungszustand eines Körpers nur, wenn eine Kraft auf ihn ausgeübt wird. Ein kräftefreier Körper behält seine Geschwindigkeit *und* die Richtung seiner Bewegung bei. Man spricht vom Trägheitsgesetz. Der Körper ist gewissermaßen zu träge, um seinen Bewegungszustand zu ändern. Erst wenn eine Kraft auf ihn wirkt, ändert er seine Geschwindigkeit oder seine Richtung oder auch beides gleichzeitig. Isaac Newton hat dies in seinen drei klassischen Axiomen zusammengefasst:

1. Jeder Massenpunkt verharrt in Ruhe oder gleichförmiger Bewegung, wenn keine Kraft auf ihn wirkt.
2. Wirkt eine Kraft auf einen Massenpunkt, so erteilt sie ihm eine Beschleunigung. Kraft ist somit das Produkt aus Masse mal Beschleunigung.
3. Actio gleich Reactio: Alle gegeneinander mit konstanter Geschwindigkeit bewegten Bezugssysteme sind gleichberechtigt. Die Kräfte behalten ihre Größe und damit ihre Wirkungen bei.

Man nennt dies auch das *Galileische Relativitätsprinzip*, obwohl erst Newton dies so klar beschrieben hat. Es spielt keine Rolle, ob ein Pkw mit 100 Kilometer pro Stunde Geschwindigkeit auf einen stehenden Lastwagen prallt oder der Lastwagen mit gleicher Geschwindigkeit auf den stehenden Pkw prallt.

Es kommt stets nur auf die *relative* Geschwindigkeit beider Körper an. Alle mit gleichförmiger Geschwindigkeit gegeneinander bewegten Bezugssysteme nennt man Inertialsysteme (von lateinisch: inertia – Trägheit). Dies bezieht sich auf die Tatsache, dass Massen ihren Bewegungszustand, also ihre Geschwindigkeit beibehalten, so lange keine äußere Kraft auf sie einwirkt. Massen sind träge und verharren in ihrem Bewegungszustand.

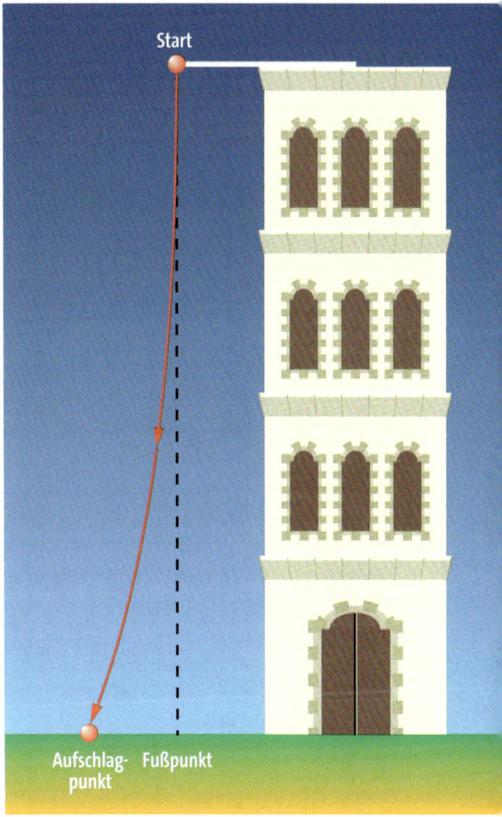

2.8 Ein frei fallender Körper schlägt nicht senkrecht unter dem Startpunkt auf, sondern weicht infolge der Erdrotation nach Osten ab.

Länge und Richtung

Während Massen skalare Größen sind, sind Geschwindigkeiten und Kräfte vektorielle Größen. Ein Vektor hat eine Länge und gibt außerdem eine Richtung an. Somit ist auch eine Kraft nötig, um die Bewegungs*richtung* eines Massenpunktes zu ändern. Ein Planet würde geradlinig durch das Weltall driften, würde ihn nicht die Sonne mit ihrer Schwerkraft in eine Kreisbahn zwingen. Eine Kreisbahn beschreibt ein Körper im Gravitationsfeld der Sonne, wenn die lineare Bahngeschwindigkeit, also die Länge bezie-

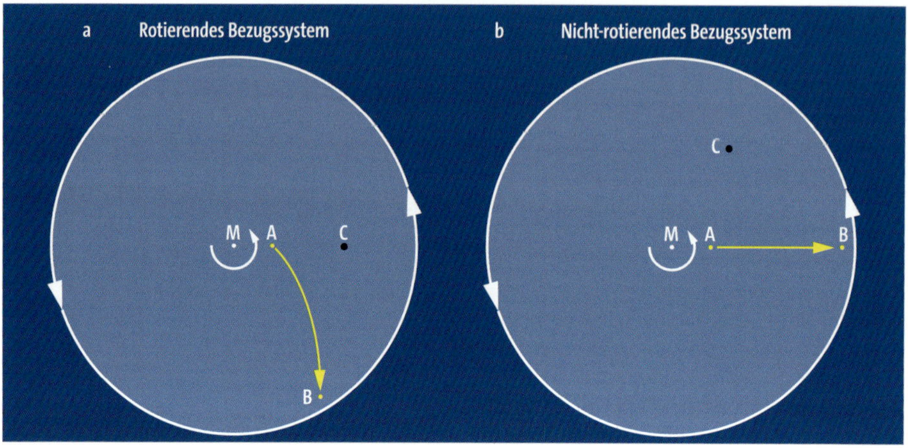

2.9 (a) Im Bezugssystem einer rotierenden Scheibe bewegt sich ein Körper von A nach B. Er entfernt sich vom Rotationsmittelpunkt und erfährt dabei eine Abweichung entgegengesetzt der Rotationsrichtung. Das Loch C bleibt im rotierenden Koordinatensystem am selben Ort.
(b) Von außen, also vom nichtrotierenden Bezugssystem, betrachtet behält der Körper seine geradlinige, unbeschleunigte Bewegung bei, das Loch C in der Scheibe hingegen verändert infolge der Rotation seine Position.

hungsweise der Betrag des Vektors, konstant bleibt. Ändert sich diese ebenfalls im Schwerefeld der Sonne, so bewegt sich ein Körper auf einer Ellipsen-, Parabel- oder Hyperbelbahn.

Auf einer sich drehenden Scheibe oder Kugel wirkt auf einen Körper eine Kraft, die den Körper radial von der Drehachse weg nach außen treibt. Sie heißt Flieh- oder Zentrifugalkraft und ist eine Schein- oder Trägheitskraft. Denn der Körper behält seine geradlinige Bewegung bei infolge seiner Trägheit. Deshalb driftet er nach außen. Für den mitrotierenden Beobachter tritt die Bewegung des Körpers nach außen nur scheinbar auf. Zwingt man jedoch den Körper in eine Kreisbahn um die Rotationsachse – sei es durch ein Seil oder das Kraftfeld eines Gravitationszentrums, dann tritt die Fliehkraft auf als Gegenkraft zur Zentripetalkraft, die den Körper nach innen zieht. Dies folgt aus dem 3. Newtonschen Axiom. Reißt das Seil, so verschwindet augenblicklich auch die Zentrifugalkraft, der Körper bewegt sich geradlinig mit konstanter Geschwindigkeit weiter. Reicht bei schneller Kurvenfahrt eines Autos die Reibung zwischen den Rädern und der Straßenoberfläche nicht aus, es in die Kurve zu zwingen, so bewegt sich das Auto geradlinig weiter und landet im Straßengraben oder, noch schlimmer, an einem Baum.

Die Ostabweichung

Trägheitskräfte sind potentialfrei und somit Scheinkräfte, da es offensichtlich vom gewählten Bezugssystem abhängt, ob sie auftreten oder nicht. Schöne Beispiele sind die Ostabweichung beim freien Fall oder das Foucaultsche Pendel.

Fällt ein Stein von einem hohen Turm senkrecht nach unten, so schlägt er am Boden nicht genau senkrecht unter dem Abwurfpunkt auf, sondern er driftet ein wenig nach Osten. Denn je weiter ein Punkt von der Erdachse entfernt ist, desto größer ist seine Bahngeschwindigkeit bei gleichbleibender Winkelgeschwindigkeit der Erdrotation. Da der frei fallende Stein seine tangentiale Bahngeschwindigkeit infolge seiner Trägheit beibehält, gewinnt er gegenüber dem Fußpunkt einen Vorsprung. Weil die Erde sich von West nach Ost dreht, liegt der Aufschlagpunkt des Steins östlich vom Fußpunkt senkrecht un-

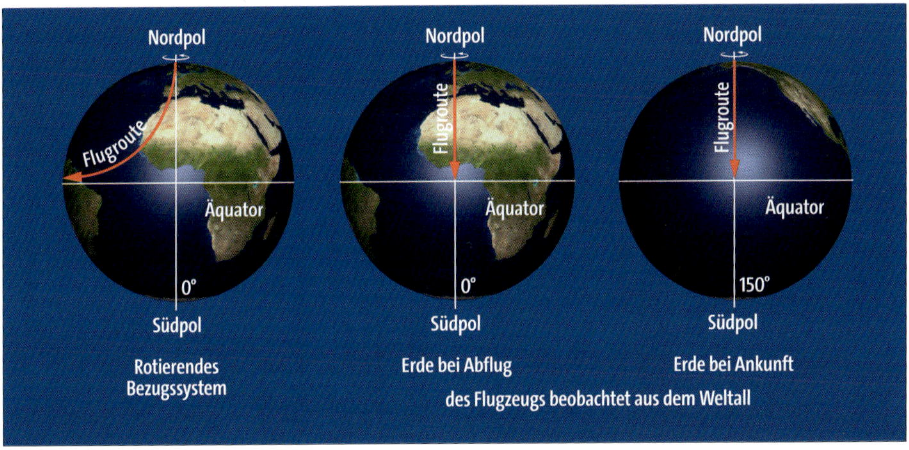

2.10 Ein vom Nordpol zum Erdäquator reisendes Flugzeug erfährt für den Beobachter auf der Erde (im rotierenden Bezugssystem) eine Westabweichung (in Flugrichtung nach rechts). Der Beobachter im Weltall (im ruhenden Bezugssystem) sieht eine geradlinige Flugroute. Die Erde dreht sich für ihn unter dem Flugzeug weiter.

ter dem Abwurfpunkt (siehe dazu Abb. 2.8 auf Seite 69).

Ein frei aufgehängtes, schwingendes Pendel behält infolge der Trägheit seine Schwingungsebene bei. Auf der rotierenden Erde ändert sich jedoch die Richtung der Schwingungsebene *relativ* zur Erdoberfläche, wie Leon Foucault in seinem berühmten Experiment im März 1851 im Pantheon in Paris eindrucksvoll demonstrierte.

Der Vollständigkeit halber sei angemerkt, dass vor hundert Jahren Albert Einstein in seiner Allgemeinen Relativitätstheorie gezeigt hat: Schein- oder Trägheitskräfte und konservative Kräfte (mit Potential) sind einander äquivalent, also gleichwertig. Beschleunigte Uhren gehen ebenso langsamer wie Uhren im Gravitationsfeld gegenüber Uhren im Inertialsystem der Fixsternwelt. Anschaulich schildert dies Einstein in seinem berühmten Kastenexperiment: Ein frei im Weltall schwebender, fensterloser Kasten (als Ersatz für ein Raumschiff) beherbergt einen Astronauten, der seinerseits schwerelos im Kasten schwebt. Plötzlich spürt der Astronaut eine Kraft, die ihn zum einen Ende des Kastens zieht. Diese Wand des Kastens ist nun für ihn der Boden, er kann jetzt zwischen oben und unten unterscheiden. Er kann aber durch keinen Versuch feststellen, ob der Kasten durch einen Raketenantrieb beschleunigt wird oder ob er sich im Gravitationsfeld einer entsprechend großen Masse befindet (siehe auch Monatsthema: „Was sind Gravitationslinsen?" im *Kosmos Himmelsjahr 1995*).

Die Corioliskraft

In einem rotierenden Bezugssystem tritt neben der Zentrifugalkraft noch eine weitere Trägheitskraft auf, wenn sich ein Körper bewegt. Wandert ein Körper von der Rotationsachse radial nach außen, so erfährt er eine Kraft, die seine Bewegungsrichtung entgegengesetzt der Rotationsrichtung ändert. Der Körper weicht von der geradlinigen radialen Bewegung ab und bleibt gegenüber der Rotation zurück. Da sich seine Bewegungsrichtung ändert, muss gemäß den Newtonschen Axiomen eine Kraft auf ihn wirken. Sie tritt aber nur in einem rotierenden Bezugssystem auf. Von außen betrachtet, also vom Inertialsystem der Fixsternwelt, bewegt sich der Körper geradlinig nach außen, während das Bezugssystem rotiert. Man nennt diese zweite Trägheitskraft die Corioliskraft. Coriolis hat sie erstmals mathematisch exakt beschrieben.

2.11 **Der Wolkenwirbel eines Tiefdruckgebietes wird durch die Corioliskraft hervorgerufen.**

Ein Beispiel möge dies verdeutlichen: Ein Flugzeug fliegt vom Nordpol entlang dem Nullmeridian zum Erdäquator. Es legt dabei eine Wegstrecke von rund 10000 Kilometer (ein Erdmeridianquadrant) zurück. Die Geschwindigkeit des Flugzeuges betrage 1000 Kilometer pro Stunde. Nach zehn Stunden trifft es am Äquator ein – jedoch nicht bei 0° geografischer Länge! In den zehn Stunden Flugzeit hat sich die Erde weiter gedreht, und zwar um 150°. Der Ankunftspunkt am Erdäquator liegt somit mitten im Pazifik nahe den Marquesas-Inseln und nicht im Golf von Guinea westlich der afrikanischen Küste.

Von außen betrachtet, also vom Inertialsystem der Fixsternwelt, fliegt der Jumbojet auf geradliniger Bahn, die *senkrecht* zum Erdäquator verläuft. Vom rotierenden Bezugssystem auf der Erde aus gesehen zeigt das Flugzeug eine erhebliche Westabweichung – in Flugrichtung (vom Nordpol zum Äquator) driftet es nach rechts ab. Die Corioliskraft ändert im Laufe der Reise permanent die Flugrichtung.

In der Praxis wird das Flugzeug nicht so weit nach Westen abweichen, denn es wird von den Luftmassen mitgenommen. Aber je nach Geschwindigkeit des Flugzeuges muss der Pilot jedoch bei einem Flug von Nord nach Süd die Flugrichtung seiner Maschine korrigieren.

Folgen fürs Wetter

Die Corioliskräfte machen sich vor allem bei den Bewegungen der Luftmassen bemerkbar. In höheren Atmosphärenschichten ist die Luftreibung vergleichsweise gering. Bewegen sich Luftmassen in Nord-Süd-Richtung auf der Erde, so erfahren sie eine Westablenkung. Auf der Nordhalbkugel driften sie nach rechts (in Windrichtung), auf der Südhalbkugel nach links. Die Passatwinde folgen nicht nur den Luftdruckdifferenzen, sondern erfahren auch die Corioliskräfte. So gibt es auf der Nordhalbkugel einen Nordostpassat, auf der Südhalbkugel einen Südostpassat. In der Meteorologie bezeichnet man die Winde nach der Richtung, aus der sie kommen. Bei Westwind strömen die Luftmassen von Westen heran und ziehen nach Osten ab.

Die Corioliskräfte bewirken auch, dass es bei Tiefdruckgebieten zur Ausbildung von Wirbeln kommt. Bei ihrem Zug von Nord nach Süd werden die Luftmassen auf der Nordhalbkugel nach rechts abgelenkt. Auf der Südhalbkugel erfolgt die Ablenkung bei Wanderung zum Äquator, also von Süd nach Nord, nach links.

Wer schon einmal ein wolkenreiches Tiefdruckgebiet auf Satellitenaufnahmen verfolgt hat, weiß aus eigener Anschauung, dass die Wolkenwirbel auf der Nordhalbkugel entgegengesetzt zum Uhrzeigersinn, also im mathematisch positivem Drehsinn, rotieren, schlicht gesagt: links herum. Wie das, wenn doch die Abweichung nach rechts erfolgt?

Dies liegt daran, dass die Richtung der Strömung nicht nur von der Corioliskraft allein bestimmt wird, sondern in erster Linie vom Druckgradienten. Dieser steht senkrecht zu den Isobaren (Linien gleichen Druckes). Da der Luftdruck im Kern eines Tiefdruckgebietes am niedrigsten ist, strömt die Luft nach innen. Es bildet sich somit eine *links*drehende (also entgegengesetzt dem Uhrzeigersinn) Zyklone. Ein anschaulicher, wenn auch physikalisch nicht korrekter Vergleich, ist ein Kreisverkehr. Man biegt in den Kreisverkehr nach rechts ein, im Kreisverkehr selbst wird dann linksherum gefahren.

Zyklone und Antizyklone

Bei Hochdruckgebieten entsteht oft eine Antizyklone, die sich im Uhrzeigersinn dreht. Denn der maximale Druck herrscht im Zentrum der Antizyklone, der Druckgradient ist nach außen gerichtet.

Auf der Südhalbkugel der Erde sind die Verhältnisse entgegengesetzt: Die Corioliskraft lenkt die Luftmassen nach links ab, Zyklonen drehen rechtsherum, also im Uhrzeigersinn, Antizyklonen haben jetzt einen Linksdrall.

Die Corioliskraft macht sich nur im großräumigen Wettergeschehen bemerkbar. Die Drehrichtung eines Tornados wird von ihr nicht bestimmt. In das Reich der Märchen gehört die Behauptung, die Drehrichtung des Strudels im Abfluss einer Badewanne werde von der Corioliskraft bestimmt. Da spielen andere Parameter eine Rolle. Hingegen werden die großräumigen Meeresströmungen von der Corioliskraft beeinflusst.

Die Corioliskraft (K_C) zu berechnen ist vergleichsweise simpel. Sie entspricht dem doppelten Produkt von Masse (m) mal Geschwindigkeitskomponente (v) in Radialrichtung mal Winkelgeschwindigkeit (ω): $K_C = 2m \cdot v \cdot \omega$.

Die Winkelgeschwindigkeit der Erde ergibt sich zu:

$$\omega = 2\,\pi / 86\,164{,}1 = 7{,}29\,211\,151 \cdot 10^{-5}\,s^{-1}.$$

Teilt man K_C durch die Masse, erhält man die Coriolis-Beschleunigung: $b_c = 2v \cdot \omega$. Eine siderische Erdrotation, also eine volle Umdrehung der Erde bezogen auf das Inertialsystem der Fixsternwelt, dauert 86 164,1 Sekunden. Sie ist um 0,009 Sekunden länger als ein Sterntag. Die lineare Rotationsgeschwindigkeit beträgt somit am Erdäquator 465,1 m/s, das sind rund 1674 Kilometer pro Stunde. Ein Punkt auf dem Äquator bewegt sich etwa doppelt so schnell wie ein Verkehrsflugzeug.

Bewegt sich eine Masse vom Äquator zum Nordpol der Erde, so bewirkt die Corioliskraft ebenfalls eine Abweichung, diesmal nach Ost und somit wiederum nach rechts in Bewegungsrichtung gesehen. Aber auch bei einer Bewegung in Ost-West- oder West-Ost-Richtung auf der rotierenden Erde tritt die Corioliskraft auf. Denn damit ändert sich die Zentrifugalkraft bezogen auf die Erdachse, die man in die horizontale und vertikale Komponente zerlegen muss. Auch hier tritt auf der Nordhalbkugel der Erde ein Rechtsdrall, auf der Südhalbkugel ein Linksdrall auf. Fazit: Egal, in welcher Richtung man sich auf dem Karussell Erde bewegt, stets beeinflusst die Corioliskraft die Bewegungsrichtung.

Corioliskräfte bei den Riesenplaneten

In der Planetologie spielen Corioliskräfte eine bedeutende Rolle. Die Riesenplaneten Jupiter, Saturn, Uranus und Neptun rotieren recht rasch. In ihren dichten Atmosphären treten hohe Windgeschwindigkeiten auf, bei Jupiter um die 500 Kilometer pro Stunde, bei Saturn sind sie noch dreimal höher. In den Atmosphären der Wasserstoffplaneten bilden sich gewaltige Zyklonen.

Der größte Wirbelsturm, der Große Rote Fleck auf Jupiter, wird schon seit vierhundert Jahren beobachtet. Die Winkelgeschwindigkeit der Jupiterrotation beträgt $\omega_{♃} = 1{,}7585 \times 10^{-4}\,s^{-1}$, was einer linearen Geschwindigkeit am Jupiteräquator von 12,555 Kilometer pro Sekunde oder 45 198 Kilometer pro Stunde entspricht. Bei Saturn ergeben sich ähnliche Werte. Seine Winkelgeschwindigkeit ist mit $\omega_{♄} = 1{,}7005 \times 10^{-4}\,s^{-1}$ fast gleich groß wie die von Jupiter. Ein Punkt auf dem Saturnäquator eilt mit 10,279 Kilometer pro Sekunde oder 37 004 Kilometer pro Stunde um die Saturnachse. Da die Rotationsachse des Jupiter fast senkrecht auf seiner Bahnebene steht, ergeben sich keine jahreszeitlichen Effekte in der Atmosphäre im Gegensatz zu Saturn, dessen Rotationsachse um 27° zur Bahnachse geneigt ist. Bei den hohen Windgeschwindigkeiten und der schnellen Rotation von Jupiter und Saturn tragen die Corioliskräfte erheblich zum Wettergeschehen in deren turbulenten Atmosphären bei.

März 2015

- Die Sonne passiert am 20. März um 23^h45^m den Frühlingspunkt.
- Am 20. findet eine totale Sonnenfinsternis statt, die von Mitteleuropa aus in ihren partiellen Phasen beobachtbar ist – siehe Seite 24.
- Venus ist auffälliges Gestirn am Abendhimmel.
- Jupiter ist fast die ganze Nacht über sichtbar.

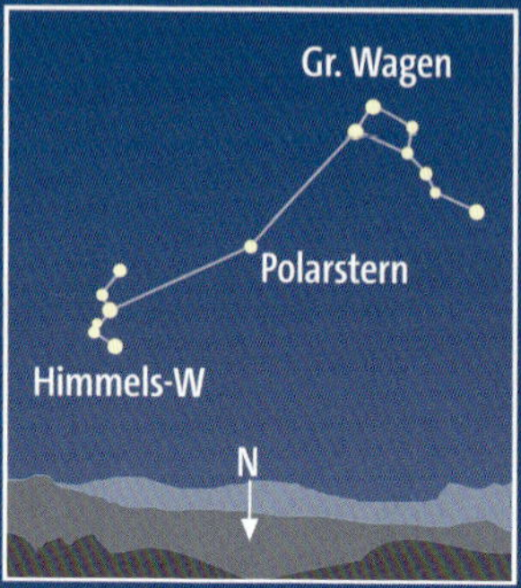

Großer Wagen und Himmels-W Anfang März um 22 Uhr

3.1 Anblick des abendlichen Westhimmels am 22. März gegen 20^h MEZ. Knapp über dem Horizont erkennt man das Dreigestirn Venus, Mars und die schmale Sichel des zunehmenden Mondes.

1 So	
2 Mo	
3 Di	
4 Mi	Venus bei Uranus (Abendhimmel)
5 Do	**Vollmond** Mond in Erdferne
6 Fr	
7 Sa	
8 So	
9 Mo	
10 Di	
11 Mi	Mars bei Uranus (Abendhimmel)
12 Do	Mond bei Saturn (Morgenhimmel)
13 Fr	Mond im letzten Viertel
14 Sa	
15 So	
16 Mo	
17 Di	
18 Mi	
19 Do	Mond in Erdnähe
20 Fr	Frühlingsbeginn, **Neumond** **Totale Sonnenfinsternis**
21 Sa	Mond bei Mars (Abendhimmel)
22 So	Mond bei Venus (Abendhimmel)
23 Mo	
24 Di	
25 Mi	
26 Do	
27 Fr	Mond im ersten Viertel
28 Sa	
29 So	
30 Mo	
31 Di	

Sonne – Sternbilder

12. 3. 20^h:
Sonne tritt in das Sternbild Fische
20. 3. 23^{h}45^m:
Sonne tritt in das Tierkreiszeichen Widder
Julianisches Datum am
1. März, 1^h MEZ: 2 457 082,5

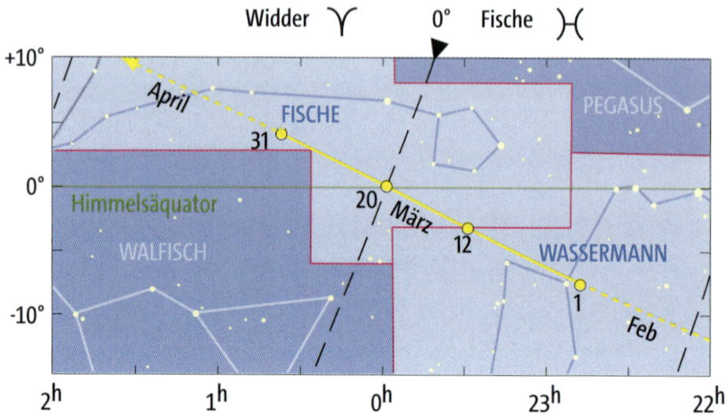

Tabelle Sonnenlauf

Tag	Dämmerg. Anfang	Aufgang MEZ	Kulmination	Untergang MEZ	Dämmerg. Ende	Mittagshöhe	Zeitgleichg.	Rektaszension	Deklination
	h m	h m	h m	h m	h m	°	m	h m	°
1.	5 54	7 04	12 32	18 01	19 11	32,4	−12	22 46	−7,9
5.	5 46	6 56	12 32	18 08	19 18	33,9	−12	23 01	−6,3
10.	5 36	6 45	12 30	18 16	19 26	35,9	−10	23 19	−4,4
15.	5 25	6 35	12 29	18 24	19 34	37,8	− 9	23 38	−2,4
20.	5 14	6 24	12 28	18 32	19 43	39,8	− 8	23 56	−0,5
25.	5 02	6 13	12 26	18 40	19 51	41,8	− 6	0 14	+1,5
31.	4 48	6 00	12 24	18 50	20 02	44,1	− 4	0 36	+3,9

Achtung: Ab Sonntag, 29. März 2015, gilt die Sommerzeit. Zu allen im Himmelsjahr angegebenen Zeiten eine Stunde addieren!

Tages- und Nachtstunden

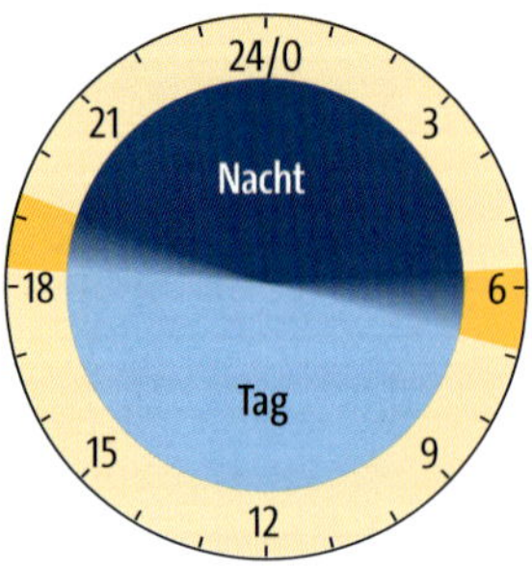

5. März

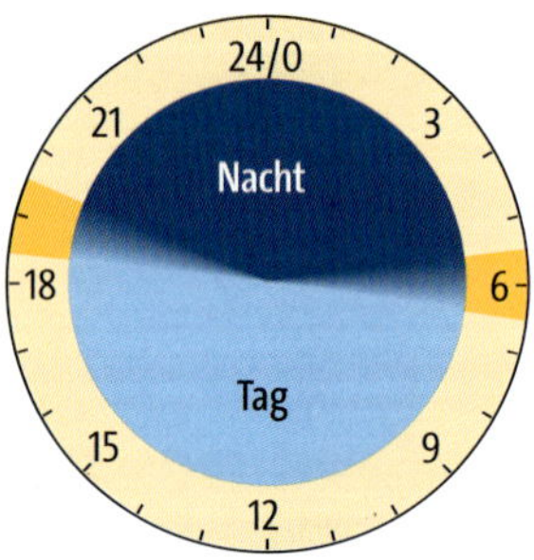

15. März

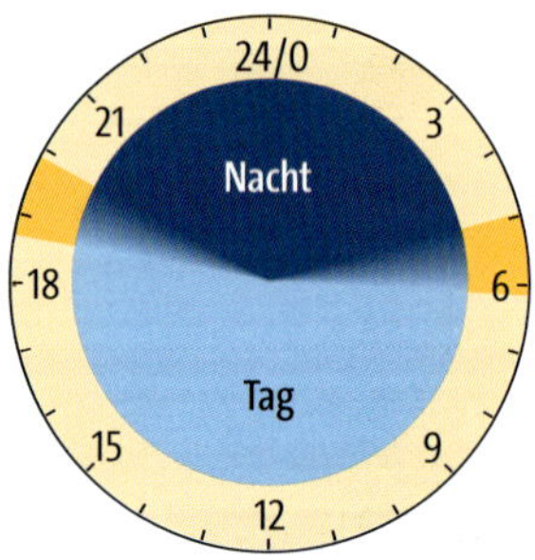

25. März

Tabelle Mondlauf

Datum		Aufg. MEZ	Kulmination	Unterg. MEZ	Rektaszension	Deklination	Sterne und Sternbilder	Phase	MEZ
		h m	h m	h m	h m	°			
So	1.	14 06	21 41	4 33	7 15	+17,1	Zwillinge		
Mo	2.	15 05	22 27	5 09	8 04	+15,4	Krebs		
Di	3.	16 06	23 12	5 40	8 53	+12,9	* Krebs		
Mi	4.	17 06	23 55	6 08	9 40	+10,0	Löwe, Regulus		
Do	5.	18 08	–	6 34	10 26	+ 6,7	Löwe, Regulus	**Vollmond** Erdferne 406/29,′4	**19h 05m** 9h
Fr	6.	19 09	0 37	6 58	11 11	+ 3,1	Löwe		
Sa	7.	20 10	1 20	7 22	11 56	− 0,6	Jungfrau	Aufsteigender Knoten	
So	8.	21 12	2 03	7 46	12 41	− 4,3	Jungfrau		
Mo	9.	22 15	2 46	8 12	13 28	− 7,9	Spica		
Di	10.	23 17	3 31	8 40	14 15	−11,1	Jungfrau		
Mi	11.	–	4 18	9 13	15 04	−14,0	Waage		
Do	12.	0 19	5 07	9 51	15 55	−16,2	Waage		
Fr	13.	1 19	5 58	10 36	16 48	−17,7	Schlangenträger	**Letztes Viertel** Libration Ost	**18h 48m**
Sa	14.	2 15	6 52	11 29	17 43	−18,3	Schütze		
So	15.	3 07	7 47	12 30	18 40	−17,8	Schütze	Größte Nordbreite	
Mo	16.	3 54	8 44	13 39	19 39	−16,3	Schütze		
Di	17.	4 35	9 41	14 54	20 37	−13,7	Steinbock		
Mi	18.	5 12	10 38	16 13	21 36	−10,2	Steinbock		
Do	19.	5 46	11 34	17 34	22 34	− 6,0	Wassermann	Erdnähe 358/33,′4	21h
Fr	20.	6 18	12 30	18 55	23 33	− 1,3	Fische	**Neumond Nr. 1141**	**10h 36m**
Sa	21.	6 50	13 26	20 14	0 30	+ 3,4	Fische	Absteigender Knoten	
So	22.	7 23	14 22	21 32	1 28	+ 7,9	Fische		
Mo	23.	7 59	15 17	22 45	2 25	+11,8	Widder		
Di	24.	8 38	16 12	23 53	3 22	+14,8	Widder		
Mi	25.	9 22	17 06	–	4 19	+16,9	Stier, Hyaden	Libration West	
Do	26.	10 11	17 58	0 53	5 14	+18,1	Stier		
Fr	27.	11 04	18 49	1 46	6 09	+18,2	Alhena	**Erstes Viertel** Größte Südbreite	**8h 43m**
Sa	28.	12 00	19 38	2 31	7 01	+17,4	Alhena		
So	29.	12 58	20 24	3 09	7 52	+15,8	* Zwillinge		
Mo	30.	13 58	21 09	3 42	8 40	+13,6	Krebs, Krippe		
Di	31.	14 59	21 53	4 11	9 28	+10,8	Löwe		

Der Mond zieht südlich an Jupiter vorbei

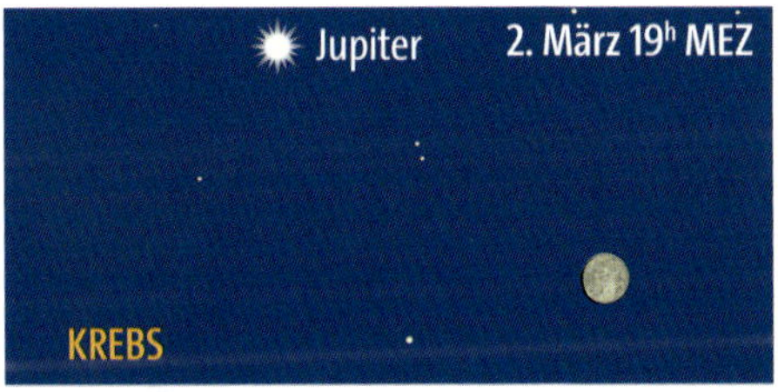

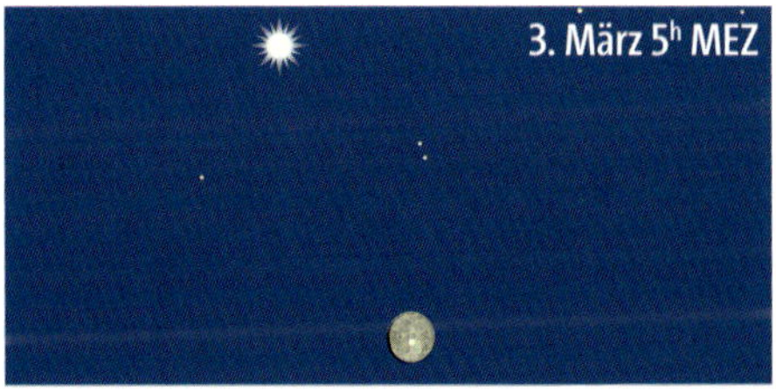

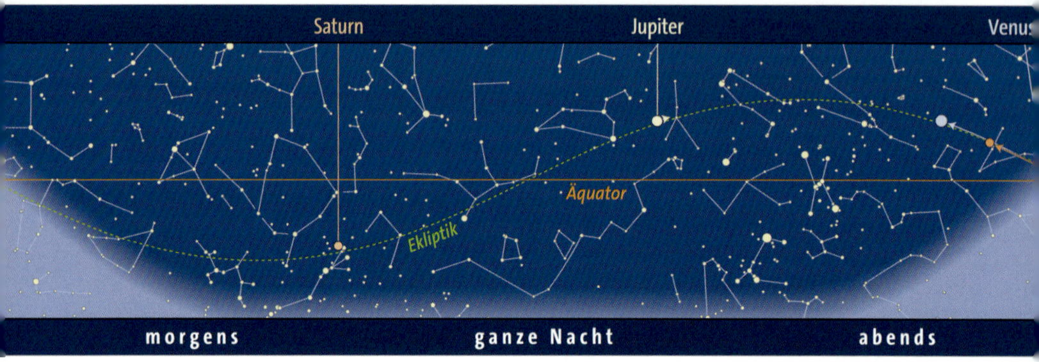

Merkur hat seine größte westliche Elongation mit der Sonne gerade hinter sich. Seine westlichen Winkelabstände von der Sonne schrumpfen schnell und betragen am Monatsende nur noch neun Grad. Der flinke Planet bleibt im März unsichtbar. Auch die Begegnung mit Neptun am 18. entgeht uns.

Am 6. passiert Merkur das Aphel seiner Bahn. Im sonnenfernsten Bahnpunkt bleibt er 69,8 Millionen Kilometer (= 0,4666 AE) vom Zentralgestirn entfernt.

Venus wird zu einem auffälligen Gestirn am Abendhimmel. Schon bald nach Sonnenuntergang wird sie in der Abenddämmerung sichtbar, noch lange bevor die Sterne zu erkennen sind. Der Volksmund spricht vom hellen Abendstern, obwohl Venus ein Planet und kein Stern – keine heiße, selbstleuchtende Gaskugel wie unsere Sonne – ist. Wir sehen Venus nur, weil sie von der Sonne angestrahlt wird.

Ihre Untergänge verspäten sich von 20^h46^m zu Märzbeginn auf 21^h28^m am 15., wobei ihre Helligkeit auf $-4{,}^m0$ leicht zunimmt. Am Monatsletzten erfolgt der Venusuntergang erst um 22^h17^m (= 23^h17^m Sommerzeit). Am 4. überholt Venus den grünlichen Uranus in nur 6′ nördlichem Abstand (siehe Abb. 3.3 auf Seite 79). Ein netter Himmelsanblick ergibt sich am 22. gegen 20^h, wenn sich die Sichel des zunehmenden Mondes zu Venus und Mars gesellt. Das Dreigestirn steht knapp über dem Westhorizont (siehe Abb. 3.1 auf Seite 74).

Für Fernrohrbeobachter sei angemerkt, dass der scheinbare Venusdurchmesser auf knapp 14″ anwächst und der Beleuchtungsgrad auf 78 Prozent zurückgeht.

Am 16. verlässt Venus das Sternbild Fische und wechselt in den Widder.

Mars kann nach wie vor am frühen Abendhimmel erspäht werden. Nach der Monatsmitte wird es allerdings schwierig, ihn ohne Fernglas aufzufinden. Seine Untergänge verspäten sich nur unwesentlich von 20^h27^m zu Mo-

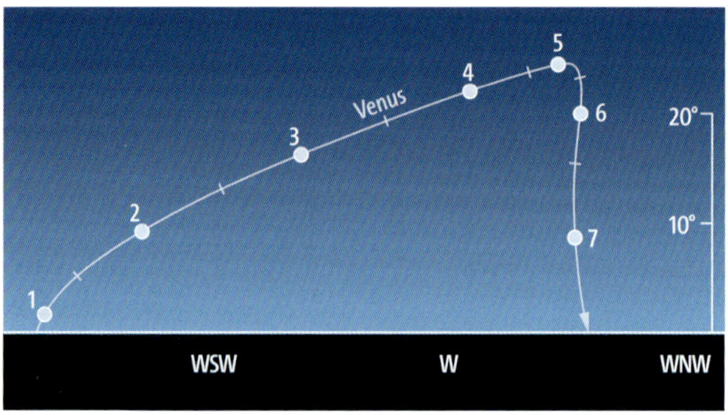

3.2 Venus am Abendhimmel: Stellung von Venus über dem Westhorizont jeweils eine Stunde nach Sonnenuntergang. Die Zahlen geben die Venusposition zum jeweiligen Monatsersten an (3 = 1. März).

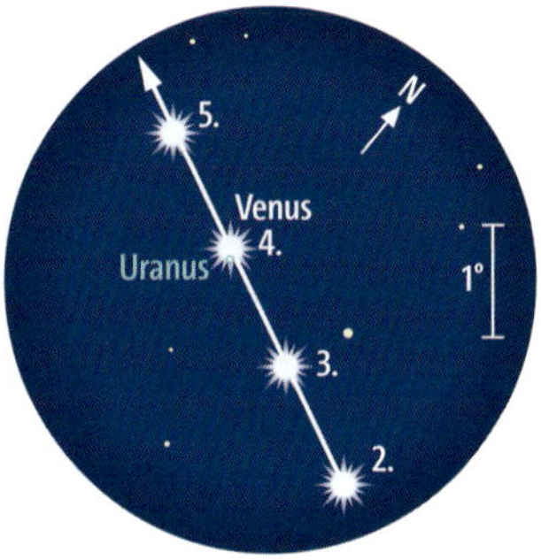

3.3 Venus nahe Uranus:
Venus zieht am 4. März knapp an Uranus vorbei. Fernglasanblick gegen 19^h30^m MEZ bei 5° Gesichtsfelddurchmesser. Uranus ist so nahe bei Venus, dass er vom Venussymbol verdeckt wird.

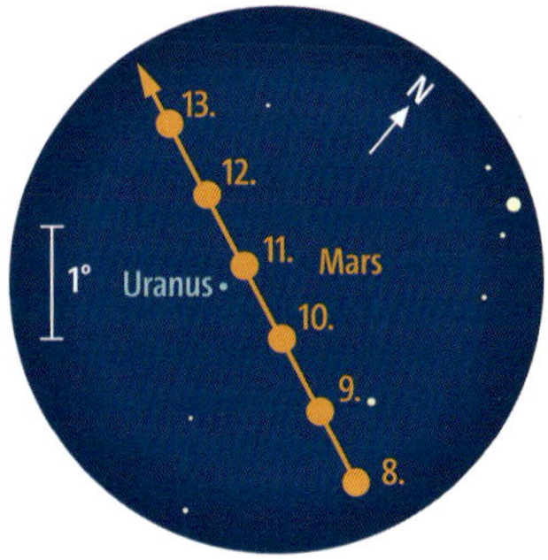

3.4 Mars bei Uranus:
Mars passiert am 11. März den fernen Uranus. Fernglasanblick gegen 19^h bei 5° Gesichtsfelddurchmesser.

natsbeginn auf 20^h36^m (= 21^h36^m Sommerzeit) zu Monatsende.

Am 1. legt er ein kleines Wegstück durch den Walfisch zurück. Ab 2. eilt der $1{,}^m3$ helle Mars durch die Fische und wechselt am 30. in das Sternbild Widder.

Am 11. passiert der rote Planet den fernen Uranus in 17′ nördlichem Abstand, ein Ereignis, das nur mit lichtstarker Optik zu verfolgen ist (siehe Abb. 3.4 rechts oben).

Ende März beträgt der scheinbare Durchmesser des Marsscheibchens nur noch 4,″0.

Jupiter stand Anfang des Vormonats in Opposition zur Sonne. Der Riesenplanet wandert rückläufig durch das Sternbild Krebs und steuert auf M 44, die Krippe im Krebs zu. Sie heißt lateinisch Praesepe (siehe Abb. 2.4 auf Seite 62). Nach Untergang der Venus ist Jupiter dominierendes Gestirn am Nachthimmel und strahlt unübersehbar hell.

Die Jupiterhelligkeit nimmt leicht auf $-2{,}^m3$ ab – die Opposition ist eben vorüber. Die Untergänge des Riesenplaneten verfrühen sich um zwei Stunden. Am 1. geht Jupiter um 6^h27^m unter, am 15. um 5^h29^m und am 31. bereits um 4^h24^m (= 5^h24^m Sommerzeit).

Saturn bleibt am 14. im Sternbild Skorpion stehen und setzt zu seiner Oppositionsschleife an. Von einer Rückläufigkeit in der zweiten Märzhälfte ist allerdings bei dem trägen Ringplaneten kaum etwas zu bemerken (siehe Abb. 5.5 auf Seite 121). Saturn ist der langsamste der

Konstellationen und Ereignisse

Datum	MEZ	Ereignis
3.	9^h	Mond bei Jupiter, Mond 5,°5 südlich
4.	21	**Venus bei Uranus**, Venus 0,°1 nördlich, **Abstand 0,°1 um 19^h30^m** (Fernglas!)
6.	21	Merkur im Aphel
11.	21	**Mars bei Uranus**, Mars 0,°3 nördlich, **Abstand 0,°3 um 19^h** (Fernglas!)
12.	9	**Mond bei Saturn**, Mond 2,°2 nördlich, **Abstand 2,°4 um 6^h**
14.	23	Saturn im Stillstand, anschließend rückläufig
18.	1	Merkur bei Neptun, Merkur 1,°6 südlich
19.	3	Mond bei Neptun, Mond 3,°7 nördlich
19.	6	Mond bei Merkur, Mond 5,°2 nördlich
20.	11	Totale **Sonnenfinsternis** – von Mitteleuropa aus als **partielle** beobachtbar – siehe Seite 24
20.	23^h45^m	**Sonne im Frühlingspunkt, Tagundnachtgleiche**
21.	12	Mond bei Uranus, Mond 0,°1 nördlich (Bedeckung)
21.	23	**Mond bei Mars**, Mond 1,°0 südlich, **Abstand 3,°4 um 20^h** (Bedeckung)
22.	21	**Mond bei Venus**, Mond 2,°8 südlich, **Abstand 3,°6 um 21^h**
30.	11	Mond bei Jupiter, Mond 5,°6 südlich

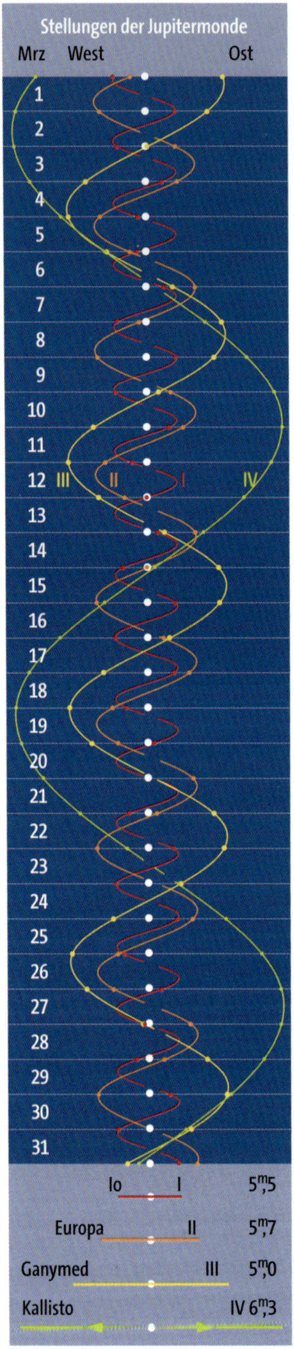

Jupitermonde

Tag	MEZ h	MEZ m	Vorgang	
1.	5	10	I	BA II
	5	16	I	BE II
2.	19	43	II	BA III
	19	48	II	BE III
	21	22	II	VA III
	21	30	II	VE III
	23	46	III	DA
3.	2	05	III	SA
	3	23	III	DE
	5	06	I	BA III
	5	11	I	BE III
	5	44	III	SE
4.	3	26	I	DA
	4	02	I	SA
	5	43	I	DE
	19	11	I	VA II
	19	18	I	VE II
5.	0	43	I	BA
	3	40	I	VE
	21	52	I	DA
	22	30	I	SA
6.	0	10	I	DE
	0	48	I	SE
	2	48	II	BA
	19	10	I	BA
	19	48	III	VE
	22	08	I	VE
	22	25	IV	BE
	23	53	IV	VA
7.	4	45	IV	VE
	19	16	I	SE
	21	45	II	DA
	23	08	II	SA
8.	0	39	II	DE
	2	02	II	SE
9.	20	16	II	VE
	22	31	II	BA III
	22	35	II	BE III
10.	0	35	II	VA III
	0	44	II	VE III
	3	10	III	DA
11.	20	18	I	BA II

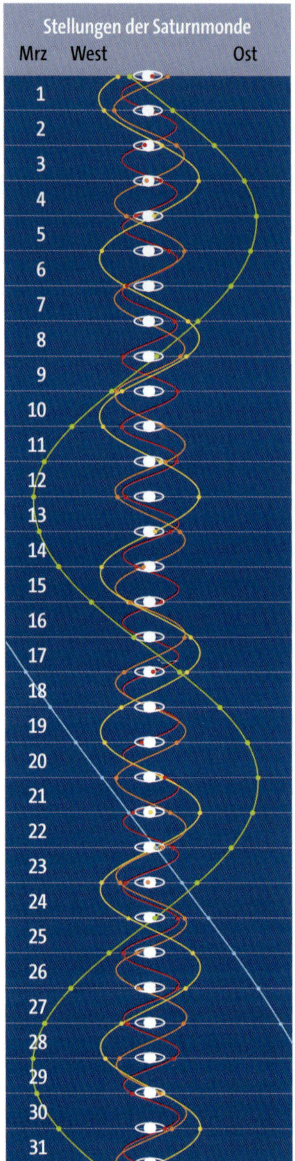

Japetus

5.	$10^{\mathrm{m}}{,}7$
10.	$10^{\mathrm{m}}{,}8$
15.	$10^{\mathrm{m}}{,}9$
20.	$11^{\mathrm{m}}{,}1$
25.	$11^{\mathrm{m}}{,}5$
30.	$11^{\mathrm{m}}{,}8$

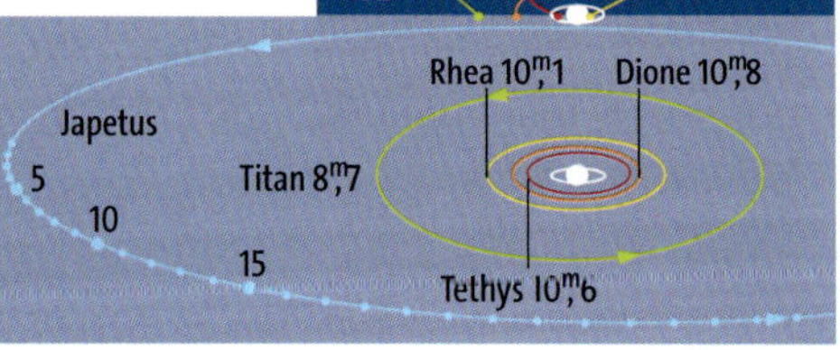

Jupitermonde

Tag	MEZ (h m)	Vorgang
11.	20 24	I BE II
	21 30	I VA II
	21 36	I VE II
12.	2 30	I BA
	23 39	I DA
13.	0 25	I SA
	1 56	I DE
	2 42	I SE
	20 56	I BA
	23 48	III VE
14.	0 03	I VE
	0 16	III VA I
	0 44	III VE I
	20 22	I DE
	21 11	I SE
15.	0 05	II DA
	1 44	II SA
	2 31	IV DA
	2 59	II DE
16.	2 34	II BA IV
	2 44	II BE IV
	22 51	II VE
17.	3 49	II VA III
	3 57	II VE III
18.	22 25	I BA II
	22 30	I BE II
	23 48	I VA II
	23 54	I VE II
20.	1 26	I DA
	2 19	I SA
	3 43	I DE
	20 22	III BA
	22 44	I BA
21.	0 02	III BE
	0 07	III VA
	1 58	I VE
	3 47	III VE
	19 53	I DA
	20 48	I SA
	22 10	I DE
	23 05	I SE
22.	2 28	II DA
	20 27	I VE
23.	19 47	II VA I
	19 51	II VE I
	20 37	II BA
	22 47	IV VE
24.	1 10	IV BA III
	1 19	IV BE III
	1 26	II VE
25.	20 32	II SE
26.	0 33	I BA II
	0 37	I BE II
27.	3 14	I DA
	23 56	III BA
28.	0 33	I BA
	20 03	III VA II
	20 12	III VE II
	21 42	I DA
	22 43	I SA
	23 58	I DE
29.	1 00	I SE
	22 22	I VE
30.	19 29	I SE
	22 00	II VA I
	22 05	II VE I
	23 01	II BA
31.	21 40	III SE
	22 55	IV DE

mit freien Augen gut sichtbaren Planeten, da er knapp dreißig Jahre für einen Lauf um die Sonne benötigt.

Die kommende Opposition macht sich an der weiter leicht steigenden Saturnhelligkeit bemerkbar. Ende März erreicht sie $0^m{,}3$. Seine Aufgänge verlagert Saturn in die Zeit vor Mitternacht. Am 1. erfolgt der Saturnaufgang um 1^h32^m und am 15. um 0^h38^m. Am Monatsende geht der Ringplanet schon um 23^h29^m (= 0^h29^m MESZ am 1. April) auf.

Auf seiner monatlichen Tour kommt der abnehmende Mond am 12. bei Saturn vorbei (siehe Abb. 3.5 rechts).

Uranus, rechtläufig in den Fischen, nähert sich seiner Konjunktion mit der Sonne, die er im ersten Drittel des April erreicht. Der grünliche Planet wird um die Monatsmitte unbeobachtbar. Erfahrene Beobachter können ihn noch am Abendhimmel mit lichtstarker Optik auffinden (siehe auch Abb. 10.13 auf Seite 217). Allerdings stört Mondlicht die Beobachtung.

Am 1. geht Uranus um 21^h05^m unter. Bereits um 20^h14^m erfolgt der Untergang des $5^m{,}9$ hellen Uranus am 15. März.

Zu einer engen Begegnung mit Venus kommt es am 4., wenn unser innerer Nachbarplanet nur 6′ nördlich an Uranus vorbeizieht (siehe Abb. 3.3 auf Seite 79). Eine Woche später, am 11., passiert Mars nur 17′ nördlich den grünlichen Planeten (siehe Abb. 3.4 auf Seite 79).

Neptun, rechtläufig im Wassermann, hat seine Konjunktion mit der Sonne hinter sich. Noch kann sich der lichtschwache Planet ($8^m{,}0$) nicht aus den Strahlen der Sonne befreien und bleibt unsichtbar. Auch die Begegnung mit dem flinken Merkur am 18. kann nicht verfolgt werden.

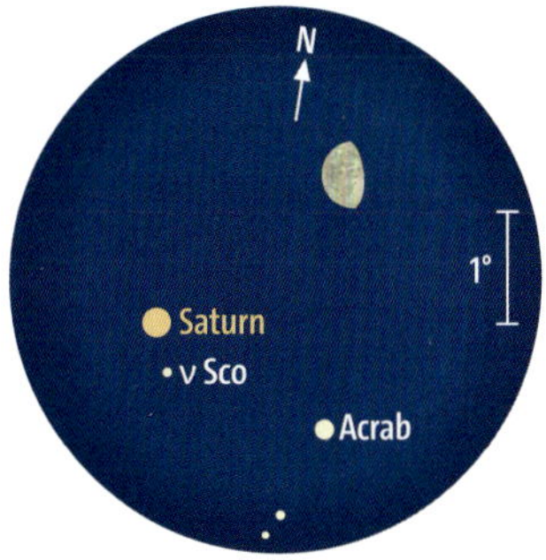

3.5 Mond bei Saturn: **Der abnehmende Mond begegnet am 12. März Saturn. Fernglasanblick gegen 6^h MEZ bei 5° Gesichtsfelddurchmesser.**

Planetoiden

Juno (3) wird am 9. im Sternbild Krebs in Rektaszension stationär und beendet damit ihre Oppositionsperiode. Anschließend ist sie wieder in Rektaszension rechtläufig, wobei sie auch nach Norden strebt. Am 2. befindet sie sich 0,°9 westlich von Altarf (β Cancri; 4,ᵐ4), der als Aufsuchhilfe willkommen ist (siehe Abb. 1.12 auf Seite 41).

Ihre Kulminationen verlagert Juno von 21^h57^m am Monatsbeginn auf 21^h01^m am 15. und auf 20^h05^m (= 21^h05^m Sommerzeit) am Monatsende.

Periodische Sternschnuppenströme

Auch im März bleibt die Sternschnuppentätigkeit eher bescheiden. In der Zeit um Mitternacht sind während des ganzen Monats die **Virginiden** zu beobachten. Ihr Radiant (Ausstrahlungspunkt) liegt in der Jungfrau. In den letzten Jahren wurden jeweils weniger als fünf Virginiden pro Stunde beobachtet. Die Existenz dieses Stromes wird inzwischen von Fachleuten angezweifelt.

Auch der schwache Strom der **Hydraïden**, die zwischen Mitte März und Anfang April auftauchen sollen, wurde aus der Liste der permanenten Meteorströme gestrichen.

Am Morgen, wenn der Erdapex (Fluchtpunkt des Erdumlaufes um die Sonne) kulminiert, kollidiert unser Planet mit etlichen Meteoroiden, die ihm in der Ekliptikebene entgegen kommen. Da im März die morgendliche Ekliptik über dem Südhorizont recht tief liegt, ist die von unseren Breiten aus beobachtbare Zahl der frontal eintreffenden Sternschnuppen gering.

Der Fixsternhimmel

Die hellen und auffälligen Winterbilder ziehen noch die Blicke auf sich. Sie sind aber allesamt schon weit in die westliche Himmelshälfte gerückt. Der Himmelsjäger Orion neigt sich zum Westhorizont und ist kaum zu übersehen. Sirius funkelt noch im Südwesten. Ein wenig höher leuchtet Prokyon, hellster Stern im Bild des Kleinen Hundes. Im Westen strebt der Stier dem Untergang entgegen. Sein roter Augenstern Aldebaran steht schon recht tief. Höher als der Stier sieht man die Zwillinge mit Kastor und Pollux sowie den Fuhrmann mit der hellen, gelblichen Kapella.

Zur Standardbeobachtungszeit geht der Himmelsmeridian genau zwischen dem lichtschwachen Krebs und dem markanten Bild des Löwen hindurch. Im Krebs findet sich der offene Sternhaufen Krippe. Die Krippe heißt lateinisch Praesepe (M 44). Der Krebs ist die wohl unscheinbarste Figur des gesamten Zodiakus (Tierkreis). In unserer Zeit wandert die Sonne vom 20. Juli bis zum 10. August bereits am absteigenden Ast ihrer Bahn durch den Krebs. In vergangenen Jahrhunderten lag einst das Sommersolstitium (Sommerpunkt) im Krebs. Noch heute spricht man deshalb vom „Wendekreis des Krebses".

Die Kassiopeia, das bekannte Himmels-W, ist zum Nordwesthorizont herabgesunken, während hoch im Nordosten, fast schon im Zenit, der Große Wagen dabei hilft, den Polarstern zu finden.

Die Sichel im Löwen

Das mächtige Sternentrapez des Löwen steht kurz vor seinem Meridiandurchgang. Der Löwe ist das typische Frühlingssternbild schlechthin. Ein großes Sternentrapez markiert den Rumpf dieses königlichen Tieres. Ein kleines, aufgesetztes Trapez bildet den Kopf des Löwen. Die Figur, die sich aus dem kleinen Löwentrapez sowie dem Halsstern Algieba (γ Leonis), dem Bruststern η Leonis und dem Herzstern Regulus (α Leonis) zusammensetzt, wird bei den Amerikanern gerne als „Sichel" (engl.: sickle) bezeichnet. Zwischen Krebs und Löwe zieht in diesem Jahr der Planet Jupiter seine Oppositionsschleife.

Im Südosten ist jetzt bereits die Jungfrau aufgegangen. Ihr

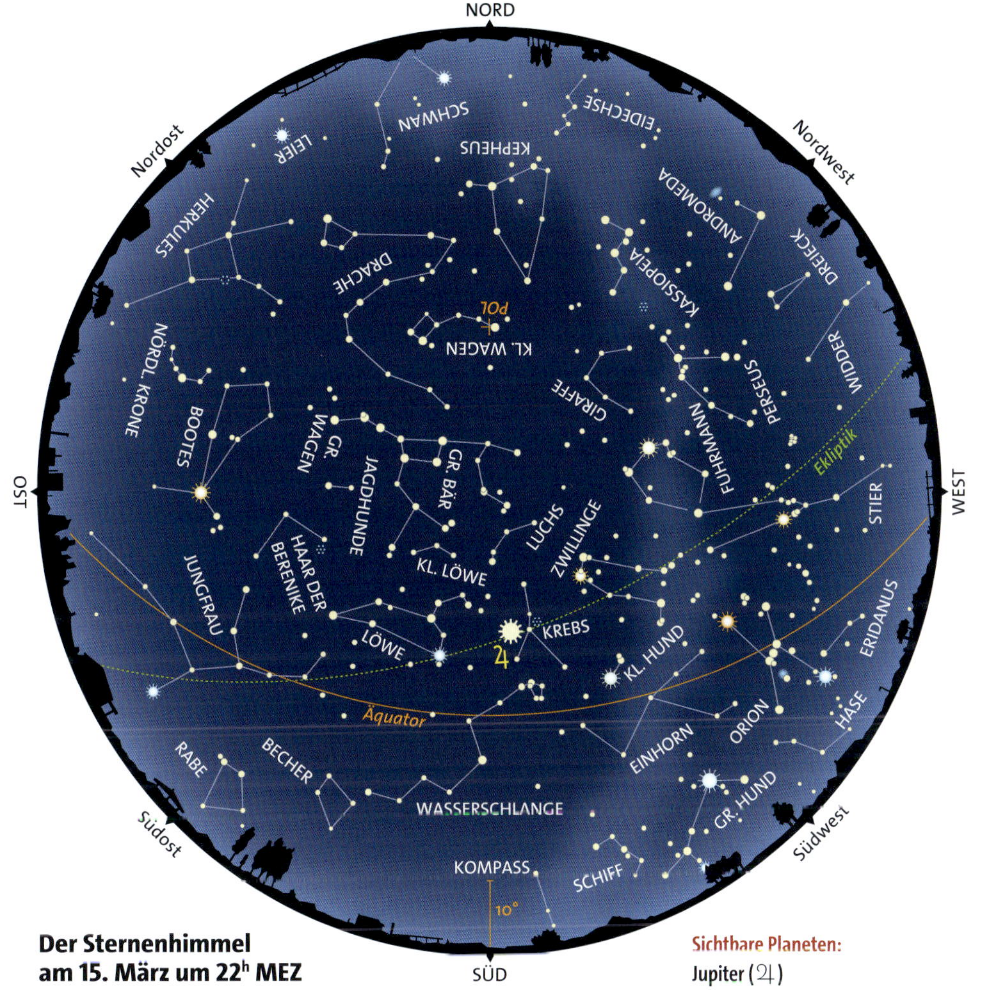

Der Sternenhimmel am 15. März um 22h MEZ

Sichtbare Planeten:
Jupiter (♃)

Die Sternkarte ist auch gültig für:		
	MEZ	MESZ
15.11.	6h	
1.12.	5	
15.12.	4	
1. 1.	3	
15. 1.	2	
1. 2.	1	
15. 2.	0	
1. 3.	**23**	
15. 3.	**22**	
31. 3.	**21**	22h

Hauptstern, die bläuliche Spica, ist noch so horizontnah, dass man sie kaum erkennen kann.

Tief im Osten leuchtet auffällig ein heller, orange-rötlicher Stern: Arktur im Bild des Rinderhirten (Bootes). Damit ist im Südosten das komplette Frühlingsdreieck vertreten. Es besteht aus Regulus im Löwen, Spica in der Jungfrau und Arktur im Bootes.

Im Westen ist noch das Winterdreieck zu sehen. Es setzt sich aus Beteigeuze im Orion, Sirius im Großen Hund und Prokyon im Kleinen Hund zusammen. Bei uns ist der Begriff „Winterdreieck" weniger bekannt, in Nordamerika hingegen ist es jedem Sternfreund geläufig („Winter Triangle").

Zwischen Großem und Kleinem Hund ist das Einhorn (lat.:

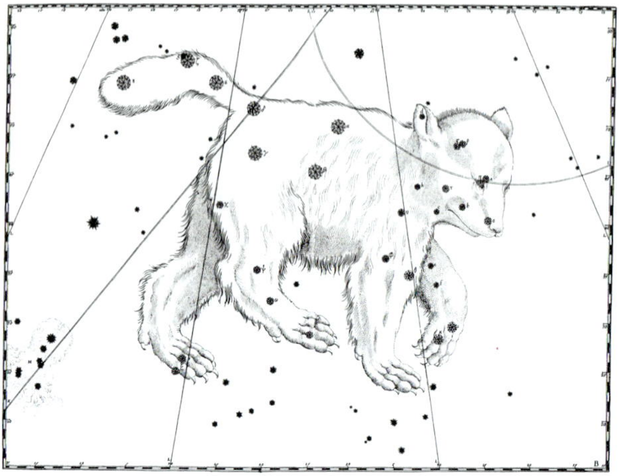

3.6 Der Große Bär:
Figürliche Darstellung des Sternbildes Großer Bär im Sternatlas *Uranometria* von Johannes Bayer aus dem Jahre 1603.

Monoceros) beheimatet, ein unauffälliges Sternbild, das bei sehr guten Sichtbedingungen zu erkennen ist.

Das Sternbild Großer Bär (Ursa Maior)

Die sieben relativ hellen Sterne des Großen Wagens werden als Großer Bär angesehen. Dies ist nicht ganz korrekt. Der Bär ist nämlich größer als der Wagen. Die drei Deichselsterne markieren den Schwanz und die vier Kastensterne den Schinken des Bären. Die übrigen Bärensterne sind recht lichtschwach und bei uns nur schwierig zu erkennen. Die Schnauze des Bären wird durch ο UMa (UMa = Ursa Maior, eigentlich: Große Bärin), die Ohren von σ und ρ, die Vorderpfote durch ι und κ, die rechte Hinterpranke von λ und μ sowie die linke Hinterpranke von ν und ξ repräsentiert.

Der klassischen Sage nach handelt es sich um die als Bärin unter die Sterne versetzte Geliebte des Göttervaters Zeus. Im Bergland von Arkadien verehrte man einst Artemis, die Göttin der Jagd. Sie galt als die Schönste, auf Griechisch Kalliste genannt. Davon abgeleitet fiel der Name Kallisto auf ein wunderschönes aber sterbliches Mädchen, die Prinzessin von Arkadien, Tochter des Königs Lykaon.

Um sie vor seiner eifersüchtigen Gattin Hera zu verbergen, verwandelte Zeus seine Geliebte Kallisto in eine Bärin und versetzte sie an den Sternenhimmel, wo sie ihm ganzjährig zur Verfügung steht. Denn als zirkumpolares Bild geht die Bärin bei uns nie unter. Kallistos kleiner Sohn Arkas, der verzweifelt seine Mutter sucht, wurde als Kleiner Bär (lat.: Ursa Minor) ebenfalls von Zeus unter die Sterne versetzt.

Bei den Arabern findet man die Bezeichnung Al Dub al Akbar, der große Bär. Später findet man die verkürzte Form Dubhelakbar (bei Bayer, 1603). Dieser Name ging später auf α UMa (Dubhe) über.

Die Indianer Nordamerikas sahen in den vier Kastensternen (α, β, γ und δ UMa) einen Bären, dem drei Jäger (die Deichselsterne η, ζ und ε UMa) folgen. Der mittlere Jäger trägt dabei einen Kochtopf mit sich, dargestellt durch den lichtschwachen Begleiter (Alkor) des mittleren Deichselsterns, der mit Eigen-

Veränderliche Sterne im März

Algol-Minima	15. 1^h53^m	17. 22^h41^m	20. 19^h31^m			
β-Lyrae-Minima	3. 15^hN	10. 2^hH	16. 13^hN	23. 0^hH	29. 12^hN	
δ-Cephei-Maxima	3. 4^h	8. 13^h	13. 21^h	19. 6^h	24. 15^h	29. 24^h
Mira-Helligkeit	1. 9^m	10. 9^m	20. 8^m	31. 8^m		

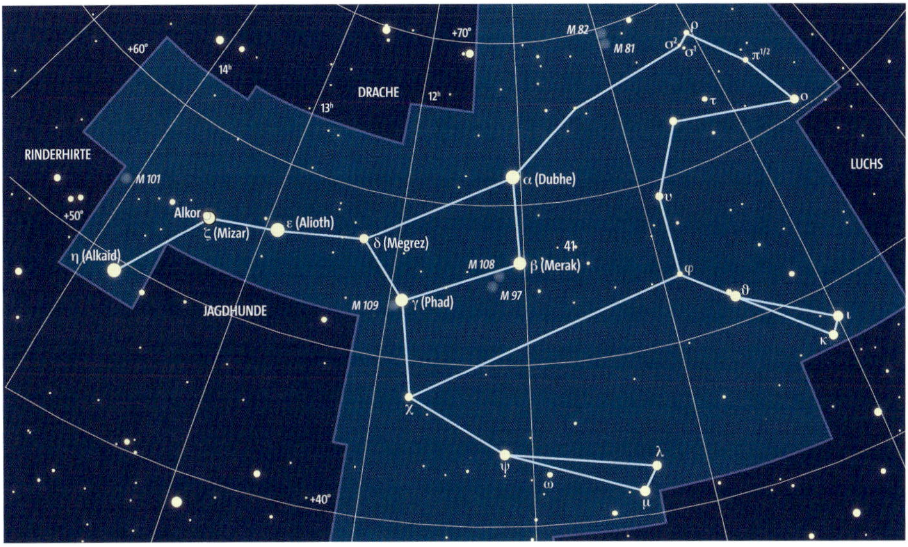

3.7 Sternbild Großer Bär: Skelettkarte des Sternbildes Großer Bär (lat.: Ursa Maior).

namen Mizar heißt. Bei uns gilt Alkor als Augenprüfer und wird Reiterlein genannt, weil er gewissermaßen auf dem Bärenschwanz oder auf der Wagendeichsel reitet.

Bei den alten Römern hießen die sieben Wagensterne Septemtriones, was soviel wie die sieben Dreschochsen heißt. Denn die Wagensterne wandern ständig um den Polarstern wie weiland die Dreschochsen um den Göpel. Angetrieben werden sie von Bootes, dem Ochsentreiber, der als Sternbild dem Großen Wagen benachbart ist. Die Bezeichnung Septemtriones geht vermutlich auf die Perser zurück, bei denen die Wagensterne Haptoiringas, die sieben Bullen hießen. Auch im alten Griechenland findet sich das Bild vom Ochsen vor dem Pflug, der von Bootes geleitet wird.

Die Bezeichnung Wagen kommt schon bei den Babyloniern vor, auch Homer gebraucht sie neben der Bärin. Im nordischen Sagenkreis gilt er als Wotanswagen.

Der altmexikanische Name Hunrakan bedeutet einbeiniger Riese. Diesen Eindruck kann man gewinnen, wenn der Wagen im Nordosten hochsteigt. Und aus dem Norden kommen die kalten Stürme – davon abgeleitet verwenden wir heute noch „Hurrikan“ und „Orkan“ für Stürme.

Eine weitere arabische Bezeichnung lautet Banat-Na-asch al Kubra, die Töchter an der Totenbahre. In den vier Kastensternen sahen die Araber einen Sarg, dem die Klageweiber, drei Schwestern, weinend folgen. Der Name Benetnasch für den ersten Deichselstern (η UMa) geht darauf zurück.

Der Ursa-Maior-Bewegungshaufen

Während die Sterne eines Bildes meist in keiner besonderen Beziehung zueinander stehe (sie sind in der Regel räumlich weit voneinander entfernt und nur in der Projektion an die Himmelskugel ergibt sich eine zufällige Nähe), so gehören die Wagensterne mit Ausnahme von Dubhe (α UMa) und Benetnasch (η UMa) dynamisch gesehen zusammen: Sie haben gleichgerichtete Bewegungen mit gleich großen Geschwindigkeiten, also eine gemeinsame Raumbewegung. Man spricht vom sogenannten Bärenstrom, zu dem noch die Sterne Sirius (α Canis Maioris), Zosma (δ Leonis), Beta im Kopf der Schlange (β Serpentis) und Gemma (α Coronae Borealis) gehören.

Die totale Sonnenfinsternis vom 20. März 2015

3.8 Aufnahme der partiellen Sonnenfinsternis vom 4. Januar 2011 (Martin Gertz/Sternwarte Welzheim)

Am Freitag, 20. März 2015, ist es endlich wieder einmal so weit: In den Vormittagsstunden kann bei gutem Wetter von Mitteleuropa aus eine Sonnenfinsternis verfolgt werden. Leider ist sie hierzulande nicht als totale zu sehen, sondern lediglich in ihren partiellen Phasen. Aber immerhin, vom deutschen Sprachraum aus betrachtet bedeckt der dunkle Neumond je nach Standort zwischen 60 und 80 Prozent der Sonnenscheibenfläche. In Kiel sind es 80 Prozent, in Berlin 74 Prozent, in Wien 63 Prozent und in Zürich 69 Prozent der Sonnenscheibenfläche, die zum Maximum verdunkelt sind (s. Tabelle „Verlauf der totalen Sonnenfinsternis" auf Seite 93).

Die letzte von unserem Gebiet aus sichtbare Sonnenfinsternis fand am 4. Januar 2011 statt. Die letzte, deren Totalitätszone über Süddeutschland und Österreich verlief, war am 11. August 1999 zu beobachten. Erst am 3. September 2081 wird man von der äußersten Südwestecke Deutschlands die total verfinsterte Sonne wieder sehen können – genauer: die helle Sonnenkorona um die pechschwarze Neumondscheibe.

Sonnenfinsternisse gehören zu den spektakulärsten Himmelserscheinungen, die schon im Altertum die Menschen faszinierten – und meist auch beunruhigten. Denn allen war bewusst: Die Sonne ist der Stern des Lebens, und ohne ihr Licht und ihre Wärme müsste alles zugrunde gehen. Wenn mitten am Tag die Sonne zu verschwinden begann, so rief dies Aufregung und Furcht hervor, vor allem wenn dies ohne Vorwar-

3.9 Globaler Verlauf der totalen Sonnenfinsternis vom 20. März 2015

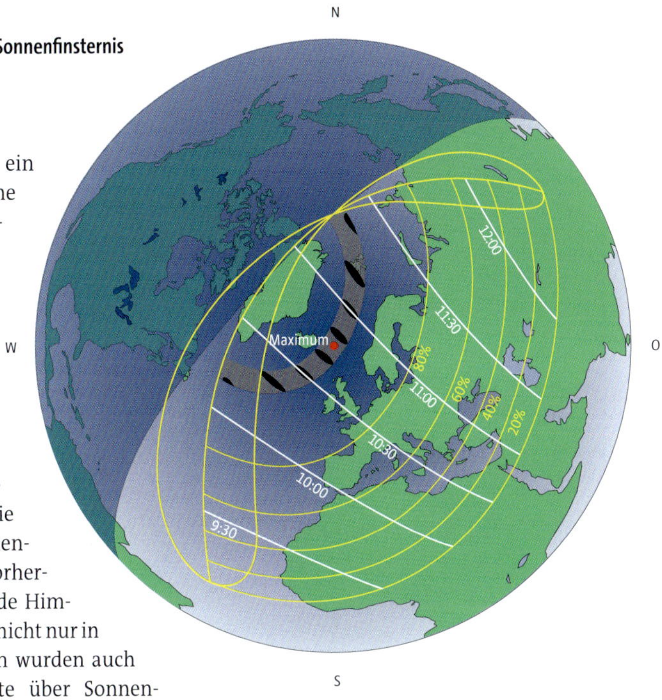

nung geschah. Man glaubte, ein Ungeheuer würde die Sonne verschlingen. Doch mit scheinbar geeigneten Gegenmaßnahmen wie Gebeten, Geschrei oder Trommelwirbel gelang es jedes Mal, das Ungeheuer zu verscheuchen. Die Sonne tauchte immer wieder auf. Bei den Chinesen glaubte man an einen Drachen, der versucht, die Sonne zu fressen. Sie waren auch die ersten, denen es gelang, Sonnenfinsternisse ziemlich exakt vorherzusagen. Solch beeindruckende Himmelsschauspiele prägten sich nicht nur in die Gedächtnisse ein, sondern wurden auch sorgfältig registriert. Berichte über Sonnenfinsternisbeobachtungen gehören zu den ältesten Dokumenten der Menschheitsgeschichte. Sie ermöglichen es den Historikern, solche Ereignisse auf den Tag genau zu ermitteln und ebenfalls den Ort, von wo sie beobachtet wurden.

Der Mond steht im Weg

Zu einer Sonnenfinsternis kommt es, wenn sich der Mond vor die Sonne schiebt und sie bedeckt. Genau genommen handelt es sich um eine Sternbedeckung durch den Mond. Denn die Sonne wird nicht verfinstert, sondern der Mond wirft seinen Schatten auf die Erde. Eine Sonnenfinsternis tritt nur ein, wenn der Mond in Neumondposition kommt und sich gleichzeitig in der Erdbahnebene befindet, so dass er von der Erde aus betrachtet vor der Sonne vorbeizieht. Nicht bei jedem Neumond kommt es zu einer Sonnenfinsternis. Denn die Mondbahn ist um 5° zur Ekliptik (scheinbare Sonnenbahn) geneigt. Die Mondbahn durchstößt somit in zwei Punkten die Erdbahnebene (Ekliptikebene). Diese Punkte heißen aufsteigender und absteigender Knoten. Im aufsteigenden Knoten wechselt der Mond von der Südseite der Erdbahnebene auf die Nordseite, im absteigenden Knoten überschreitet er die Ekliptik von Nord nach Süd. Die Mondbahnknoten heißen auch Drachenpunkte, weil die Menschen im alten China beim Eintritt einer Sonnenfinsternis glaubten, ein himmlischer Drache würde die Sonne verschlingen.

Damit es zu einer Sonnenfinsternis kommt, muss sich also der Neumond im oder nahe bei einem der beiden Drachenpunkte aufhalten. Wird die Sonne vollständig vom Neumond verdeckt, so nennt man die Finsternis total. Bei einer teilweisen Bedeckung spricht man von einer partiellen Finsternis. Erscheint die Mondscheibe etwas kleiner als die Sonnenscheibe, so wird die Finsternis ringförmig. Schließlich gibt es noch die Kombination einer ringförmig-totalen Sonnenfinsternis. Man nennt eine solche Finsternis hybrid. Eine hybride Finsternis ist beispielsweise zu Beginn ringförmig und wird dann eine totale. Oder sie ist anfangs total und im weiteren Verlauf ringförmig.

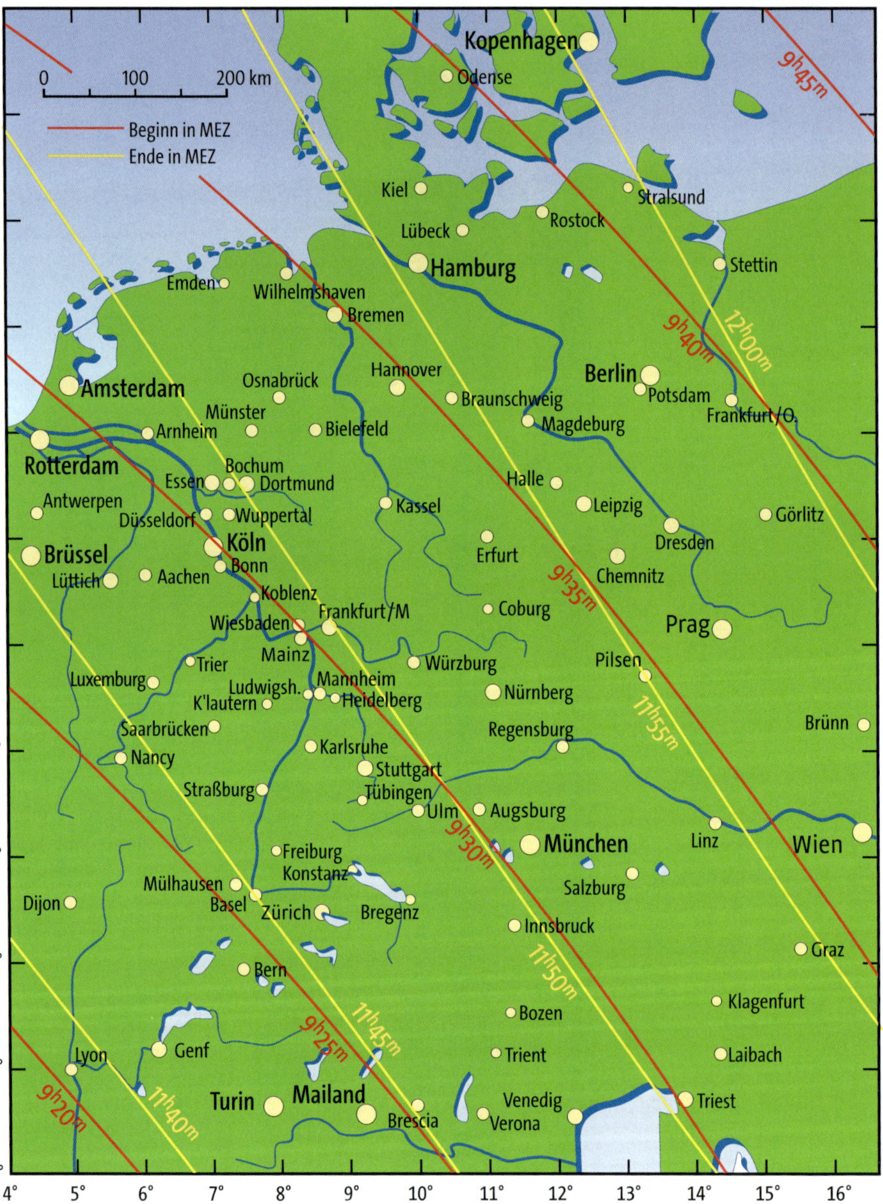

3.10 Oben: Beginn und Ende der partiellen Phasen der totalen Sonnenfinsternis vom 20. März 2015 in Mitteleuropa. Zeitangaben in MEZ.

3.11 Rechts: Bedeckungsgrad zur Maximumszeit (in MEZ) der Sonnenfinsternis vom 20. März 2015 für Orte in Mitteleuropa.

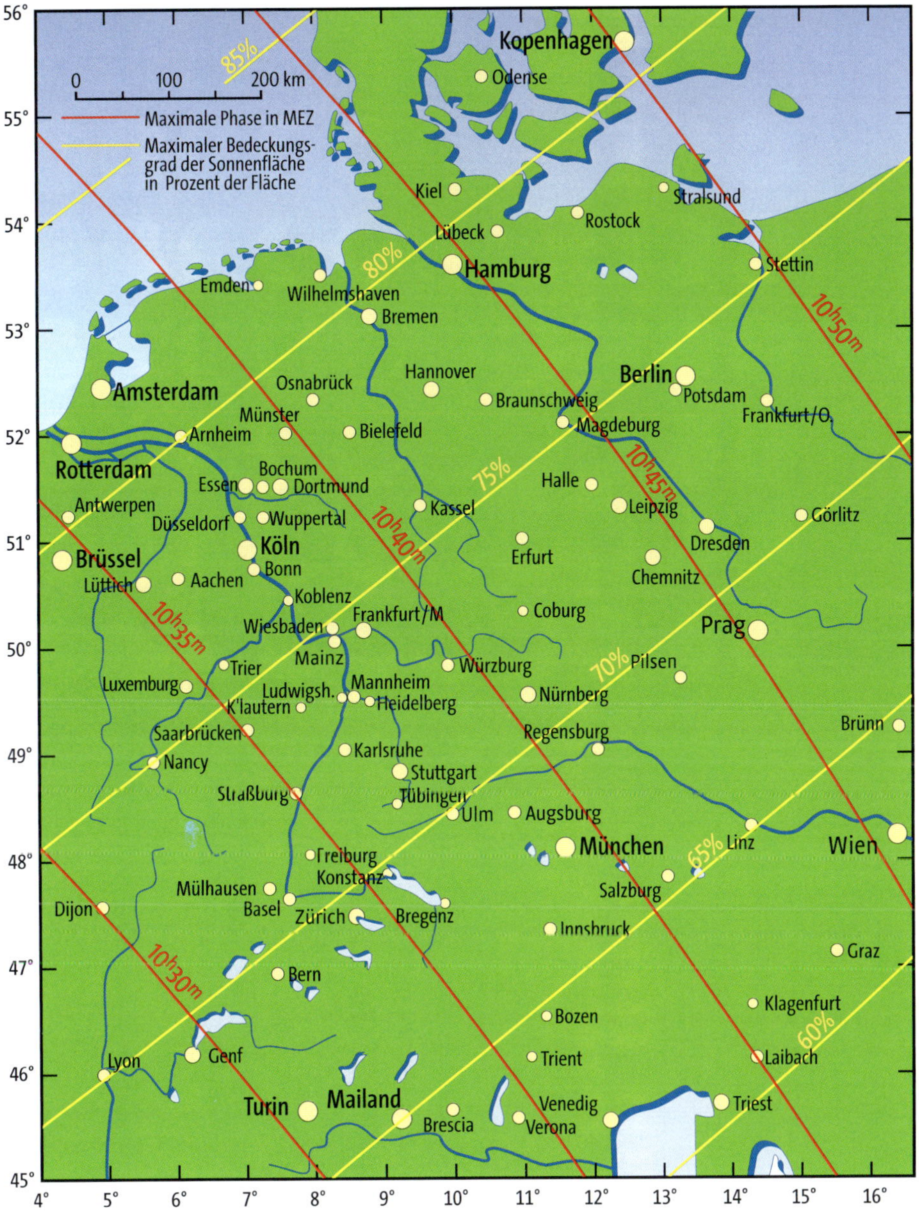

Durch eine Laune der Natur erscheinen uns Sonne und Mond am irdischen Himmel gleich groß. Der Mond hat zwar nur ein Viertel des Erddurchmessers, die Sonne dagegen den 109-fachen Erddurchmesser. Die Sonne ist jedoch vierhundertmal weiter von uns entfernt als der Mond. Deshalb erscheinen beide Gestirne von der Erde aus betrachtet unter dem gleichen Winkel von gut

3.12 Die partiellen Phasen der Sonnenfinsternis vom 20. März 2015 für einige europäische Städte.

einem halben Grad. Ist der Mond in Erdferne, die Erde aber in Sonnennähe, so ist die Mondscheibe ein wenig kleiner als die Sonnenscheibe. Der Neumond verdeckt die Sonne nicht vollständig, es bleibt ein heller Lichtring um den schwarzen Mond.

Schmale Totalitätszone

Die Kernschattenspitze des Mondes überstreicht die Erdoberfläche nur in einer schmalen Zone von wenigen hundert Kilometern Breite. Deshalb ist für einen bestimmten Ort das Ereignis einer totalen Sonnenfinsternis außerordentlich selten, das nur alle paar Jahrhunderte vorkommt. Wegen des geringen Kernschattendurchmessers dauert die Totalität nur maximal sieben Minuten. Außerhalb der schmalen Zone der Totalität oder der ringförmigen Phase sieht man nur eine teilweise Bedeckung der Sonnenscheibe durch den Mond. Beobachter im Gebiet der partiellen Phasen befinden sich im Halbschatten des Mondes. Die Breite des Halbschattengebietes erreicht in der Regel einige tausend Kilometer. Deshalb treten an einem bestimmten Ort viel häufiger partielle Sonnenfinsternisse ein als totale oder ringförmige. Trifft der Kernschattenkegel des Mondes die Erde überhaupt nicht, sondern streicht knapp an unserem Globus vorbei, so nennt man diese Sonnenfinsternis eine partielle, da sie von keinem Punkt der Erde als totale oder ringförmige erscheint.

Am Freitag, 20. März 2015, tritt um 10^h36^m MEZ die Neumondphase ein. Nur 17 Stunden später passiert der Mond seinen absteigenden Knoten. Er befindet sich somit zur Neumondphase knapp nördlich der Erdbahnebene, weshalb es zu einer

3.13 **Position der hellen Sterne und Planeten zur Totalität der Sonnenfinsternis vom 20. März 2015.**

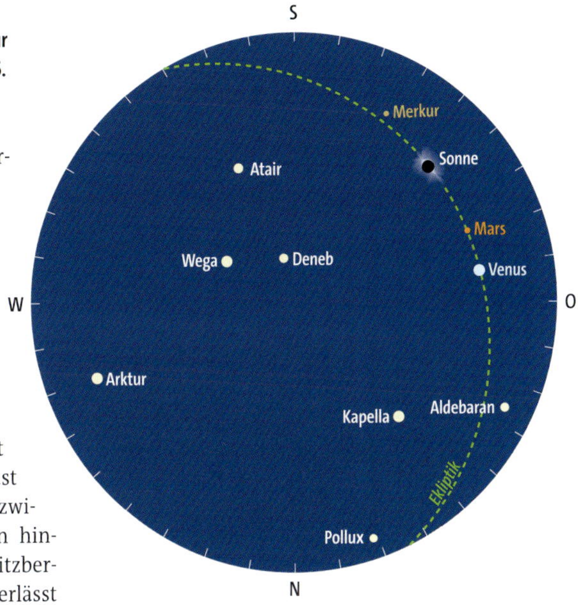

totalen Sonnenfinsternis kommt. Außerdem erreicht er am 19. März um 21^h seine geringste Entfernung von der Erde, die Neumondscheibe ist somit relativ groß. Die Kernschattenspitze trifft erstmals die Erdoberfläche im Nordatlantik östlich von Neufundland und südlich von Grönland. Dies geschieht um 10^h14^m MEZ am Ort 45°58′ westlicher Länge und 53°38′ nördlicher Breite. Die Totalitätszone ist dort 406 Kilometer breit und die Totalität dauert dort 2^m06^s. Der Kernschatten rast nordostwärts über den Atlantik und zieht zwischen Island und den Britischen Inseln hindurch, überstreicht die Färöer-Inseln, Spitzbergen sowie das nördliche Eismeer und verlässt schließlich in der Arktis unmittelbar vor dem Nordpol die Erdoberfläche. Der Endpunkt der Zentrallinie (Mittellinie der Totalitätszone) befindet sich bei 97°49′ westlicher Länge und 89°23′ nördlicher Breite. Dieser Ort ist nur 69 km vom Nordpol entfernt. Der 410 km breite Kernschatten trifft dort um 11^h18^m MEZ ein, wobei die totale Phase 2^m05^s dauert.

Der Höhepunkt der Finsternis wird östlich von Grönland am Ort 6°39′ westlicher Länge und 64°26 nördlicher Breite um $10^h45^m38^s$ MEZ erreicht bei einer Totalitätsdauer von 2^m47^s und einer Breite der Kernschattenzone von 463 km. Die Sonne steht dort nur 18,°5 hoch über dem Horizont des Nordatlantik.

Partielle Finsternis in Mitteleuropa

Die partiellen Phasen sind von Europa, Nordafrika, vom Mittleren Osten, westlichen Asien, Nordatlantik, von Grönland und der Arktis sichtbar (siehe Abb. F.1 auf Seite 24). Von Mitteleuropa aus sind zwischen 85 und 60 Prozent Bedeckungsgrad zu erwarten, wobei der Bedeckungsgrad von Nordwest nach Südost abnimmt (siehe Abb. 3.11 auf Seite 89). Im deutschen Sprachraum beginnt die Finsternis zwischen 9^h20^m und 9^h40^m und endet zwischen 11^h40^m und 12^h00^m. Näheres ist der Abb. 3.10 und den Tabellen zum Verlauf der totalen Sonnenfinsternis vom 20. März 2015 auf den Seiten 92/93 zu entnehmen.

Der Saros-Zyklus 120

Diese totale Sonnenfinsternis ist die Nr. 61 im Saros-Zyklus 120. Schon die chaldäischen Astronomen im alten Babylon erkannten im achten vorchristlichen Jahrhundert, dass sich Finsternisse nach 18 Jahren, 11 Tagen und 8 Stunden wiederholen. Diese Zeitspanne wird Saros-Periode genannt. Nach 223 Lunationen wiederholt sich eine Finsternis. Denn 223 synodische Monate (= 6585,322 mittlere Sonnentage) entsprechen ziemlich genau 242 drakonitischen Monaten (= 6585,357 mittlere Sonnentage).

Nach dieser Zeitspanne wiederholen sich die relativen Positionen der Syzygien (Neu- und Vollmondphasen) zu den Mondbahnknoten. Nicht berücksichtigt ist dabei die Erdrotation. Die einer Finsternis nach einer Saros-Periode folgende findet somit in einem anderen geografischen Gebiet statt. Außerdem ist die Koinzidenz von 223 synodischen mit 242 drakonitischen Monaten nicht exakt, weshalb sich die Saros-Perioden nicht beliebig oft wiederholen. Nach zwölf bis sechzehn Jahrhunderten reißt eine Folge von Saros-Perioden ab. Die aufeinanderfolgenden Saros-Perioden werden zu einem Saros-Zyklus zusammengefasst.

Der Saros-Zyklus 120 beinhaltet 71 Sonnenfinsternisse, darunter 16 partielle, 26 totale, 25 ringförmige und vier hybride. Alle Sonnenfinsternisse des Saros 120 finden statt, wenn der Mond seinen absteigenden Knoten passiert. Während des Zyklus wandert der Mondschatten immer mehr nordwärts, die Gamma-Werte nehmen permanent zu. Die Gamma-Werte geben den geringsten Abstand der Kernschattenachse vom Erdmittelpunkt in Einheiten des Erdäquatorradius an. Negative Werte bedeuten: die Kernschattenachse geht südlich am Erdmittelpunkt vorbei, positive Werte geben an, sie geht nördlich vorbei. Für die Finsternis vom 20. März lautet das Gamma: $\gamma = 0{,}9454$.

Der Saros-Zyklus 120 begann mit der winzigen partiellen Sonnenfinsternis tief im Süden am 27. Mai 933 (Größe: 0,063) und wird mit der noch

Verlauf der totalen Sonnenfinsternis vom 20. März 2015 am Ort einiger Sternwarten

Sternwarte	Beginn	Maximum	h	Mag	Obs	Ende
BAMBERG						
Dr. Remeis-Sternwarte	$9^h32^m16^s$	$10^h40^m42^s$	35°	0,769	71,9 %	$11^h52^m20^s$
BERLIN						
Archenhold-Sternwarte	9 38 43	10 47 19	34°	0,787	74,2	11 58 28
Wilhelm-Foerster-Sternwarte	9 38 32	10 47 08	34°	0,788	74,3	11 58 17
BOCHUM						
Sternwarte	9 30 52	10 38 36	33°	0,819	78,2	11 49 43
DRESDEN						
Lohrmann-Observatorium	9 37 12	10 45 59	36°	0,763	71,1	11 57 25
FREIBURG						
Observatorium Schauinsland	9 26 15	10 34 10	35°	0,762	71,1	11 45 55
HAMBURG						
Sternwarte Bergedorf	9 36 47	10 44 50	32°	0,825	79,0	11 55 39
MÜNCHEN						
Universitäts-Sternwarte	9 30 39	10 39 10	37°	0,736	67,8	11 51 01
POTSDAM						
Einsteinturm	9 38 07	10 46 41	34°	0,789	74,4	11 57 52
STUTTGART						
Schwäbische Sternwarte	9 28 52	10 37 03	35°	0,765	71,4	11 48 46
WELZHEIM						
Sternwarte	9 29 26	10 37 40	35°	0,764	71,2	11 49 24
WIEN						
Universitäts-Sternwarte	9 36 39	10 45 38	39°	0,696	62,8	11 57 14
ZÜRICH						
Urania-Sternwarte	9 26 15	10 34 15	36°	0,749	69,4	11 46 04
MITTELEUROPA ZENTRAL						
10°Ost / 50° Nord	9 31 29	10 39 46	35°	0,777	72,9	11 51 21

Alle Zeitangaben in MEZ
h – Höhe der Sonne zum Maximum
Mag – Größe der Finsternis in Einheiten des Sonnenscheibendurchmessers (Magnitude)
Obs – Fläche der vom Mond bedeckten Sonnenscheibe in Prozent (Obscuration)

Verlauf der totalen Sonnenfinsternis vom 20. März 2015 für einige ausgewählte Orte in Mitteleuropa

Ort	Beginn MEZ (h m)	Maximale Phase MEZ (h m)	Maximale Phase Bed. (%)	Ende MEZ (h m)
Aachen	9 29	10 36	78,0	11 48
Amsterdam	9 30	10 37	81,8	11 48
Antwerpen	9 28	10 35	80,2	11 46
Augsburg	9 30	10 39	68,9	11 50
Baden-Baden	9 28	10 36	72,3	11 48
Basel	9 26	10 33	70,7	11 45
Berlin	9 39	10 47	74,2	11 58
Bern	9 24	10 32	69,5	11 44
Bielefeld	9 33	10 41	77,9	11 52
Bochum	9 31	10 39	78,2	11 50
Böblingen	9 29	10 37	71,3	11 48
Bonn	9 30	10 37	76,9	11 49
Bozen	9 28	10 36	64,7	11 48
Braunschweig	9 35	10 44	76,6	11 55
Bregenz	9 28	10 36	68,3	11 48
Bremen	9 35	10 43	79,5	11 54
Brünn	9 38	10 47	64,6	11 59
Brüssel	9 27	10 34	79,6	11 45
Chemnitz	9 36	10 44	71,5	11 56
Coburg	9 33	10 41	72,5	11 53
Darmstadt	9 30	10 38	73,9	11 50
Dortmund	9 31	10 39	77,9	11 50
Dresden	9 37	10 46	71,3	11 57
Düsseldorf	9 30	10 38	78,0	11 49
Duisburg	9 30	10 38	78,4	11 49
Eisenach	9 33	10 42	74,4	11 53
Emden	9 34	10 41	81,4	11 52
Erfurt	9 34	10 42	73,8	11 54
Essen	9 31	10 38	78,4	11 50
Frankfurt/Main	9 30	10 38	74,4	11 50
Frankfurt/Oder	9 40	10 48	72,7	12 00
Freiburg	9 26	10 34	71,2	11 46
Genf	9 22	10 29	69,3	11 41
Görlitz	9 39	10 48	70,2	11 59
Graz	9 34	10 43	61,5	11 55
Halle	9 36	10 44	73,7	11 56
Hamburg	9 37	10 45	79,3	11 56
Hannover	9 35	10 43	77,5	11 54
Heidelberg	9 29	10 37	73,0	11 49
Heilbronn	9 29	10 38	72,0	11 49
Innsbruck	9 29	10 38	66,2	11 50
Kaiserslautern	9 28	10 36	74,0	11 48
Karlsruhe	9 28	10 36	72,6	11 48
Kassel	9 33	10 41	75,7	11 52

Ort	Beginn MEZ (h m)	Maximale Phase MEZ (h m)	Maximale Phase Bed. (%)	Ende MEZ (h m)
Kiel	9 38	10 46	80,4	11 56
Klagenfurt	9 32	10 41	61,8	11 52
Koblenz	9 30	10 37	75,8	11 49
Köln	9 30	10 38	77,3	11 49
Konstanz	9 27	10 35	69,3	11 47
Krefeld	9 30	10 38	78,4	11 49
Leipzig	9 36	10 45	73,0	11 56
Linz	9 34	10 43	65,2	11 55
Ludwigshafen	9 29	10 37	73,4	11 49
Lübeck	9 38	10 46	79,2	11 57
Lüttich	9 28	10 35	78,1	11 47
Luxemburg	9 27	10 35	75,8	11 46
Magdeburg	9 36	10 45	75,2	11 56
Mailand	9 24	10 32	64,9	11 44
Mainz	9 30	10 38	74,6	11 49
Mannheim	9 29	10 37	73,4	11 49
Mönchengladbach	9 30	10 37	78,4	11 48
München	9 31	10 39	67,7	11 51
Münster	9 32	10 40	78,7	11 51
Nürnberg	9 32	10 40	70,8	11 52
Ossnabrück	9 33	10 41	78,9	11 52
Potsdam	9 38	10 47	74,3	11 58
Prag	9 37	10 45	68,7	11 57
Regensburg	9 32	10 41	68,9	11 53
Reutlingen	9 28	10 37	70,8	11 48
Rostock	9 40	10 48	78,3	11 58
Rotterdam	9 29	10 36	81,3	11 47
Saarbrücken	9 27	10 35	74,3	11 47
Salzburg	9 32	10 41	65,5	11 52
Schwerin	9 38	10 46	78,1	11 57
Stralsund	9 41	10 49	77,7	12 00
Straßburg	9 27	10 35	72,4	11 47
Stuttgart	9 29	10 37	71,4	11 49
Trier	9 28	10 35	75,6	11 47
Tübingen	9 28	10 37	71,0	11 48
Ulm	9 29	10 38	69,8	11 49
Wien	9 37	10 46	62,9	11 57
Wiesbaden	9 30	10 38	74,7	11 49
Wilhelmshaven	9 35	10 42	80,8	11 53
Worms	9 29	10 37	73,8	11 49
Würzburg	9 31	10 39	72,6	11 51
Wuppertal	9 31	10 38	78,0	11 49
Zürich	9 26	10 34	69,3	11 46

Bed. ist der Bedeckungsgrad der Sonnenscheibenfläche in Prozent

3.14 **Aufnahme der partiellen Sonnenfinsternis am 31. Mai 2003 von Martin Gertz/Sternwarte Welzheim.**

geringeren partiellen Sonnenfinsternis hoch im Norden am 7. Juli 2195 enden. Die Größe dieser Finsternis beträgt lediglich 0,035, das heißt, nur dreieinhalb Prozent des scheinbaren Sonnendurchmessers werden vom Neumond bedeckt. Die Finsternis vom 20. März ist die vorletzte totale im Saros 120. Die nächste und letzte totale in diesem Zyklus findet am 30. März 2033 statt. Der Saros-Zyklus 120 umfasst somit eine Zeitspanne von 1262 Jahren.

Vorsicht bei der Beobachtung

Zum Schluss ein wichtiger Hinweis: Vorsicht bei der Sonnenfinsternisbeobachtung! **Niemals direkt und ungeschützt in die Sonne sehen! Schwere Augenschäden bis zur vollkommenen Erblindung drohen!**
Schon gar nicht ein Fernglas oder Teleskop auf die Sonne richten, wenn es nicht über spezielle Filter oder entsprechende Sonnenbeobachtungseinrichtungen verfügt. Am sichersten ist noch die Projektionsmethode, bei der man nicht durch das Fernrohr blickt, sondern das Sonnenbild auf einen weißen Schirm (heller Karton etc.) projiziert.

Sonnenbrillen, berußte Gläser und Ähnliches bieten keinen ausreichenden Schutz. Im Fachhandel gibt es spezielle Sonnenfinsternisbrillen zu kaufen. Am besten ist es jedoch, eine öffentliche Sternwarte zu besuchen, die spezielle Führungen zur Beobachtung der Sonnenfinsternis anbietet. Die Observatorien verfügen dabei über ein geeignetes Instrumentarium für sichere Sonnenbeobachtungen.

April 2015

- Merkur bietet Ende April die beste Abendsichtbarkeitschance des ganzen Jahres.
- Venus und Jupiter dominieren mit ihrem Glanz den Abendhimmel.
- Saturn im Sternbild Skorpion wird zum Planeten der gesamten Nacht.

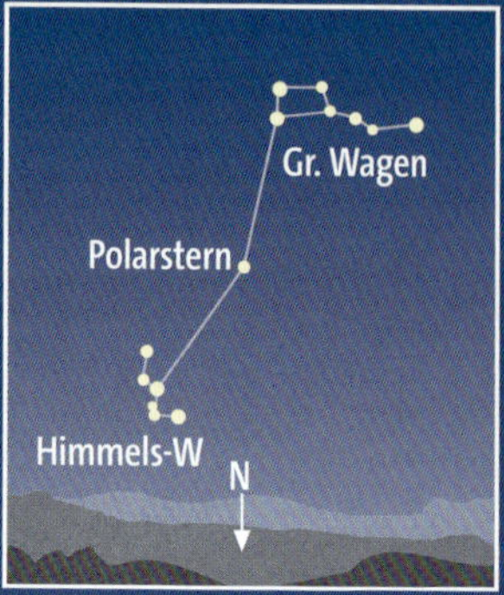

Großer Wagen und Himmels-W Anfang April um 22 Uhr

4.1 Himmelsanblick am 21. April gegen 21^h MEZ (= 22^h MESZ). Tief am Westhimmel stehen Venus und die zunehmende Mondsichel im Sternbild Stier.

1 Mi	Mond in Erdferne
2 Do	
3 Fr	Karfreitag
4 Sa	Karsamstag, **Vollmond**
5 So	Ostersonntag
6 Mo	Ostermontag
7 Di	
8 Mi	Mond bei Saturn (Morgenhimmel)
9 Do	
10 Fr	
11 Sa	
12 So	Mond im letzten Viertel
13 Mo	
14 Di	
15 Mi	
16 Do	

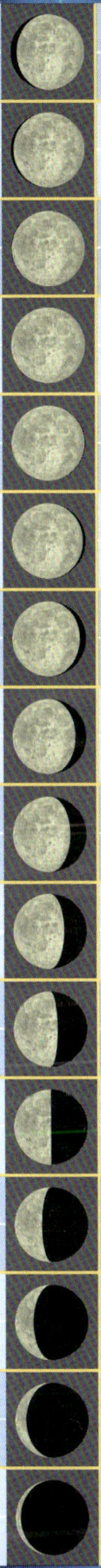

17 Fr	Mond in Erdnähe
18 Sa	**Neumond**
19 So	Mond bei Merkur (Abendhimmel)
20 Mo	
21 Di	Mond bei Venus (Abendhimmel)
22 Mi	
23 Do	Merkur bei Mars (Abendhimmel)
24 Fr	
25 Sa	
26 So	Mond im ersten Viertel und bei Jupiter (Abendhimmel)
27 Mo	
28 Di	Mond in Erdferne
29 Mi	
30 Do	

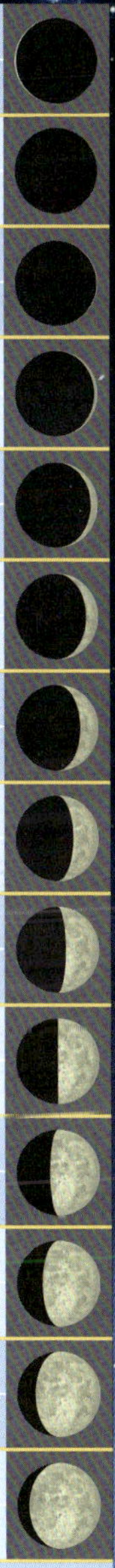

Sonne – Sternbilder

19.4. 8h:
Sonne tritt in das Sternbild Widder
20.4. 11h:
Sonne tritt in das Tierkreiszeichen Stier
Julianisches Datum am
1. April, 1h MEZ: 2457113,5

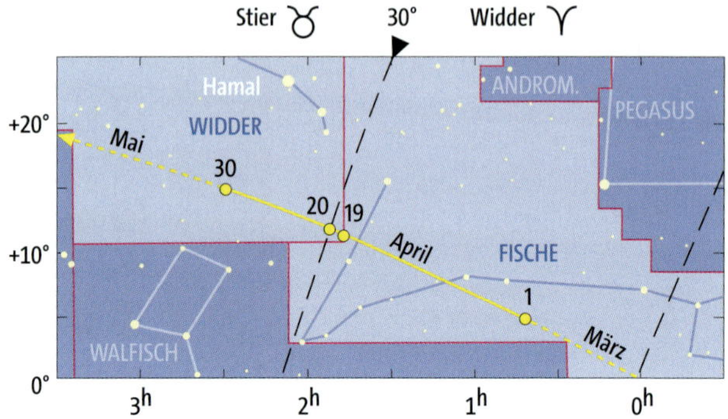

Tabelle Sonnenlauf

Tag	Dämmerg. Anfang	Aufgang MEZ	Kulmination	Untergang MEZ	Dämmerg. Ende	Mittagshöhe	Zeitgleichg.	Rektaszension	Deklination
	h m	h m	h m	h m	h m	°	m	h m	°
1.	4 46	5 58	12 24	18 51	20 04	44,5	–4	0 39	+ 4,3
5.	4 36	5 49	12 23	18 58	20 11	46,1	–3	0 54	+ 5,8
10.	4 24	5 39	12 21	19 05	20 20	47,9	–1	1 12	+ 7,7
15.	4 12	5 28	12 20	19 13	20 30	49,7	0	1 31	+ 9,5
20.	4 00	5 18	12 19	19 21	20 39	51,5	+1	1 49	+11,3
25.	3 48	5 08	12 18	19 29	20 49	53,2	+2	2 08	+12,9
30.	3 36	4 59	12 17	19 37	21 00	54,8	+3	2 27	+14,5

Tages- und Nachtstunden

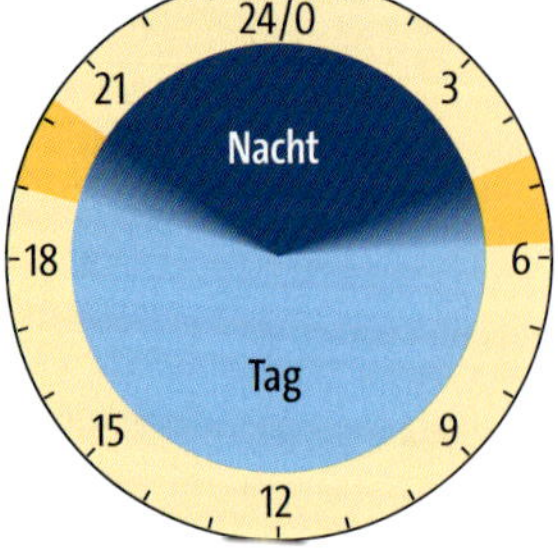

5. April

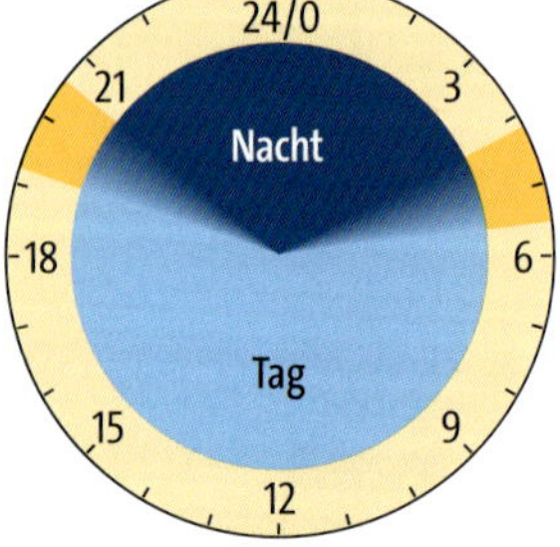

15. April

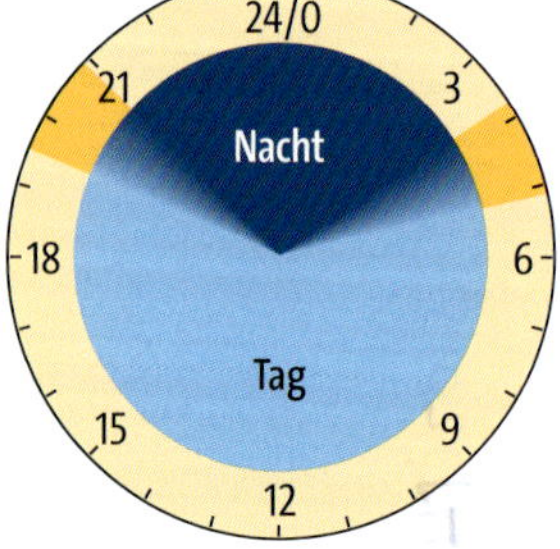

25. April

Tabelle Mondlauf

Datum	Aufg. MEZ	Kulmination	Unterg. MEZ	Rektaszension	Deklination	Sterne und Sternbilder	Phase	MEZ
	h m	h m	h m	h m	o			
Mi 1.	15 59	22 36	4 38	10 14	+ 7,5	Löwe, Regulus	Erdferne 406/29′,4	14^h
Do 2.	17 01	23 18	5 02	10 59	+ 4,0	Löwe		
Fr 3.	18 02	–	5 26	11 44	+ 0,3	Jungfrau		
Sa 4.	19 05	0 01	5 50	12 30	– 3,4	Jungfrau	**Vollmond** Aufsteigender Knoten	**$13^h 06^m$**
So 5.	20 07	0 44	6 16	13 16	– 7,0	Spica		
Mo 6.	21 10	1 29	6 44	14 03	–10,4	Jungfrau		
Di 7.	22 12	2 16	7 15	14 52	–13,3	Waage		
Mi 8.	23 13	3 04	7 51	15 43	–15,7	Waage		
Do 9.	–	3 55	8 34	16 35	–17,4	Schlangenträger		
Fr 10.	0 10	4 47	9 23	17 30	–18,2	Schlangenträger	Libration Ost	
Sa 11.	1 03	5 41	10 21	18 25	–18,0	Schütze	Größte Nordbreite	
So 12.	1 50	6 35	11 25	19 22	–16,9	Schütze	**Letztes Viertel**	**$4^h 44^m$**
Mo 13.	2 32	7 30	12 35	20 18	–14,7	Steinbock		
Di 14.	3 09	8 25	13 49	21 15	–11,6	Wassermann		
Mi 15.	3 43	9 19	15 07	22 12	– 7,7	Wassermann		
Do 16.	4 14	10 14	16 25	23 08	– 3,3	Fische		
Fr 17.	4 46	11 09	17 44	0 05	+ 1,3	Fische	Erdnähe 361/33′,1 Absteigender Knoten	5^h
Sa 18.	5 18	12 04	19 03	1 02	+ 5,9	Fische	**Neumond Nr. 1142**	**$19^h 57^m$**
So 19.	5 52	13 00	20 20	1 59	+10,1	Fische		
Mo 20.	6 29	13 56	21 32	2 57	+13,6	Widder		
Di 21.	7 12	14 52	22 38	3 55	+16,2	Stier, Hyaden		
Mi 22.	8 00	15 47	23 36	4 53	+17,8	Aldebaran		
Do 23.	8 52	16 40	–	5 49	+18,3	Stier	Größte Südbreite Libration West	
Fr 24.	9 49	17 31	0 25	6 43	+17,8	Alhena		
Sa 25.	10 48	18 19	1 07	7 36	+16,4	Zwillinge		
So 26.	11 48	19 05	1 43	8 26	+14,4	Krebs, Krippe	**Erstes Viertel**	**$0^h 55^m$**
Mo 27.	12 49	19 50	2 14	9 14	+11,7	Krebs		
Di 28.	13 50	20 33	2 41	10 01	+ 8,6	Löwe, Regulus		
Mi 29.	14 51	21 15	3 06	10 46	+ 5,1	* Sextant	Erdferne 405/29′,5	5^h
Do 30.	15 52	21 58	3 30	11 31	+ 1,5	Löwe		

Der Mond zieht an Jupiter vorbei

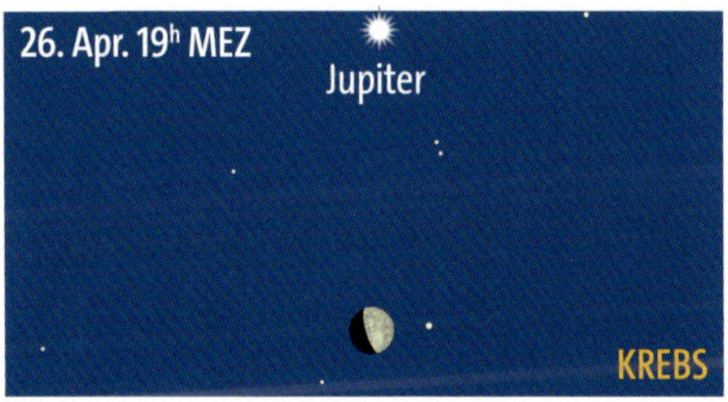

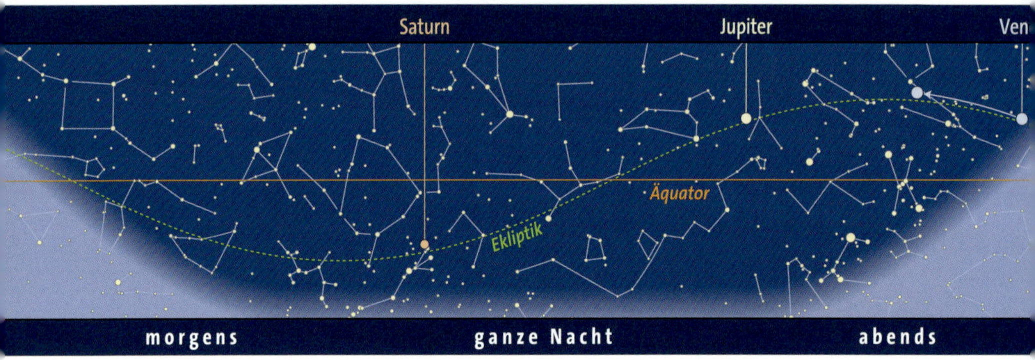

Merkur bietet im letzten Monatsdrittel die beste Abendsichtbarkeit des gesamten Jahres. Wer noch nie den schwierig zu beobachtenden Planeten mit eigenen Augen am Firmament gesehen hat, sollte diesmal seine Chance nutzen.

Am 10. überholt Merkur die Sonne im Tierkreis, er befindet sich in oberer Konjunktion. Bis Monatsende wachsen seine östlichen Winkelabstände auf knapp 20° an. Ab dem 20. sollte man den sonnennahen Planeten in der Abenddämmerung erkennen. Am leichtesten ist Merkur vom 26. April bis 6. Mai auszumachen. Am 20. geht der $-1^{m}{,}3$ helle Merkur um $20^{h}30^{m}$ (= $21^{h}30^{m}$ Sommerzeit) unter. Bis 30. sinkt die Merkurhelligkeit

4.2 Heliozentrischer Anblick des Planetensystems im zweiten Jahresviertel 2015. Eingetragen sind links die Positionen der inneren Planeten für den 1. April (4), 1. Mai (5), 1. Juni (6) und 1. Juli (7). Der rechte Teil zeigt das äußere Planetensystem zu Anfang und Ende des zweiten Jahresviertels. Die Pfeile deuten die Richtungen zu den ferneren Planeten sowie zum Frühlingspunkt an.

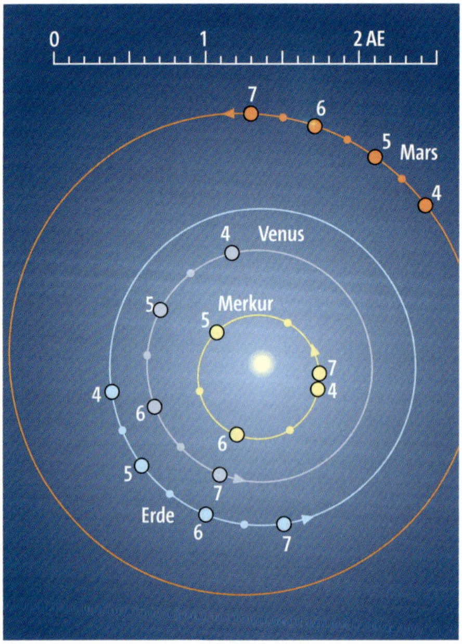

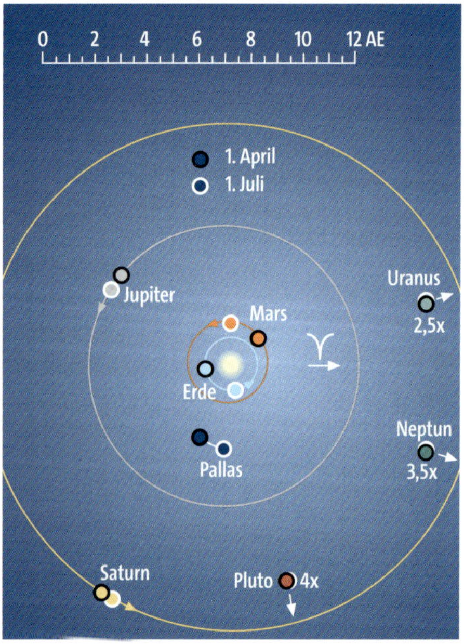

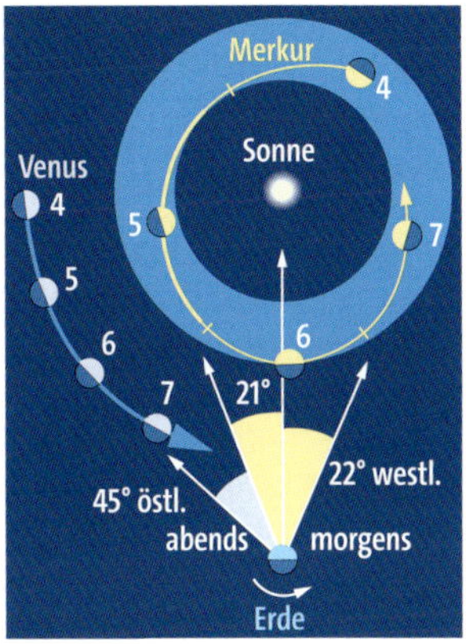

4.3 Merkur und Venus:
Heliozentrische Bewegungen von Merkur und Venus *relativ* zur Erde. In den dicker ausgezogenen Bahnteilen sind die Planeten beobachtbar. Die Zahlen markieren die Positionen jeweils zum Monatsersten. Östlicher Winkelabstand bedeutet Abendsichtbarkeit, westliche Elongation: Planet steht am Morgenhimmel.

erheblich auf $-0^{m}5$ ab, die Untergänge verspäten sich auf $21^{h}36^{m}$ (= $22^{h}36^{m}$ Sommerzeit). Jeweils etwa 20 Minuten nach Sonnenuntergang lohnt es sich, knapp über dem Nordwesthorizont nach Merkur Ausschau zu halten (siehe Abb. 5.2 und 5.3 auf Seite 118).

Am 23. zieht Merkur 1°23′ nördlich an Mars vorbei und am Monatsende passiert er die Plejaden ein wenig südlich. Um Mars und den Sternhaufen der Plejaden zu sehen, benötigt man ein Fernglas (siehe auch Abb. 4.5 und 4.6 unten rechts).

Am 19. abends eilt Merkur durch das Perihel seiner elliptischen Bahn. Die Merkurbahn weicht von allen acht Planeten unseres Sonnensystems am stärksten von der Kreisform ab, sie besitzt die größte numerische Exzentrizität (e = 0,2056).

Venus ist Glanzpunkt am Abendhimmel. Sie erklimmt die nördlichsten Bezirke des Tierkreises und passiert das Goldene Tor der Ekliptik, das von den beiden offenen Sternhaufen Hyaden und Plejaden gebildet wird. Am 11. zieht sie $2^{\circ}5$ südlich an den Plejadensternen vorbei und am 21. passiert sie Aldebaran in 7° nördlichem Abstand (siehe Abb. 4.4 unten). Bis Ende April erreicht ihr östlicher Winkelabstand von der Sonne 42° – die maximale Elongation ist nicht mehr allzu fern.

Die Untergänge unseres inneren Nachbarplaneten verspäten sich – allerdings auch die Sonnenuntergänge. Dennoch ergibt sich ein Gewinn an Sichtbarkeitsdauer. Der Venusuntergang erfolgt am 1. um $22^{h}20^{m}$ (= $23^{h}20^{m}$ Sommerzeit), am 15. um $23^{h}01^{m}$ und am 30. erst um $23^{h}35^{m}$. Berücksichtigt man die Sommerzeit, so ist Venus nun selbst um Mitternacht weit im Nordwesten zu sehen. Die Venushelligkeit steigt leicht auf $-4^{m}1$ an.

Auf seiner monatlichen Tour kommt der Mond am 21. bei Venus vorbei (siehe Abb. 4.1 auf Seite 96).

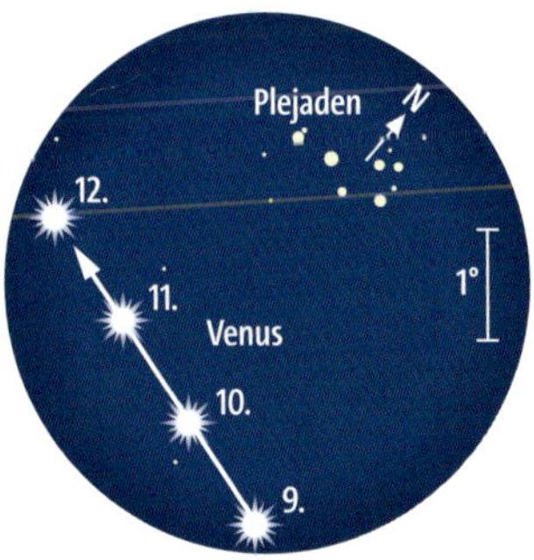

4.4 Venus bei den Plejaden:
Venus passiert vom 9. bis 12. April das Siebengestirn im Sternbild Stier. Fernglasanblick bei 5° Gesichtsfelddurchmesser.

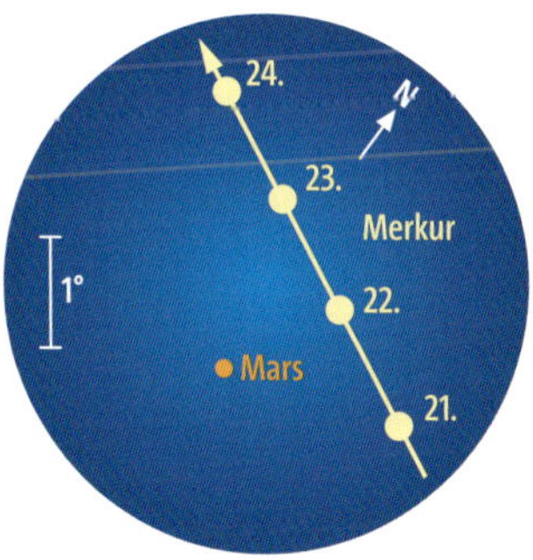

4.5 Merkur bei Mars:
Begegnung von Merkur mit Mars am 22. April. Fernglasanblick gegen 20^{h} MEZ (= 21^{h} MESZ) bei 5° Gesichtsfelddurchmesser.

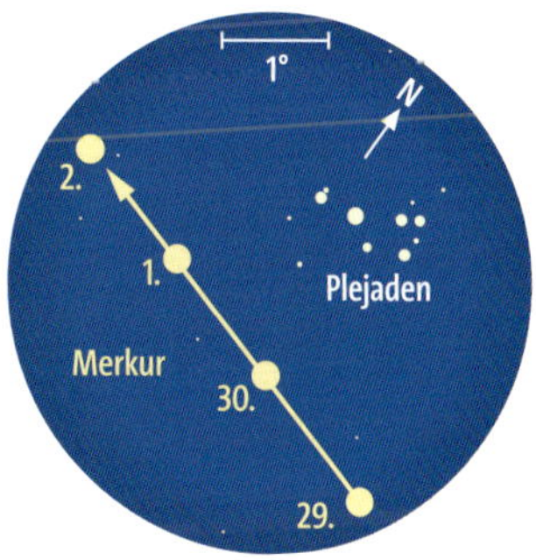

4.6 Merkur bei den Plejaden:
Merkur zieht Ende April am Siebengestirn vorbei. Fernglasanblick gegen 20^{h} MEZ (= 21^{h} MESZ) bei 5° Gesichtsfelddurchmesser.

Am 10. zeigt sich das knapp 15″ große Venusscheibchen zu 75 Prozent beleuchtet. Das Perihel ihrer fast kreisförmigen Bahn passiert Venus am 18., wobei ihr Sonnenabstand 107,5 Mio. Kilometer (= 0,719 AE) misst.

Mars zieht sich vom Abendhimmel zurück. Erfahrene Beobachter können den roten Planeten mit einem Fernglas und bei guter Sicht noch in der ersten Aprilwoche knapp über dem Westhorizont in der fortschreitenden Abenddämmerung aufstöbern.

Am 1. geht Mars um $20^{h}36^{m}$ (= $21^{h}36^{m}$ Sommerzeit) unter. Am 10. erfolgt der Untergang des $1^{m}{,}4$ hellen Planeten nur drei Minuten später. Mars eilt rechtläufig durch das Sternbild Widder. Am 23. wird der rote Planet von Merkur in $1^{\circ}{,}4$ nördlichem Abstand überholt, was freiäugig nicht zu beobachten ist (siehe Abb. 4.5 auf Seite 101).

Am 12. passiert Mars den aufsteigenden Knoten seiner um $1^{\circ}{,}8$ zur Ekliptik geneigten Bahn und befindet sich anschließend nördlich der Erdbahnebene.

Jupiter verzögert seine rückläufige Bewegung durch den Krebs. Am 8. wird er stationär. Anschließend wandert er wieder rechtläufig durch den Tierkreis (siehe Abb. 2.4 auf Seite 62). Mit dem Stillstand beendet der Riesenplanet seine Oppositionsperiode. Dies wird auch an der um $0^{m}{,}2$ auf $-2^{m}{,}1$ zurückgehenden Jupiterhelligkeit bemerkbar. Damit ist der Riesenplanet nach Mond und Venus immer noch das hellste Gestirn am Nachthimmel.

Am 1. sinkt Jupiter um $4^{h}20^{m}$ (= $5^{h}20^{m}$ Sommerzeit) unter die westlichen Horizontlinie, am 15. um $3^{h}25^{m}$ und am 30. schon um $2^{h}27^{m}$. Der zunehmende Halbmond begegnet Jupiter in der Nacht vom 26. auf 27. (siehe Abb. unter der Tabelle „Mondlauf“ auf Seite 99).

Saturn, rückläufig im Skorpion, strebt seiner Opposition entgegen, die er im nächsten Monat erreichen wird. Bei seiner rückläufigen Bewegung passiert er abermals Acrab (β Scorpii; $2^{m}{,}4$) in $1^{\circ}{,}2$ nördlichem Abstand (siehe Abb. 5.5 auf Seite 121).

Saturn wird allmählich zum Planeten der gesamten Nacht, sieht man von den frühen Abendstunden ab. Am 1. geht der Ringplanet um $23^{h}25^{m}$ auf und am 15. um $22^{h}27^{m}$ (= $23^{h}27^{m}$ Sommerzeit). Ende April steigt der inzwischen $0^{m}{,}2$ helle Ringplanet schon um $21^{h}24^{m}$ über die südöstliche Horizontlinie.

Uranus steht am 6. im Sternbild Fische in Konjunktion mit der Sonne. Der grünliche Planet hält sich am Taghimmel auf und bleibt nachts unter dem Horizont. Die Begegnung am 8. mit Merkur bleibt unbeobachtbar.

Am Tag der Konjunktion ist Uranus 3141 Millionen Kilome-

Konstellationen und Ereignisse

Datum	MEZ	Ereignis
4.	13^{h}	Totale Mondfinsternis – von Mitteleuropa aus unbeobachtbar
6.	15	Uranus in Konjunktion mit der Sonne
8.	11	Merkur bei Uranus, Merkur $0^{\circ}{,}5$ südlich
8.	14	**Mond bei Saturn**, Mond $2^{\circ}{,}2$ nördlich, **Abstand $5^{\circ}{,}2$ um 5^{h}**
8.	21	Jupiter im Stillstand, anschließend rechtläufig
10.	5	Merkur in oberer Konjunktion mit der Sonne
15.	14	Mond bei Neptun, Mond $3^{\circ}{,}6$ nördlich
17.	8	Pluto im Stillstand, anschließend rückläufig
18.	2	Mond bei Uranus, Mond $0^{\circ}{,}04$ südlich
18.	10	Venus im Perihel
19.	12	**Mond bei Merkur**, Mond $3^{\circ}{,}5$ südlich, **Abstand $4^{\circ}{,}8$ um 20^{h}** (Fernglas!)
19.	20	Mond bei Mars, Mond $3^{\circ}{,}1$ südlich
19.	21	Merkur im Perihel
21.	19	**Mond bei Venus**, Mond $6^{\circ}{,}6$ südlich
23.	8	**Merkur bei Mars**, Merkur $1^{\circ}{,}4$ nördlich, **Abstand $1^{\circ}{,}3$ um 20^{h} am 22.** (Fernglas!)
26.	19	**Mond bei Jupiter**, Mond $5^{\circ}{,}5$ südlich, **Abstand $6^{\circ}{,}0$ um $19^{h}30^{m}$**

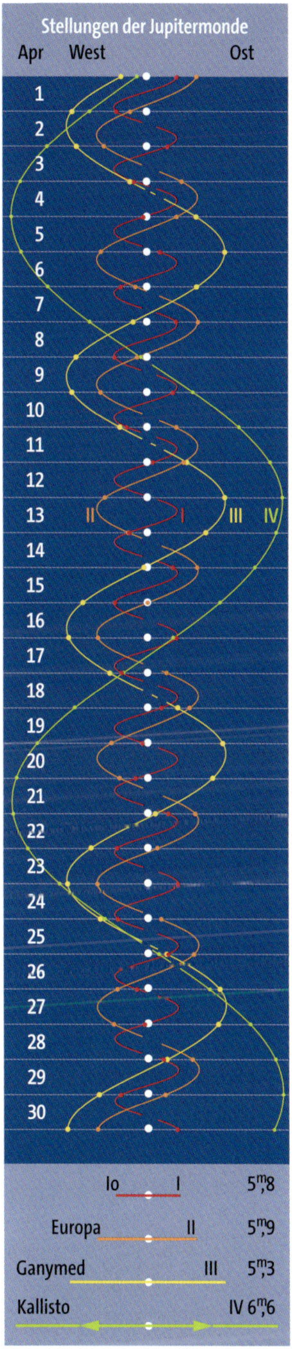

Jupitermonde

Tag	MEZ h	m	Vorgang	
1.	20	16	II	SA
	20	58	II	DE
	23	09	II	SE
3.	23	44	III	BA I
4.	0	12	III	BE I
	2	22	I	BA
	23	23	III	VA II
	23	31	I	DA
	23	32	III	VE II
5.	0	38	I	SA
	1	48	I	DE
	20	50	I	BA
6.	0	17	I	VE
	20	16	I	DE
	21	23	I	SE
7.	0	14	II	VA I
	0	19	II	VE I
	1	27	II	BA
	21	01	III	DE
	22	01	III	SA
8.	1	38	III	SE
	20	33	II	DA
	22	52	II	SA
	23	25	II	DE
	23	54	IV	BA II
9.	0	00	IV	BE II
	0	50	IV	BA
	1	45	II	SE
10.	19	56	II	VE
12.	1	22	I	DA
	2	41	III	VA II
	2	51	III	VE II
	22	41	I	BA
13.	2	12	I	VE
	19	50	I	DA
	21	01	I	SA
	22	07	I	DE
	23	18	I	SE
14.	2	28	II	VA I
	2	34	II	VE I
	20	05	I	BA III
	20	09	I	BE III
	20	41	I	VE

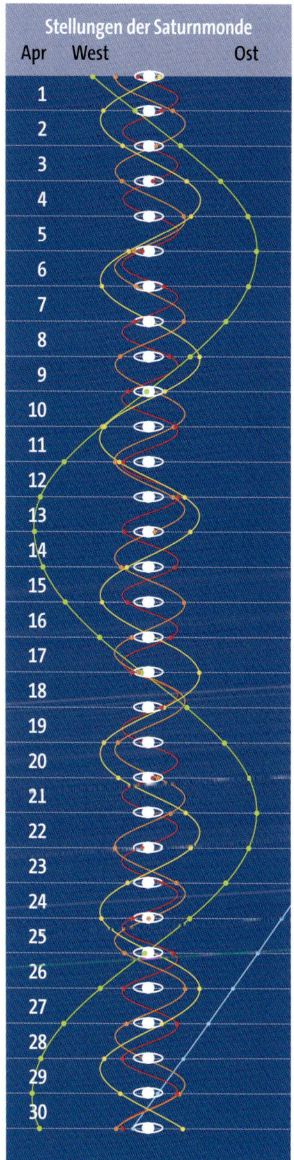

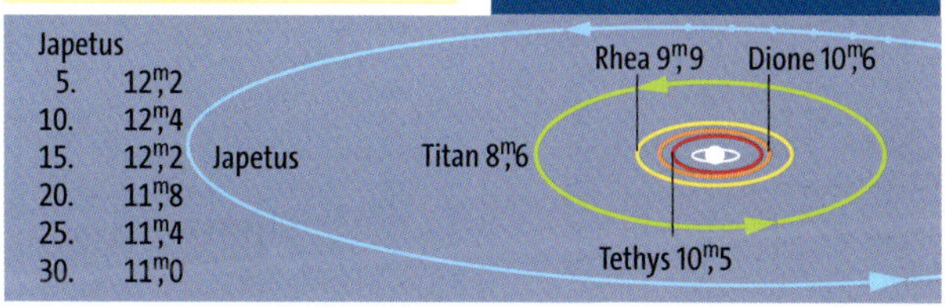

ter (= 21,00 AE) von der Erde entfernt. Dies ist in diesem Jahr seine größte Entfernung von uns. Von der Sonne trennen ihn am 6. immerhin 2991 Millionen Kilometer (= 19,99 AE).

Neptun, rechtläufig im Wassermann, kann sich immer noch nicht aus den Strahlen der Sonne befreien, auch wenn sich seine Helligkeit minimal um $0^{m}_{,}1$ auf $7^{m}_{,}9$ erhöht. Der bläuliche Planet bleibt im April unsichtbar.

Pluto wird am 17. in den Morgenstunden stationär und setzt zu seiner Oppositionsschleife an (siehe Abb. 7.5 auf Seite 159). Seine Opposition erreicht der sonnenferne Zwergplanet in diesem Jahr am 6. Juli.

Jupitermonde

Tag	MEZ h m	Vorgang
14.	21 10	III DA
15.	0 46	III DE
	2 01	III SA
	23 03	II DA
16.	1 29	II SA
	1 55	II DE
17.	22 15	IV SA
	22 32	II VE
18.	0 44	I BA IV
	0 50	I BE IV
	2 28	III BA IV
	2 37	III BE IV
	19 46	III VE
	21 52	III BA I
	21 58	III BE I
19.	20 10	I BA II
	20 14	I BE II
20.	0 34	I BA
	21 43	I DA
	22 56	I SA
21.	0 00	I DE
	1 13	I SE
	22 36	I VE
	22 44	I BA III
	22 48	I BE III
22.	1 00	III DA
23.	1 35	II DA
25.	1 08	II VE
	20 05	III VA
	22 47	IV BE
	23 45	III VE
26.	0 43	III BA I
	0 48	III BE I
	20 15	II SE
	22 23	I BA II
	22 27	I BE II
27.	23 36	I DA
28.	0 51	I SA
	20 56	I BA
29.	0 31	I VE
	20 22	I DE
	21 37	I SE

Planetoiden

Pallas – Planetoid Nr. 2 – wird am 19. im Sternbild Herkules stationär und ist anschließend rückläufig. Das „stationär" bezieht sich auf ihre Bewegung in Rektaszension. In Deklination eilt sie rasch nach Norden (siehe Abb. 6.5 auf Seite 141).

Periodische Sternschnuppenströme

Um den 12. April erreichen die **Virginiden** ihr wenig ausgeprägtes Maximum. Einzelne Virginiden-Meteore sind bis ins erste Maidrittel zu verfolgen. Auch die Existenz dieses Stromes wird in Frage gestellt.

In der Zeit vom 16. bis 25. April werden die **Lyriden** aktiv. Ihr Ausstrahlungspunkt liegt etwa 7° südwestlich von Wega im Westteil der Leier. Manche Beobachter vermuten mehrere Radianten. Die Lyriden sind schnelle Objekte. Im Mittel liegen ihre Eintrittsgeschwindigkeiten um 49 Kilometer pro Sekunde. Günstigste Beobachtungszeit: 22^{h} bis 4^{h}. Das Maximum am 22. April ist nicht sehr ausgeprägt. Es ist gegen 23^{h} zu erwarten, mit einer Unsicherheit von plus/minus vier Stunden. Rund zwanzig Meteore, darunter einige helle Exemplare, leuchten dann pro Stunde auf. In manchen Jahren wurden deutlich mehr Sternschnuppen pro Stunde registriert. Die Lyriden stammen von dem langperiodischen Kometen C/1861 G1 (Thatcher), dessen Umlaufzeit 415 Jahre beträgt.

Ein weit südlicher Strom sind die regelmäßig aufflammenden **Pi-Puppiden**. Ihr Radiant liegt, wie der Name sagt, im Sternbild Puppis (Hinterdeck des Argonautenschiffes), das in unseren Breiten nur zum Teil sichtbar ist. Wegen der südlichen Lage des Ausstrahlungspunktes sind sie erst bei nördlichen Breiten kleiner als 30° zu beobachten. In manchen Jahren erscheinen recht viele Puppiden. Ihr Radiant ist nur am Abendhimmel sichtbar. Es handelt sich um recht langsame Meteore mit Eintrittsgeschwindigkeiten von rund 15 Kilometer pro Sekunde. Als Ursprungskomet wurde 26P/Grigg-Skjellerup ausgemacht.

Im letzten Aprildrittel tauchen die ersten **Eta-Aquariden** auf (siehe „Periodische Sternschnuppenströme" im Mai).

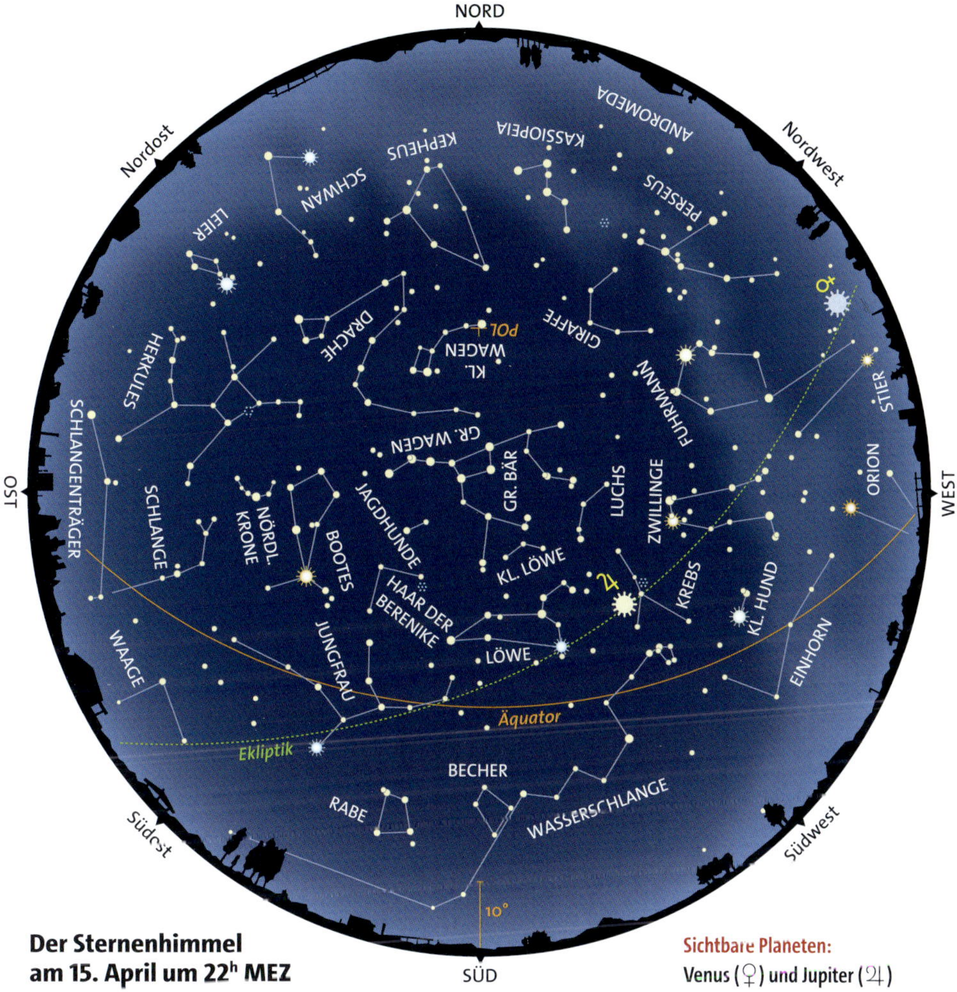

Der Sternenhimmel am 15. April um 22h MEZ

Sichtbare Planeten: Venus (♀) und Jupiter (♃)

Die Sternkarte ist auch gültig für:		
	MEZ	MESZ
15.12.	6h	
1. 1.	5	
15. 1.	4	
1. 2.	3	
15. 2.	2	
1. 3.	1	
15. 3.	0	
1. 4.	**23**	**24h**
15. 4.	**22**	**23**
30. 4.	**21**	**22**

Zur abendlichen Stunde (Standardbeobachtungszeit am 1. um 23h MEZ = 24h Sommerzeit, am 15. um 22h MEZ = 23h Sommerzeit) steht jetzt der Große Wagen mit seinen sieben Sternen direkt über unseren Köpfen. Er ist nur ein Teil der viel größeren Sternenfigur des Großen Bären (Ursa Maior), wie im Kapitel „Der Fixsternhimmel“ im März auf Seite 84 erläutert wird. Zurzeit ist die Gelegenheit günstig, den Großen Bären als Sternbild in seiner Gesamtheit zu erfassen. Denn sein Kopf und seine Tatzen, die jetzt hoch am Himmel stehen, werden von relativ lichtschwachen Sternen markiert. Dagegen bilden die hellen Sterne des Wagenkastens den Schinken des Bären und die hellen Deichselsterne seinen zoologisch gesehen viel zu langen Schwanz.

4.7 Das Frühlingsdreieck:
Es setzt sich aus den drei hellen Sternen Arktur im Bootes, Regulus im Löwen und Spica in der Jungfrau zusammen.

Durch den Meridian marschiert gerade der Löwe. Er hat nun seine Gipfelposition erreicht und ist auch für Anfänger leicht auszumachen. Ein großes Sternentrapez deutet den Rumpf an, ein kleines, an der Nordwestecke („rechts oben" in unseren Breiten) aufgesetztes Trapez den Kopf dieses königlichen Tieres. Der Löwe ist Mitglied im ausgewählten Zirkel der Tierkreisbilder. Sein Hauptstern Regulus liegt fast genau auf der Ekliptik. Regulus (α Leonis) wird deshalb von Zeit zu Zeit vom Mond bedeckt, gelegentlich sogar von einem Planeten. Die Entfernung zu Regulus misst nach neuesten Beobachtungen 77 Lichtjahre.

Nördlich des Löwen und südlich der Tatzen des Großen Bären liegt das unscheinbare Sternbild Kleiner Löwe (lat.: Leo Minor). Nur drei Sterne des Kleinen Löwen sind heller als $4\overset{m}{,}5$.

Abschied der Wintersternbilder

Im Westen versinken die Wintersternbilder. Sirius im Großen Hund ist bereits untergegangen. Orion befindet sich gerade im Untergang, ebenso der Stier mit dem roten Aldebaran. Hoch im Westen sind die Zwillinge zu sehen. Zwischen Zwillingen und Löwe liegt der unscheinbare Krebs, der durch die Anwesenheit des hellen Jupiters gewissermaßen aufgewertet wird.

Im Südwesten fällt Prokyon im Kleinen Hund auf. Halbhoch im Nordwesten strahlt die gelbe Kapella im Sternenpolygon des Fuhrmanns. Die Kassiopeia, das Himmels-W, bereitet sich auf die untere Kulmination vor. Der Kepheus geht gerade zwischen Himmelsnordpol und Nordpunkt am Horizont durch den Meridian. Diese Stellung bezeichnet man als untere Kulmination. Nur Sterne, die zirkumpolar sind, können auch in unterer Kulmination beobachtet werden. Alle anderen Sterne bleiben in unterer Kulmination unter dem Horizont und sind daher in dieser Position unbeobachtbar.

Ein intensiv orange-rot strahlender Stern fällt hoch im Südosten auf. Es handelt sich um Arktur, den Hauptstern im Sternbild Bootes. In Sternkarten ist er als α Bootis vermerkt. Mit $0\overset{m}{,}0$ scheinbarer Helligkeit gehört Arktur zu den fünf hellsten Fixsternen am irdischen Firmament. Arktur ist 37 Lichtjahre von uns entfernt, sein Name bedeutet soviel wie Bärenhüter. Im täglichen Himmelsumschwung folgt Arktur permanent dem Großen Bären. Er treibt damit gewissermaßen den Bären um den Polarstern herum. Der Bootes sieht aus wie ein großer Papierdrachen, den Kinder im Wind fliegen lassen. Bootes bedeutet soviel wie Rinderhirt. Denn die alten Römer sahen in den sieben Wagensternen sieben Dreschochsen, die um den Polarstern als Göpel herumwandern. Und Bootes, der fleißige Rinderhirt, treibt sie an, indem er ihnen ständig folgt.

Ein Sternbild der Neuzeit

Südlich der Deichsel des Großen Wagens stößt man auf das kleine und unscheinbare Sternbild der Jagdhunde (lat.: Canes Venatici, abgekürzt: CVn). Die Jagdhunde sind ein neuzeitliches Sternbild. Es war daher im Altertum und Mittelalter unbekannt. Eingeführt hat es der Danziger Ratsherr und aktive Amateurastronom mit eigener Sternwarte Johannes Hevelius im Jahre 1687. Es erschien in seinem Sternatlas *Prodromus Astronomiae*, der von seiner Frau Elisabeth herausgegeben wurde. Die Jagdhunde werden von Bootes an zwei Leinen festgehalten. Der Hauptstern (α CVn) heißt Cor Caroli (lat., Herz Karls; nach König Charles I. von England benannt) und ist ein Doppelstern in 110 Lichtjahren Entfernung. Die weiß leuchtende Hauptkomponente ist $2^m\!.9$ hell und hat in 18″ einen $5^m\!.5$ hellen, gelblichen Begleiter. Die hellere Komponente ist der Prototyp einer ganzen Klasse von magnetisch-veränderlichen Sternen (α_2 Canum-Venaticorum-Sterne oder heute als Ap-Sterne bezeichnet).

Der Riesenstern Spica

Den Platz im Südosten nimmt die Jungfrau (lat.: Virgo) ein. Ihr hellster Stern (α Virginis) heißt Spica mit Eigennamen. Spica ist lateinisch und bedeutet „Kornähre"; sie ist ein Symbol für die Fruchtbarkeit der Jungfrau. Im Gegensatz zum rötlichen Arktur leuchtet Spica in bläulicher Farbe. Spica ist auch mit ziemlich genau 1^m um eine ganze Größenklasse lichtschwächer als Arktur. Dies betrifft allerdings nur ihre scheinbare Helligkeit. Im Gegensatz zu Arktur, der nur knapp 37 Lichtjahre entfernt ist, braucht das Licht 260 Jahre, um von Spica zur Erde zu gelangen. Dass wir sie trotz dieser relativ großen Distanz noch als Stern erster Größe am irdischen Himmel sehen, liegt an ihrer gewaltigen Leuchtkraft. Spica strahlt so hell wie 2200 unserer Sonnen zusammengenommen. Stünde Spica in gleicher Distanz wie Arktur, so erschiene sie uns fast so hell wie die Venus!

Die drei hellen Sterne Arktur im Bootes, Regulus im Löwen und Spica in der Jungfrau bilden ein großes Dreieck, das als Frühlingsdreieck bekannt ist – gewissermaßen als Gegenstück zum Sommerdreieck, Herbstviereck und Wintersechseck.

Südlich der Jungfrau sind das Sternenviereck des Raben (lat.: Corvus) und der Becher (lat.: Crater) auszumachen. Während der Rabe relativ leicht zu erkennen ist, ist der lichtschwache Becher ein schwieriges Sternbild, das man nur unter sehr guten Sichtbedingungen wahrnehmen kann.

Im Nordosten ist bereits der Herkules über den Horizont gestiegen, ein recht ausgedehntes Sternbild ohne hellere Sterne. Halbhoch im Osten, nahe dem Bootes, springt der Sternenhalbkreis der Nördlichen Krone förmlich ins Auge. Er ist zwar nicht besonders hell, aber in seiner Anordnung recht auffällig. Und am Nordosthorizont künden Wega in der Leier und Deneb im Schwan den kommenden Sommer an.

Veränderliche Sterne im April

Algol-Minima	1.	6^h48^m	7.	0^h26^m	9.	21^h15^m	12.	18^h05^m	24.	5^h22^m	29.	23^h00^m
β-Lyrae-Minima	4.	23^hH	11.	10^hN	17.	22^hH	24.	9^hN	30.	20^hH		
δ-Cephei-Maxima	4.	9^h	9.	17^h	15.	2^h	20.	11^h	25.	20^h		

Wer schreddert Sterne?

Gunther Schulz

4.8 **Ein Schwarzes Loch verformt einen Stern und reißt Materie an sich, die sich in einer Spirale um das Schwarze Loch windet und eine Akkretionsscheibe bildet.**

In so manchen Science-Fiction-Romanen werden die Erde oder andere Planeten durch gewaltige Kollisionen in Stücke geschlagen. Die ersten Planetoidenentdecker zu Beginn des 19. Jahrhunderts meinten sogar, die Kleinplaneten zwischen der Mars- und der Jupiterbahn seien die Bruchstücke eines einst großen Planeten, der zerstört wurde.

Dass auch Sterne zerrissen werden können, daran dachte noch niemand. Sterne sind riesige, glühende Gaskugeln. So hat unsere Sonne, ein

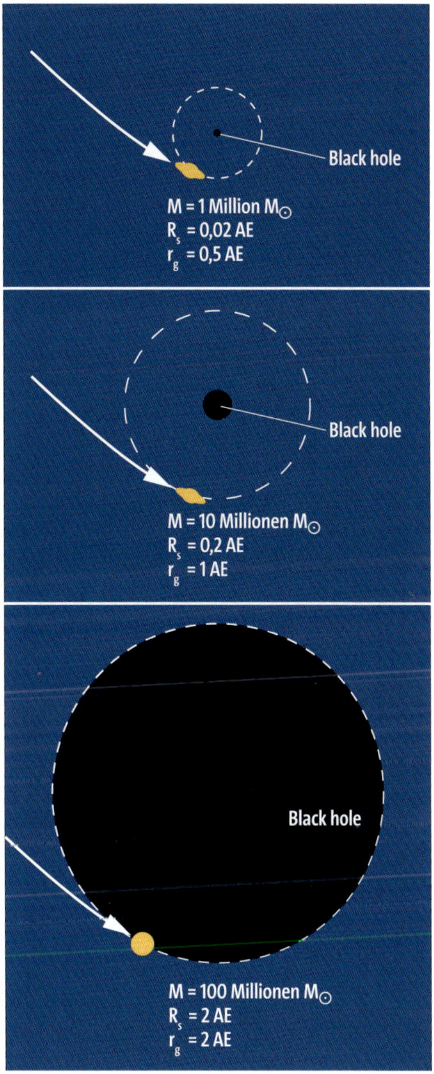

4.9 Reichweite der Gezeitenkräfte eines Schwarzen Loches (kritische Distanz), um einen Stern zu zerreißen.
M – Masse in Einheiten der Sonnenmasse
R_s – Schwarzschildradius (Ereignishorizont)
r_g – Gezeitenradius (kritische Distanz)

ganz gewöhnlicher Durchschnittsstern, den 109-fachen Erddurchmesser und die 333 000-fache Erdmasse. Ihre eigene Schwerkraft formt sie zu einer Kugel. Undenkbar, dass jemand die Sonne so mir nichts, dir nichts zerfetzen könnte. Und doch: in den 1970er Jahren kam bei etlichen Astronomen der Verdacht auf, dass nicht alle Sterne ihren durch ihre Anfangsmasse vorgegebenen Lebensweg zu Ende gehen und nach Erschöpfung ihrer Energievorräte als Weiße Zwerge, Neutronensterne oder gar als stellare Schwarze Löcher ihr Dasein beenden. Beobachtungen ließen nämlich vermuten, dass manche Sterne vorzeitig in einer Katastrophe ihrer Existenz beraubt werden. Kurzfristige, gewaltige Ausbrüche intensiver Röntgen- und Radiostrahlung, aber auch ein Aufflammen im sichtbaren Licht deuteten extrem heiße Gasmassen von relativ hoher Dichte an.

Schuld sind Schwarze Löcher

Was war beziehungsweise ist die Ursache dieser kosmischen Leuchtfeuer in allen Frequenzbereichen? Man kam zum Schluss: Die Signale kommen von Sternen, die eben zerrissen wurden. Doch wer schreddert ganze Sterne? Die Schuldigen wurden entdeckt: Es sind supermassereiche Schwarze Löcher, wie sie in den Zentren der meisten großen Galaxien hausen. Schlafende Schwarze Löcher werden zu räuberischen Biestern, wenn vorwitzige Sterne ihnen zu nahe kommen und sie aus ihrem Schlummer aufwecken.

Schrumpft oder kollabiert eine kugelförmige Masse, so wächst die gravitative Oberflächenbeschleunigung an und damit auch die Flucht- oder Entweichgeschwindigkeit. Ab einer bestimmten Größe erreicht die Fluchtgeschwindigkeit den Wert der Lichtgeschwindigkeit, das sind knapp 300 000 Kilometer pro Sekunde. Für jede Kugelmasse gibt es einen Radius, bei dem dies eintritt. Dann kann nichts mehr diese Kugel verlassen, nicht einmal mehr Licht, oder genauer: keine elektromagnetische Strahlung, also weder Röntgenstrahlung noch Radiowellen können diesem Objekt entfliehen. Der Radius einer solchen Kugel wird Schwarzschildradius genannt nach dem genialen Astrophysiker Karl Schwarz-

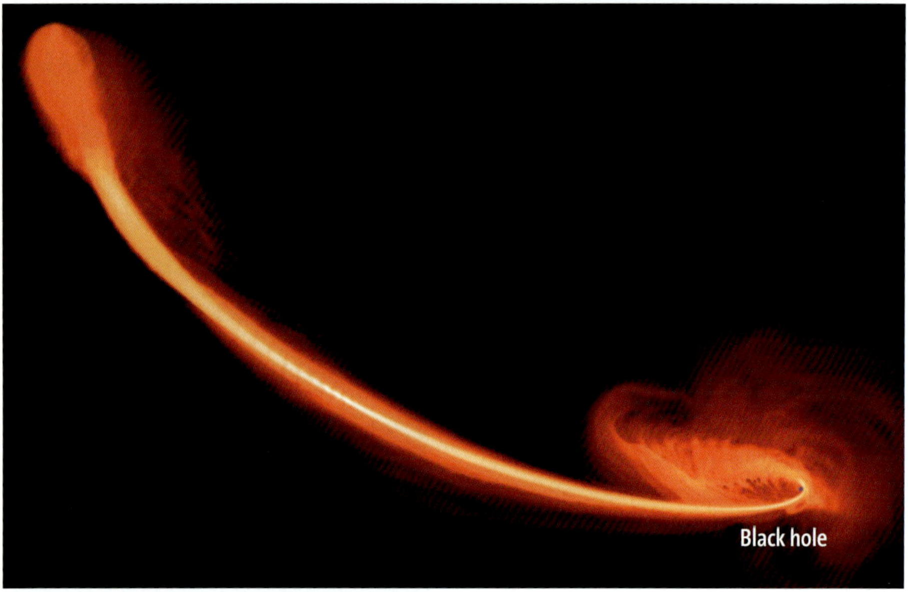

4.10 Ein Teil der Materie eines geschredderten Sterns stürzt auf das Schwarze Loch und bildet eine Akkretionsscheibe. Der übrige Anteil entweicht in das Weltall.

schild (1873–1916), der 1916 als Erster die Feldgleichungen der Allgemeinen Relativitätstheorie (ART) Einsteins gelöst hatte. Alles, was auf eine solche Kugel stürzt, ist für immer verloren. Erleidet ein massereicher Stern am Ende seines Lebens einen Gravitationskollaps, so wird die Materie beim Erreichen des Schwarzschildradius nicht abgebremst, sondern stürzt weiter bis zu einem Punkt – der Singularität – zusammen. Dies ergibt die Rechnung gemäß der ART. Eine solche punktförmige Singularität hätte eine unendlich hohe Dichte. Singularitäten existieren aber in der Natur nicht. Was genau mit der Materie jenseits des Ereignishorizontes – so nennt man die Oberfläche der Kugel mit dem Schwarzschildradius – passiert, weiß man heute noch nicht. John Archibald Wheeler (1911–2008), Nachfolger Einsteins am Lehrstuhl für Physik in Princeton, hat den Begriff „Black Hole" (engl., Schwarzes Loch) geprägt. Man kann immer etwas in ein Schwarzes Loch hineinwerfen, es kommt nie wieder etwas zurück. Und da nicht einmal Licht diesem Schlund entfliehen kann, nennt man es „schwarz" (siehe auch Monatsthema „Gibt es Schwarze Sterne?" im *Kosmos Himmelsjahr 2013*, Seite 212).

Erde auf Kirschgröße

Der Schwarzschildradius unserer Sonne misst drei Kilometer. Würde man sie auf einen Durchmesser von nur sechs Kilometer zusammenpressen, so würde sie zu einem Schwarzen Loch. Kein Sonnenschein würde dann die Erde erreichen, die Sonne bliebe dunkel. Nur ihre Gravitationswirkung wäre noch vorhanden. Die Erde könnte sie in gleichem Abstand wie bisher umkreisen. Nur verdammt kalt würde es werden. Die Erde wiederum müsste man zur Größe einer Kirsche zusammenquetschen, um aus ihr ein Schwarzes Loch zu machen. Die Größe eines Schwarzen Loches ist proportional zu seiner Masse. Ein Schwarzes Loch von zehn Sonnenmassen hat einen Schwarzschild-Radius von 30 Kilometern.

Aus den Bewegungen schnell laufender Sterne um das Zentrum unserer Milchstraße schließt man auf ein zentrales Schwarzes Loch von mindestens vier Millionen Sonnenmassen. Sein Durchmesser ergibt sich somit zu 24 Millionen Kilometer, das ist mehr als der siebzehnfache Durchmesser unserer Sonne.

Kommt nun ein Stern auf seinem Weg durch das Weltall einem solchen supermassereichen Black Hole zu nahe, so wird er zunächst auseinander gezogen, er verformt sich eiförmig. Kurz darauf wird er auseinandergerissen, ein Vorgang, der recht schnell vonstatten geht – so in einer knappen Stunde. Die Materie des geschreddderten Sterns windet sich in einer immer enger werdenden Spirale um das Schwarz Loch, bis sie schließlich in seinem Schlund auf Nimmerwiedersehen verschwindet.

Die Gezeitenkräfte

Die Kräfte, die dies bewirken, sind die gleichen, die auch Ebbe und Flut durch die Mondanziehung erzeugen oder einen Trabanten zerlegen, wenn er seinem Planeten zu nahe kommt. Man nennt sie daher schlicht Gezeitenkräfte.

Ein Stern wird dann auseinandergerissen, wenn die Differenz zwischen der Anziehungskraft an dem Punkt auf der Oberfläche des Sterns, der dem Black Hole am nächsten ist, und dem gegenüberliegenden Punkt, der am weitesten entfernt ist, größer wird als die Eigengravitation, die den Stern zu einer Kugel formt.

Wie nahe muss ein Stern einem Schwarzen Loch kommen, um geschreddert zu werden?

Hat das Black Hole eine Masse von einer Million Sonnenmassen und kommt ein Stern mit einer Sonnenmasse bis auf die halbe Entfernung Erde – Sonne, also auf 75 Millionen Kilometer (= 0,5 AE) an es heran, so wird er zerrissen. Diese Entfernung wird kritische Distanz genannt. Das Black Hole selbst hat einen Schwarzschildradius von drei Millionen Kilometer.

Wächst die Masse des Schwarzen Loches auf zehn Millionen Sonnenmassen an, so beträgt die kritische Distanz 150 Millionen Kilometer (= 1 AE), wobei das Black Hole selbst nun einen Schwarzschildradius von 30 Millionen Kilometer aufweist. Die kritische Distanz wächst aber nicht proportional mit dem Schwarzschildradius an, sondern langsamer. Bei einem Black Hole mit hundert Millionen Sonnenmassen sind Schwarzschildradius und kritische Distanz gleich groß, nämlich 300 Millionen Kilometer (= 2 AE). Dies entspricht dem Erdbahndurchmesser. Der Stern kann somit den Ereignishorizont passieren, ohne vorher zerfetzt zu werden. Das Schwarze Loch verschlingt ihn mit einem Schluck.

Die Realität sieht ein wenig anders aus. Die von Karl Schwarzschild beschriebenen Schwarzen Löcher sind statisch, sie drehen sich nicht. Im Universum rotiert aber alles – Monde, Planeten, Sterne und auch Schwarze Löcher. Ihre Metrik, berechnet von Roy Kerr, sieht anders aus (siehe Monatsthema „Rotierende Schwarze Löcher“ im *Kosmos Himmelsjahr 1997*, Seite 135). Bei schnell rotierenden Black Holes ist der Radius, der den Ereignishorizont festlegt, kleiner als bei einem nicht-rotierenden gleicher Masse. Bis zu 700 Millionen Sonnenmassen kann ein rotierendes Schwarzes Loch haben und ist dennoch in der Lage, heranpirschende Sterne zu schreddern. Doch nicht nur die supermassereichen Schwarzen Löcher, die in den Zentren der Galaxien auf neues Sternenfutter lauern, sondern auch die sogenannten intermediären Black Holes von tausend bis hunderttausend Sonnenmassen können Sterne zerreißen. Man vermutet solche intermediären Schwarzen Löcher in den Zentren von Zwerggalaxien

Vom Stern zur Akkretionsscheibe

Beginnt ein Black Hole einen Stern zu zerreißen, so wird er zunächst in die Länge gezogen. Ein Teil der Sternenmaterie wird ins Weltall geschleudert. Die übrige Materie stürzt auf das Black Hole zu und windet sich in einer Spirale um das Schwarze Loch. Sie bildet eine Akkretionsscheibe. In immer enger werdenden Bahnen kurvt die superheiße Materie (einige Millionen Grad) um das Black Hole, bis sie schließlich in diesen Gravitationsschlund hineinfällt. Bei diesem Sturz wird potentielle Gravitationsenergie zunächst in kinetische umgewandelt. Beim Stau in der Akkretionsscheibe wird kinetische Energie in dissi-

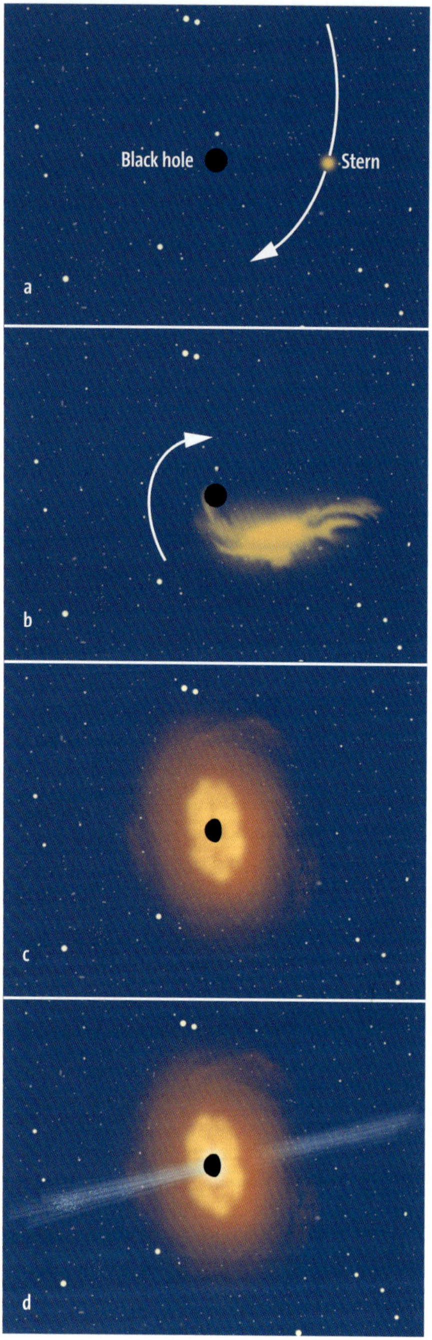

pative umgesetzt – die Gase erhitzen sich enorm. Die Temperatur der rotierenden Akkretionsscheibe nimmt von außen nach innen rasch zu. Am Rande noch etwa 20 000 Grad heiß, steigt sie rasch auf eine Million Grad und mehr an. Die Materie ist elektrisch leitend, da vollständig ionisiert. Daher erzeugt die rotierende Akkretionsscheibe ein mächtiges Magnetfeld. Entlang der Magnetfeldlinien schießt heißes Gas senkrecht zur Akkretionsscheibe in zwei Richtungen mit nahezu Lichtgeschwindigkeit heraus, es bilden sich zwei Jets (siehe Abb. links).

Bei diesen hohen Temperaturen wird eine intensive Röntgenstrahlung frei. Zahlreiche Beobachtungen im Röntgenbereich, kombiniert mit Simultanbeobachtungen im Ultravioletten, im sichtbaren Licht und im Radiofrequenzbereich, haben inzwischen solche Sternzerstörungen verfolgt. Man fand kurzfristige Strahlungsausbrüche aus den Zentren von Galaxien, die ansonsten inaktiv sind. Man schätzt, dass nur alle tausend bis hunderttausend Jahre ein zentrales galaktisches Black Hole einen Stern zum Verschlingen bekommt.

Zurzeit bewegt sich eine Gaswolke auf das massereiche Black Hole im Zentrum unserer Milchstraße zu. In etwa 30 Jahren wird das Schwarze Loch im Zentrum der Galaxis wieder einen Happen Sternenfutter verschlingen. Satt wird es davon nicht, denn ein Black Hole kann niemals satt werden – nur immer dicker. Die Astronomen warten gespannt auf dieses Ereignis. Doch schon jetzt wird in mehreren Beobachtungsprogrammen nach frisch geschredderten Sternen in mehr oder minder entfernten Galaxien gefahndet.

4.11 a) Ein Stern passiert ein unsichtbares Schwarzes Loch innerhalb der kritischen Distanz.
b) Die Gezeitenkräfte zerreißen den Stern. Ein Teil der Sternmaterie stürzt auf das Schwarze Loch zu, ein anderer Teil entflieht ins Weltall.
c) Die Sternmaterie bildet eine heiße Akkretionsscheibe um das Schwarze Loch.
d) Aus der Akkretionsscheibe schießen entlang der Magnetfeldlinien zwei Jets mit hoher Geschwindigkeit heraus.

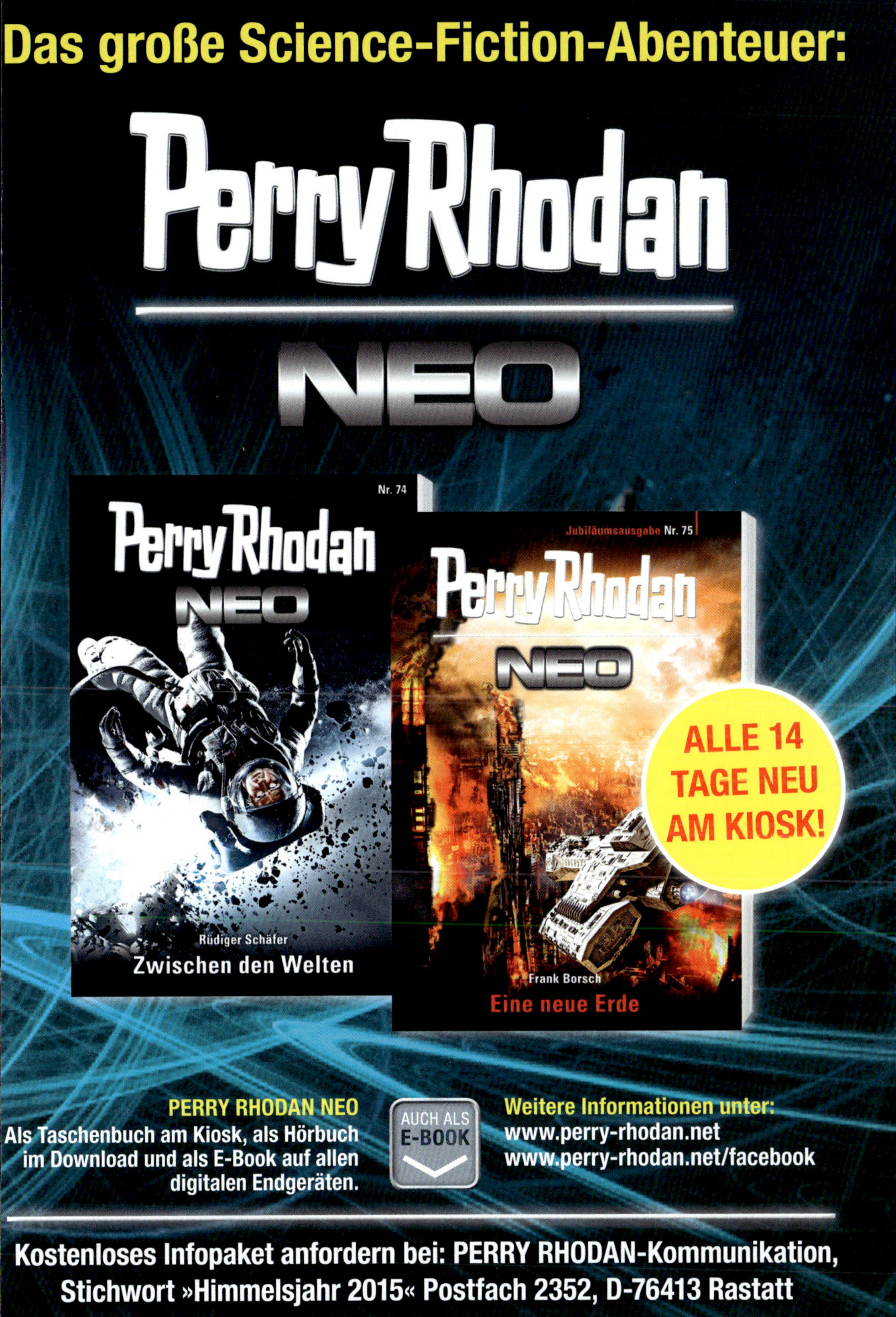
Das große Science-Fiction-Abenteuer:
Perry Rhodan
NEO
Nr. 74
Perry Rhodan
NEO
Rüdiger Schäfer
Zwischen den Welten
Jubiläumsausgabe Nr. 75
Perry Rhodan
NEO
Frank Borsch
Eine neue Erde
ALLE 14 TAGE NEU AM KIOSK!
PERRY RHODAN NEO
Als Taschenbuch am Kiosk, als Hörbuch im Download und als E-Book auf allen digitalen Endgeräten.
AUCH ALS E-BOOK
Weitere Informationen unter:
www.perry-rhodan.net
www.perry-rhodan.net/facebook
Kostenloses Infopaket anfordern bei: PERRY RHODAN-Kommunikation,
Stichwort »Himmelsjahr 2015« Postfach 2352, D-76413 Rastatt

Mai 2015

- Saturn kommt am 23. im Sternbild Waage in Opposition zur Sonne – er ist die ganze Nacht über sichtbar.
- Merkur zeigt sich in der ersten Maiwoche in der Abenddämmerung.
- Venus und Jupiter sind in der ersten Nachthälfte am Firmament vertreten.

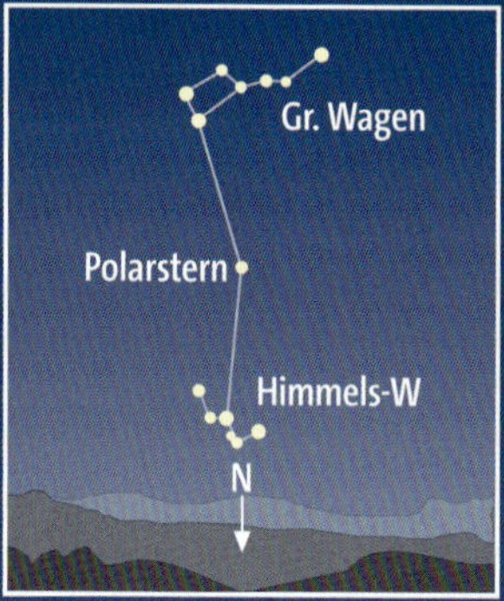

Großer Wagen und Himmels-W Anfang Mai um 22 Uhr

5.1 Himmelsanblick am 21. Mai gegen 22^h MEZ (= 23^h MESZ). Am Westhimmel sind die Planeten Jupiter und Venus zu sehen sowie horizontnah die Sichel des zunehmenden Mondes.

1 Fr	Maifeiertag
2 Sa	
3 So	
4 Mo	Vollmond
5 Di	Mond bei Saturn (Abendhimmel)
6 Mi	
7 Do	Merkur in größter östlicher Elongation (Abendhimmel)
8 Fr	
9 Sa	
10 So	
11 Mo	Mond im letzten Viertel
12 Di	
13 Mi	
14 Do	Christi Himmelfahrt
15 Fr	Mond in Erdnähe
16 Sa	
17 So	
18 Mo	Neumond
19 Di	
20 Mi	
21 Do	Mond bei Venus (Abendhimmel)
22 Fr	
23 Sa	Saturn in Opposition
24 So	Pfingstsonntag
25 Mo	Pfingstmontag, Mond im ersten Viertel
26 Di	Mond in Erdferne
27 Mi	
28 Do	
29 Fr	
30 Sa	
31 So	

Sonne – Sternbilder

14. 5. 19h:
Sonne tritt in das Sternbild Stier
21. 5. 10h:
Sonne tritt in das Tierkreiszeichen Zwillinge
Julianisches Datum am
1. Mai, 1h MEZ: 2 457 143,5

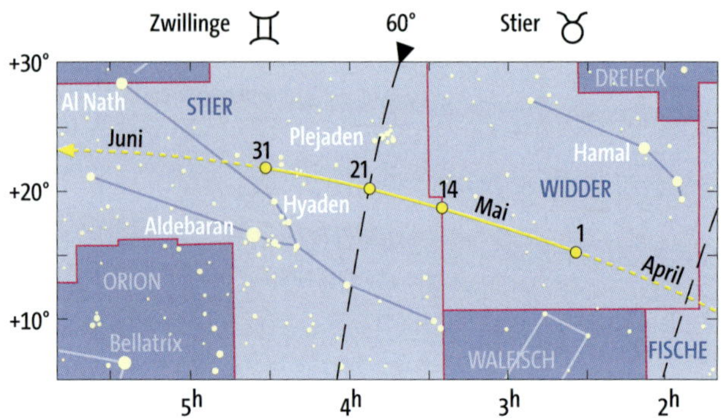

Tabelle Sonnenlauf

Tag	Dämmerg. Anfang	Aufgang MEZ	Kulmination	Untergang MEZ	Dämmerg. Ende	Mittagshöhe	Zeitgleichg.	Rektaszension	Deklination
	h m	h m	h m	h m	h m	o	m	h m	o
1.	3 34	4 57	12 17	19 38	21 02	55,1	+3	2 31	+14,9
5.	3 25	4 50	12 17	19 44	21 10	56,2	+3	2 46	+16,0
10.	3 14	4 42	12 16	19 52	21 21	57,6	+4	3 06	+17,4
15.	3 03	4 35	12 16	19 59	21 31	58,9	+4	3 25	+18,7
20.	2 53	4 28	12 17	20 06	21 41	60,0	+3	3 45	+19,8
25.	2 44	4 22	12 17	20 12	21 51	60,9	+3	4 05	+20,8
31.	2 35	4 17	12 18	20 19	22 02	61,9	+2	4 29	+21,8

Tages- und Nachtstunden

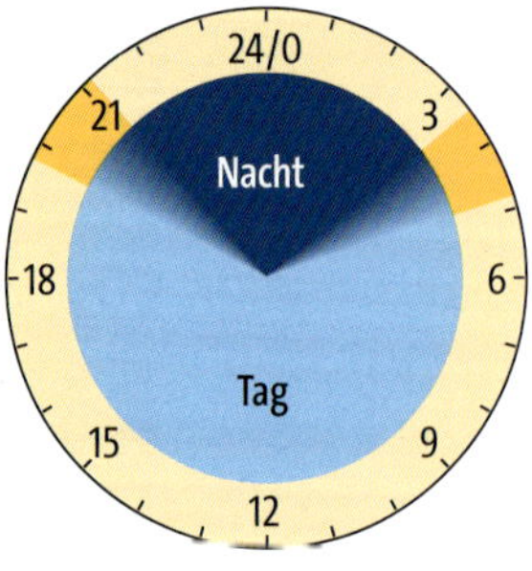

5. Mai

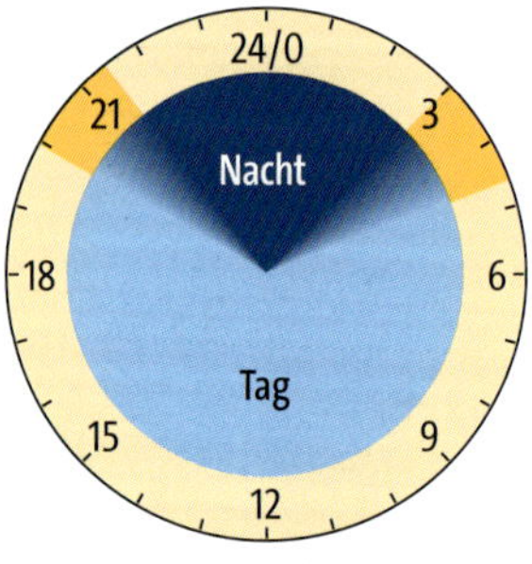

15. Mai

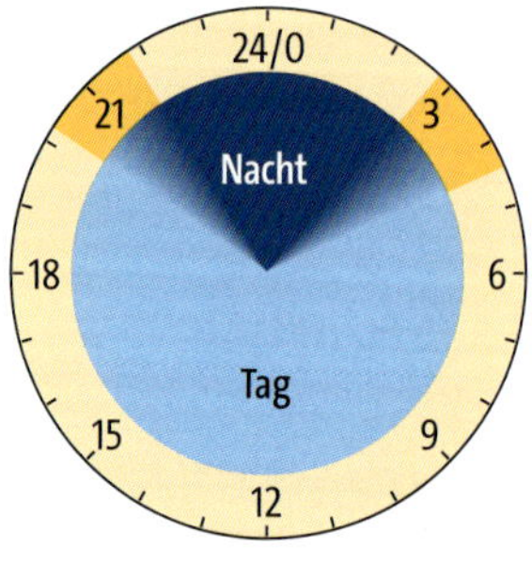

25. Mai

Tabelle Mondlauf

Datum		Aufg. MEZ	Kulmination	Unterg. MEZ	Rektaszension	Deklination	Sterne und Sternbilder	Phase	MEZ
		h m	h m	h m	h m	°			
Fr	1.	16 54	22 41	3 54	12 17	− 2,3	Jungfrau	Aufsteigender Knoten	
Sa	2.	17 57	23 25	4 19	13 03	− 6,0	Spica		
So	3.	19 01	–	4 46	13 50	− 9,5	Spica		
Mo	4.	20 04	0 12	5 16	14 39	−12,6	Waage	**Vollmond**	**$4^h 42^m$**
Di	5.	21 07	1 00	5 51	15 30	−15,2	Waage		
Mi	6.	22 06	1 51	6 32	16 22	−17,1	Skorpion		
Do	7.	23 01	2 43	7 19	17 17	−18,2	Schlangenträger	Libration Ost	
Fr	8.	23 50	3 37	8 15	18 12	−18,3	Schütze	Größte Nordbreite	
Sa	9.	–	4 31	9 17	19 09	−17,3	Schütze		
So	10.	0 33	5 26	10 25	20 05	−15,4	Schütze		
Mo	11.	1 10	6 19	11 36	21 01	−12,6	Wassermann	**Letztes Viertel**	**$11^h 36^m$**
Di	12.	1 44	7 12	12 50	21 56	− 9,0	Steinbock		
Mi	13.	2 15	8 05	14 06	22 51	− 4,8	Wassermann		
Do	14.	2 45	8 58	15 22	23 46	− 0,3	Fische	Absteigender Knoten	
Fr	15.	3 16	9 51	16 39	0 41	+ 4,2	Fische	Erdnähe 366/32,′6	1^h
Sa	16.	3 47	10 45	17 55	1 37	+ 8,5	Fische		
So	17.	4 23	11 41	19 09	2 34	+12,3	Widder		
Mo	18.	5 02	12 37	20 19	3 31	+15,3	Stier	**Neumond Nr. 1143**	**$5^h 13^m$**
Di	19.	5 47	13 32	21 21	4 29	+17,3	Stier, Hyaden		
Mi	20.	6 38	14 27	22 16	5 26	+18,3	Stier		
Do	21.	7 34	15 20	23 02	6 22	+18,2	Alhena	Größte Südbreite Libration West	
Fr	22.	8 33	16 11	23 42	7 17	+17,2	Zwillinge		
Sa	23.	9 34	16 59	–	8 09	+15,3	* Krebs		
So	24.	10 36	17 45	0 15	8 58	+12,8	Krebs		
Mo	25.	11 37	18 28	0 44	9 46	+ 9,8	* Löwe, Regulus	**Erstes Viertel**	**$18^h 19^m$**
Di	26.	12 39	19 11	1 10	10 32	+ 6,4	Sextant	Erdferne 404/29,′6	23^h
Mi	27.	13 40	19 53	1 34	11 17	+ 2,8	Löwe		
Do	28.	14 42	20 36	1 58	12 02	− 1,0	Jungfrau	Aufsteigender Knoten	
Fr	29.	15 44	21 20	2 22	12 48	− 4,7	Jungfrau		
Sa	30.	16 47	22 05	2 48	13 34	− 8,3	Spica		
So	31.	17 52	22 53	3 16	14 23	−11,6	Waage		

Der Mond entfernt sich von Saturn

5. Mai 22^h MEZ

6. Mai 4^h MEZ

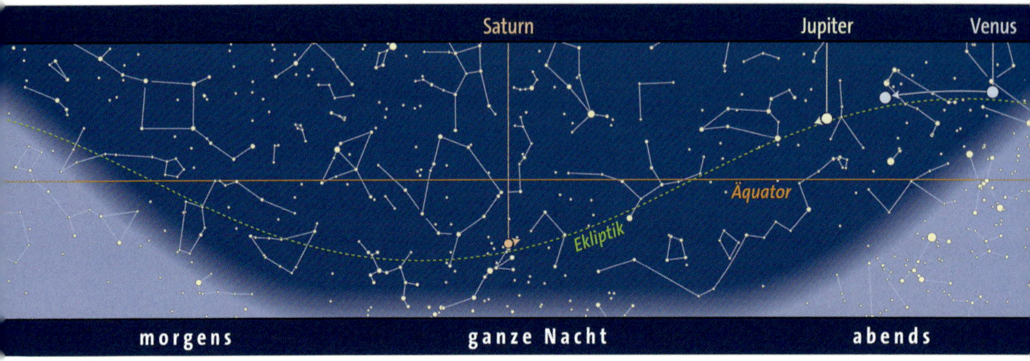

Merkur kann in der ersten Maiwoche noch relativ leicht in der Abenddämmerung tief am Nordwesthimmel gesehen werden. Mit einem Winkelabstand von 21°11′ kommt der flinke Planet am 7. in größte östliche Elongation von der Sonne.

Am 1. geht der $-0\overset{m}{,}4$ helle Merkur um $21^{h}41^{m}$ (= $22^{h}41^{m}$ Sommerzeit) unter. Bis 9. nimmt die Helligkeit des sonnennahen Planeten um eine ganze Größenklasse ab, die Untergänge verspäten sich nur unwesentlich auf $21^{h}56^{m}$ (siehe Abb. 5.2 und 5.3 unten). Nach dem 13. wird man vergeblich nach dem inzwischen nur mehr $1\overset{m}{,}3$ hellen Götterboten Ausschau halten. Die Begegnung mit Mars am 27. bleibt unbeobachtbar.

Am 2. zeigt sich im Teleskop das Merkurscheibchen halb beleuchtet, die Dichotomie tritt ein. Anschließend wächst das Planetenscheibchen auf 12″ an und zeigt eine Sichelgestalt. Zur Dichotomie beträgt der scheinbare Merkurdurchmesser lediglich $7\overset{\prime\prime}{,}1$.

Am 19. kehrt Merkur seine Bewegungsrichtung um und wird rückläufig. Elf Tage später überholt er die Erde auf der Innenbahn, er kommt am 30. in untere

5.2 Merkur am Abendhimmel:
Stellung von Merkur über dem Westhorizont zu den angegebenen Daten jeweils eine Stunde nach Sonnenuntergang. Die Pfeile geben die Bewegungen von Merkur und Sonne während der letzten halben Stunde an.

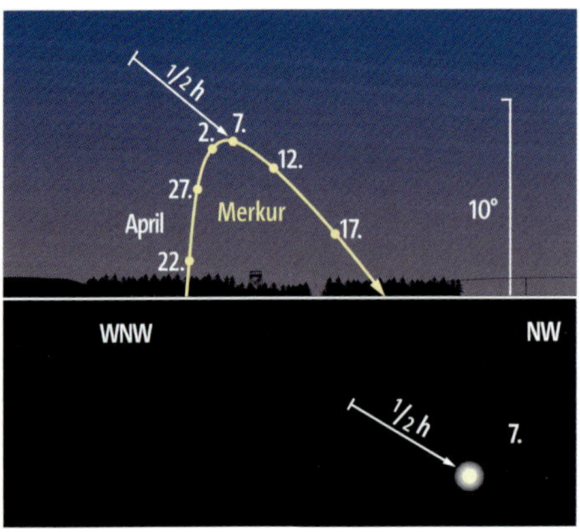

5.3 Sichtbarkeitsdiagramm für Merkur:
Es gilt genau für 50° nördlicher Breite und 10° östlicher Länge. Dunkelgelbe Fläche: Unter günstigen Sichtbedingungen kann man Merkur mit bloßen Augen erkennen; hellgelbe Fläche: Merkur ist leicht zu sehen.

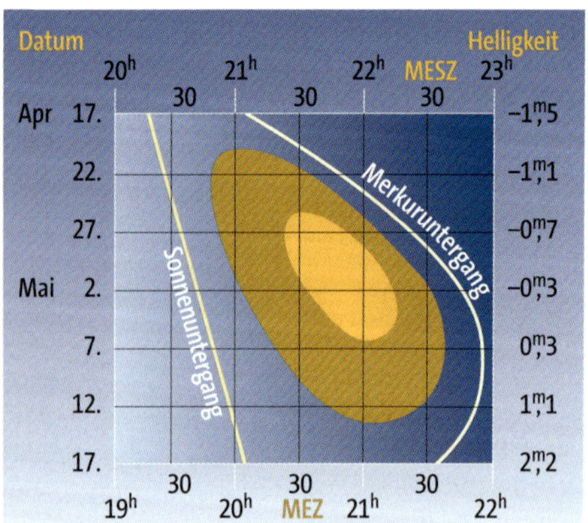

Konjunktion mit der Sonne. Von der Erde trennen ihn an diesem Tag 70 Millionen Kilometer (= 0,468 AE). Seine Konjunktionsschleife beschreibt Merkur im Sternbild Stier (siehe Abb. 5.4 rechts).

Venus zieht schon in der Abenddämmerung die Blicke auf sich. Sie beherrscht mit ihrem Glanz die erste Hälfte der kurzen Mainächte. Ihre Helligkeit nimmt weiter leicht auf $-4{,}^{m}3$ zu.

Schon am 1. zieht sie $3{,}^{\circ}0$ südlich an Al Nath (β Tauri), dem nördlichen Stierhorn, vorbei. Am 8. wechselt sie aus dem Stier in das Sternbild Zwillinge, nachdem sie schon am 7. den Sommerpunkt $2{,}^{\circ}6$ nördlich passiert hat. Damit erreicht sie auch den Gipfel ihrer scheinbaren Bahn und hält sich 26° nördlich des Himmelsäquators auf. Zu Monatsende wandert Venus $4{,}^{\circ}2$ südlich an Pollux (β Geminorum) vorbei (siehe Abb. 6.3 auf Seite 138).

Zu Monatsbeginn geht Venus um $23^{h}37^{m}$ (= $0^{h}37^{m}$ Sommerzeit) unter. Am 15. erfolgt der Venusuntergang um $23^{h}52^{m}$ und am Monatsletzten um $23^{h}46^{m}$.

Ein netter Himmelsanblick ergibt sich am 21. gegen 22^{h} (= 23^{h} Sommerzeit), wenn die Sichel des zunehmenden Mondes $7{,}^{\circ}9$ südlich an Venus vorbeizieht und auch der helle Jupiter mit von der Partie ist (siehe Abb. 5.1 auf Seite 114).

Der scheinbare Durchmesser des Venusglobus wächst auf gut 22″ an. Ende Mai zeigt sich Venus fast halb beleuchtet. Die Dichotomie wird aber erst Anfang Juni erreicht.

Mars hat sich vom Abendhimmel zurückgezogen und bleibt unsichtbar. Der rote Planet strebt seiner Konjunktion mit der Sonne zu, die er Mitte nächsten Monats erreicht. Am 3. verlässt Mars das Sternbild Widder und wechselt in den Stier.

Jupiter, wieder rechtläufig im Krebs, beschleunigt seine Wanderung und entfernt sich von Praesepe (Krippe, M 44), dem im Fernglas so beeindruckenden Sternhaufen (siehe Abb. 2.4 auf Seite 62).

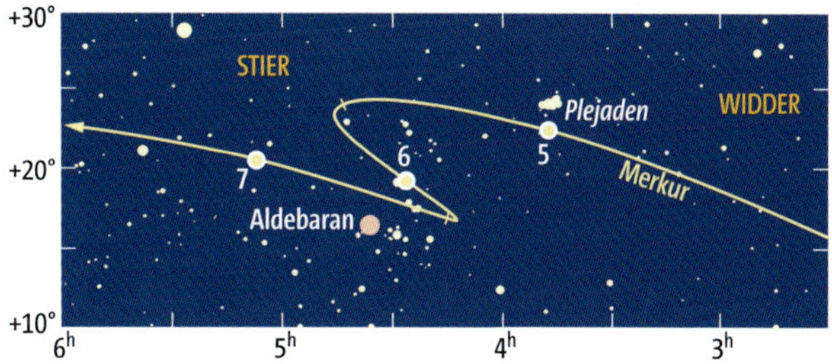

5.4 Bahn von Merkur: **Scheinbare Merkurschleife bei seiner unteren Konjunktion im Goldenen Tor der Ekliptik.**

Aus der zweiten Nachthälfte zieht sich der Riesenplanet zurück. Seine Untergänge erfolgen am 1. um $2^{h}23^{m}$ (= $3^{h}23^{m}$ Sommerzeit), am 15. um $1^{h}31^{m}$ und am 31. schon um $0^{h}32^{m}$.

Obwohl die Helligkeit des Riesenplaneten um weitere $0{,}^{m}2$ auf $-1{,}^{m}9$ abnimmt, ist er dennoch ein auffälliges Gestirn, das nur noch von Venus an Glanz übertroffen wird. Venus steuert auf den langsamen Jupiter zu und

Konstellationen und Ereignisse

Datum	MEZ	Ereignis
5.	17^{h}	**Mond bei Saturn**, Mond $2{,}^{\circ}0$ nördlich, **Abstand $3{,}^{\circ}3$ um 22^{h}**
7.	6	**Merkur in größter östlicher Elongation** (21°)
12.	22	Mond bei Neptun, Mond $3{,}^{\circ}5$ nördlich
15.	13	Mond bei Uranus, Mond $0{,}^{\circ}2$ südlich (Bedeckung)
18.	17	Mond bei Mars, Mond $4{,}^{\circ}7$ südlich
19.	8	Mond bei Merkur, Mond $5{,}^{\circ}7$ südlich
19.	12	Merkur im Stillstand, anschließend rückläufig
21.	20	**Mond bei Venus**, Mond $7{,}^{\circ}9$ südlich
23.	3	**Saturn in Opposition** zur Sonne
24.	8	Mond bei Jupiter, Mond $5{,}^{\circ}1$ südlich
27.	16	Merkur bei Mars, Merkur $1{,}^{\circ}7$ südlich
30.	18	Merkur in unterer Konjunktion mit der Sonne

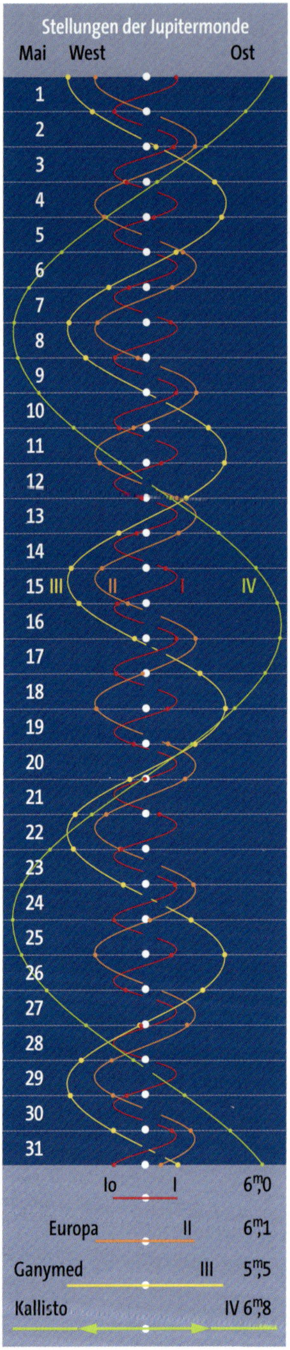

Jupitermonde

Tag	MEZ h	MEZ m	Vorgang	
1.	20	06	II	VA I
	20	11	II	VE I
	22	16	II	BA
2.	22	33	III	BE
3.	0	05	III	VA
	20	19	II	DE
	22	51	II	SE
4.	0	38	I	BA II
	0	41	I	BE II
	20	56	IV	SE
5.	22	51	I	BA
	22	52	II	BA III
	22	57	II	BE III
6.	21	15	I	SA
	22	17	I	DE
	23	32	I	SE
7.	20	54	I	VE
8.	22	21	II	VA I
	22	27	II	VE I
9.	22	53	III	BA
10.	22	35	II	SA
	22	56	II	DE
13.	0	07	IV	VA
	21	36	III	SE
	21	55	I	DA
	23	11	I	SA
14.	0	12	I	DE
	22	49	I	VE
17.	22	42	II	DA
19.	22	16	II	VE
20.	21	59	III	SA
	22	39	IV	DA
	23	52	I	DA
21.	21	12	I	BA
22.	21	51	I	SE
27.	21	08	III	DA
28.	20	35	I	BA II
	20	39	I	BE II
	23	10	I	BA
29.	21	30	I	SA
	22	36	I	DE
	22	53	IV	VE
30.	21	08	I	VE

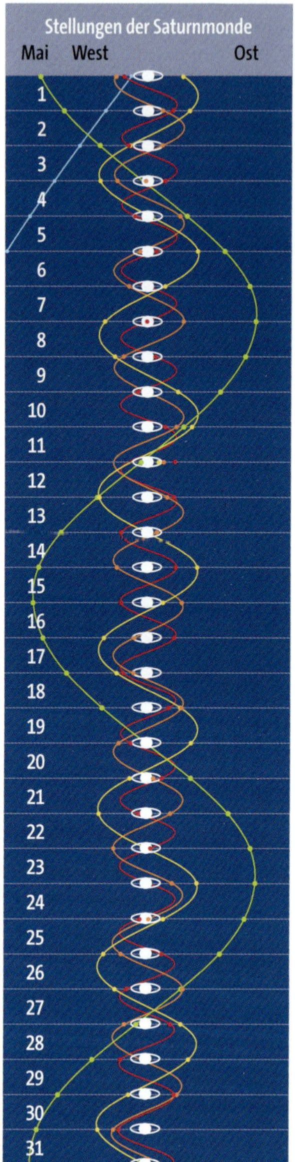

Japetus

5.	10ᵐ,7
10.	10ᵐ,5
15.	10ᵐ,4
20.	10ᵐ,4
25.	10ᵐ,5
30.	10ᵐ,6

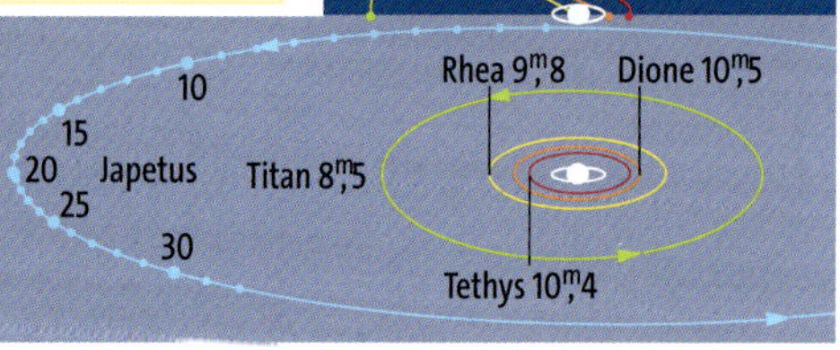

5.5 Bahn von Saturn:
Scheinbare Bahn des Planeten Saturn im Jahr 2015 im Gebiet der Sternbilder Waage, Skorpion und Schlangenträger. Die Zahlen geben die Position von Saturn zum jeweiligen Monatsersten an (5 = 1. Mai).

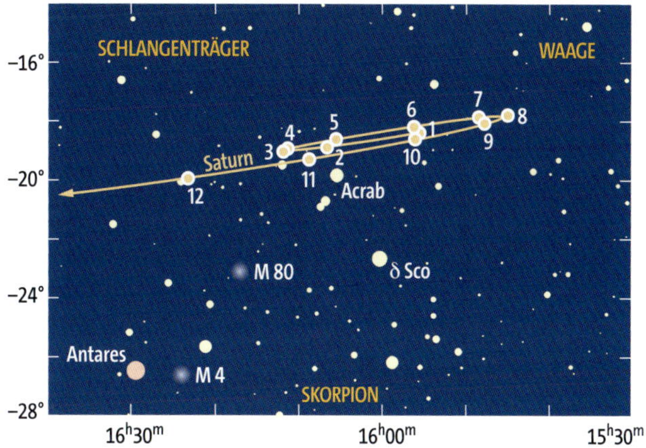

wird ihn Anfang Juli einholen. Venus und Jupiter bieten zusammen mit der zunehmenden Mondsichel einen hübschen Anblick am abendlichen Westhimmel des 21. gegen 22^h (= 23^h Sommerzeit), wie aus Abb. 5.1 auf Seite 114 zu ersehen ist.

Saturn kommt am 23. im Sternbild Waage in **Opposition** zur Sonne. Mit $0^m{,}0$ Oppositionshelligkeit zählt der Ringplanet zu den hellsten und auffälligsten Gestirnen der Nacht. Am 12. überschreitet er rückläufig die Grenze vom Sternbild Skorpion zur Waage (siehe Abb. 5.5 oben).

Geht der $0^m{,}2$ helle Saturn am 1. um 21^h19^m (= 22^h19^m Sommerzeit) auf, so überschreitet der nun $0^m{,}0$ helle Ringplanet am Oppositionstag um 19^h45^m die südöstliche Horizontlinie. Zur Opposition kulminiert Saturn um 0^h19^m (= 1^h19^m MESZ) und geht morgens um 4^h49^m unter.

Am 23. erreicht Saturn mit 1341 Millionen Kilometer (= 8,96 AE) seine geringste Entfernung von der Erde. Von der Sonne trennen ihn am Oppositionstag 1492 Millionen Kilometer (= 9,97 AE). Der scheinbare Äquatordurchmesser von Saturn beträgt zur Oppositionszeit $18''{,}5$, der Poldurchmesser $16''{,}9$. Die Längsausdehnung des zu $24^\circ{,}4$ weit geöffneten Ringes misst $42''{,}1$, der Querdurchmesser (senkrecht zum Saturnäquator) $17''{,}4$. In der Nacht vom 5. auf 6. hält sich der Vollmond nahe bei Saturn auf (siehe Abb. unter der Tabelle „Mondlauf" auf Seite 117). Reizvoll ist es auch, das Bewegungsspiel der Saturnmonde zu verfolgen. Der größte und mit $8^m{,}4$ hellste Mond, Titan, kann schon in einem Fernglas gesehen werden (siehe auch Monatsthema Mai „Woher stammt der Saturnring?" auf Seite 126).

Uranus, rechtläufig in den Fischen, stand Anfang des Vormonats in Konjunktion mit der Sonne. Der lichtschwache Planet kann noch nicht am Morgenhimmel aufgefunden werden. Uranus bleibt im Mai unbeobachtbar.

Neptun im Sternbild Wassermann entzieht sich nach wie vor einer Beobachtung. Noch bevor er sich im Südosten hoch genug über den Horizont erhoben hat, um beobachtet zu werden, hat die Morgendämmerung eingesetzt und hellt den Himmel auf.

Planetoiden

Pallas (2), rückläufig im Herkules, strebt ihrer Opposition entgegen, die sie Mitte nächsten Monats erreichen wird. Sie nimmt leicht um $0^m{,}1$ an Helligkeit auf $9^m{,}4$ zu. Die Aufsuchkarte Abb. 6.5 auf Seite 141 soll es ermöglichen, Pallas mit lichtstarker Optik zu finden.

Am 1. geht Pallas um 19^h48^m (= 20^h48^m Sommerzeit) auf und kulminiert um 3^h45^m. Ihre Kulminationen verfrühen sich auf 2^h44^m am 15. und auf 1^h30^m (= 2^h30^m Sommerzeit) am Monatsletzten.

Periodische Sternschnuppenströme

Die **Eta-Aquariden**, auch **Mai-Aquariden** genannt, flammen von Ende des Vormonats bis etwa Mitte Mai auf. Ihr Radiant liegt bei η Aquarii. Das ausgeprägte Maximum wird am 6. Mai erreicht. Im Durchschnitt sind etwa zwanzig Sternschnuppen pro Stunde zu registrieren, um die Zeit des Maximums sogar bis zu sechzig. Im Mai 2013 wurden mehr als hundert Meteore pro Stunde registriert. Wegen des horizontnah liegenden Radianten sind die Mai-Aquariden in unseren Breiten kaum zu beobachten. Aber in südlichen Gegenden sind sie ein auffälliger Strom. Er gehört dort zu den aktivsten des ganzen Jahres. Es handelt sich bei diesem Meteorstrom um schnelle Objekte (um 60 Kilometer pro Sekunde), die auffallend lange Leuchtspuren hinterlassen. Die beste Beobachtungszeit ist ab etwa 3^h am Morgenhimmel in den Tropen. Die letzten Eta-Aquariden sind um den 28. Mai zu erwarten. Die Mai-Aquariden gehen auf den Kometen 1P/Halley zurück.

Zwischen dem 3. und 14. Mai erscheinen die **Eta-Lyriden**. Dieser recht schwache Strom konnte erst in den letzten Jahren einigermaßen sicher nachgewiesen werden. Bei seinem flachen Maximum am 8. Mai sind kaum mehr als fünf Sternschnuppen pro Stunde zu registrieren. Der Radiant befindet sich zwischen Wega und δ Cygni. Somit steht er im Mai die gesamte Nacht hoch am Firmament. Als Ursprungskomet wurde C/1983 H1 (IRAS-Araki-Alcock) identifiziert.

Ferner sind noch die **Scorpius-Sagittarius**-Meteore zu erwarten, die von Mitternacht bis 4^h morgens günstig zu beobachten sind. Ihr Ausstrahlungspunkt liegt rund 1° nördlich von β Scorpii. Das erste Maximum dieses Stromes wird um den 20. erwartet. Es handelt sich um langsame Sternschnuppen (um 30 Kilometer pro Sekunde).

Der Fixsternhimmel

Blickt man abends senkrecht nach oben, dann erkennt man den Himmelswagen. Folgt man mit den Augen dem Schwung der Wagendeichsel, so trifft man hoch im Süden auf den orangeroten Arktur, den Hauptstern des Bootes.

Das Sternbild Bootes ist recht markant und lässt sich leicht einprägen. Von den Winterbildern sind nur noch die Zwillinge und der Kleine Hund tief im Westen zu finden. Ganz tief im Nordwesten funkelt Kapella im Fuhrmann. Sie ist der hellste Stern, der bei uns zirkumpolar ist, also niemals untergeht.

Der Löwe hat seinen Meridiandurchgang schon hinter sich. Das große Löwentrapez neigt sich leicht zum Horizont. Zwischen dem Löwen und dem Großen Bären liegt das weniger bekannte Bild des Kleinen Löwen. Der unscheinbare Krebs steht noch im Westen, eingerahmt von Zwillingen und Löwe. Im Krebs strahlt zurzeit der Riesenplanet Jupiter.

In der Osthälfte des Himmelsgewölbes fällt neben dem Bootes ein markanter Sternenhalbkreis ins Auge. Er deutet die Nördliche Krone, lateinisch Corona Borealis (CrB), an. Der etwas hellere Stern im Halbkreis, α Coronae Borealis, heißt Gemma, was aus dem Lateinischen kommt und soviel wie Edelstein bedeutet. Weniger bekannt ist der arabische Name Alphecca für α CrB.

Im Nordosten strahlen Wega in der Leier und Deneb im Schwan, zwei Eckpunkte des Sommerdreiecks. Der dritte im Bunde, Atair im Adler, ist allerdings zur Standardbeobachtungszeit noch nicht erschienen. Auf der Verbindungslinie Arktur – Wega liegt, ein wenig östlich des Sternenhalbkreises der Nördlichen Krone, das lichtschwache, aber ausgedehnte Sternbild Herkules. In ihm ist der berühmte Kugelsternhaufen M 13 zu finden.

Im Süden schreitet die Jungfrau mit ihrem hellen, bläulichen Hauptstern Spica eben durch die Mittagslinie. Südwestlich von Spica fällt das markante Sternentrapez des Raben auf, der seine Meridianpassage gerade hinter sich hat. Der Jungfrau folgt im Tierkreis das nicht besonders auffällige Sternbild Waage.

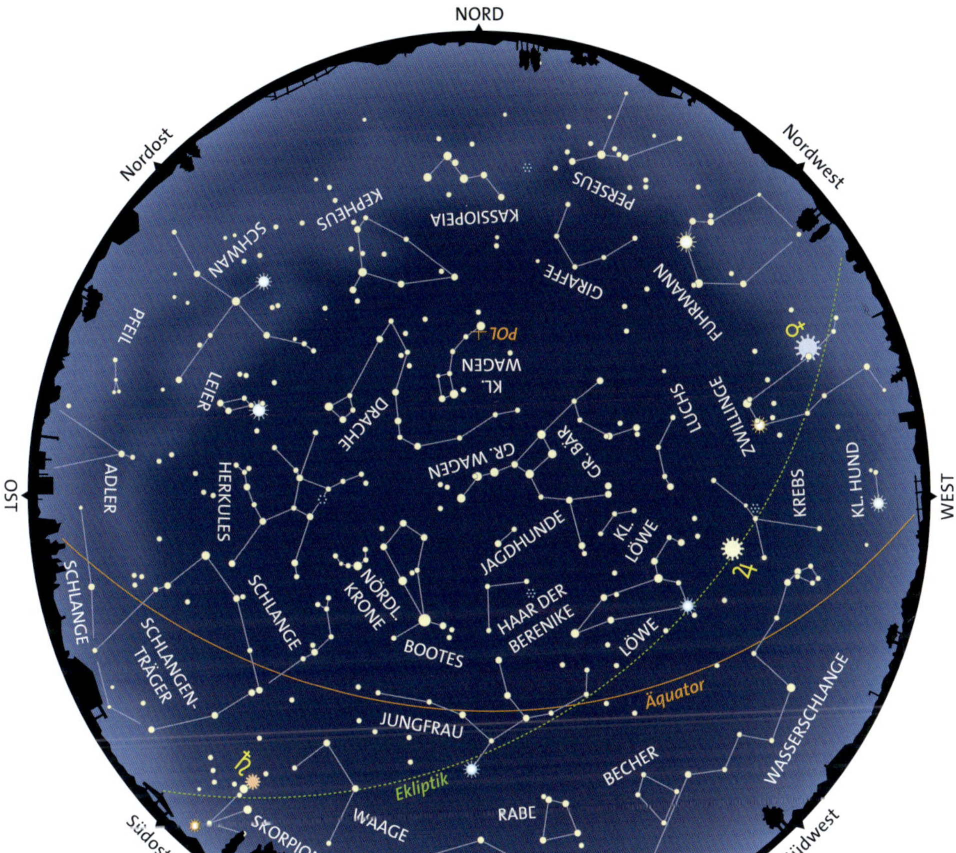

Der Sternenhimmel am 15. Mai um 22^h MEZ

Sichtbare Planeten: Venus (♀), Jupiter (♃), Saturn (♄)

Die Sternkarte ist auch gültig für:		
	MEZ	MESZ
15. 1.	6	
1. 2.	5	
15. 2.	4	
1. 3.	3	
15. 3.	2	
1. 4.	1	2^h
15. 4.	0	1
1. 5.	**23**	**24**
15. 5.	**22**	**23**
31. 5.	**21**	**22**

Blick in Richtung Sommer

Der Skorpion schickt sich erst an aufzugehen. Sein heller Hauptstern Antares überschreitet gerade die Horizontlinie. Im Grenzgebiet zwischen Waage und Skorpion hält sich derzeit der Ringplanet Saturn auf.

Im Osten steigt der Schlangenträger (lat.: Ophiuchus) mit der Schlange (lat.: Serpens) empor. Von der Schlange, deren Kopf bis an die Nördliche Krone heranreicht, ist allerdings nur der Vorderteil (lat.: Serpens Caput) schon über dem Horizont. Zieht man von Denebola (β Leonis), dem Schwanzstern im Löwen, zu Arktur eine Linie, so tangiert sie das Sternbild Haar der Berenike (lat.: Coma Berenices, meist nur Coma genannt). Das Haar der Berenike hat jetzt seine Höchststellung erreicht. Es gehört zu

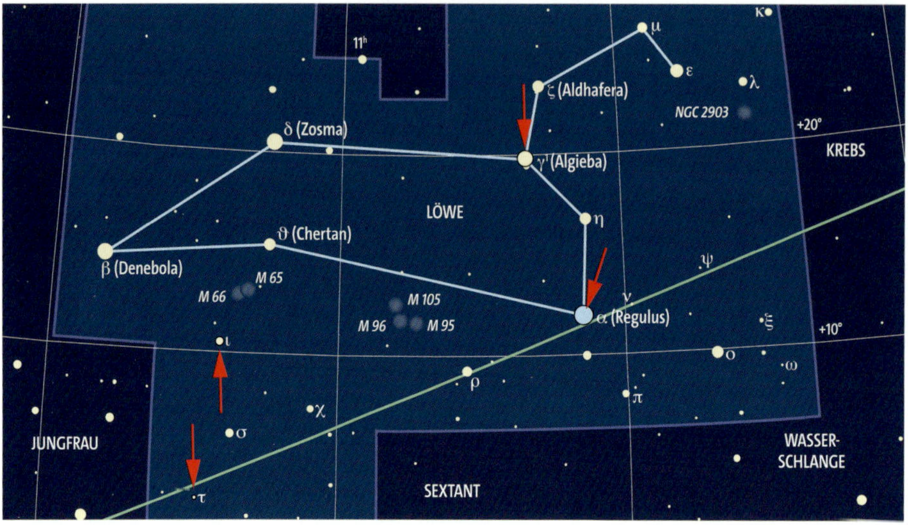

5.6 Doppelsterne im Löwen: **Das Sternbild Löwe mit den Doppelsternen Regulus, γ Leonis, τ Leonis und ι Leonis.**

den lichtschwächsten und darum unauffälligen Sternbildern. Es setzt sich nur aus Sternen vierter Größe und schwächer zusammen. In sehr dunkler, mondloser und klarer Nacht mit guter Durchsicht bemerkt man wohl eine etwas höhere Konzentration an schwächeren Sternen zwischen Löwe und Bootes. Im Norden wird das Haar der Berenike von den Jagdhunden und im Süden von der Jungfrau begrenzt. Etwas Fantasie vorausgesetzt, kann man sich unter dieser Ansammlung von schwächeren Sternen das vom Wind zerzauste Haupthaar einer Frau vorstellen. Im Sternbild befindet sich auch der berühmte Coma-Galaxienhaufen.

Objekte für Feldstecher und Fernrohr

Schon im 10 × 50-Fernglas sind die beiden Doppelsterne Regulus (α Leonis) und τ Leonis zu trennen. Auch der prominente Doppelstern γ Leonis – Halsstern des Löwen – wird häufig ins Visier genommen. Allerdings ist ein Fernrohr nötig, um ihn zu trennen. Weniger bekannt ist, dass Regulus selbst ein weiter Doppelstern ist. Die bläulich-weiße, mit $1\overset{\text{m}}{,}4$ recht helle Hauptkomponente besitzt in 176″ Distanz einen schwachen Begleiter achter Größenklasse. Wäre der gelbliche Begleiter so hell wie Regulus selbst, so sähe man selbst mit bloßen Augen Regulus als doppeltes Sternpünktchen. Wegen der Lichtschwäche des Regulusbegleiters gelingt dies nur mit einem Fernglas.

Im Prinzip noch etwas leichter ist τ Leonis als Doppelstern im Fernglas auszumachen. Ein $5\overset{\text{m}}{,}0$ gelber Riese besitzt in 89″ Abstand einen $7\overset{\text{m}}{,}5$ hellen Begleiter. Hier ergibt sich eher das Problem, τ Leonis erst einmal zu finden. Man gehe dabei am besten von ϑ Leonis aus. ϑ Leonis liegt auf der Basislinie Regulus – Denebola (β Leonis), näher bei β Leo. Von hier gehe man südlich über ι Leonis und σ Leonis. Noch ein Stückchen weiter südlicher stößt man auf τ Leonis, der in der westlichen Nachbarschaft von β Virginis (Zawijawa) liegt. In der Umgebung von τ Leonis sieht man eine Gruppe von Sternen sechster und siebter Größe (vgl. Sternkarte E12 im *Atlas für Himmelsbeobachter*). Von τ Leonis trennen uns 600 und 1000 Lichtjahre. Er ist ein optischer Doppelstern. Die Sterne stehen hintereinander und sind nicht gravitativ gebunden.

Wenn man schon bei ι Leonis vorbeikommt: Auch dieser Stern zeigt sich doppelt, allerdings erst in einem Instrument ab 15 cm Öffnung, einem Sechszöller. Der 4^m,1 helle, weißlich-gelbe Hauptstern hat in nur 1″,4 Distanz einen 6^m,7 hellen Begleiter gleicher Farbe.

Galaxien in Virgo …

Wer schon im Gebiet des Löwen den Nachthimmel mit lichtstarker Optik absucht, stößt auf eine ganze Gruppe interessanter Galaxien, alles ferne Milchstraßensysteme mit Hunderten Milliarden von Sonnen. Nahe der Verbindungslinie α Leonis – β Leonis liegen die Galaxien M 65, M 66, M 95, M 96 und M 105. Zwischen β Leonis und ε Virginis stößt man auf ein ganzes Galaxiennest (M 58, M 59, M 60, M 84, M 85, M 86, M 88, M 91, M 98 und M 100).

Es handelt sich um die hellsten Exemplare des Virgo-Galaxienhaufens, der mehrere tausend Milchstraßensysteme umfasst und von dessen Zentrum wir rund 60 Millionen Lichtjahre entfernt sind.

… und in Coma Berenices

Ähnlich viele Galaxien sind im Haar der Berenike (Coma Berenices) sowie im Gebiet Nördliche Krone und Herkules anzutreffen. Allerdings sind sie erheblich lichtschwächer und nur besser ausgerüsteten Amateurastronomen zugänglich. Man spricht vom Coma-Galaxienhaufen, vom Herkules- und Coronae-Borealis-Haufen. Der Coma-Galaxienhaufen ist nicht zu verwechseln mit dem Coma-Sternhaufen, der schon mit einem kleinen Fernglas oder Operngucker zu sehen ist. Dieser offene Sternhaufen umfasst rund 50 Sterne und ist 290 Lichtjahre entfernt und uns damit näher als die Plejaden im Stier, wenn auch längst nicht so auffällig. Der Coma-Sternhaufen trägt auch die Bezeichnung Melotte 111.

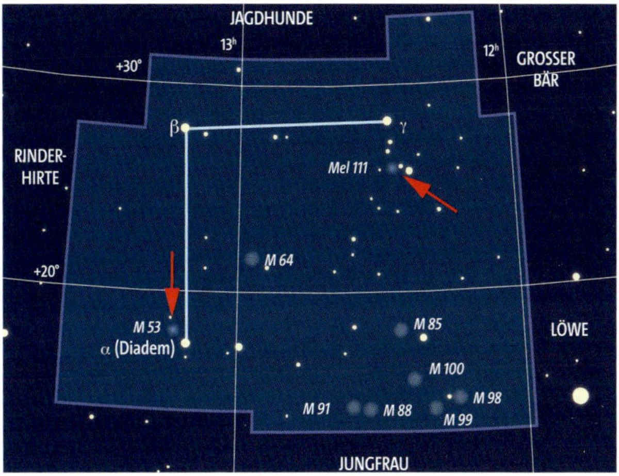

5.7 Das Haar der Berenike: Das Sternbild Haar der Berenike (lat.: Coma Berenices). Markiert sind die Positionen des offenen Sternhaufens Melotte 111 und des Kugelhaufens M 53.

M 53 ist ein ferner Kugelhaufen (56 000 Lichtjahre) im Haar der Berenike. Er ist im Teleskop nur als kleines diffuses Lichtfleckchen zu erkennen – im Fernglas sieht man kaum etwas. In Coma Berenices befindet sich die Galaxie M 64, auch als „Galaxie mit dem dunklen Auge" bezeichnet. Interstellare Staubmassen absorbieren hier das Sternenlicht. Rund 22 Mio. Lichtjahre trennen uns von M 64.

Veränderliche Sterne im Mai

Algol-Minima	2.	19^{h}49^m	17.	3^{h}54^m	22.	21^{h}32^m						
β-Lyrae-Minima	7.	8^{h}N	13.	19^{h}H	20.	6^{h}N	26.	18^{h}H				
δ-Cephei-Maxima	1.	5^h	6.	13^h	11.	22^h	17.	7^h	22.	16^h	28.	1^h

Woher stammt der Saturnring?

NASA/JPL

5.8 **Saturn und sein Ringsystem im vorwärts gestreuten Sonnenlicht. Aufnahme der Raumsonde Cassini.**

Am 23. Mai ist es wieder einmal soweit: Saturn im Sternbild Waage steht in Opposition zur Sonne und bietet somit die günstigsten Beobachtungsbedingungen des ganzen Jahres. Er geht mit Sonnenuntergang am Osthimmel auf und geht im Westen unter, wenn die Sonne aufgeht. Hunderte Teleskope werden in diesen klaren Nächten auf das „Juwel des Sonnensystems" gerichtet. So nennt man Saturn auch gerne wegen seines prächtigen Rings. Da der Saturnring mit bloßen Augen nicht zu erkennen ist, war er im Altertum und Mittelalter unbekannt.

Vor 400 Jahren beobachtete Galileo Galilei mit seinem selbst gefertigten Teleskop den Saturn. Er meinte, drei nebeneinander frei schwebende Kugeln zu sehen. Andere Beobachter glaubten Henkel am Saturnglobus zu erkennen oder zumindest eine brezelartige Figur. Im Februar 1613 war für kurze Zeit der Spuk vorüber – Galilei notierte: Saturn zeigt lediglich eine Kugelgestalt. Doch bald darauf waren die rätselhaften Erscheinungen wieder zu beobachten. Erst Christian Huygens, der berühmte holländische Astronom und Physiker, erkannte 1656 als erster den um die Saturnkugel frei schwebenden Ring, nachdem er ein Jahr zuvor bereits den größten Saturnmond, Titan, entdeckt hatte. Huygens lieferte auch die Erklärung, warum der Saturnring von Zeit zu Zeit für ein paar Wochen unsichtbar wird: Der Saturnäquator ist um 27° zu seiner Umlaufbahn geneigt. Da der Ring in der Ebene des Saturnäquators liegt, ist er ebenfalls um den gleichen Betrag zur Saturnbahn geneigt. Und weil die Lage des Saturnringes raumfest bleibt, sieht man von der Erde aus einmal auf die Nordseite, nach einem halben Saturnumlauf um die Sonne dann auf die Südseite des Ringes. In einem Saturnumlauf von knapp dreißig Jahren passiert die Erde somit zweimal die Ringebene. Dies geschieht in Abständen von jeweils 13,5 bis 15,5 Jahren. Die Zeitabstände variieren, da Saturn im Perihel schneller läuft als im Aphel. Die letzte Passage der Erde durch die Ringebene fand im September 2009 statt. Im Mai 2025 werden wir wieder auf die Ringkante blicken.

Geht die Erde durch die Ringebene, so schauen wir von hier aus auf die Kante des Saturnrings. Da er in Kantenlage scheinbar verschwindet, muss er ein sehr dünnes Gebilde sein im Vergleich zu seinem Durchmesser, der von Außenkante zu Außenkante 280 000 Kilometer beträgt, das sind knapp 70 Prozent der Strecke von der Erde zum Mond.

Tatsächlich ist der Saturnring relativ zu seinem Durchmesser das dünnste Gebilde im Sonnensystem. Wollte man ein Modell des Saturnringes aus einer Holzplatte von einem Millimeter Dicke herstellen, so hätte das Saturnringmodell einen Durchmesser von knapp 2,8 Kilometer. Lange schätzte man die Dicke des Saturnringes auf etwa einen Kilometer. Raumsondenaufnahmen zeigen jedoch, dass der Ring nicht einmal hundert Meter dick ist. Die Gesamtfläche des Ringes entspricht etwa achtzig Erdoberflächen.

Im Jahre 1695 entdeckte der erste Direktor der neuen Pariser Sternwarte die inzwischen nach ihm benannte Teilung des Saturnringes in einen äußeren (A) und einen inneren Ring (B). Schon bei 100-facher Vergrößerung kann man diese Cassini-Lücke als dunkle Linie erkennen; sie ist fast 5000 Kilometer breit.

Das Rätsel der Ringbildung

„Welcher Natur ist der Saturnring?“ so fragten sich schon die ersten Fernrohrbeobachter. Gasförmig kann er nicht sein, denn Gas würde augenblicklich ins Weltall diffundieren. Eine Flüssigkeit wiederum würde alsbald in das Weltraumvakuum verdampfen. Ein stabiler, fester Ring würde schnell durch die Gezeitenkräfte des Saturn zerrissen.

So war schnell klar, dass der Ring aus unzähligen Partikeln bestehen muss, die in permanentem Reigen als Minimonde um Saturn kreisen. Man schätzt, dass etwa zehn Trillionen (10^{19}) Trabanten von Staubkörnchengröße bis zu Blöcken von einigen Metern Durchmesser den Ring bilden.

Gemäß dem dritten Kepler-Gesetz laufen die Teilchen an der dem Saturn näheren Innenkante schneller als die weiter entfernten an der Außenkante. Die Kreisbahngeschwindigkeit beträgt an der Innenkante 21 Kilometer pro Sekunde, was eine Umlaufzeit von 7,5 Stunden ergibt. An der

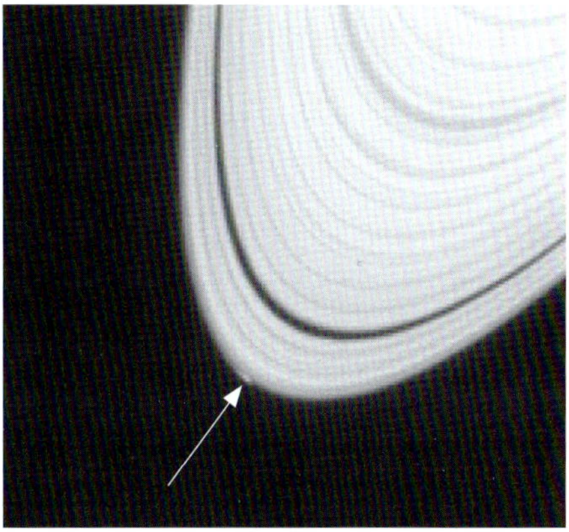

NASA/JPL

5.9 Ein neuer Eismond bildet sich am Rand des Saturnrings. Aufnahme von Cassini am 15. April 2013.

Außenkante wandern die Partikel mit 16 Kilometer pro Sekunde in 15 Stunden um den Saturnglobus. Allein aus den Gesetzen der Himmelsmechanik folgt, dass der Ring kein fester Körper sein kann. Aber auch direkte Beobachtungen ließen rasch erkennen, dass der Ring aus einem Schwarm kleiner Teilchen bestehen muss. Denn bei Sternbedeckungen sah man Sterne durch die Ringlücken blitzen.

Die differentielle Rotation des Saturnringes hat schließlich James Edward Keeler, Direktor des Lick-Observatoriums auf dem Mt. Hamilton in Kalifornien, schon 1895 spektroskopisch nachgewiesen. Infolge des Doppler-Effektes sind die Linien im Spektrum der Saturnringe entsprechend geneigt. Aus der Neigung der Spektrallinien kann direkt auf die Geschwindigkeit der Ringpartikel geschlossen werden.

Immer komplexere Ringe

Johann Franz Encke, Direktor der Berliner Sternwarte, entdeckte 1837 eine dunkle Linie nahe der Außenkante des A-Ringes, die man inzwischen Encke-Teilung nennt. Schließlich fand Keeler eine noch feinere Line etwas außerhalb der Encke-Teilung. Diese Keeler-Trennung ist etwa zehnmal schmaler als die Encke-Lücke.

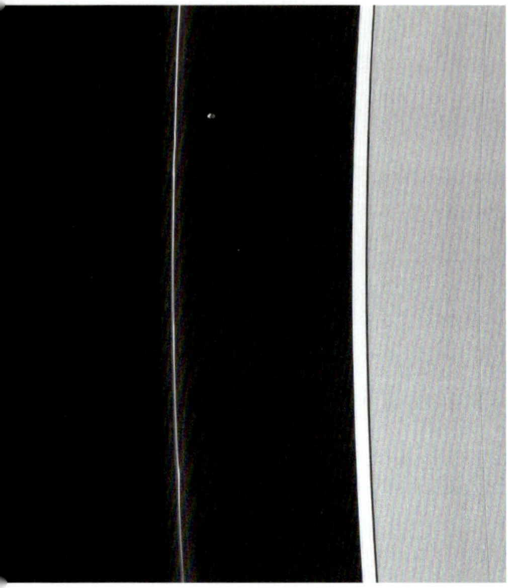

5.10 Saturnmond Prometheus läuft knapp innerhalb des F-Ringes, den er fokussiert. Aufnahme von Cassini am 25. August 2013.

Ebenfalls auf der Berliner Sternwarte sah 1838 Johann Gottfried Galle innerhalb des B-Ringes einen nur schwach leuchtenden Ring. Dieser dritte Saturnring, auch Krepp- oder Flor-Ring genannt, wird inzwischen als C-Ring bezeichnet. Schließlich entdeckte man 1969 noch innerhalb des C-Ringes auf Aufnahmen einen vierten Saturnring, dessen Innenrand nur knapp 7000 Kilometer über den höchsten Saturnwolken liegt. Die Lücke zwischen dem C- und dem D-Ring wird Guerin-Teilung genannt.

Am deutlichsten sichtbar wird der lichtschwache D-Ring im vorwärts gestreuten Sonnenlicht, ähnlich wie die Schmutzpartikel auf einer Windschutzscheibe aufleuchten, wenn die tiefstehende Sonne oder die Scheinwerfer eines entgegenkommenden Autos ins Fahrzeug strahlen. Solche Aufnahmen können nur Raumsonden gewinnen. Denn der Phasenwinkel des Saturns erreicht maximal sechs Grad – wir sehen von der Erde aus somit Saturn immer fast voll beleuchtet. Ist der Saturnring schon von der Erde aus in großen Teleskopen prächtig anzusehen, so übertreffen die Aufnahmen von Raumsonden, die Saturn besuchten, alle Erwartungen. Sie sandten faszinierend schöne Bilder von Saturn und seinem Ringsystem zur Erde. Sie zeigen vor allem, dass Saturn nicht von vier Ringen umgeben ist, sondern von Hunderten einzelner Ringe, was ihm die Bezeichnung „Herr der tausend Ringe" eingebracht hat.

Die Sonde Pioneer 11 passierte im September 1979 Saturn, es folgten Voyager 1 im November 1980 und Voyager 2 im August 1981. Alle drei Sonden rasten an Saturn vorbei, während die Raumsonde Cassini im Juli 2004 in eine Umlaufbahn um den Planeten einschwenkte und seither mehr als 300 000 Aufnahmen von Saturn, seinem Ringsystem und seinen mehr als fünf Dutzend Monden lieferte. Außerdem schleppte Cassini die europäische Raumsonde Huygens im Huckepack mit, die sich im Dezember 2004 von Cassini trennte. Mitte Januar 2005 drang Huygens in die dichte Atmosphäre von Titan ein und landete weich auf der Oberfläche des Saturnmondes.

Ohne Monde keine Ringvielfalt

Das Ringsystem des Saturn hat eine eigene komplexe Dynamik. Sie wird durch die Gravitationskräfte bewirkt, die die Monde auf die Ringpartikel sowie die mehr oder minder großen Brocken in den Ringen aufeinander ausüben. Sie sind für die zahlreichen Einzelringe verantwortlich, von denen es nach heutiger Zählung mehr als dreitausend gibt.

So erzeugt der Saturnmond Mimas mit knapp 400 Kilometer Durchmesser die auffälligste Lücke im Ringsystem, die Cassini-Teilung. Mimas wandert in 22,6 Stunden um Saturn. Die Umlaufzeit eines Ringpartikels an der Außenkante des B-Ringes, die gleichzeitig der Innenrand der Cassini-Lücke ist, liegt bei 11,3 Stunden. Die beiden Umlaufzeiten verhalten sich somit wie 1:2. Ein Mimas-Umlauf entspricht der Zeit von zwei Umläufen eines Ringpartikels am äußeren Rand

5.11 Das Ringsystem des Saturn

des B-Ringes. Bei jedem zweiten Umlauf überholen die Ringpartikel den Mond Mimas. Bei kleinen ganzzahligen Verhältnissen der Umlaufzeiten sind die gravitativ bedingten Störungen besonders groß, man spricht von Bahnresonanzen. Die Ringteilchen werden aus ihren ursprünglichen Bahnen gewissermaßen vertrieben.

Andererseits schaufeln sich Minimonde, sogenannte Moonlets, ihre Bahnen frei. Saturnmond Pan erzeugt so die 325 Kilometer breite Encke-Teilung durch seine Gravitationswirkung. Die inneren Ringpartikel sind schneller und überholen permanent Pan. Durch seine Anziehung bremst er die Partikel ein wenig ab, sie werden etwas langsamer und driften nach innen. Pan überholt seinerseits die äußeren Ringpartikel, die langsamer laufen. Dabei werden sie von Pan ein wenig beschleunigt und dadurch etwas nach außen getrieben.

Verdrehungen und Verflechtungen

Die Raumsonde Pioneer 11, die den Ringplaneten Anfang September 1979 in nur 20 930 Kilometer Minimaldistanz passierte, entdeckte rund 4000 Kilometer außerhalb der Außenkante vom A-Ring ein nur 500 Kilometer schmales Staubband, den F-Ring. Er setzt sich seinerseits aus fünf Einzelringen von jeweils 70 bis 100 Kilometer Breite zusammen. Diese Einzelringe zeigen Streifen, Verdrehungen und Verflechtungen, kurzum ein recht turbulentes Verhalten. Fokussiert werden sie durch die beiden Möndchen Prometheus und Pandora, die in koorbitalen Bahnen Saturn umrunden, der eine knapp innerhalb, der andere knapp außerhalb des F-Ringes. Der äußere bremst die Partikel im F-Ring, weil er langsamer läuft als diese und drückt sie so in Richtung Saturn. Der innere Mond beschleunigt die Partikel im F-Ring und treibt sie somit nach außen. Von Zeit zu Zeit wechseln Pandora und Prometheus die Plätze. Somit ist mal der eine, dann der andere der Außen- beziehungsweise Innenmond.

Die knapp an den Ringpartikeln vorbeiziehenden Monde verursachen Dichtewellen, die zu Verwerfungen, Verflechtungen und ausgefrans-

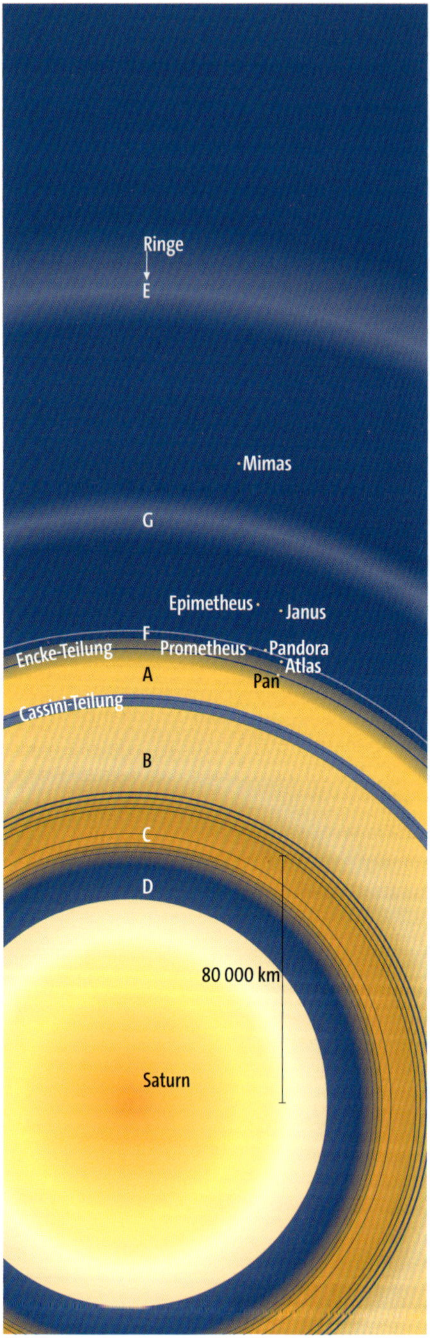

5.12 Die zahlreichen Monde des Saturn bewirken die Kommensurabilitätslücken der Ringe. Die kleinen Monde im Ringsystem schaufeln sich ihren Weg durch Gravitationswirkungen frei (z.B. Pan) oder spielen ihre Rolle als Hirten- bzw. Schäferhundmonde (Pandora und Prometheus).

ten Rändern der Einzelringe führen, und zwar nicht nur in der Ebene des Ringsystems, sondern auch senkrecht zu ihr. Dadurch erhalten die Bahnen leichte Neigungen, die aber alsbald wieder verschwinden. Denn durch die starke Abplattung (1:9,2) des rasch rotierenden Saturnglobus werden alle Teilchen wieder in die Äquator- und damit Ringebene hineingezogen.

Noch zwei weitere Einzelringe spürten die Raumsonden auf: Der E-Ring leuchtet als Staubring recht schwach. Seine Partikel umkreisen Saturn in Bahnen zwischen 210 000 und 300 000 Kilometer Entfernung von Saturn. Der G-Ring wiederum hat einen Radius von 170 000 Kilometer. Die Raumsonde CASSINI hat noch ein besonders schwaches Ringband zwischen dem G- und dem E-Ring in einer Saturndistanz von 212 000 Kilometer aufgespürt. Nach dem erzeugenden Mond wird er Pallene-Ring genannt. Schließlich hat das SPITZER-Weltraumteleskop 2009 im Infraroten einen riesigen, extrem dünnen Saturnring aufgespürt. Sein mittlerer Bahnradius liegt bei neun Millionen Kilometer, seine Breite misst an die sechs Millionen Kilometer. Damit liegt er noch weit außerhalb der Japetusbahn (Bahnradius: 3 560 800 Kilometer). Der weit außen retrograd laufende Mond Phoebe, mit fast 13 Millionen Kilometer Entfernung von Saturn, versorgt diesen alleräußersten Saturnring mit Staub. Dieser Phoebe-Ring liegt nicht in der Äquatorebene des Saturns, sondern ist um 28° zu ihr geneigt.

Die Roche-Grenze

Der französische Mathematiker Edouard Albert Roche (1820–1883) hat errechnet, dass ein größerer Mond einen Planeten in einer Mindestentfernung umkreisen muss, wenn er nicht durch die

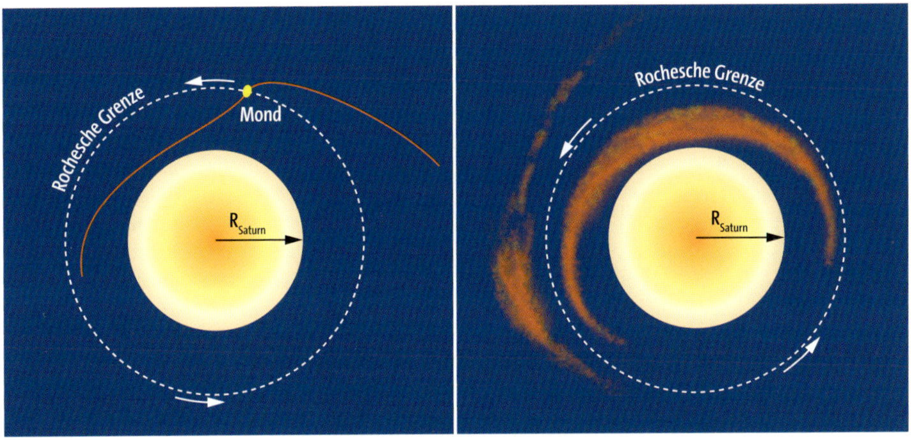

5.13 **Dringt ein großer Eismond in den Bereich innerhalb der Roche-Grenze ein, so wird er durch die Gezeitenkräfte zerrissen. Die Trümmerwolke bildet allmählich einen Ring um den Saturnglobus.**

Gezeitenkräfte zerrissen werden soll. Ist die Differenz der Anziehungskräfte zwischen dem Punkt eines Mondes, der seinem Planeten am nächsten liegt und dem vom Planeten entferntesten Punkt größer als die Eigengravitation, die den Mond zusammenhält, dann wird er auseinandergerissen. Dies gilt nicht für kleine Körper wie Gesteins- oder Eisbrocken sowie künstliche Satelliten, die allesamt durch ihre molekularen Kräfte zusammengehalten werden. Diese Rochesche Grenze ist somit eine Stabilitätsgrenze, innerhalb der kein größerer Mond existieren kann. Der Radius dieser Grenze ergibt sich aus dem Radius des Mutterplaneten und seiner Dichte sowie der Dichte des Mondmaterials. Für Saturn beträgt der Roche-Radius 130 430 Kilometer für einen Mond mit Wasserdichte (1 g/cm^3) und 86 600 Kilometer für einen Gesteinsmond aus Silikaten (3,5 g/cm^3). Somit entspricht die Roche-Grenze bei Saturn für einen Eismond etwa dem äußeren Rand des A-Ringes.

Woher stammt der Saturnring beziehungsweise wie entstand dieses komplexe System? Ursprünglich war man der Ansicht, dass Ring und Saturn gemeinsam bei der Geburt unseres Sonnensystems vor 4,6 Milliarden Jahren gebildet wurden. Doch aus dynamischen Gründen kann der Saturnring nicht so lange stabil bleiben. Schon Roche selbst vermutete, einer der Saturnmonde überschritt einst die von ihm kalkulierte Grenze und wurde von den Gezeitenkräften zerrissen. Danach müssten die Ringe aus Felsblöcken und Gesteinsbrocken zusammengesetzt sein. Radioastronomische Untersuchungen haben jedoch gezeigt, dass die Partikel in den A- und B-Ringen fast ausschließlich aus purem Eis bestehen, Silikate aber nur in unwesentlichen Mengen vorkommen. Danach meinten einige Astronomen, ein Kometenkern wäre Saturn zu nahe gekommen und zerlegt worden, wie weiland der Komet Shoemaker-Levy 9, der vor seinem Sturz in die Jupiteratmosphäre im Juli 1994 in mehr als zwei Dutzend Trümmerstücke zerbarst. Nachdem aber auch um Uranus, Neptun und Jupiter Ringe entdeckt wurden, schied diese Hypothese aus Wahrscheinlichkeitsgründen aus, zumal alle Ringe jeweils in der Äquatorebene ihres Planeten liegen.

Nichts passte zusammen

Ein weiteres Rätsel gab die unterschiedliche Zusammensetzung der Saturnmonde auf. Aus den Streu- und Beugungsbildern der Radiowellenexperimente von CASSINI ergab sich ein Gesteins-

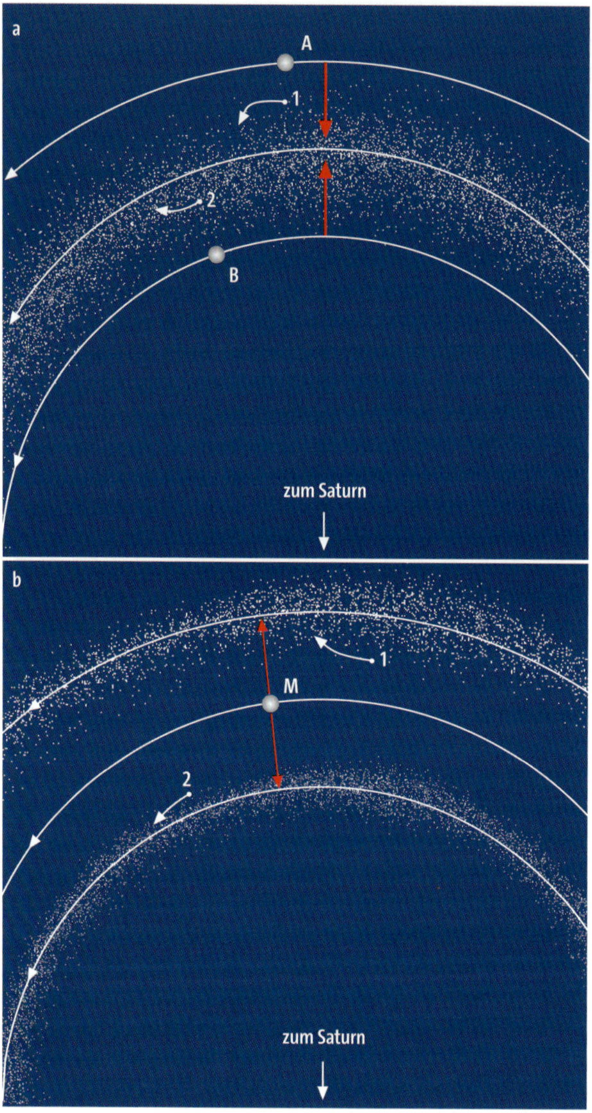

5.14 Die Wirkung von Schäferhund- oder Hirtenmonden. Die Monde A und B fokussieren den Ring zwischen ihren Bahnen. Mond A bremst Partikel 1, welches sich dem Planeten nähert, Mond B beschleunigt Partikel 2, welches sich daraufhin auf eine höhere Bahn begibt (Teilbild a). Im Teilbild b fegt Mond M seine Bahn von Ringpartikeln frei, es bildet sich eine Ringlücke. M beschleunigt Partikel 1 und treibt es somit nach außen. Partikel 2 überholt M und wird dabei abgebremst – es sinkt auf eine niedrigere Umlaufbahn.

anteil bei Enceladus und Dione von rund 50 Prozent, bei Mimas und Dione von je einem Viertel und einem Drittel, während Tethys fast ausschließlich aus Wassereis besteht mit einem Rest von sechs Prozent Silikaten.

Wären alle Monde gleichzeitig entstanden und somit gleich alt, dann müssten die gesteinsreichen Trabanten näher um Saturn kreisen als die fast reinen Eismonde. Dies ist offensichtlich nicht der Fall. So ist der Eismond Tethys 295 000 Kilometer von Saturn entfernt, Dione jedoch 378 000 und Rhea 527 000 Kilometer.

Man geht heute davon aus, dass die Rochesche Vermutung zutrifft. Ein größerer Mond kam Saturn zu nahe und wurde nach Überquerung der Roche-Grenze zerrissen. Die Trümmer bildeten schließlich einen Ring um die Saturnkugel. Für diesen Unglücksmond hat Edouard Roche den Namen der Göttin der Wahrheit, Veritas, gewählt.

Dass Monde sich auf Spiralbahnen nach innen bewegen, ist durchaus möglich. Mimas bewirkt nicht nur die Cassini-Lücke: Der damit erfolgende Austausch von Bahndrehimpuls lässt den Bahnradius von Mimas jährlich um sieben bis acht Zentimeter schrumpfen.

Auch Tethys hat einen Anteil an diesem Prozess. Veritas war aber sicher kein reiner Eismond. Wenn die Partikel der A- und B-Ringe aber fast ausschließlich aus Wassereis bestehen, wo sind dann die Silikatanteile verblieben?

Abermals Roche

Die Erklärung dafür liefern wieder die Rocheschen Kalkulationen. Wie vorhin vermerkt, ist der Radius der Roche-Grenze auch von der Dichte eines Mondes abhängig. Je größer die Dichte, desto näher kann ein Trabant seinem Mutterplaneten kommen, bevor er zerlegt wird. Dem eisgepanzerten Mond Veritas wurde daher zunächst der Eismantel zerrissen, während sein Gesteinskern erst viel näher bei Saturn zerbröselte. Veritas verlor bei diesem Prozess in nur wenigen Stunden seinen Eispanzer.

Durch Kollisionen verloren die Gesteinsreste Drehimpuls und stürzten in die Saturnatmosphäre, wo sie verglühten. Andere Partikel gewannen Drehimpuls und drifteten nach außen in die A- und B-Eisringe. Der Staubrest bildet das C- und D-Ringsystem. Der gesamte Vorgang dauerte nur einige zehntausend Jahre.

Die in die A- und B-Ringe eingewanderten Gesteinsbrocken blieben nicht lange dort. In den Ringen geht es turbulent zu. Zusammenstöße sind an der Tagesordnung. Es bilden sich dabei durch Koagulation größere Brocken. Bei hohen Kollisionsgeschwindigkeiten werden andererseits manche Klötze wieder zerschlagen oder gar pulverisiert. Die harten und stabilen Gesteinsbrocken wachsen jedoch durch Zusammenstöße mit den Eispartikeln an und legen sich einen Eispanzer zu. Dadurch entstehen neue Minimonde. Durch Impulsübertragung wandern diese neugebildeten Minimonde nach außen, andere stürzen in die Saturnatmosphäre. Prominente Beispiele sind die Möndchen Pan, Atlas, Prometheus, Pandora und Epimetheus.

Der Prozess der Mondbildung ist noch längst nicht abgeschlossen. Aus der gesamten Dynamik folgt jedoch, dass das Ringsystem des Saturns kaum älter als 100 Millionen Jahre sein kann. Mit der Zeit verdampfen die glänzend hellen Eispartikel, da bei Kollisionen kinetische Energie in dissipative Energie, sprich Wärme, umgewandelt wird. Das ständige meteoroidische Bombardement sowie interplanetarer Staub sorgen dafür, dass die Eispartikel verschmutzt und mit der Zeit immer dunkler werden. Je älter das Ringsystem

NASA/JPL

5.15 Der Saturnmond Mimas (oben) und der winzige Mond Pandora. Aufnahme der Raumsonde Cassini.

wird, desto dunkler und dünner wird es. Ein Teil driftet als Minimond aus dem Ring und wächst außerhalb der Roche-Grenze zu Monden an. Ein anderer Teil endet im Saturn. Andere Ringsysteme haben diese Entwicklung schon durchgemacht. Das Ringsystem des Uranus ist schätzungsweise 800 Millionen Jahre alt, also achtmal älter als das des Saturn. Noch älter sind die Ringe um Neptun. Wie man bei Jupiter beobachtet, werden manche Ringsysteme permanent von Monden gespeist, sei es durch Kryovulkanismus oder entwichenen Staub nach meteoritischem Bombardement. Dies gilt auch für die E-, G-, Pallene- und Phoebe-Ringe des Saturn.

Weitere Erkenntnisse sind von der Cassini-Raumsonde zu erwarten, deren Mission die NASA verlängert hat. Im Mai 2017 wird auf der Nordhalbkugel des Saturn der Sommer beginnen. Cassini wird sich dem Saturnglobus extrem nähern, um das Phänomen der weißen Wolken zu erforschen, die gelegentlich im Saturnsommer auftauchen.

Schließlich wird Cassini in einer Kamikaze-Mission am 15. September 2017 in die Saturnatmosphäre eindringen und verglühen, nachdem die Sonde vorher noch Daten über die Parameter der Atmosphäre geliefert hat.

Juni 2015

- Venus erreicht am 6. mit 45° Winkelabstand ihre größte östliche Elongation von der Sonne.
- Jupiter und Saturn sind am Abendhimmel sichtbar.
- Die Sonne passiert am 21. Juni um 17^h38^m MEZ (= 18^h38^m MESZ) den Gipfel ihrer Jahresbahn – der astronomische Sommer beginnt.

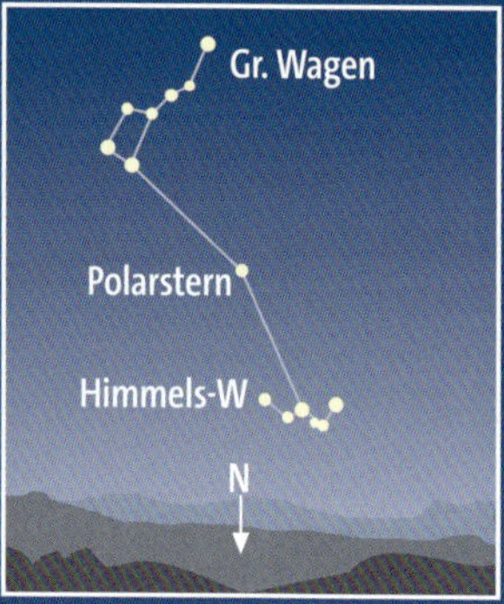

Großer Wagen und Himmels-W Anfang Juni um 22 Uhr

6.1 Anblick des abendlichen Westhimmels gegen 22^h MEZ (= 23^h MESZ) am 20. Juni. Knapp über dem Horizont stehen nahe beieinander Venus, Jupit… und die zunehmende Mondsichel.

1 Mo	Mond bei Saturn (Abendhimmel)
2 Di	**Vollmond**
3 Mi	
4 Do	Fronleichnam
5 Fr	
6 Sa	Venus in größter östlicher Elongation (Abendhimmel)
7 So	
8 Mo	
9 Di	Mond im letzten Viertel
10 Mi	Mond in Erdnähe
11 Do	
12 Fr	
13 Sa	
14 So	
15 Mo	
16 Di	**Neumond**
17 Mi	
18 Do	
19 Fr	
20 Sa	Mond bei Venus (Abendhimmel)
21 So	Sommerbeginn, Mond bei Jupiter (Abendhimmel)
22 Mo	
23 Di	Mond in Erdferne
24 Mi	Mond im ersten Viertel
25 Do	
26 Fr	
27 Sa	
28 So	
29 Mo	Mond bei Saturn (ganze Nacht)
30 Di	

Sonne – Sternbilder

21.6. 17h38m:
Sonne tritt in das Tierkreiszeichen Krebs
22.6. 3h:
Sonne tritt in das Sternbild Zwillinge
Julianisches Datum am
1. Juni, 1h MEZ: 2 457 174,5

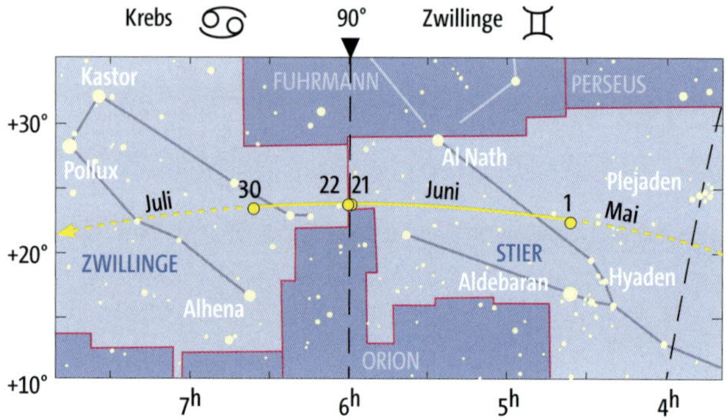

Tabelle Sonnenlauf

Tag	Dämmerg. Anfang	Aufgang MEZ	Kulmination	Untergang MEZ	Dämmerg. Ende	Mittagshöhe	Zeitgleichg.	Rektaszension	Deklination
	h m	h m	h m	h m	h m	°	m	h m	°
1.	2 33	4 16	12 18	20 20	22 04	62,0	+2	4 33	+22,0
5.	2 28	4 14	12 18	20 24	22 10	62,5	+2	4 50	+22,5
10.	2 24	4 11	12 19	20 28	22 16	63,0	+1	5 11	+23,0
15.	2 21	4 10	12 20	20 31	22 21	63,3	0	5 31	+23,3
20.	2 20	4 10	12 22	20 33	22 23	63,4	–2	5 52	+23,4
25.	2 22	4 12	12 23	20 33	22 23	63,4	–3	6 13	+23,4
30.	2 25	4 14	12 24	20 33	22 22	63,2	–4	6 34	+23,2

Tages- und Nachtstunden

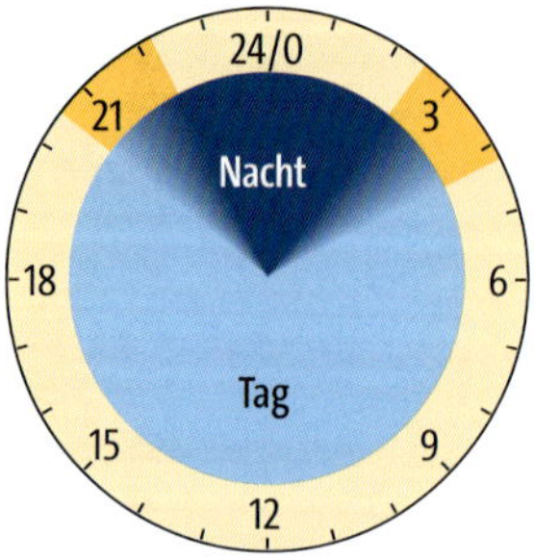

5. Juni

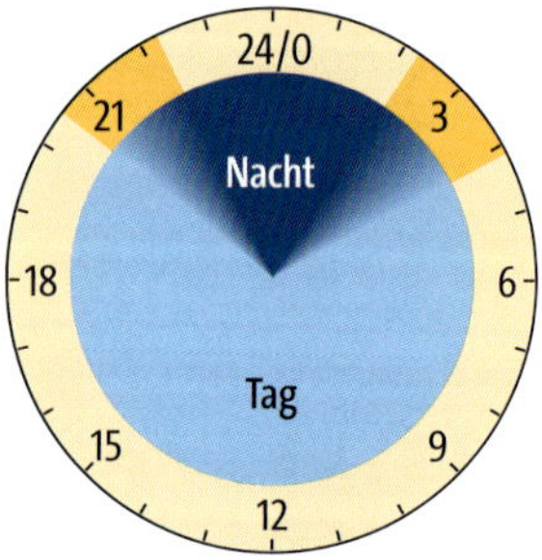

15. Juni

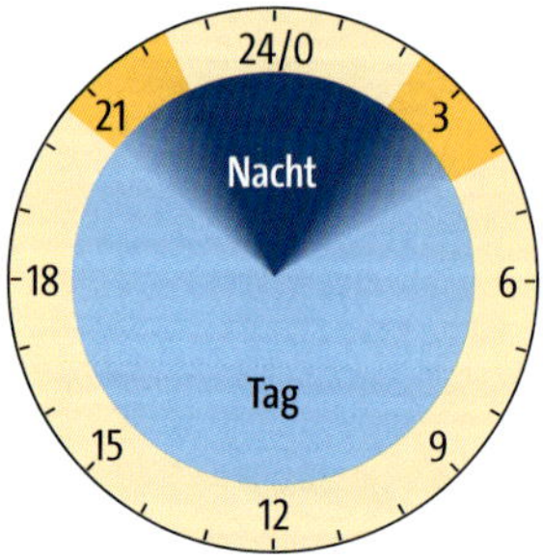

25. Juni

Tabelle Mondlauf

Datum		Aufg. MEZ	Kulmination	Unterg. MEZ	Rektaszension	Deklination	Sterne und Sternbilder	Phase	MEZ
		h m	h m	h m	h m	°			
Mo	1.	18 55	23 43	3 49	15 13	−14,4	Waage		
Di	2.	19 57	–	4 27	16 06	−16,6	Skorpion	**Vollmond**	**17h 19m**
								Libration Ost	
Mi	3.	20 55	0 36	5 13	17 01	−18,0	Schlangenträger		
Do	4.	21 47	1 31	6 07	17 57	−18,4	Schütze	Größte Nordbreite	
Fr	5.	22 33	2 26	7 08	18 54	−17,8	Schütze, Nunki		
Sa	6.	23 13	3 21	8 15	19 52	−16,1	Schütze		
So	7.	23 48	4 16	9 26	20 48	−13,5	Wassermann		
Mo	8.	–	5 10	10 40	21 44	−10,0	Steinbock		
Di	9.	0 20	6 02	11 55	22 39	− 6,0	Wassermann	**Letztes Viertel**	**16h 42m**
Mi	10.	0 50	6 54	13 10	23 33	− 1,6	Fische	Erdnähe 370/32,′3	6h
Do	11.	1 19	7 46	14 24	0 27	+ 2,9	Fische	Absteigender Knoten	
Fr	12.	1 49	8 38	15 39	1 21	+ 7,2	Fische		
Sa	13.	2 21	9 31	16 52	2 16	+11,1	Widder		
So	14.	2 58	10 25	18 02	3 12	+14,3	Widder		
Mo	15.	3 39	11 20	19 07	4 08	+16,7	Stier, Hyaden		
Di	16.	4 27	12 15	20 05	5 05	+18,1	Aldebaran	**Neumond Nr. 1144**	**15h 05m**
Mi	17.	5 20	13 09	20 55	6 02	+18,4	Orion	Größte Südbreite	
								Libration West	
Do	18.	6 18	14 01	21 38	6 57	+17,8	Alhena		
Fr	19.	7 19	14 51	22 14	7 50	+16,2	Zwillinge		
Sa	20.	8 21	15 38	22 46	8 41	+14,0	Krebs, Krippe		
So	21.	9 23	16 23	23 13	9 30	+11,1	Löwe		
Mo	22.	10 25	17 06	23 38	10 17	+ 7,8	Löwe, Regulus		
Di	23.	11 26	17 49	–	11 03	+ 4,2	Löwe	Erdferne 404/29,′6	18h
Mi	24.	12 28	18 31	0 02	11 48	+ 0,5	Jungfrau	**Erstes Viertel**	**12h 03m**
								Aufsteigender Knoten	
Do	25.	13 30	19 14	0 25	12 33	− 3,2	Jungfrau		
Fr	26.	14 32	19 58	0 50	13 19	− 6,9	Spica		
Sa	27.	15 35	20 45	1 17	14 06	−10,3	* Jungfrau		
So	28.	16 39	21 33	1 47	14 55	−13,3	Waage		
Mo	29.	17 42	22 25	2 23	15 47	−15,8	Waage	Libration Ost	
Di	30.	18 43	23 19	3 05	16 41	−17,6	Schlangenträger		

Der Mond zieht nahe an Saturn vorbei

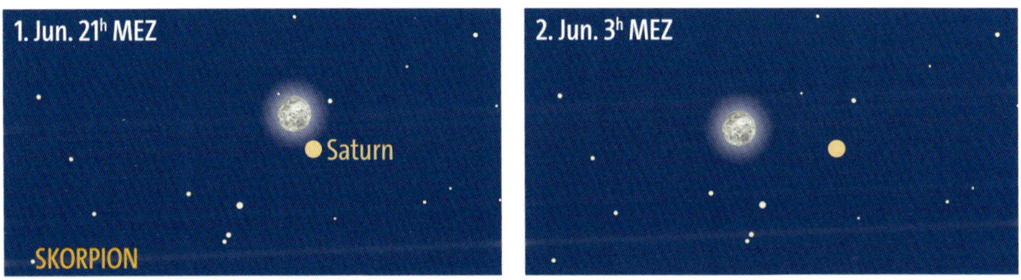

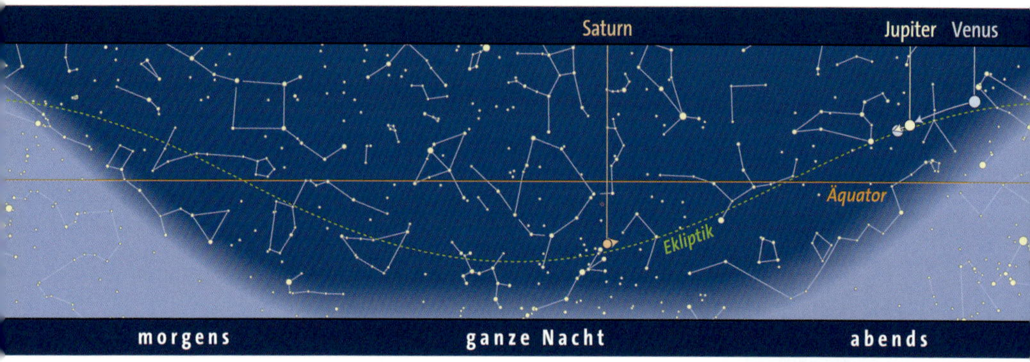

Merkur hat seine untere Konjunktion mit der Sonne gerade hinter sich. Er entfernt sich zunächst schnell rückläufig von der Sonne. Am 11. wird er stationär und ist anschließend wieder rechtläufig (siehe auch Abb. 5.4 auf Seite 119). Schließlich erreicht der flinke Planet am 24. mit 22°29′ seine größte westliche Elongation von der Sonne. Trotz des vergleichsweise großen Elongationswinkel reicht es in unseren Breiten nicht für eine Morgensichtbarkeit. Auch die mit nur 0,°04 Abstand enge Begegnung mit dem Mond am 15. einen Tag vor Neumond bleibt unbeobachtbar. Seinen sonnenfernsten Bahnpunkt, das Aphel, passiert Merkur am 2., wobei ihn 69,8 Mio. Kilometer (= 0,4666 AE) von der Sonne trennen.

Venus beherrscht nach wie vor den Abendhimmel. Am 6. erreicht sie mit 45°24′ ihre größte östliche Elongation von der Sonne. Sie verlässt am 3. das Sternbild Zwillinge und wechselt in den Krebs. Schon am 26. tritt sie dann in das Sternbild Löwe und steuert auf Regulus (α Leonis) zu (siehe Abb. 6.3 unten). Ferner verfolgt Venus den Riesenplaneten Jupiter, den sie zu Monatsende fast einholt (siehe Abb. 6.2 rechts). Am 20. ergibt sich ein spektakulärer Himmelsanblick, wenn sich zu den beiden hellsten Planeten des irdischen Firmaments die Sichel des zunehmenden Mondes gesellt. Das Dreigestirn ist gegen 22^h (= 23^h Sommerzeit) knapp über dem Westhorizont zu sehen (siehe Abb. 6.1 auf Seite 134).

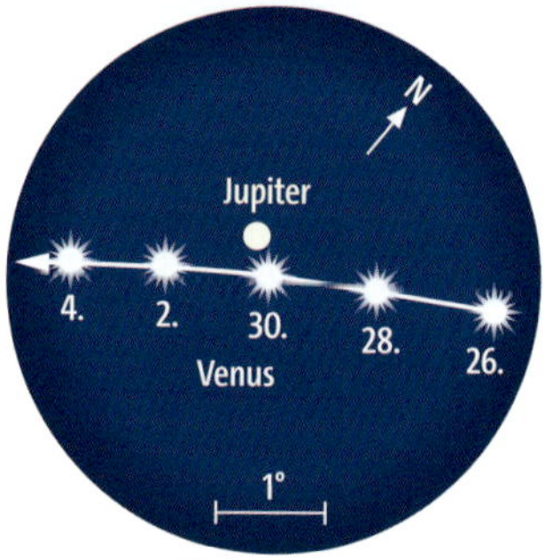

6.2 Venus bei Jupiter:
Venus wandert Ende Juni/Anfang Juli an Jupiter vorbei. Fernglasanblick gegen 22^h MEZ (= 23^h MESZ) bei 5° Gesichtsfelddurchmesser.

6.3 Bahn von Venus:
Scheinbare Venusbahn von Mai bis November im Gebiet der Sternbilder Stier, Zwillinge, Krebs und Löwe. Die Zahlen geben die Venusposition zum jeweiligen Monatsersten an (6 = Juni).

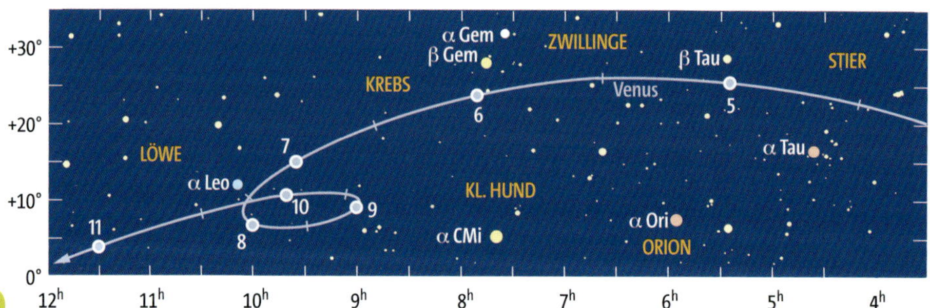

Am 1. geht Venus um 23^h44^m unter, am 15. um 23^h20^m und am 30. erfolgt der Untergang der inzwischen $-4{,}^m6$ hellen Venus bereits um 22^h39^m (= 23^h39^m Sommerzeit).

Am 6. zeigt sich das knapp 24″ große Venusscheibchen halb beleuchtet, die Phase Halbvenus ist erreicht. Der Fachmann spricht von Dichotomie. Anschließend wächst der scheinbare Venusdurchmesser weiter an und es bildet sich eine Sichel heraus.

Mars wird am 14. von der Sonne im Sternbild Stier eingeholt und steht in Konjunktion mit ihr am Taghimmel. Nachts wird man den roten Planeten vergeblich am Sternenhimmel suchen.

Am Tag der Konjunktion ist Mars 384 Millionen Kilometer (= 2,567 AE) von der Erde entfernt. Von der Sonne trennen ihn am 14. immerhin 232 Millionen Kilometer (= 1,551 AE).

Am 18. beginnt auf der Nordhalbkugel des Mars der Frühling.

Jupiter überschreitet am 10. rechtläufig die Grenze vom Krebs zum Sternbild Löwe und steuert auf Regulus zu, den Hauptstern des Löwen (siehe Abb. 2.4 auf Seite 62). Außerdem wird der Riesenplanet von Venus verfolgt, die ihn bis Ende Juni fast eingeholt hat (siehe Abb. 6.2 auf Seite 138).

Seine Untergänge verlagert Jupiter in die Zeit vor Mitternacht. Am 1. geht er um 0^h29^m (= 1^h29^m Sommerzeit) unter und am 15. um 23^h35^m. Am letzten Junitag erfolgt der Untergang des $-1{,}^m8$ hellen Riesenplaneten bereits um 22^h41^m (= 23^h41^m Sommerzeit). Die Sichtbarkeitsdauer nimmt damit erheblich ab, da auch die Dunkelheit immer später einsetzt. Der zunehmende Mond zieht am 20. rund 5° südlich an Jupiter vorbei. Es ergibt sich ein netter Himmelsanblick mit dem Dreigestirn Jupiter – Venus – Mondsichel (siehe Abb. 6.1 auf Seite 134).

Saturn, rückläufig im Sternbild Waage, hat eben seine Oppositionsstellung zur Sonne hinter sich. Er ist ein auffälliges Gestirn, wenn auch seine Helligkeit leicht auf $0{,}^m2$ abnimmt. Mit Einbruch der Dunkelheit sieht man den Ringplaneten bereits im Südosten stehen. Gegen Monatsende zieht sich Saturn langsam vom Morgenhimmel zurück.

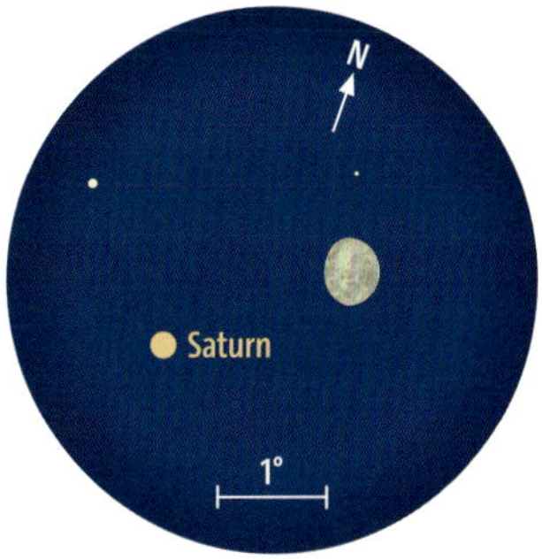

6.4 Mond bei Saturn:
Der fast volle Mond begegnet dem Ringplaneten Saturn in der Nacht vom 28. auf 29. Juni. Fernglasanblick gegen Mitternacht bei 5° Gesichtsfelddurchmesser.

Konstellationen und Ereignisse

Datum	MEZ	Ereignis
1.	21^h	**Mond bei Saturn**, Mond $1{,}^\circ9$ nördlich, **Abstand $1{,}^\circ2$ um 21^h**
2.	20	Merkur im Aphel
6.	19	**Venus in größter östlicher Elongation** (45°)
9.	4	Mond bei Neptun, Mond $3{,}^\circ3$ nördlich
11.	21	Merkur im Stillstand, anschließend rechtläufig
11.	21	Mond bei Uranus, Mond $0{,}^\circ5$ südlich (Bedeckung)
12.	21	Neptun im Stillstand, anschließend rückläufig
14.	17	Mars in Konjunktion mit der Sonne
15.	3	Mond bei Merkur, Mond $0{,}^\circ04$ (!) südlich (Bedeckung)
16.	14	Mond bei Mars, Mond $5{,}^\circ5$ südlich
20.	12	**Mond bei Venus**, Mond $5{,}^\circ8$ südlich
21.	1	**Mond bei Jupiter**, Mond $4{,}^\circ6$ südlich, **Abstand $5{,}^\circ3$ um 22^h am 20.**
21.	17^h38^m	**Sonne im Sommerpunkt, Sommersonnenwende**
24.	18	Merkur in größter westlicher Elongation (22°)
29.	2	**Mond bei Saturn**, Mond $2{,}^\circ0$ nördlich, **Abstand $1{,}^\circ6$ um 1^h**

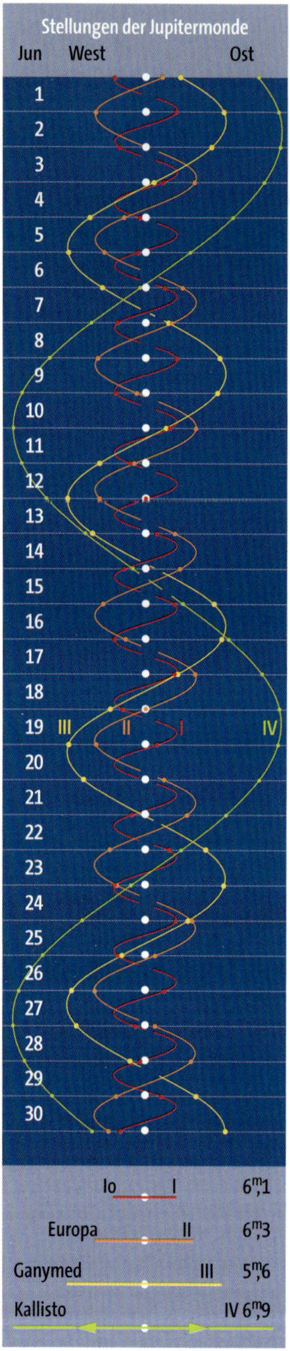

Am 1. geht er um 4^h12^m (= 5^h12^m Sommerzeit) unter, am 15. um 3^h14^m und am 30. bereits um 2^h12^m. Kurz darauf beginnt die nautische Dämmerung.

Zweimal, am 1. und am 29. Juni, zieht der Mond auf seiner monatlichen Runde 2° nördlich an Saturn vorbei (siehe Abb. unter der Tabelle „Mondlauf" auf S. 137 und Abb. 6.4 auf S. 139).

Uranus kann unter günstigen Sichtbedingungen gegen Monatsende am Morgenhimmel tief im Osten mit ausreichender

Jupitermonde

Tag	MEZ h m	Vorgang	
2.	22 13	II	BA
4.	22 31	II	SE
	22 54	I	BA II
	22 57	I	BE II
5.	22 17	I	DA
	23 25	I	SA
6.	22 29	IV	DE
	23 03	I	VE
11.	22 15	II	SA
	22 59	II	DE
13.	21 36	I	BA
14.	22 06	I	SE
18.	21 57	I	BA III
	22 06	I	BE III
	22 51	II	DA
20.	22 02	II	VE
21.	21 44	I	SA
22.	21 20	I	VE
23.	22 22	IV	SA
25.	21 33	III	SE

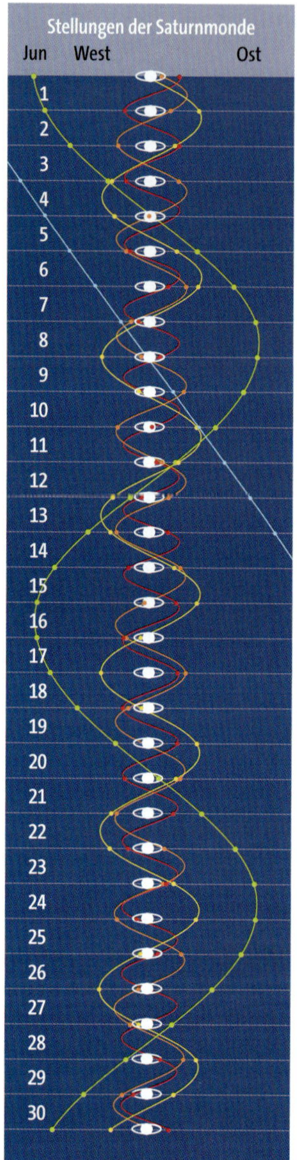

Japetus
5. 10m,9
10. 11m,2
15. 11m,6
20. 12m,0
25. 12m,3
30. 12m,3

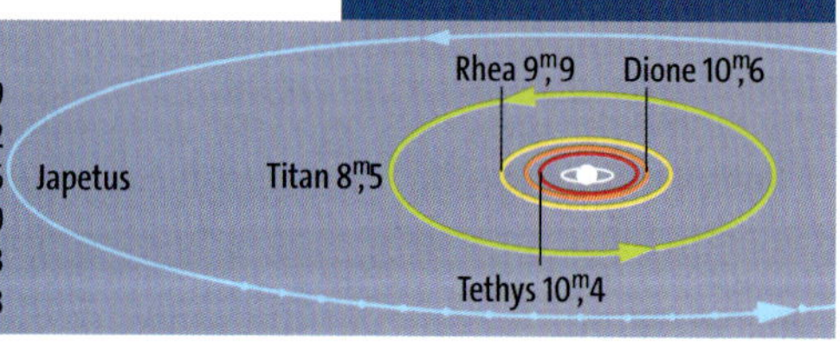

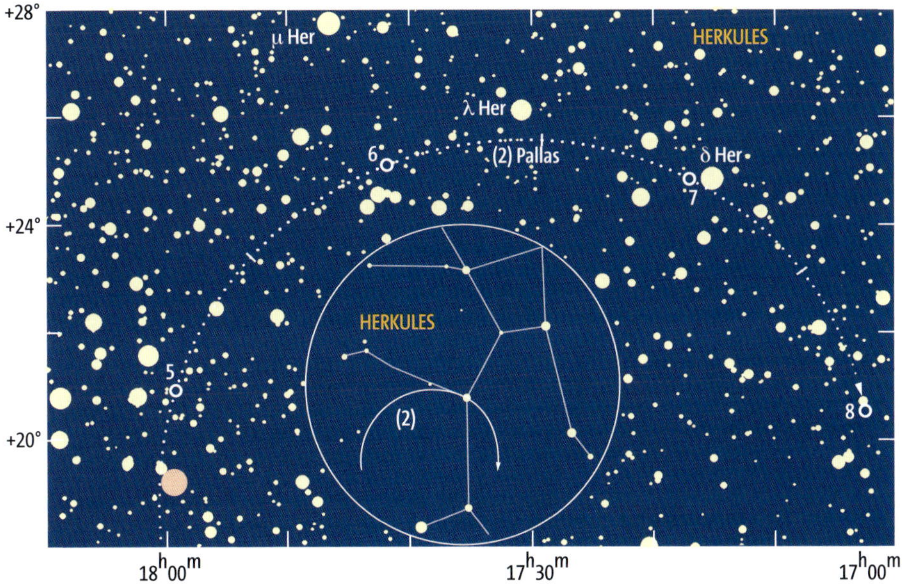

6.5 Bahn von Pallas: **Scheinbare Bahn des Kleinplaneten (2) Pallas von Mai bis Anfang August im Sternbild Herkules. Die Zahlen geben die Pallasposition zum jeweiligen Monatsbeginn an (5 = 1. Mai).**

Optik (Teleskop oder Fernglas auf stabilem Stativ) aufgefunden werden. Der grünliche Planet wandert langsam durch das Sternbild Fische und bremst seine rechtläufige Bewegung merklich ab. Im letzten Junidrittel passiert er südlich den Stern ζ Piscium (= 4ᵐ,9), der als Aufsuchhilfe dienen kann (siehe Abb. 10.13 auf Seite 217). Die Uranushelligkeit nimmt um 0ᵐ,1 auf 5ᵐ,8 leicht zu.

Am 15. geht Uranus um 1^h24^m (= 2^h24^m Sommerzeit) auf und am 30. schon um 0^h26^m. Jeweils eine Stunde nach seinem Aufgang kann man mit Aussicht auf Erfolg nach dem grünlichen Planeten Ausschau halten.

Neptun kommt im Wassermann im zweiten Monatsdrittel zum Stillstand. Am 12. wird er stationär und setzt zu seiner Oppositionsschleife an. Von diesem Datum an bewegt er sich rückläufig durch den Wassermann (siehe Abb. 9.6 auf Seite 195). Allerdings tritt der bläuliche Planet fast auf der Stelle. Eine Bewegung ist kaum zu registrieren.

Am 1. geht der 7ᵐ,9 lichtschwache Planet um 1^h08^m (= 2^h08^m Sommerzeit) auf, am 15. um 0^h13^m und am 30. schon um 23^h10^m. Am Monatsende kulminiert Neptun um 4^h35^m (= 5^h35^m Sommerzeit).

Planetoiden

Ceres – Planetoid Nr. 1 – wird am 6. im Steinbock stationär und setzt zu ihrer Oppositionsschleife an. Am 22. wandert Ceres nur 0°,2 nordwestlich an ω Capricorni (4ᵐ,1) vorbei (siehe Abb. 7.6 auf Seite 160). Die Cereshelligkeit nimmt im Laufe des Monats von 8ᵐ,3 auf 7ᵐ,9 merkbar zu. Am 1. kulminiert Ceres um 4^h18^m, am 30. bereits um 2^h37^m (= 3^h37^m Sommerzeit). Am 29. wechselt Ceres in das Sternbild Mikroskop.

Pallas (2) kommt am 12. im Sternbild Herkules in **Opposition** zur Sonne (siehe Abb. 6.5 oben). Mit 9ᵐ,4 ist ihre Oppositionshelligkeit nicht besonders günstig. Am Tag der Opposition passiert Pallas um 0^h33^m (= 1^h33^m Sommerzeit) den Meridian. Pallas zieht zur Monatsmitte etwa ein halbes Grad südlich an λ Herculis (4ᵐ,4) vorbei, der beim Aufsuchen behilflich sein kann (siehe Abb. 6.5 auf Seite 141). Bis Monatsende sinkt die Pallashelligkeit auf $9^{m}_{,}5$ leicht ab, ihre Kulminationen verfrühen sich auf $23^{h}03^{m}$.

Am Tag der Opposition trennen Pallas 360 Millionen Kilometer (= 2,41 AE) von uns. Ihre Sonnenentfernung beträgt am 12. immerhin 474 Millionen Kilometer (= 3,17 AE).

Periodische Sternschnuppenströme

Das zweite Maximum des **Scorpius-Sagittarius**-Stromes ist um den 14. Juni zu erwarten. Der Ausstrahlungspunkt oder Radiant liegt bei γ Sagittarii. Der Strom ist während des ganzen Monats aktiv. Wegen der geringen Höhe des Radianten sind Beobachtungen in unseren Breiten schwierig. Die beste Beobachtungszeit sind die Stunden um Mitternacht. Bei diesem Strom sind langsam fliegende Meteore (um 26 Kilometer pro Sekunde) zu sehen.

Am 8. und 9. Juni kann man nach den **Libriden** Ausschau halten. Der Radiant dieses Stromes liegt in der Waage.

Seit etwa 25 Jahren werden die **Juni-Lyriden** in der Zeit vom 11. bis 21. Juni beobachtet. Ihr Ausstrahlungspunkt liegt in der Leier. Ein Ursprungskomet ist noch nicht bekannt.

Im letzten Junidrittel sind die **Juni-Bootiden** zu beobachten. Sie sind seit 1916 bekannt, als sie eine große Aktivität entfalteten. Auch in den Jahren 1998 und 2004 waren sie recht aktiv mit rund hundert Meteoren pro Stunde. Das Maximum ist zwischen dem 23. und 27. Juni zu erwarten. Auch wenn Mondlicht sich störend bemerkbar macht, sind doch Beobachtungen erwünscht, vor allem, um auch eventuelle Feuerkugeln nicht zu verpassen. Wie ihr Name besagt, liegt der Radiant dieses Stromes im Norden des Sternbildes Bootes. Mit nur 18 Kilometer pro Sekunde Eintauchgeschwindigkeit zählen die Juni-Bootiden zu den langsamen Meteoren. Komet 7P/Pons-Winnecke gilt als Quelle dieses Stromes.

Zwischen dem 25. Juni und dem 2. Juli tauchen die **Corviden** auf, deren Radiant im Sternbild Rabe liegt. Am 27. Juni erreicht die Corvidenaktivität ihr Maximum.

Um den 16. Juni sind die **Juni-Draconiden** zu erwarten, ein schwacher Strom, der in den letzten Jahren nicht zu beobachten war. Der Radiant liegt im Sternbild Drache, also hoch im Norden.

Der Fixsternhimmel

Das Frühlingsdreieck, das sich aus Arktur im Bootes, Regulus im Löwen und Spica in der Jungfrau zusammensetzt, ist in die westliche Hemisphäre des Firmaments gerückt. Im Osten ist dagegen das Sommerdreieck mit Wega, Deneb und Atair bereits komplett aufgegangen. Der Große Wagen steht immer noch hoch über unseren Köpfen. Seinen Meridiandurchgang hat er allerdings schon hinter sich und bereitet sich auf seinen Abstieg vor. Tief im Norden zeigt sich die in unseren Breiten zirkumpolare Kapella.

Als erstes fällt in der nun spät einsetzenden Abenddämmerung hoch im Südwesten ein heller, deutlich orange-roter Stern auf. Es ist Arktur im Sternbild Bootes. Fast zeitgleich taucht in der hereinbrechenden Dunkelheit schon hoch im Osten die bläulich-weiß strahlende Wega auf. Die Wega ist der Hauptstern der Leier. Arktur und Wega sind somit die ersten Sterne, die in der beginnenden Dämmerung zu sehen sind.

Bei vielen Völkern wurde das Sternbild Bootes mit den sieben Sternen des Großen Wagens in Verbindung gebracht. Dies wird verständlich, wenn man einmal, mit den Augen dem Schwung der Wagendeichsel folgend, auf den hellen Arktur gestoßen ist.

Der Name Bootes kommt aus dem Griechischen und bedeutet Ochsentreiber oder Rinderhirt.

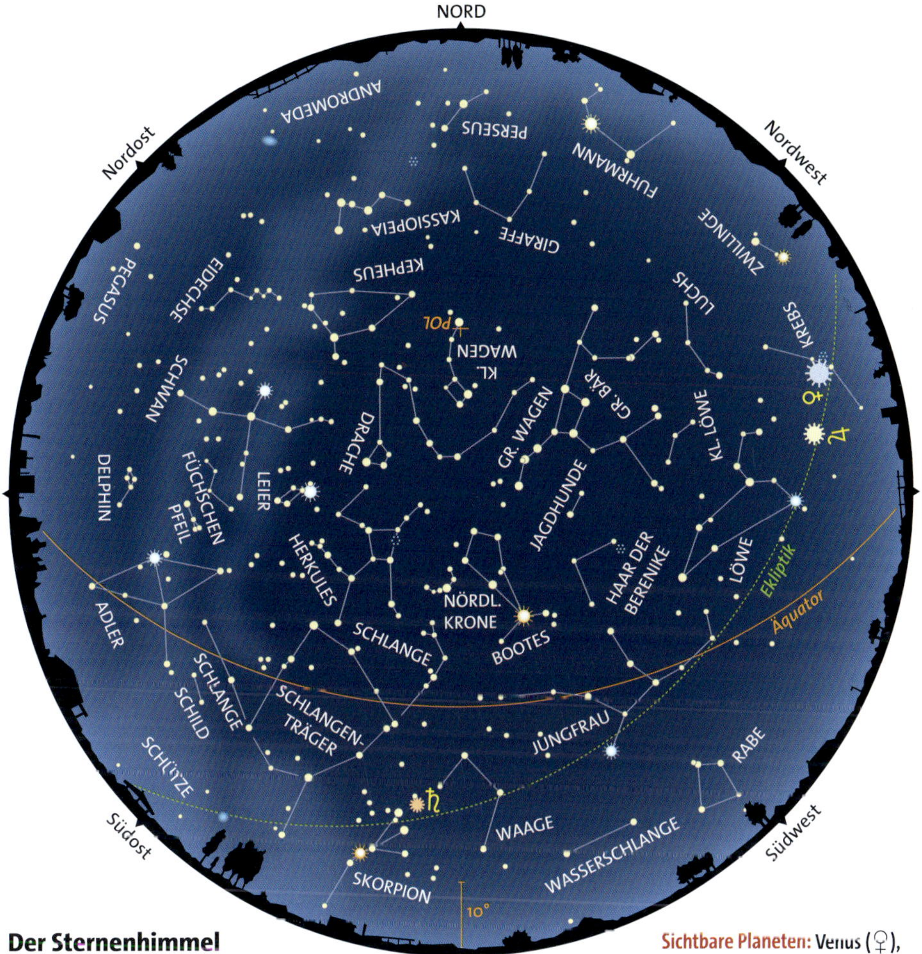

Der Sternenhimmel am 15. Juni um 22h MEZ

Sichtbare Planeten: Venus (♀), Jupiter (♃), Saturn (♄)

Die Sternkarte ist auch gültig für:		
	MEZ	MESZ
15. 2.	6h	
1. 3.	5	
15. 3.	4	
1. 4.	3	4h
15. 4.	2	3
1. 5.	1	2
15. 5.	0	1
1. 6.	**23**	**24**
15. 6.	**22**	**23**
30. 6.	**21**	**22**

Nach Ansicht der alten Römer treibt der Bootes die sieben Dreschochsen, nämlich die sieben Wagensterne, um den Göpel. Die sieben Dreschochsen hießen bei den Römern Septemtriones. Diese Bezeichnung verwendeten sie auch für die Nordrichtung.

Bei den Arabern galt der Bootes als Schafhirte, die Herde bildeten die Sterne des Herkules und Ophiuchus (lat., Schlangenträger).

Im Westen neigt sich der Löwe dem Untergang zu. Die Basislinie Regulus – Denebola steht schräg zum Horizont. Das Feld im Südwesten wird von der Jungfrau (lat.: Virgo) besetzt gehalten. Ihr Hauptstern Spica leuchtet leicht erkennbar in bläulichem Licht halbhoch über dem Südwesthorizont.

6.6 Die Waage:
Das Sternbild Waage im Sternatlas von Johann Elert Bode aus dem Jahre 1782.

Saturn in der Waage

Tief im Süden krabbelt eben der Skorpion den Horizont entlang. Sein tiefroter Hauptstern Antares ist mit 1^m scheinbarer Helligkeit kaum zu übersehen. Seine Helligkeit variiert ein wenig von 0^m,9 bis 1^m,1. Antares, α Scorpii, ist ein roter Überriesenstern. Er wird manchmal als Cor Scorpii (lat., Herz des Skorpions) bezeichnet.

Sein Spektraltyp ist M1 Ib. Die Distanz ist bis heute nicht genau bekannt. Sie beträgt etwa 600 Lichtjahre mit einer Unsicherheit von weit mehr als hundert Lichtjahren. Ein wenig westlich von Acrab (β Scorpii) leuchtet ein helles Gestirn – Saturn, der Ringplanet.

Nördlich des Skorpions – also „oberhalb" von unseren Breiten aus gesehen, wenn der Skorpion gerade im Süden steht – stößt man auf das umfangreiche, aber nur aus lichtschwachen Sternen bestehende Bild des Schlangenträgers (lat.: Ophiuchus) mit der Schlange. Die Schlange wird durch ihren Träger in zwei Teile zerlegt. Der östliche Teil markiert den Schwanz der Schlange (lat.: Serpens Cauda). Er wird durch eine Sternenkette markiert, die auf Atair im Adler deutet. Der westliche Teil bildet den Kopf (lat.: Serpens Caput). Der Schlangenkopf passiert gerade den Meridian und blickt nach Norden zum kleinen, aber einprägsamen Sternbild Nördliche Krone. Der hellste Stern in der Schlange, α Serpentis, leuchtet orange-rötlich (2^m,6), gehört zur Spektralklasse K2 III und ist 73 Lichtjahre entfernt. Sein Eigenname ist Unukalhai, was „Hals der Schlange" heißt.

Das Sternbild Waage (Libra)

Im südlichen Tierkreis zwischen Jungfrau im Westen und Skorpion im Osten ist das Sternbild Waage beheimatet. Libra ist die offizielle lateinische Bezeichnung für die Waage. Nur vier Sterne sind so hell, dass man sie mühelos mit bloßen Augen sehen kann. Als Mitglied des Tierkreises ziehen Sonne, Mond und Planeten durch die Waage. Daher ist dieses Sternbild gut bekannt, wenn auch nur wenige diese unscheinbare Konstellation mit eigenen Augen am Sternenhimmel wahrgenommen haben. Das Waagesymbol ♎ steht für das Herbstäquinoktium, da in der Antike der Herbstpunkt noch in der Waage lag. Heute jedoch wandert die Sonne vom 31. Oktober bis 22. Novem-

Veränderliche Sterne im Juni

Algol-Minima	6.	5^h37^m	9.	2^h26^m	14.	20^h03^m	29.	4^h08^m				
β-Lyrae-Minima	2.	5^hN	8.	16^hH	15.	4^hN	21.	15^hH	28.	2^hN		
δ-Cephei-Maxima	2.	9^h	7.	18^h	13.	3^h	18.	12^h	23.	20^h	29.	5^h

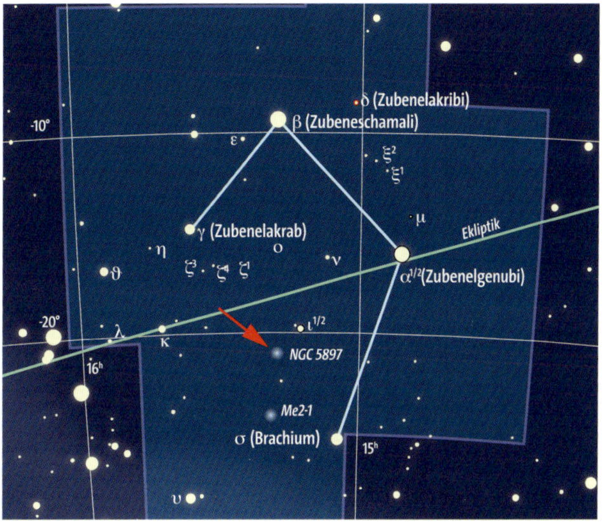

6.7 Sternbild Waage:
Skelettkarte des Sternbildes Waage. Markiert ist die Position des Kugelhaufens NGC 5897.

ber durch die Waage. Je nach Termin des letzten Schaltjahres verschieben sich diese Ein- und Austrittszeiten um einen Tag. So wechselt die Sonne in diesem Jahr (2015) erst am 23. November abends aus dem Sternbild Waage in den Skorpion.

In der Antike deuteten die Sterne der Waage noch die Scheren des Skorpions an. Aus dieser Zeit stammen auch die arabischen Namen für die beiden hellsten Sterne, α und β Librae. α Librae heißt Zuben el Genubi (oder el Dschenubi), was „südliche Schere" bedeutet, und β Librae wird Zuben el Chamali (oder el Schemali) genannt, was entsprechend „nördliche Schere" heißt.

Auf Sternkarten aus den ersten Jahrhunderten nach Christi tauchen geflügelte Wesen auf, vermutlich Engel, die eine kleine Waage halten. Der Ursprung geht wahrscheinlich auf die alten Ägypter zurück, wo ein schöner Jüngling die Waage hält. In ihren Totenbüchern, die den Verstorbenen beigelegt wurden, taucht der Waagemann als Symbol der Gerechtigkeit auf. Er soll das Gleichgewicht zwischen dem Reich der Toten und dem der Lebenden herstellen. Die kosmische Waage wurde vom ägyptischen Gott Anubis eingesetzt. Das Herz eines eben Verstorbenen wurde in eine Waagschale gelegt, in die andere eine Pfauenfeder, das Symbol der Wahrheitsgöttin Maat. Anubis wog das Herz. War der Verstorbene in seinem Leben ein aufrichtiger Mensch, so bestand das Herz die Prüfung und er wurde in eine höhere Lebensstufe aufgenommen.

Ein einfacher Doppelstern

Der Hauptstern der Waage, α Librae, ist $2\overset{m}{,}8$ hell und besitzt in 231″ Distanz einen $5\overset{m}{,}2$ hellen Begleiter, der leicht in jedem Fernglas auszumachen ist. Früher vermutete man, es handle sich um ein optisches Paar, also nicht um einen echten Doppelstern. Da beide Sterne aber die gleiche Eigenbewegung aufweisen, dürfte es sich zwar um ein sehr weites, jedoch gravitativ gebundenes System handeln. Die Hauptkomponente ist selbst wieder ein spektroskopischer Doppelstern.

Die Entfernung von α Lib beträgt nach neuen Messungen 78 Lichtjahre, ist also größer als der ursprüngliche Wert von 65 Lichtjahren. β Librae ist mit $2\overset{m}{,}6$ ein wenig heller als α Lib und strahlt ein blauweißes Licht aus. Er ist ein sehr heißer Stern der Spektralklasse B8. Die Entfernungsbestimmung ergab 160 Lichtjahre. Damit ist β Lib doppelt so weit entfernt wie α Lib. Da er aber rund sechsmal leuchtkräftiger ist, erscheint β Lib trotz doppelter Distanz uns ein wenig heller als α Lib.

Ein mit 9^m lichtschwacher Kugelhaufen, NGC 5897, ist ein wenig nordöstlich von σ Lib und nahe bei ι Lib zu finden. Er macht einen verwaschenen Eindruck und ist in Amateurteleskopen schwierig zu finden. Fast eine Million Sterne leuchten hier in etwa 40 000 Lichtjahren Distanz. Sein Durchmesser beträgt rund 100 Lichtjahre.

Omega Centauri – ein Kugelhaufen der Superlative

6.8 **Der kugelförmige Sternhaufen Omega Centauri ist ein faszinierendes Gebilde im Kosmos. In 16 000 Lichtjahren Entfernung beherbergt er rund zehn Millionen Sonnen und wird deshalb auch „Juwel des Südhimmels" genannt.**

Zu den allerschönsten Himmelsobjekten, die man in einem Teleskop bewundern kann, zählt zweifelsohne der helle, kugelförmige Sternhaufen Omega im Sternbild des Zentauren. Ein Blick auf diese Ansammlung von Millionen von Sternen fasziniert auch ein Laienpublikum. Wenn man gelegentlich von den „Wundern des Himmels" spricht, dann gehört dieser Kugelhaufen mit Sicherheit dazu. Nicht umsonst hat er die Bezeichnung „Juwel des Südhimmels" erhalten. Wer den Kugelhaufen M 13 im Herkules bereits kennt, wird überwältigt sein, wenn er die Pracht und den Sternenreichtum von ω Centauri das erste Mal in einem Fernrohr zu Gesicht bekommt. Er ist der hellste und größte Kugelhaufen am irdischen Firmament und übertrifft M 13 rund sieben Mal an scheinbarer Helligkeit und ist mit etwa einem Vollmonddurchmesser auch deutlich größer. Mit den äußersten Randpartien hat er sogar einen scheinbaren Durchmesser von fast einem Grad. Aus dem zentralen Bereich von fünf Bogenminuten Durchmesser erreichen uns 50 Prozent seines gesamten Lichtstroms.

Mit vierter Größenklasse an scheinbarer Helligkeit ist ω Cen in dunkler Nacht schon mit freien Augen erkennbar. Da sein Licht nicht von einer Punktquelle ausgestrahlt wird, hat man mit bloßen Augen den Eindruck eines etwas diffusen Sterns fünfter Größenklasse. So taucht ω Cen bereits im Sternkatalog von Claudios Ptolemaios aus dem Jahre 150 nach Chr. auf. Auch Johannes Bayer hat ihn als Stern gesehen und ihm in seinem Sternatlas *Uranometria*, der 1603 in Augsburg erschien, den letzten Buchstaben im griechischen Alphabet verpasst, als er die Sterne des Zentauren bezeichnete. Edmond Halley, der berühmte Berechner der Bahn des nach ihm benannten Kometen, hat erkannt, dass ω Cen kein Stern sein kann, sondern ein ausgedehntes Gebilde darstellt. Tatsächlich hat man den Eindruck eines schweiflosen Kometen, wenn man ω Cen mit einem kleinen Fernglas anschaut. Halley hat ihn als Nebel klassifiziert. Ebenso hat Nicolas de Lacaille (1713–1762) ihn als Nebel angesehen und ihm die Nummer L I.5 in seinem Katalog vergeben. Lacaille war es, der zahlreiche Sternbilder des Südens schuf wie beispielsweise Grabstichel (Caelum), Mikroskop (Microscopium), Zirkel (Circinus), Schiffskompass (Pyxis), Oktant (Octans) und andere.

Im 19. Jahrhundert als Kugelhaufen erkannt

Als erster erkannte der schottische Astronom James Dunlop, der auf der australischen Sternwarte Parramatta (zentraler Stadtteil von Sydney) beobachtete, im Jahre 1826 Omega Centauri als Kugelhaufen. Dunlop gab ihm in seinem Katalog die Nr. 440. John Herschel, der von Südafrika aus beobachtete, berichtet 1837 ebenfalls, dass ω Cen ein Sternhaufen und kein galaktischer Nebel ist: „Dieser schönste Kugelhaufen füllt mein 18¾-Zoll-Teleskop schon mit seinen dichtesten Partien vollständig mit tausenden Sternen aus."

Ein Wermutstropfen für den Sternfreund in unseren Breiten: Von Mitteleuropa ist ω Centauri nicht zu sehen, weil er mit einer Deklination von −47,°5 viel zu weit südlich steht. Auf einer geografischen Breite von +42,°5 kulminiert ω Cen gerade im Südpunkt und ist damit längst noch nicht zu sehen. Erst ab 30° nördlicher Breite und südlicher kann man ihn eindeutig erkennen. Von Kreta, Sizilien oder Gibraltar aus lässt sich ω Centauri gerade noch sichten. Am besten zu beobachten ist er natürlich von der Südhalbkugel der Erde. Südlich von 42,°5 südlicher Breite ist ω Cen sogar zirkumpolar, das heißt in jeder klaren Nacht des Jahres am Sternenhimmel präsent. Da er sich rund 36° südlich von Spica in der Jungfrau befindet, sieht man ihn im (Nord-)Frühjahr und (Nord-)Sommer am Abendhimmel.

Enorm ist die Zahl der Sterne in diesem Kugelhaufen. Schätzungen belaufen sich auf bis zu zehn Millionen Mitgliedssonnen. Von über hunderttausend Sternen in ω Cen wurden die Helligkeiten und Spektralfarben bestimmt. Dabei wurden 130 RR-Lyrae-Sterne entdeckt, von denen man ihre wahren Helligkeiten kennt. Ein RR-Lyrae-Stern hat im Mittel eine absolute Leuchtkraft von 0^M. Er ist damit rund hundert Mal heller als unsere Sonne. Aus dem Einpassen des Farben-Helligkeits-Diagramms (FHD) in das Hertzsprung-Russell-Diagramm (HRD) ergibt sich ein Entfernungsmodul (m–M) von $13^m\!,94$ (Methode des ZAMS-Fitting – **Z**ero **A**ge **M**ain **S**equence).

170 Lichtjahre Durchmesser

Ein ähnlich großer Entfernungsmodul ergibt sich aus Messungen der scheinbaren Helligkeit der RR-Lyrae-Sterne in ω Cen. Aus der gemessenen integrierten scheinbaren V-Helligkeit des Kugelhaufens von $3^m\!,68$ ergibt sich eine absolute Helligkeit von $-10^M\!,26$. Die Gesamtleuchtkraft von ω Cen entspricht somit einer Million unserer Sonnen. Aus dem Entfernungsmodul folgt eine Distanz von 6,14 kpc (= Kiloparsec), das sind knapp 20000 Lichtjahre. Dies ist definitiv zu hoch gegriffen. Denn ω Cen befindet sich nahe der galaktischen Hauptebene, wo die Absorption des interstellaren Staubes nicht vernachlässigt werden darf. Ursprünglich hat man den Absorptionswert mit nur $0^m\!,12$ veranschlagt, was eine Entfernung von knapp 19000 Lichtjahren ergibt. Geht man realistisch von $0^m\!,5$ Absorption aus, dann erhält man 16000 Lichtjahre. Bei einem scheinbaren Durchmesser von 36′ ergibt dies dann 170 Lichtjahre für den wahren Durchmesser des Kugelhaufens ω Centauri. Unsere Sonne

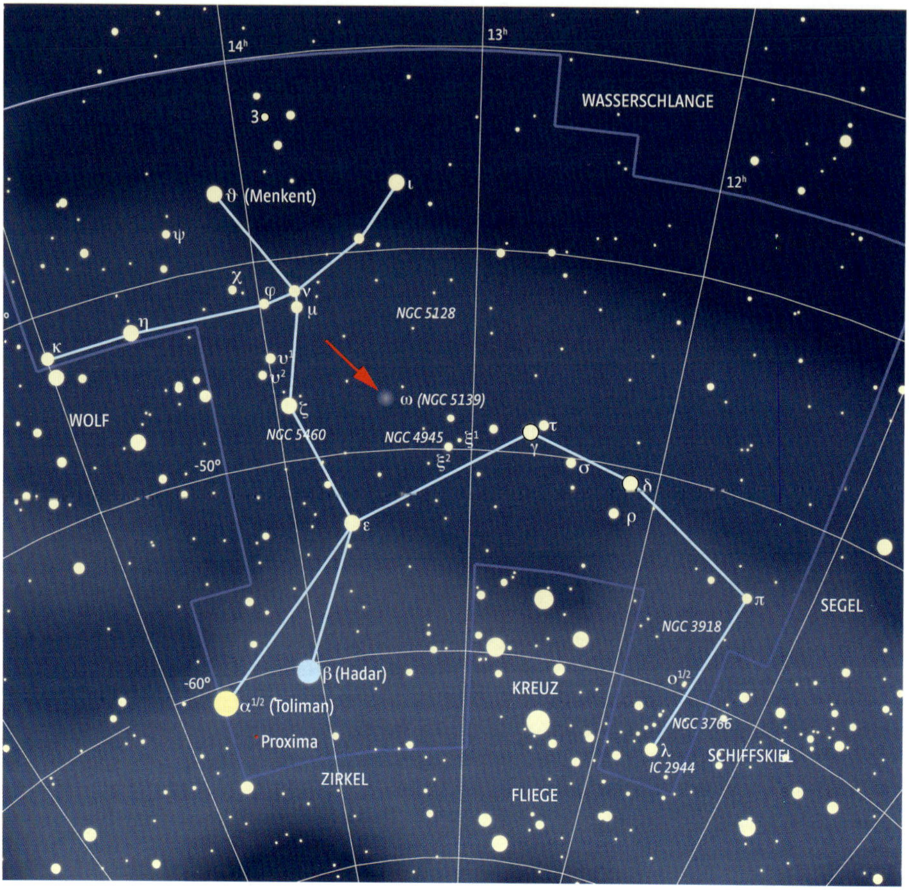

6.9 Das Sternbild Centaurus. Eingetragen ist die Position des Kugelhaufens ω Centauri.

erschiene nur noch als winziges Lichtpünktchen von $18^{m},8$ scheinbarer Helligkeit, stünde sie von uns aus gesehen mitten in ω Cen.

Die Sterndichte ist in ω Cen einige tausend Mal höher als in der Sonnenumgebung. Die mittlere Distanz der Sterne voneinander beträgt ein Drittel Lichtjahr, im zentralen Bereich sogar nur noch ein Zehntel Lichtjahr.

Kugelhaufen enthalten die ältesten Sterne im Universum. Aus dem Abknickpunkt der Hauptreihe im FHD folgt ein Alter von knapp zwölf Milliarden Jahren für die Sterne von ω Centauri, während unsere Sonne nur knapp fünf Milliarden Jahre alt ist. Die Sterne des Kugelhaufens ω Cen sind somit nur zwei Milliarden Jahre nach dem Beginn des Universums entstanden. Doch dies ist nicht die ganze Wahrheit.

Omega Centauri unterscheidet sich signifikant von den anderen rund zweihundert Kugelhaufen der Galaxis. Schon rein äußerlich fällt auf, dass ω Cen nicht kugelrund, sondern abgeplattet ist, etwa im Verhältnis 2:3. Diese Abplattung ist auf die Rotation des gesamten Kugelhaufens zurückzuführen. Während in den anderen Kugelhaufen die Sterne auf beliebig geneigten Bahnen um das Zentrum laufen, gewissermaßen herum-

6.10 **Blick in das Zentrum von ω Centauri, in dem sich 100 000 Sterne drängen. Aufnahme mit dem Hubble-Space-Telescope (NASA/ESA).**

schwirren wie Bienen in einem Stock, so lassen systematische Abweichungen von der mittleren Radialgeschwindigkeit auf eine Rotation des gesamten Kugelhaufens ω Cen schließen. ω Cen entfernt sich von uns mit rund 240 Kilometer pro Sekunde. An den Rändern zeigen sich jedoch systematische Abweichungen von der mittleren Radialgeschwindigkeit in der Größenordnung von ± 8 km/s, woraus eine Rotationsdauer von 20 Millionen Jahren abzuleiten ist. Doch offensichtlich nehmen nicht alle Sterne an der Rotation teil. Rund fünf Prozent von ihnen zeigen ein eigenes Bewegungsprofil. Auch scheint es neben der klassischen, metallarmen Population II, die typisch für die Bevölkerung der Kugelhaufen ist, eine weitere, metallreichere intermediäre Population zu geben. Etliche gelbe und rote Riesen mit absoluten Helligkeiten um -3^M zeigen einen deutlich höheren Metallanteil, der etwa 20 Prozent der Metallizität unserer Sonne ausmacht, währen die übrigen Sterne nur fünf Prozent des Metallgehaltes der Sonne aufweisen. Die Astronomen nennen alle Elemente, die schwerer sind als Helium, Metalle. Im primordialen Feuerball des Urknalls entstanden nur Wasserstoff und Helium sowie Spuren von Lithium. Die interstellare Materie wurde erst im Laufe der Zeit mit schwereren Elementen angereichert, die im tiefen Inneren massereicher Sterne gebacken wurden. Bei Sternexplosionen, also Supernovadetonationen, und durch Abblasen von Materie, den sogenannten Sternwinden bei roten Riesensternen, reicherte sich die interstellare Materie mit schwereren Elementen wie Kohlenstoff, Stickstoff, Sauerstoff, Silizium, Eisen u.a. an. Jüngere Sterne erhielten somit bei ihrer Geburt einen höheren Anteil an schweren Elementen. Der „Metallgehalt" eines Sternes lässt somit auf sein Alter schließen.

Der Überrest einer Galaxie?

Woher stammen nun die verschiedenen Populationen im Kugelhaufen ω Centauri? Möglicherweise hat er einen jüngeren und kleineren Sternhaufen verschlungen. Dies geschah in kosmisch gesehen jüngerer Zeit – vielleicht vor einer Milliarde Jahren.

Andere Indizien wiederum lassen vermuten, dass unsere Milchstraße sich eine elliptische Zwerggalaxie einverleibt hat, wobei ihr die meisten Sterne schon entrissen wurden und nur der Kernbereich als ω Cen übrig blieb. Ein solcher Galaxienkannibalismus ist im Universum gang und gäbe. Apropos Kern: Im Zentrum von ω Cen haust höchstwahrscheinlich ein gewaltiges Schwarzes Loch von rund 40 000 Sonnenmassen und einem Durchmesser von 120 000 Kilometer. Dies entspricht grob dem zehnfachen Erddurchmesser oder ein Drittel der Strecke von der Erde zum Mond.

Das Schwarze Loch im Herzen von ω Centauri bleibt unsichtbar. Aber die Sternenpracht dieses Kugelhaufens sollte jeder an der Astronomie interessierte Zeitgenosse sich nicht entgehen lassen, wenn er sich einmal nach Süden begibt und Gelegenheit hat, mit einem Fernrohr den faszinierenden dortigen Sternenhimmel ungestört von Mondlicht oder irdischer Beleuchtung zu beobachten.

Wie sagte einst der amerikanische Astronom und Publizist Stephen James O'Meara? „Ein Blick auf ω Centauri ist wie ein Blick in die Geisteswerkstatt des Schöpfers".

Omega Centauri in Zahlen

Bezeichnungen:	ω Centauri / NGC 5139 / Dun 440 / Caldwell 80 ESO 270 – SC 11 / GC 3531 / Lacaille L I. 5	
Äquatoriale Koordinaten:	Rektaszension	Deklination
J 2000.0	$13^h26^m46^s$	–47°28'37"
J 2015.0	$13^h27^m39^s$	–47°33'16"
Scheinbare Helligkeit:	$V = 3\overset{m}{,}68$	
Mittlere Helligkeit pro Quadratminute:	$V_F = 11^m$	
Spektraltyp: F5	Farbindex: $B - V = 0\overset{m}{,}78$	
Scheinbarer Durchmesser:	d = 36'	Konzentrationsklasse: VIII
Zentraler Bereich (H = 50 %):	$d_Z = 5'$	
mit Randpartien	$d_R = 55'$	
Radialgeschwindigkeit:	RG = +240 km/s	
Absolute Helligkeit:	$L = -10\overset{M}{,}26$	
Entfernungsmodul:	$(m - M) = 13\overset{m}{,}94$	
Entfernung (bei $0\overset{m}{,}5$ interstellarer Absorption):	r = 4,9 kpc = 16 000 LJ	
Wahrer Durchmesser:	D = 170 LJ	
mit Randpartien	$D_R = 260$ LJ	
Masse (Sonne = 1):	$M = 2{,}6 \cdot 10^6\ M_\odot$	
Zahl der Mitgliedssterne:	etwa 10^7	
Metallizität:	[Fe/H]= –1,37 dex	
Rotationsdauer (bei r = 80 LJ und v = 8 km/s):	$2 \cdot 10^7$ Jahre	
Zentrales Schwarzes Loch:		
Masse:	$M = 40\,000\ M_\odot$	
Durchmesser:	D = 120 000 km	
Alter (Population II):	$11{,}5 \cdot 10^9$ Jahre	

Juli 2015

- Die Erde erreicht am 6. ihren sonnenfernsten Bahnpunkt. Ihr Licht benötigt acht Minuten und 27 Sekunden, um die 152 Millionen Kilometer zur Erde zurückzulegen.
- Venus erstrahlt am 10. in maximalem Glanz am Abendhimmel.
- Jupiter und Saturn sind ebenfalls am Abendhimmel vertreten.

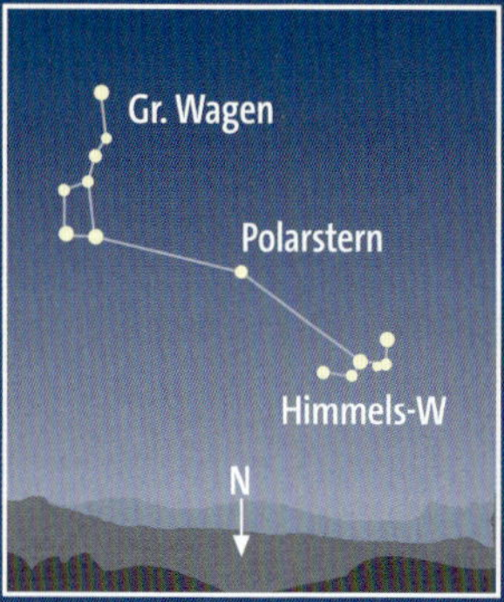

Großer Wagen und Himmels-W Anfang Juli um 22 Uhr

7.1 Himmelsanblick am 18. Juli gegen 21h MEZ (= 22h MESZ). Tief am Westhimmel sind Venus und Jupiter zu sehen. Zu ihnen gesellt sich die schmale Sichel des zunehmenden Mondes.

- **1 Mi** Venus bei Jupiter (Abendhimmel)
- **2 Do** Vollmond
- **3 Fr**
- **4 Sa**
- **5 So** Mond in Erdnähe
- **6 Mo** Pluto in Opposition; Erde in Sonnenferne
- **7 Di**
- **8 Mi** Mond im letzten Viertel
- **9 Do** Mond bei Uranus (Morgenhimmel)
- **10 Fr** Venus in größtem Glanz (Abendhimmel)
- **11 Sa**
- **12 So**
- **13 Mo**
- **14 Di**
- **15 Mi**
- **16 Do** Neumond
- **17 Fr**
- **18 Sa** Mond bei Jupiter (Abendhimmel)
- **19 So** Mond bei Venus (Abendhimmel)
- **20 Mo**
- **21 Di** Mond in Erdferne
- **22 Mi**
- **23 Do**
- **24 Fr** Mond im ersten Viertel
- **25 Sa**
- **26 So** Mond bei Saturn (Abendhimmel)
- **27 Mo**
- **28 Di**
- **29 Mi**
- **30 Do**
- **31 Fr** Vollmond

Sonne – Sternbilder

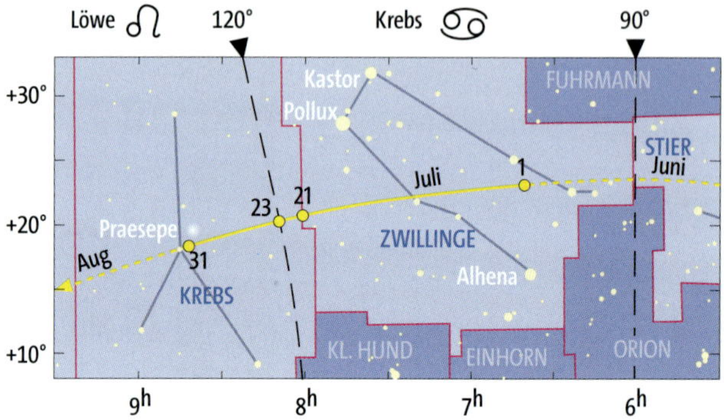

21.7. 7h:
Sonne tritt in das Sternbild Krebs
23.7. 5h:
Sonne tritt in das Tierkreiszeichen Löwe
Julianisches Datum am
1. Juli, 1h MEZ: 2 457 204,5

Tabelle Sonnenlauf

Tag	Dämmerg. Anfang	Aufgang MEZ	Kulmination	Untergang MEZ	Dämmerg. Ende	Mittagshöhe	Zeitgleichg.	Rektaszension	Deklination
	h m	h m	h m	h m	h m	o	m	h m	o
1.	2 26	4 15	12 24	20 33	22 21	63,1	–4	6 38	+23,2
5.	2 31	4 18	12 25	20 31	22 18	62,8	–5	6 54	+22,9
10.	2 38	4 22	12 25	20 28	22 12	62,2	–5	7 15	+22,3
15.	2 46	4 27	12 26	20 24	22 05	61,5	–6	7 35	+21,6
20.	2 55	4 33	12 26	20 19	21 56	60,7	–6	7 55	+20,8
25.	3 05	4 39	12 27	20 13	21 47	59,7	–7	8 15	+19,8
31.	3 17	4 47	12 26	20 05	21 35	58,3	–6	8 39	+18,4

Tages- und Nachtstunden

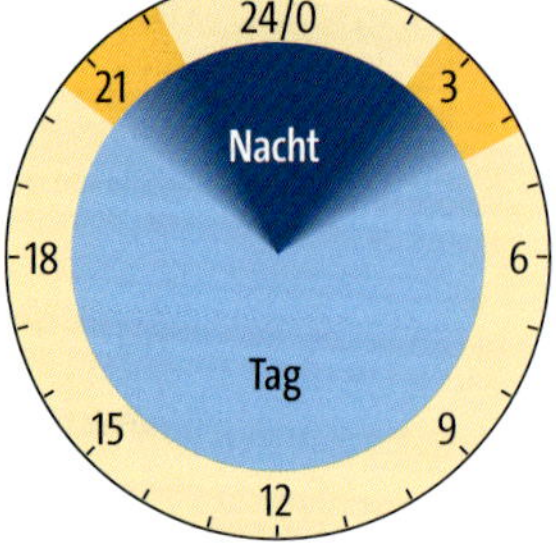

5. Juli

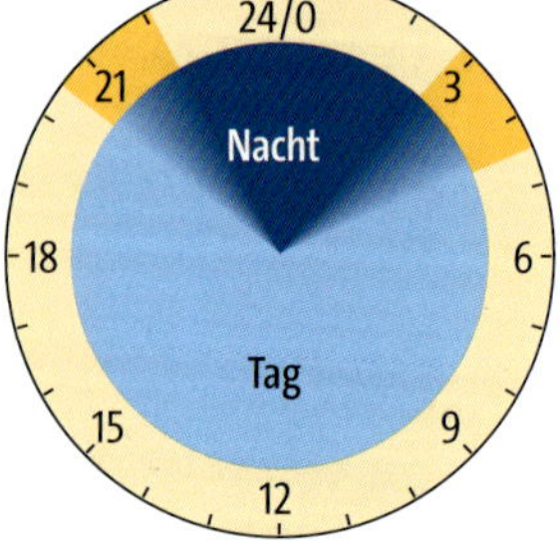

15. Juli

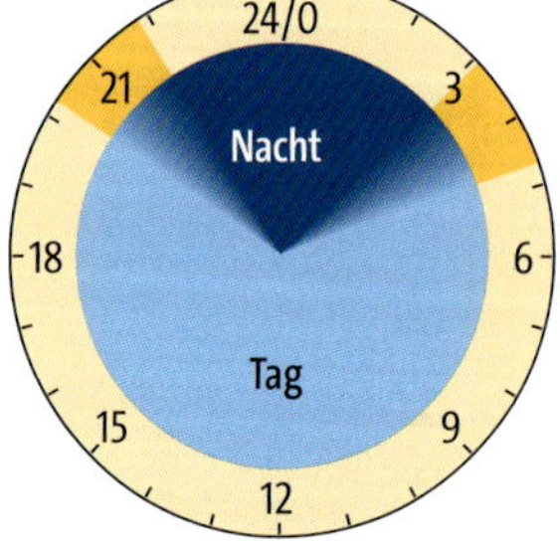

25. Juli

Tabelle Mondlauf

Datum		Aufg. MEZ	Kulmination	Unterg. MEZ	Rektaszension	Deklination	Sterne und Sternbilder	Phase	MEZ
		h m	h m	h m	h m	°			
Mi	1.	19 39	–	3 55	17 37	−18,4	Schlangenträger	Größte Nordbreite	
Do	2.	20 29	0 15	4 54	18 35	−18,2	Schütze	**Vollmond**	**3h 20m**
Fr	3.	21 12	1 12	6 00	19 34	−16,9	Schütze		
Sa	4.	21 50	2 09	7 12	20 32	−14,5	Steinbock		
So	5.	22 24	3 04	8 27	21 30	−11,2	Steinbock	Erdnähe 367/32,′6	20h
Mo	6.	22 55	3 58	9 43	22 26	− 7,2	Wassermann		
Di	7.	23 24	4 51	10 59	23 21	− 2,8	Fische		
Mi	8.	23 54	5 43	12 14	0 15	+ 1,7	Fische	**Letztes Viertel** Absteigender Knoten	**21h 24m**
Do	9.	–	6 35	13 28	1 09	+ 6,0	Fische		
Fr	10.	0 25	7 27	14 41	2 03	+10,0	Fische		
Sa	11.	0 59	8 20	15 51	2 58	+13,4	* Widder		
So	12.	1 38	9 14	16 56	3 53	+16,0	Stier		
Mo	13.	2 22	10 07	17 56	4 49	+17,7	* Aldebaran		
Di	14.	3 11	11 01	18 49	5 45	+18,4	Stier	Größte Südbreite Libration West	
Mi	15.	4 07	11 53	19 35	6 40	+18,1	Alhena		
Do	16.	5 06	12 43	20 13	7 33	+16,9	Zwillinge	**Neumond Nr. 1145**	**2h 24m**
Fr	17.	6 07	13 32	20 47	8 25	+14,9	Krebs, Krippe		
Sa	18.	7 10	14 18	21 16	9 14	+12,2	Krebs		
So	19.	8 12	15 02	21 42	10 02	+ 9,1	Löwe, Regulus		
Mo	20.	9 14	15 45	22 06	10 48	+ 5,6	Sextant		
Di	21.	10 15	16 27	22 30	11 34	+ 1,9	Löwe	Erdferne 405/29,′5 Aufsteigender Knoten	12h
Mi	22.	11 16	17 09	22 54	12 19	− 1,8	Jungfrau		
Do	23.	12 18	17 53	23 19	13 04	− 5,5	Spica		
Fr	24.	13 20	18 37	23 47	13 50	− 8,9	Spica	**Erstes Viertel**	**5h 04m**
Sa	25.	14 23	19 24	–	14 38	−12,1	* Waage		
So	26.	15 25	20 13	0 20	15 27	−14,8	Waage		
Mo	27.	16 26	21 06	0 58	16 20	−16,8	Skorpion	Libration Ost	
Di	28.	17 24	22 00	1 43	17 15	−18,1	Schlangenträger		
Mi	29.	18 18	22 57	2 37	18 12	−18,3	Schütze	Größte Nordbreite	
Do	30.	19 05	23 55	3 40	19 10	−17,5	Schütze		
Fr	31.	19 47	–	4 50	20 10	−15,5	Steinbock	**Vollmond**	**11h 43m**

Der Mond entfernt sich von Saturn

Merkur stand im letzten Drittel des Vormonats in größter westlicher Elongation. Er läuft der Sonne nach und überholt sie am 23. An diesem Tag steht er somit in oberer Konjunktion mit der Sonne, wobei er seine größte Entfernung von der Erde erreicht. Die Distanz Merkur – Erde beträgt dann 200 Millionen Kilometer (= 1,337 AE).

In südlichen Gegenden (weniger als 46° Nord) kann man Merkur in der ersten Juliwoche kurz in der Morgendämmerung erspähen. Am 1. geht der $-0{,}^{m}2$ helle Merkur um $3^{h}17^{m}$ auf, am 8. um $3^{h}26^{m}$ (= $4^{h}26^{m}$ Sommerzeit). Bis 8. nimmt die Merkurhelligkeit auf $-0{,}^{m}8$ deutlich zu. Für den Rest des Monats bleibt Merkur unsichtbar. Die enge Begegnung

7.2 Heliozentrischer Anblick des Planetensystems im dritten Jahresviertel 2015. Eingetragen sind links die Positionen der inneren Planeten für den 1. Juli (7), 1. August (8), 1. September (9) und 1. Oktober (10). Der rechte Teil zeigt das äußere Planetensystem und einige Planetoiden. Die Pfeile deuten die Richtungen zu den ferneren Planeten sowie zum Frühlingspunkt an.

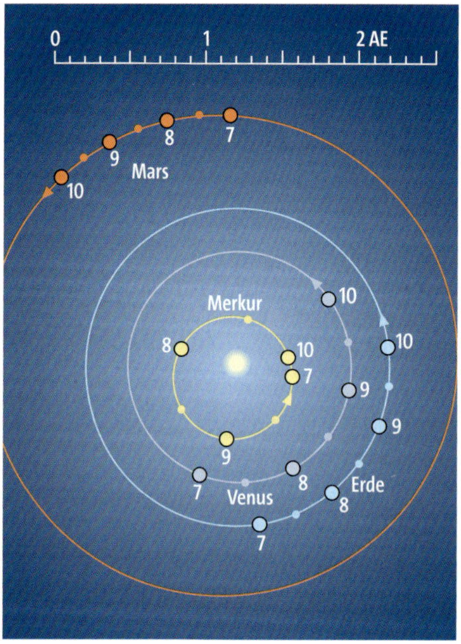

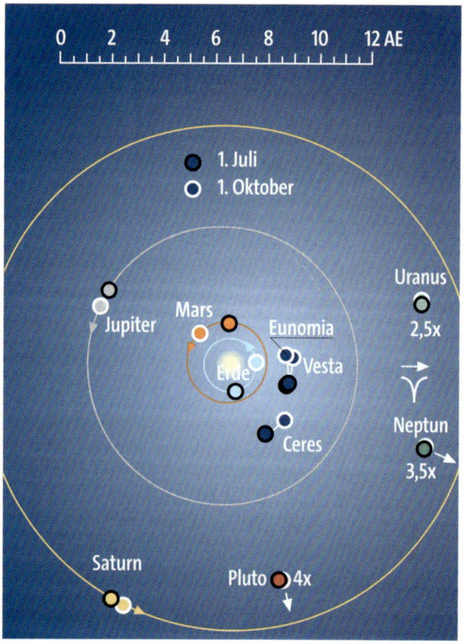

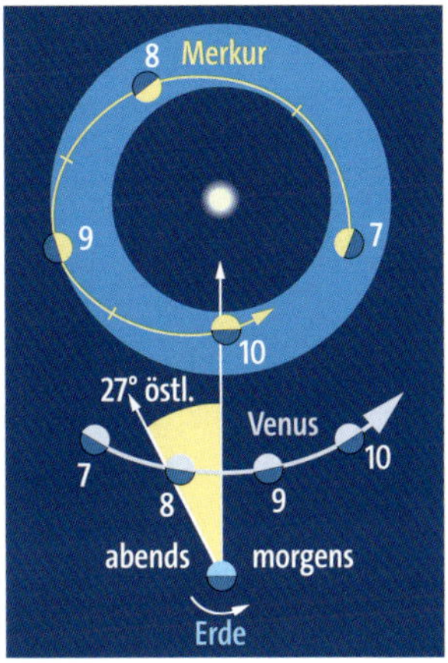

7.3 Bahnen von Merkur und Venus: Heliozentrische Bewegungen von Merkur und Venus *relativ* zur Erde. In den dicker ausgezogenen Bahnteilen sind die Planeten beobachtbar. Die Zahlen geben die Positionen jeweils zum Monatsersten an. Östlicher Winkelabstand bedeutet Abendsichtbarkeit; westliche Elongation: Planet steht am Morgenhimmel.

mit Mars am 16. bleibt ebenfalls unbeobachtbar. Am 16. eilt der flinke Planet durch sein Perihel.

Venus erstrahlt am 10. in größtem Glanz ($-4^{\mathrm{m}},7$) am Abendhimmel. Im letzten Monatsdrittel zieht sie sich schnell vom Abendhimmel zurück und wird unsichtbar. Am 23. wird sie stationär und eilt anschließend rasch rückläufig auf die Sonne zu, mit der sie Mitte August zusammentrifft.

Gleich zu Monatsbeginn zieht Venus nur 0°,4 südlich an Jupiter vorbei (siehe Abb. 6.2 auf Seite 138). Am 18. gesellt sich die schmale Sichel des zunehmenden Mondes zu den beiden hellsten Planeten – ein spektakulärer Himmelsanblick gegen 21^{h} (= 22^{h} Sommerzeit). Das Dreigestirn Venus – Jupiter – Mond ist knapp über dem Westhorizont zu sehen. Mit von der Partie ist Regulus, Hauptstern im Löwen. Um Regulus noch zu erkennen, benötigt man ein Fernglas (siehe Abb. 7.1 auf Seite 152). Bei ihrer rückläufigen Wanderung begegnet Venus am Monatsletzten nochmals dem Riesenplaneten. Diese Konjunktion bleibt allerdings freisichtig unbeobachtbar.

Im Teleskop zeigt sich am 12. das knapp 39″ große Venusscheibchen als Sichel (Beleuchtungsgrad 25 Prozent). Bis 25. nimmt der scheinbare Venusdurchmesser schnell auf 47″ zu, die Venussichel wird immer schmaler. Unser innerer Nachbarplanet steuert auf die Phase „Neuvenus" zu. Nach dem 25. verschlechtern sich die Sichtbedingungen erheblich. Geht Venus am 1. noch um $22^{\mathrm{h}}36^{\mathrm{m}}$ (= $23^{\mathrm{h}}36^{\mathrm{m}}$ Sommerzeit) unter, so sinkt sie am 15. um $21^{\mathrm{h}}42^{\mathrm{m}}$ und am 25. um $20^{\mathrm{h}}53^{\mathrm{m}}$ unter die westliche Horizontlinie. Am Monatsende geht die inzwischen $-4^{\mathrm{m}},4$ helle

Konstellationen und Ereignisse

Datum	MEZ	Ereignis
1.	15^{h}	**Venus bei Jupiter**, Venus 0°,4 südlich, **Abstand 0°,4 um 22^{h} am 30. 6.**
6.	9	Mond bei Neptun, Mond 3°,0 nördlich
6.	17	**Pluto in Opposition** zur Sonne
6.	21	Erde im Aphel (Sonnenferne), Abstand Erde – Sonne 152,093 Millionen Kilometer
9.	4	**Mond bei Uranus**, Mond 0°,8 südlich (Bedeckung), **Abstand 1°,6 um 3^{h}**
10.	5	**Venus in größtem Glanz ($-4^{\mathrm{m}},7$)**
15.	8	Mond bei Merkur, Mond 5°,6 südlich
15.	10	Mond bei Mars, Mond 5°,8 südlich
16.	5	Merkur bei Mars, Merkur 0°,1 südlich
16.	20	Merkur im Perihel
18.	19	**Mond bei Jupiter**, Mond 4°,1 südlich, **Abstand 5°,2 um 21^{h}**
19.	2	**Mond bei Venus**, Mond 0°,4 südlich, **Abstand 3°,1 um 21^{h} am 18.** (Bedeckung)
23.	7	Venus im Stillstand, anschließend rückläufig
23.	20	Merkur in oberer Konjunktion mit der Sonne
26.	9	**Mond bei Saturn**, Mond 2°,2 nördlich, **Abstand 5°,8 um 0^{h}**
26.	17	Uranus im Stillstand, anschließend rückläufig
31.	21	Venus bei Jupiter, Venus 6°,4 südlich

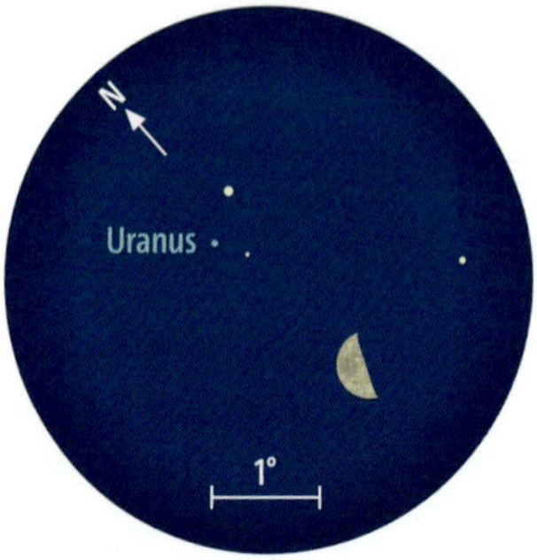

7.4 Mond trifft Uranus:
Begegnung des abnehmenden Halbmondes mit Uranus am 9. Juli. Fernglasanblick gegen 2^{h} MEZ (= 3^{h} MESZ) bei 5° Gesichtsfelddurchmesser.

Venus bereits um $20^{h}20^{m}$ (= $21^{h}20^{m}$ Sommerzeit) unter, dies ist nur eine Viertelstunde nach Sonnenuntergang (siehe auch Abb. 3.2 auf Seite 78). Nach der Monatsmitte wird es schwierig, Venus noch am Westhimmel auszumachen. Letztmals mag dies am 25. gelingen.

Mars stand Mitte des Vormonats in Konjunktion mit der Sonne. Der rote Planet kann sich noch nicht aus den Strahlen der Sonne befreien und bleibt unsichtbar. Bis Monatsende wächst der westliche Winkelabstand von der Sonne des nur $1^{m},6$ hellen Mars auf knapp 14° an. Dies reicht nicht, um den roten Planeten in der Morgendämmerung zu erkennen.

Mars wandert rechtläufig durch das Sternbild Zwillinge.

Jupiter, rechtläufig im Sternbild Löwe, steuert auf dessen Hauptstern Regulus zu (siehe Abb. 2.4 auf Seite 62). Bald nach der Monatsmitte zieht sich der Riesenplanet vom Abendhimmel zurück und wird unsichtbar.

Am 1. geht Jupiter um $22^{h}38^{m}$ unter und am 15. um $21^{h}49^{m}$ (= $22^{h}49^{m}$ Sommerzeit). Am 25. erfolgt der Untergang des nur noch $-1^{m},7$ hellen Riesenplaneten schon um $21^{h}13^{m}$ ($22^{h}13^{m}$). Nach dem 25. ist Jupiter freiäugig nicht mehr auszumachen.

Zu Monatsbeginn, gleich am 1., kommt es zu einer Begegnung mit der wesentlich helleren Venus, die nicht einmal eine Vollmondbreite südlich von Jupiter steht. Am 18. gesellt sich die schmale Sichel des zunehmenden Mondes zum Dreigestirn Venus – Jupiter – Regulus (siehe Abb. 7.1 auf Seite 152). Regulus ist allerdings nur mit lichtstarker Optik zu erkennen. Die zweite Begegnung mit Venus am 31. bleibt unsichtbar.

Saturn, rückläufig im Sternbild Waage, wird deutlich langsamer. Am Monatsende bleibt er fast ganz stehen (siehe Abb. 5.5 auf Seite 121). Seine Helligkeit geht bis 31. auf $0^{m},4$ leicht zurück.

Der Ringplanet kann in der ersten Nachthälfte beobachtet werden. Aus der zweiten Nachthälfte zieht er sich völlig zurück. Am 1. erfolgt der Saturnuntergang um $2^{h}08^{m}$ (= $3^{h}08^{m}$ Som-

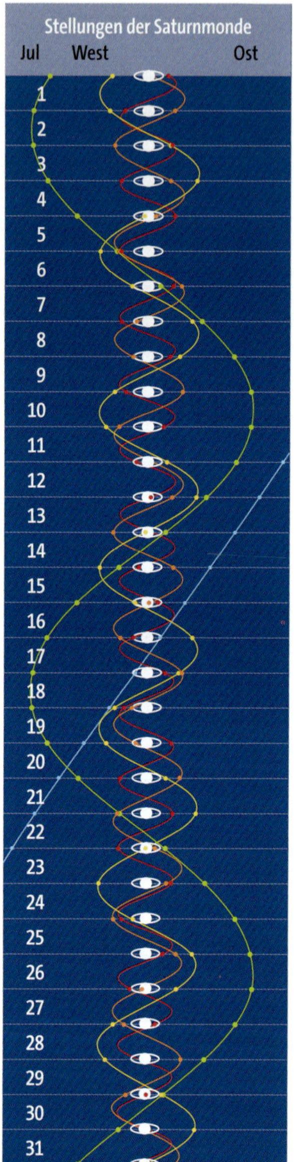

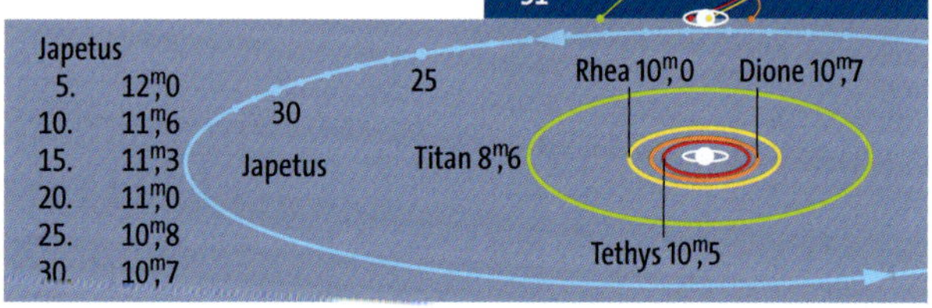

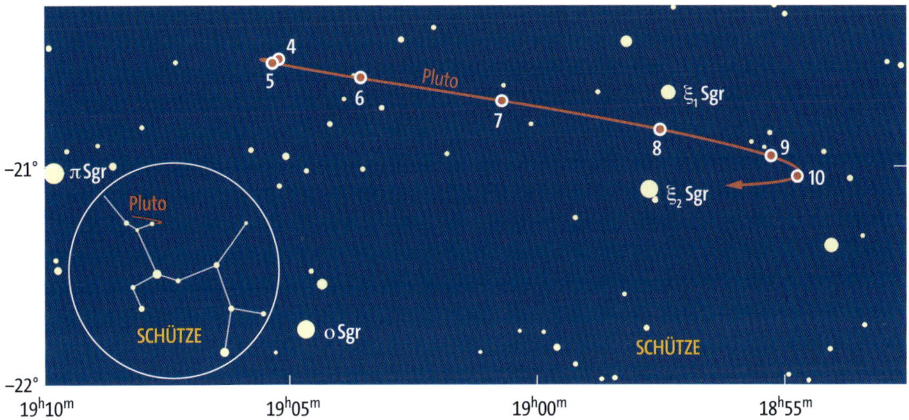

7.5 Bahn von Pluto: Oppositionsschleife von Pluto im Sternbild Schütze im Jahr 2015.

merzeit), am 15. um 1^h11^m und am 31. schon um 0^h07^m.

Uranus bremst seine rechtläufige Bewegung in den Fischen ab und kommt am 26. zum Stillstand. Damit beginnt seine Oppositionsperiode. Anschließend wandert er kaum merklich rückläufig durch die Fische. Er befindet sich dabei rund ein halbes Grad südlich von ζ Psc ($4{,}^m9$), der als Aufsuchhilfe dienen kann (siehe Abb. 10.13 auf Seite 217).

Seine Aufgänge verlagert der lichtschwache Planet in die Zeit vor Mitternacht. Der Uranusaufgang erfolgt am 1. um 0^h22^m (= 1^h22^m Sommerzeit) und am 15. um 23^h24^m. Am Monatsletzten geht der $5{,}^m8$ helle, grünliche Planet schon um 22^h21^m (= 23^h21^m MESZ) auf. Erst eine Stunde nach seinem Aufgang lohnt es sich, mit lichtstarker Optik nach Uranus Ausschau zu halten.

Neptun beschleunigt seine rückläufige Bewegung durch das Sternbild Wassermann und strebt seiner Opposition zur Sonne zu, die er aber erst zu Septemberbeginn erreicht. Der sonnenfernste Planet verlagert seine Aufgänge in die späten Abendstunden.

Der recht lichtschwache Planet geht am 1. um 23^h06^m auf, am 15. um 22^h11^m (= 23^h11^m Sommerzeit) und am 31. bereits um 21^h07^m, das ist gerade mal eine Stunde nach Sonnenuntergang. Um ihn zu beobachten sind die Stunden nach Mitternacht am günstigsten.

Am 1. passiert der bläuliche Planet um 4^h31^m den Meridian, am 15. um 3^h35^m und am 31. schon um 2^h31^m (= 3^h31^m Sommerzeit). Die Neptunhelligkeit nimmt etwas auf $7{,}^m8$ zu.

Das Aufsuchkärtchen Abb. 9.6 auf Seite 195 soll helfen, Neptun aufzufinden.

Pluto, rückläufig im Sternbild Schütze, steht am 6. in **Opposition** zur Sonne. Mit nur $14{,}^m1$ scheinbarer Helligkeit ist Pluto nicht leicht aufzufinden, insbesondere weil er sich im Sternengewimmel der Milchstraße aufhält. Auch in großen Teleskopen und mit hoher Vergrößerung erscheint er stets punktförmig, ist doch sein scheinbarer Durchmesser kleiner als $0{,}''1$. Am Oppositionstag kulminiert Pluto um 0^h27^m (= 1^h27^m Sommerzeit). Von der Erde ist Pluto zur Opposition 4770 Millionen Kilometer (= 31,89 AE) entfernt, wobei die geringste Distanz schon am 4. nachmittags erreicht wird. Von Pluto zur Erde ist das reflektierte Sonnenlicht vier Stunden und 25 Minuten unterwegs. Seine Sonnenentfernung beträgt inzwischen 4922 Millionen Kilometer (= 32,90 AE).

Die beiden Sterne ξ_1 Sagittarii ($5{,}^m0$) und ξ_2 Sgr ($3{,}^m5$) helfen, Pluto aufzufinden. Von ξ_1 Sgr befindet sich Pluto Ende Juli $0{,}^\circ3$ nördlich, ξ_2 Sgr wiederum steht $0{,}^\circ2$ südlich von ihm (siehe Abb. 7.5 oben).

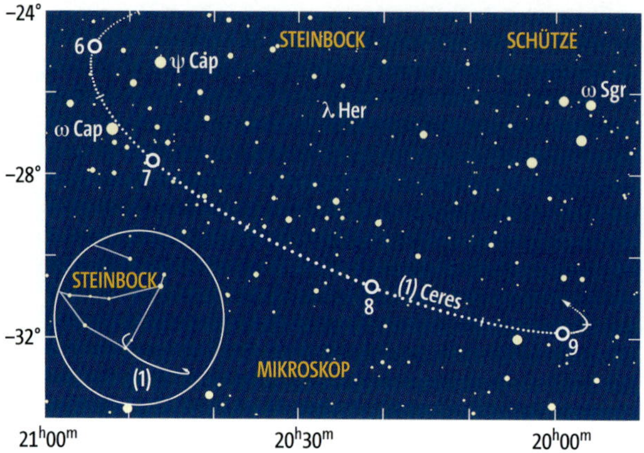

7.6 Bahn von Ceres: **Scheinbare Bahn des Kleinplaneten (1) Ceres von Juni bis September im Sternbild Mikroskop. Die Zahlen geben die Ceresposition zum jeweiligen Monatsersten an (7 = 1. Juli).**

Planetoiden

Ceres (1) kommt am 25. in **Opposition** zur Sonne. Sie eilt rückläufig durch das Sternbild Mikroskop, das südlich vom Steinbock zu finden ist, und wechselt am Tag der Opposition in das Sternbild Schütze (siehe Abb. 7.6 oben). Anfang Juli noch $7\overset{m}{,}9$ hell, steigert sie ihre Helligkeit bis zur Opposition auf $7\overset{m}{,}5$. Wegen ihrer weit südlichen Position ist sie nur mit lichtstarker Optik zu sehen. Zwei Stunden vor oder nach ihrer Kulmination steht sie wegen ihrer südlichen Position ($\delta = -30°$) so tief, dass ihr Licht von den dichten, horizontnahen Luftschichten erheblich geschwächt wird.

Zu Monatsbeginn passiert Ceres um 2^h33^m den Meridian, am 25. bereits um 0^h39^m (= 1^h39^m Sommerzeit). Bis Monatsende sinkt ihre Helligkeit leicht auf $7\overset{m}{,}6$ ab. Ihre Kulminationen verlagert Ceres bis 31. auf 0^h10^m.

Pallas (2) zieht am 2. nur $0\overset{\circ}{,}2$ südlich an δ Herculis ($3\overset{m}{,}1$) vorbei. Sie bremst ihre rückläufige Bewegung in Rektaszension deutlich ab (siehe Abb. 6.5 auf Seite 141). Ihr Stillstand erfolgt im nächsten Monat. Die Pallashelligkeit sinkt von $9\overset{m}{,}5$ auf $9\overset{m}{,}8$.

Am 1. geht Pallas um 22^h58^m durch den Meridian, am 31. bereits um 20^h47^m (= 21^h47^m Sommerzeit).

Vesta (4) eilt rechtläufig durch den Walfisch, wobei sie ihren Lauf gegen Monatsende deutlich abbremst. Mitte nächsten Monats kommt sie in Rektaszension zum Stillstand (siehe Abb. 9.7 auf Seite 196). Die Vestahelligkeit steigt um eine halbe Größenklasse auf $7\overset{m}{,}1$. Damit ist sie im Fernglas zu erkennen.

Zu Monatsbeginn kulminiert Vesta um 6^h22^m, am 15. um 5^h40^m und am 31. bereits um 4^h47^m (= 5^h57^m Sommerzeit).

Periodische Sternschnuppenströme

Vom 12. Juli bis 19. August leuchten die **Delta-Aquariden** als stärkster Strom im Juli auf. Sie heißen auch **Juli-Aquariden**. Die Meteore sind zwischen 3^m und 5^m hell, also nicht besonders auffällig, vor allem, da diesmal Mondlicht die Beobachtungen stört. Ihr Radiant liegt etwa 3° westlich von δ Aquarii. Das Maximum ist nicht in jedem Jahr am selben Tag zu erwarten. In diesem Jahr dürfte es in den Stunden nach Mitternacht am 29. Juli auftreten. Die Geschwindigkeit der Sternschnuppen liegt um 40 Kilometer pro Sekunde. Im Maximum sind etwa 20 bis 25 Sternschnuppen pro Stunde zu erwarten.

Vom 3. Juli bis 15. August treten die **Alpha-Capricorniden** (Radiant im Steinbock) auf. Sie sind die ganze Nacht über beobachtbar. Der Ursprungskomet ist 45P/Honda-Mrkos-Pajdusáková. Um das Maximum am 29. Juli sind nur etwa fünf Objekte pro Stunde zu erwarten. Es handelt sich um recht langsame Meteore (im Mittel 23 km/s).

Ab 16. Juli ist mit den ersten **Perseïden** zu rechnen, dem weithin bekanntesten Sternschnuppenstrom. Sein Radiant liegt zunächst südlich der Kassiopeia und wandert bis zum Maximum im August in die nördlichen Gebiete des Perseus.

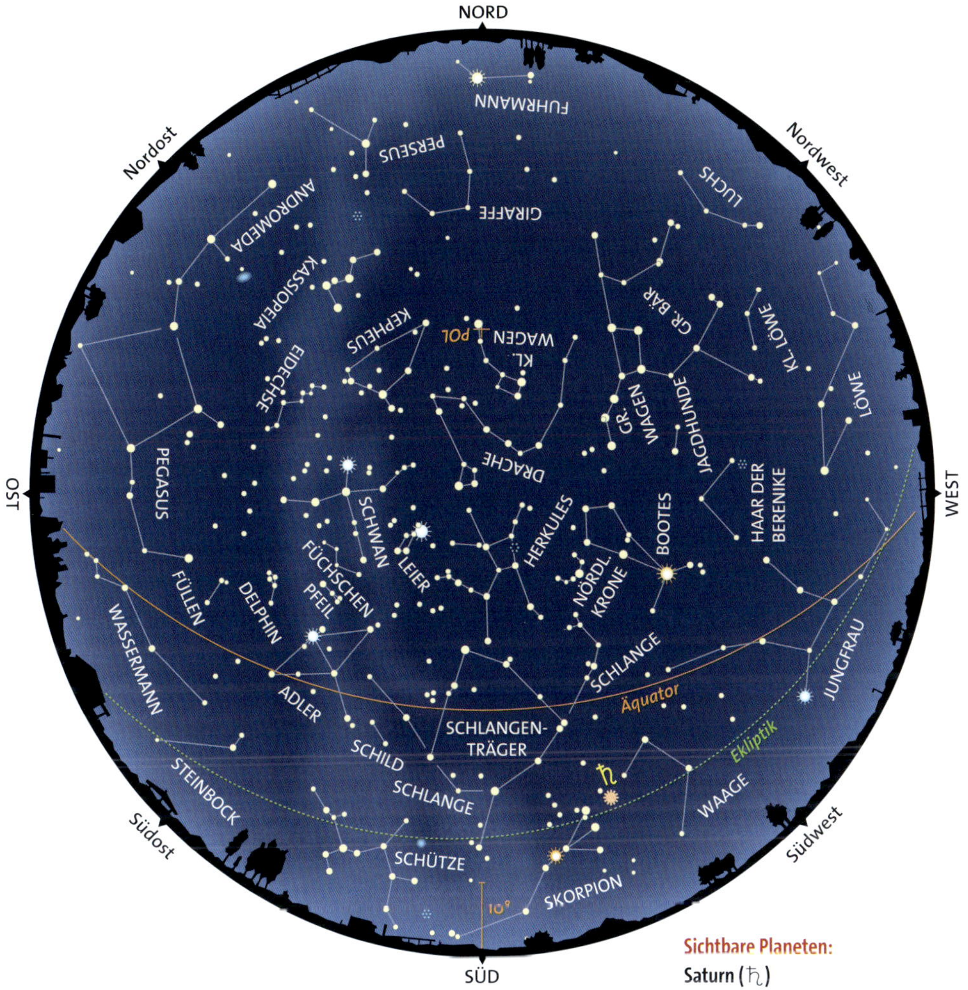

Sichtbare Planeten:
Saturn (♄)

Der Sternenhimmel am 15. Juli um 22h MEZ

Die Sternkarte ist auch gültig für:		
	MEZ	**MESZ**
15. 4.	4h	5h
1. 5.	3	4
15. 5.	2	3
1. 6.	1	2
15. 6.	0	1
1. 7.	**23**	**24**
15. 7.	**22**	**23**
31. 7.	**21**	**22**

Die Umstellung vom Frühlings- zum Sommersternenhimmel hat sich nun vollzogen. Das Sommerdreieck, bestehend aus Wega, Deneb und Atair, hat zwar seine Meridianstellung noch nicht ganz erreicht, aber die Sommerbilder sind bereits allesamt über dem Horizont, während sich die Frühlingsbilder im Westen verabschieden. Der Löwe geht gerade unter. Sein Hauptstern Regulus ist bereits unter den Horizont gesunken. Damit ist auch das Frühlingsdreieck aufgelöst, dessen beide anderen Eckpunkte allerdings noch zu sehen sind: Tief im Südwesten steht die bläulich-weiße Spica in der Jungfrau. Ihr Licht wird deutlich von den horizontnahen Dunstschichten geschwächt. Wesentlich höher findet man im Südwesten den hellen, orange-

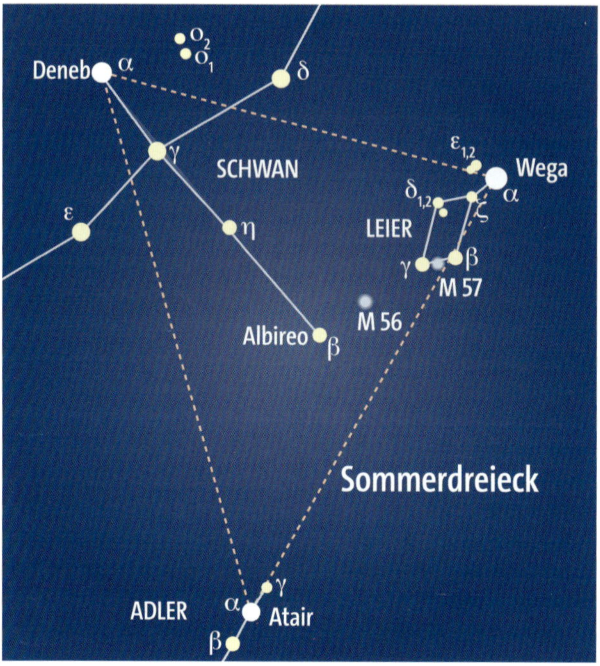

7.7 Das Sommerdreieck: **Es setzt sich aus den drei hellen Sternen Wega in der Leier, Deneb im Schwan und Atair im Adler zusammen.**

roten Arktur im Bootes, der den Helligkeitsschwerpunkt in der westlichen Hemisphäre bildet.

Der Große Wagen hat mit seinem Abstieg begonnen. Seine Deichsel zeigt nach oben, der Wagenkasten hängt nach unten. Das Himmels-W, die Kassiopeia, hat ihre untere Kulmination hinter sich und beginnt mit dem Aufstieg zum Zenit.

Zwischen Zenit, Kleinem Wagen und Großem Wagen schlängelt sich der Drache (lat.: Draco) hindurch. Der Drache ist nicht leicht auszumachen. Am ehesten ist noch der Drachenkopf zu erkennen, der von einem kleinen Sternenviereck gebildet wird, das zu unserer Beobachtungsstunde fast exakt im Zenit steht.

Weitläufige Sternbilder im Süden

Blickt man vom Zenit zum Südpunkt am Horizont hinunter, lässt also seinen Blick den Meridian (= Mittagslinie) hinuntergleiten, so kommen nacheinander die Sternbilder Herkules und Schlangenträger mit der Schlange ins Gesichtsfeld. Der hellste Stern im Schlangenträger, α Ophiuchi, steht an der Nordspitze knapp südlich vom Herkules und heißt Ras Alhague, was Arabisch ist und soviel wie Kopf des Schlangenträgers bedeutet. Mit $2^{m}_{,}1$ ist der Stern relativ leicht zu sehen. Er leuchtet in einem weißen Licht und ist 47 Lichtjahre von uns entfernt.

Der Skorpion hat seinen Meridiandurchgang bereits hinter sich und steht knapp über dem Südhorizont ein wenig westlich vom Südpunkt. Sein hellster Stern, Antares, ist kaum zu übersehen. Er leuchtet in einem rötlichen Licht und gehört zu den Überriesensternen. Antares ist so riesengroß, dass bequem unsere Sonne samt der Erdbahn in seinem Inneren Platz fände. Die Bezeichnung Antares stammt aus dem Griechischen und bedeutet soviel wie Gegenspieler des Mars, weil er ihm an Farbe ähnlich ist und außerdem im Tierkreis steht, so dass es gelegentlich zu Verwechslungen mit dem roten Planeten kommt.

Im Grenzgebiet zwischen Waage und Skorpion leuchtet auffällig der Ringplanet Saturn.

Der nördliche Teil des Skorpions gehört heute zum Sternbild Schlangenträger, durch den auch ein Teil der Ekliptik (= scheinbare Sonnenbahn) verläuft. Somit gibt es insgesamt dreizehn Tierkreissternbilder aber nur zwölf Tierkreiszeichen.

In der östlichen Himmelshälfte wird der Helligkeitsschwerpunkt vom Sommerdreieck mit Wega in der Leier, Deneb im Schwan und Atair im Adler bestimmt. Die Leier ist ein leicht einprägsames Sternbild und nicht besonders groß. Nach der klassischen griechischen Sage ist die Leier das Musikinstrument des Gottes Apoll.

Wega, der Hauptstern der Leier, auch als α Lyrae bekannt, gehört mit $0^{m},0$ zu den fünf hellsten Sternen am irdischen Firmament. Mit dem praktisch gleich hellen Arktur ist Wega der hellste Stern am nördlichen Himmel. Mit 25 Lichtjahren Distanz gehört Wega noch zur Nachbarschaft unserer Sonne. α Lyr ist ein typischer Hauptreihenstern der Spektralklasse A0 V. Wega leuchtet weiß mit einem bläulichen Schimmer. Ihre wahre Leuchtkraft entspricht etwa der von fünfzig unserer Sonnen.

Tief im Südosten sind die beiden Tierkreisbilder Schütze und Steinbock zu finden. Während der Schütze noch relativ leicht zu erkennen ist, ist der Steinbock nur mit Mühe unter guten Sichtbedingungen auszumachen. Er gehört wie der Wassermann zu den ausgesprochen schwierigen Sternbildern. Im Schützen finden sich viele interessante galaktische Objekte wie Gasnebel und Kugelsternhaufen, alles Objekte für Feldstecher- und Fernrohrbeobachter. Auch einige der hellsten Partien der sommerlichen Milchstraße verlaufen durch den Schützen. In Richtung des Sternbildes liegt auch das Zentrum unseres Milchstraßensystems.

Veränderliche Sterne im Juli

Algol-Minima	2.	0^h56^m	19.	5^h48^m	22.	2^h38^m	24.	23^h26^m				
β-Lyrae-Minima	4.	14^hH	11.	1^hN	17.	12^hH	23.	24^hN	30.	11^hH		
δ-Cephei-Maxima	4.	14^h	9.	23^h	15.	8^h	20.	16^h	26.	1^h	31.	10^h
Mira-Helligkeit	1.	4^m	10.	4^m	20.	4^m	31.	5^m				

Endspurt zu Pluto

JHUAPL/SwRI

Mit Spannung erwarten die Planetenforscher den 14. Juli 2015. An diesem denkwürdigen Tag wird die Raumsonde NEW HORIZONS nach fast zehnjähriger Reise den sonnenfernen Pluto erreichen und mit einer Geschwindigkeit von 14 Kilometer pro Sekunde an ihm und seinen fünf Monden vorbeirasen. Es ist dies das erste Mal, dass eine Raumsonde ein Objekt in einer so großen Sonnendistanz in den eisigen Bereichen des Planetensystems besucht. VOYAGER 2 hielt bisher den Rekord, als sie im August 1989 knapp an Neptun vorbeiflog. Zum Zeitpunkt der Plutopassage ist NEW HORIZONS 4922 Millionen Kilometer von der Sonne und 4770 Millionen Kilometer von der Erde entfernt. Vier Stunden und 25 Minuten sind die Funksignale mit Bildern und Messdaten zur Erde unterwegs. Noch bangt man, ob alles gut gehen oder in einem Desaster enden

7.8 Die Plutosonde New Horizons im Anflug auf das Plutosystem.

wird. Ein Staubkörnchen oder ein kleiner Eispartikel kann bei einer Relativgeschwindigkeit von 50 400 Kilometer pro Stunde bei einer Kollision New Horizons außer Gefecht setzen. Selbst kleinste Partikel haben bei dieser enormen Geschwindigkeit eine extrem hohe Durchschlagskraft.

Aber man ist guter Hoffnung, fantastische Aufnahmen und Daten zu erhalten, die viele ungelöste Fragen zum Plutosystem klären helfen. Von der Erde aus ist auf Pluto nicht viel auszumachen. Auch in großen Teleskopen erscheint dieser Zwergplanet nur als winziges, lichtschwaches Sternpünktchen 14. Größenklasse. Sicher weiß man inzwischen eine ganze Menge über Pluto, der seit seiner Entdeckung im Februar 1930 auf der Lowell-Sternwarte in Flagstaff (Arizona) als neunter und fernster Planet unseres Sonnensystems galt – 76 Jahre lang, bis man ihn 2006 in die eigens für ihn geschaffene Kategorie der Zwergplaneten einstufte. Seither gilt Neptun als sonnenfernster Planet. Unser Sonnensystem hat somit acht Planeten (siehe Monatsthema September „Die Entdeckung des 13. Planeten" auf Seite 201).

Objekte jenseits der Plutobahn, die die Sonne umkreisen, zählt man heute zu den TNOs, den **T**rans-**N**eptunian **O**bjects. Davon sind inzwischen mehr als ein Dutzend entdeckt worden, deren Durchmesser größer als tausend Kilometer sind. Ferner umrundet eine riesige Zahl kleiner und kleinster Weltensplitter weit jenseits der Neptunbahn unser Zentralgestirn. Sie bilden den Kuipergürtel, so benannt nach Gerard P. Kuiper (1905–1973), der schon Mitte des vorigen Jahrhunderts die Vermutung äußerte, es gäbe außerhalb der Neptunbahn noch einen zweiten Planetoidengürtel. Seine Ahnung wurde aber erst in den 1990er Jahren bestätigt, als man die ersten TNOs aufspürte.

7.9 Plutoaufnahmen vom Hubble-Space-Telescope.

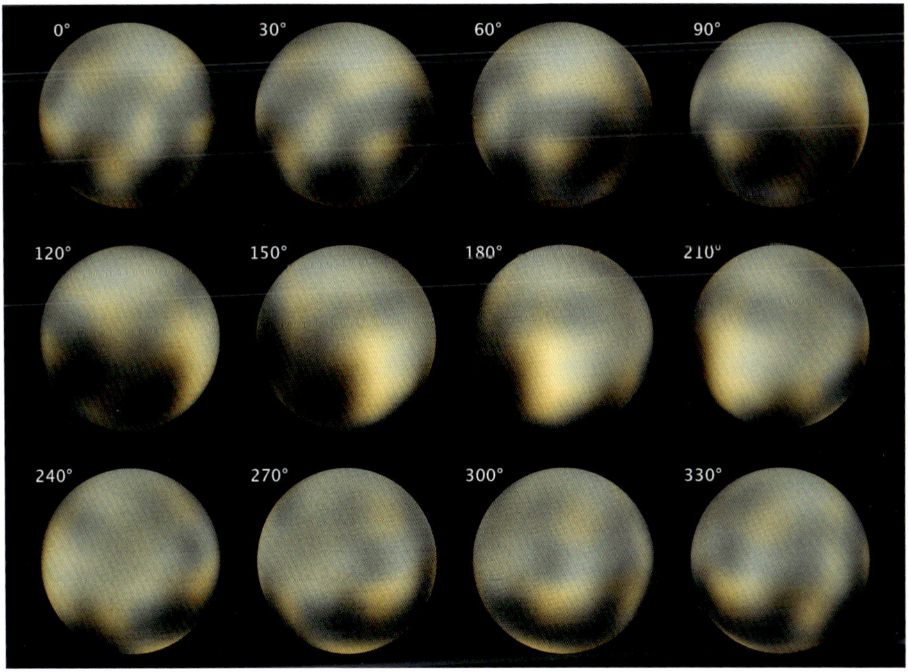

NASA/ESA

Extrem elliptische Bahn

Schon bald nach seiner Entdeckung zeigte Pluto für einen Planeten ungewöhnliche Eigenschaften. Mit 17° Neigung zur Ekliptik und einer numerischen Exzentrizität von 0,25 entspricht die Plutobahn eher einer Planetoiden- als einer Planetenbahn. Die starke Abweichung von einer Kreisbahn führt Pluto im Aphel bis 49,3 AE, das sind 7375 Millionen Kilometer, von der Sonne weg. Im Perihel kommt er der Sonne mit 29,6 AE beziehungsweise 4428 Millionen Kilometer der Sonne noch näher als Neptun. Sein Perihel passierte Pluto am 5. September 1989 mit einer Geschwindigkeit von 6,1 Kilometer pro Sekunde. Von Januar 1979 bis März 1999 war sein Radiusvektor (Richtstrahl Sonne–Pluto) kürzer als der von Neptun. Sein Aphel wird Pluto im Jahr 2107 erreichen, wobei seine Bahngeschwindigkeit nur noch 3,6 Kilometer pro Sekunde betragen wird.

Anfangs schätzte man den Plutodurchmesser auf 14000 Kilometer. Damit wäre Pluto etwas größer als die Erde. Im Laufe der Jahre schrumpfte jedoch sein Durchmesser erheblich. Nicht wirklich, aber immer bessere Durchmesserbestimmungen ergaben stets kleinere Werte. Aufgrund von Sternbedeckungen wurde schon in den 1960er Jahren klar, dass sein Durchmesser nicht größer als 5500 Kilometer sein kann. Mitte der 1980er Jahre kam es zu gegenseitigen Bedeckungen von Pluto und seinem vergleichsweise großen Mond Charon, der 1978 entdeckt worden war (siehe Tabelle „Die Monde des Pluto"). Dabei stellte es sich schnell heraus, dass Pluto noch viel kleiner ist. Die heute besten Werte lauten 2304 Kilometer für den Plutodurchmesser und 1200 Kilometer für Charons Durchmesser. Allerdings sind diese Werte noch mit ± 60 km unsicher. Damit ist Pluto nicht einmal halb so groß wie Merkur und deutlich kleiner als unser Erdmond und die vier hellen Jupitermonde sowie der Saturnmond Titan. Selbst der Neptunmond Triton übertrifft mit 2707 km noch Pluto. Als man jenseits der Neptunbahn weitere TNOs fand, die Pluto an Größe nahe kommen oder ihn vermutlich sogar ein wenig übertreffen wie Eris, wurde der Planet der Unterwelt in die von der IAU 2006 geschaffene Kategorie der Zwergplaneten (engl.: dwarf planets) eingereiht. Auch die mittlere Dichte von 2,0 g/cm^3 ist erheblich kleiner als die der terrestrischen Planeten Merkur, Venus, Erde und Mars.

Die Erforschung von Pluto in den fernen Bezirken des Sonnensystems ist von der Erde aus enorm schwierig. Dennoch konnte man einiges über seine eisige Welt in Erfahrung bringen. Auf der Plutooberfläche herrscht eine Temperatur von nur 40 Grad über dem absoluten Nullpunkt, dies sind –233 °C. Methaneis (CH_4) bedeckt bei dieser niedrigen Temperatur die Oberfläche, dies fand man bereits 1976 heraus. Seit 1992 weiß man, dass der Großteil der Eisschichten aus molekularem Stickstoff (N_2) besteht, vermischt mit Spuren von gefrorenem Kohlenmonoxid (CO). Die Oberfläche von Charon wiederum scheint von einer Wassereisschicht bedeckt zu sein.

Mit Atmosphäre

Pluto besitzt auch eine Atmosphäre, wenn auch eine extrem dünne, die sich bis zu 3000 km über die Plutooberfläche erhebt. Der Atmosphärendruck an der Oberfläche beträgt im Mittel mit nur 0,08 hPa nicht einmal ein Zehntausendstel des irdischen Normaldrucks in Meereshöhe.

Bei Sternbedeckungen konnte ihre chemische Zusammensetzung spektroskopisch ermittelt werden. Sie besteht im Wesentlichen aus Stickstoff mit Spuren von Methan. Bis in etwa hundert Kilometer Höhe steigt die Temperatur auf 100 K (–173 °C) an, was einem Temperaturgradienten von knapp einem halben Grad pro Kilometer Höhendifferenz entspricht. Oberhalb dieser Inversionsschicht nimmt die Temperatur mit zunehmender Höhe wieder ab. Eine genaue Analyse der Atmosphäre und eine Bestimmung des Plutodurchmessers konnte bei einer der erfolgreichsten Sternbedeckungsbeobachtungen am 23. Juni 2011 durchgeführt werden, wobei auch das 2,7-m-Spiegelteleskop der deutsch-amerikanischen Flugzeugsternwarte SOFIA (Stratospheric Observatory for Infrared Astronomy) zum Einsatz kam, dessen deutsches Institut an der Universität Stuttgart beheimatet ist. Es war das erste Mal seit 1995, dass wieder eine Sternbedeckung von einem hochfliegenden Flugzeug aus beobachtet wurde. Damals wurde eine Sternbedeckung durch Pluto mit dem 90-cm-Reflektor des Kuiper Airborne Observatory verfolgt. Nicht nur Gase, auch Dunstpartikel, so genannte Aerosole, wurden detektiert. Der halbe Lichtabfall des bedeckten Sternes ergab einen Plutodurchmesser von 2576 Kilometer ± 1 Kilometer inklusive Atmosphäre. Die dichteren Luftschichten erstrecken sich somit bis in 136 Kilometer Höhe über der Plutooberfläche.

Vermutlich besitzt Pluto einen felsigen Kern aus Silikaten von etwa 750 Kilometer Durchmesser, der von einem dicken Mantel aus gefrorenen Gasen wie Wassereis, Stickstoff, Methan und Kohlenmonoxid umschlossen wird. Einige Planetologen meinen, durch radioaktive Aufheizung des Zentrums gäbe es zwischen dem Gesteinskern und dem eisgepanzerten Mantel eine etwa 150 Kilometer dicke Schicht aus flüssigem Wasser. Schon wird spekuliert, in diesem unterirdischen Ozean gäbe es möglicherweise Spuren von Leben. Nüchtern betrachtet ist dies beliebig unwahrscheinlich.

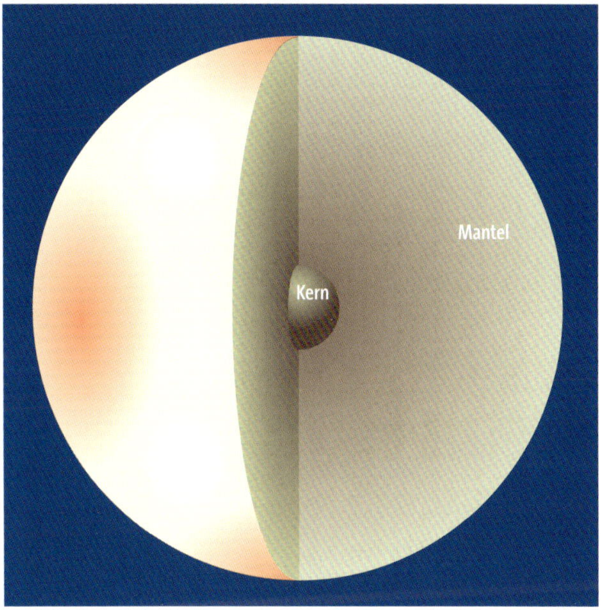

7.10 Innerer Aufbau von Pluto: Ein kleiner Felsenkern wird von einem dicken Eispanzer umschlossen.

Bislang fünf Monde gefunden

Nach Entdeckung des vergleichsweise riesigen Mondes Charon – man spricht beim Pluto-Charon-System von einem doppelten Zwergplaneten – wurden bis dato vier weitere Möndchen mit dem HUBBLE-Teleskop aufgespürt. 2005 wurden Hydra und Nix gefunden, 2011 Kerberos und 2012 schließlich Styx. Über die Namensgebung der beiden letzten Monde gab es eine große Abstimmung. Über 6000 Astrofans beteiligten sich an dem Votum, an das sich die namensverleihende IAU-Arbeitsgruppe auch hielt. Die mythologischen Namen sind auch passend für den Gott der Unterwelt, nämlich Pluto. So ist Kerberos der dreiköpfige Höllenhund, der den Eingang zum Hades bewacht. Styx wiederum heißt der Grenzfluss, der die hiesige Welt der Lebenden vom Schattenreich des Todes trennt. Über ihn setzt der Fährmann Charon die eben Verstorbenen in das Totenreich über.

In den Jahren 1988 bis 2002 hat sich die Dichte der Plutoatmosphäre nahezu verdoppelt. Dies war eine Folge der sonnennahen Zeit bei seinem Periheldurchgang. Mehr Material sublimierte in die Atmosphäre. Auch schien die feste Oberfläche deutlich röter zu werden. Die sublimierte, dünne Raureifschicht hat offensichtlich darunter gelegene kohlenstoffhaltige Flächen freigelegt.

Doch wie es auf Pluto wirklich aussieht, wissen wir – noch – nicht. Zwei unterschiedliche Szenarien werden gehandelt: Entweder ist die Oberfläche geologisch aktiv und zeigt einen Kryovulka-

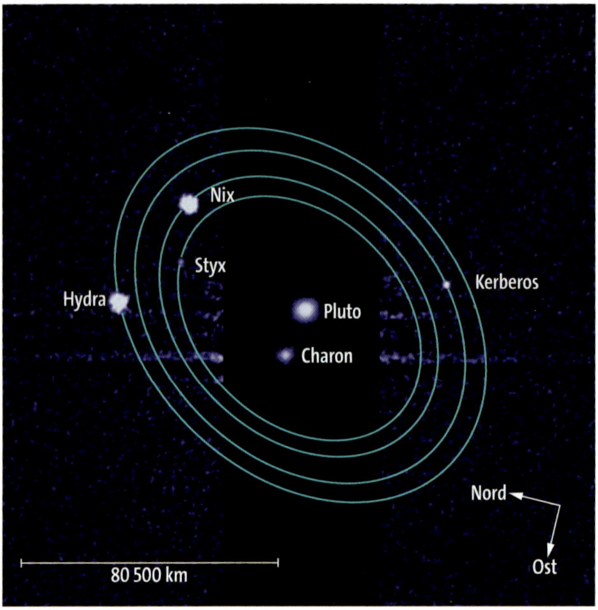

Hubble Space Telescope (NASA/ESA)

7.11 Pluto und seine fünf Monde

nismus mit Stickstoffgeysiren ähnlich wie auf der Oberfläche des Neptunmondes Triton, oder aber es handelt sich um eine alte, erstarrte und von Impaktkratern übersäte Oberfläche ähnlich der von Jupitermond Kallisto. Dies herauszufinden ist eine der Hauptaufgaben der Plutosonde NEW HORIZONS.

Das Projekt NEW HORIZONS

Schon lange hegten die Astronomen den Wunsch, auch Pluto mit Hilfe einer Raumsonde genauer zu erforschen. Ursprünglich war nach langer Vorbereitung der Start einer Plutosonde bereits für das Jahr 2001 geplant. Schon zu Beginn der 1990er Jahre gab es für eine Plutomission konkrete Pläne. Nach zähem Kampf um ein ausreichendes Budget wurde das Projekt NEW HORIZONS im Februar 2003 endlich von der NASA bewilligt und beschlossen. Die Zeit drängte, denn die Verhältnisse wurden von Tag zu Tag ungünstiger. Pluto hatte längst sein Perihel hinter sich gelassen und entfernt sich nunmehr von der Sonne. Damit wird die Reisedauer der Sonde immer länger und ihr Energieaufwand nimmt permanent zu. Außerdem sinkt die Sonneneinstrahlung stetig. Im Aphel beträgt sie nur noch 36 Prozent der Intensität im Perihel. Es wird somit dauernd kälter, die Atmosphäre friert aus und schlägt sich als Raureif auf der Oberfläche nieder. Zudem nähert sich auf der Südhalbkugel der Winter, es wird dunkel in großen Gebieten der südlichen Plutohemisphäre.

Je später die Raumsonde NEW HORIZONS eintrifft, desto weniger kann sie von der Plutooberfläche (und der von Charon) erfassen. Denn die Rotationsachse von Pluto ist um 122° zur Senkrechten auf seiner Bahnebene geneigt (118° Neigung zur Ekliptikachse). Pluto rotiert somit retrograd. In den 1980er Jahren sah man auf den Plutoäquator, der durch den Mittelpunkt des Plutoscheibchens ging. Bei einer vollen Rotation konnte man die gesamte Plutooberfläche beobachten. Nach rund 60 Jahren zeigt dann der Plutonordpol in Richtung Sonne (und Erde), ein Großteil der Südhalbkugel liegt im Eigenschatten. Gleiches gilt für Charon, der Pluto in seiner Äquatorebene umrundet.

Am 19. Januar 2006 war es endlich soweit. Die Raumsonde NEW HORIZONS trat die weite Reise zu Pluto an. Der Start erfolgte vom Kennedy-Weltraumbahnhof in Cape Canaveral aus mit einer Atlas-V-Rakete, die die Plutosonde auf 16 km/s beschleunigte – die bisher höchste Geschwindigkeit einer Planetensonde. Schon im Juni 2006 flog NEW HORIZONS am Kleinplaneten (132 524) APL in 102 000 km Distanz vorbei, einem Gesteinsbrocken aus Silikaten und Nickel-Eisen mit nur 2,3 Kilometer Durchmesser. (132 524) wurde am 9. Mai 2002 von dem Astero-

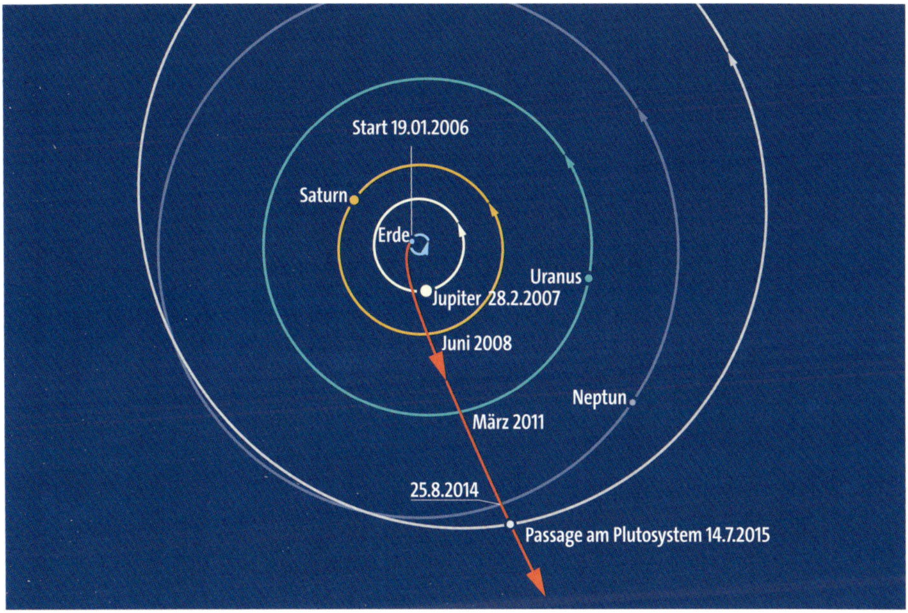

7.12 Bahn der Plutosonde von der Erde an Jupiter vorbei zum Plutosystem.

idensuchprojekt LINEAR entdeckt. Der Planetoid wurde APL getauft nach dem Applied Physics Laboratory der Johns-Hopkins-Universität, wo die Instrumente der Plutosonde entworfen und zum Großteil gefertigt wurden.

Schon am 28. Februar 2007 kam New Horizons bei Jupiter an. Gegen die Schwerkraft der Sonne ankämpfend, war die Geschwindigkeit der Raumsonde auf nur 4 km/s gesunken. Der Riesenplanet übertrug einen winzigen Betrag seiner kinetischen Energie auf die Plutosonde und schleuderte sie in die fernen Bezirke des Sonnensystems. Durch dieses Gravity-Assist-Manöver beschleunigte der Planet die Plutosonde auf 23 km/s, das sind 82 800 km pro Stunde. Mit dieser Geschwindigkeit würde ein Raumfahrer in knapp fünf Stunden von der Erde zum Mond gelangen und damit kürzer unterwegs sein als ein Flug von Frankfurt nach New York dauert. Ohne den Swing-by an Jupiter hätte New Horizons aus Mangel an kinetischer Energie Pluto überhaupt nicht erreicht. Der Vorbeiflug an Jupiter war für New Horizons gewissermaßen eine Gelegenheit zur Generalprobe, ob alle Instrumente funktionieren. Die geringste Distanz Plutosonde – Jupiter betrug 2,25 Millionen Kilometer. New Horizons sandte nicht nur eine Unmenge von Daten zur Erde, sondern auch eine große Zahl hochaufgelöster und gestochen scharfer Bilder von den turbulenten Wolkenstrukturen Jupiters.

Der Juli 2015 und danach

Nach dem Schleudermanöver an Jupiter raste die Sonde weiter in immer sonnenfernere Bezirke unseres Planetensystems. Im Juni 2008 ließ sie die Saturnbahn hinter sich, die Uranusbahn wurde im März 2011 überflogen und schließlich kreuzte sie am 25. August 2014 die Neptunbahn. Nun hat New Horizons zum Endspurt angesetzt (siehe Abb. 7.12). In nur knapp drei Stunden wird sie am Dienstag, 14. Juli 2015, an Pluto und seinen Monden mit wie eingangs erwähnt 14 km/s vorbeirasen, das sind 50 400 Kilometer pro Stunde. Auf der langen Reise von Jupiter zu Pluto hat

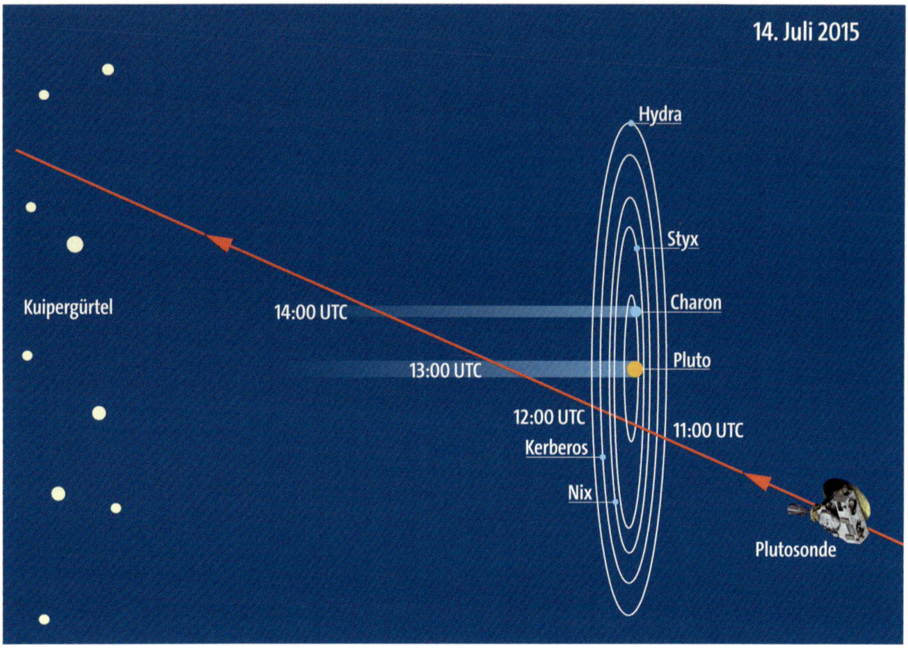

7.13 Bahn von New Horizons an Pluto und seinem Mond Charon vorbei.

ihre Geschwindigkeit um 9 km/s abgenommen – kinetische Energie wurde in potentielle umgewandelt.

New Horizons ist ein Leichtgewicht. Die Gesamtmasse der Sonde beträgt nur 478 kg, also nicht einmal eine halbe Tonne. Der größte Anteil entfällt auf die Struktur der Sonde, die Raketenmotoren samt dem Treibstoff für Kursmanöver sowie die Versorgungseinheiten und die Antennenschüssel. Die wissenschaftlichen Beobachtungs- und Messgeräte selbst bringen nur 30 kg auf die Waage.

Zu ihnen zählen unter anderem ein optisches Teleskop mit einer Auflösung, die beim nahen Vorbeiflug Details von 50 Meter Größe auf der Plutooberfläche erkennen lassen, ein abbildendes Ultraviolettspektrometer, eine Infrarotkamera, ein Messgerät, um den Sonnenwind zu erfassen, Detektoren für den Nachweis interplanetaren Staubes und ein Spektrometer zur Erfassung von neutralen Atomen, die aus der Plutoatmosphäre in den interplanetaren Raum diffundieren und dabei durch den Sonnenwind elektrisch aufgeladen werden.

Beobachtungsziele der Mission sind die Erfassung der globalen Geologie und Morphologie von Plutos und Charons Oberfläche, ihre chemische Zusammensetzung, die Untersuchung der Plutoatmosphäre und ihre Diffusionsrate ins Weltall sowie ihre zeitliche Druck- und Temperaturvariationen, die Gewinnung hochaufgelöster Stereo-Aufnahmen vor allem im Terminatorbereich und die Wechselwirkung der Plutoionosphäre mit dem Sonnenwind, um nur einige zu nennen. Auch soll geprüft werden, ob Charon eine Atmosphäre besitzt. Ferner wird New Horizons nach weiteren Plutomöndchen suchen. Man ist sich fast sicher, noch mehr Weltensplitter zu finden, die gemeinsam mit Pluto um die Sonne ziehen.

Schon in 100 Millionen Kilometer Entfernung wird die Sonde mit den Aufnahmen beginnen,

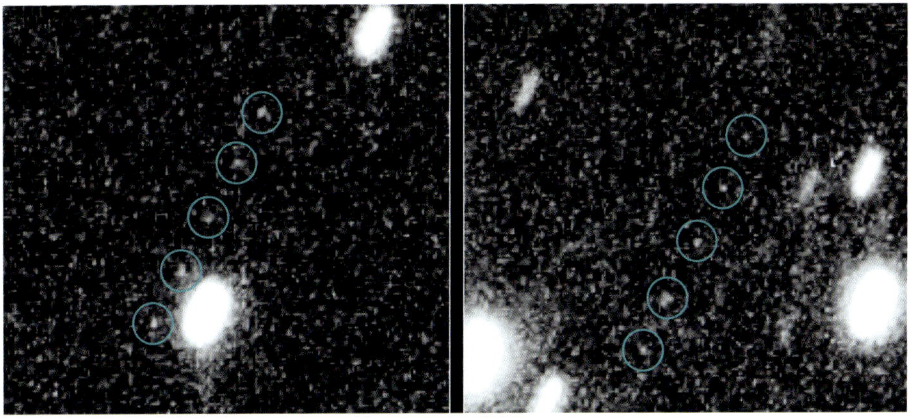

7.14 Neue Ziele für New Horizons: mit dem Hubble-Weltraumteleskop wird nach weiteren Objekten aus dem Kuipergürtel gesucht, die von der Raumsonde erforscht werden können.

um möglichst viel von den Oberflächen zu erfassen. Denn Pluto und Charon rotieren recht langsam. Beide drehen sich einmal in 6 Tagen, 9 Stunden und 18 Minuten um ihre Achse. An Pluto wird die Sonde in nur 10000 km Distanz vorbeirasen, zweieinviertel Stunden danach passiert sie Charon in 27000 km Abstand. Sowohl durch Plutos als auch Charons Schatten wird New Horizons hindurchfliegen und dabei die Atmosphäre vermessen, wenn das Sonnenlicht hindurchscheint (siehe auch Abb. 7.13 links). Von Pluto aus gesehen werden Sonne und Erde dicht nebeneinander stehen – in nicht einmal einem halben Vollmonddurchmesser Abstand.

Nach der Passage des Plutosystems ist die Mission New Horizons noch nicht beendet. Man hofft auf einen Funkkontakt in etwa 55 AE (rund acht Milliarden Kilometer) Entfernung. Dabei soll der Kuipergürtel näher erforscht werden. Man will auch weitere Zwergplaneten entdecken, die von der Erde aus im Gewimmel der unzähligen Milchstraßensterne kaum zu finden sind.

Die Monde des Pluto

Nr.	Name	Große Halbachse (km)	Umlaufzeit (in Tagen)	Bahnneigung (°)	Exzentrizität (numerisch)	Durchmesser (km)	Helligkeit (m)	Entdeckungsjahr
I	Charon	17536	6,387	0,001	0,0022	1207	16,8	1978
V	Styx	42000:	20,2	0:	0:	10–25	27	2012
II	Nix	48708	24,856	0,195	0,0030	46–137	23,7	2005
IV	Kerberos	59000:	32,1	0:	0:	13–34	26	2011
III	Hydra	64749	38,206	0,212	0,0051	61–167	23,3	2005

Große Halbachse bezieht sich auf den Schwerpunkt des Plutosystems (Pluto – Charon) / Bahnneigung: relativ zum Plutoäquator / Durchmesser: die kleinen Plutosatelliten sind unregelmäßig geformt / Scheinbare V-Helligkeit bei mittlerer Oppositionsdistanz / Doppelpunkt (:) – Werte noch unsicher

August 2015

- Venus überholt die Erde zur Monatsmitte auf der Innenbahn. Zu Monatsende beginnt ihre Morgenstern-periode.
- Jupiter wird am 26. von der Sonne eingeholt. Er steht am Taghimmel und bleibt nachts unsichtbar.
- Saturn im Sternbild Waage kann am Abendhimmel beobachtet werden.

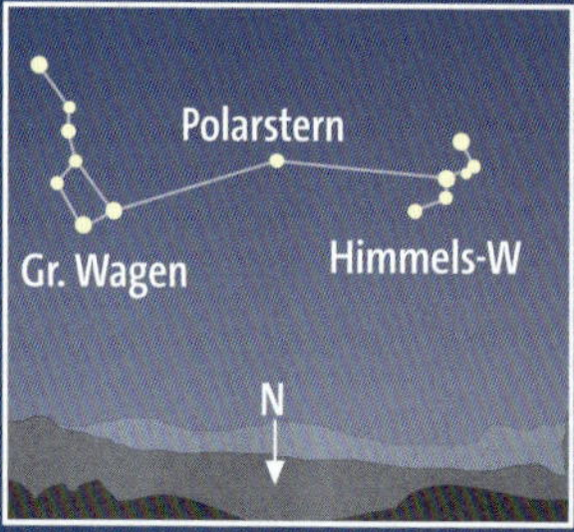

Großer Wagen und Himmels-W Anfang August um 22 Uhr

8.1 Anblick des Südwesthimmels am 22. August gegen 21h MEZ (= 22h MESZ). Knapp über dem Horizont sieht man neben dem zunehmenden Halbmond den Ringplaneten Saturn.

1 Sa	Schweizer Bundesfeier
2 So	Mond in Erdnähe
3 Mo	
4 Di	
5 Mi	
6 Do	
7 Fr	Mond im letzten Viertel
8 Sa	
9 So	
10 Mo	
11 Di	
12 Mi	
13 Do	
14 Fr	**Neumond**
15 Sa	Liechtensteiner Staatsfeiertag
16 So	
17 Mo	
18 Di	Mond in Erdferne
19 Mi	
20 Do	
21 Fr	
22 Sa	Mond im ersten Viertel und bei Saturn (Abendhimmel)
23 So	
24 Mo	
25 Di	
26 Mi	
27 Do	
28 Fr	
29 Sa	**Vollmond**
30 So	Mond in Erdnähe
31 Mo	

Sonne – Sternbilder

11.8. 6^h^:
Sonne tritt in das Sternbild Löwe
23.8. 12^h^:
Sonne tritt in das Tierkreiszeichen Jungfrau
Julianisches Datum am
1. August, 1^h^ MEZ: 2 457 235,5

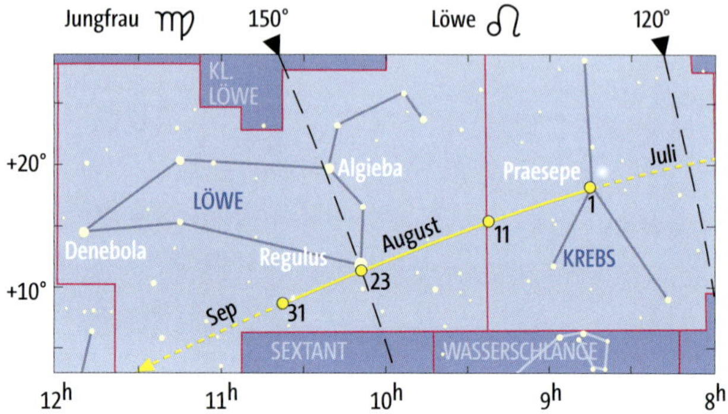

Tabelle Sonnenlauf

Tag	Dämmerg. Anfang	Aufgang MEZ	Kulmination	Untergang MEZ	Dämmerg. Ende	Mittagshöhe	Zeitgleichg.	Rektaszension	Deklination
	h m	h m	h m	h m	h m	°	m	h m	°
1.	3 19	4 49	12 26	20 03	21 32	58,0	–6	8 43	+18,2
5.	3 27	4 54	12 26	19 57	21 24	57,0	–6	8 58	+17,2
10.	3 37	5 02	12 25	19 48	21 12	55,6	–5	9 17	+15,8
15.	3 47	5 09	12 25	19 39	21 01	54,1	–5	9 36	+14,3
20.	3 57	5 16	12 24	19 30	20 49	52,5	–4	9 55	+12,7
25.	4 06	5 24	12 22	19 19	20 37	50,8	–2	10 13	+11,0
31.	4 18	5 33	12 20	19 07	20 22	48,7	0	10 35	+ 8,9

Tages- und Nachtstunden

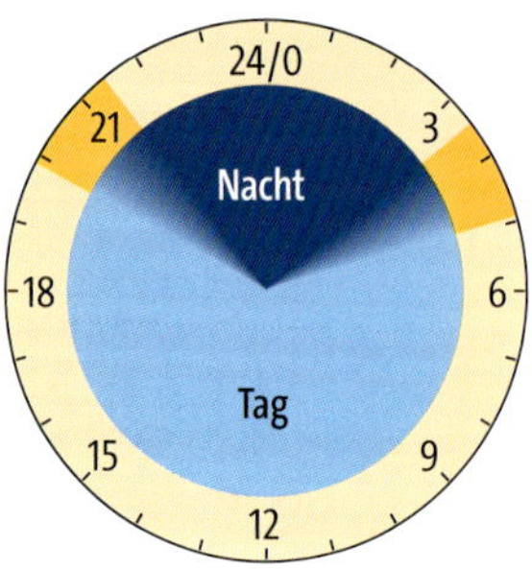

5. August

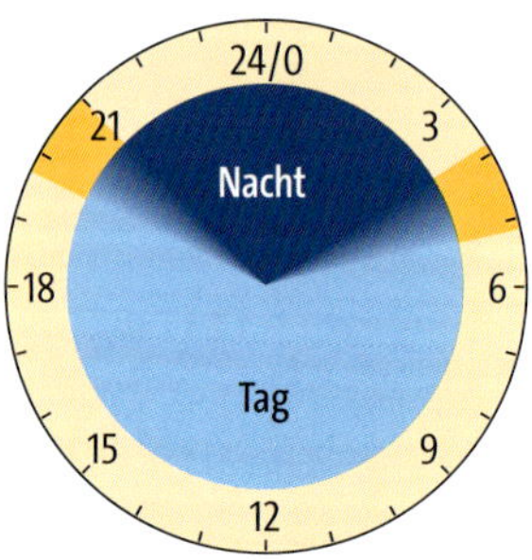

15. August

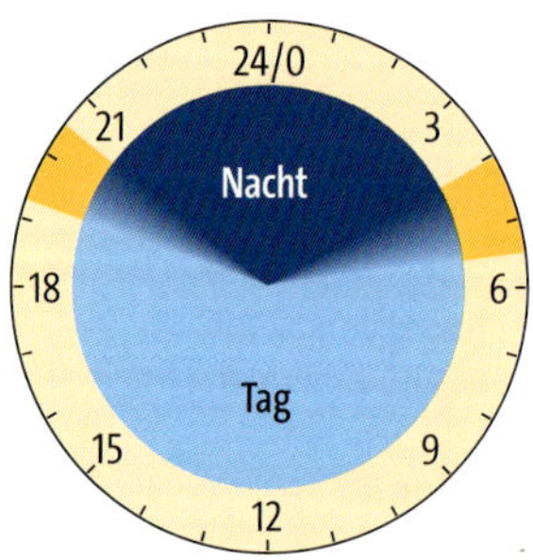

25. August

Tabelle Mondlauf

Datum		Aufg. MEZ h m	Kulmination h m	Unterg. MEZ h m	Rektaszension h m	Deklination °	Sterne und Sternbilder	Phase	MEZ
Sa	1.	20 23	0 52	6 06	21 09	−12,6	Wassermann		
So	2.	20 56	1 49	7 24	22 07	− 8,7	Wassermann	Erdnähe 362/33′,0	11^h
Mo	3.	21 27	2 44	8 42	23 04	− 4,4	Wassermann		
Di	4.	21 58	3 38	10 00	0 00	+ 0,2	Fische	Absteigender Knoten	
Mi	5.	22 29	4 31	11 16	0 56	+ 4,7	Fische		
Do	6.	23 03	5 24	12 31	1 51	+ 8,9	Fische		
Fr	7.	23 40	6 17	13 42	2 46	+12,5	Widder	**Letztes Viertel**	**$3^h 03^m$**
Sa	8.	–	7 11	14 49	3 41	+15,3	Stier		
So	9.	0 21	8 04	15 50	4 36	+17,2	* Aldebaran	Libration West	
Mo	10.	1 09	8 57	16 45	5 31	+18,2	Stier	Größte Südbreite	
Di	11.	2 01	9 48	17 32	6 26	+18,2	Alhena		
Mi	12.	2 58	10 39	18 13	7 19	+17,2	Zwillinge		
Do	13.	3 58	11 27	18 48	8 10	+15,5	Krebs		
Fr	14.	4 59	12 14	19 18	9 00	+13,0	Krebs	**Neumond Nr. 1146**	**$15^h 53^m$**
Sa	15.	6 01	12 58	19 45	9 48	+10,1	Löwe, Regulus		
So	16.	7 03	13 42	20 10	10 35	+ 6,7	Löwe		
Mo	17.	8 05	14 24	20 34	11 21	+ 3,1	Löwe		
Di	18.	9 06	15 06	20 58	12 06	− 0,6	Jungfrau	Erdferne 406/29′,4 Aufsteigender Knoten	4^h
Mi	19.	10 07	15 49	21 23	12 51	− 4,2	Jungfrau		
Do	20.	11 08	16 33	21 50	13 36	− 7,7	Spica		
Fr	21.	12 09	17 18	22 20	14 23	−11,0	Waage		
Sa	22.	13 11	18 05	22 54	15 11	−13,8	* Waage	**Erstes Viertel**	**$20^h 31^m$**
So	23.	14 11	18 54	23 35	16 01	−16,0	Waage		
Mo	24.	15 09	19 47	–	16 54	−17,5	Schlangenträger	Libration Ost	
Di	25.	16 04	20 41	0 24	17 49	−18,2	Schütze	Größte Nordbreite	
Mi	26.	16 53	21 38	1 21	18 46	−17,8	Schütze, Nunki		
Do	27.	17 38	22 35	2 26	19 44	−16,4	* Schütze		
Fr	28.	18 17	23 32	3 39	20 43	−13,9	Wassermann		
Sa	29.	18 52	–	4 56	21 42	−10,5	Steinbock	**Vollmond**	**$19^h 35^m$**
So	30.	19 25	0 29	6 16	22 41	− 6,3	Wassermann	Erdnähe 358/33′,4	16^h
Mo	31.	19 57	1 25	7 36	23 38	− 1,7	Fische	Absteigender Knoten	

Der Mond entfernt sich von Aldebaran nach der Bedeckung

(siehe Seite 288)

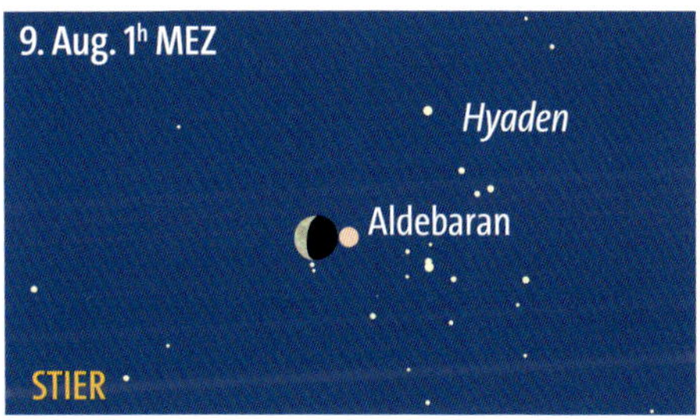

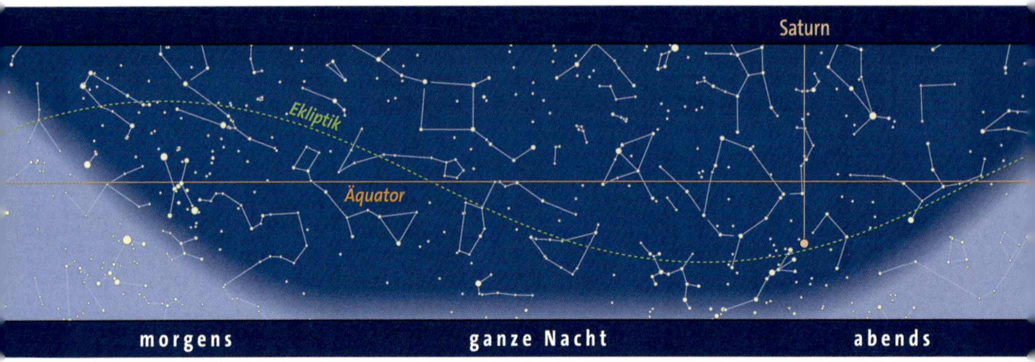

Merkur hat seine obere Konjunktion mit der Sonne gerade hinter sich. Er entfernt sich rechtläufig von der Sonne, die ihm im Tierkreis folgt. Seine Winkelabstände von ihr wachsen langsam an. Am Monatsende beträgt sein östlicher Winkelabstand von der Sonne schon knapp 27°. Die größte östliche Elongation steht kurz bevor. Trotz seines großen Vorsprungs reicht es in unseren Breiten nicht für eine Abendsichtbarkeit. Die Begegnung mit Venus am 5. und mit Jupiter am 7. entgeht uns.

Am 29. abends erreicht Merkur seine Aphelposition.

Venus hat ihre Abendsternperiode beendet und wechselt die Seiten; gegen Monatsende erscheint sie am Morgenhimmel. Sie eilt rückläufig auf die Sonne zu und kommt am 15. in untere Konjunktion. Dabei überholt sie die Erde auf der Innenbahn, wobei sie ihre kürzeste Entfernung von uns einnimmt. Kurz nach Mitternacht am 16. trennen uns 43,08 Millionen Kilometer (= 0,288 AE) von unserem inneren Nachbarplaneten. Venus ist der Planet, der der Erde am nächsten kommen kann. In dieser Position ist er allerdings nicht sichtbar, weil bei der Phase „Neuvenus" die unbeleuchtete Halbkugel des Planeten uns zugekehrt ist. Auch tritt Venus nicht als dunkler Punkt vor die Sonne, weil sie bei dieser unteren Konjunktion 7°50′ südlich an der Sonne vorbeiläuft. Der letzte Venustransit fand am 5./6. Juni 2012 statt, der nächste ist erst am 11. Dezember 2117 zu erwarten.

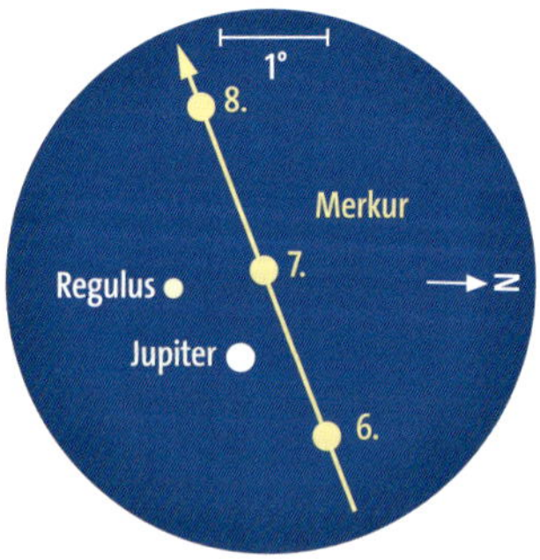

8.2 Merkur nahe Jupiter:
Merkur zieht am 6./7. August nahe an Jupiter im Sternbild Löwe vorbei. Sichtbar nur in südlichen Gegenden oder mit Teleskopen am Taghimmel.

Venus zieht ihre Konjunktionsschleife im Sternbild Löwe (siehe Abb. 6.3 auf Seite 138). Dabei passiert sie zweimal Regulus (α Leonis) recht knapp, einmal Mitte Juli und dann am 9. Oktober.

Am 8. August passiert Venus das Aphel ihrer fast kreisförmigen Bahn. Dabei erreicht ihr Sonnenabstand 108,9 Millionen Kilometer (= 0,728 AE).

Zu Monatsende taucht Venus als auffallendes Gestirn am Morgenhimmel auf. Am 25. geht die $-4^{m},2$ helle Venus um $4^{h}35^{m}$ (= $5^{h}35^{m}$ Sommerzeit) auf. Bis 31. nimmt ihre Helligkeit auf $-4^{m},5$ merkbar zu, ihre Aufgänge verfrühen sich auf $3^{h}59^{m}$. Im Teleskop erscheint am Monatsende die 52″ große Venus als dünne, schmale Sichel (Beleuchtungsgrad 9 Prozent).

Mars eilt der Sonne nach. Am 5. verlässt er das Sternbild Zwillinge und wechselt in das Sternbild Krebs. Seine westlichen Winkelabstände von der Sonne wachsen nur langsam an und erreichen am 31. gerade mal $23^{\circ},5$. Erfahrene Beobachter mögen unter sehr guten Sichtbedingungen den roten Planeten kurz vor Monatsende in der beginnenden Morgendämmerung mit einem Fernglas aufstöbern. Die Begegnung mit Venus am 29. bleibt relativ uninteressant, da beide Planeten mehr als 9° (19 Vollmonddurchmesser) voneinander entfernt stehen.

Am 20. geht der nur $1^{\mathrm{m}}{,}7$ helle Mars um $3^{\mathrm{h}}23^{\mathrm{m}}$ (= $4^{\mathrm{h}}23^{\mathrm{m}}$ Sommerzeit) auf. Am Monatsende erfolgt der Marsaufgang nur vier Minuten früher.

Jupiter, rechtläufig im Löwen, hat sich vom Abendhimmel zurückgezogen und bleibt unsichtbar am Taghimmel. Am 26. wird der Riesenplanet von der Sonne eingeholt und steht in Konjunktion mit ihr.

Am Tag der Konjunktion ist Jupiter 957 Millionen Kilometer (= 6,397 AE) von der Erde entfernt. Seine Sonnendistanz misst hingegen 806 Millionen Kilometer (= 5,388 AE).

Am 7. treffen Jupiter und Merkur nahe Regulus aufeinander. Diese Konjunktion bleibt freiäugig unsichtbar. Im Teleskop kann man bei niedriger Vergrößerung und großem Gesichtsfeld das Dreigestirn am Taghimmel bei sehr klarer Luft verfolgen (siehe Abb. 8.2 auf Seite 176). Doch Vorsicht vor der Sonne beim Beobachten!

Saturn kommt am 2. im Sternbild Waage zum Stillstand und wandert anschließend wieder rechtläufig durch die Fixsternwelt, wobei zunächst seine Bewegung kaum auszumachen ist (siehe Abb. 5.5 auf Seite 121).

Mit seinem zweiten Stillstand beendet der Ringplanet seine Oppositionsperiode, was auch an der sich erheblich verkürzenden Sichtbarkeitsdauer bemerkbar wird. Geht Saturn am 1. um $0^{\mathrm{h}}03^{\mathrm{m}}$ unter und am 15. um $23^{\mathrm{h}}04^{\mathrm{m}}$, so erfolgt der Untergang des $0^{\mathrm{m}}{,}5$ hellen Ringplaneten am 31. schon um $22^{\mathrm{h}}02^{\mathrm{m}}$ (= $23^{\mathrm{h}}02^{\mathrm{m}}$ Sommerzeit). Dies ergibt eine Sichtbarkeitsdauer von rund zwei Stunden am Abendhimmel.

Am 22. passiert der zunehmende Halbmond rund 2° nördlich den Ringplaneten (siehe Abb. 8.1 auf Seite 172).

Uranus, rückläufig in den Fischen, verlagert seine Aufgänge in die Abendstunden. Seine Helligkeit nimmt um $0^{\mathrm{m}}{,}1$ leicht zu und erreicht Ende August $5^{\mathrm{m}}{,}7$.

Am 1. geht der grünliche Planet um $22^{\mathrm{h}}17^{\mathrm{m}}$ (= $23^{\mathrm{h}}17^{\mathrm{m}}$ Sommerzeit) auf, am 15. um $21^{\mathrm{h}}22^{\mathrm{m}}$ und am 31. um $20^{\mathrm{h}}18^{\mathrm{m}}$. Die beste Zeit, um Uranus aufzusuchen, ist die Zeit um seine Kulmination. Sie erfolgt am 1. um $4^{\mathrm{h}}59^{\mathrm{m}}$, am 15. um $4^{\mathrm{h}}03^{\mathrm{m}}$ und am 31. um $2^{\mathrm{h}}59^{\mathrm{m}}$ (= $3^{\mathrm{h}}59^{\mathrm{m}}$ Sommerzeit).

Neptun erhöht abermals die Geschwindigkeit seiner rückläufigen Wanderung durch den Wassermann und erreicht Ende des Monats fast seine Oppositionsstellung zur Sonne (siehe Abb. 9.6 auf Seite 195). Zwar ist Neptun fast die gesamte Nacht über dem Horizont, nach ihm zu suchen lohnt aber erst zwei Stunden nach seinem Aufgang. Rund zwei Stunden vor dem Unter-

Konstellationen und Ereignisse

Datum	MEZ	Ereignis
2.	16^{h}	Mond bei Neptun, Mond 2°,9 nördlich
2.	21	Saturn im Stillstand, anschließend rechtläufig
5.	10	Merkur bei Venus, Merkur 8°,2 nördlich
5.	10	Mond bei Uranus, Mond 1°,0 südlich (Bedeckung)
7.	5	Merkur bei Jupiter, Merkur 0°,6 nördlich
8.	21	Venus im Aphel
13.	6	Mond bei Mars, Mond 5°,5 südlich
14.	17	Mond bei Venus, Mond 4°,7 nördlich
15.	13	Mond bei Jupiter, Mond 3°,6 südlich
15.	20	Venus in unterer Konjunktion mit der Sonne
16.	16	Mond bei Merkur, Mond 2°,0 südlich
22.	18	**Mond bei Saturn**, Mond 2°,5 nördlich, **Abstand 1°,7 um 20^{h}**
26.	23	Jupiter in Konjunktion mit der Sonne
29.	6	Venus bei Mars, Venus 9°,4 südlich
29.	20	Merkur im Aphel
30.	1	Mond bei Neptun, Mond 3°,0 nördlich

gangstermin ist Neptun als Beobachtungsziel zu streichen. Die beste Zeit, um Neptun mit einem lichtstarken Fernglas (mit Stativ!) oder besser Teleskop aufzufinden, ist die Zeit um seine Kulmination.

Am 1. geht der $7\overset{\mathrm{m}}{,}8$ helle Neptun um $21^{\mathrm{h}}03^{\mathrm{m}}$ (= $22^{\mathrm{h}}03^{\mathrm{m}}$ Sommerzeit) auf, am 15. um $20^{\mathrm{h}}07^{\mathrm{m}}$ und am 31. schon um $19^{\mathrm{h}}04^{\mathrm{m}}$. Die Meridiandurchgänge (= Kulminationen) des bläulichen Planeten erfolgen am 1. um $2^{\mathrm{h}}27^{\mathrm{m}}$, am 15. um $1^{\mathrm{h}}31^{\mathrm{m}}$ und am 31. bereits um $0^{\mathrm{h}}26^{\mathrm{m}}$ (= $1^{\mathrm{h}}26^{\mathrm{m}}$ Sommerzeit). Am letzten Augusttag erreicht Neptun seine geringste Entfernung von der Erde in diesem Jahr (siehe „Der Planetenlauf“ im September).

Planetoiden

Ceres (1) stand im letzten Drittel des Vormonats in Opposition zur Sonne. Sie bremst ihre rückläufige Wanderung durch den Schützen stark ab und kommt zu Monatsende fast zum Stillstand (siehe Abb. 7.6 auf Seite 160). Ihre Helligkeit geht deutlich von $7\overset{\mathrm{m}}{,}6$ auf $8\overset{\mathrm{m}}{,}2$ während des Monats zurück. Kulminiert Ceres am 1. noch um $0^{\mathrm{h}}05^{\mathrm{m}}$, so passiert sie am 15. um $22^{\mathrm{h}}54^{\mathrm{m}}$ den Meridian und am 31. bereits um $21^{\mathrm{h}}41^{\mathrm{m}}$ (= $22^{\mathrm{h}}41^{\mathrm{m}}$ Sommerzeit). Damit endet auch ihre Beobachtungsperiode.

Pallas (2) wird am 8. im Sternbild Herkules stationär und beendet damit ihre Oppositionsperiode. Als Beobachtungsobjekt ist Pallas für Sternfreunde nicht mehr interessant.

Vesta (4) kommt am 16. im Sternbild Walfisch in Rektaszension zum Stillstand und eilt anschließend südwestwärts, also rückläufig, durch die Fixsternwelt (siehe Abb. 9.7 auf Seite 196). Mit ihrem Stillstand leitet Vesta ihre Oppositionsperiode ein. Ende nächsten Monats wird sie ihre Oppositionsstellung einnehmen. Die Vestahelligkeit nimmt abermals um eine halbe Größenklasse auf $6\overset{\mathrm{m}}{,}6$ zu.

Am 1. passiert Planetoid Nr. 4 den Meridian um $4^{\mathrm{h}}44^{\mathrm{m}}$, am 15. um $3^{\mathrm{h}}52^{\mathrm{m}}$ und am 31. schon um $2^{\mathrm{h}}46^{\mathrm{m}}$ (= $3^{\mathrm{h}}46^{\mathrm{m}}$ Sommerzeit).

Eunomia – Planetoid Nr. 15 – eilt rasch nordwärts durch das Sternbild Fische und wechselt am 25. in das Sternbild Andromeda. Am 15. wird sie in Rektaszension stationär. Damit beginnt ihre Oppositionsperiode, was auch an der deutlichen Helligkeitszunahme erkennbar wird. Am 1. noch $9\overset{\mathrm{m}}{,}1$ hell, erreicht sie zu Monatsende immerhin $8\overset{\mathrm{m}}{,}4$ (siehe auch Abb. 10.14 auf Seite 218).

Den Meridian passiert Eunomia am 1. um $4^{\mathrm{h}}11^{\mathrm{m}}$, am 15. um $3^{\mathrm{h}}19^{\mathrm{m}}$ und am 31. bereits um $2^{\mathrm{h}}12^{\mathrm{m}}$ (= $3^{\mathrm{h}}12^{\mathrm{m}}$ Sommerzeit).

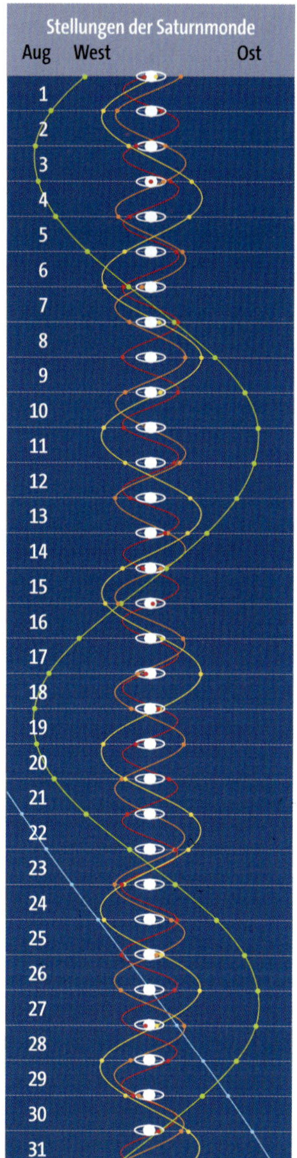

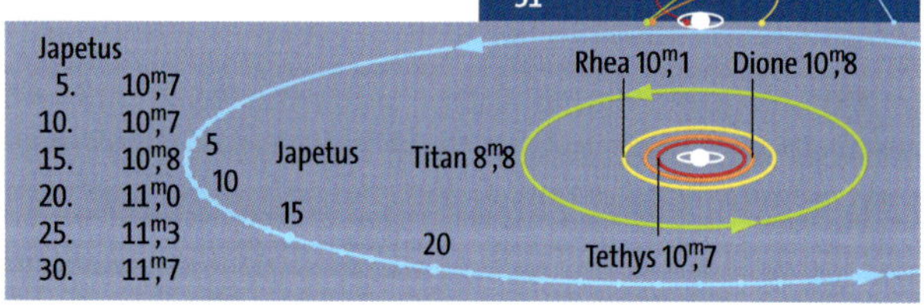

Periodische Sternschnuppenströme

Der wohl aktivste Sternschnuppenmonat ist der August. In seinen lauen Sommernächten sind besonders viele Sternschnuppen zu sehen. Die Ursache sind die **Perseïden**, deren maximale Tätigkeit um den 13. August liegt. Helle Objekte (um 0^m und heller, sogenannte Feuerkugeln oder Boliden) sind keine Seltenheit. Nach Kalkulationen der Meteorspezialisten soll das Maximum diesmal in den Morgenstunden des 13. August zu erwarten sein. Neumond tritt am 14. August ein, so dass kein Mondlicht die Beobachtungen beeinträchtigt. Als schönster und reichster Strom des Jahres bescheren die Perseïden im Maximum bis zu 100 Sternschnuppen pro Stunde. In den Tagen davor und danach sind immer noch stündlich um die 50 Meteore zu erwarten. Ihren Ursprung haben die Perseïden im Kometen 109P/Swift-Tuttle. Die beste Beobachtungszeit liegt zwischen 22^h und 4^h morgens. Die Perseïden-Sternschnuppen sind mit 60 Kilometer pro Sekunde recht schnelle Objekte. Im Volksmund heißen sie auch Laurentius-Tränen nach dem Märtyrer Laurentius (gest. 258 n. Chr.).

Zu erwähnen sind ferner die **Kappa-Cygniden**, deren Radiant im Sternbild Schwan liegt. Sie sind vom 3. bis 25. August aktiv, allerdings sind sie kein besonders reicher Strom. Zur Zeit des Maximums um den 18. August ist nur mit etwa fünf bis zehn Meteoren pro Stunde zu rechnen. Mit 25 Kilometer pro Sekunde mittlerer Geschwindigkeit zählen die Cygniden zu den langsamen Sternschnuppen. Die Umlaufzeit dieses Stroms beträgt sieben Jahre. Der Ursprungskomet dürfte sich aufgelöst haben.

Der wenig bekannte Strom der **Cepheïden** macht sich um den 18. August bemerkbar. Die Frequenz ist gering, sie beträgt nur zehn Objekte pro Stunde. Vermutlich sind die Cepheïden ein Zweigstrom der Cygniden.

Der Fixsternhimmel

Jetzt entfaltet der Sommersternenhimmel seine volle Pracht. Hoch im Süden steht das Sommerdreieck mit Wega in der Leier, Deneb im Schwan und Atair im Adler. Weit im Westen funkelt der Bärenhüter, unter dem Namen Arktur besser bekannt. Der Skorpion bereitet sich im Südwesten auf seinen Untergang vor. Sein Hauptstern Antares zieht noch die Blicke auf sich. Nahe Acrab (β Scorpii) leuchtet ein helles Gestirn; es ist Saturn, der Ringplanet. Dem Skorpion folgt im Tierkreis der Schütze. Östlich vom Schützen nimmt der lichtschwache Steinbock seinen Platz ein. Dem Steinbock folgt im Südosten der Wassermann, der ebenfalls recht lichtschwach und schwierig zu erkennen ist.

Das markante Sternenviereck des Pegasus steigt im Osten empor. Mit seiner unteren Spitze deutet das Pegasusquadrat zum Ostpunkt am Horizont. Man gewinnt dabei den Eindruck einer überdimensionalen Vorfahrtstafel. Laut der griechischen Mythologie ist der Pegasus ein geflügeltes Pferd. Zum Pegasus zählt nicht nur das auffallende Sternenviereck, sondern auch eine leicht abgeknickte Sternenkette, die sich bis hin zum kleinen Bild des Delphin erstreckt. Sie markiert den vorderen Teil des geflügelten Dichterrosses. Das Pegasusquadrat wird auch als Herbstviereck bezeichnet. Der Pegasus soll den Poeten zu ihren Gedankenflügen verhelfen und ihrer Fantasie Luftreisen ermöglichen.

Vier markante Sterne

Der Hauptstern, α Pegasi, heißt Markab vom Arabischen Mankib al Faras – Schulter des Pferdes. Markab leuchtet mit $2^m{,}5$ Helligkeit in einem bläulichen Licht (Spektralklasse B9 III). Seine Entfernung beträgt 140 Lichtjahre. β Pegasi heißt Scheat vom Arabischen Al Sag – das Schienbein. Scheat ist ein roter, veränderlicher Stern (Spektralklasse M2 II) von $2^m{,}3$ bis $2^m{,}7$ scheinba-

Sichtbare Planeten:
Saturn (♄)

Der Sternenhimmel am 15. August um 22^h MEZ

Die Sternkarte ist auch gültig für:

	MEZ	MESZ
15. 6.	2^h	3^h
1. 7.	1	2
15. 7.	0	1
1. 8.	**23**	**24**
15. 8.	**22**	**23**
31. 8.	**21**	**22**
15. 9.	20	21
30. 9.	19	20

rer Helligkeit. Er steht in einer Entfernung von 200 Lichtjahren. Ebenfalls aus dem Arabischen stammt der Name Algenib für γ Pegasi. Al Janb heißt die Flanke oder Seite und war einmal für α Pegasi in Gebrauch. Algenib ist $2^{\text{m}},8$ hell und leuchtet bläulich-weiß (Spektraltyp B2 IV). Etwa 340 Lichtjahre ist er von uns entfernt. Der vierte Stern im Pegasusquadrat, Sirrah, gehört schon zur Andromeda und trägt deshalb die Bezeichnung α Andromedae. Sirrah ist $2^{\text{m}},1$ hell und leuchtet weißlich-blau. Fast hundert Jahre ist sein Licht zur Erde unterwegs.

Den Kopf des Pegasus markiert Enif, ε Pegasi. Der Name stammt vom Arabischen Anf, was Nase bedeutet. Mit $2^{\text{m}},4$ ist

Enif leicht zu sehen. Er leuchtet orange (Spektralklasse K2 Ib). Als roter Überriesenstern ist seine Entfernung schwer zu bestimmen. Sie liegt bei 700 Lichtjahren.

Im Norden wird das Sternbild Pegasus durch den Schwan und das kleine Bild Eidechse (lat.: Lacerta) begrenzt. In östlicher Richtung schließt sich die Sternenkette der Andromeda an. Ein wenig nördlich der Prinzessin Andromeda stößt man auf ihre Mutter, die Königin Kassiopeia, dargestellt durch ein großes Sternen-W. Während der Große Wagen im Nordwesten herabsinkt, steigt das Himmels-W jetzt immer höher.

Höchststellung des Sommerdreiecks

In Zenitnähe findet man das kleine, aber markante Bild der Leier. Nahe der Leier ist das einprägsame Sternenkreuz des Schwans auszumachen. Der Schwan fliegt mit ausgebreiteten Flügeln in südwestlicher Richtung durch die Milchstraße. Deneb bildet den Schwanz und Albireo (β Cygni) den Kopf. Gelegentlich wird diese Sternenfigur auch als Kreuz des Nordens bezeichnet.

Als drittes Sternbild dieser Sommergruppe ist das Sternbild Adler zu nennen, dessen Hauptstern α Aquilae den Namen Atair trägt, was der herabstürzende (auf seine Beute) Adler bedeutet. Atair ist ein bläulichweißer Stern (Spektralklasse A7 IV-V), der mit 17 Lichtjahren Entfernung noch zu den Nachbarsternen unserer Sonne zählt. Mit $0^{m}{,}8$ scheinbarer Helligkeit gehört er zu den hellsten Sternen in der Sonnenumgebung.

Das schimmernde Lichtband der sommerlichen Milchstraße zieht sich in hohem Bogen über das vormitternächtliche Himmelsgewölbe. Allerdings bietet sich in unseren lichtüberfluteten Siedlungen nur noch selten die Gelegenheit, dieses Naturphänomen zu bewundern.

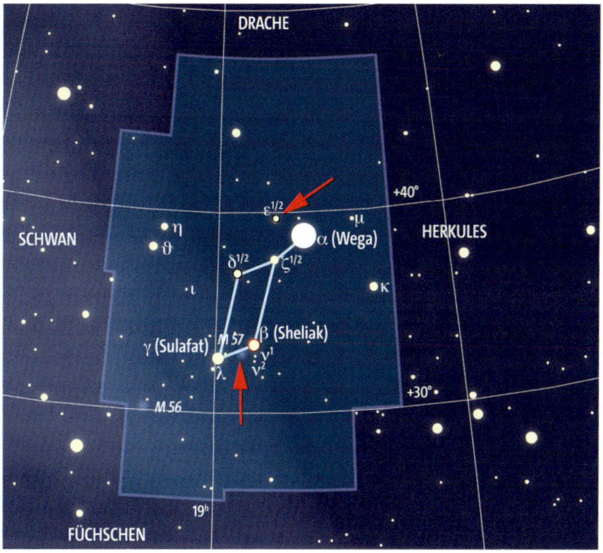

8.3 Die Leier: Das Sternbild Leier (lat.: Lyra) mit den Positionen des Vierfachsternes $\varepsilon_{1,2}$ Lyrae und des Ringnebels M 57.

Objekte für Feldstecher und Fernrohr

Im Gebiet des Sommerdreiecks stößt man auf eine Reihe von Doppelsternen, die bereits im Feldstecher zu trennen sind. Da ist einmal der berühmte Vierfachstern in der Leier zu erwähnen: ε_1 und ε_2 Lyrae sind fast mit bloßen Augen als zwei getrennte Lichtpunkte zu erkennen – ihr gegenseitiger Abstand beträgt 209″. Beide Sterne sind jeweils wieder doppelt zu sehen – allerdings in einem Teleskop ab 8 cm freier Öffnung. ε_1 hat eine Separation von $2''{,}5$ und ε_2 weist eine solche von $2''{,}4$ auf. Alle vier Sterne leuchten weiß (Spektraltyp A) und sind 160 Lichtjahre entfernt.

Im Schwerpunkt des Sommerdreiecks findet man β Cygni, Albireo mit Eigennamen. Ein $3^{m}{,}1$ heller, orange-roter Stern hat in $34''{,}5$ Distanz einen $5^{m}{,}1$ hellen, blauweißen Begleiter. Auch 61 Cygni ist im Fernglas doppelt zu sehen. Die beiden $5^{m}{,}4$ und $6^{m}{,}0$

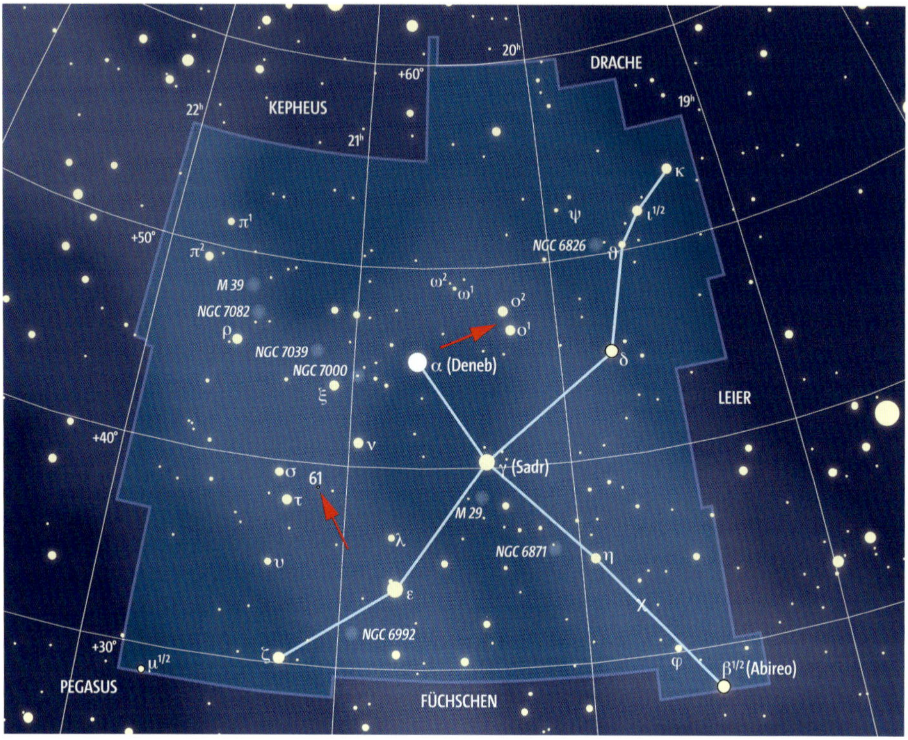

8.4 Der Schwan:
Das Sternbild Schwan (lat.: Cygnus) mit den Positionen des Dreifachsterns $o_{1,2}$ Cygni und des Doppelsterns 61 Cygni.

hellen Komponenten sind 29″ voneinander entfernt.

Auch der Dreifachstern o Cygni ist zu nennen, der einen schönen Farbkontrast zeigt und auf der Verbindungslinie Deneb – δ Cygni liegt.

Zwischen β und γ Lyrae erkennt man M 57, den bekannten Ringnebel in der Leier. Im Fernglas sieht man nur ein winziges Lichtfleckchen. Erst in größeren Teleskopen wird ein Ring erkennbar, vor allem, wenn man einen Nebelfilter verwendet.

Im Steinbock lassen sich zwei optische Doppelsterne ins Visier nehmen. „Optisch" bedeutet hier, dass es sich nicht um einen echten, physischen Doppelstern handelt, bei dem beide Sonnen durch die Schwerkraft aneinander gebunden um einen gemeinsamen Schwerpunkt laufen, sondern dass beide Komponenten eines optischen

Veränderliche Sterne im August

Algol-Minima	11.	4^h17^m	14.	1^h06^m	16.	21^h55^m	31.	5^h57^m		
β-Lyrae-Minima	5.	22^hN	12.	9^hH	18.	21^hN	25.	8^hH	31.	19^hN
δ-Cephei-Maxima	5.	19^h	11.	4^h	16.	12^h	21.	21^h	27.	6^h
Mira-Helligkeit	1.	5^m	10.	5^m	20.	6^m	31.	6^m		

8.5 Das Herz der Milchstraße: **Zwischen Schütze und Skorpion blicken wir in Richtung des unsichtbaren Zentrums der Galaxis. Aufnahme von Bernhard Hubl (Nussbach, Oberösterreich).**

Doppelsterns rein zufällig in gleicher Richtung stehen.

α_1 und α_2 Capricorni, zwei gelbe Riesensterne von $4^m_,3$ und $3^m_,6$ scheinbarer Helligkeit, stehen in 376″ Distanz voneinander, was man schon mit bloßen Augen trennen kann. Wegen der Himmelsaufhellung durch irdischen Lichtsmog ist es aber oft schwierig, einen Stern vierter Größe überhaupt mit bloßen Augen zu sehen. Deshalb empfiehlt sich ein Fernglas. α_1 Cap ist 700 Lichtjahre von uns entfernt, α_2 Cap jedoch nur 108 Lichtjahre. Daraus ergibt sich, dass $\alpha_{1,2}$ Cap kein physisches Paar ist, sondern beide Komponenten weit voneinander entfernt sind und von uns aus gesc hen rein zufällig in gleicher Richtung stehen.

Im Fernglas erkennt man, dass α_1 in 44″ noch einen 9^m schwachen Begleiter hat, der ebenfalls lediglich optisch dazugehört.

Schätze in der Milchstraße

Das Lichtband der sommerlichen Milchstraße spannt sich zur abendlichen Beobachtungsstunde hoch über das Firmament. Es ist besonders reizvoll, mit einem Fernglas die Milchstraße zu durchmustern. Abertausende glitzernde Sternchen wandern durch das Gesichtsfeld. Manchmal huscht eine Sternschnuppe über die Milchstraße, gelegentlich zieht ein Satellit seine Bahn vor dem Sternengewimmel des Milchstraßenbandes. An manchen Stellen erscheint das Lichtband recht sternarm. Doch dort fehlen keine Sterne, sondern die interstellaren Staubwolken, die zur Milchstraßenhauptebene konzentriert sind, verschlucken einen Teil des Sternenlichts. So entstehen die Dunkelwolken, die das Milchstraßenband unterbrechen beziehungsweise spalten.

Besonders lohnenswert ist es, die Gegend in und um den Schützen mit Fernglas und Teleskop abzusuchen. Hier sind nicht nur die dichtesten Sternwolken zu finden, sondern auch zahlreiche offene und kugelförmige Sternhaufen sowie Emissions- und Reflexionsnebel. Eingebettet sind in ihnen Dunkelwolken interstellaren Staubes. In Richtung des Sternbildes Schütze liegt auch das Milchstraßenzentrum. Allerdings kann man es im sichtbaren Licht nicht beobachten.

Die bekanntesten galaktischen Nebel im Schützen sind der Lagunennebel (M 8), der Trifidnebel (M 20) und der Omega-Nebel (M 17). Zwischen M 8 und M 20 zieht die Ekliptik hindurch. Als offene Sternhaufen in diesem Areal sind M 21, M 16, M 18, M 24 und M 25 zu nennen. Sie sind zum Teil nicht leicht zu erkennen, da sie sich nicht allzu stark vom dichten Sternenhintergrund der Milchstraße abheben. Die prominentesten Kugelhaufen in dieser Gegend sind M 22 und M 28. Um diese Deep-Sky-Objekte im Schützen zu finden, benutze man die Sternkarte E20 im *Atlas für Himmelsbeobachter* von Erich Karkoschka.

Wie weit ist es zur Heliopause?

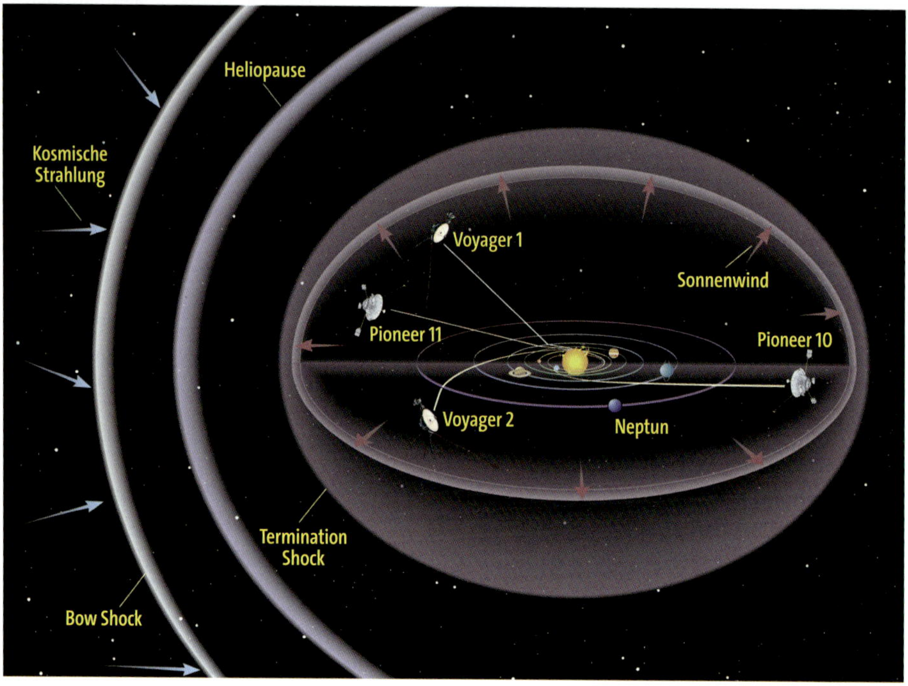

8.6 Schematische Darstellung der Heliosphäre mit den drei Grenzschichten Termination Shock (Begrenzungsstoß), Heliopause und Bow Shock (Bugstoßfront)

Bevor man sich mit der Frage beschäftigt, wie weit es bis zur Heliopause ist, sollte man erst wissen, worum es sich bei der Heliopause überhaupt handelt. Der Begriff „Heliopause“ setzt sich aus zwei altgriechischen Wörtern zusammen: ἥλιος (Sonne) und παύω (beendigen, aufhören, unterbrechen). Vom zweiten Wort stammt die Pause. Die Mittagspause unterbricht die Arbeit; sie grenzt den Vormittag vom Nachmittag ab. In der Meteorologie kennt man die Tropopause. Sie ist die Grenzschicht zwischen der Troposphäre, der untersten Lufthülle, in der sich das Wettergeschehen abspielt, und der darüber liegenden Stratosphäre. Unter Heliopause versteht man die Grenzschicht zwischen dem interplanetaren und dem interstellaren Raum, kurz: die Grenze unseres Sonnensystems gegenüber den Tiefen der Sternenwelt.

Zu Kopernikus' Zeiten bildete die Saturnbahn die Grenze unseres Sonnensystems. Der Saturn ist zehnmal so weit entfernt von der Sonne wie die Erde. Als Uranus 1781 entdeckt wurde, verdoppelte sich der Durchmesser unseres Sonnensystems. Mit dem Auffinden von Neptun 1846 wurde die Grenze auf 30 AE, das sind 4488 Millionen Kilometer, hinausgeschoben. Der 1930 entdeckte Pluto wandert in einer mittleren Entfernung von 40 AE um die Sonne. Jenseits der Plutobahn befindet sich der Kuipergürtel, in dem Tausende von Kleinkörpern – von Meteoroiden bis zu Zwergplaneten – die Sonne umrunden.

Die Astronomen sehen heute die Grenze des Sonnensystems in dem Bereich, in dem die Dominanz der interplanetaren Materie gegenüber der interstellaren Materie endet. Der interplanetare Raum ist gefüllt mit Staub und Gas. Abgesehen von Diffusionsprozessen der Planetenatmosphären ist die Sonne Hauptlieferant des interplanetaren Gases. Die Sonne bläst ständig einen Strom elektrisch geladener Partikel – vornehmlich Protonen, Elektronen und Alphateilchen, also Heliumatomkerne, aber auch ionisierte Atome von Kohlenstoff, Sauerstoff, Silizium, Neon, Kalzium, Schwefel, Eisen, Nickel und anderen ins Weltall.

Dieser Teilchenstrom, üblicherweise Sonnenwind genannt, ist elektrisch leitend, ein sogenanntes Plasma. Das Plasma strömt entlang der von der Sonne ausgehenden Magnetfeldlinien, die infolge der Sonnenrotation gekrümmt sind. In der Erdumgebung bläst der Sonnenwind mit rund 400 Kilometer pro Sekunde, das sind 1 440 000 Kilometer pro Stunde, und damit Überschallgeschwindigkeit.

Aufgeheizt wird das Sonnenwindplasma in der Korona, der äußersten Atmosphärenschicht der Sonne, bei Temperaturen von ein bis drei Millionen Grad. In Erdentfernung von der Sonne hat das interplanetare Gas eine Dichte von rund 10^{-21} g/cm^3. Bei heftigen Sonneneruptionen weht der Sonnenwind schon mal mit Geschwindigkeiten von 600 bis 1000 km/s, in Einzelfällen sogar bis zu 2000 km/s.

Der Raum um die Sonne, in dem die interplanetare Materie die dominierende Rolle spielt, wird Heliosphäre genannt. Sie ist keineswegs kugelrund, wie der Name vermuten lässt, sondern eher birnenförmig und leicht verdrückt. Ein Sonnenphysiker verglich die Form der Heliosphäre einst mit einem Gummiball, auf dem jemand sitzt. Auch variiert die Form entsprechend dem wechselnden Druck des Sonnenwindes. Bei aktiver Sonne dehnt sich die Heliosphäre aus. Die Heliosphäre erstreckt sich so weit in den Raum hinaus, bis der Staudruck des Sonnenwindes gleich dem Druck des interstellaren Gases wird. Dabei kommt auch der Sonnenwind zum Erliegen, seine Geschwindigkeit sinkt auf null, es herrscht Sonnenwindstille. Die Zone, in der dies geschieht, nennt man Heliopause. Sie grenzt die Heliosphäre vom interstellaren Raum mit seiner Gaskomponente und seinen Magnetfeldern ab. Die Heliopause wirkt auch als Schutzschild gegenüber der harten, hochenergetischen kosmischen Korpuskularstrahlung.

Der Termination Shock

Wie weit ist es nun bis zur Heliopause? Je nach Richtung und Sonnenaktivität erstreckt sich die Heliopause in einer Sonnenentfernung von 80 bis 120 AE (12 bis 18 Milliarden Kilometer), das ist die doppelte bis dreifache Plutodistanz. Dabei geht die Heliosphäre nicht langsam, also kontinuierlich, in den interstellaren Bereich über, sondern vergleichsweise abrupt. Nach neueren Erkenntnissen gibt es drei Grenzschichten der Heliosphäre zum interstellaren Bereich. Wo der Sonnenwind mit Überschallgeschwindigkeit auf die interstellare Materie prallt, entsteht eine Stoßfront, in der es zu sprunghaften Änderungen von Dichte, Temperatur und Magnetfeldstärke kommt. Die Geschwindigkeit des Sonnenwindes sinkt in dieser Zone rapide auf den Unterschallbereich von 100 km/s. Dieser Bereich wird im Fachjargon als Termination Shock (engl., Begrenzungsstoß) bezeichnet. Der Termination Shock erstreckt sich in einer Sonnenentfernung von rund 90 AE (= 13,5 Milliarden Kilometer), das entspricht der dreifachen Neptunentfernung. Durch die starke Abbremsung heizt sich der Sonnenwind enorm auf.

Messungen durch die Voyager-Sonden

Unser Wissen über die Heliopause verdanken wir in erster Linie den beiden interplanetaren Sonden VOYAGER 1 und VOYAGER 2, die nach wie vor aktiv sind und Daten funken, während PIONEER 10 und PIONEER 11, die ersten beiden Sonden, die von Menschen ins äußere Sonnensystem geschickt wurden, keine Signale mehr senden. VOYAGER 2 wurde am 20. August 1977 gestartet, kurz darauf folgte am 5. September 1977 VOYAGER 1. Alle vier Wasserstoffplaneten –

NASA/GSFC

8.7 Die Raumsonde IBEX zur Erforschung der Heliopause

Jupiter, Saturn, Uranus und Neptun – wurden von VOYAGER 2 besucht. VOYAGER 1 hingegen passierte nur Jupiter und Saturn. Nach einem nahen Vorbeiflug am Saturnmond Titan in nur 4000 km Distanz wurde VOYAGER 1 aus der Ekliptikebene nach Norden geschleudert. Inzwischen haben beide Raumsonden unser Planetensystem weit hinter sich gelassen und sind in die fernen Zonen am Rande des Sonnensystems vorgedrungen. VOYAGER 1 durchflog 2004 den Termination Shock in 94 AE (= 14 Milliarden Kilometer) Distanz. Während sich VOYAGER 1 nun nördlich der Ekliptikebene bewegt, driftet VOYAGER 2 inzwischen südlich von der Erdbahnebene durch den interstellaren Raum. VOYAGER 1 befindet sich dabei von der Erde aus gesehen im Sternbild Ophiuchus, VOYAGER 2 im Telescopium. Die Sonde VOYAGER 2 erreichte 2007 den Termination Shock in 84 AE (= 12,6 Milliarden Kilometer). Aus den unterschiedlichen Distanzen bis zum Termination Shock folgt, dass die Heliosphäre nicht kugelrund, sondern asymmetrisch ist.

Jenseits des Termination Shock erstreckt sich ein Bereich, der Heliosheath, also Sonnenhülle, genannt wird. Sie ist gewissermaßen die Übergangszone zum interstellaren Raum. Die Hülle erstreckt sich bis zur eigentlichen Heliopause, in der der Sonnenwind endgültig zum Erliegen kommt. In der Sonnenhülle ereignen sich heftige Wechselwirkungen zwischen den Partikeln des Sonnenwindes und denjenigen der interstellaren Materie. Die Ionen des interstellaren Gases werden vom Sonnenwindplasma, das das solare Magnetfeld mitschleppt, auf ihrem Weg ins Sonnensystem ausgebremst. Die neutralen Atome und Moleküle dagegen werden nicht durch Magnetfelder beeinflusst und dringen tiefer in die Sonnenhülle ein. Die solare UV-Strahlung ionisiert diese interstellaren Atome teilweise. Somit werden sie elektrisch leitend und vom solaren Magnetfeld in die Gegenrichtung katapultiert. Der nicht ionisierte Rest dringt jedoch bis zur Erdbahn vor, wo man ihn untersuchen kann. Diese ENAs (Energetic Neutral Atoms) entstehen teils auch durch Ladungsaustausch der solaren Ionen mit interstellaren Partikeln. Kurz, die ENAs spüren keine Magnetfelder und werden schnurstracks auf geraden Wegen in Richtung Sonne und damit zur Erde geschleudert. Um sie zu beobachten und so mehr über die Vorgänge in der Heliopause zu erfahren, wurde der Satellit IBEX (**I**nterstellar **B**oundary **EX**plorer) von der NASA entwickelt und gebaut. IBEX wurde am 19. Oktober 2008 in eine hohe Erdumlaufbahn geschossen. Er benötigt für eine Erdumkreisung etwas mehr als neun Tage. Die IBEX-Bahn ist um 28° zum Erdäquator geneigt. IBEX, auch unter der Bezeichnung EXPLORER 91 bekannt, kommt im Perigäum auf 47 000 Kilometer an die Erde heran, sein Apogäum liegt bei 308 000 Kilometer, das sind 80 Prozent der mittleren Entfernung Erde–Mond. Die große Umlaufbahn wurde gewählt, damit die IBEX-Messungen nicht durch den Van-Allen-Strahlungsgürtel beeinträchtigt werden. Hauptaufgabe von IBEX ist es, die neutralen Partikel aus der Sonnenhülle zu detektieren.

An der Heliopause

Am 25. August 2012 erreichte VOYAGER 1 die Heliopause in 121 AE (= 18 Milliarden Kilometer) Entfernung von der Sonne. Die Plasmadichte

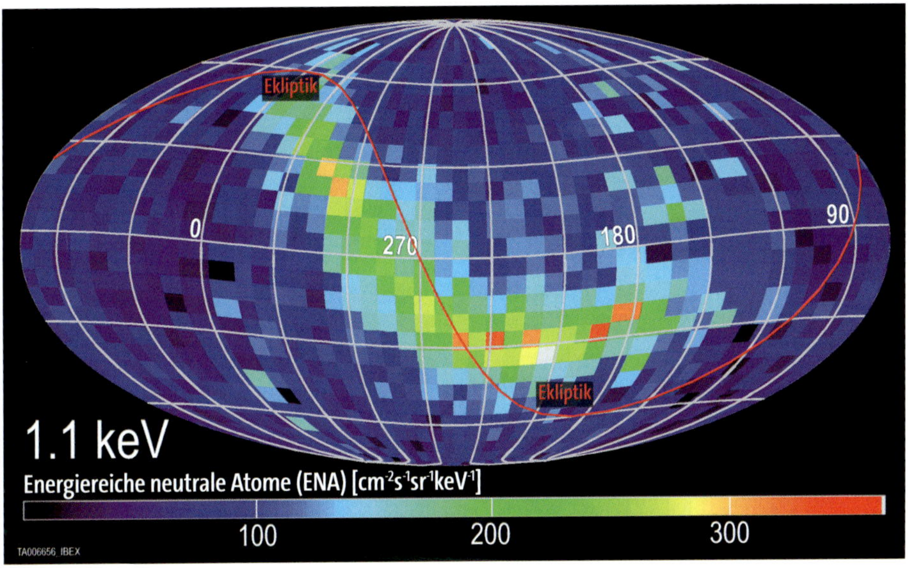

8.8 Die noch rätselhafte IBEX-Zone (IBEX-Ribbon) erhöhten Einfalls von neutralen H-Atomen aus der Heliosphäre.

stieg auf den vierzigfachen Wert. VOYAGER 1 registrierte einen rapiden Anstieg hochenergetischer kosmischer Strahlung. Die galaktische kosmische Strahlung dominierte eindeutig die solare Partikelstrahlung. Die Geschwindigkeit des Sonnenwindes sank auf null. In der Heliopause herrscht Sonnenwindstille.

VOYAGER 1 hat nun die Heliosphäre verlassen und ist in die unvorstellbaren Weiten des interstellaren Raumes vorgedrungen. Im März 2014 war sie 130 AE (= 19 Milliarden Kilometer) von der Sonne entfernt. Ihre Funksignale zur Erde brauchten dann schon 18 Stunden.

Man hofft, dass VOYAGER 1 noch bis zum Jahre 2020 durchhält und Daten über die interstellare Materie und die interstellaren Magnetfelder liefern wird. Wenn schließlich VOYAGER 1 und VOYAGER 2 nach mehr als 24 000 Jahren die Oortsche Wolke, die äußerste Hülle des Sonnensystems, erreichen, werden sie keine Signale mehr zur Erde senden.

Inzwischen hat IBEX zwei interessante Entdeckungen gemacht: Jenseits der Heliopause befindet sich eine als Bow Shock (engl., Bugstoßfront) bezeichnete bogenförmige Zone. Es handelt sich weniger um eine Stoßfront, sondern eher um eine Bugwelle. Die riesige Heliosphärenblase bewegt sich mit einer Geschwindigkeit von 23 km/s relativ zum umgebenden interstellaren Gas. Die Heliosphäre spürt eine Art Gegenwind, der aus Richtung Skorpion kommt. Im Bow Shock steigen der Druck und die Temperatur des interstellaren Gases an. Das ist gut verständlich. Mysteriös hingegen ist die zweite Entdeckung von IBEX: Die ENAs fallen nicht gleichmäßig aus allen Richtungen ein, vielmehr strömen in einer Zone von 20° Breite dreimal mehr neutrale Wasserstoffatome zur Erde als aus den übrigen Bereichen. Es mangelt nicht an Erklärungsversuchen, doch keiner kann das Rätsel dieses IBEX-Ribbon (IBEX-Band) schlüssig lösen.

Man hofft, noch viel mehr über die Heliopause zu erfahren, wenn die Plutosonde NEW HORIZONS in die Heliosphäre eindringt. Aber erst im Jahre 2035 wird NEW HORIZONS den Termination Shock passieren (siehe auch Monatsthema Juni „Endspurt zu Pluto“ auf Seite 164).

September 2015

- Am 28. findet eine totale Mondfinsternis statt, die in ihrer vollen Länge von Mitteleuropa aus beobachtbar ist (siehe Seite 27).
- Venus strahlt am Morgenhimmel in maximalem Glanz.
- Neptun steht am 1. in Opposition zur Sonne.
- Die Sonne passiert am 23. um 9^h21^m MEZ (= 10^h21^m MESZ) den Herbstpunkt, die Tagundnachtgleiche tritt ein.

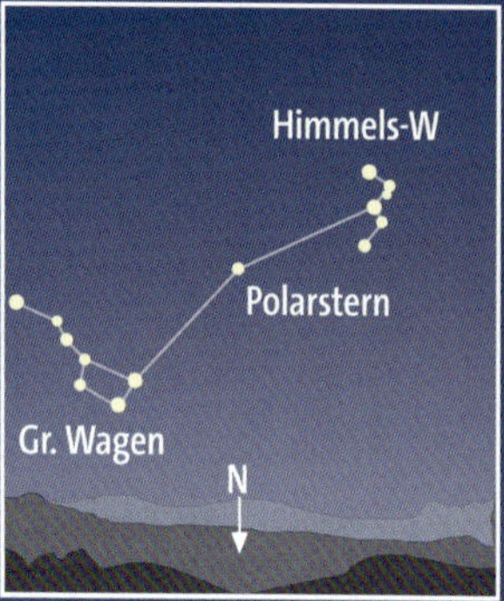

Großer Wagen und Himmels-W Anfang September um 22 Uhr

9.1 Himmelsanblick am 19. September gegen 20^h MEZ (= 21^h MESZ). Tief am Südwesthimmel sieht man Saturn und den zunehmenden Mond.

1 Di	Neptun in Opposition
2 Mi	
3 Do	
4 Fr	
5 Sa	Mond im letzten Viertel
6 So	
7 Mo	
8 Di	
9 Mi	
10 Do	Mond bei Venus (Morgenhimmel)
11 Fr	
12 Sa	
13 So	**Neumond**
14 Mo	Mond in Erdferne
15 Di	
16 Mi	
17 Do	
18 Fr	Mond bei Saturn (Abendhimmel)
19 Sa	
20 So	
21 Mo	Mond im ersten Viertel, Venus in größtem Glanz (Morgenhimmel)
22 Di	
23 Mi	Herbstbeginn
24 Do	
25 Fr	
26 Sa	
27 So	
28 Mo	**Vollmond,** Mond in Erdnähe **Totale Mondfinsternis**
29 Di	Mond bei Uranus (ganze Nacht)
30 Mi	

Sonne – Sternbilder

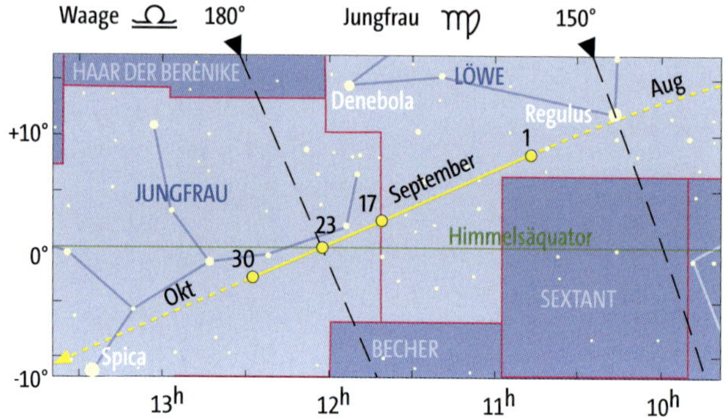

17.9. 8h:
Sonne tritt in das Sternbild Jungfrau
23.9. 9h21m:
Sonne tritt in das Tierkreiszeichen Waage
Julianisches Datum am
1. September, 1h MEZ:
2 457 266,5

Tabelle Sonnenlauf

Tag	Dämmerg. Anfang	Aufgang MEZ	Kulmination	Untergang MEZ	Dämmerg. Ende	Mittagshöhe	Zeitgleichg.	Rektaszension	Deklination
	h m	h m	h m	h m	h m	°	m	h m	°
1.	4 19	5 34	12 20	19 05	20 20	48,3	0	10 39	+8,6
5.	4 27	5 40	12 19	18 56	20 10	46,8	+ 1	10 53	+7,1
10.	4 35	5 48	12 17	18 46	19 58	45,0	+ 3	11 11	+5,2
15.	4 44	5 55	12 15	18 35	19 46	43,1	+ 5	11 29	+3,3
20.	4 52	6 03	12 14	18 24	19 34	41,1	+ 6	11 47	+1,4
25.	5 00	6 10	12 12	18 13	19 22	39,2	+ 8	12 05	–0,6
30.	5 08	6 18	12 10	18 02	19 11	37,2	+10	12 23	–2,5

Tages- und Nachtstunden

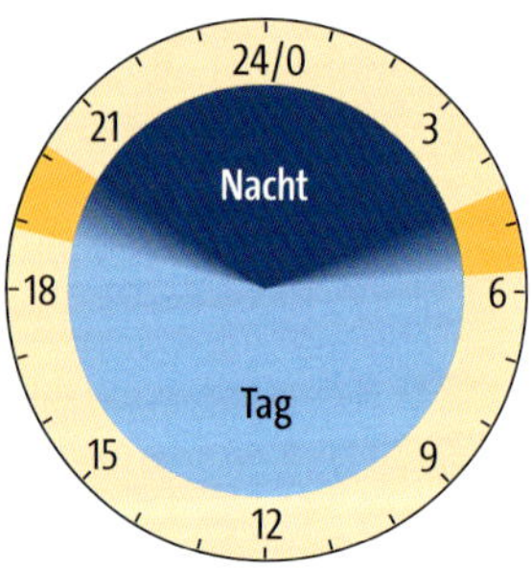

5. September

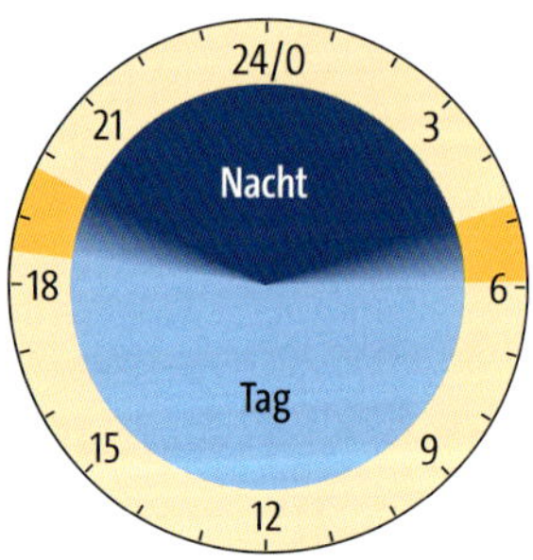

15. September

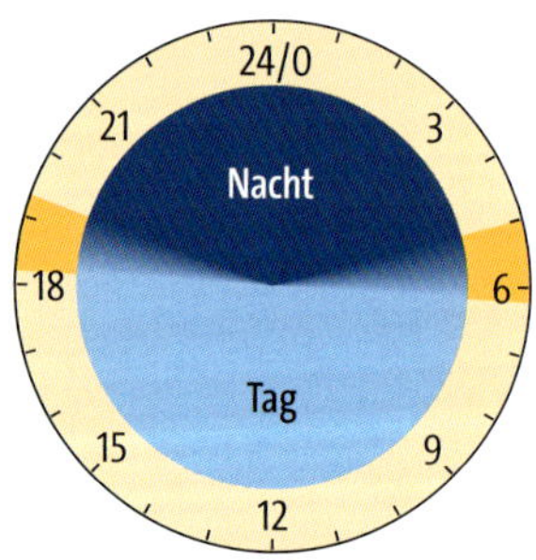

25. September

Tabelle Mondlauf

Datum	Aufg. MEZ	Kulmination	Unterg. MEZ	Rektaszension	Deklination	Sterne und Sternbilder	Phase	MEZ
	h m	h m	h m	h m	°			
Di 1.	20 29	2 20	8 56	0 36	+ 3,0	* Fische		
Mi 2.	21 03	3 15	10 14	1 33	+ 7,5	Fische		
Do 3.	21 40	4 10	11 29	2 30	+11,4	Widder		
Fr 4.	22 21	5 05	12 39	3 27	+14,5	* Stier		
Sa 5.	23 07	6 00	13 44	4 23	+16,7	* Stier, Hyaden	**Letztes Viertel**	**$10^h 54^m$**
So 6.	23 58	6 53	14 41	5 19	+17,9	* Stier	Größte Südbreite	
							Libration West	
Mo 7.	–	7 45	15 30	6 13	+18,1	Alhena		
Di 8.	0 53	8 36	16 13	7 07	+17,4	* Alhena		
Mi 9.	1 52	9 25	16 49	7 58	+15,9	Krebs		
Do 10.	2 52	10 11	17 21	8 48	+13,6	Krebs, Krippe		
Fr 11.	3 54	10 56	17 49	9 36	+10,8	Löwe, Regulus		
Sa 12.	4 55	11 40	18 15	10 23	+ 7,6	Löwe, Regulus		
So 13.	5 57	12 23	18 39	11 09	+ 4,1	Löwe	**Neumond Nr. 1147**	**$7^h 41^m$**
Mo 14.	6 58	13 05	19 03	11 54	+ 0,4	Jungfrau	Erdferne 406/29′,4	12^h
							Aufsteigender Knoten	
Di 15.	7 59	13 47	19 27	12 39	− 3,2	Jungfrau		
Mi 16.	9 00	14 30	19 53	13 24	− 6,8	Spica		
Do 17.	10 01	15 15	20 22	14 11	−10,1	Jungfrau		
Fr 18.	11 01	16 00	20 54	14 58	−13,0	Waage		
Sa 19.	12 01	16 48	21 32	15 47	−15,4	Waage		
So 20.	12 59	17 38	22 16	16 38	−17,1	Schlangenträger		
Mo 21.	13 53	18 30	23 08	17 31	−18,0	* Schlangenträger	**Erstes Viertel**	**$9^h 59^m$**
							Größte Nordbreite	
							Libration Ost	
Di 22.	14 43	19 24	–	18 25	−18,0	Schütze		
Mi 23.	15 29	20 19	0 07	19 21	−17,0	Schütze		
Do 24.	16 09	21 14	1 14	20 18	−15,1	Steinbock		
Fr 25.	16 46	22 10	2 27	21 16	−12,1	Wassermann		
Sa 26.	17 20	23 07	3 45	22 14	− 8,3	Wassermann		
So 27.	17 52	–	5 05	23 12	− 3,8	Wassermann	Absteigender Knoten	
Mo 28.	18 24	0 03	6 26	0 10	+ 0,9	Fische	**Vollmond**	**$3^h 50^m$**
							Erdnähe 357/33′,5	3^h
Di 29.	18 58	0 59	7 47	1 08	+ 5,6	Fische		
Mi 30.	19 35	1 56	9 06	2 07	+ 9,8	Walfisch		

Der Mond wandert durch die Hyaden zu Aldebaran und bedeckt ihn nach Sonnenaufgang (siehe Seite 288)

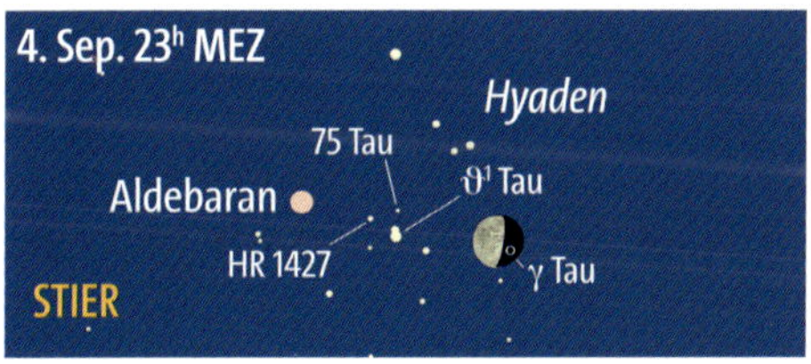

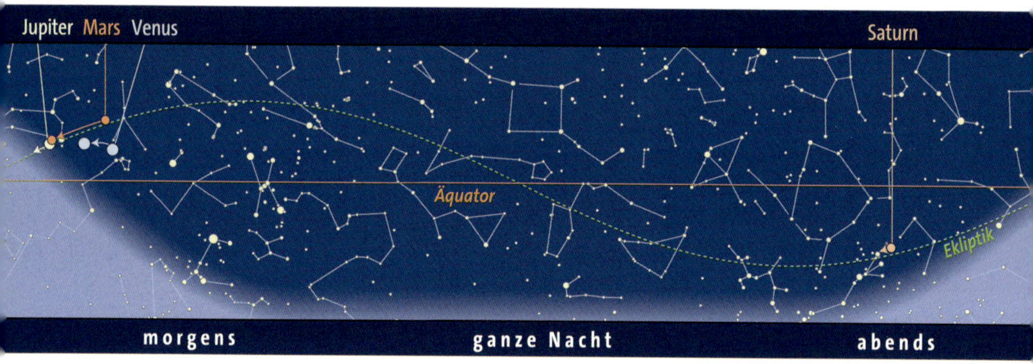

Merkur kommt gleich zu Monatsbeginn, am 4., in größte östliche Elongation von der Sonne. Trotz eines Winkelabstandes von 27°08′ reicht es diesmal nicht für eine Abendsichtbarkeit, denn die abendliche Ekliptik verläuft flach zum Westhorizont. Der Elongationswinkel fällt so groß aus, da Merkur am 29. des Vormonats sein Aphel (Sonnenferne) passierte.

Am 17. kehrt der sonnennahe Planet seine Bewegungsrichtung um und wird rückläufig. Er eilt auf die Sonne zu und trifft am 30. mit ihr zusammen. An diesem Tag steht er in unterer Konjunktion mit ihr. Seine Konjunktionsschleife zieht Merkur im Sternbild Jungfrau (siehe Abb. 9.3 auf S. 193).

Venus stand Mitte des Vormonats in unterer Konjunktion mit der Sonne und hat ihre Morgensternperiode begonnen. Sie entfernt sich rasch rückläufig vom Tagesgestirn und ist bereits zu Monatsbeginn am Morgenhimmel zu erkennen. Am 5. beendet Venus ihre Rückläufigkeit und wird wieder rechtläufig (siehe Abb. 6.3 auf Seite 138).

Am 1. erfolgt der Aufgang der $-4^{m}{,}6$ hellen Venus um $3^{h}53^{m}$ (= $4^{h}53^{m}$ Sommerzeit). Am 15. geht Venus um $2^{h}56^{m}$ auf und am 30. schon um $2^{h}30^{m}$.

Ihren größten Glanz mit $-4^{m}{,}8$ scheinbarer Helligkeit entfacht Venus am 21. und ist damit unter guten Beobachtungsbedingungen fast bis Sonnenaufgang sichtbar (siehe auch Abb. 10.7 auf Seite 214).

Im Teleskop zeigt Venus zu Monatsbeginn eine große, schmale Sichel (Beleuchtungsgrad: 9 Prozent) mit 52″ scheinbarem Durchmesser. Im Laufe

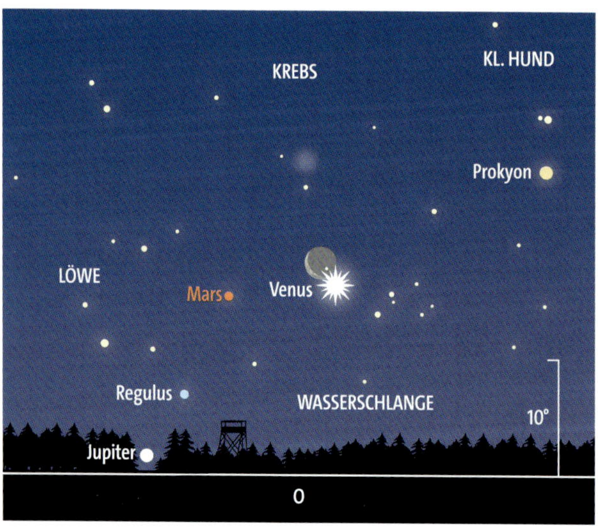

9.2 Morgenhimmel am 10.9.: **Himmelsanblick am 10. September gegen 5^{h} MEZ (= 6^{h} MESZ). Über dem Osthorizont sind Mars und Venus zu sehen, zu der sich die Sichel des abnehmenden Mondes gesellt. Tief am Osthimmel ist noch Jupiter auszumachen.**

des September wird die Venussichel immer kleiner und dicker. Zu Monatsende sind bereits 35 Prozent des auf 33″ geschrumpften Venusscheibchens beleuchtet.

Am 10. zieht die schmale Sichel des abnehmenden Mondes an Venus vorbei, ein netter Anblick am Osthimmel gegen 5^h (= 6^h Sommerzeit), zumal noch Mars und Jupiter die Szene beleben (siehe Abb. 9.2 auf S. 192).

Mars erscheint nach seiner Konjunktionsperiode wieder am Morgenhimmel. Der rote Planet verlässt am 5. das Sternbild Krebs und tritt in das Sternbild Löwe, in dem er am 25. an Regulus, dem Hauptstern des Löwen (α Leonis), in 0°,8 nördlichem Abstand vorbeizieht (siehe Abb. 9.4 unten). Am 1. geht Mars um 3^h19^m (= 4^h19^m Sommerzeit) auf. Frühestens 20 Minuten nach seinem Aufgang kann man den roten Planeten ausmachen. Am Monatsende geht der $1^m{,}8$ helle Mars dann elf Minuten früher auf.

Mars nimmt an der morgendlichen Planetenparade teil: Venus, Jupiter und Mars sind gegen 5^h (= 6^h Sommerzeit) knapp über dem Osthorizont zu sehen. Zu ihnen gesellt sich am 10. die schmale Sichel des abnehmenden Mondes (s. Abb. 9.2 links).

Der Anblick des Mars im Teleskop enttäuscht. Auf dem nur 3″,8 großen Planetenscheibchen sind praktisch keine Einzelheiten zu erkennen. Aber der scheinbare Marsdurchmesser nimmt allmählich zu.

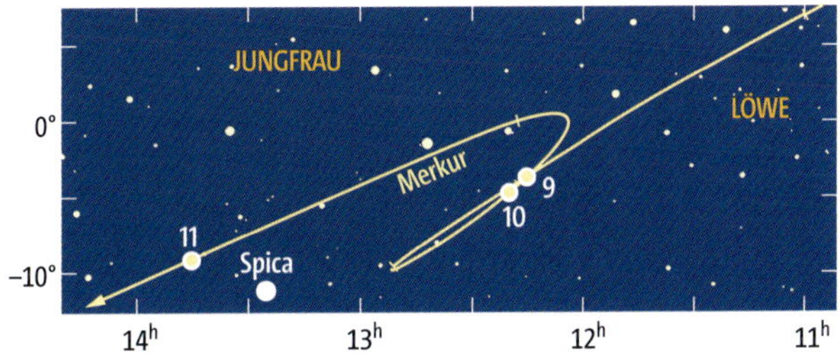

9.3 Bahn von Merkur: **Scheinbare Merkurschleife im Sternbild Jungfrau.**

Jupiter stand im letzten Drittel des Vormonats in Konjunktion mit der Sonne.

Der Riesenplanet wandert rechtläufig durch das Sternbild Löwe und entfernt sich von Regulus, dem Königstern (siehe Abb. 2.4 auf Seite 62).

Um die Monatsmitte taucht der Riesenplanet allmählich am Morgenhimmel wieder auf. Unter guten Sichtbedingungen kann man ihn bereits am 10. knapp über dem Osthorizont erspähen (s. Abb. 9.2 links unten).

Am 10. geht der $-1^m{,}7$ helle Jupiter um 4^h47^m (= 5^h57^m Sommerzeit) auf, am 20. um 4^h19^m und am letzten Septembertag schon um 3^h52^m.

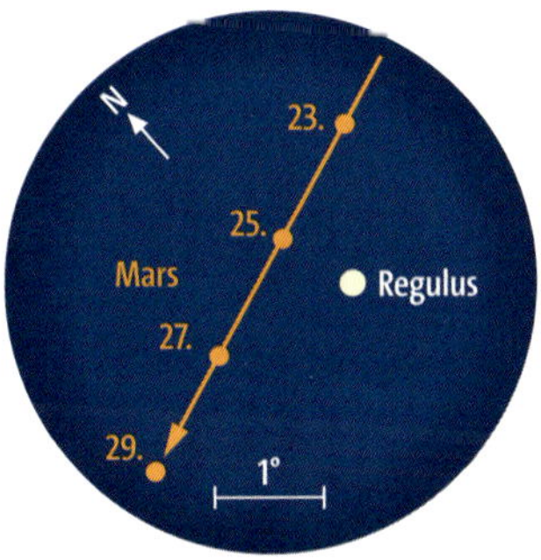

9.4 Mars bei Regulus: **Mars wandert am 25. September an Regulus im Löwen vorbei. Fernglasanblick am Morgenhimmel bei 5° Gesichtsfelddurchmesser.**

Saturn, wieder rechtläufig in der Waage, steuert auf die Grenze zum Sternbild Skorpion zu, die er im nächsten Monat überschreiten wird. Er nähert sich dabei Acrab (β Scorpii; $2^m{,}4$), an dem er im letzten Oktoberdrittel vorbeiziehen wird (siehe auch Abb. 5.5 auf Seite 121).

Die Beobachtungsbedingungen verschlechtern sich, Saturn geht immer früher unter und seine Helligkeit geht weiter leicht auf $0^m{,}6$ zurück. Nur durch die jetzt immer früher einsetzende Dunkelheit bleibt noch Zeit, ihn am Abendhimmel zu beobachten.

Am 1. geht Saturn um 21^h58^m (= 22^h58^m Sommerzeit) unter, am 15. um 21^h05^m und am 30. schon um 20^h09^m. Jeweils zwanzig bis dreißig Minuten vor der nominellen Untergangszeit wird der Ringplanet im Horizontdunst unsichtbar.

Uranus beschleunigt seine rückläufige Bewegung durch die Fische. Der grünliche Planet strebt seiner Opposition entgegen, die er Mitte nächsten Monats erreicht. Er entfernt sich ein wenig von ζ Psc ($4^{m}{,}9$), der nach wie vor als Aufsuchhilfe dienen kann (siehe Abb. 10.13 auf Seite 217).

Uranus wird allmählich zum Planeten der gesamten Nacht. Am 1. geht er um 20^h14^m (= 21^h14^m Sommerzeit) auf, am 15. um 19^h18^m und am 30. bereits um 18^h18^m. Seine Kulminationen verfrühen sich von 2^h55^m am Monatsbeginn auf 0^h57^m (= 1^h57^m Sommerzeit) Ende September.

Am 29. zieht der Vollmond ein Grad südlich an Uranus vorbei (siehe Abb. 9.5 oben).

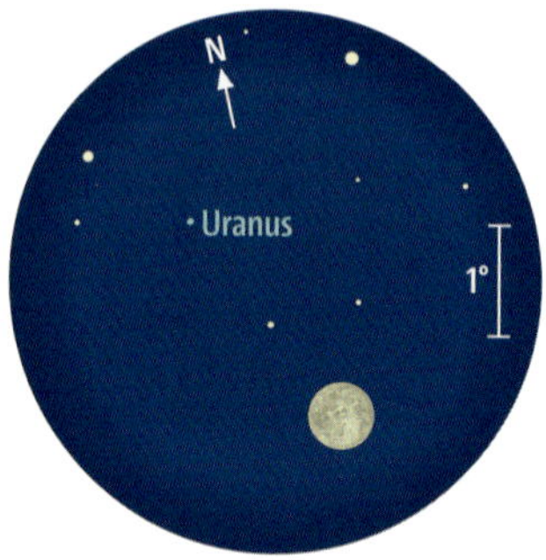

9.5 Mond bei Uranus:
Der Vollmond besucht Uranus am 28. September. Fernglasanblick gegen Mitternacht bei 5° Gesichtsfelddurchmesser.

Neptun steht am 1. September im Sternbild Wassermann in **Opposition** zur Sonne. An diesem Tag erfolgt der Aufgang des $7^{m}{,}8$ lichtschwachen Planeten um 19^h00^m (= 20^h00^m Sommerzeit). In der Oppositionsnacht kulminiert Neptun um 0^h22^m und geht morgens um 5^h41^m unter.

Bis Monatsende verfrühen sich die Untergangszeiten auf 3^h42^m und die Kulminationen auf 22^h21^m (= 23^h21^m Sommerzeit). Um Neptun unter dem Gewimmel von Fixsternen zu finden, soll das Aufsuchkärtchen Abb. 9.6 auf Seite 195 hilfreich sein.

Im Teleskop zeigt sich Neptun nur als winziges, bläuliches Scheibchen von gerade mal 2",4 scheinbarem Durchmesser. Auch in größeren Teleskopen sind keine Details in der dichten Wolkenhülle von Neptun zu erkennen. Der „Große Dunkle Fleck", ein riesiger Wirbelsturm, sowie weiße zirrenartige Wolkenstrukturen wurden von der Raumsonde VOYAGER 2 im August 1989 aufgenommen. Nur Riesenteleskope und das Hubble-Weltraumteleskop sind in der Lage, einige Strukturen auf Neptun auszumachen.

Die geringste Entfernung von der Erde erreicht Neptun in diesem Jahr am 31. August um 12^h (= 13^h Sommerzeit), wobei ihn 4331 Millionen Kilometer (= 28,95 AE) von uns trennen. Dies entspricht einer Lichtlaufzeit von vier Stunden und einer halben Minute. Von der Sonne ist Neptun zur Oppositionszeit in diesem Jahr 4482 Millionen Kilometer (= 29,96 AE) entfernt.

Pluto beendet am 24. seine Rückläufigkeit im Sternbild Schütze und wird wieder rechtläufig (siehe Abb. 7.5 auf Seite 159). Damit ist auch seine Oppositionsperiode für dieses Jahr zu Ende. Am 24. kulminiert der $14^{m}{,}2$ lichtschwache Pluto um 19^h03^m (= 20^h03^m Sommerzeit).

Planetoiden

Ceres (1) beendet am 15. im Sternbild Schütze ihre Rückläufigkeit und wird wieder rechtläufig, wobei sie langsam nach

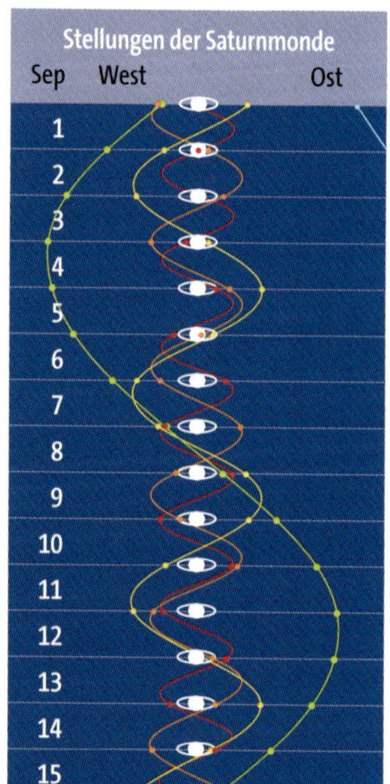

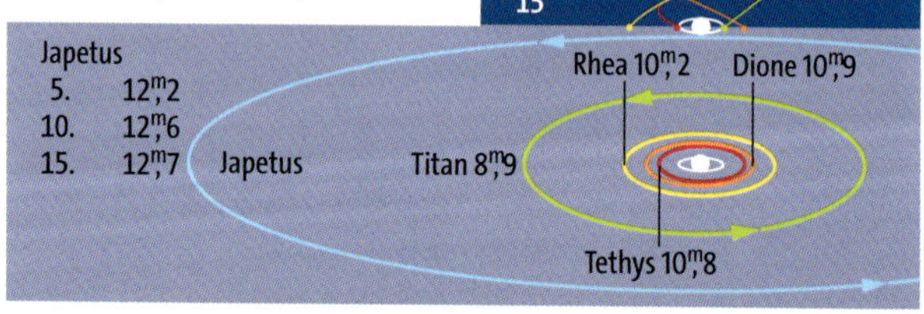

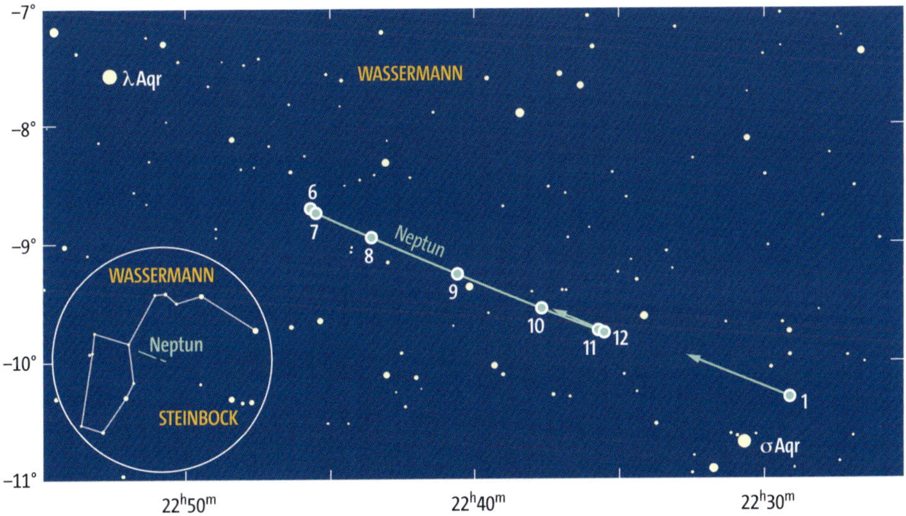

9.6 Bahn von Neptun: **Scheinbare Bahn des Planeten Neptun im Sternbild Wassermann im Januar und vom 1. Juni bis Jahresende 2015.**

Norden strebt. Mit ihrem abermaligen Stillstand geht auch ihre Oppositionsperiode zu Ende (siehe auch Abb. 7.6 auf Seite 160). Die Cereshelligkeit sinkt leicht um $0^m\!,2$ auf $8^m\!,4$ ab.

Ceres kulminiert am 1. um 21^h37^m (= 22^h37^m Sommerzeit), und am 15. schon um 20^h39^m. Wegen ihrer weit südlichen Position ($\delta = -32°$) bleibt sie im Horizontdunst verschwunden.

Juno (3) steht am 27. in Konjunktion mit der Sonne. Von der Erde ist sie an diesem Tag 589 Millionen Kilometer (= 3,94 AE) entfernt. Ihre Sonnendistanz beträgt zur Konjunktion 439 Millionen Kilometer (= 2,93 AE).

Konstellationen und Ereignisse

Datum	MEZ	Ereignis
1.	5^h	**Neptun in Opposition** zur Sonne
1.	17	Mond bei Uranus, Mond 1°,1 südlich (Bedeckung)
4.	11	Merkur in größter östlicher Elongation (27°)
5.	10	Venus im Stillstand, anschließend rechtläufig
10.	7	**Mond bei Venus**, Mond 2°,7 nördlich, **Abstand 2°,1 um 6^h**
11.	0	Mond bei Mars, Mond 4°,7 südlich
12.	7	Mond bei Jupiter, Mond 3°,2 südlich
13.	8	Partielle Sonnenfinsternis – von Mitteleuropa aus unbeobachtbar
15.	7	Mond bei Merkur, Mond 5°,3 nördlich
17.	14	Merkur im Stillstand, anschließend rückläufig
19.	4	**Mond bei Saturn**, Mond 2°,8 nördlich, **Abstand 5°,0 um 20^h am 18.**
21.	16	**Venus in größtem Glanz ($-4^m\!,8$)**
23.	9^h21^m	**Sonne im Herbstpunkt, Tagundnachtgleiche**
24.	20	Pluto im Stillstand, anschließend rechtläufig
26.	11	Mond bei Neptun, Mond 3°,0 nördlich
28.	4	**Totale Mondfinsternis** – von Mitteleuropa aus beobachtbar – siehe Seite 27
29.	2	**Mond bei Uranus**, Mond 1°,0 südlich (Bedeckung), **Abstand 1°,6 um 3^h** (Fernglas!)
30.	16	Merkur in unterer Konjunktion mit der Sonne

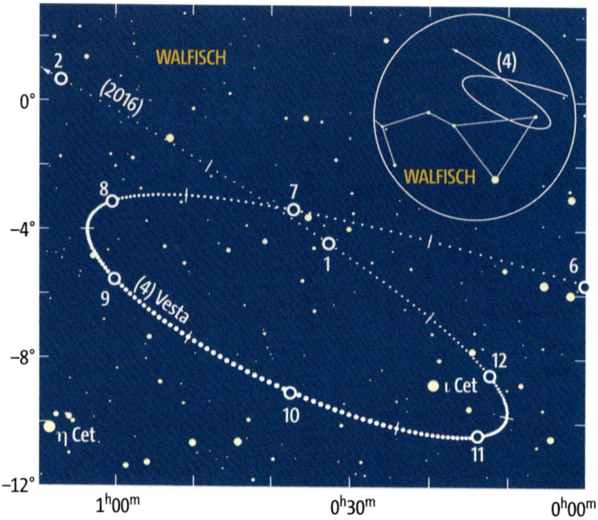

9.7 Bahn von Vesta:
Scheinbare Bahn des Kleinplaneten (4) Vesta von Juni 2015 bis Anfang 2016. Die Zahlen geben die Vestaposition jeweils zum Monatsersten an (10 = 1. Oktober).

Vesta (4), rückläufig im Sternbild Walfisch, kommt am 29. in **Opposition** zur Sonne. Mit einer Oppositionshelligkeit von $6,^m2$ ist sie auch für wenig erfahrene Beobachter mit jedem guten Fernglas leicht aufzufinden. Die Abb. 9.7 oben soll dabei helfen, Vesta rasch zu identifizieren. Zu Monatsbeginn beträgt die Helligkeit von Vesta noch $6,^m6$.

Am 1. kulminiert Vesta um 2^h41^m (= 3^h41^m Sommerzeit), am 15. um 1^h38^m und in der Oppositionsnacht bereits um 0^h30^m.

Ihre Oppositionsentfernung misst 214 Millionen Kilometer (= 1,43 AE). Von der Sonne trennen Vesta am Oppositionstag 362 Mio. Kilometer (= 2,42 AE).

Eunomia (15) strebt ihrer Opposition entgegen, die sie in der ersten Oktoberwoche erreicht. Ihre Helligkeit nimmt um eine halbe Größenklasse zu und beträgt Ende September $7,^m9$.

Planetoid Nr. 15 zieht rückläufig durch die Andromeda und überschreitet zu Herbstbeginn die Grenze zum Pegasus (siehe Abb. 10.14 auf Seite 218).

Eunomia kulminiert am 1. um 2^h08^m (= 3^h08^m Sommerzeit), am 15. um 1^h04^m und am 30. schon vor Mitternacht, um 23^h46^m.

Amphitrite – Planetoid Nr. 29 – wird am 7. im Sternbild Widder stationär und wandert anschließend rückläufig durch die Sternenwelt, wobei sie zunächst noch recht langsam ist (siehe Abb. 10.15 auf Seite 218). Zwar nimmt ihre Helligkeit von $9,^m8$ auf $9,^m3$ erheblich zu, doch ist sie damit noch so lichtschwach, dass man sie nicht leicht unter dem Gewimmel der vielen Sterne bis 9. Größe ausmachen kann. Ihre Kulminationen erfolgen am 1. um 3^h59^m, am 15. um 3^h04^m und am 30. um 1^h58^m (= 2^h58^m Sommerzeit).

Periodische Sternschnuppenströme

In der Nacht zum ersten September erreichen die **Alpha-Auriginden** ihr Maximum. Es handelt sich um recht schnelle Sternschnuppen – um die 65 Kilometer pro Sekunde. Der Radiant liegt nahe Kapella im Fuhrmann. Erstmals wurde dieser Strom im Jahre 1935 beobachtet. Die Meteorhäufigkeit ist von Jahr zu Jahr verschieden. Im Jahr 2007 wurden rund hundert Meteore stündlich zum Maximum registriert. Der Ursprungskomet C/1911 N1 (Kiess) hat eine lange Umlaufzeit von etwa zweitausend Jahren. Die Trümmerwolke, die für die Sternschnuppen dieses Stromes verantwortlich ist, läuft auf einer wesentlich engeren Bahn um Sonne, wie wiederholt erhöhte Häufigkeitsraten beweisen.

Wenig bekannt sind die **Epsilon-Perseïden**, die im September auftreten. Zum Maximum am 9. werden etwa zehn Meteore pro Stunde erwartet. In manchen Jahren wurden erhöhte Raten beobachtet, so 2008 und 2013, wo im Maximum bis zu 30 Sternschnuppen gezählt wurden. Für 2015 muss man sich überraschen lassen – die Meteorspezialisten liefern keine Prognose.

Die **Pisciden** sind im gesamten September aktiv. Ihr Ausstrahlungspunkt liegt in den Fischen. Beste Beobachtungszeit ist zwischen 22^h und 4^h morgens. Das Maximum ist um den 20. September zu erwarten, wobei nur etwa fünf bis zehn Meteore pro Stunde auftauchen. Die Geschwindigkeit der Meteore liegt um 25 Kilometer pro Sekunde. Die Pisciden zerfallen in mehrere Teilströme, von denen einer bis Mitte Oktober tätig ist.

Die **Tauriden** tauchen vom letzten Septemberdrittel bis Ende November auf. Ihr Radiant liegt im September noch in den Fischen und verlagert sich dann in Richtung Widder, bis er im November den Stier (Taurus) erreicht. Der Tauriden-Strom geht wahrscheinlich auf den Kometen 2P/Encke zurück. Das wenig ausgeprägte Maximum fällt auf den 12. November. Die Objekte sind um 30 Kilometer pro Sekunde schnell, haben also niedrige Geschwindigkeiten. Manchmal unterscheidet man zwischen Süd- und Nordtauriden. Die Südtauriden erreichen ihr Maximum am 5. November.

Der Fixsternhimmel

Noch vermittelt der Blick zum klaren Firmament den Eindruck des Sommers. Allerdings hat sich die Szenerie der Sommersternbilder inzwischen nach Westen verschoben. Der Skorpion mit dem hellen, roten Antares ist gar schon untergegangen, während im Osten der Aufmarsch der Herbststernbilder beginnt.

Der Himmelswagen ist nach Nordwesten herabgesunken, das Himmels-W, die Kassiopeia, dafür emporgestiegen. Den Helligkeitsschwerpunkt bestimmt nach wie vor das Sommerdreieck mit Wega, Deneb und Atair. Der Schwan mit dem schönen Sternenhintergrund der Milchstraße steht fast noch im Scheitelpunkt oder Zenit. Neben dem Adler stößt man nahe dem Meridian auf das kleine, aber einprägsame Sternbild Delphin. Es wird durch einen kleinen Sternenrhombus mit einem angehängten Stern gebildet.

Der Pegasus steht schon hoch im Osten. Der zentrale Teil des Pegasus wird durch ein mächtiges Sternenquadrat markiert, zu dem man auch Herbstviereck sagt. An der einen Ecke des Pegasusquadrats hängt die Sternenkette der Andromeda. Ihr folgt halbhoch im Nordosten der Perseus, strahlender Held und Retter der Andromeda. Im Perseus findet man den Teufelsstern Algol (β Perseï). Algol ist ein prominenter Bedeckungsveränderlicher und Prototyp der Algol-Variablen. Sowohl von Algol als auch von δ Cepheï (s. u.) sind die Helligkeitsminima beziehungsweise -maxima in diesem Jahrbuch monatlich vermerkt.

Im Osten hat sich das kleine Bild des Widders emporgeschwungen. Der Widder (lat.: Aries) setzt sich im Wesentlichen aus drei Sternen zusammen, die ein stumpfwinkliges Dreieck bilden. Der Hauptstern des Widders (α Arietis) heißt Hamal, was arabisch soviel wie Lamm bedeutet. Mit $2\overset{m}{.}0$ scheinbarer Helligkeit ist Hamal etwa so hell wie der Polarstern. Seine Entfernung beträgt 66 Lichtjahre. Er leuchtet in einem orangen Licht (Spektraltyp: K2 III).

Veränderliche Sterne im September

Algol-Minima	3.	2^h47^m	5.	23^h35^m	8.	20^h24^m	23.	4^h27^m	26.	1^h16^m	28.	22^h05^m
β-Lyrae-Minima	7.	7^hH	13.	18^hN	20.	5^hH	26.	17^hN				
δ-Cephei-Maxima	1.	15^h	6.	24^h	12.	8^h	17.	17^h	23.	2^h	28.	11^h
Mira-Helligkeit	1.	6^m	10.	7^m	20.	7^m	30.	8^m				

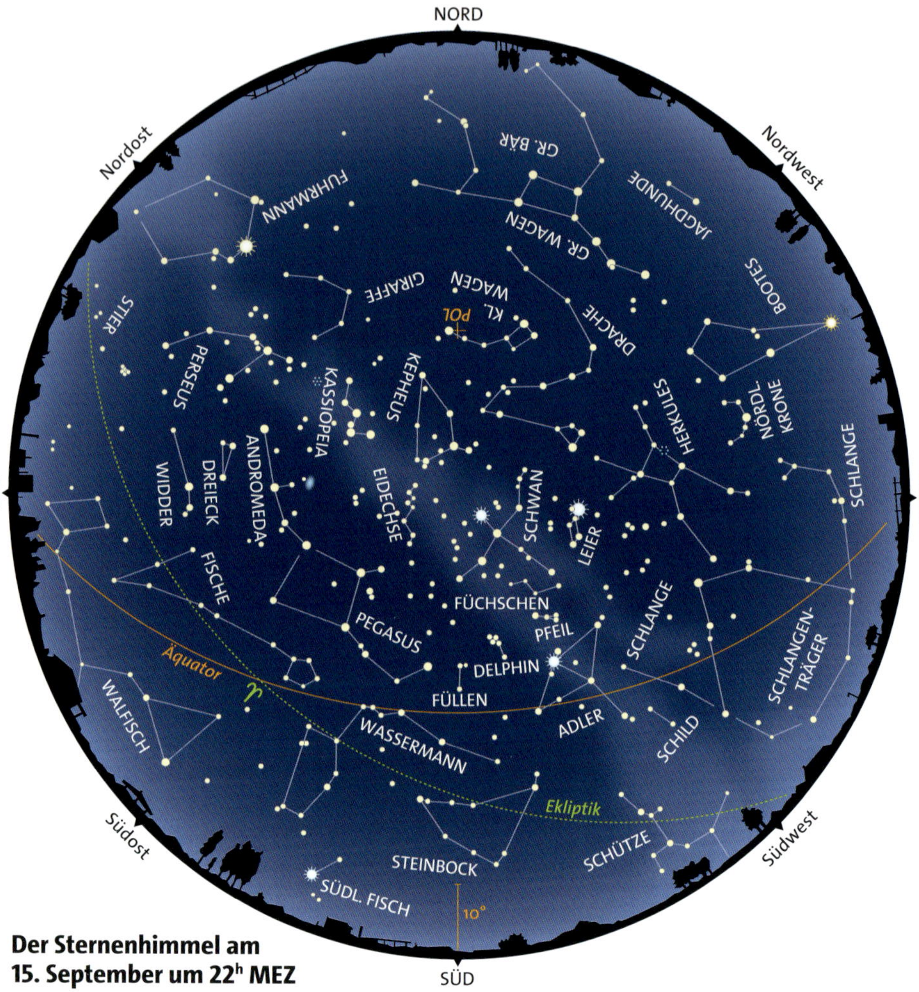

Der Sternenhimmel am 15. September um 22^h MEZ

Die Sternkarte ist auch gültig für:

	MEZ	MESZ
15. 7.	2^h	3^h
1. 8.	1	2
15. 8.	0	1
1. 9.	**23**	**24**
15. 9.	**22**	**23**
30. 9.	**21**	**22**
15.10.	20	21
31.10.	19	
15.11.	18	

Im Südosten ist das ausgedehnte, aber lichtschwache Sternbild der Fische aufgetaucht. Im Südwesten schickt sich der Schütze an, die Himmelsbühne zu verlassen, während der Steinbock gerade den Meridian passiert. Ihm folgt im Tierkreis der Wassermann, ein bekanntes, aber unscheinbares Sternbild.

Viele Völker sahen im Steinbock einen Ziegenbock. Die Bezeichnung „Südliches Tor der Sonne“ erinnert daran, dass einst das Wintersolstitium (Winterpunkt) im Steinbock lag. Durch die Präzessionsbewegung der Erde liegt der Winterpunkt inzwischen im Sternbild Schütze nahe dem Stern μ Sagittarii. Noch heute spricht man deshalb vom „Wendekreis des Steinbocks“. In unserer Zeit wandert die Sonne vom 20. Januar bis 16.

Februar durch den Steinbock. Tief im Südosten flackert ein Stern erster Größe, Fomalhaut im Südlichen Fisch (lat.: Piscis Austrinus). Fomalhaut oder α Piscis Austrini erreicht bei uns nie große Höhen. Er ist ein weißer Hauptreihenstern (Spektralklasse A3 V) in 25 Lichtjahren Entfernung, also etwa gleich weit weg wie Wega in der Leier.

Zwischen Zenit und Polarstern durchschreitet den Meridian gerade der Kepheus, der jetzt seine höchste Position erklommen hat. Die lichtschwachen Sterne, die den König von Äthiopien darstellen sollen, sind nicht leicht auszumachen. Erfahrene Sternfreunde finden sich dennoch zurecht und können auch den berühmten veränderlichen Stern δ Cepheï identifizieren. Er ist der Prototyp einer Klasse von Veränderlichen, den sogenannten Cepheïden oder Delta-Cepheï-Sternen. Die Cepheïden gehören zu den leuchtkräftigsten Sternen im Universum überhaupt. Die Entfernung von δ Cepheï selbst beträgt tausend Lichtjahre.

Das Sternbild Adler (Aquila)

Das Sternbild Adler liegt südlich vom Schwan mitten in einer sternreichen Gegend der Milchstraße. Der Adler fliegt gewissermaßen durch die Milchstraße. Auch der galaktische Äquator verläuft durch den Adler. Der Hauptstern des Adlers, α Aql oder Atair, ist der südliche Eckpunkt des Sommerdreiecks, zu dem noch Deneb im Schwan und Wega in der Leier gehören. Hauptsächlich drei Sterne, nämlich α, β und γ Aquilae, markieren den fliegenden, eigentlich herabstürzenden Adler. Sie bilden fast eine Gerade.

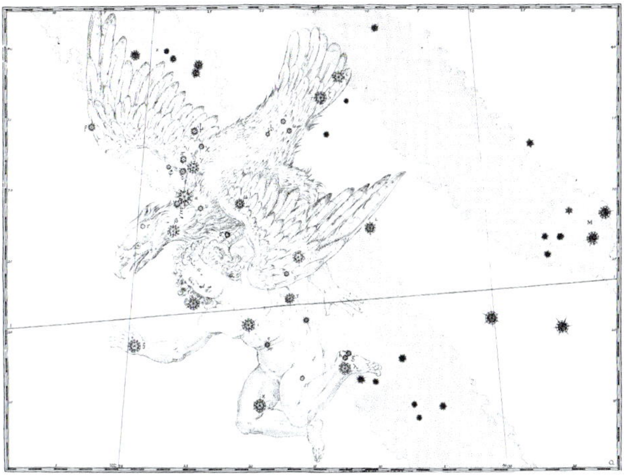

9.8 Der Adler:
Figürliche Darstellung des Sternbildes Adler (lat.: Aquila) im fantasievoll ausgeschmückten Sternatlas *Uranometria* von Johannes Bayer aus dem Jahre 1603.

Umgeben wird der Adler im Norden von Pfeil (Sagitta) und Füchschen (Vulpecula), im Nordwesten von Herkules, im Osten von Delphin und Füllen (Equuleus), im Südwesten vom Schild und dem Schwanz der Schlange, im Süden von den Tierkreisbildern Schütze, Steinbock und Wassermann.

Der griechischen Sage nach raubt der Adler auf Befehl des Göttervaters Zeus den schönen Jüngling Antinoos und bringt ihn auf den Olymp, wo er Mundschenk der Götter wird. Zur ewigen Erinnerung an diese „Heldentat" wird der Adler unter die Sterne versetzt. Seither wird er als Vogel des Zeus bezeichnet.

Schon die Babylonier sahen in dieser Sternenfigur einen Raubvogel, einen Geier. Bei den alten Ägyptern erkannte man in diesem Sternenareal einen auf seine Beute herabstürzenden Adler. So bedeutet die arabische Bezeichnung Atair (auch Altair) für den hellsten Stern im Adler (α Aquilae) „der fliegende Adler". Auf einem Sternbilderstein in Mesopotamien, der 1200 Jahre vor unserer Zeitrechnung bearbeitet wurde, findet sich ein Adler eingemeißelt.

Mit $0^{m},8$ scheinbarer Helligkeit ist Atair (α Aql) der hellste Stern im Adler. Bei 17 Lichtjahren Entfernung gehört dieser weiß strahlende Stern zu den Nachbarn unserer Sonne. Atair ist neunmal heller als unsere Sonne und hat den eineinhalbfachen Sonnendurchmesser. Er ist

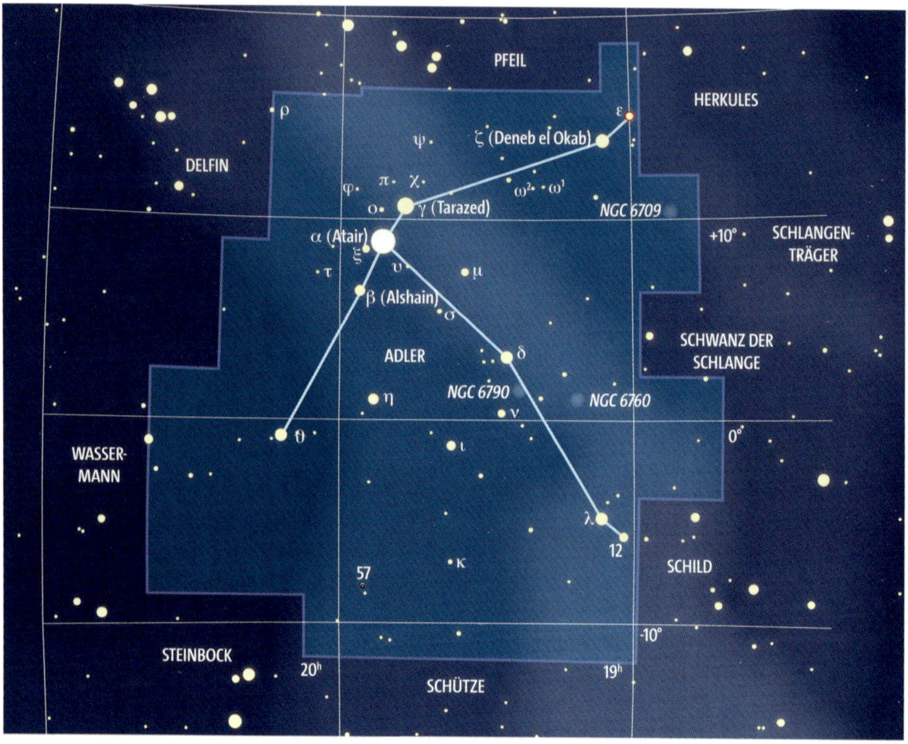

9.9 Sternbild Adler:
Skelettkarte des Sternbildes Adler.

einer der am schnellsten rotierenden Sterne, die man kennt. Die Rotationsgeschwindigkeit von Atair beträgt am Äquator 260 Kilometer pro *Sekunde*, eine Umdrehung dauert somit nur sieben Stunden, während unsere Sonne für eine volle Rotation etwas mehr als 25 Tage benötigt. Atair ist daher stark abgeplattet. Sein Äquatordurchmesser ist doppelt so groß wie sein Poldurchmesser.

Der Name Alschain für β Aquilae kommt aus dem Persischen und bedeutet Falke. Alschain ist ein $3^{m}{,}7$ heller, gelber Stern in 45 Lichtjahren Entfernung.

Eine Größenklasse heller als β ist γ Aquilae mit $2^{m}{,}7$ scheinbarer Helligkeit, dafür aber mehr als zehnmal so weit entfernt, 460 Lichtjahre. Daraus folgt, dass γ Aql eine sehr leuchtkräftige Sonne sein muss. Tatsächlich ist γ Aql ein roter Riesenstern, der etwa 1500-mal heller leuchtet als unsere Sonne. Von den Persern wurde γ Aql Tarazed getauft.

Ein klassischer Cepheidenstern ist η Aql, dessen Helligkeit zwischen $3^{m}{,}5$ und $4^{m}{,}4$ mit einer Periode von 7,18 Tagen schwankt. Er ist einer der leuchtkräftigsten Sterne überhaupt und leuchtet im Mittel so hell wie zehntausend unserer Sonnen. Seine Entfernung beträgt respektable 1200 Lichtjahre.

R Aql ist eine langperiodischer Variabler vom Mira-Typ. Im Maximum bei 5^{m} kann man ihn leicht im Fernglas sehen, bei guten Sichtbedingungen sogar mit bloßen Augen. Im Minimum sinkt seine Helligkeit jedoch auf 12^{m} ab. Im Mittel erreicht R Aql alle 280 Tage sein Maximum. Der mittlere Durchmesser dieser pulsierenden Sonne liegt beim Vierhundertfachen des Durchmessers unserer Sonne. Die Entfernung von R Aql beträgt knapp 700 Lichtjahre.

Die Entdeckung des 13. Planeten

Groß war die Empörung, als man Pluto im August 2006 auf der Generalversammlung der IAU (International Astronomical Union, die Dachorganisation der professionellen Astronomen) den Status als Planeten aberkannte. Galt er doch seit seiner Entdeckung im Februar 1930 als neunter Planet unseres Sonnensystems. Seit August 2006 firmiert Pluto als Zwergplanet mit der Planetoiden-Nummer 134340. Damit zählt man nun acht Planeten zu unserem Sonnensystem. So groß die Aufregung auch war, die Zählung der Planeten hat sich im Laufe der Zeit schon mehrmals geändert, und stets hat man sich bald an die neue Anzahl gewöhnt.

Im Altertum und Mittelalter kannte man sieben Wandelgestirne, wie die Planeten mit einem deutschen Ausdruck auch bezeichnet werden. Im Gegensatz zu den scheinbar unveränderlichen Positionen der Fixsterne laufen die Wandelgestirne durch die zwölf (ab 1925 dreizehn) Sternbilder des Tierkreises. Da auch Sonne und Mond durch den Tierkreis wandern, zählte man sie einst im Zeitalter des geozentrischen Weltbildes ebenfalls zu den Planeten. So ergab sich die Zahl **Sieben**: Sonne, Mond, Merkur, Venus, Mars, Jupiter und Saturn. Einer der Gründe, weshalb die Sieben als „heilige Zahl" galt.

Nikolaus Kopernikus verwies 1543 in seinem fundamentalen Werk *De revolutionibus orbium coelestium* die Sonne in das Zentrum des Planetensystems. Die Planeten umrundeten fortan die Sonne und nicht mehr die Erde. In diesem heliozentrischen System umkreist lediglich unser Mond die Erde, während die Erde wie die anderen Planeten ebenfalls um die Sonne laufen. Sonne und Mond schieden damit als Planeten aus. Somit zählte man seit Kopernikus **sechs** Planeten: Merkur, Venus, Erde, Mars, Jupiter und Saturn – in der Reihenfolge ihres Sonnenabstandes aufgezählt. Saturn bildete die Grenze des Planetensystems. In nahezu zehnfachem Abstand Erde–Sonne umrundet er die Sonne in knapp 30 Jahren einmal.

NASA/JPL

9.10 Der sonnenferne Planet Neptun, aufgenommen von Voyager 2 im August 1989.

Zahlreiche Neuentdeckungen

Groß war die Überraschung, als Wilhelm Herschel im März 1781 im Sternbild Zwillinge einen neuen Planeten fand, der in 19 AE, weit außerhalb der Saturnbahn also, in rund 85 Jahren die Sonne umkreist. Der neu entdeckte Planet erhielt den Namen Uranus, damit war der Mythologie Genüge getan. Der Himmelsgott Uranus ist der Vater des Saturn und dieser wiederum Vater des Jupiter. Damit stieg die Zahl der Planeten wieder auf **sieben** an. Wegen seiner Sonnenferne wurde Uranus erst mit dem Teleskop entdeckt,

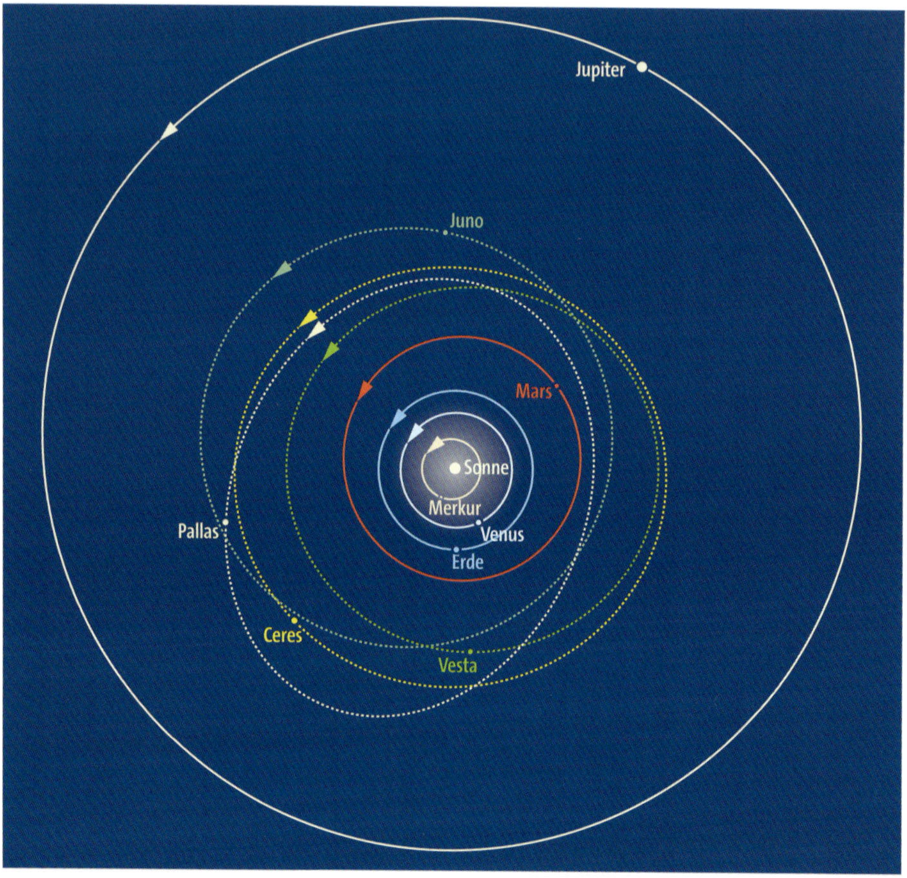

9.11 Die Bahnen der vier erstentdeckten Kleinplaneten Ceres, Pallas, Juno und Vesta zwischen der Mars- und der Jupiterbahn.

obwohl er unter extrem guten Sichtbedingungen theoretisch mit bloßen Augen erkennbar ist, wenn man seine Position genau kennt.

Nur 19 Jahre nach der Entdeckung des Uranus fand der sizilianische Pfarrer Guiseppe Piazzi in Palermo in der Neujahrsnacht von 1800 auf 1801 einen Lichtpunkt, der sich durch die Sternbilder bewegte. Der deutsche Mathematiker Carl Friedrich Gauß (1777–1855) berechnete die Bahn dieses Objektes. Der neu gefundene Himmelskörper wandert in 2,77 AE in 4,60 Jahren um die Sonne. Somit ist er ein Wandelstern. Damit kannte man nun **acht** Planeten. Der achte Planet wurde Ceres getauft nach der Göttin des Ackerbaus und Schutzpatronin von Sizilien. Von da an ging es Schlag auf Schlag. Der Bremer Arzt und Amateurastronom Wilhelm Heinrich Olbers fand am 28. März 1802 die Pallas, die in 4,61 Jahren in einem mittleren Abstand von 2,77 AE um die Sonne läuft.

Bereits am 1. September 1804 entdeckte Karl Ludwig Harding aus Lilienthal bei Bremen die Juno, die in 2,67 AE in 4,36 Jahren um die Sonne eilt. Olbers hatte 1807 nochmals Entdeckerglück: Er spürte am 29. März 1807 einen weiteren Wandelstern auf, der den Namen Vesta erhielt. Vesta umrundet die Sonne einmal in 3,63 Jahren, wobei ihr Abstand gemäß dem 3. Keplergesetz im Mittel 2,36 AE von der Sonne beträgt. Ende des ersten Jahrzehnts im 19. Jahrhundert kannte man somit **elf** Himmelskörper, die um die Sonne laufen. Für Astronomen wie Laien waren dies klarerweise Planeten. Auffallend ist allerdings, dass die vier neuentdeckten Planeten allesamt auch bei hoher Vergrößerung nur punktförmig erscheinen. Sie müssen daher sehr klein sein. Auch laufen sie in benachbarten Bahnen zwischen Mars und Jupiter um die Sonne, wobei diese Bahnen vergleichsweise stark (7° bis 35°) zur Ekliptikebene (Bahnebene der Erde) geneigt sind. Bald spekulierte man, dass die vier kleinen Planeten möglicherweise Bruchstücke eines einstmals großen Planeten sind, der zerborsten war. Manche bedauerten sogar potenzielle Bewohner dieses Planeten, die wohl alle bei dem katastrophalen Zerfall umgekommen waren. Zudem schloss dieser hypothetische Planet die Bahnlücke zwischen Mars und Jupiter gemäß der Titius-Bode-Reihe.

Der Mathematiker Johann Daniel Titius entwickelte 1766 eine Formel, nach der die Abstände der Planeten von der Sonne zu kalkulieren sind (siehe Tabelle rechts). Der Direktor der Berliner Sternwarte, Johann Elert Bode machte sie 1772 weithin publik. Inwieweit diese Formel eine tiefere physikalische Bedeutung hat, ist bis heute umstritten. Wie auch immer, nach der Titius-Bode-Reihe sollte zwischen der Mars- und der Jupiterbahn ein Planet seinen Weg um die Sonne zurücklegen. Statt einem fand man aber deren vier, wenn auch nur winzige und mit bloßen Augen nicht sichtbare Wandelgestirne.

Uranus macht Probleme

Nach längerer Pause fand der Postmeister Karl Ludwig Hencke aus Drießen (bei Rheinberg) am 8. Dezember 1845 wiederum ein Wandelgestirn, das seine Bahn in 2,58 AE Distanz in 4,14 Jahren um die Sonne zieht. Der neue Planet wurde Astraea getauft nach der Göttin der Gerechtigkeit, Tochter des Zeus und der Themis. Damit stieg die Zahl der Planeten auf **zwölf**. Auch Astraea sah man als Bruchstück des einstmals großen Planeten zwischen der Mars- und der Jupiterbahn. Denn auch der zwölfte Planet zeigte sich nur punktförmig.

Bald nach der Entdeckung von Uranus stellte sich heraus, dass der siebte Planet schon früher beobachtet worden war. Allerdings hatte man ihn für einen Fixstern gehalten. Man fand Beob-

Die Titius-Bode-Reihe der Planetenabstände

Schon früh war aufgefallen, dass zwischen der Mars- und der Jupiterbahn eine recht große Lücke klafft. Johann Titius (1729–1796) und Johann Elert Bode (1747–1826) haben eine Relation aufgestellt, nach der bei 2,8 AE Sonnenabstand ein Planet laufen sollte. Die Titius-Bode-Relation lautet: $\mathbf{E = a + b \cdot 2^n}$
E bedeutet die Entfernung, a = 0,4 und b = 0,3. Für n ist die Zahlenfolge $-\infty$, 0, 1, 2, 3 ... für die Planeten, beginnend mit Merkur, Venus usw. einzusetzen. Damit ergibt sich die Titius-Bode-Reihe der Planetenabstände von der Sonne:

Planet	Abstand nach Titius-Bode AE	Wahrer Wert AE
Merkur	0,4	0,39
Venus	0,7	0,72
Erde	1,0	1,00
Mars	1,6	1,52
(Ceres)	2,8	2,77
Jupiter	5,2	5,21
Saturn	10,0	9,56
Uranus	19,6	19,3
Neptun	–	30,1
Pluto	38,8	39,9

Nach Titius-Bode ergeben sich die Planetenabstände in Astronomischen Einheiten (1 AE = mittlere Entfernung Erde – Sonne) recht gut. Lediglich Neptun fällt heraus und zwischen Mars und Jupiter fehlt offenbar ein Planet. In der Neujahrsnacht von 1800 auf 1801 entdeckte Giuseppe Piazzi in Palermo einen Himmelskörper, für den Carl Friedrich Gauss eine kreisähnliche Bahn mit einer mittleren Sonnenentfernung von 2,77 AE bestimmte. Der neue Himmelskörper erhielt den Namen Ceres. Damit war die Lücke in der Titius-Bode-Reihe geschlossen.

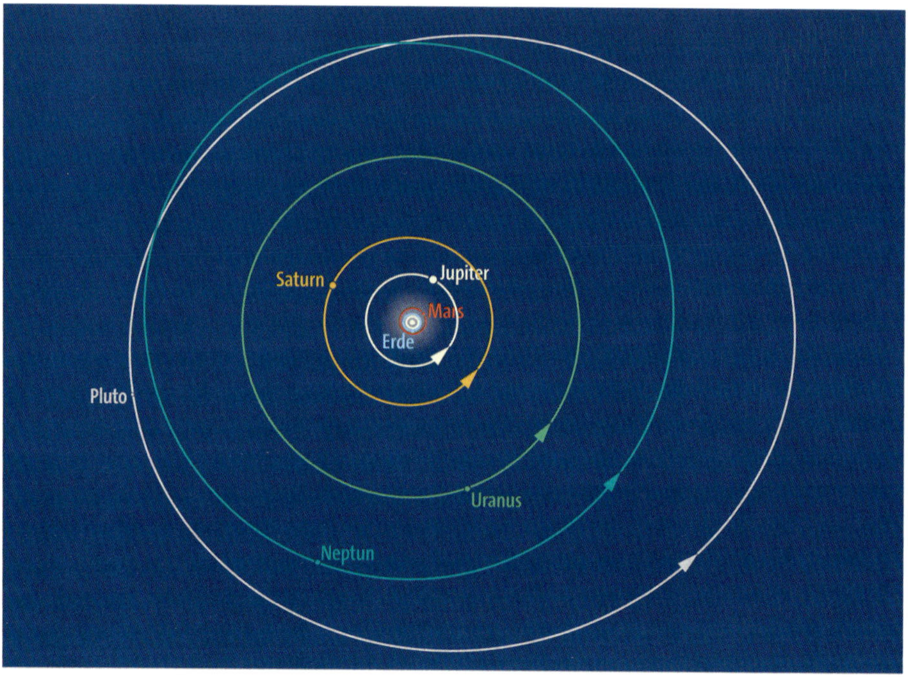

9.12 Die Bahnen der Planeten Jupiter, Saturn, Uranus, Neptun und des Zwergplaneten Pluto.

achtungen von John Flamsteed (1690), von Christian Mayer (1756) und von Pierre Charles Lemonnier (1764 und 1769), die allerdings erst 1788 bekannt wurden. Bis 1820 waren siebzehn solcher Uranusbeobachtungen vor dem Entdeckungstermin bekannt geworden. Aus all diesen Beobachtungen wurde die Uranusbahn bestimmt. Der Lauf von Uranus wird hauptsächlich von den großen Planeten Jupiter und Saturn gravitativ beeinflusst oder „gestört", wie die Himmelsmechaniker in ihrem Jargon zu sagen pflegen. Dabei zeigte sich bald etwas Verwunderliches: Auch wenn man alle Störungen, die die anderen Planeten auf den Lauf des Uranus ausüben, mit in die Bahnbewegungen einkalkulierte, so ergab sich dennoch eine unerklärliche Abweichung in den Positionen des Uranus. Er lief einfach zu schnell, nämlich über eine Bogenminute mehr als die Berechnungen ergaben. Dies war zehnmal mehr als durch Messfehler erklärt werden konnte. Zwei Möglichkeiten sah man, diese Abweichungen zu verstehen: Entweder waren die alten Positionen fehlerhaft oder Newtons Gravitationsgesetz stimmte nicht hundertprozentig. Aber auch wenn man alte Beobachtungen wegließ, konnten die Bahnabweichungen nicht befriedigend erklärt werden. Dann, zwischen 1810 bis 1820, schien Uranus „normal" zu laufen. Aber 1830 schien er wieder aus dem Tritt zu kommen. Nun lief er nicht mehr zu schnell, sondern zu langsam. Von 1820 bis 1832 blieb Uranus 30 Bogenminuten, das ist ein ganzer Vollmonddurchmesser, hinter den berechneten Positionen zurück. Das konnte nicht auf Beobachtungsfehler beruhen. Entweder musste Newtons Gravitationstheorie modifiziert werden (manche Zeitgenossen versuchen dies auch heute noch, um kosmologische Probleme zu lösen) oder eine unbekannte Masse übt ihren Schwerkrafteinfluss auf Uranus aus.

Berechnungen zum Planeten X

Bis 1840 wurde das Uranusproblem zu einer echten Herausforderung. Alle Versuche, Newtons Gravitationsgesetz zu verbessern, schlugen grandios fehl. Die königliche Akademie der Wissenschaften in Göttingen setzte 1842 einen Preis aus für die Lösung des Uranusproblems. Im Jahre 1842 nahm sich Friedrich Wilhelm Bessel, erster Direktor der neugegründeten Sternwarte in Königsberg (heute Kaliningrad) in Ostpreußen, vor, das Uranusrätsel zu knacken. Bessel war durch die erfolgreiche Messung der ersten trigonometrischen Fixsternparallaxe in Fachkreisen weithin bekannt und geschätzt. Er bestimmte 1838 die Entfernung des Sterns Nr. 61 im Schwan zu zehn Lichtjahren. Zunächst übertrug er die Rechenaufgaben zur Lösung des Uranusproblems einem Studenten. Als dieser starb, versuchte Bessel selbst, den Grund für die Uranusabweichungen zu finden. Inzwischen war man zur Überzeugung gelangt, nur ein noch nicht entdeckter Himmelskörper könne mit seiner Masse die beobachteten Bahnabweichungen von Uranus bewirken. Bessel konnte sich nicht weiter dem Uranusproblem widmen, denn er starb 1846 in Königsberg.

Zwei andere Astronomen nahmen sich ebenfalls des Uranusproblems an, nämlich der Engländer John Couch Adams (1819–1892) und der Franzose Urbain Jean Joseph Leverrier (1811–1877). Sie widmeten sich der Aufgabe, aus restlichen, ungeklärten Bahnstörungen des Uranus die Position des mysteriösen Planeten X zu berechnen. Dabei machten sie folgende Annahmen: Nach der Titius-Bode-Reihe müsste sich Planet X in einer Sonnenentfernung von 38,8 AE befinden, was eine Umlaufzeit von 242 Jahren

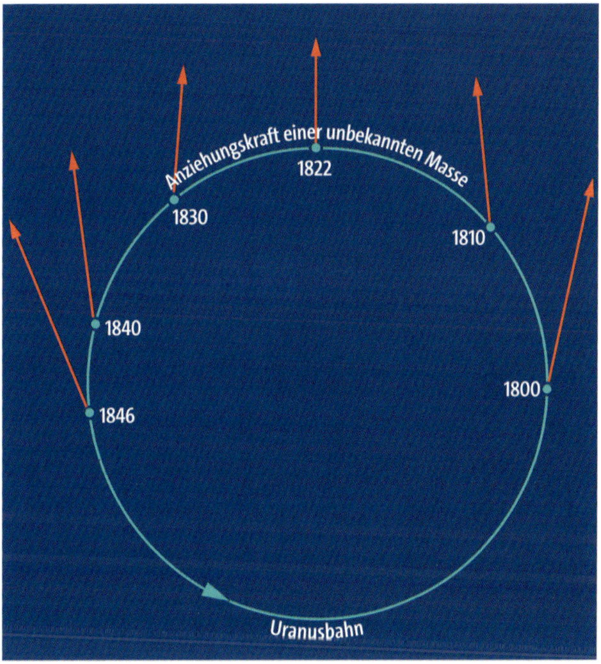

9.13 Störungen der Uranusbahn durch eine unbekannte Masse.

ergibt. Der Planet X soll ferner in der Ekliptikebene um die Sonne kurven, eine geringe Exzentrizität von e = 0,16 haben und die fünfzigfache Erdmasse besitzen, um eine entsprechende Gravitationswirkung auf Uranus ausüben zu können. Mit diesen Annahmen berechnete Adams die heliozentrische Länge des Planeten X. Seine Ergebnisse sandte er per Brief am 21. Oktober 1845 an George Biddell Airy (1801–1892), Astronomer Royal und Direktor der Sternwarte in Greenwich bei London. Adams war zwar noch Student, hatte sich aber bereits einen Namen in der Fachwelt gemacht und Auszeichnungen erhalten. Auch wurde er zum Mitglied der ehrenwerten Royal Astronomical Society gewählt.

Unabhängig von Adams machte sich auf dem Festland Leverrier an die Kalkulation zur Auffindung des Planeten X. Er stand im Briefwechsel

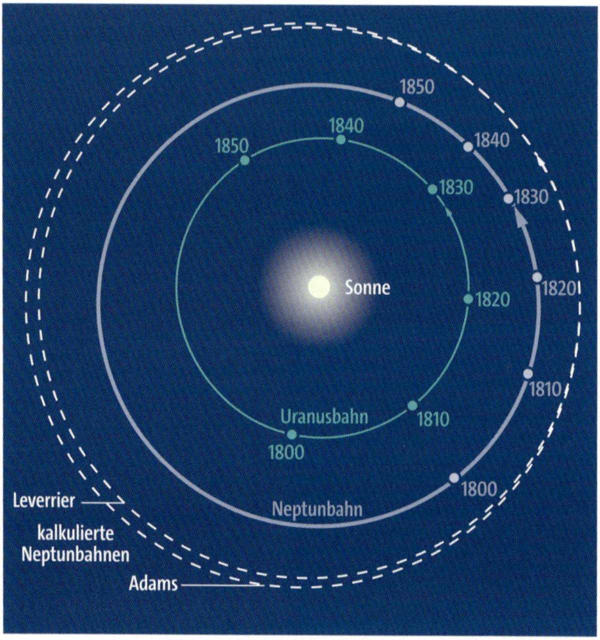

9.14 **Wahre und berechnete Bahnen von Neptun.**

mit Airy, der acht Monate nach Erhalt von Adams Ergebnissen nun auch von Leverrier die Ortsangaben des hypothetischen Planeten X geliefert bekam. Dies war im Juni 1846 der Fall. Da beide Berechnungen zu ähnlichen Ortsangaben führten, sah sich Airy genötigt, doch etwas zu unternehmen. Zunächst hatte er Adams Unterlagen nicht allzu ernst genommen und beiseite gelegt.

Die praktische Suche beginnt

Mit seiner Autorität als Astronomer Royal instruierte er James Challis (1803–1882), Plumian Professor für Astronomie in Cambridge (England), in der Angelegenheit und bat nachdrücklich, mit der Suche nach Planet X zu beginnen.

Allein, die Wetterlage auf den Britischen Inseln war im Sommer 1846 denkbar ungünstig. Regenwolken verhinderten meist die Suche. Aber auch bei sternklarem Himmel war die Suchmethode wenig professionell. Airy ließ von Challis und dessen Assistenten ein Gebiet von 30° ekliptikaler Länge und 10° ekliptikaler Breite mit der Position von Planet X im Zentrum absuchen. Challis begann mit der Suche am 29. Juli 1846. Alle Sterne bis zur 9. Größenklasse in diesem Feld zu überprüfen, war eine Arbeit, die Jahre beansprucht hätte. Jeder Stern hätte mehrmals in Karten eingetragen werden müssen und alle Positionen wären zu prüfen gewesen, ob sich ein Lichtpünktchen verschoben hat und damit kein Fixstern sein konnte.

Leverrier trug seine Ergebnisse in einem Vortrag der Pariser Akademie der Wissenschaften vor. Man war stolz auf den berühmten Landsmann und kein Franzose zweifelte an der Existenz des Planeten X und Leverriers Berechnung. Doch niemand in Frankreich suchte am Sternenhimmel den Planeten. Die französischen Astronomen hatten wohl Angst, sich zu blamieren, wenn sie ihn nicht fänden.

So sandte Leverrier seine Kalkulationen an seinen deutschen Kollegen Johann Gottfried Galle (1812–1910). Leverrier hatte die große Halbachse der Bahn von Planet X zu 36,154 AE, die numerische Exzentrizität mit e = 0,17 und die Masse mit 32,3 Erdmassen angesetzt. Die Depesche von Leverrier traf am 23. September 1846 in der Berliner Sternwarte ein. An diesem Tag hatte der Direktor der Berliner Sternwarte, Johann Franz Encke (1791–1865), seinen 55. Geburtstag. Statt an der Geburtstagsfeier teilzunehmen, bat der damals 34-jährige Assistent Galle, nach dem Planeten X suchen zu dürfen. Denn der Himmel über Berlin war sternklar. Galle machte sich unverzüglich an die Arbeit, wobei ihn der 24-jährige Student Heinrich d'Arrest (1822–1875) unterstützte. Beiden stand das eben fertiggestellte Blatt XXI des neuen Sternatlas von Carl Bremiker zur Verfügung. Nach relativ kurzem Suchen fanden sie noch am Abend ein Objekt, das seine Position gegenüber der Sternkarte verschoben hatte. Heureka, der **13. Planet** unseres Sonnensystems war gefunden! Er stand nur 55 Bogenminuten von der von Leverrier berechneten Position im Sternbild Wassermann entfernt, aber 1,°5 von dem von Adams kalkulierten Ort. Ironie des Schicksals: Challis beobachtete bereits am 4. und 12. August 1846 den gesuchten Planeten ohne ihn zu erkennen!

Planet X heißt Neptun

Nach längerem Streit erhielt der zunächst am Schreibtisch und dann erst am Firmament entdeckte Planet den Namen des Meeresgottes Neptun. In die Annalen der Astronomie wurde Neptun als **13. Planet** unseres Sonnensystems eingetragen. Neptun umrundet die Sonne einmal in 165 Jahren in einem mittleren Sonnenabstand von 30 AE. Er ist damit näher als Adams und Leverrier annahmen. Mit 17 Erdmassen ist er auch massearmer als ursprünglich vorausgesetzt, um die Uranusstörungen zu erklären. Da er aber näher ist, reicht die geringere Masse, um die gleiche Schwerkraftwirkung auf Uranus auszuüben. Mit knapp 8^m Oppositionshelligkeit ist er auch heller als vermutet.

Nach Venus weicht die Neptunbahn am geringsten von der Kreisform ab. Ihre numerische Exzentrizität beträgt nur $e = 0{,}010$ und die Bahnneigung zur Ekliptik ist mit $i = 1°46'$ recht klein. Inzwischen hat Neptun seit seiner Entdeckung einmal die Sonne voll umrundet und steht nun wieder im Sternbild Wassermann.

Nur knapp drei Wochen später, am 10. Oktober 1846, fand der britische Bierbrauer und Amateurastronom aus Liverpool William Lassell (1799–1880) den mit 2707 Kilometer Durchmesser größten Neptunmond namens Triton. Triton ist im Mittel 355 000 Kilometer von Neptun entfernt, dies ist fast die gleiche Distanz wie bei Erde und Mond (384 000 Kilometer). Allerdings läuft Triton retrograd in sechs Tagen um Neptun. Der zweite Neptunmond, die Nereïde, wurde erst 1949 von Kuiper entdeckt.

Schon bald nach Entdeckung des 13. Planeten spürte abermals Postmeister Hencke einen neuen Planeten auf: Am 1. Juli 1847 entdeckte er den **14. Planeten**, der Hebe nach der Göttin der Jugendschönheit getauft wurde. Hebe erscheint ebenfalls punktförmig und wandert in einem mittleren Abstand von 2,43 AE in 3,78 Jahren um die Sonne. Bis 1851 waren schon 23 Planeten bekannt. Da erinnerte man sich eines Vorschlags von Wilhelm Herschel aus dem Jahre 1847, als die Hebe aufgefunden wurde: Alle punktförmigen, also kleinen Planeten, die zwischen der Mars- und der Jupiterbahn die Sonne umrunden, sind in die Kategorie der Kleinplaneten oder Planetoiden einzuordnen. Die Reklassifizierung wurde schließlich 1849 beschlossen. Damit war nun Neptun der **achte** Planet neben einer immer größer werdenden Zahl von Planetoiden. Dies blieb so bis zum Februar 1930, als Clyde Tombaugh (1906–1997) den Pluto fand, dessen Durchmesser ursprünglich auf 14 000 Kilometer geschätzt wurde. Damit erhöhte sich die Zahl der Planeten auf **neun**. Interessanterweise passt die mittlere Sonnendistanz von Pluto mit 39,9 AE wieder recht gut in die Titius-Bode-Reihe (siehe Tabelle auf Seite 203). Nachdem Neptun nicht in diese Reihe einzuordnen war, taten die meisten Astronomen diese als schiere „Numerologie" ab.

Schließlich stellte sich heraus, dass Pluto mit 2300 Kilometer Durchmesser nur halb so groß ist wie Merkur. Mit 17° Neigung zur Ekliptik und einer numerischen Exzentrizität von fast 0,25 entspricht die Plutobahn eher einer Planetoidenbahn. Als man um die Wende zum 21. Jahrhundert jenseits der Neptunbahn weitere die Sonne umkreisende Körper (TNO – Transneptunische Objekte) fand – wie Eris, Sedna, Easterbunny, Orcus, Quaoar, Varuna u. a. – entschloss sich die IAU, die neue Klasse der Zwergplaneten (Dwarf Planets) einzuführen. Damit hat unser Sonnensystem nun wieder **acht** Planeten, und dies wohl für eine lange Zeit.

Oktober 2015

- Uranus steht am 12. im Sternbild Fische in Opposition zur Sonne.
- Venus spielt ihre Rolle als strahlender Morgenstern.
- Auch Mars und Jupiter können am Morgenhimmel gesehen werden.
- Ferner bietet Merkur vom 10. bis 29. die einzige Morgensichtbarkeit des Jahres.

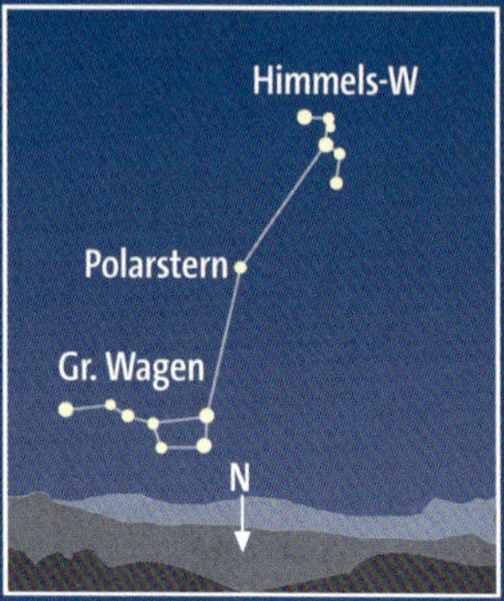

Großer Wagen und Himmels-W Anfang Oktober um 22 Uhr

10.1 Anblick des morgendlichen Osthimmels am 9. Oktober gegen 5^h MEZ (= 6^h MESZ). Zum Dreigestirn Venus – Mars – Jupiter im Sternbild Löwe gesellt sich die Sichel des abnehmenden Mondes.

1 Do	
2 Fr	
3 Sa	Tag der deutschen Einheit
4 So	Mond im letzten Viertel
5 Mo	
6 Di	
7 Mi	
8 Do	Mond bei Venus (Morgenhimmel)
9 Fr	Mond bei Mars (Morgenhimmel)
10 Sa	Mond bei Jupiter (Morgenhimmel)
11 So	Mond in Erdferne und bei Merkur (Morgenhimmel)
12 Mo	Uranus in Opposition
13 Di	**Neumond**
14 Mi	
15 Do	
16 Fr	Merkur in gr. westl. Elongation (Morgenhimmel) Mond bei Saturn (Abendhimmel)
17 Sa	Mars bei Jupiter (Morgenhimmel)
18 So	
19 Mo	
20 Di	Mond im ersten Viertel
21 Mi	
22 Do	
23 Fr	Mond bei Neptun (Abendhimmel)
24 Sa	
25 So	
26 Mo	Österr. Nationalfeiertag, Mond in Erdnähe Venus in gr. westl. Elongation (Morgenhimmel) und bei Jupiter
27 Di	**Vollmond**
28 Mi	
29 Do	
30 Fr	
31 Sa	

Sonne – Sternbilder

23. 10. 19h:
Sonne tritt in das Tierkreiszeichen Skorpion
31. 10. 20h:
Sonne tritt in das Sternbild Waage
Julianisches Datum am
1. Oktober, 1h MEZ: 2 457 296,5

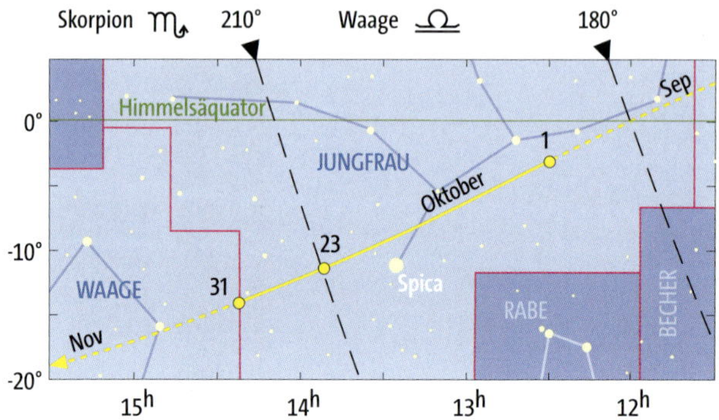

Tabelle Sonnenlauf

Tag	Dämmerg. Anfang	Aufgang MEZ	Kulmination	Untergang MEZ	Dämmerg. Ende	Mittagshöhe	Zeitgleichg.	Rektaszension	Deklination
	h m	h m	h m	h m	h m	o	m	h m	o
1.	5 10	6 19	12 10	17 59	19 09	36,8	+10	12 27	– 2,9
5.	5 16	6 26	12 09	17 51	19 00	35,3	+11	12 41	– 4,4
10.	5 24	6 33	12 07	17 40	18 50	33,4	+13	13 00	– 6,4
15.	5 31	6 41	12 06	17 30	18 40	31,5	+14	13 18	– 8,2
20.	5 39	6 49	12 05	17 20	18 30	29,7	+15	13 37	–10,1
25.	5 46	6 57	12 04	17 10	18 21	27,9	+16	13 56	–11,8
31.	5 55	7 07	12 04	16 59	18 11	25,9	+16	14 19	–13,9

Sonntag, 25. Oktober 2015: Ende der Sommerzeit!

Tages- und Nachtstunden

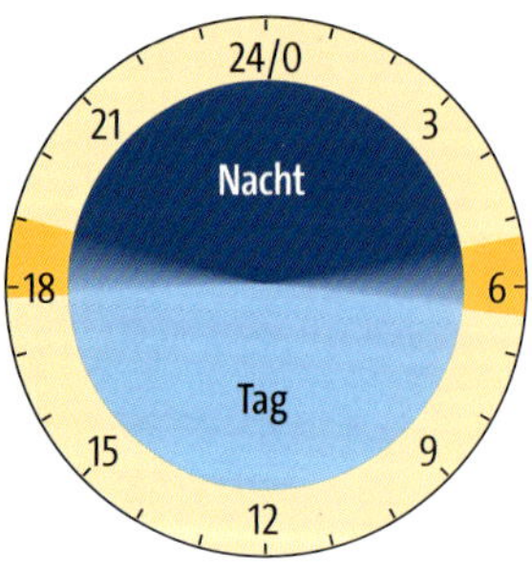

5. Oktober

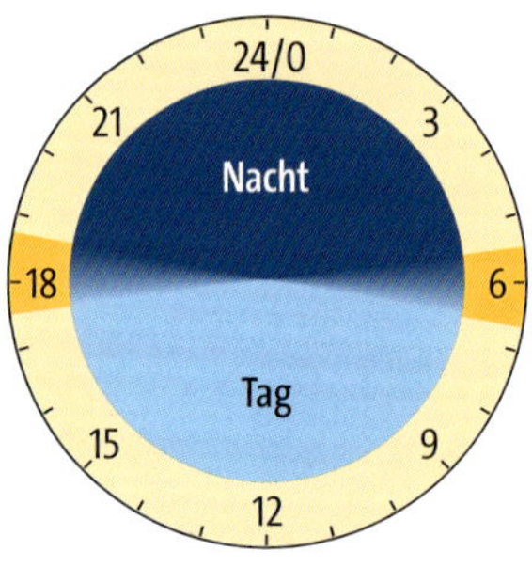

15. Oktober

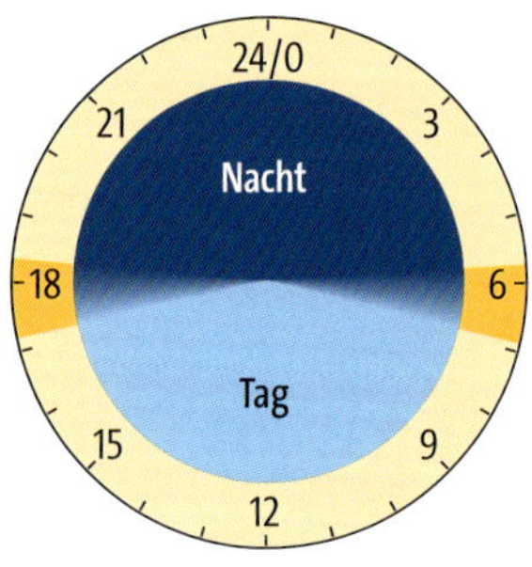

25. Oktober

Tabelle Mondlauf

Datum		Aufg. MEZ	Kulmination	Unterg. MEZ	Rektaszension	Deklination	Sterne und Sternbilder	Phase	MEZ
		h m	h m	h m	h m	o			
Do	1.	20 16	2 53	10 21	3 05	+13,4	Widder		
Fr	2.	21 01	3 50	11 31	4 04	+16,0	Stier, Hyaden		
Sa	3.	21 52	4 45	12 33	5 02	+17,6	Aldebaran		
So	4.	22 47	5 40	13 27	5 58	+18,1	Orion	**Letztes Viertel**	**22h 06m**
								Größte Südbreite	
								Libration West	
Mo	5.	23 45	6 32	14 12	6 53	+17,7	Alhena		
Di	6.	–	7 22	14 51	7 46	+16,3	Zwillinge		
Mi	7.	0 46	8 09	15 24	8 36	+14,2	Krebs, Krippe		
Do	8.	1 47	8 55	15 53	9 25	+11,6	Löwe		
Fr	9.	2 48	9 38	16 19	10 12	+ 8,4	Löwe, Regulus		
Sa	10.	3 49	10 21	16 44	10 57	+ 5,0	Löwe		
So	11.	4 50	11 04	17 08	11 43	+ 1,3	Jungfrau	Erdferne 406/29,'4	14h
								Aufsteigender Knoten	
Mo	12.	5 51	11 46	17 32	12 28	– 2,3	Jungfrau		
Di	13.	6 53	12 29	17 57	13 13	– 5,9	Spica	**Neumond Nr. 1148**	**1h 06m**
Mi	14.	7 54	13 13	18 25	13 59	– 9,3	Jungfrau		
Do	15.	8 55	13 58	18 56	14 46	–12,3	Waage		
Fr	16.	9 55	14 46	19 32	15 35	–14,9	Waage		
Sa	17.	10 53	15 34	20 13	16 25	–16,8	Schlangenträger		
So	18.	11 48	16 25	21 02	17 17	–17,9	* Schlangenträger	Größte Nordbreite	
Mo	19.	12 39	17 17	21 57	18 11	–18,2	Schütze		
Di	20.	13 25	18 10	22 59	19 05	–17,5	Schütze	**Erstes Viertel**	**21h 31m**
								Libration Ost	
Mi	21.	14 05	19 03	–	20 00	–15,9	* Schütze		
Do	22.	14 42	19 57	0 07	20 56	–13,3	Wassermann		
Fr	23.	15 16	20 51	1 20	21 51	– 9,9	Steinbock		
Sa	24.	15 47	21 45	2 36	22 47	– 5,8	Wassermann		
So	25.	16 19	22 41	3 55	23 44	– 1,3	Fische	Absteigender Knoten	
Mo	26.	16 51	23 37	5 15	0 41	+ 3,4	* Fische	Erdnähe 358/33,'3	14h
Di	27.	17 26	–	6 35	1 39	+ 7,9	Fische	**Vollmond**	**13h 05m**
Mi	28.	18 05	0 34	7 54	2 39	+11,9	Widder		
Do	29.	18 50	1 32	9 09	3 38	+15,1	* Stier		
Fr	30.	19 39	2 31	10 17	4 38	+17,2	Aldebaran		
Sa	31.	20 35	3 28	11 17	5 37	+18,2	Stier	Größte Südbreite	

Der Mond wandert durch die Hyaden und bedeckt Aldebaran

(siehe Seite 288)

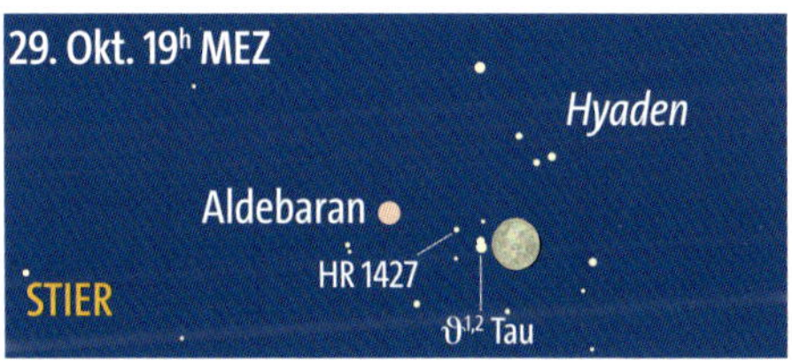

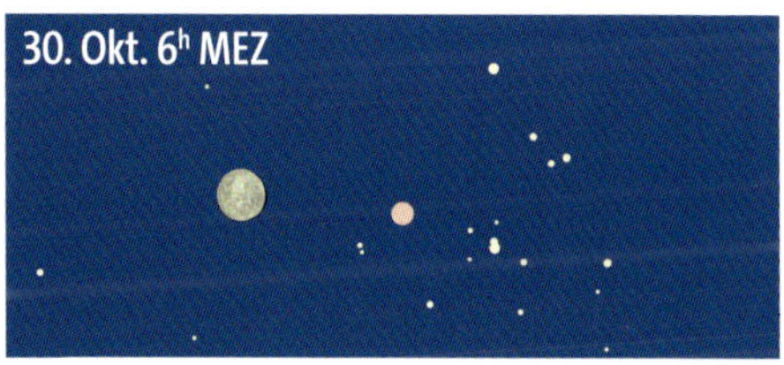

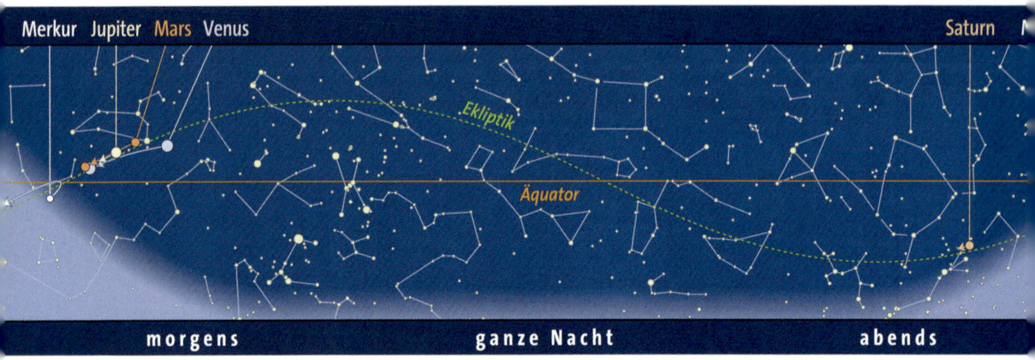

Merkur bietet im Oktober die einzige Morgensichtbarkeit in unseren Breiten in diesem Jahr. Ende September stand er in unterer Konjunktion mit der Sonne. Rückläufig entfernt er sich rasch von ihr. Schon am 8. wird der sonnennahe Planet wieder rechtläufig. Am 16. erreicht er mit nur 18°07′ Winkelabstand seine größte westliche Elongation. Sie fällt so klein aus, da Merkur nur vier Tage vorher sein Perihel durchläuft, sich also in Sonnennähe aufhält.

Unter sehr guten Sichtbedingungen kann man Merkur bereits am 10. am Morgenhimmel knapp über dem Osthorizont in der Morgendämmerung ausmachen – zumindest mit einem Fernglas. Im Teleskop zeigt das

10.2 Heliozentrischer Anblick des Planetensystems im letzten Jahresviertel 2015. Eingetragen sind links die Positionen der inneren Planeten für den 1. Oktober (10), den 1. November (11), den 1. Dezember 2015 (12) und den 1. Januar 2016 (1). Der rechte Teil zeigt das äußere Planetensystem und einige Planetoiden. Die Pfeile deuten die Richtungen zu den ferneren Planeten sowie zum Frühlingspunkt an.

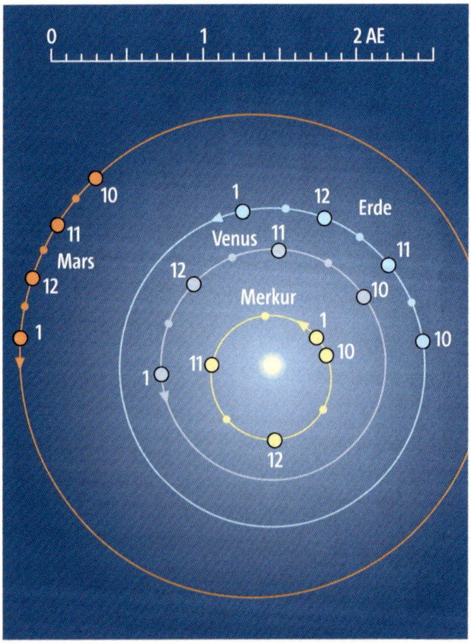

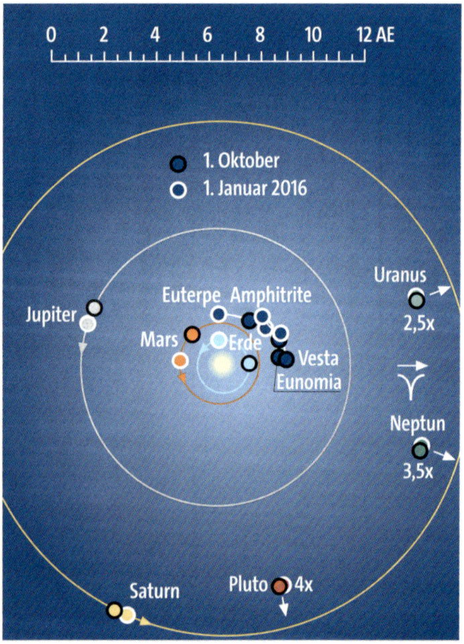

8″,6 große Merkurscheibchen eine Sichel. Am 10. geht Merkur um 5^h06^m (= 6^h06^m Sommerzeit) auf. Etwa zwanzig Minuten später hat sich der $0^m\!,5$ helle Planet so weit über die horizontnahen Dunstschichten erhoben, dass er sichtbar wird. Bis 15. nimmt seine Helligkeit um eine ganze Größenklasse auf $-0^m\!,5$ zu, der Merkuraufgang verfrüht sich auf 4^h58^m (= 5^h58^m Sommerzeit). An diesem Tag zeigt sich das 7″,1 große Planetenscheibchen halb beleuchtet, die Merkurdichotomie tritt ein. Danach nimmt der Beleuchtungsgrad zu und das Merkurscheibchen wird kleiner. Bis 23. steigt die Merkurhelligkeit weiter auf $-0^m\!,9$ an, die Aufgänge von Merkur verspäten sich aber auf 5^h21^m (= 6^h21^m Sommerzeit). Gegen 6^h15^m verblasst der flinke Planet in der zunehmenden Morgenhelle.

Letztmals dürften erfahrene Beobachter Merkur am 29. am Morgenhimmel aufstöbern.

An diesem Tag geht der inzwischen $-1^m\!,0$ helle Merkur um 5^h52^m (= 6^h52^m Sommerzeit) auf (siehe auch Abb. 10.4 und 10.5 unten).

Einen netten Himmelsanblick kann man am 11. gegen 5^h30^m (= 6^h30^m Sommerzeit) erleben: Die extrem schmale Sichel des abnehmenden Mondes steht neben Merkur. Mit Jupiter, Mars und Venus bildet Merkur eine morgendliche Planetenparade am Osthimmel (siehe Abb. 10.6 auf Seite 214). Nur Saturn fehlt von den freisichtigen Planeten.

Venus ist strahlender Morgenstern vor Sonnenaufgang über dem Osthorizont. Am 26. erreicht sie mit 46°26′ ihre größte westliche Elongation von der

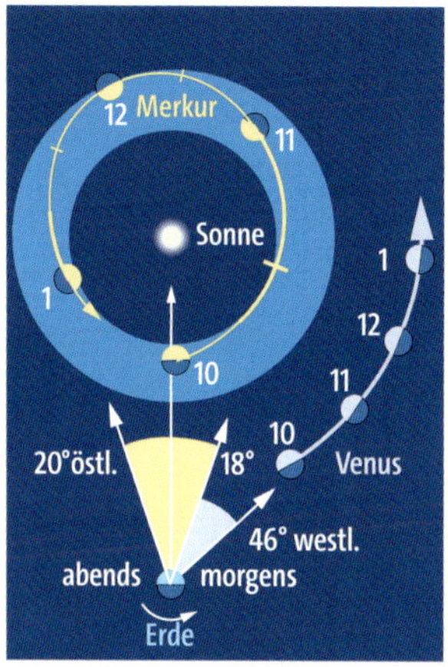

10.3 Heliozentrische Bewegungen von Merkur und Venus *relativ* zur Erde. In den dicker ausgezogenen Bahnteilen sind die Planeten beobachtbar. Die Zahlen geben die Positionen jeweils zum Monatsersten an. Östlicher Winkelabstand bedeutet Abendsichtbarkeit; westliche Elongation: Planet steht am Morgenhimmel.

10.4 Merkur am Morgenhimmel: Stellung von Merkur über dem Osthorizont zu den angegebenen Daten jeweils eine Stunde vor Sonnenaufgang. Die Pfeile deuten die Bewegungen von Merkur und Sonne in der folgenden halben Stunde an.

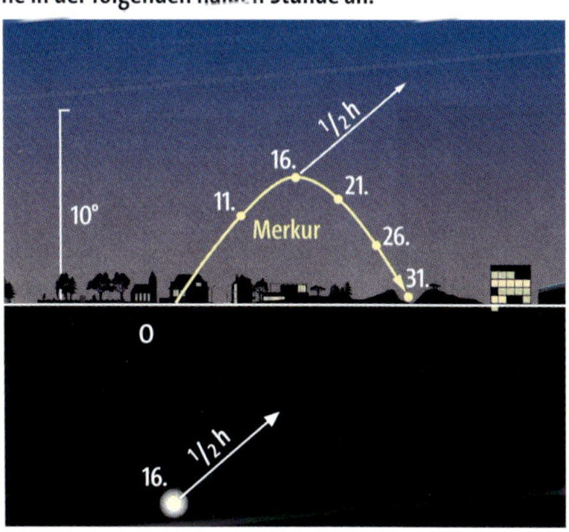

10.5 Sichtbarkeitsdiagramm für Merkur: Es gilt genau für 50° nördlicher Breite und 10° östlicher Länge. Dunkelgelbe Fläche: Unter günstigen Sichtbedingungen kann man Merkur mit bloßen Augen erkennen; hellgelbe Fläche: Merkur ist leicht zu sehen.

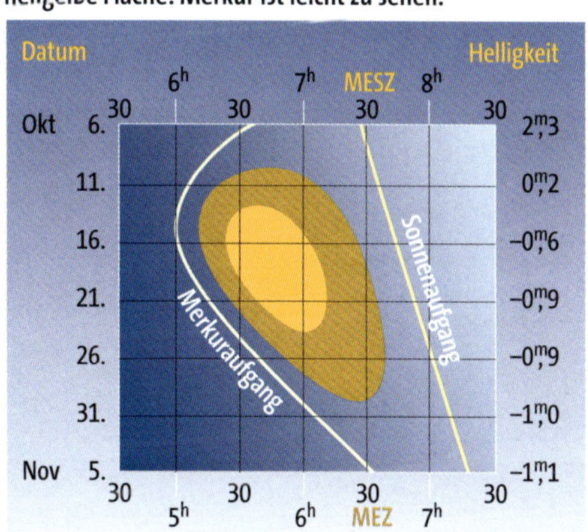

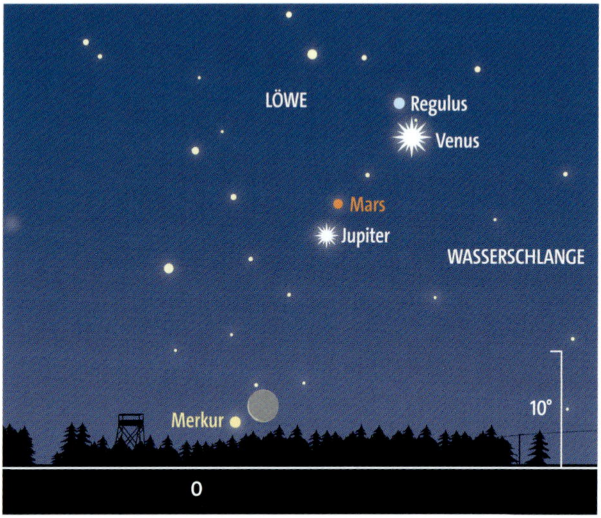

10.6 Planeten am Morgenhimmel: **Venus, Mars und Jupiter sind gegen 5^h30^m MEZ (= 6^h30^m MESZ) am Osthimmel zu sehen. Knapp über dem Osthorizont hält sich Merkur auf, zu dem sich am 11. Oktober die extrem schmale Sichel des abnehmenden Mondes gesellt.**

Sonne. Am 9. ergibt sich ein netter Himmelsanblick gegen 5^h (= 6^h Sommerzeit): Über dem Osthorizont leuchten Venus neben dem wesentlich lichtschwächeren Löwenhauptstern Regulus sowie die Sichel des abnehmenden Mondes, der schon am Vortag den Morgenstern passiert hat. Hinzu kommen noch Mars und Jupiter (siehe Abb. 10.1 auf Seite 208). Zwei Tage später, am 11., kommt noch der flinke Merkur hinzu, der neben der schmalen Sichel des abnehmenden Mondes steht. Damit sind bis auf Saturn alle freisichtigen Planeten am Morgenhimmel versammelt (siehe Abb. 10.6 oben). Am 26. kommt es zur dritten Begegnung von Venus mit Jupiter, diesmal am Morgenhimmel. Auch Mars ist mit von der Partie (siehe Abb. 10.9 auf Seite 216).

Die Venusaufgänge verspäten sich im Laufe des Oktober nur unwesentlich von 2^h29^m (= 3^h29^m Sommerzeit) auf 2^h49^m am Monatsletzten. Die Venushelligkeit geht um $0\overset{m}{,}3$ auf $-4\overset{m}{,}4$ zurück.

Im Fernrohr zeigt sich das 24,″5 große Venusscheibchen am 25. halb beleuchtet, die Dichotomie tritt ein. Danach erscheint Venus immer kleiner und rundlicher. Am Tag der größten westlichen Elongation ist Venus 104 Millionen Kilometer (= 0,695 AE) von der Erde entfernt.

Mars, rechtläufig im Sternbild Löwe, erreicht am 13. mit 1°51′ seine größte Nordbreite. Von der Sonne aus gesehen befindet er sich somit knapp 2° nördlich der Erdbahnebene. Der rote Planet kann am Morgenhimmel aufgefunden werden. Zwar verfrühen sich seine Aufgänge im Laufe des Monats nur um eine Viertelstunde, aber durch die nun immer später einsetzende Morgendämmerung ergibt sich ein Gewinn an Sichtbarkeitsdauer von rund einer Stunde.

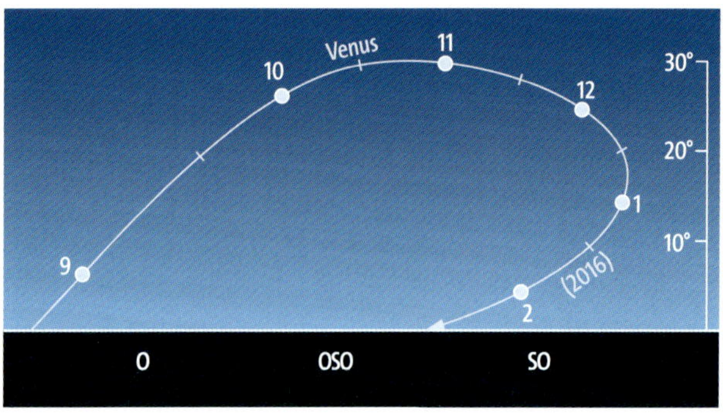

10.7 Venus am Morgenhimmel: **Stellungen von Venus über dem Osthorizont jeweils eine Stunde vor Sonnenaufgang. Die Zahlen geben die Venusposition zum jeweiligen Monatsersten an (9 = 1. September).**

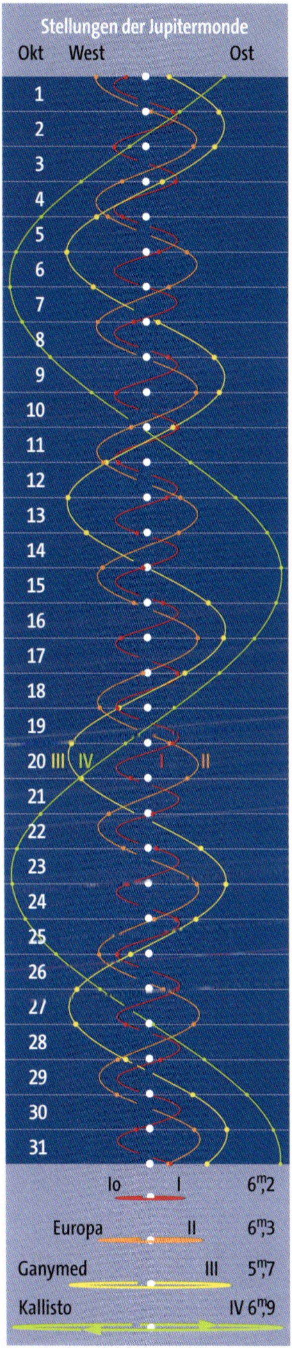

Jupitermonde

Tag	MEZ h m	Vorgang	
4.	4 09	III	DA
	5 13	III	SE
5.	5 04	I	VA
6.	4 40	I	SE
	5 18	I	DE
7.	4 39	II	SA
11.	5 27	IV	BE
	5 40	III	SA
13.	4 17	I	SA
	5 01	I	DA
14.	4 27	I	BE
19.	4 22	IV	SA
23.	4 50	II	VA
28.	5 12	I	VA
29.	4 49	I	SE
	5 45	I	DE

Am 1. geht Mars um 3^h08^m (= 4^h08^m Sommerzeit) auf. Am 31. erfolgt der Aufgang des $1^m{,}8$ hellen Mars um 2^h53^m. Der scheinbare Marsdurchmesser nimmt nur unwesentlich auf 4",3 zu.

Am 9. kommt es zu einem netten Himmelsanblick: Gegen 5^h (= 6^h Sommerzeit) sieht man neben Mars die abnehmende Mondsichel, wobei Mars zwischen den beiden hellen Planeten Venus und Jupiter steht (siehe Abb. 10.1 auf Seite 208). Die Änderungen der Planetenpositionen kann man jetzt gut am Morgenhimmel verfolgen. Am

Konstellationen und Ereignisse

Datum	MEZ	Ereignis
8	22^h	**Mond bei Venus**, Mond 0,°7 südlich (Bedeckung), **Abstand 3,°6 um 3^h am 9.**
8.	23	Merkur im Stillstand, anschließend rechtläufig
9.	18	**Mond bei Mars**, Mond 3,°4 südlich, **Abstand 5,°7 um 5^h**
10	1	**Mond bei Jupiter**, Mond 2,°7 südlich, **Abstand 4,°5 um 4^h**
11.	13	**Mond bei Merkur**, Mond 0,°9 südlich (Bedeckung), **Abstand 2,°7 um 6^h**
12.	5	**Uranus in Opposition** zur Sonne
12.	19	Merkur im Perihel
16.	4	**Merkur in größter westlicher Elongation** (18°)
16.	14	**Mond bei Saturn**, Mond 2,°9 nördlich, **Abstand 2,°4 um 18^h**
17.	15	**Mars bei Jupiter**, Mars 0,°4 nördlich, **Abstand 0,°4 um 4^h am 18.**
23.	20	**Mond bei Neptun**, Mond 3,°0 nördlich, **Abstand 2,°0 um 19^h** (Fernglas)
26.	8	**Venus in größter westlicher Elongation** (46°)
26.	9	**Venus bei Jupiter**, Venus 1,°1 südlich, **Abstand 1,°0 um 5^h**
26.	11	Mond bei Uranus, Mond 0,°9 südlich (Bedeckung)

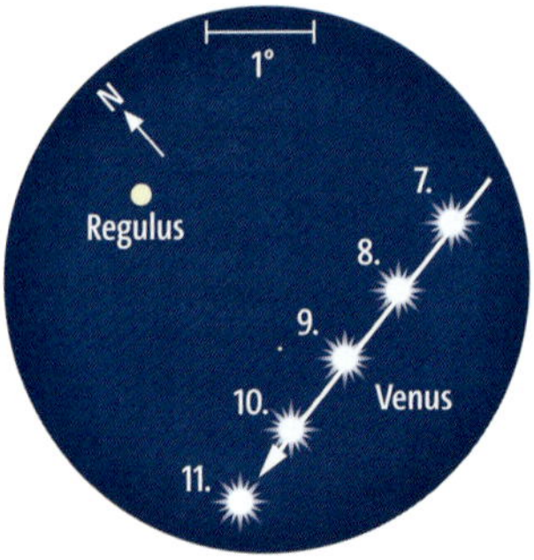

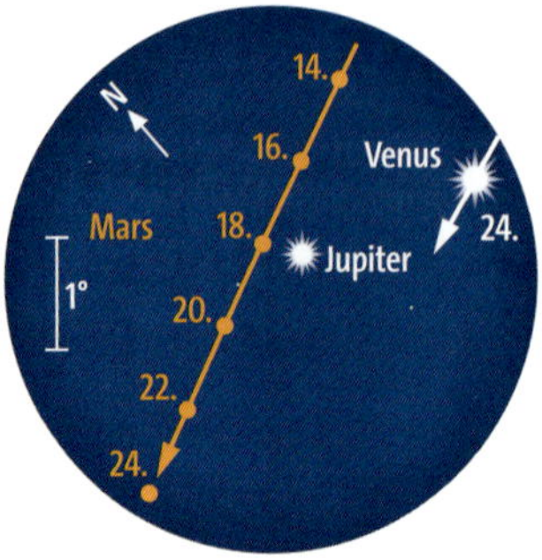

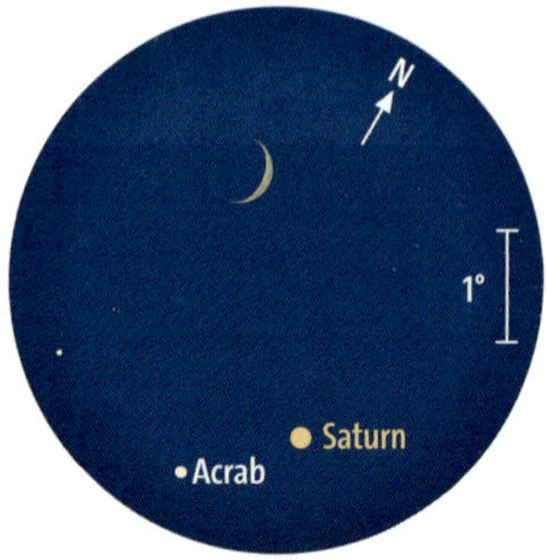

10.8 Venus bei Regulus:
Venus zieht am 8. Oktober an Regulus im Löwen vorbei. Morgendlicher Fernglasanblick bei 5° Gesichtsfelddurchmesser.

10.9 Mars bei Jupiter und Venus:
Enge Begegnung von Mars mit Jupiter. Ab 24. Oktober gesellt sich noch Venus hinzu. Morgendlicher Fernglasanblick.

10.10 Mond bei Saturn:
Der zunehmende Mond begegnet am 16. Oktober dem Ringplaneten Saturn. Fernglasanblick gegen $18^{h}30^{m}$ (= $19^{h}30^{m}$ MESZ).

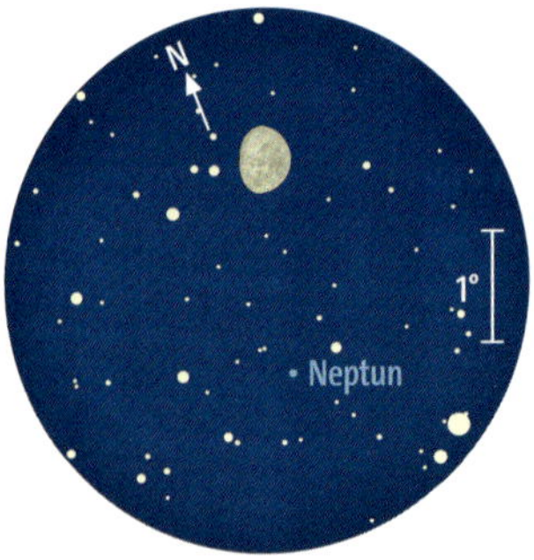

10.11 Links: Mond bei Neptun:
Der Mond im zweiten Viertel zieht am 23. Oktober an Neptun vorbei. Fernglasanblick gegen 19^{h} MEZ (= 20^{h} MESZ) bei 5° Gesichtsfelddurchmesser.

10.12 Mars, Venus und Jupiter:
Nahe Begegnung von Mars, Venus und Jupiter im letzten Oktoberdrittel. Morgendlicher Fernglasanblick.

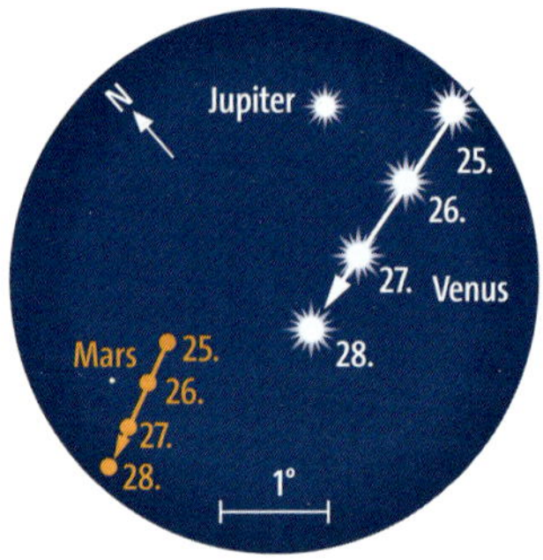

11. gesellt sich knapp über dem Osthorizont zu dem Planetentrio Venus – Mars – Jupiter noch der flinke Merkur, an dem die schmale Sichel des abnehmenden Monds vorüberzieht (siehe Abb. 10.6 auf Seite 214).

Mars und Venus kommen einander immer näher, zu einer Konjunktion kommt es aber erst Anfang November. Ende Oktober stehen beide Planeten schon nahe beieinander (siehe Abb. 10.12 oben). Jupiter ist auch noch mit von der Partie; an ihm läuft Mars am 17. in $0\overset{\circ}{,}4$ Abstand vorbei.

Jupiter, rechtläufig im Löwen, kann am Morgenhimmel gesehen werden. Seine Aufgänge verlagert der Riesenplanet von $3^{h}49^{m}$ (= $4^{h}49^{m}$ Sommerzeit) zu Monatsbeginn auf $3^{h}09^{m}$ zur Monatsmitte und auf $2^{h}23^{m}$ Ende Oktober. Die Jupiterhelligkeit steigt leicht auf $-1\overset{m}{,}8$ an.

Ein netter Himmelsanblick ergibt sich am 9., 10. und 11., wenn außer Jupiter, Venus und Mars auch die Sichel des abnehmenden Mondes gegen 5^{h} (= 6^{h} Sommerzeit) tief am Osthimmel zu sehen ist (siehe Abb. 10.1 und Abb. 10.6 auf Seite 208 und 214).

Am 17. zieht Mars nur 25′ nördlich am Riesenplaneten vorbei (siehe Abb. 10.9 oben) und am 26. wird Jupiter von Venus 1°04′ südlich überholt (siehe Abb. 10.12 oben).

Saturn verabschiedet sich im letzten Monatsdrittel vom Abendhimmel und wird unsichtbar. Am 25. passiert er zum dritten Mal in diesem Jahr Acrab rund 1° nördlich. Mit nur $2\overset{m}{,}4$ scheinbarer Helligkeit ist β Scorpii (Acrab) allerdings freiäugig nicht mehr sichtbar (siehe Abb. 5.5 auf Seite 121). Am 17. wech-

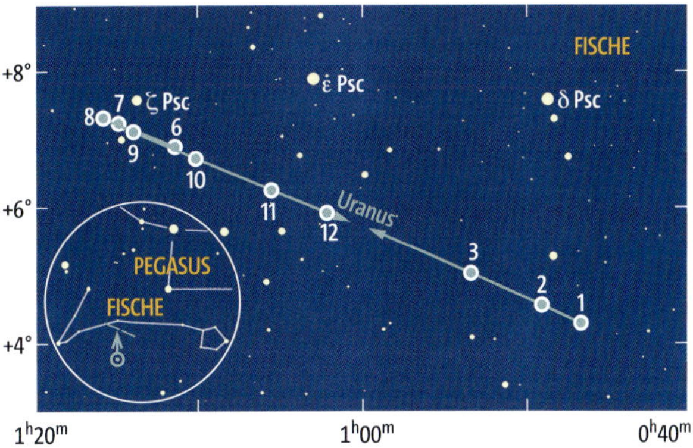

10.13 Bahn von Uranus: **Scheinbare Bahn des Planeten Uranus im Sternbild Fische im Jahr 2015. Die Zahlen geben die Position von Uranus zum jeweiligen Monatsersten an (10 = 1. Oktober).**

selt Saturn aus der Waage in den Skorpion.

Am 1. geht der Ringplanet um 20^h06^m (= 21^h06^m Sommerzeit) unter, am 15. um 19^h14^m und am 20. bereits um 18^h56^m.

Am 25. erfolgt der Untergang des $0^m{,}6$ hellen Saturn um 18^h38^m. Nach diesem Tag wird man vergeblich nach dem Ringplaneten Ausschau halten.

Am 16. zieht die Sichel des zunehmenden Mondes knapp 3° nördlich an Saturn vorbei (siehe Abb. 10.10 auf Seite 216).

Uranus kommt am 12. im Sternbild Fische in **Opposition** zur Sonne. Dies ist die günstigste Gelegenheit, um den fernen und lichtschwachen Planeten ins Visier zu nehmen.

Mit $5^m{,}7$ Oppositionshelligkeit ist Uranus zwar theoretisch mit bloßen Augen zu erkennen, doch in der Praxis ist dies kaum der Fall – jedenfalls nicht bei uns in Mitteleuropa.

Aber mit einem Fernglas ist der grünliche Planet ohne weiteres zu entdecken. Das Aufsuchkärtchen Abb. 10.13 oben soll helfen, Uranus zu finden.

Im Teleskop zeigt Uranus ein winzig kleines Planetenscheibchen von nur $3''{,}7$ scheinbarem Durchmesser. Auch bei starker Vergrößerung sind keine Details in der geschlossenen Wolkendecke auf Uranus zu entdecken. Selbst Aufnahmen von Raumsonden zeigen im sichtbaren Spektralbereich keinerlei Strukturen.

Am Oppositionstag geht Uranus um 17^h30^m (= 18^h30^m Sommerzeit) auf, kulminiert um 0^h08^m in der Oppositionsnacht und geht am Morgen um 6^h43^m unter. Bis Monatsende verfrühen sich die Uranusuntergänge auf 5^h24^m. Die Kulminationshöhe von Uranus erreicht in diesem Jahr in 50° Nord immerhin fast 47°.

Zur Opposition beträgt die Distanz zwischen Uranus und der Erde 2840 Millionen Kilometer (= 18,98 AE). Das von Uranus reflektierte Sonnenlicht trifft erst nach zwei Stunden und 38 Minuten auf der Erde ein. Von der Sonne trennen Uranus am Oppositionstag 2989 Millionen Kilometer (= 19,98 AE).

Neptun, rückläufig im Wassermann, stand zu Beginn des Vormonats in Opposition zur Sonne. Der bläuliche Planet kann in der ersten Nachthälfte beobachtet werden (siehe auch Abb. 9.6 auf Seite 195).

Seine Kulminationen verlegt Neptun nun zunehmend in die Abendstunden. Am 1. passiert Neptun um 22^h17^m (= 23^h17^m Sommerzeit) den Meridian und geht um 3^h38^m unter. Am 31. kulminiert der inzwischen $7^m{,}9$ helle Planet um 20^h17^m und sinkt um 1^h37^m unter die Horizontlinie. Nach Mitternacht wird man vergeblich nach Neptun suchen.

Am 23. zieht der zunehmende Mond in den Abendstunden 2° nördlich am Planeten des Meeresgottes vorbei (siehe Abb. 10.11 auf Seite 216).

Planetoiden

Vesta (4) stand Ende des Vormonats in Opposition zur Sonne. Auch wenn ihre Helligkeit im Laufe des September von $6^m{,}2$ auf $6^m{,}8$ abnimmt, ist sie immer noch ein leichtes Fernglasobjekt, das man ohne Mühe aufspüren kann.

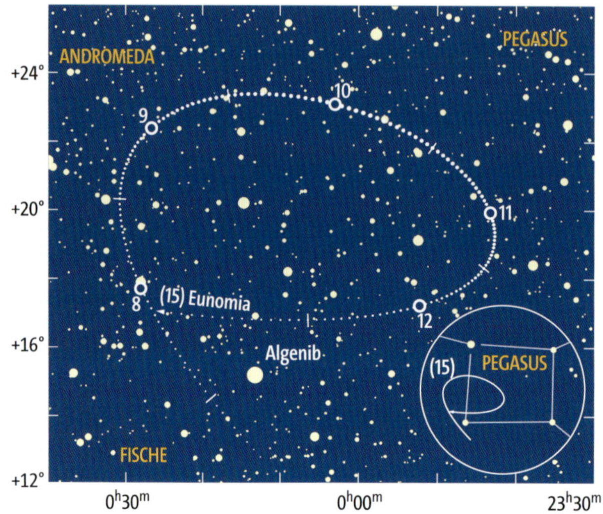

10.14 Bahn von Eunomia: Scheinbare Bahn des Kleinplaneten (15) Eunomia im Sternbild Pegasus von August bis Jahresende 2015.

10.15 Bahn von Amphitrite: Scheinbare Bahn des Kleinplaneten (29) Amphitrite im Gebiet der Sternbilder Fische und Widder von September bis Dezember 2015.

Vesta eilt rückläufig durch das Sternbild Walfisch, wobei sie in der zweiten Monatshälfte deutlich ihre Geschwindigkeit verringert (siehe Abb. 9.7 auf Seite 196). Am 20. zieht sie $1\overset{\circ}{,}5$ südlich an ι Ceti ($3\overset{\mathrm{m}}{,}6$) vorbei.

Ihre Meridiandurchgänge verfrühen sich von $0^{h}21^{m}$ (= $1^{h}21^{m}$ Sommerzeit) am 1., auf $23^{h}08^{m}$ am 15. und auf $21^{h}55^{m}$ am 31.

Eunomia (15) erreicht am 3. ihre **Opposition** zur Sonne im Sternbild Pegasus. Mit $7\overset{\mathrm{m}}{,}9$ Oppositionshelligkeit ist sie einwandfrei mit einem lichtstarken Fernglas zu erkennen. Bis Monatsende sinkt ihre Helligkeit wieder auf $8\overset{\mathrm{m}}{,}3$ ab (siehe Aufsuchkärtchen Abb. 10.14 links).

In der Oppositionsnacht kulminiert Eunomia um $23^{h}32^{m}$ (= $0^{h}32^{m}$ Sommerzeit). Ihre Meridianpassagen verfrühen sich auf $22^{h}35^{m}$ zur Monatsmitte und auf $21^{h}25^{m}$ am Monatsende. Ihre Oppositionsentfernung von der Erde misst 180 Millionen Kilometer (= 1,20 AE), dies entspricht einer Lichtlaufzeit von zehn Minuten. Die Sonnenentfernung von Eunomia beträgt zur Opposition 325 Millionen Kilometer (= 2,17 AE).

Amphitrite (29) steht am 25. im Sternbild Widder in **Opposition** zur Sonne. Sie beschleunigt ihre rückläufige Bewegung und zieht am 16. nur $0\overset{\circ}{,}3$ nördlich an ι Ari

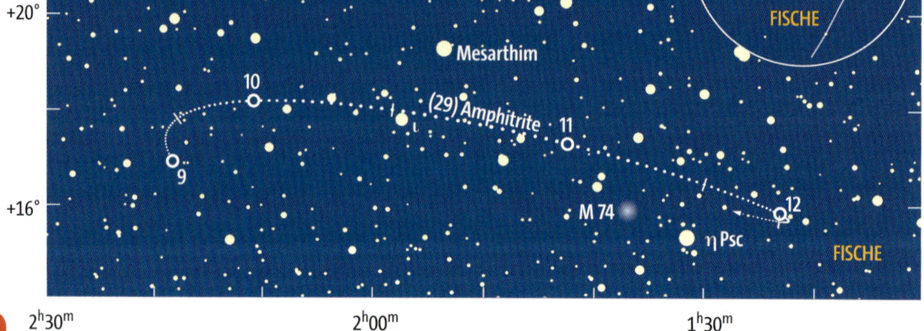

(8 Ari; 5^m,1) vorbei und passiert Mesarthim (γ Ari; 3^m,9) am 19. Oktober in 1°,4 Abstand südlich (siehe Abb. 10.15 auf Seite 218). Am 27. wechselt sie schließlich in das Sternbild Fische.

Zu Monatsbeginn noch 9^m,3 hell, erreicht sie zur Opposition 8^m,7. Ihre Kulminationen verfrühen sich von 1^h54^m am 1. auf 0^h47^m (= 1^h47^m Sommerzeit) am 15. und auf 23^h53^m am 25., dem Oppositionstag.

Zur Opposition trennen uns 209 Millionen Kilometer (= 1,40 AE) von Amphitrite, während ihre Sonnendistanz an diesem Termin 357 Millionen Kilometer (= 2,39 AE) beträgt.

Periodische Sternschnuppenströme

Die **Delta-Draconiden**, auch **Oktober-Draconiden** genannt, sind ein temporärer Strom, deren Radiant im Sternbild des Drachen, etwa 3° östlich von γ Draconis liegt. Ihr Ursprung geht auf den Kometen 21P/Giacobini-Zinner zurück, weshalb dieser Meteorstrom auch **Giacobiniden** heißt. Vom 6. bis 10. Oktober passiert die Erde relativ nahe den absteigenden Knoten der Bahn des Kometen 21P. Seine Umlaufzeit beträgt 6,5 Jahre. Da die Trümmerwolke schon recht langgezogen ist und die Meteoroide sich entlang der Bahn verteilt haben, ist mit Überraschungen zu rechnen. Die Meteorhäufigkeit schwankt von Jahr zu Jahr erheblich. Das Maximum wird in diesem Jahr am 8. Oktober erwartet. Im Jahr 2011 gab es einen regelrechten Schauer mit bis zu 400 Sternschnuppen pro Stunde, die auch von Mitteleuropa aus zu verfolgen waren. Auch 2012 waren die Draconiden recht aktiv, wenn auch helle Meteore vermisst wurden. Die Eintauchgeschwindigkeiten in die Erdatmosphäre sind mit 21 Kilometer pro Sekunde nicht übermäßig groß.

Von Anfang Oktober bis in die erste Novemberwoche sind die **Orioniden** aktiv, deren Ursprung wohl auf den Halleyschen Kometen zurückgeht. Mit dem Maximum ist am 21. Oktober zu rechnen, wobei etwa 20 bis 30 Meteore pro Stunde zu erwarten sind. Die Frequenz ist von Jahr zu Jahr verschieden. In den Jahren 2006 bis 2009 passierte die Erde die durch Jupiters Einfluss konzentrierte Trümmerwolke. Im Oktober 2008 boten die Orioniden im Maximum sogar eine Rate von 70 Sternschnuppen pro Stunde. Die beste Beobachtungszeit: Mitternacht bis 5^h morgens. Der Radiant liegt etwa 10° nordöstlich von Beteigeuze. Es handelt sich bei den Orioniden um sehr schnelle Objekte (um 65 Kilometer pro Sekunde).

Ferner seien die **Epsilon-Geminiden** erwähnt, die vom 14. bis 27. Oktober zwei bis drei Meteore pro Stunde liefern. Das Maximum wird am 18. erwartet.

Der Fixsternhimmel

Alle Herbstbilder sind inzwischen zur abendlichen Beobachtungsstunde in günstige Positionen gerückt. In der westlichen Himmelshälfte dominiert noch das Sommerdreieck. Arktur im Bootes ist schon untergegangen. Auch der ausgedehnte und lichtschwache Herkules nähert sich dem Nordwesthorizont.

Der Himmelsanblick wird von der Andromeda-Gruppe charakterisiert. Diese Sternbildergruppe, die fast den gesamten Osthimmel einnimmt, setzt sich aus den Bildern Kassiopeia, Kepheus, Andromeda, Pegasus, Perseus und Walfisch zusammen. Zwar sind diese Herbstbilder längst nicht so hell wie die leuchtkräftigen Wintersternbilder, denn es fehlen Sterne erster Größenklasse. Aber sie haben ihren eigenen Reiz und sind mit Ausnahme des Walfischs alle verhältnismäßig leicht auszumachen.

Die charakteristische Sternenfigur des Himmels-Ws, die Kassiopeia, steht zurzeit hoch über dem Beobachter, fast im Zenit. Die mittlere Spitze des W deutet ungefähr in Richtung des Polarsterns. Verlängert man diese Sichtlinie zum Nordhorizont hinunter, so trifft man auf den

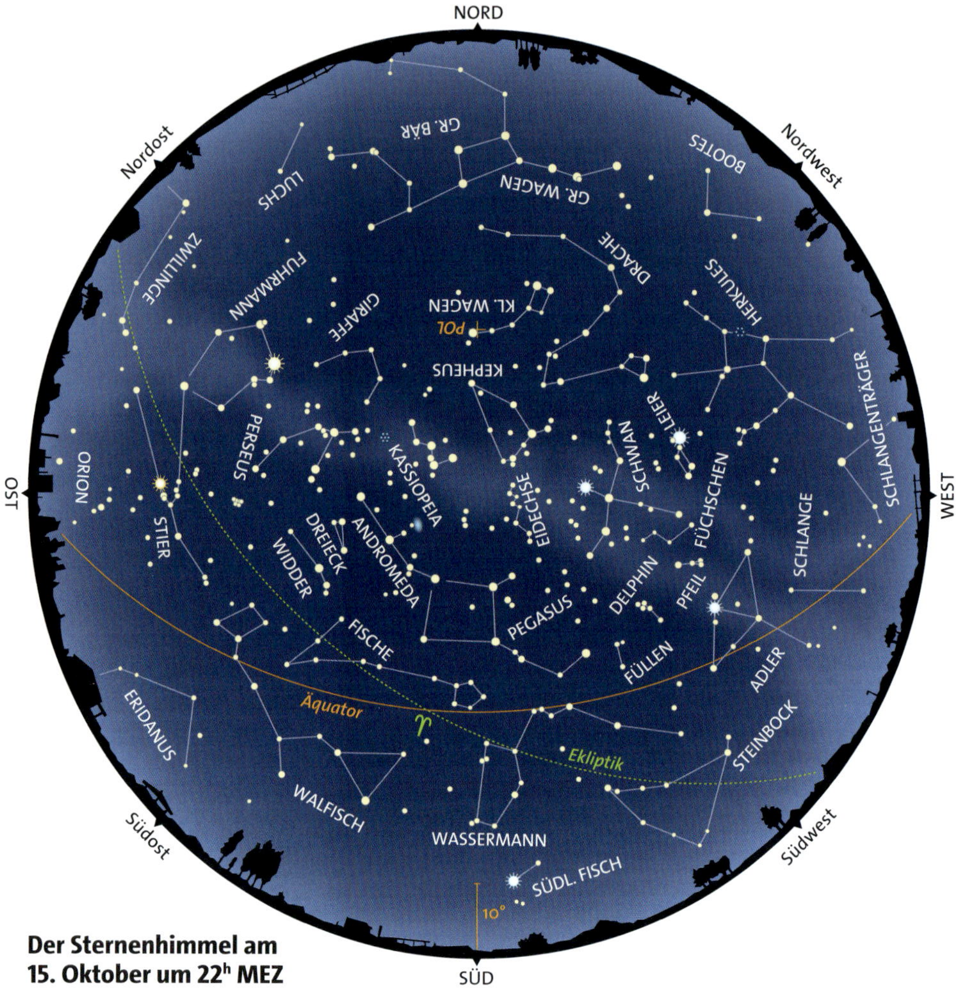

Der Sternenhimmel am 15. Oktober um 22^h MEZ

Die Sternkarte ist auch gültig für:		
	MEZ	MESZ
1. 8.	3^h	4^h
15. 8.	2	3
1. 9.	1	2
15. 9.	0	1
1.10.	**23**	**24**
15.10.	**22**	**23**
31.10.	**21**	
15.11.	20	
30.11.	19	
15.12.	18	

Großen Wagen, der jetzt seine tiefste Stellung knapp über dem Nordhorizont einnimmt. Deshalb ist er an Herbstabenden auch nicht so leicht zu entdecken.

Kassiopeia und Kepheus

Zwischen Polarstern und Zenit nimmt der Kepheus seinen Platz ein. König Kepheus ist der Gemahl der Kassiopeia. Im Gegensatz zur Kassiopeia ist die Figur des Kepheus nicht so leicht zu erfassen. Kassiopeia und Kepheus sind die Eltern der Prinzessin Andromeda, die jetzt ebenfalls am Herbsthimmel vertreten ist. Die Andromeda ist als Sternenkette südlich der Kassiopeia leicht zu erkennen. Die Sternenkette hängt gewissermaßen am Pegasusquadrat, dem Herbstviereck.

10.16 Das Herbstviereck:
Vom Herbstviereck (Pegasusquadrat) ausgehend findet man schnell die Kassiopeia, den Polarstern, Deneb und Fomalhaut, Hauptstern des Sternbildes Südlicher Fisch.

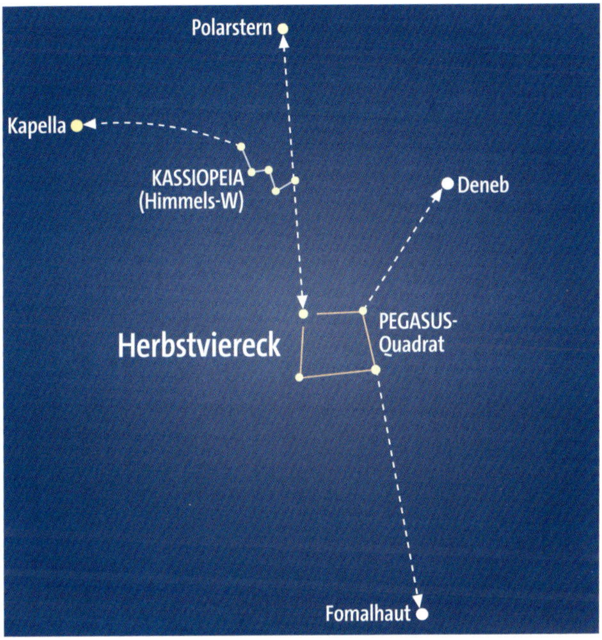

Der Pegasus nimmt hoch im Süden seinen Platz ein. Sein markantes Sternenquadrat ist leicht zu erkennen. Die westliche Kante markiert zur Standardbeobachtungszeit ziemlich genau den Himmelsmeridian. Zum Pegasus gehört noch sein Kopf mit der Schnauze, der den Meridian schon passiert hat.

Der heldenhafte Retter der Andromeda, der Perseus, mit dem Schwert in der einen und dem abgeschlagenen Haupt der Medusa in der anderen Hand, gehört ebenfalls zu den Herbstbildern. Perseus steht jetzt hoch im Osten zwischen der Andromeda und dem Hauptstern im Fuhrmann, der gelblichen Kapella, die unübersehbar im Nordosten strahlt.

Am schwierigsten zu identifizieren von den Bildern um die Andromedasage ist sicher der Walfisch, lateinisch Cetus genannt. Der Cetus ist das schreckliche Meeresungeheuer vor der Küste Äthiopiens, dem die Prinzessin Andromeda geopfert werden soll. Zum Glück eilt Perseus mit seinen Flügelschuhen durch die Lüfte herbei und tötet den Cetus, indem er ihm das abgeschlagene Medusenhaupt präsentiert. Augenblicklich erstarrt der Cetus beim fürchterlichen Anblick der Medusa zu Stein.

Im Walfisch findet sich unter anderem der berühmte veränderliche Stern Mira (o Ceti), ein langperiodischer Pulsationsvariabler, dessen erwartete Helligkeit in der monatlichen Rubrik „Veränderliche Sterne“ verzeichnet ist.

Die unscheinbaren Fische

Nördlich des Cetus und südlich von Andromeda und Pegasus sind die beiden Fische beheimatet. Als Tierkreisbild sind sie wohl bekannt, am Himmel entdeckt man sie nicht so leicht, da sie nur aus lichtschwächeren Sternen gebildet werden und deshalb am Firmament kaum

Veränderliche Sterne im Oktober

Algol-Minima	1.	18^h53^m	13.	6^h08^m	16.	2^h57^m	18.	23^h46^m	21.	20^h35^m	24.	17^h23^m
β-Lyrae-Minima	3.	4^hH	9.	15^hN	16.	3^hH	22.	14^hN	29.	1^hH		
δ-Cephei-Maxima	3.	20^h	9.	4^h	14.	13^h	19.	22^h	25.	7^h	30.	15^h
Mira-Helligkeit	1.	8^m	10.	8^m	20.	9^m	31.	9^m				

auffallen. Vor allem beim aufgehellten Nachthimmel in unseren Städten sind die Sterne der Fische mit bloßen Augen kaum mehr zu sehen.

Tief im Osten kündet der eben aufgegangene Stier (lat.: Taurus) vom nahen Winter. Außer Aldebaran, dem Hauptstern des Stieres (α Tauri), fällt noch das Siebengestirn, der offene Sternhaufen der Plejaden auf.

Knapp über dem Südhorizont, noch in Meridiannähe, funkelt ein Stern erster Größe. Es handelt sich um Fomalhaut im Sternbild Südlicher Fisch (lat.: Piscis Austrinus). Der Name Fomalhaut kommt aus dem Arabischen und heißt soviel wie „Maul des Fisches".

Was sind Galaxien und wie entstehen sie?

10.17 Die Andromedagalaxie (M 31) – unsere Nachbarmilchstraße mit den Zwerggalaxien M 32 und M 110 (Aufnahme Martin Gertz, Sternwarte Welzheim).

Noch vor hundert Jahren war man der Auffassung, alle Sterne am Himmel bilden ein riesiges System, unsere Milchstraße, auch Galaxis genannt, das einsam in den unendlichen Weiten des Alls schwebt. Erst im Laufe der ersten Hälfte des 20. Jahrhunderts wurde klar, dass es außerhalb unserer Milchstraße zahllose extragalaktische Sternsysteme gibt, in unterschiedlichen Größen und Formen. Man bezeichnet sie als Galaxien (abgeleitet von den griechischen Wörtern τό γάλα (die Milch) und ὁ ὅδος (der Weg)). Im überschaubaren Universum beobachtet man mehr als hundert Milliarden Galaxien. Sie bilden gewaltige Haufen, die sich zu riesigen Galaxiensuperhaufen zusammenfinden.

10.18 Die Strudelgalaxie (M 51) – auch Feuerradgalaxie genannt – im Sternbild der Jagdhunde, ein beeindruckender Spiralnebel. (Aufnahme Martin Gertz/Sternwarte Welzheim).

Schon mit bloßen Augen bemerkt man beim Betrachten des Sternenhimmels, dass es außer punktförmigen Sternen kleine, matt schimmernde Fleckchen gibt. So sieht man knapp südlich der drei Gürtelsterne im Orion ein schwach leuchtendes Nebelfleckchen, den Orionnebel. Im Sternbild Andromeda zeigt sich ein wenig nordwestlich des Sternes Mirach (β And) ein spindelförmiges Nebelfleckchen, Andromedanebel genannt. Da diese Nebel ihre Position relativ zu den umgebenden Sternen nicht ändern, aber am täglichen Himmelsumschwung teilnehmen, war rasch klar: Sie sind weder Gebilde in der Erdatmosphäre noch im Sonnensystem, sondern sie befinden sich in den Tiefen der Fixsternwelt.

Schon im Jahre 964 nach Chr. erwähnte der arabische Astronom Al Sufi[*] den Andromedanebel. Am 15. Dezember 1612 beobachtete Simon Marius aus Gunzenhausen, auch als „fränkischer Galilei" tituliert, den Andromedanebel und bemerkte dazu: „Sieht aus wie eine Kerzenflamme im Horn eines Stieres." Der französische Astronom Charles Messier stellte einen Katalog von über hundert Nebeln und Sternhaufen zusammen (siehe Monatsthema „Das Kometenfrettchen und seine Liste nebelhafter Himmelsobjekte" auf Seite 214 im *Kosmos Himmelsjahr 2012*). Messier beschrieb den Andromedanebel, dem er die Nummer 31 verpasste, im Jahre 1764 als „der schönste Nebel im Gürtel der Andromeda".

Viele dieser Nebel entpuppten sich als Staub und Gaswolken, die zwischen den Sternen unserer Milchstraße schweben. Aus dieser interstellaren Materie bilden sich auch heute noch neue Sterne. Etliche nebelhafte Gebilde aber schienen keine Gaswolken zu sein, nämlich diejenigen, die eine Spiralform oder eine mehr oder minder langgezogene Ellipse zeigen. So hat William Parsons, Earl of Rosse, im Jahre 1845 mit seinem großen Spiegelteleskop Leviathan (Objektivdurchmesser: 1,83 m) erstmals die Spiralstruktur des Nebels mit der Messier-Nummer 51 im Sternbild der Jagdhunde erkannt. Wegen des Aussehens von M 51 nannte er sie Whirlpool Galaxy (Strudelgalaxie).

[*] Abd al-Rahman as-Sufi aus Isfahan (903–986), Hofastronom des Emirs Adud ad-Daula

10.19 Das große Spiegelteleskop Leviathan von Lord Rosse, mit dem 1845 erstmals die Spiralstruktur von M 51 im Sternbild der Jagdhunde erkannt wurde.

Sternsysteme statt Gasmassen

Früh vermutete man, dass die Spiralnebel große Sternsysteme weit außerhalb unserer Milchstraße sein könnten. Alexander von Humboldt (1769–1859) nannte sie Welteninseln. Denn diese riesigen Sternsysteme sind einsame Inseln im ungeheuren Raumozean des Weltalls.

Auch der berühmte Philosoph aus Königsberg Immanuel Kant (1724–1804) vertrat diese Ansicht. Beweisen konnte man dies zu deren Lebzeiten jedoch nicht. Auffallend war aber, dass im Lichtband der Milchstraße keine Spiral- oder elliptischen Nebel zu finden sind. Je weiter man sich bei der Beobachtung des Himmels vom Milchstraßenband nach Norden oder Süden entfernt, desto mehr Spiral- oder elliptische Nebel sieht man. Je näher ein Himmelsausschnitt dem galaktischen Nord- oder Südpol liegt, desto höher die Dichte der Spiralnebel. Dies wird aus dem Katalog von John Louis E. Dreyer (1852–1926) ersichtlich. Dieser *New General Catalogue of Nebulae and Clusters of Stars* (NGC) enthält einige Tausend Objekte. Er wurde später durch zwei Index-Kataloge (IC I und IC II) ergänzt.

Im Jahre 1885 flammte im Andromedanebel (M 31) eine Nova auf. (Zwischen Nova und Supernova wurden damals noch nicht unterschieden.) Einige Astronomen sahen dies als Beweis an, dass aus der interstellaren Wolke M 31 ein neuer Stern entstanden war. Zehn Jahre später leuchtete abermals eine Nova in einem Nebel auf, und zwar in NGC 5253. Bald darauf häuften sich die Nova-Entdeckungen in Spiralnebeln.

Als Anfang des 20. Jahrhunderts die Spektroskopie in der Astronomie Einzug hielt, zeigte sich, dass die unregelmäßig geformten Nebel Spektren mit kräftigen Emissionslinien, teilweise mit sogenannten „verbotenen" Linien, wie sie nur im Vakuum auftreten, liefern. Spiral- und elliptische Nebel dagegen zeigen ein kontinuierliches Spektrum mit breiten Absorptionslinien.

Es muss sich somit bei diesen Nebeln um Sternsysteme handeln. Man nannte sie damals „anagalaktische" Nebel, also Nebel außerhalb der Galaxis.

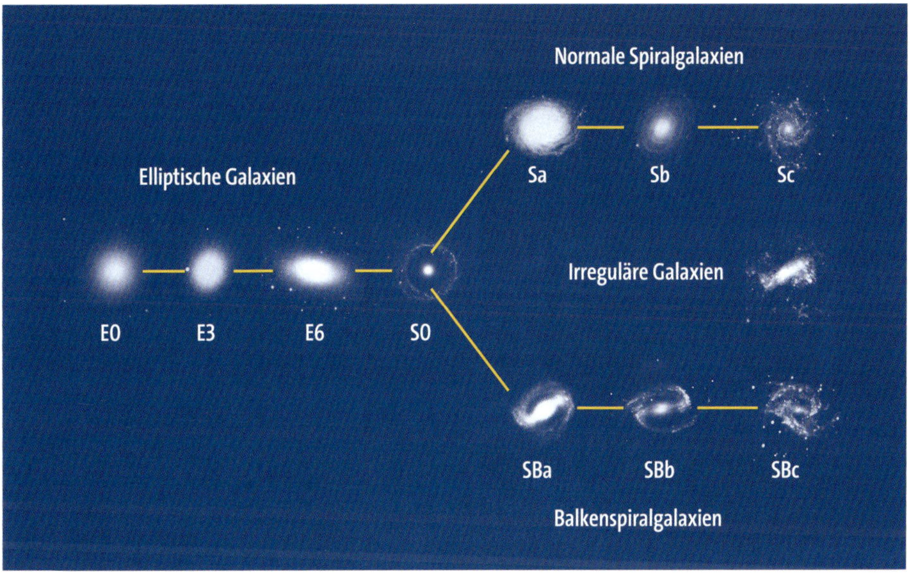

10.20 **Klassisches Einteilungsschema der Galaxien nach Edwin P. Hubble in elliptische Milchstraßensysteme, Spiralgalaxien und Balkenspiralen.**

Edwin P. Hubble erkennt Sterne im Andromedanebel

Der endgültige Beweis wurde 1924 von Edwin Powell Hubble geliefert. Ihm gelang es mit dem 2,5-m-Hooker-Reflektor, dem damals größten Teleskop der Welt, auf dem Mt. Wilson in Kalifornien, die Randpartien des Andromedanebels in Einzelsterne aufzulösen. Damit war klar: M 31 ist keine interstellare Gas- und Staubwolke innerhalb unserer Milchstraße, sondern ein riesiges Sternensystem vergleichbar mit unserer Milchstraße. Hubble und seine Kollegen entdeckten in M 31 auch etliche Delta-Cepheï-Sterne, pulsierende Veränderliche, aus deren Blinkperiode auf ihre wahre Leuchtkraft zu schließen ist. Aus der Differenz von beobachteter scheinbarer Helligkeit und der absoluten Helligkeit eines Sterns ergibt sich seine Entfernung. Hubble bestimmte die Entfernung von M 31 zu 800 000 Lichtjahren. Damit war klar, dass diese Sternengesellschaft weit außerhalb unserer Milchstraße liegt und somit extragalaktischer Natur ist. Bis 1936 hatte Hubble einige tausend extragalaktische Sternsysteme katalogisiert. Inzwischen hat sich für die Milchstraßensysteme außerhalb unserer eigenen Milchstraße das aus dem Griechischen stammende Fremdwort Galaxie eingebürgert. Unsere eigene Milchstraße wird dabei als die Galaxis bezeichnet.

In den 1950er Jahren gab es für die Astronomen einen Schock, als sich herausstellte, dass es verschiedene Gruppen von Cepheïden-Sternen gibt. Diejenigen der Population I sind im Durchschnitt bei gleicher Periodenlänge etwa eineinhalb Größenklassen heller als die der Population II. Leuchtkräftigere Sterne sind aber bei gleicher beobachteter scheinbarer Helligkeit weiter entfernt. Die Entfernungsskala der Galaxien musste daher mehr als verdoppelt werden. Heute weiß man, dass die Andromedagalaxie fast drei Millionen Lichtjahre von uns entfernt ist. Dennoch spricht man von unserer Nachbarmilchstraße, wenn man M 31 meint. Denn die meisten der in großer Zahl vorhandenen Galaxien sind Hunderte und Tausende von Millionen Lichtjahren

10.21 Edwin Powell Hubble (1889 – 1953) – Nestor der Galaxienforschung.

entfernt. Im überschaubaren Universum sind inzwischen mehr als 100 Milliarden Galaxien zu beobachten.

Galaxien sehen unterschiedlich aus

Hubble teilte die Galaxien nach ihrem Aussehen in drei Gruppen: elliptische Systeme (E), normale Spiralen (S) und Balkenspiralen (SB). Eine Ziffer nach dem E gibt den Grad der Elliptizität an. E0 sind kugelförmige Galaxien, E7 hingegen langgestreckte. Spiralgalaxien wiederum werden je nach Öffnung ihrer Arme mit a, b, c unterteilt (siehe Abb. 10.20 auf Seite 225).

Zunächst nahm man an, diese Hubble-Sequenz sei eine Entwicklungsreihe. Aus ursprünglichen Ellipsen entstünden Spiralen, deren Arme sich im Laufe der Zeit immer weiter öffnen. Daher bezeichnete man die elliptischen Galaxien als „frühe Typen", die Spiralen hingegen als „späte Typen". Doch genau dies trifft nicht zu. Elliptische Galaxien sind das Endprodukt einer langen Entwicklung. Sie sind die größten und massereichsten Milchstraßensysteme. In ihnen finden sich hauptsächlich alte Sterngesellschaften und nur geringe Mengen interstellare Materie. Deshalb werden in ihnen kaum mehr neue Sterne geboren.

In den Spiralarmen von Galaxien gibt es zahlreiche Sternentstehungsnester mit vielen heißen, leuchtkräftigen und jungen, blauen Sternen sowie große Mengen leuchtender interstellarer Gas- und Staubwolken, Geburtsstätten neuer Sterne. Man nennt sie auch HII-Gebiete, da sie sich hauptsächlich aus heißem, ionisiertem Wasserstoff zusammensetzen.

Gebiete der Sternentstehung

Der Raum zwischen den Spiralarmen einer Galaxie ist keineswegs leer, auch wenn es zunächst den Anschein haben mag. In den Zwischenräumen ist lediglich die Sterndichte geringer und vor allem finden sich hier viel weniger leuchtkräftige Sterne. Die Spiralarme bilden sich durch die differentielle Rotation der scheibenförmigen Galaxien. Sie erzeugt Dichtewellen, die von innen nach außen laufen, wobei die Wellen nicht durch den Gasdruck, sondern durch Gravitationskräfte bewirkt werden. Dabei wird die interstellare Materie, die zur Hauptebene der Galaxien konzentriert ist, in den Armen komprimiert. Als Folge wird die Sternentstehung angeregt. Die Sternentstehungsrate ist in den Spiralarmen entsprechend erhöht. Im inneren Bereich zeigen die Galaxien, wenn man sie von der Kante her sieht, eine Verdickung, Bulge genannt (engl., Auswölbung). Dies trifft auch auf unsere Milchstraße zu.

Die großen Galaxien enthalten Hunderte von Milliarden bis zu einigen Billionen (10^{12}) Sterne und Massen von mehreren Billionen Sonnenmassen. Ihre absoluten Helligkeiten liegen zwischen -15^{M} und -23^{M}.

Nur in den näheren Galaxien gelingt es, Einzelsterne auszumachen. Um Entfernungen von Galaxien in größeren Distanzen zu ermitteln, benutzt man Objekte, deren mittlere Leuchtkraft bekannt ist. Dazu zählen Kugelhaufen, interstellare Wolken aus heißem, leuchtenden Wasserstoffgas (HII-Gebiete) und Supernovae, die leuchtkräftigsten Einzelsterne im Kosmos (siehe Tabelle „Zur Entfernungsbestimmung extragalaktischer Sternsysteme"). Ein weiteres Entfernungskriterium sind scheinbarer Durchmesser und scheinbare Helligkeit großer Galaxien in einem Galaxienhaufen. Dabei fiel Hubble und seinem Kollegen Vesto Melvin Slipher (1875–1969) auf, dass die Linien in den Galaxienspektren umso weiter nach dem roten Ende verschoben sind, je kleiner und lichtschwächer uns die Galaxien erscheinen. Nach dem Doppler-Effekt entfernen sich die Milchstraßensysteme umso schneller von uns, je weiter sie weg sind: das Universum expandiert. Doch unabhängig von der Deutung als Doppler-Effekt ist die Rotverschiebung (z) ein Maß für die Entfernungen der Galaxien in kosmologisch großen Distanzen. Dieser Effekt muss allerdings anhand der beschriebenen primären Entfernungsindikatoren geeicht werden. Die fernsten Galaxien, die man heute beobachten kann, zeigen z > 10. Sie sind nur knapp 500 Millionen Jahre nach dem Urknall, nach der Geburt des Universums, entstanden.

Hubble Space Telescope (NASA/ESA)

10.22 Die linsenförmige Galaxie NGC 5866 (M 102) im Sternbild Drache wird auch „Spindelgalaxie" genannt (Entfernung: 44 Millionen Lichtjahre).

Zwerggalaxien sind am häufigsten

Etwa drei Prozent der von Hubble katalogisierten Galaxien passen nicht in seine morphologische Sequenz. Da sie verschiedene unregelmäßige Strukturen aufweisen, klassifiziert man sie als irreguläre Galaxien. Sie sind erheblich kleiner, stern- und damit massеärmer als die großen Galaxien der Hubble-Sequenz. Nach dem Hubble-Katalog zählen 77 Prozent zu den Spiralgalaxien und 20 Prozent sind elliptisch. Dieses Ergebnis ist aber ein Auswahleffekt und gibt nicht die wahre Verteilung an. Denn die großen Galaxien sieht man bis in größere Entfernungen als die kleineren.

Nimmt man ein großes Raumgebiet von etwa 100 Millionen Lichtjahren Durchmesser, so finden sich dort 33 Prozent Spiralgalaxien, 13 Prozent elliptische, aber 54 Prozent irreguläre. Man zählt sie zu den Zwerggalaxien ob ihrer Kleinheit. Sie sind die häufigste Galaxienart und spielen eine wesentliche Rolle bei der Bildung von großen Galaxien. Da Zwerggalaxien vergleichsweise lichtschwach sind, findet man sie nur in relativ geringen Distanzen. Ihr Formenreichtum wurde erst in jüngster Zeit genauer erforscht. Die Morphologie der Zwerggalaxien kennt heute verschiedenste Typen: In unmittelbarer Umgebung unserer Milchstraße hat man winzige Zwerggalaxien aufgespürt, die lichtschwächer und sternärmer als Kugelsternhaufen sind. Zwerggalaxien sind häufige Begleiter großer Milchstraßensysteme. So haben die Andromedagalaxie und die Galaxis mehr als ein Dutzend Zwerggalaxien als Satelliten. Am bekanntesten sind die beiden Begleiter der Andromedagalaxie, die sphärisch kompakte Zwerggalaxie M 32 und M 110 (NGC 205), eine elliptische Zwerggalaxie sowie die beiden Magellanschen Wolken als Kompagnons unseres Milchstraßensystems (siehe auch Monatsthema „Die Magellanschen Wolken" auf Seite 262 im *Kosmos Himmelsjahr 2014*).

Spitzer Space Telescope (NASA/JPL)

10.23 Verschmelzende Galaxien regen die Sternentstehungsrate an (Aufnahme vom Spitzer-Space-Telescope des Galaxienpaares II Zw 096).

Galaxien bilden Haufen

Die Galaxien finden sich zu ganzen Haufen zusammen. Einsame Feldgalaxien sind äußerst selten. Unsere Milchstraße, der Andromedanebel (M 31), die Triangulumgalaxie (M 33) und die nur im Infraroten zu erkennende Galaxie Maffei 1 in 3 500 000 Lichtjahren Entfernung gehören zur sogenannten Lokalen Gruppe, die auch noch mehr als fünf Dutzend Zwerggalaxien enthält. Der Durchmesser der Lokalen Gruppe beträgt vier Millionen Lichtjahre. Die Mitglieder des lokalen Milchstraßenhaufens sind gravitativ gebunden, nehmen somit nicht an der allgemeinen Expansion des Kosmos teil.

Zu den benachbarten Galaxienhaufen zählen der Virgo-Haufen in der Jungfrau in 60 Millionen Lichtjahren Entfernung, der etwa 2700 Galaxien umfasst, das Fornax-System im Sternbild Chemischer Ofen mit 16 großen Galaxien in 65 Millionen Lichtjahren Distanz (nicht zu verwechseln mit der Fornax-Zwerggalaxie in der Lokalen Gruppe mit 500 000 Lichtjahren Entfernung), der Coma-Haufen im Sternbild Haar der Berenike (300 Millionen Lichtjahre), der Galaxienhaufen im Herkules (500 Millionen Lichtjahre) sowie der Ursa-Maior-I-Haufen (880 Millionen Lichtjahre).

Die Galaxienhaufen bilden noch größere Strukturen, die Galaxien*super*haufen. So gehören die Lokale Gruppe, unsere weitere kosmische Heimat, und der große Virgo-Galaxienhaufen zum Virgo-Superhaufen, der ein Raumgebiet von rund 150 Millionen Lichtjahren einnimmt und etwa ein Dutzend größere Galaxienhaufen beinhaltet.

Ein wabenartiges Netz aus Superhaufen

Es gibt aber keine Haufen von Superhaufen. Auf noch größeren Skalenlängen von einigen hundert Millionen Lichtjahren zeigt die Materieverteilung im Kosmos vielmehr ein honigwabenartiges Aussehen. Die Galaxienhaufen und -superhaufen bilden riesige Mauern oder Wände, die gewaltige Leerräume von 100 bis 300 Millionen Lichtjahren Durchmesser umschließen. Diese „Blasenbildung" geht auf die Frühzeit des Universums zurück: Die noch aus der primordialen Quantenvakuumfluktuation stammenden Dichteschwankungen wurden durch die inflationäre Phase zwischen 10^{-35} und 10^{-33} Sekunden zu riesigen Dimensionen aufgebläht.

Will man die Bildung der Galaxien verstehen, so muss man in die Ferne blicken. Denn ein Blick in die Tiefen des Kosmos ist gleichzeitig ein Blick in eine ferne Vergangenheit. Schon wenige hundert Millionen Jahre nach dem Urknall leuchteten die ersten Sterne auf, die sich zu Zwerggalaxien zusammenfanden. Ihre Bildung lässt sich nur verstehen, wenn man das Vorkommen großer Mengen an Dunkler Materie voraussetzt. Diese tritt nur gravitativ mit der uns geläufigen Materie in Wechselwirkung. Daher ist sie auch unsichtbar. Der thermische Druck der Materie hätte eine Verklumpung und damit Sternbildung verhindert. Nur durch die Schwerkraftwirkung der Dunklen Materie kam es zur Konzentration von Massen. Tatsächlich ist der Anteil der Dunklen Materie bei Zwerggalaxien am höchsten, nämlich das Hundert- bis Tausendfache der leuchtenden Materie. Durch Kollisionen und das Verschmelzen von Zwerggalaxien entstanden immer größere Milchstraßensysteme. Die großen Galaxien fressen schließlich die kleineren – eine Art Galaxienkannibalismus. Auch unsere Milchstraße hat sich einige Zwerggalaxien einverleibt, dabei auch einige größeren Kalibers, wobei die Galaxis zu einer Balkenspirale wurde. Dessen ist man sich heute ziemlich sicher.

Aus zwei mach' eins

Galaxien verschmelzen auch heute noch, wie man vielerorts beobachten kann. Als schönes Beispiel seien die beiden Tentakelgalaxien (NGC 4038 und NGC 4039) im Sternbild Rabe genannt. Diese beiden 65 Millionen Lichtjahre entfernten Galaxien haben einander riesige Streifen von einigen tausend Lichtjahren Länge und Milliarden von Sternen mit Hilfe der Gravitation herausgerissen. Mit leistungsfähigen Computern lassen sich solche Verschmelzungsprozesse simulieren. Endphasen dieser Entwicklung sind enorm große, elliptische Galaxien wie M 87 (Radioquelle Virgo A) im Sternbild der Jungfrau. Auch unsere Galaxis wird in etwa fünf Milliarden Jahren mit der Andromedagalaxie verschmelzen und schlussendlich die riesige elliptische Galaxie Milkomeda bilden. Gegenwärtig nähern sich beide einander mit einer Geschwindigkeit von 120 km/s. (Die gemessene Radialgeschwindigkeit von M 31 von –300 km/s beinhaltet noch die Bewegungskomponente unseres Sonnensystems beim Umlauf um das galaktische Zentrum.)

Während in Spiralgalaxien pro Jahr bis zu zehn neue Sterne aufflammen, steigt die Sternentstehungsrate in kollidierenden Galaxien gewaltig an. Beim Durchdringen von Galaxien geschieht den Sternen nichts, Kollisionen ereignen sich infolge der großen Distanzen der Sterne voneinander so gut wie nie. Die interstellaren Materiewolken jedoch prallen aufeinander. In ihren Stoßfronten steigt die Materiedichte erheblich an und fördert die Bildung neuer Sterne (Starburst-Effekt). In solchen Gebieten ist die Sternentstehungsrate hundertmal größer als in den gewöhnlichen Galaxien.

Bob und Bill Twardy/Adam Block/NOAO/AURA/NSF

10.24 Die Tentakelgalaxien NGC 4038 und NGC 4039 im Sternbild Rabe auf Kollisionskurs.

Die Zentren der Galaxien

Die meisten großen Galaxien besitzen in ihrem Zentrum ein massereiches Schwarzes Loch (engl.: Black Hole) von einigen Millionen Sonnenmassen. Bei jüngeren Galaxien stürzt oftmals Materie in einem riesigen Strudel in das Black Hole, es wird gewissermaßen gefüttert. Die Mahlzeit ist heiß gekocht. Die um das Schwarze Loch rotierende Akkretionsscheibe heizt sich auf einige Millionen Grad auf, wobei sie intensive Röntgen-, UV- und Radiostrahlung aussendet. Manchmal sieht man bei solchen Galaxien mit einem heißen Herz auch einen hellen, sternartigen Kern im sichtbaren Licht. Solche Galaxien nennt man aktiv oder mit dem präziseren Fachjargon: AGN (Active Galactic Nuclei). Extrem aktive Galaxien machen sich als Quasare bemerkbar. Quasar ist ein Kunstwort aus „Quasi-Stellar Radio Source", zu Deutsch: sternähnliche Radioquelle. Quasare wurden als punktförmige Radio-

10.25 Die elliptische Riesengalaxie M 87 (Virgo A) im Sternbild Jungfrau. Aus ihrem Zentrum schießt ein riesiger Jet heraus.

quellen in den 1960er Jahren entdeckt und galten lange als rätselhafte Objekte. Inzwischen ist es gelungen, um einige Quasare auch die umgebende Galaxie zu beobachten. Quasare sind rund hundertmal leuchtkräftiger als unsere gesamte Milchstraße. Sie sind daher auch in großen Entfernungen zu beobachten – bis an den Rand des überschaubaren Universums.

Die extrem heiße Materie in der Akkretionsscheibe des Schwarzen Loches ist ein Plasma und somit elektrisch leitend. Durch die schnelle Rotation in unmittelbarer Umgebung des Schwarzen Loches erzeugt die Akkretionsscheibe enorm starke Magnetfelder. Die Feldlinien verlaufen dabei fast parallel zu der auf der Akkretionsscheibe senkrecht stehenden Rotationsachse. Entlang der Feldlinien schießen gewaltige Materiefontänen, sogenannte Jets, mit Geschwindigkeiten von einigen Tausend Kilometer pro Sekunde aus der Akkretionsscheibe empor. Ein schönes Beispiel ist die schon erwähnte Galaxie M 87 im Zentrum des Virgo-Haufens. Bei kurzer Belichtung kann man den Jet der Radioquelle Virgo A auch im optischen Bereich gut erkennen. Virgo A zählt zu den intensivsten Radioquellen am Himmel.

Das Schwarze Loch im Zentrum der Galaxis

Auch unsere Milchstraße beherbergt im Zentrum ein Black Hole von vier Millionen Sonnenmassen. Allerdings ist es auf Diät gesetzt. Vor einigen Milliarden Jahren war das noch anders –

auch die Galaxis hatte einst einen aktiven Kern. Inzwischen hungert das zentrale Black Hole und macht sich nur noch durch seine Schwerkraft bemerkbar. Demnächst wird es wieder einmal eine interstellare Gaswolke futtern, wie neueste Beobachtungen erkennen lassen.

Noch sind viele Fragen zur Entstehung und Entwicklung der Galaxien offen. Der Schlüssel zur Lösung noch ungeklärter Probleme liegt aber zweifellos in der intensiven Erforschung der Zwerggalaxien, wobei man möglichst weit entfernte detektieren muss.

Das erfordert aber wegen deren Lichtschwäche sehr große Teleskope. Große Hoffnung setzt man daher auf das im Bau befindliche Riesenteleskop der Europäer, das sogenannte European Extremly Large Telescope (E-ELT) mit fast 40 Meter freier Öffnung (siehe Monatsthema „Ein ehrgeiziges Projekt" auf Seite 108 im *Kosmos Himmelsjahr 2011*).

Zur Entfernungsbestimmung extragalaktischer Sternsysteme

Die Rotverschiebung $z = \Delta\lambda/\lambda$ in den Spektren der Galaxien ist ein Kriterium für deren Entfernungen unabhängig von ihrer Interpretation als Dopplereffekt. Je größer z ist, desto weiter ist ein Milchstraßensystem entfernt. Allerdings muss die Rotverschiebung-Entfernungs-Beziehung an primären Entfernungskriterien geeicht werden. Dies geschieht mit Hilfe photometrischer Parallaxen. Aus der Differenz zwischen beobachteter scheinbarer Helligkeit eines Objektes und seiner absoluten Helligkeit, also wahren Leuchtkraft, ergibt sich die Entfernung in Parsec. Ein Parsec (pc) ist diejenige Entfernung, unter der eine Astronomische Einheit (= mittlere Entfernung Erde – Sonne = 149,6 Millionen km) unter dem Winkel von einer Bogensekunde erscheint. Ein Parsec entspricht somit $30{,}8 \cdot 10^{12}$ km oder 3,26 Lichtjahre. Die Beziehung zwischen scheinbarer (m) und absoluter Helligkeit (M) und der Entfernung (r) lautet:

$$m - M + 5 = 5 \lg r\,[\text{pc}]$$

Die Größe (m – M) wird auch Entfernungsmodul genannt. Von bestimmten veränderlichen Sternen wie RR-Lyrae- und Delta-Cephei-Sternen lässt sich aus ihrer Lichtwechselperiode deren absolute Helligkeit ermitteln (Perioden-Leuchtkraft-Relation). Ferner sind leuchtkräftige O-, B-Sterne, Assoziationen, Novae, H-II-Gebiete (heiße, leuchtende interstellare Wasserstoffwolken), Kugelsternhaufen und Supernovae als Distanzindikatoren geeignet, da deren mittlere, statistische Leuchtkraft als bekannt vorausgesetzt werden kann. Allerdings reichen diese Objekte mit Ausnahme der Supernovae nur für Distanzbestimmungen in der näheren intergalaktischen Umgebung unserer Milchstraße.

Primäre Entfernungsindikatoren für Galaxien

Objekt	Absolute Helligkeit (M)	Reichweite in Mpc
RR-Lyrae-Sterne	0,6	0,5
Klassische Cepheïden	–2 bis –7	15
Novae	–6 bis –9	40
Kugelsternhaufen	–5 bis –10	65
H-II-Regionen	–10 bis –15	600
Supernovae	–15 bis –20	3000

Die obige Entfernungsrelation muss noch auf interstellare Absorption korrigiert werden. Denn der interstellare Staub schwächt das Sternenlicht. Objekte erscheinen daher meist lichtschwächer als es ihrer Distanz entspricht, weshalb sie zunächst weiter entfernt zu sein scheinen. Die interstellare Absorption lässt sich zum Teil aus dem Farbexzess ermitteln, der Differenz zwischen dem beobachteten Farbindex und dem mittleren Farbindex gemäß der Spektralklassifikation des Objektes. Kurzum, das Sternenlicht erscheint gerötet, wobei die Rötung ein Maß für die Absorptionsstärke ist. Auch unsere Sonne erscheint bei Auf- und Untergang röter als wenn sie hoch am Firmament leuchtet.

November 2015

- Enge Begegnung von Mars und Venus zu Monatsbeginn am Morgenhimmel.
- Auch Jupiter ist Planet am Morgenhimmel.
- Saturn wird Ende November von der Sonne eingeholt und steht in Konjunktion mit ihr.

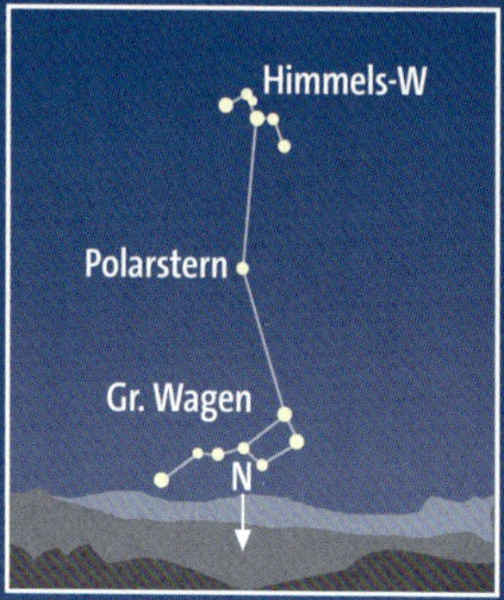

Großer Wagen und Himmels-W Anfang November um 22 Uhr

11.1 Anblick des morgendlichen Osthimmels am 7. November gegen 6h MEZ. Venus, Mars, Jupiter und die abnehmende Mondsichel stehen nahe beieinander im Gebiet der Sternbilder Löwe und Jungfrau.

Tag	
1 So	Allerheiligen
2 Mo	
3 Di	Mond im letzten Viertel, Venus bei Mars (Morgenhimmel)
4 Mi	
5 Do	
6 Fr	Mond bei Jupiter (Morgenhimmel)
7 Sa	Mond in Erdferne und bei Venus und Mars (Morgenhimmel)
8 So	
9 Mo	
10 Di	
11 Mi	**Neumond**
12 Do	
13 Fr	
14 Sa	
15 So	
16 Mo	
17 Di	
18 Mi	Buß- und Bettag
19 Do	Mond im ersten Viertel
20 Fr	
21 Sa	
22 So	Totensonntag, Mond bei Uranus (Abendhimmel)
23 Mo	Mond in Erdnähe
24 Di	
25 Mi	**Vollmond**
26 Do	
27 Fr	
28 Sa	
29 So	1. Advent
30 Mo	

Sonne – Sternbilder

22. 11. 16ʰ:
Sonne tritt in das Tierkreiszeichen Schütze

23. 11. 22ʰ:
Sonne tritt in das Sternbild Skorpion

30. 11. 11ʰ:
Sonne tritt in das Sternbild Schlangenträger

Julianisches Datum am
1. November, 1ʰ MEZ: 2 457 327,5

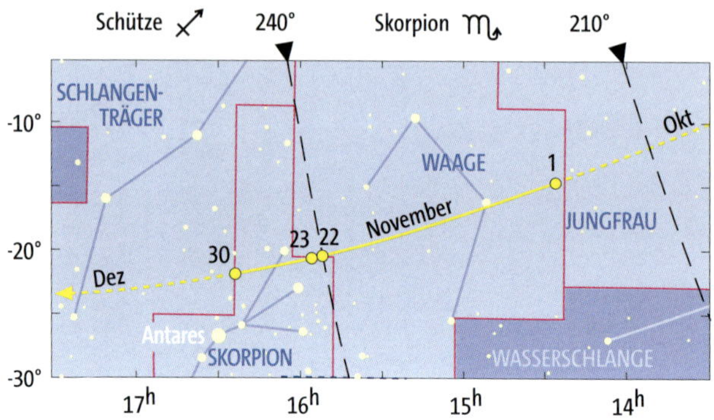

Tabelle Sonnenlauf

Tag	Dämmerg. Anfang	Aufgang MEZ	Kulmination	Untergang MEZ	Dämmerg. Ende	Mittagshöhe	Zeitgleichg.	Rektaszension	Deklination
	h m	h m	h m	h m	h m	°	m	h m	°
1.	5 57	7 09	12 04	16 58	18 10	25,6	+16	14 23	–14,2
5.	6 03	7 16	12 04	16 51	18 04	24,3	+16	14 38	–15,4
10.	6 10	7 24	12 04	16 43	17 57	22,9	+16	14 58	–16,9
15.	6 17	7 32	12 05	16 36	17 51	21,5	+15	15 19	–18,3
20.	6 24	7 40	12 06	16 31	17 46	20,3	+14	15 39	–19,5
25.	6 31	7 48	12 07	16 26	17 43	19,3	+13	16 00	–20,6
30.	6 37	7 55	12 09	16 22	17 40	18,4	+11	16 22	–21,5

Tages- und Nachtstunden

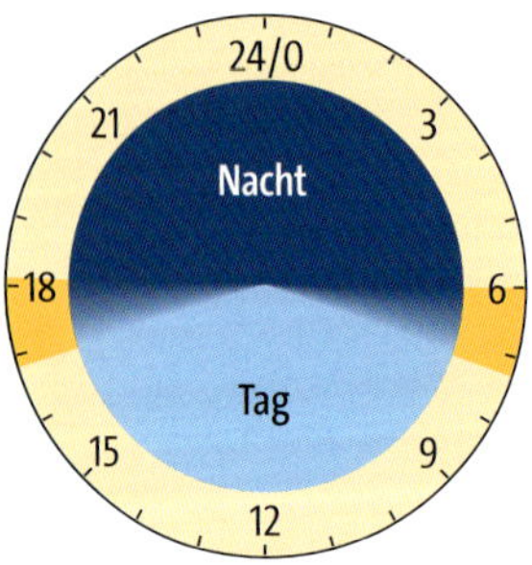

5. November

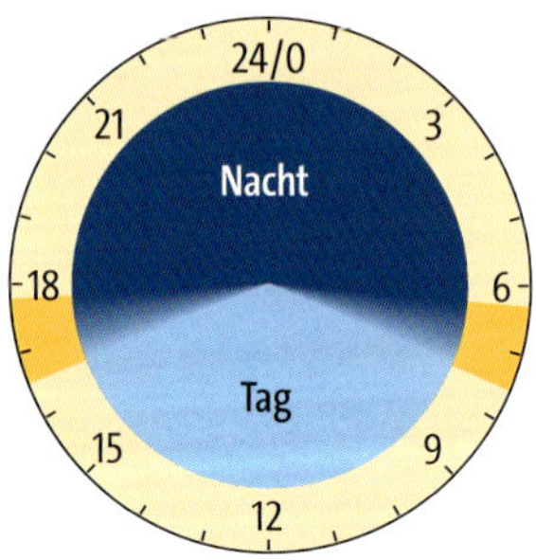

15. November

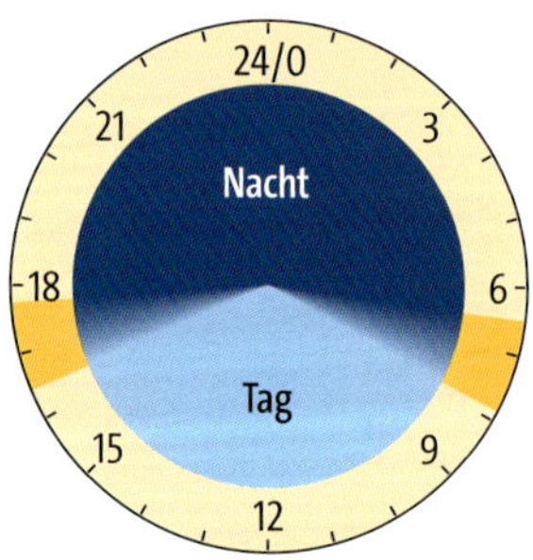

25. November

Tabelle Mondlauf

Datum		Aufg. MEZ	Kulmination	Unterg. MEZ	Rektaszension	Deklination		Sterne und Sternbilder	Phase	MEZ
		h m	h m	h m	h m	°				
So	1.	21 34	4 23	12 07	6 34	+18,1	*	Alhena	Libration West	
Mo	2.	22 35	5 15	12 50	7 29	+17,0		Zwillinge		
Di	3.	23 37	6 04	13 26	8 21	+15,0		Krebs, Krippe	**Letztes Viertel**	**$13^h 24^m$**
Mi	4.	–	6 51	13 56	9 11	+12,5		Krebs		
Do	5.	0 39	7 36	14 23	9 59	+ 9,4		Löwe, Regulus		
Fr	6.	1 40	8 19	14 48	10 45	+ 6,0		Sextant		
Sa	7.	2 41	9 02	15 12	11 31	+ 2,4		Löwe	Erdferne 406/29',5 Aufsteigender Knoten	23^h
So	8.	3 43	9 44	15 36	12 16	– 1,3		Jungfrau		
Mo	9.	4 44	10 26	16 01	13 01	– 4,9		Spica		
Di	10.	5 45	11 10	16 28	13 47	– 8,4		Spica		
Mi	11.	6 47	11 55	16 57	14 34	–11,6		Waage	**Neumond Nr. 1149**	**$18^h 47^m$**
Do	12.	7 49	12 43	17 32	15 22	–14,3		Waage		
Fr	13.	8 48	13 32	18 12	16 13	–16,5		Skorpion		
Sa	14.	9 45	14 22	18 58	17 05	–17,8		Schlangenträger		
So	15.	10 38	15 14	19 51	17 58	–18,3		Schütze	Größte Nordbreite	
Mo	16.	11 25	16 06	20 51	18 52	–17,9		Schütze, Nunki	Libration Ost	
Di	17.	12 07	16 59	21 56	19 47	–16,5	*	Schütze		
Mi	18.	12 44	17 51	23 06	20 42	–14,2		Wassermann		
Do	19.	13 17	18 43	–	21 36	–11,1	*	Steinbock	**Erstes Viertel**	**$7^h 27^m$**
Fr	20.	13 48	19 35	0 19	22 30	– 7,3		Wassermann		
Sa	21.	14 18	20 28	1 33	23 25	– 3,0	*	Fische	Absteigender Knoten	
So	22.	14 48	21 22	2 50	0 20	+ 1,5		Fische		
Mo	23.	15 21	22 17	4 08	1 15	+ 6,0		Fische	Erdnähe 363/32',9	21^h
Di	24.	15 56	23 14	5 26	2 13	+10,2		Walfisch		
Mi	25.	16 37	–	6 42	3 11	+13,8		Widder	**Vollmond**	**$23^h 44^m$**
Do	26.	17 24	0 12	7 54	4 11	+16,4		Stier, Hyaden		
Fr	27.	18 17	1 10	9 00	5 11	+18,0		Stier	Größte Südbreite	
Sa	28.	19 16	2 07	9 56	6 10	+18,4		Alhena		
So	29.	20 18	3 03	10 44	7 07	+17,7	*	Alhena	Libration West	
Mo	30.	21 21	3 55	11 24	8 02	+16,1		Krebs		

Der Vollmond wandert in die Hyaden hinein

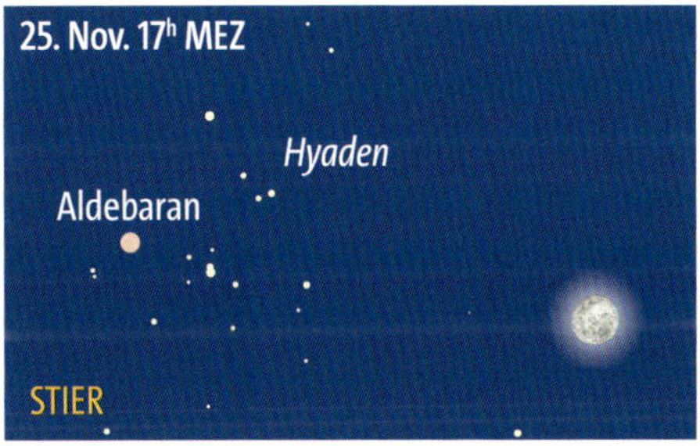

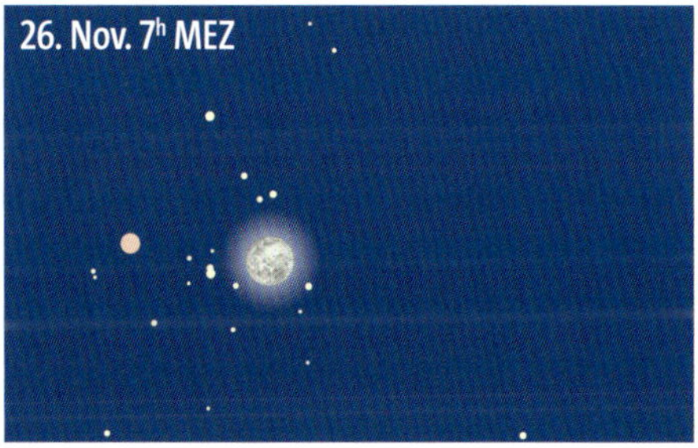

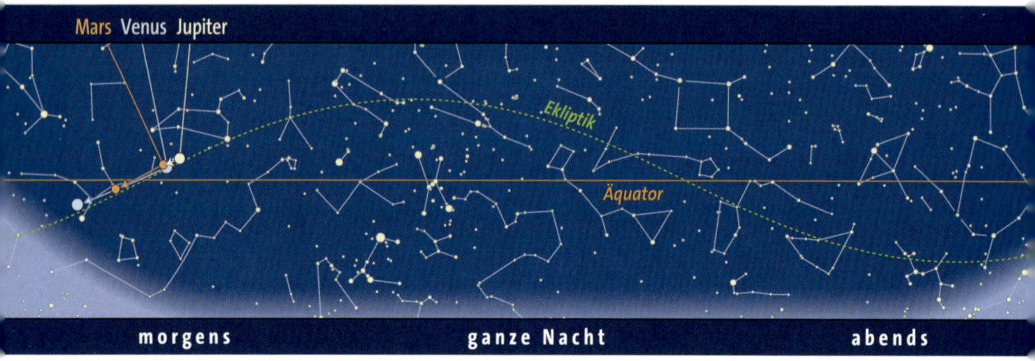

Merkur bot Mitte des Vormonats eine beachtliche Morgensichtbarkeit. Er eilt der Sonne nach und holt sie am 17. ein – er kommt in obere Konjunktion mit ihr. Da Merkur nur zwei Tage vorher seinen absteigenden Knoten passiert, hält er sich in der Nähe der Ekliptik auf und zieht hinter der Sonne vorbei: Die Merkurbedeckung durch die Sonne bleibt mit Amateurmitteln jedoch unbeobachtbar. Bis Monatsende wächst der östliche Winkelvorsprung vor der Sonne auf knapp 8° an. Dies reicht bei weitem nicht für eine Abendsichtbarkeit, zumal die abendliche Ekliptik flach zum Westhorizont verläuft. Fazit: Merkur bleibt im November unsichtbar. Auch die Begegnung mit Saturn am 25. kann nicht verfolgt werden, sie findet am Taghimmel knapp östlich der Sonne statt.

Am 25. wandert der sonnennahe Planet wieder einmal durch sein Aphel.

Venus bleibt auffälliger Morgenstern. Allerdings verspäten sich ihre Aufgänge um eine Stunde. Am 1. geht Venus um 2^h50^m auf, am 15. um 3^h16^m und am 30. erst um 3^h50^m. Allerdings geht auch die Sonne jetzt immer später auf. Die Venushelligkeit nimmt leicht um $0\overset{m}{,}2$ auf $-4\overset{m}{,}2$ ab.

Am 2. verlässt der Morgenstern den Löwen und wechselt in das Sternbild Jungfrau. Am 11. wandert Venus nur $1\overset{\circ}{,}1$ südlich an Porrima (γ Virginis) vorbei, nachdem sie bereits am 8. den Herbstpunkt $1\overset{\circ}{,}1$ nördlich passiert hat. Sie steuert auf Spica (α Virginis) zu und zieht an ihr am Monatsende $4\overset{\circ}{,}2$ nördlich vorbei.

Am 3. begegnen einander unsere beiden Nachbarplaneten – Venus passiert Mars in $0\overset{\circ}{,}7$ südlichem Abstand (siehe Abb. 11.2 auf Seite 237).

Ein hübscher Himmelsanblick ergibt sich am 7., wenn die Sichel des abnehmenden Mondes sich zu Venus und Mars gesellt und außerdem etwas höher der helle Jupiter über dem Osthorizont zu sehen ist (siehe Abb. 11.1 auf Seite 232).

Im Teleskop erscheint Venus immer kleiner und rundlicher. Ihr scheinbarer Durchmesser schrumpft von 23″ auf knapp 18″ im Laufe des November. Der beleuchtete Teil des Venusscheibchens nimmt bis Ende November von 54 auf 67 Prozent zu.

Am 29. passiert Venus das Perihel, wobei sie bis auf 107,5 Millionen Kilometer (= 0,719 AE) an die Sonne herankommt.

Mars kann am Morgenhimmel gesehen werden. Am 2. verlässt er das Sternbild Löwe und wechselt in die Jungfrau, wo er auf Porrima (γ Virginis; $2\overset{m}{,}7$) zusteuert. Am 13. befindet er sich $1\overset{\circ}{,}4$ nördlich des Herbstpunktes. Kurz nach der Monatsmitte wechselt Mars auf die Südhalbkugel des Himmels.

Die Marsaufgänge verfrühen sich von 2^h53^m zu Monatsbeginn auf 2^h44^m am 15. und auf 2^h35^m am Monatsletzten. Die Marshelligkeit nimmt leicht von $1\overset{m}{,}7$ auf $1\overset{m}{,}5$ im Laufe des November zu.

Mars und Venus sind nach wie vor am Morgenhimmel nahe beieinander. Ihre kürzeste Distanz von $0\overset{\circ}{,}7$ erreichen sie am 3., wobei auch noch Jupiter nicht ferne steht (siehe auch Abb. 11.2

rechts). Die Sichel des abnehmenden Mondes passiert am 7. unsere beiden Nachbarplaneten, ein netter Anblick gegen 6^h am Osthimmel (siehe Abb. 11.1).

Am 21. passiert Mars sein Aphel, wobei er 249,24 Millionen Kilometer (= 1,666 AE) von der Sonne entfernt ist.

Jupiter baut seine Stellung am Morgenhimmel aus. Er wandert rechtläufig durch den Löwen und entfernt sich immer mehr von Regulus, dem Löwenhauptstern (siehe Abb. 2.4 auf Seite 62). Die Aufgänge des Riesenplaneten erfolgen immer früher. Geht Jupiter am 1. um 2^h20^m und am 15. um 1^h37^m auf, so erfolgt der Aufgang des inzwischen $-1^m,9$ hellen Jupiter am 30. schon um 0^h49^m. Damit wird er am Morgenhimmel nur noch von Venus an Helligkeit übertroffen – vom Mond abgesehen.

Der Mond begegnet auf seiner monatlichen Runde dem Riesenplaneten am 6. nachmittags. Am Morgen des 7. ist die Mondsichel schon zur Venus weitergewandert (siehe Abb. 11.1 auf Seite 232).

Saturn hat sich vom Abendhimmel verabschiedet und bleibt unsichtbar. Zu Monatsbeginn wechselt der Ringplanet rechtläufig aus dem Skorpion in den Schlangenträger. Am 30. wird Saturn schließlich von der Sonne eingeholt und steht in Konjunktion mit ihr. Am Tag der Konjunktion erreicht Saturn seine größte Entfernung von der Erde, nämlich 1644 Millionen Kilometer (= 10,99 AE). Von der Sonne ist der Ringplanet am 30. immerhin 1497 Millionen Kilometer (= 10,01 AE) entfernt.

Die Begegnung mit Merkur am 25. bleibt unbeobachtbar.

Uranus stand Mitte des Vormonats in Opposition zur Sonne. Er wandert rückläufig durch das Sternbild Fische, wobei er ein wenig langsamer wird. Mit Einbruch der Dunkelheit ist der grünliche Planet bereits am Osthimmel mit einem Fernglas oder Teleskop auffindbar.

Vom Morgenhimmel zieht sich Uranus zurück. Der Uranusuntergang erfolgt am 1. um 5^h20^m und am 15. um 4^h22^m. Am Monatsende geht der mit $5^m,8$ scheinbarer Helligkeit recht lichtschwache Planet schon um 3^h21^m unter. Jeweils eine Stunde

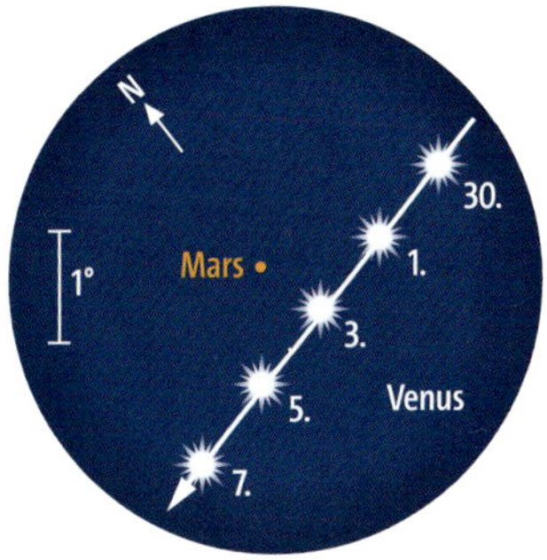

11.2 Venus bei Mars:
Venus zieht am 3. November knapp an Mars vorbei. Morgendlicher Fernglasanblick bei 5° Gesichtsfelddurchmesser.

Konstellationen und Ereignisse

Datum	MEZ	Ereignis
3.	17^h	**Venus bei Mars**, Venus 0°,7 südlich, **Abstand 0°,7 um 6^h**
6.	17	**Mond bei Jupiter**, Mond 2°,3 südlich, **Abstand 4°,6 um 7^h**
7.	11	**Mond bei Mars**, Mond 1°,8 südlich, **Abstand 2°,5 um 6^h**
7.	15	**Mond bei Venus**, Mond 1°,2 südlich, **Abstand 3°,2 um 7^h**
11.	9	Mond bei Merkur, Mond 3°,2 nördlich
13.	2	Mond bei Saturn, Mond 3°,0 nördlich
17.	16	Merkur in oberer Konjunktion mit der Sonne
18.	22	Neptun im Stillstand, anschließend rechtläufig
20.	3	Mond bei Neptun, Mond 2°,9 nördlich
21.	0	Mars im Aphel
22.	20	**Mond bei Uranus**, Mond 0°,9 südlich (Bedeckung), **Abstand 1°,6 um 21^h** (Fernglas)
25.	14	Merkur bei Saturn, Merkur 2°,8 südlich
25.	19	Merkur im Aphel
29.	10	Venus im Perihel
30.	1	Saturn in Konjunktion mit der Sonne

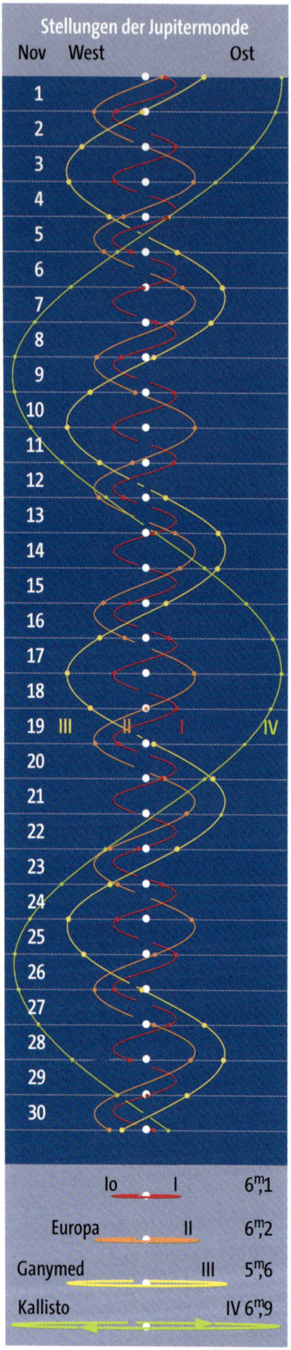

Jupitermonde

Tag	MEZ		Vorgang	
	h	m		
1.	3	34	II	DA
	4	27	II	SE
	6	23	II	DE
5.	4	26	I	SA
	5	27	I	DA
	6	43	I	SE
6.	4	52	I	BE
8.	4	12	II	SA
	6	17	II	DA
9.	5	12	III	DE
10.	4	18	II	BE
12.	6	20	I	SA
13.	3	27	I	VA
	6	31	IV	VA
	6	49	I	BE
14.	3	04	I	SE
	4	09	I	DE
15.	6	46	II	SA
16.	4	58	III	SE
	6	03	III	DA
17.	6	59	II	BE
20.	5	20	I	VA
21.	2	42	I	SA
	3	50	I	DA
	4	58	I	SE
	6	06	I	DE
22.	3	14	I	BE
	3	26	IV	DA
	6	41	IV	DE
23.	5	28	III	SA
24.	4	28	II	VA
26.	1	26	II	SE
	3	46	II	DE
27.	3	40	III	BE
	7	13	I	VA
28.	4	35	I	SA
	5	46	I	DA
	6	51	I	SE
29.	1	41	I	VA
	5	10	I	BE
30.	1	19	I	SE
	2	30	I	DE
	4	23	IV	VE

vor seinem Untergang wird Uranus unbeobachtbar. Ende November kulminiert Uranus um $20^{h}46^{m}$. Dies ist die günstigste Zeit, nach ihm zu suchen. Auf Sternwarten kann man den grünlichen Planeten jetzt in das abendliche Führungsprogramm aufnehmen (siehe auch Abb. 10.13 auf Seite 217).

Am 22. erhält Uranus Besuch vom fast vollen Mond (siehe Abb. 11.3 auf Seite 239).

Neptun bremst seine ohnehin recht langsame, rückläufige Bewegung im Wassermann vollends ab und wird am 18. stationär. Damit beendet er seine Oppositionsperiode. Anschließend wandert er wieder rechtläufig durch den Wassermann. Bis Jahresende ist jedoch kaum eine Bewegung auszumachen, der bläuliche Planet tritt auf der Stelle (siehe Abb. 9.6 auf Seite 195). Die jetzt immer früher einsetzende Dunkelheit erlaubt es, Neptun noch am Abendhimmel aufzufinden.

Anfang November kulminiert der nur $7^{m},9$ helle Neptun um $20^{h}13^{m}$ und geht um $1^{h}33^{m}$ unter. Am Monatsende passiert Neptun schon um $18^{h}19^{m}$ den Meridian und sinkt um $23^{h}35^{m}$ unter den Horizont.

Planetoiden

Vesta (4) beendet ihre Oppositionsperiode, indem sie am 17. im Sternbild Walfisch in Rektaszension stationär wird. Anschließend wandert sie zunächst noch recht gemächlich in Richtung Nordnordost (siehe Abb. 9.7 auf Seite 196). Ihre Helligkeit geht deutlich von $6^{m},8$ auf $7^{m},5$ bis Ende November zurück. Vesta kulminiert am 1. um $21^{h}51^{m}$, am

15. um 20^h53^m und am 30. bereits um 19^h56^m.

Eunomia (15) stand zu Beginn des Vormonats in Opposition zur Sonne. Am 6. wird sie im Pegasus stationär und beendet damit ihre Oppositionsperiode (siehe auch Abb. 10.14 auf Seite 218). Ihre Helligkeit sinkt weiter ab und erreicht am 30. nur noch $8^{m},9$.

Am 1. passiert Eunomia um 21^h21^m den Meridian, am 15. um 20^h27^m und am 30. schon um 19^h36^m. Ihr Untergang erfolgt am Monatsende um 3^h09^m.

Amphitrite (29) hat ihre Opposition zur Sonne eben hinter sich. Sie bremst ihre rückläufige Wanderung durch die Fische in der zweiten Monatshälfte stark ab und kommt fast zum Stillstand. Am 15. zieht sie $1^{\circ},1$ nördlich an η Piscium ($3^{m},6$) vorbei (siehe Abb. 10.15 auf Seite 218). Ihre Helligkeit sinkt um $0^{m},7$ auf $9^{m},5$ erheblich ab.

Am 1. erfolgt der Meridiandurchgang von Amphitrite um 23^h19^m, am 15. um 22^h12^m und am 30. um 21^h06^m.

Periodische Sternschnuppenströme

Die **Leoniden** treten zwischen 13. und 30. November am Morgenhimmel in Aktion. Ihr Radiant liegt im Löwen rund 10° nordöstlich von Regulus. Das spitze Maximum ist in der Nacht vom 17. auf 18. November zu erwarten (gegen 3^h MEZ), wobei mit lediglich 20 Meteoren pro Stunde zu rechnen ist. Die Sternschnuppen sind außerordentlich schnell (um 70 Kilometer pro Sekunde). Das Erscheinen der Leoniden geht auf den Kometen 55P/Tempel-Tuttle zurück. In manchen Jahren waren die Leoniden besonders aktiv, denn alle 33 Jahre kollidiert die Erde mit dem Zentrum der Leoniden-Trümmerwolke. In diesem Jahr ist mit einer eher bescheidenen Leoniden-Aktivität zu rechnen.

Auf die **Tauriden**, deren Maximum auf den 12. November fällt, wurde schon im September hingewiesen. Zwischen 20^h und 4^h morgens ist mit etwa fünf bis zehn Meteoren pro Stunde zu rechnen. Die **Tauriden** zerfallen eigentlich in zwei Teilströme: Die **Nord-Tauriden** haben ihr Maximum am 12. November, die **Süd-Tauriden** sind etwas früher dran, ihr Höhepunkt fällt auf den 5. November.

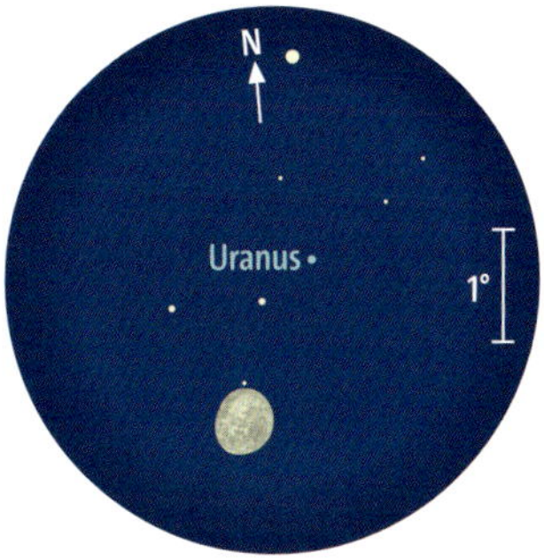

11.3 Mond bei Uranus: Begegnung des zunehmenden Mondes mit Uranus am 22. November. Fernglasanblick gegen 21^h MEZ bei 5° Gesichtsfelddurchmesser.

Die **Alpha-Monocerotiden** sind ein periodisch aktiver Strom. Ihr Radiant liegt im Sternbild Einhorn. In den Jahren 1925, 1935, 1985 und 1995 gab es jeweils einen kurzen, aber heftigen Meteorschauer. Innerhalb einer halben Stunde wurden bis zu 500 Sternschnuppen gezählt. Den nächsten Schauer vermuten die Meteor-Experten erst für das Jahr 2019. Ein Ursprungskomet ist nicht bekannt. Auf ein genaues Datum für das diesjährige Maximum hat man sich nicht festgelegt. Einfach beobachten – wenn auch im November der Nebel dies öfters verhindert ...

Der Fixsternhimmel

Die Bilder hoch im Süden und um den Zenit wie Kassiopeia, Andromeda, Pegasus, Perseus und Widder prägen den typischen Herbstcharakter des gestirnten Firmaments. Im Osten hingegen kündigt sich der Winter durch eine Reihe heller Sterne an: Kapella im Fuhrmann, Aldebaran im Stier, Beteigeuze und Rigel im Orion, Kastor und Pollux in den Zwillingen. Lediglich der strahlend helle Sirius im Großen Hund und der ebenfalls recht helle Prokyon im Kleinen Hund sind zur Standardbeobachtungszeit (23^h zu Monatsbeginn, 22^h zur Monatsmitte) noch nicht auf der Himmelsbühne erschienen. Die bei uns zirkumpolare Kassiopeia durchschreitet eben in oberer Kulmination, zwischen Zenit und Polarstern, den Meridian.

Die Sternenkette der Andromeda geht ebenfalls hoch über unseren Köpfen durch den Meridian. Der berühmte Andromedanebel (M 31), unsere Nachbarmilchstraße in rund drei Millionen Lichtjahren Entfernung, steht recht zenitnah und kann unter günstigen Sichtbedingungen schon mit bloßen Augen als mattes Lichtfleckchen ausgemacht werden. Auch die Fische haben nun ihre höchste Stellung im Süden erreicht. Sie sind nicht leicht zu erkennen, da sie sich nur aus Sternen vierter Größe und schwächer zusammensetzen. Dem Namen nach ist das Sternbild Fische zwar jedermann gut bekannt, weil es zum Tierkreis (Zodiak) gehört, aber wegen seiner lichtschwachen Sterne haben es nur wenige mit eigenen Augen bewusst am Himmel gesehen. Vermutlich wegen seiner geringen Helligkeit hat man dieses Bild fast immer mit den Mächten der Finsternis oder der Erdmutter Gaia in Verbindung gebracht.

Im Südwesten nimmt noch der ebenfalls lichtschwache Wassermann seinen Platz ein. Südlich der Fische passiert der Walfisch (lat.: Cetus) den Meridian. Es ist nicht ganz einfach, den Cetus zu erkennen, da er ein ausgedehntes und lichtschwaches Sternbild ist.

Tief im Südosten ist der Himmelsjäger Orion bereits erschienen, das bekannteste aller Wintersternbilder. Von seinem hellen, bläulichen Fußstern Rigel zieht sich das ausgedehnte Sternbild Fluss Eridanus in Richtung Westen und knickt dann kurz vor dem Meridian in Südrichtung ab.

Der Eridanus schlängelt sich weit nach Süden und ist von unseren Breiten aus nie vollständig zu sehen. Auch sein Hauptstern Achernar (α Eridani), mit $0^m\!,5$

Veränderliche Sterne im November

Algol-Minima	5. 4^h40^m	8. 1^h28^m	10. 22^h17^m	13. 19^h06^m	25. 6^h22^m	28. 3^h11^m
β-Lyrae-Minima	4. 13^hN	10. 24^hH	17. 11^hN	23. 23^hH	30. 10^hN	
δ-Cephei-Maxima	5. 0^h	10. 9^h	15. 18^h	21. 3^h	26. 11^h	
Mira-Helligkeit	1. 9^m	10. 9^m	20. 9^m	30. 10^m		

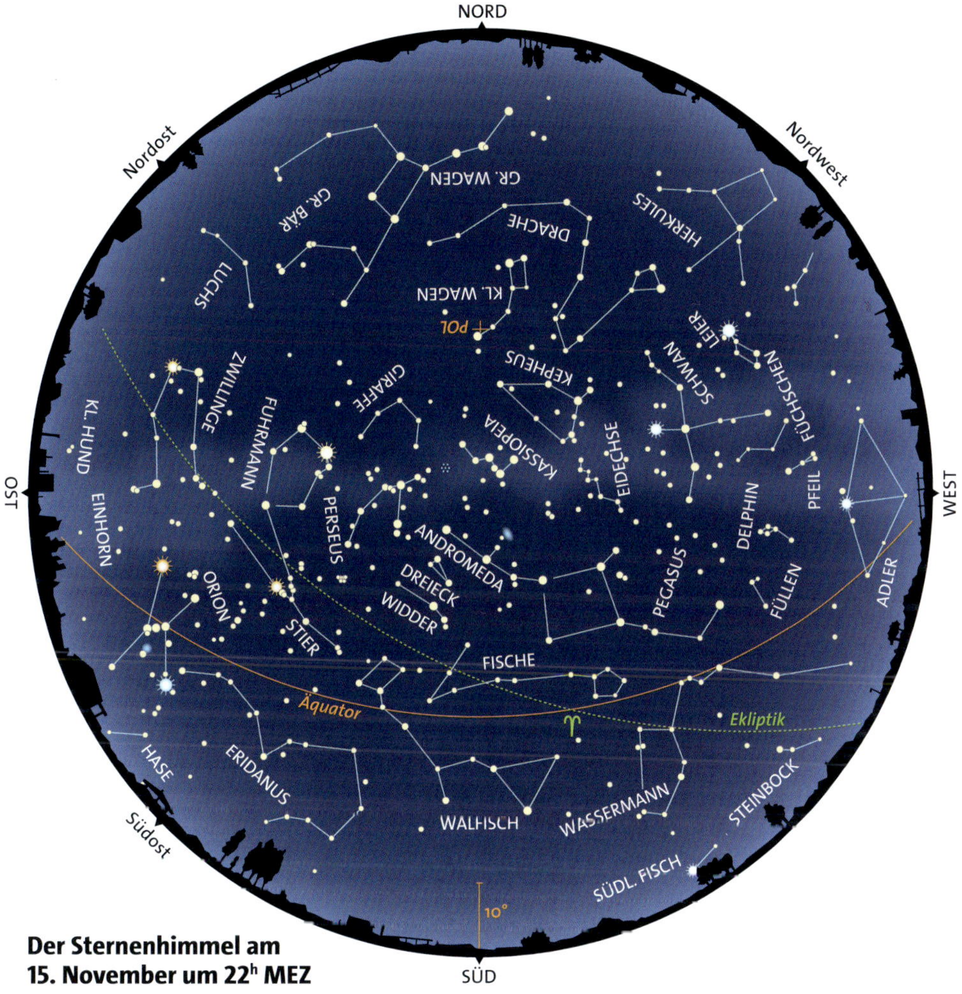

Der Sternenhimmel am 15. November um 22h MEZ

Die Sternkarte ist auch gültig für:

	MEZ	MESZ
1. 9.	3^h	4^h
15. 9.	2	3
1.10.	1	2
15.10.	0	1
1.11.	**23**	
15.11.	**22**	
30.11.	**21**	
15.12.	20	
31.12.	19	
15. 1.	18	

scheinbarer Helligkeit einer der zehn hellsten Sterne am irdischen Firmament, steht so weit südlich, dass er bei uns nie über den Horizont steigt. Die bei uns sichtbaren Sterne des Eridanus sind dritter und vierter Größenklasse, so dass der Eridanus in Mitteleuropa recht unauffällig bleibt. Am hellsten ist noch β Eridani oder Cursa beziehungsweise Dhalim genannt, dessen scheinbare Helligkeit zu $2^m\!\!,8$ gemessen wurde. Cursa leuchtet weißlich (Spektralklasse: A3 III) und ist 89 Lichtjahre von uns entfernt. Er liegt in unmittelbarer Nachbarschaft von Rigel im Orion. Mit ihm beginnt der Fluss Eridanus seinen Lauf.

Nach Vorstellung der alten Ägypter war der Eridanus der Totenfluss. Er beginnt bei Osiris, dem Richter der Toten, darge-

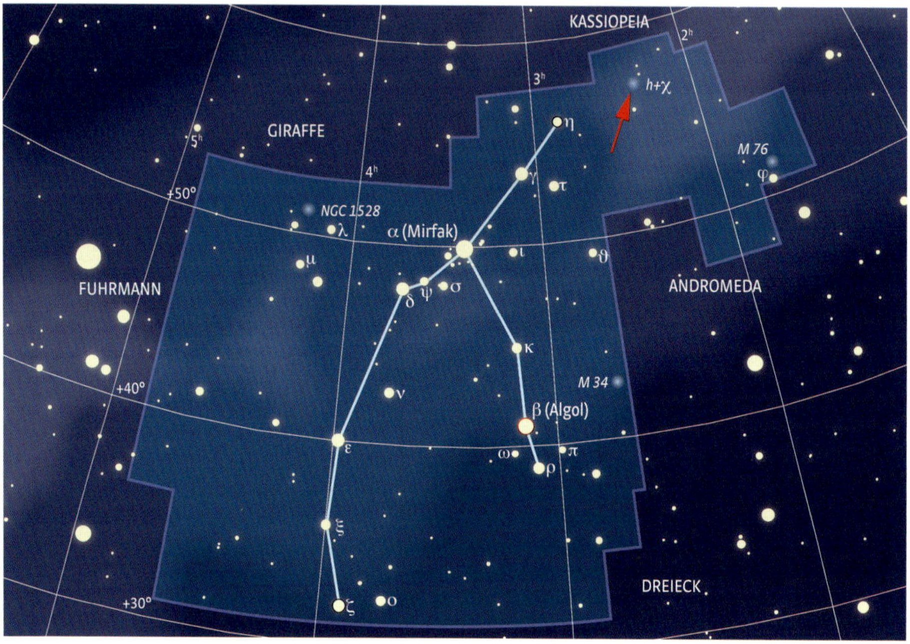

11.4 Der Perseus: **Das Sternbild Perseus mit den Positionen der beiden offenen Sternhaufen h und χ Perseï.**

stellt durch das Sternbild Orion. Teilweise war der Fluss Eridanus aber auch das himmlische Gegenstück zum Nil. Die Griechen übernahmen die Vorstellung von einem Fluss. Er wird für den mit dem Sonnenwagen abstürzenden Phaeton zum nassen Grab.

Mit $3^{m}\!,7$ Helligkeit gehört ε Eridani zu den lichtschwächeren Sternen, die noch bei uns in Mitteleuropa sichtbar sind. Als K2 V-Stern ist er einigermaßen sonnenähnlich und ebenfalls ein Einzelstern. Mit zehn Lichtjahren Distanz gehört er zur engeren Sonnenumgebung. Er wurde in den 1960-er Jahren mit dem großen Radioteleskop des National Radio-Astronomical Observatory (NRAO) in Green Bank, West-Virginia, abgehorcht, ob eventuell auf einem Planeten von ε Eridani eine hochtechnisierte Zivilisation Funksignale sendet (Projekt OZMA). Signale Außeriridscher wurden dabei jedoch nicht entdeckt.

Objekte für Feldstecher und Fernrohr

Der herbstliche Abendhimmel bietet zwei hübsche offene Sternhaufen, die zwar nicht so hell und auffallend sind wie Plejaden oder Hyaden, aber doch zu den bekanntesten und im Teleskop eindrucksvoll wirkenden Haufen gehören. Es sind h und χ im Perseus. Wie die Bezeichnung erkennen lässt, hielt man sie einst für Sterne. Doch schon dem bloßen Auge fallen sie bei guten Sichtbedingungen als diffuse Lichtfleckchen auf. h und χ Perseï liegen nahe beieinander, weshalb man sie oft als Doppelhaufen bezeichnet. Um h und χ aufzufinden, gehe man am besten vom Himmels-W aus. Die beiden offenen Haufen liegen zwischen der Kassiopeia und der Gestalt des Perseus. Im Fernglas fallen sie schnell auf. Richtig beeindruckend wirken sie aber erst in einem Teleskop ab mindestens zehn Zentimeter freier Öffnung und hundertfacher Vergrößerung.

Beide Haufen sind erheblich weiter weg als die Plejaden. Von h Perseï ist das Licht 7000 Lichtjahre zu uns unterwegs und von χ Perseï trennen uns 8100 Lichtjahre. Mit einem Alter von wenigen Millionen Jahren sind diese offenen Sternhaufen noch relativ jung.

Am Herbsthimmel kann auch unsere Nachbarmilchstraße, der berühmte Andromedanebel, gut beobachtet werden. Denn gegenwärtig steht das Sternbild Andromeda am Abend recht hoch – fast im Zenit. Gute Sichtverhältnisse vorausgesetzt, ist M 31 – so lautet die Katalogbezeichnung – schon mit freien Augen als blasses Lichtfleckchen ein wenig nördlich des Sterns Mirach (β Andromedae) zu sehen. Im Fernglas ist diese rund drei Millionen Lichtjahre entfernte Galaxie schon recht deutlich auszumachen. Mit Teleskopen sind noch die beiden Begleitsternsysteme M 32, eine kugelförmige Galaxie, sowie M 110 (NGC 205), eine elliptische Milchstraße (Hubble-Typ E5), zu erkennen. Beides sind relativ helle und nahe Zwerggalaxien. Die scheinbare Helligkeit liegt bei 8^m. In einem lichtstarken Fernglas ist M 110 durchaus zu erkennen. Die Zwerggalaxie ist mit 2,6 Millionen Lichtjahren ähnlich weit entfernt wie M 31. Ihre Ausdehnung liegt bei 22′ × 11′, wobei sich die helleren Partien etwa über 13′ × 6′ erstrecken. Die scheinbare Größe des Kerns misst 3′ × 2′. M 110 wurde von Charles Messier im Jahre 1773 entdeckt.

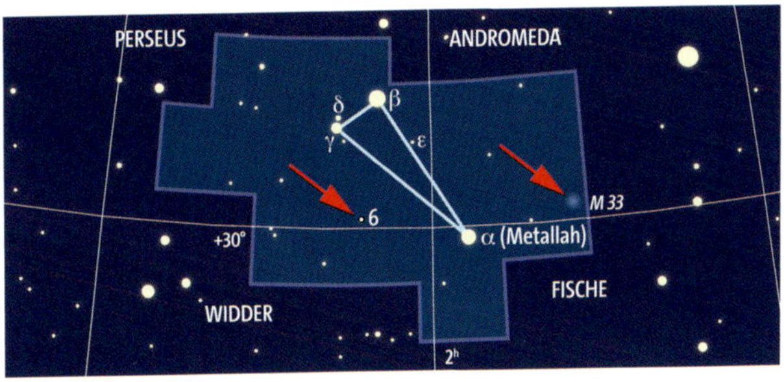

11.5 Das Dreieck: Das Sternbild Dreieck (lat.: Triangulum) mit den Positionen des Doppelsterns 6 Tri und der Spiralgalaxie M 33.

Wer M 110 nach Koordinaten einstellen will (z. B. mit einer GoTo-Montierung), dem seien sie genannt: $\alpha = 0^h\ 40^m\!.4$ und $\delta = +41°41'$ (J2000.0).

Ein Nebel im Dreieck

Während der Andromedanebel ziemlich bekannt ist und als unsere Nachbarmilchstraße häufig in Büchern und Zeitschriften abgebildet wird, wird über unsere zweite große Nachbargalaxie weit seltener berichtet. Sie steht im Sternbild Dreieck und trägt die Katalogbezeichnung M 33. Manchmal nennt man sie auch Triangulum-Galaxie nach der lateinischen Bezeichnung des Sternbildes Dreieck. Bei sehr dunklem Himmel ist M 33 schon in einem bescheidenen Opernglas einwandfrei zu sehen und kann relativ leicht gefunden werden. Etwa im gleichen Abstand, in dem M 31 nördlich von Mirach steht, findet man südlich von Mirach M 33. Die Triangulum-Galaxie zeigt eine schöne Spiralstruktur, wir sehen fast senkrecht auf die Hauptebene dieses Milchstraßensystems. Allerdings wird die Spiralstruktur von M 33 erst in größeren Instrumenten oder auf Aufnahmen mit leistungsfähigen Teleskopen deutlich. Im Fernglas oder kleinem Amateurfernrohr hat man nur den Eindruck eines nebligen Fleckchens.

Da der Triangulum-Nebel mit drei Millionen Lichtjahren etwa gleich weit weg ist wie der Andromedanebel, befinden sich diese beiden Milchstraßensysteme auch in räumlicher Nachbarschaft.

Im Sternbild Triangulum gibt es auch einen empfehlenswerten Doppelstern für Fernrohre ab sechs Zentimeter freier Öffnung. Er trägt die Nr. 6 nach Flamsteed. Der Stern 6 Tri (also die Nr. 6 im Sternbild Dreieck) setzt sich aus einer $5^m\!.3$ gelben und einer $6^m\!.9$ blauen Komponente zusammen, die in $3''\!.9$ Distanz voneinander stehen. 6 Tri ist rund 300 Lichtjahre von uns entfernt.

Wer schon den Andromedanebel mit einem Fernglas ins Visier genommen hat, kann noch ei-

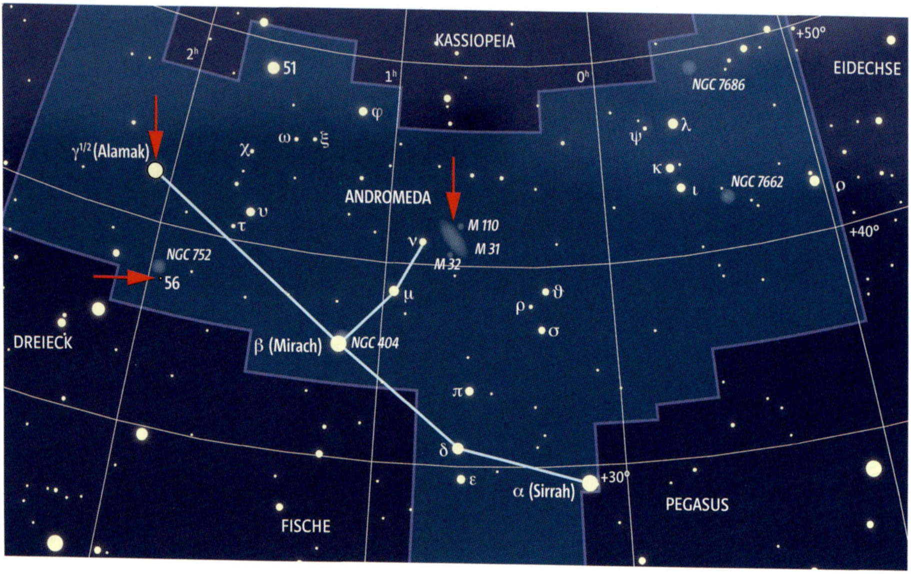

11.6 Die Andromeda: **Das Sternbild Andromeda. Eingetragen sind die Lage der Andromedagalaxie (M 31) sowie die Positionen der Doppelsterne 56 And und γ And.**

nen optischen Doppelstern in der Andromeda ansehen, nämlich 56 Andromedae. Ein $5{,}^{m}7$ heller, oranger Stern hat in 201″ Distanz einen tiefroten, $5{,}^{m}9$ hellen Begleiter. 56 And liegt an der Grenze zum Sternbild Triangulum (lat., Dreieck).

Sehenswerte Doppelsterne

In dieser Himmelsgegend finden sich auch zwei Paradedoppelsterne, nämlich Alamak (γ Andromedae) und Mesarthim (γ Arietis). Alamak zeigt einen schönen Farbkontrast: Ein gelber $2{,}^{m}2$ heller Stern hat in $9{,}''6$ Distanz einen bläulichen, $4{,}^{m}9$ hellen Begleiter, der seinerseits in nur $0{,}''4$ Abstand einen 6^{m} hellen Nachbarn besitzt.

Mesarthim hingegen zeigt keinen wahrnehmbaren Farbkontrast. Er setzt sich aus zwei weißen, fast gleich hellen ($4{,}^{m}6$ und $4{,}^{m}7$) Komponenten zusammen, die $7{,}''5$ voneinander getrennt sind. Alamak ist 350 Lichtjahre und Mesarthim 200 Lichtjahre von uns entfernt.

Ein explodierter, massereicher Stern hat seine Spuren am Firmament hinterlassen. Man findet die Explosionswolke, den Rest der Supernova aus dem Jahre 1054, im Sternbild Stier als kleines, nebeliges Lichtfleckchen. Es trägt die Katalogbezeichnung M 1.

Wegen seines Aussehens spricht man auch vom Krabben-Nebel. Die häufig verwendete Bezeichnung „Krebsnebel" ist irreführend, denn sie beruht auf einem Übersetzungsfehler. Im Englischen heißt M 1 schlicht „crab nebula". Crab heiß Krabbe, cancer ist der Krebs (zum Beispiel das Sternbild Krebs: constellation cancer!). Manche meinen nämlich, der „Krebsnebel" liege im Sternbild Krebs wie der Orionnebel im Orion und der Andromedanebel in der Andromeda zu finden ist. M 1 wurde jedoch nicht nach seiner Lage, sondern nach seinem Aussehen benannt!

Um M 1 zu finden, was für Anfänger nicht ganz einfach ist, benutze man die Sternkarte E3 im *Atlas für Himmelsbeobachter*. M 1 liegt knapp nordwestlich vom südlichen Stierhorn, das durch den Stern ζ Tauri markiert wird. M 1 ist immerhin stolze 4000 Lichtjahre von uns entfernt. Manche Messungen deuten auf eine noch größere Distanz.

Was sind Kolursterne?

Im Zeitalter der Elektronik und der Computer werden nicht nur die großen Teleskope der Forschungssternwarten, sondern selbst kleine Amateurteleskope vollautomatisch gesteuert. Sogenannte GoTo-Montierungen erlauben es, das Fernrohr auf ein gewünschtes Gestirn zu richten, indem man seine Koordinaten eintippt. Selbst das ist oft nicht erforderlich. Meist muss man nur den Namen oder die Katalognummer eingeben und das Teleskop bewegt sich wie von Geisterhand getrieben auf das Zielobjekt zu. Ein Blick durch das Okular und schon sieht man in seinem Gesichtsfeld den ausgewählten Planeten oder die gewünschte Galaxie. Um sich aber grob zu orientieren, sollte man wissen, welche Sterne und Sternbilder überhaupt über dem Horizont stehen. Kurz, die Stellung des Fixsternhimmels relativ zum Beobachter sollte man kennen. Sie ist abhängig vom Datum *und* der Uhrzeit. Dazu dient die Sternzeit. Sie gibt die Stellung des Fixsternhimmels in Bezug auf einen festen Beobachtungsort an. Meist hat man aber gar nicht im Kopf, zu welcher Sternzeit welche Sterne und Sternbilder gerade aufgehen, welche den Meridian passieren und welche gerade untergehen. Um die Sternzeit grob abzuschätzen und die relativen Positionen der Gestirne zu einer gewählten Beobachtungsstunde an einem bestimmten Datum festzustellen, dazu dienen die Kolursterne. Sie markieren die vier Kolure, die die Orientierung am Sternenhimmel erleichtern.

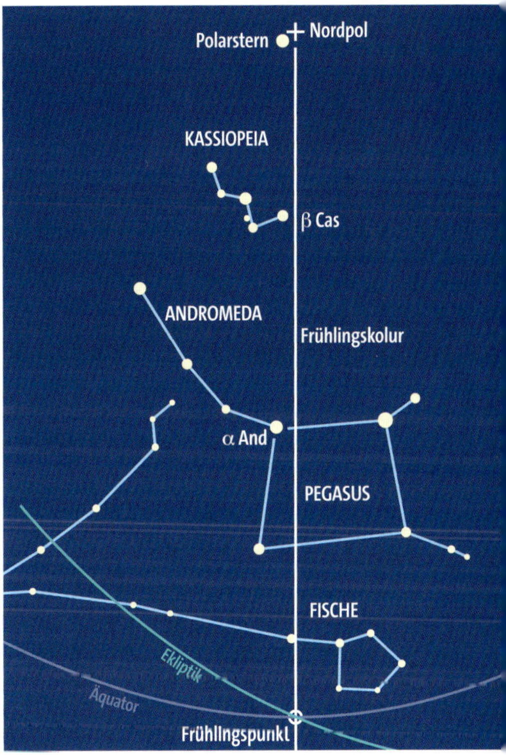

11.7 Der Frühlingskolur zieht sich vom Himmelsnordpol über den Frühlingspunkt zum Himmelssüdpol. Er entspricht dem 0^h-Rektaszensionskreis und passiert knapp Polaris, β Cas und α And, die sogenannten Kolursterne.

Ursprung in der sphärischen Astronomie

Die Kolure sind Begriffe aus der sphärischen Astronomie. Viele werden damit wenig anfangen können und selbst Berufsastronomen kennen sie kaum, positionieren sich doch ihre Teleskope vollautomatisch. Der Gelegenheitsbeobachter kann aber mit Hilfe der Kolursterne recht einfach eine Verbindung von Sternzeit und dem sichtbarem Sternenhimmel herstellen.

Um 0^h Sternzeit passiert der Frühlingspunkt den Meridian. Er ist der Schnittpunkt von aufsteigender, scheinbarer Sonnenbahn, der Ekliptik, mit dem Himmelsäquator. Er liegt in unserer Zeit im Sternbild der Fische und markiert den Beginn des Tierkreiszeichens Widder. Deshalb heißt der Frühlingspunkt auch Widderpunkt oder mit einer englischen Abkürzung FPA (engl.: First Point

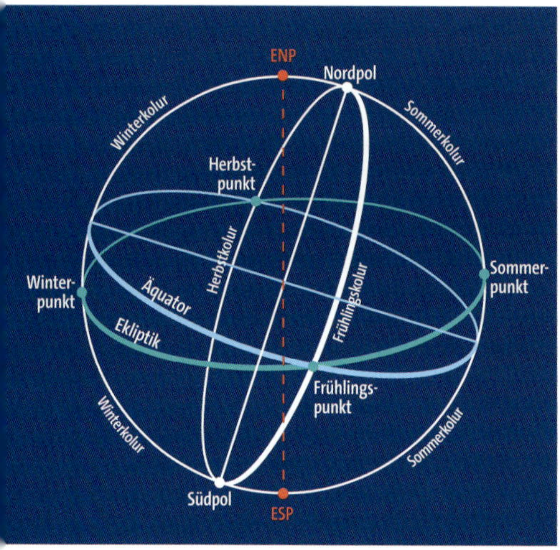

11.8 Die Himmelskugel mit den Koluren (ENP: Ekliptiknordpol, ESP: Ekliptiksüdpol)

of Aries). Tierkreiszeichen sollte man nicht mit Tierkreissternbildern verwechseln (siehe dazu das Monatsthema „Welches ‚Sternzeichen' bin ich?" auf Seite 109 im *Kosmos Himmelsjahr 2002*).

Da der Frühlingspunkt also im Sternbild Fische liegt, kulminieren die Fische um 0^h Sternzeit. Sie sind somit im Süden zu sehen. Ein wenig höher stößt man auf das Pegasusquadrat und noch höher, fast im Zenit, erblickt man das Himmels-W, die Kassiopeia (siehe Abb. 11.7 auf Seite 245). Befindet sich das Pegasusquadrat im Meridian, so ist in der westlichen Himmelshälfte das Sommerdreieck mit Wega, Deneb und Atair zu finden. Im Osten hingegen sind gerade die Wintersternbilder im Anmarsch.

Zeigt die Sternzeituhr 6^h an, so stehen die Wintersternbilder Zwillinge, Stier, Orion und Großer Hund mit Sirius am Südhimmel. Fast im Zenit leuchtet Kapella im Fuhrmann.

Um 12^h Sternzeit geht der Herbstpunkt durch den Meridian. Ihn passieren dann Jungfrau und horizontnäher der Rabe. Der Löwe hat seine Kulmination eben hinter sich und ist ein wenig nach Westen gerückt. Der Große Wagen nimmt seinen Platz im Zenit ein.

Um 18^h Sternzeit schließlich findet man Wega kurz vor ihrem Meridiandurchgang, tief im Süden den Schützen und hoch über uns, im Scheitelpunkt, den Kopf des Drachen.

Ruhende und rotierende Himmelskugel

Die Sternzeit zeigt somit die Differenz zwischen der rotierenden Himmelskugel – ein Spiegelbild der Erdrotation – und der ortsfesten, an den Beobachtungsort gekoppelten Sphäre. Präzise formuliert heißt dies: Die Sternzeit gibt stets den Abstand des Frühlingspunktes vom Ortsmeridian (Meridian des Beobachters) an – gemessen als Winkel in der Ebene des Himmelsäquators.

Geht ein Gestirn eben durch die Mittagslinie, den Meridian, so ist sein Stundenwinkel (t) gleich 0^h. Nach einer Stunde ist er infolge der Erdrotation auf $t = 1^h$ angewachsen, zwei Stunden später auf $t = 2^h$. Der Stundenwinkel wird im Zeitmaß angegeben. $t = 1^h$ bedeutet im Winkelmaß $360°/24^h = 15°$. In einer Stunde dreht sich der Himmel um 15° weiter, in sechs Stunden somit um 90°.

Die Deklination eines Gestirns – der Abstand vom Äquator in Richtung Nord positiv gezählt, in Richtung Süd negativ – ändert sich nicht, während die Erde rotiert. Dies gilt streng genommen nur für Fixsterne. Sonne, Mond und Planeten bewegen sich durch die Sternbilder und erfahren somit auch tägliche Änderungen ihrer Deklination. Vom Mond abgesehen sind sie aber klein gegenüber der täglichen Himmelsumdrehung.

Der Stundenwinkel eines Gestirns bezieht sich auf den mit dem Beobachter verbundenen, ortsfesten Meridian. Da die Gestirne infolge der Erddrehung nacheinander durch den Meridian wandern, wächst der Stundenwinkel mit fortschreitender Zeit an, bis das Gestirn abermals den Meridian passiert und sein Stundenwinkel wieder mit 0^h beginnt.

Will man jedoch die Positionen der Gestirne relativ zueinander vermerken, muss man einen Koordinatenursprung definieren, der mit der Himmelssphäre rotiert. Als Koordinatennullpunkt wählt man im rotierenden Äquatorsystem den Frühlingspunkt. Der Winkelabstand eines Gestirns vom Frühlingspunkt, gemessen in der Äquatorebene, wird Rektaszension genannt und mit dem kleinen griechischen Buchstaben α bezeichnet. Die Rektaszension wird vom Frühlingspunkt in Richtung *Ost* gemessen, während der Stundenwinkel vom Meridian in Richtung *West* bestimmt wird.

Die Rektaszension wird wie der Stundenwinkel im Zeitmaß angegeben: $\alpha = 5^h$ bedeutet somit 75° Abstand vom Frühlingspunkt. Dabei sind $4^{min} = 1°$, $1^{min} = 15'$ und $1^s = 15''$.

Die Sternzeit verbindet das ortsfeste mit dem rotierenden Äquatorsystem. Die Sternzeit (ϑ) ist nämlich gleich der Summe aus dem Stundenwinkel (t) eines Gestirns und seiner Rektaszension (α): Es gilt somit: $\vartheta = \alpha + t$

Hält sich ein Gestirn im Meridian auf, so ist sein Stundenwinkel $t = 0^h$, die Sternzeit also gleich seiner Rektaszension. Kennt man die Rektaszension eines Sterns (entnommen aus einem Katalog oder Jahrbuch), so erhält man unmittelbar die Sternzeit, wenn der Stern kulminiert, denn dann ist $\alpha = \vartheta$.

Rektaszension und Meridiandurchgang

Andererseits kann die Rektaszension eines Gestirns bestimmt werden, wenn es den Meridian passiert. Man braucht bloß den Zeitpunkt festhalten, zu welcher Sternzeit der Meridiandurchgang erfolgt. Kulminiert ein neu entdeckter Planetoid um $3^h20^m12^s$ Sternzeit, so ist seine Rektaszension $\alpha = 3^h20^m12^s$.

Alle Gestirne mit gleicher Rektaszension liegen auf einem Großkreis der Himmelskugel, der senkrecht auf dem Himmelsäquator steht und durch den Himmelsnord- und den Himmelssüdpol verläuft. Solche Großkreise nennt man Rektaszensionskreise. Sie rotieren mit der Himmelskugel und passieren dabei die Stundenkreise. Stundenkreise heißen die Großkreise gleichen Stundenwinkels. Sie stehen wie die Rektaszensionskreise senkrecht auf dem Himmelsäquator, bewegen sich aber nicht, sondern sind mit dem festen Ortsmeridian verbunden. Welcher Rektaszensionskreis gerade den Meridian (Stundenkreis für den Stundenwinkel $t = 0^h$) passiert, gibt wie erläutert die Sternzeit an. Der Sommerpunkt im Sternbild Stier (Gipfelpunkt der Ekliptik) hat die Rektaszension $\alpha = 6^h$. Passiert der Sommerpunkt den Meridian, so ist es 6^h Sternzeit, Orion und Sirius im Großen Hund sind am Südhimmel zu sehen. Wandert nun die Sonne durch den Sommerpunkt, so überstrahlt sie mit ihrem Glanz die Wintersternbilder, die dann nicht zu sehen sind.

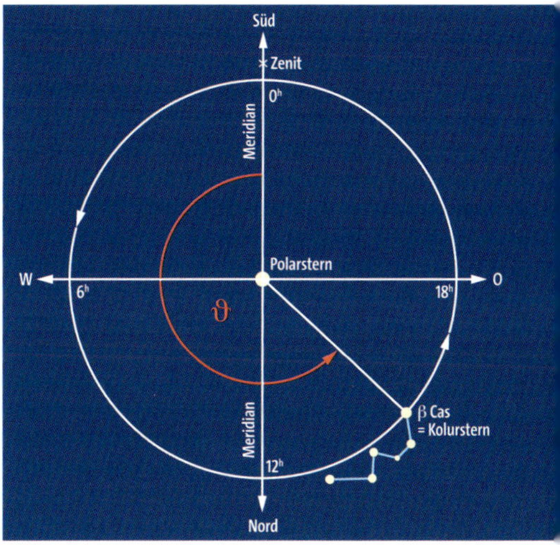

11.9 Der Kolurstern β Cassiopeiae lässt die Sternzeit grob abschätzen. Der Winkel ϑ wird von der oberen Kulmination des Kolursternes in Richtung West gezählt und gibt die Sternzeit an (360° = 24^h).

Hat man keine Sternzeituhr zur Verfügung, sieht aber den Orion im Meridian, so muss es kurz vor 6^h Sternzeit sein.

Besondere Rektaszensionskreise

Von den unendlich vielen Rektaszensionskreisen gibt es vier ausgezeichnete, die man als *Kolure* bezeichnet. Der 0^h-Rektaszensionskreis zieht sich vom Himmelsnordpol über den Frühlingspunkt zum Himmelssüdpol. Alle Sterne auf diesem Großkreis haben die Rektaszension $\alpha = 0^h$.

Der 0^h-Rektaszensionskreis wird Kolur der Frühlings-Tagundnachtgleiche oder kurz Frühlingskolur genannt. Der Herbstkolur oder Kolur der Herbst-Tagundnachtgleiche entspricht dem 12^h-Rektaszensionskreis und zieht sich vom Himmelsnordpol über den Herbstpunkt (Schnittpunkt der absteigenden Ekliptik mit dem Himmelsäquator, auch als Waagepunkt bezeichnet) zum Himmelssüdpol.

Der 6^h-Rektaszensionskreis geht durch den Sommerpunkt und zieht sich wie alle anderen Rektaszensionskreise auch vom Himmelsnord- bis zum Himmelssüdpol, wobei er den Himmelsäquator senkrecht schneidet. Er wird Sommerkolur oder Kolur der Sommersonnenwende genannt. Auch der Ekliptiksüdpol liegt auf dem Sommerkolur, 23°,4 vom Himmelssüdpol entfernt.

Der 18^h-Rektaszensionskreis schließlich geht durch den Winterpunkt (tiefster Punkt der scheinbaren Sonnenbahn) und wird Winterkolur oder Kolur der Wintersonnenwende genannt. Auf ihm liegt auch der Ekliptiknordpol, der 23°,4 vom Himmelsnordpol entfernt ist.

Bei den Großkreisen gleicher Rektaszension handelt es sich genau genommen um Halbkreise, die sich jeweils vom Nord- zum Südpol des Himmels ziehen. Dies sind 180°.

Fasst man Frühlings- und Herbstkolur zu einem vollen Großkreis zusammen, so nennt man ihn Äquinoktialkolur. Analog dazu gibt es den Solstitialkolur. Er geht durch den Sommer- und den Winterpunkt. Auf ihm liegen auch die beiden Ekliptikpole.

Verstümmelte Bärenschwänze

Die etwas seltsame Bezeichnung „Kolur“ stammt aus dem Griechischen und bedeutet so viel wie „Schwanzverstümmler“. Das bedarf einer Erläuterung. „Kolur“ setzt sich aus den beiden altgriechischen Wörtern κόλος (verstümmelt) und ὄυρα (Schwanz) zusammen. Der Äquinoktialkolur schneidet dem Großen Bären, der Solstitialkolur dem Kleinen Bären, den Schwanz ab.

Den rotierenden Fixsternhimmel bezeichnet man auch als Kolursphäre oder Kolurhimmel. Die Kolure kann man am natürlichen Firmament ebenso wenig sehen wie andere Großkreise (Meridian, Äquator und Ekliptik). Nur in einem Planetarium lassen sich die Himmelskoordinaten in den Sternenhimmel einblenden.

Aber man kann sich den Verlauf von Großkreisen durch helle Sterne andeuten lassen, die auf ihnen oder nahe bei ihnen liegen. So markiert der Polarstern (α UMi) in etwa die Position des Himmelsnordpols, Mintaka (δ Orionis) liegt ziemlich nahe dem Himmelsäquator und Regulus befindet sich nur ein wenig nördlich der Ekliptik, weshalb er auch gelegentlich von Planeten besucht wird.

„Der“ Kolurstern schlechthin

Sterne, die auf oder nahe bei den Koluren stehen, nennt man Kolursterne. Der prominenteste Kolurstern heißt Caph (β Cassiopeiae). Gelegentlich wird β Cas als Kolurstern schlechthin bezeichnet, obwohl es noch weitere Sterne gibt, die nahe den Koluren stehen und darum ebenfalls als Kolursterne zu bezeichnen sind. β Cas markiert den Frühlingskolur. Geht er durch den Meridian, so ist es 0^h Sternzeit. In unterer Kulmination von β Cas ist es dann 12^h Sternzeit. Da die Kassiopeia in unseren Breiten zirkumpolar ist, kann man β Cas in jeder klaren Nacht des Jahres beobachten. Caph kann auch als die Zeigerspitze einer himmlischen Sternzeituhr angesehen werden. Der Zeiger selbst wird durch die gedachte Verbindungslinie von Polaris (α UMi) zu β Cas angedeutet. Denkt man sich noch ein Zifferblatt dazu, so kann man recht gut die Sternzeit ablesen. Der Winkel zwischen dem Meridian und dem Kolurzeiger, also der Strecke Polaris–Caph, gibt die Sternzeit auf einem 24-Stunden-Zifferblatt an. Ein Viertelkreis entspricht sechs Stunden.

Steht β Cas in Westrichtung, so ist es 6^h Sternzeit, in Ostrichtung hingegen ist es 18^h. Zu beachten ist außerdem, dass beim Blick nach Norden der himmlische Uhrzeiger in mathematisch positivem Drehsinn läuft, also entgegengesetzt dem Uhrzeigersinn unserer üblichen Analoguhren (siehe Abb. 11.9 auf Seite 247). Caph ist wie angedeutet nicht der einzige Kolurstern. Es gibt einige hellere, freisichtige Sterne, die nahe einem Kolur stehen und damit die Stellung der Kolursphäre relativ zum Beobachter erkennen lassen und auch die Sternzeit abzuschätzen ermöglichen. Sirrah (α Andromedae) liegt ebenfalls wie β Cas fast auf dem Frühlingskolur.

Vier Sterne markieren den Sommerkolur: Menkalinan (β Aurigae), ϑ Aurigae, Propus (η Geminorum) und Beteigeuze (α Orionis). Propus markiert außerdem die ungefähre Lage des Sommerpunktes (Sommersolstitium). Allerdings liegt der Sommerpunkt inzwischen westlich von Propus und nicht mehr in den Zwillingen, sondern bereits jenseits der Sternbildergrenze im Stier.

Der Herbstkolur zieht nahe an Phecda (γ Ursae Maioris), Denebola (β Leonis) und Zavijava (β Virginis) vorbei. Der Winterkolur verläuft von Polaris (α Ursae Minoris) über Eltanin (γ Draconis) sowie ν Ophiuchi zu Al Nasl (γ Sagittarii).

In alten Zeiten sah man nicht Rektaszensionskreise als Kolure an, sondern ekliptikale Längenkreise. Sie stehen senkrecht auf der Ekliptik und an ihnen wird die ekliptikale Breite aufgetragen beziehungsweise abgelesen. Kolure waren demnach diejenigen ekliptikalen Längenkreise, die durch Frühlings- und Herbstpunkt sowie durch die Pole der Ekliptik laufen (Äquinoktialkolur) und durch Sommer- und Winterpunkt sowie die Pole der Ekliptik (Solstitialkolur). Auf dem Solstitialkolur liegen zudem noch Himmelsnord- und Himmelssüdpol.

Infolge der Präzessionsbewegung der Erdachse verschiebt sich das äquatoriale Koordinatennetz gegenüber den Sternen. Rektaszensionen und Deklinationen der Sterne ändern sich mit der Zeit. Somit wechseln auch die Kolursterne im Laufe der Jahrhunderte. Wer genügend Muße in unserer hektischen Zeit hat, kann sich einmal überlegen, in welchem Jahrtausend wohl Deneb oder Wega zu Kolursternen werden. Noch spannender ist es auszurechnen, in welchem Jahrhundert dies sein wird.

Kolursterne

Kolure	Kolursterne		Position (J2000.0)		(V-Helligkeit)
	Bezeichnung	Eigenname	α	δ	m
Frühlingskolur 0^h-Rektaszensionskreis	β Cas	Caph	$0^h09^m,2$	+59°09′	2,3
	α And	Sirrah	0 08,4	+29 05	2,1
Sommerkolur 6^h-Rektaszensionskreis	β Aur	Menkalinan	5 59,5	+44 57	1,9
	ϑ Aur	–	5 59,7	+37 13	2,6
	η Gem	Propus	6 14,9	+22 30	3,3 (var)
	α Ori	Beteigeuze	5 55,2	+07 24	0,5 (var)
Herbstkolur 12^h-Rektaszensionskreis	γ UMa	Phecda	11 53,8	+53 42	2,4
	β Leo	Denebola	11 49,1	+14 34	2,1
	β Vir	Zavijava	11 50,7	+01 46	3,6
Winterkolur 18^h-Rektaszensionskreis	γ Dra	Eltanin	17 56,6	+51 29	2,2
	ν Oph	–	17 59,0	−09 46	3,3
	γ Sgr	Al Nasl	18 05,8	−30 25	3,0
Himmelsnordpol (Treffpunkt der Kolure)	α UMi	Polaris	2 31,8	+89 16	2,0 (var)

Dezember 2015

- Merkur kann zu Monatsende am Abendhimmel gesichtet werden.
- Venus bleibt Morgenstern.
- Mars baut seine Stellung am Morgenhimmel aus.
- Jupiter ist Planet der zweiten Nachthälfte.
- Am 22. Dezember erreicht die Sonne um 5^h48^m MEZ den tiefsten Punkt ihrer Jahresbahn, der astronomische Winter beginnt.

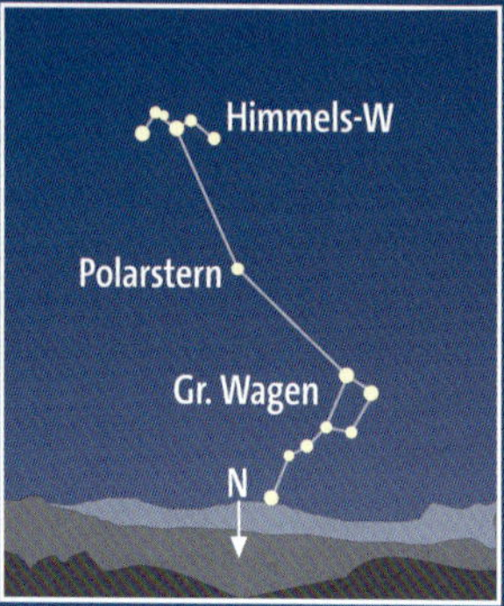

Großer Wagen und Himmels-W Anfang Dezember um 22 Uhr

12.1 Himmelsanblick am 7. Dezember gegen 6^h MEZ. Über dem Südosthorizont ist die Planetenparade Venus – Mars – Jupiter zu sehen. Zwischen Venus und Spica steht die Sichel des abnehmenden Mondes.

1 Di	17 Do
2 Mi	18 Fr Mond im ersten Viertel
3 Do Mond im letzten Viertel	19 Sa
4 Fr Mond bei Jupiter (Morgenhimmel)	20 So 4. Advent
5 Sa Mond in Erdferne	21 Mo Mond in Erdnähe
6 So 2. Advent, Mond bei Mars (Morgenhimmel)	22 Di Winterbeginn
7 Mo Mond bei Venus (Morgenhimmel)	23 Mi
8 Di	24 Do Heiliger Abend
9 Mi	25 Fr 1. Weihnachtstag, **Vollmond**
10 Do	26 Sa 2. Weihnachtstag
11 Fr **Neumond**	27 So
12 Sa	28 Mo
13 So 3. Advent	29 Di
14 Mo	30 Mi
15 Di	31 Do Silvester, Mond bei Jupiter (Mitternacht)
16 Mi	

Sonne – Sternbilder

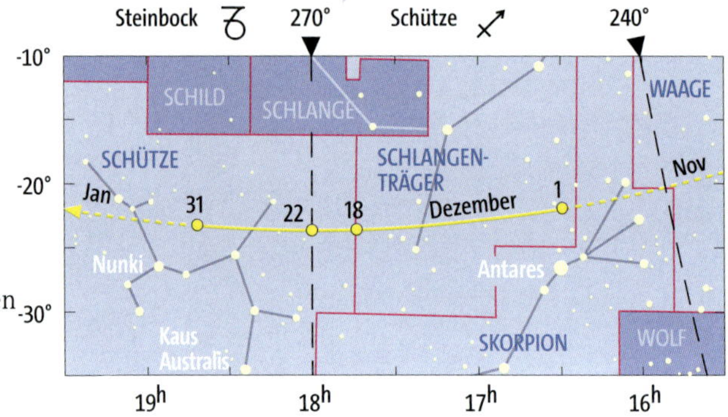

18. 12. 18^{h}:
Sonne tritt in das Sternbild Schütze

22. 12. 5^{h}48^{m}:
Sonne tritt in das Tierkreiszeichen Steinbock

Julianisches Datum am
1. Dezember, 1^{h} MEZ: 2 457 357,5

Tabelle Sonnenlauf

Tag	Dämmerg. Anfang	Aufgang MEZ	Kulmination	Untergang MEZ	Dämmerg. Ende	Mittagshöhe	Zeitgleichg.	Rektaszension	Deklination
	h m	h m	h m	h m	h m	o	m	h m	o
1.	6 38	7 56	12 09	16 21	17 39	18,2	+11	16 26	−21,7
5.	6 43	8 01	12 11	16 19	17 38	17,6	+ 9	16 43	−22,3
10.	6 48	8 07	12 13	16 18	17 38	17,1	+ 7	17 05	−22,8
15.	6 52	8 12	12 15	16 18	17 38	16,7	+ 5	17 27	−23,2
20.	6 55	8 15	12 17	16 20	17 40	16,6	+ 3	17 49	−23,4
25.	6 57	8 18	12 20	16 22	17 42	16,6	0	18 11	−23,4
31.	6 59	8 19	12 23	16 27	17 47	16,9	− 3	18 38	−23,2

Tages- und Nachtstunden

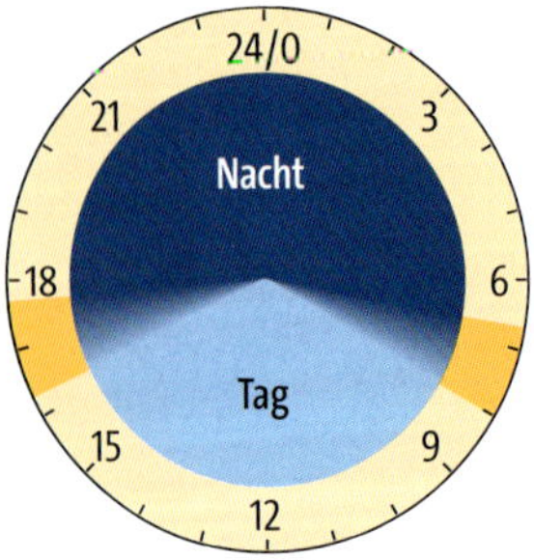

5. Dezember

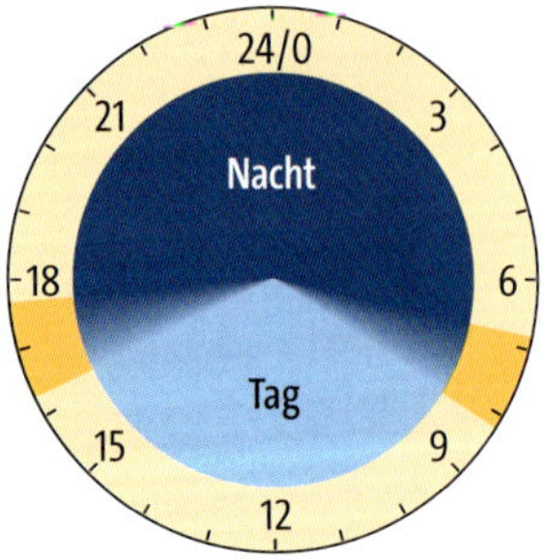

15. Dezember

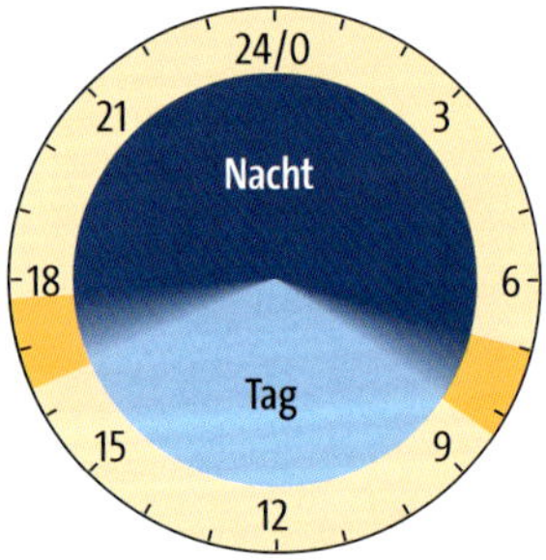

25. Dezember

Tabelle Mondlauf

Datum		Aufg. MEZ	Kulmination	Unterg. MEZ	Rektaszension	Deklination		Sterne und Sternbilder	Phase	MEZ
		h m	h m	h m	h m	°				
Di	1.	22 25	4 44	11 58	8 54	+13,7		Krebs, Krippe		
Mi	2.	23 28	5 31	12 27	9 44	+10,7		Löwe, Regulus		
Do	3.	–	6 15	12 53	10 31	+ 7,3		Löwe, Regulus	**Letztes Viertel**	**$8^h 40^m$**
Fr	4.	0 30	6 58	13 17	11 17	+ 3,7		Löwe	Aufsteigender Knoten	
Sa	5.	1 31	7 40	13 40	12 02	0,0		Jungfrau	Erdferne 405/29′,5	16^h
So	6.	2 32	8 23	14 04	12 47	– 3,7		Jungfrau		
Mo	7.	3 34	9 06	14 30	13 33	– 7,3	*	Spica		
Di	8.	4 36	9 50	14 58	14 19	–10,6		Jungfrau		
Mi	9.	5 38	10 37	15 31	15 07	–13,5		Waage		
Do	10.	6 39	11 26	16 09	15 58	–15,9		Waage		
Fr	11.	7 38	12 16	16 53	16 50	–17,6		Schlangenträger	**Neumond Nr. 1150**	**$11^h 29^m$**
Sa	12.	8 34	13 09	17 44	17 44	–18,4		Schütze	Größte Nordbreite Libration Ost	
So	13.	9 24	14 02	18 43	18 39	–18,2		Schütze		
Mo	14.	10 08	14 56	19 48	19 34	–17,1		Schütze		
Di	15.	10 47	15 48	20 57	20 29	–15,0		Steinbock		
Mi	16.	11 22	16 41	22 08	21 24	–12,1		Wassermann		
Do	17.	11 53	17 32	23 22	22 18	– 8,4		Wassermann		
Fr	18.	12 22	18 23	–	23 12	– 4,3		Wassermann	**Erstes Viertel** Absteigender Knoten	**$16^h 14^m$**
Sa	19.	12 51	19 15	0 36	0 05	+ 0,1	*	Fische		
So	20.	13 21	20 08	1 51	0 59	+ 4,5		Fische		
Mo	21.	13 54	21 02	3 06	1 54	+ 8,7		Fische	Erdnähe 368/32′,4	10^h
Di	22.	14 31	21 57	4 21	2 51	+12,5		Widder		
Mi	23.	15 13	22 54	5 33	3 48	+15,4	*	Stier		
Do	24.	16 02	23 51	6 41	4 47	+17,5		Aldebaran	Größte Südbreite	
Fr	25.	16 58	–	7 42	5 46	+18,4		Stier	**Vollmond**	**$12^h 12^m$**
Sa	26.	17 58	0 48	8 34	6 44	+18,2		Alhena		
So	27.	19 02	1 42	9 19	7 40	+17,0		Zwillinge	Libration West	
Mo	28.	20 07	2 34	9 56	8 34	+14,9		Krebs, Krippe		
Di	29.	21 12	3 22	10 28	9 26	+12,1		Löwe		
Mi	30.	22 15	4 09	10 55	10 15	+ 8,8		Löwe, Regulus		
Do	31.	23 17	4 53	11 21	11 02	+ 5,3		Löwe	Aufsteigender Knoten	

Der Mond bedeckt Aldebaran (siehe Seite 288)

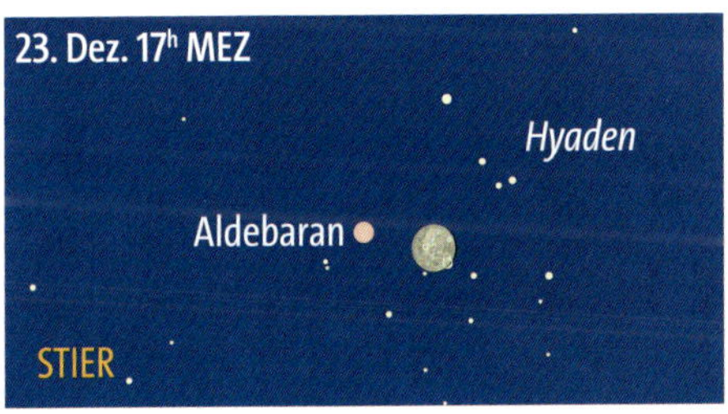

Merkur zeigt sich zum Jahresende nochmals am Abendhimmel. Er entfernt sich rechtläufig von der Sonne, die ihm im Tierkreis folgt. Schließlich erreicht der flinke Planet am 29. mit 19°43′ Winkelabstand seine größte östliche Elongation. Ab 25. kann man mit Aussicht auf Erfolg in der fortschreitenden Abenddämmerung den Südwesthimmel nach Merkur absuchen. Am 25. geht der $-0\overset{m}{,}7$ helle Merkur um 17^h45^m unter. Gegen 17^h kann er sich am dunkler werdenden Himmel durchsetzen.

Rund zwanzig Minuten später verschlucken ihn die dichten Dunstschichten knapp über dem Horizont. Bis 31. sinkt die Merkurhelligkeit leicht auf $-0\overset{m}{,}5$ ab, die Untergänge verspäten sich um eine Viertelstunde auf 18^h01^m. Die Dichotomie (Halbmerkur) tritt am letzten Tag des Jahres ein.

Um den 3. Januar 2016 verabschiedet sich Merkur vom Abendhimmel und wird unsichtbar (siehe Abb. 12.2 und 12.3 unten). Am 14. Januar 2016 kommt der flinke Planet in untere Konjunktion mit der Sonne.

12.2 Merkur am Abendhimmel:
Stellung von Merkur über dem Südwesthorizont zu den angegebenen Daten jeweils eine Stunde nach Sonnenuntergang. Die Pfeile geben die Bewegungen von Merkur und Sonne während der letzten halben Stunde an.

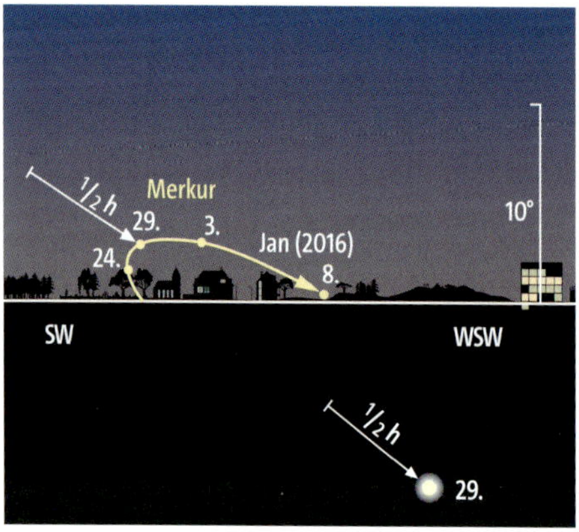

12.3 Sichtbarkeitsdiagramm für Merkur:
Es gilt genau für 50° nördlicher Breite und 10° östlicher Länge. Dunkelgelbe Fläche: Unter günstigen Sichtbedingungen kann man Merkur mit bloßen Augen erkennen.

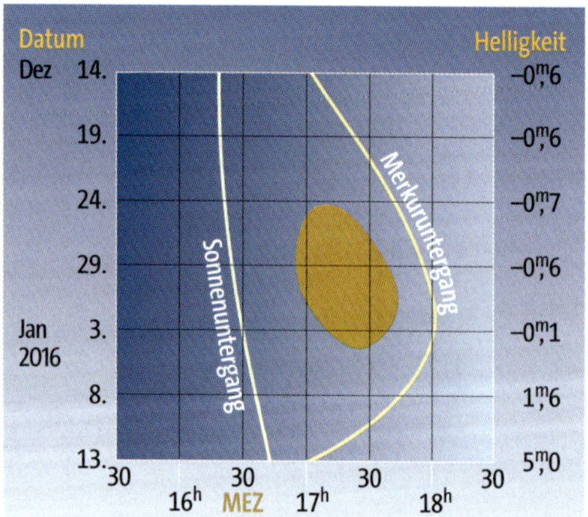

Venus lässt das Jahr als Morgenstern ausklingen. Sie wandert im Tierkreis weiter in südliche Gefilde, weshalb ihre Tagbögen kleiner werden und die Aufgänge immer später erfolgen. Am 11. verlässt sie das Sternbild Jungfrau und tritt in die Waage.

Am 18. zieht sie in 2°,0 Abstand nordöstlich an Zubenelgenubi (α Librae) vorbei. Die Sichel des abnehmenden Mondes gesellt sich am 7. zu Venus. Die morgendliche Planetenparade Venus – Mars – Jupiter samt Mond ist gegen 6^h am Südosthimmel zu bewundern (siehe Abb. 12.1 auf Seite 250).

Am 1. geht Venus um 3^h52^m auf, am 15. um 4^h28^m und am letzten Tag des Jahres erst um 5^h10^m. Die Venushelligkeit sinkt abermals um $0^m,2$ im Laufe des Monats auf $-4^m,0$ ab. Das Venusscheibchen schrumpft bis Silvester auf bescheidene 14",4 scheinbaren Durchmesser, wobei der Beleuchtungsgrad auf 77 Prozent zunimmt.

Am Jahresende ist Venus weiter als die Sonne von uns entfernt, nämlich 174 Millionen Kilometer (= 1,163 AE).

Mars baut seine Stellung am Morgenhimmel aus. Er wandert durch das Sternbild Jungfrau und strebt immer südlicheren Positionen zu. Schon am 1. passiert er 1°,4 südlich Porrima (γ Virginis). Die abnehmende Mondsichel gesellt sich am 6. zum roten Planeten (siehe Abb. 12.4 oben). Am 23. zieht Mars 3°,4 nördlich an Spica vorbei. Die Marshelligkeit nimmt deutlich um $0^m,3$ zu und erreicht zum Jahresende $1^m,2$. Die Marsopposition zur Sonne tritt allerdings erst am 22. Mai 2016 ein. Zum Jahresende erreicht das Marsscheibchen 5",6 scheinbaren Durchmesser.

12.4 Mond bei Mars:
Die abnehmende Mondsichel passiert Mars am 6. Dezember. Fernglasanblick gegen 3^h MEZ bei 5° Gesichtsfelddurchmesser.

Mars überschreitet die östliche Horizontlinie am 1. um 2^h34^m, am 15. um 2^h24^m und am 31. um 2^h11^m. Jeweils 20 Minuten nach seinem Aufgang sollte man ihn mit freien Augen erkennen.

Nach wie vor bildet Mars mit Venus und Jupiter zusammen eine Parade am Morgenhimmel (siehe Abb. 12.1 auf Seite 250).

Mars ist zum Jahresende 252 Millionen Kilometer (= 1,684 AE) von der Erde entfernt.

Jupiter verlagert seine Aufgänge in die Zeit vor Mitternacht. Seine Helligkeit nimmt leicht auf $-2^m,2$ zu. Deutlich verzögert der Riesenplanet seine rechtläufige Bewegung durch den Löwen, sein Stillstand ist nicht mehr fern. Am 9. Januar 2016 wird der Riesenplanet stationär und leitet damit seine Oppositionsperiode ein.

Konstellationen und Ereignisse

Datum	MEZ	Ereignis
4.	7^h	**Mond bei Jupiter**, Mond 1°,8 südlich, **Abstand 2°,6 um 5^h**
6.	4	**Mond bei Mars**, Mond 0°,1 südlich (Bedeckung), **Abstand 0°,7 um 3^h**
7.	18	**Mond bei Venus**, Mond 0°,7 nördlich (Bedeckung), **Abstand 4°,3 um 8^h und 5°,5 am 8. um 5^h**
10.	15	Mond bei Saturn, Mond 3°,1 nördlich
12.	15	Mond bei Merkur, Mond 7°,2 nördlich
17.	9	Mond bei Neptun, Mond 2°,6 nördlich
20.	2	Mond bei Uranus, Mond 1°,2 südlich (Bedeckung)
22.	5^h48^m	**Sonne im Winterpunkt, Wintersonnenwende**
26.	12	Uranus im Stillstand, anschließend rechtläufig
29.	4	**Merkur in größter östlicher Elongation** (20°)
31.	19	**Mond bei Jupiter**, Mond 1°,5 südlich, **Abstand 5°,7 um 8^h und 4°,1 um 24^h**

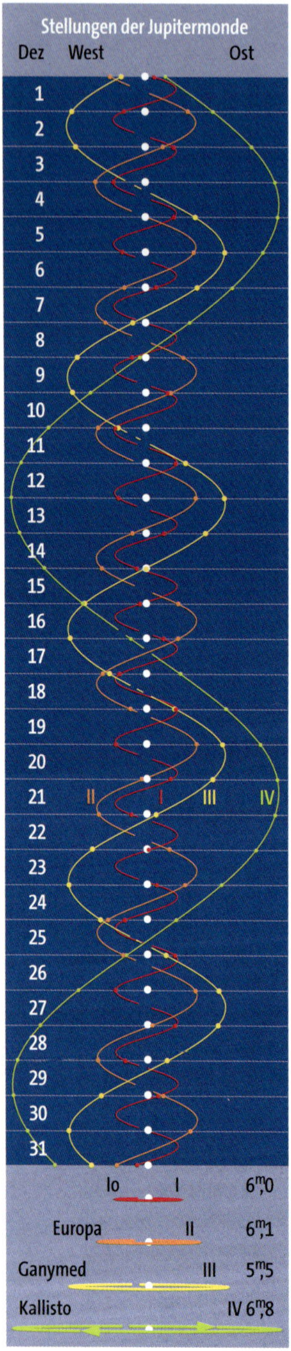

Am 1. geht Jupiter um 0^h45^m auf, am 15. um 23^h54^m und zu Silvester schon um 22^h55^m. Am letzten Tag des Jahres ist der Riesenplanet 755 Millionen Kilometer (= 5,047 AE) von der Erde entfernt. Damit ist das Licht von Jupiter zu uns 42 Minuten unterwegs.

Saturn, rechtläufig im Schlangenträger, stand am letzten Tag des Vormonats in Konjunktion mit der Sonne und bleibt unsichtbar. Versierte Planetenjäger mögen unter exzellenten Sichtbedingungen den Ringplaneten im letzten Dezemberdrittel am Morgenhimmel tief am Südosthimmel aufspüren – möglichst mit Fernglas. Am 20. geht der $0^m{,}5$ helle Saturn um 6^h40^m auf, am 25. um 6^h23^m und am 31. bereits um 6^h03^m.

Uranus bremst seine ohnehin langsame rückläufige Wanderung durch die Fische vollends ab und wird am 26. stationär. Damit beendet er seine Oppositionsperiode. Anschließend ist er wieder rechtläufig. Aus der zweiten Nachthälfte zieht sich Uranus zurück. Der $5^m{,}8$ licht-

Jupitermonde

Tag	MEZ	Vorgang	
	h m		
3.	3 38	II	DA
	4 01	II	SE
	6 24	II	DE
4.	2 51	III	VE
	4 24	III	BA
5.	6 28	I	SA
6.	3 35	I	VA
7.	2 09	I	DA
	3 12	I	SE
	4 24	I	DE
10.	3 46	II	SA
	6 15	II	DA
	6 35	II	SE
11.	3 21	III	VA
	6 49	III	VE
12.	4 09	II	BE
13.	5 28	I	VA
14.	2 50	I	SA
	4 03	I	DA
	5 05	I	SE
	6 17	I	DE
15.	1 36	III	DE
	3 27	I	BE
17.	6 21	II	SA
	6 53	IV	BA
19.	1 27	II	VA
	6 42	II	BE

Tag	MEZ	Vorgang	
	h m		
21.	0 52	II	DE
	4 43	I	SA
	5 56	I	DA
	6 58	I	SE
22.	0 42	III	SE
	1 49	I	VA
	2 18	III	DA
	5 19	I	BE
	5 31	III	DE
23.	1 26	I	SE
	2 38	I	DE
25.	4 15	IV	SA
26.	4 01	II	VA
28.	0 40	II	DA
	1 02	II	SE
	3 24	II	DE
	6 36	I	SA
29.	1 15	III	SA
	3 43	I	VA
	4 39	III	SE
	6 09	III	DA
	7 11	I	BE
30.	1 04	I	SA
	2 15	I	DA
	3 19	I	SE
	4 29	I	DE
31.	1 39	I	BE

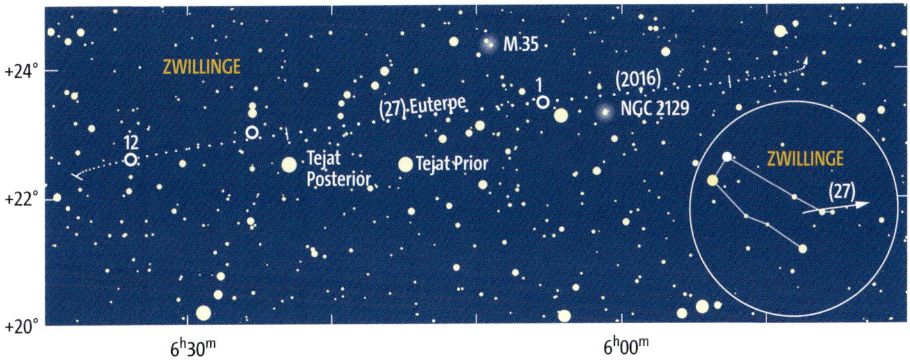

12.5 Bahn von Euterpe: Scheinbare Bahn des Kleinplaneten (27) Euterpe im Sternbild Zwillinge von Dezember 2015 bis Januar 2016.

schwache Planet sinkt am 1. um 3^h17^m unter die Horizontlinie, am 15. um 2^h21^m und am 31. Dezember schon um 1^h18^m. Seine Kulminationszeiten verfrühen sich von 20^h42^m am 1. auf 18^h43^m am Jahresende.

Neptun, wieder rechtläufig im Wassermann, kann noch am frühen Abendhimmel nach Einbruch der Dunkelheit aufgefunden werden (siehe Abb. 9.6 auf Seite 195).

Der mit $7^m_,9$ recht lichtschwache Planet kulminiert am Monatsbeginn um 18^h15^m und sinkt um 23^h31^m unter die Horizontlinie. Am Silvestertag passiert Neptun schon um 16^h19^m den Meridian und geht um 21^h36^m unter. Erst gegen 18^h ist es dunkel genug, um den Planeten des Meeresgottes zu erhaschen.

Pluto, der Zwergplanet, kommt am 6. Januar 2016 in Konjunktion mit der Sonne.

Planetoiden

Vesta (4) beschleunigt ihre rechtläufige Bewegung durch den Walfisch. Am 6. wandert sie 1,°5 nordwestlich an ι Ceti ($3^m_,6$) vorbei. Damit hat sie bei ihrer Oppositionsschleife eine schöne Kurve um diesen Fixstern gezogen (siehe Abb. 9.7 auf Seite 196). Am 18. wechselt sie in das Sternbild Fische und kehrt am 24. wieder in das Sternbild Walfisch zurück. Dies liegt nicht daran, dass Vesta etwa ihre Bewegungsrichtung ändert, sondern an der etwas willkürlichen Grenzziehung der Sternbilder. Die Vestahelligkeit sinkt weiter von $7^m_,5$ bis Jahresende auf $7^m_,9$ ab. Die Meridianpassagen von Vesta verfrühen sich von 19^h52^m am 1. auf 19^h04^m am 15. und auf 18^h14^m am 31., wobei sie an Silvester um 23^h56^m untergeht.

Eunomia (15), wieder rechtläufig im Pegasus, überschreitet am 23. die Grenze zu den Fischen (siehe Abb. 10.14 auf Seite 218). Ihre Helligkeit sinkt bis Jahresende von $8^m_,9$ auf $9^m_,4$ ab, weshalb sie kein lohnenswertes Objekt mehr für den Gelegenheitsbeobachter ist.

Ihre Kulminationszeiten verfrühen sich von 19^h33^m am 1. auf 18^h51^m am 15. und auf 18^h08^m am 31., wobei sie zu Silvester um 1^h40^m untergeht.

Euterpe – Planetoid Nr. 27 – kommt am 25. in **Opposition** zur Sonne. Am 17. November wurde sie rückläufig. Sie beschleunigt ihre Wanderung durch das Sternbild Zwillinge und passiert am 14. Tejat Posterior (μ Gem; $2^m_,9$) 0,°5 nördlich und am 22. Tejat Prior (η Gem; $3^m_,2$–$3^m_,4$) 0,°7 nördlich. Am 28. hält sie sich 1,°0 südlich vom offenen Sternhaufen M 35 auf (siehe Abb. 12.5 oben). Zu Monatsbeginn noch $9^m_,3$ hell, erreicht sie eine Oppositionshelligkeit von $8^m_,4$. Bis Jahresende sinkt sie wieder auf $8^m_,7$ ab.

Oppositionen von (27) Euterpe 2000 – 2025

Datum			Hell.	Dekl.
			m	o
2000	Sep	2.	9,8	−10
2002	Mrz	10.	9,3	+ 6
2003	Jul	1.	10,4	−23
2004	Nov	6.	8,8	+14
2006	Mai	3.	10,2	−14
2007	Aug	11.	10,2	−17
2009	Feb	4.	8,8	+18
2010	Jun	13.	10,4	−23
2011	Okt	4.	9,3	+ 2
2013	Apr	10.	9,8	− 6
2014	Jul	22.	10,3	−21
2015	**Dez**	**25.**	**8,4**	**+23**
2017	Mai	25.	10,4	−20
2018	Sep	6.	9,8	− 9
2020	Mrz	14.	9,4	+ 5
2021	Jul	3.	10,4	−23
2022	Nov	12.	8,7	+16
2024	Mai	5.	10,2	−15
2025	Aug	13.	10,1	−16

Die Opposition im Jahr 2015 ist die günstigste.

Am 1. kulminiert Euterpe um 2^h17^m, am 15. um 1^h11^m und am 25., dem Oppositionstag, schon um 0^h21^m.

Von der Erde ist Euterpe zur Opposition 143 Millionen Kilometer (= 0,96 AE) entfernt, von der Sonne trennen sie an diesem Tag 291 Millionen Kilometer (= 1,95 AE).

Die diesjährige Opposition ist die günstigste in den Jahren 2000 bis 2025: Euterpe erreicht ihre maximale Helligkeit und die nördlichste Position (siehe Tabelle „Oppositionen von Euterpe" oben).

Amphitrite (29) wird am 8. in den Fischen stationär und beendet damit ihre Oppositionsperiode. Anschließend ist sie wieder rechtläufig (siehe Abb. 10.15 auf Seite 218). Am 8. kulminiert die nur noch $9^m_,7$ helle Amphitrite um 20^h34^m und geht um 4^h00^m unter.

Periodische Sternschnuppenströme

Vom 7. bis 17. Dezember macht sich der ekliptikale Strom der **Geminiden** bemerkbar. Ihr Ausstrahlungspunkt liegt in den Zwillingen, rund 1° südwestlich von Kastor.

Das Maximum tritt in der Nacht vom 13. auf 14. Dezember ein, wo stündlich bis zu 120 Meteore, mitunter auch sehr helle Objekte, über den Himmel huschen. Da der Radiant hoch über dem Horizont steht, sind die Geminiden die ganze Nacht über zu verfolgen. Auch fällt der Höhepunkt ihrer Aktivität in die Neumondphase. Die Geschwindigkeiten betragen um 35 Kilometer pro Sekunde. Die günstigste Beobachtungszeit liegt zwischen 21^h und 6^h morgens. Im Jahr 2009 gab es zwei deutliche Maxima mit je 140 Geminiden-Meteore pro Stunde. Das erste fiel auf 19^h am 13. und das zweite stellte sich um 3^h am 14. Dezember ein. Neuerdings vermutet man den Planetoiden (3200) Phaeton als Quelle für die Geminiden. Ihm wird eine „kometarische" Vergangenheit angelastet.

Vom 17. bis 26. Dezember tauchen die **Ursiden** auf, deren Radiant im Sternbild Kleiner Bär zu finden ist. Ihr scharfes Maximum erreichen die Ursiden-Meteore in der Nacht vom 22. auf 23. Dezember gegen Mitternacht.

Da der Radiant zirkumpolar ist, können die Ursiden die ganze Nacht beobachtet werden. Der Ursprung der Ursiden wird auf den Kometen 8P/Tuttle zurückgeführt. Die Sternschnuppen haben niedrige Geschwindigkeiten von 35 Kilometer pro Sekunde. In den letzten Jahren wurden rund zehn bis zwanzig, 2004 und 2007 auch mehr Objekte pro Stunde im Maximum registriert.

Wenig ergiebig ist der Strom der **Monocerotiden**, dessen Radiant zwischen Beteigeuze und Prokyon liegt. Es handelt sich um mittelschnelle Objekte (um 40 Kilometer pro Sekunde). Das Maximum soll am 8. Dezember eintreten mit nur wenigen Meteoren, lediglich ein bis drei Exemplare pro Stunde sind zu erwarten.

Ein paar mehr Sternschnuppen liefern die **Sigma-Hydriden** im Maximum, das am 11. Dezember zu erwarten ist. Man rechnet mit drei bis fünf Objekten pro Stunde, die mit rund 60 Kilometer pro Sekunde in unsere Lufthülle eindringen. Der Radiant liegt im Kopf der Wasserschlange (Hydra).

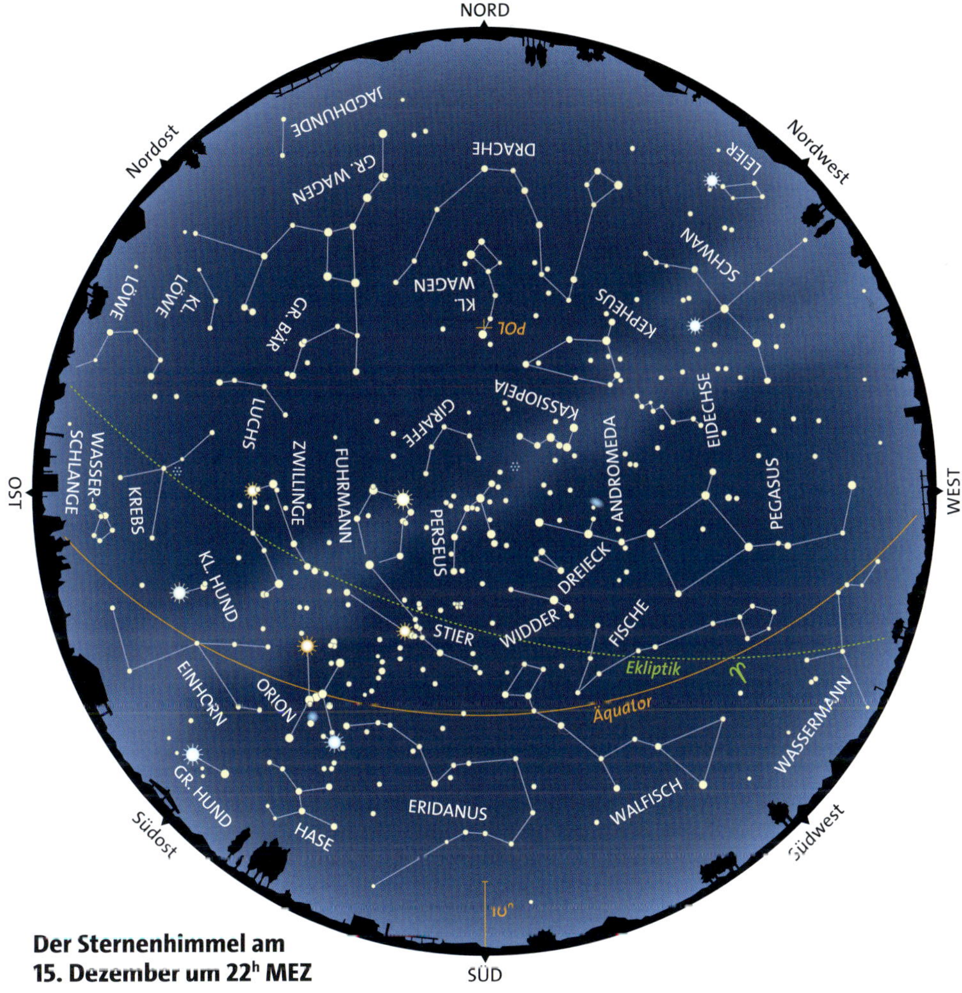

Der Sternenhimmel am 15. Dezember um 22^h MEZ

Die Sternkarte ist auch gültig für:		
	MEZ	MESZ
15. 9.	4^h	5^h
1.10.	3	4
15.10.	2	3
1.11.	1	
15.11.	0	
1.12.	**23**	
15.12.	**22**	
31.12.	**21**	
15. 1.	20	
31. 1.	19	

In der Osthälfte des Firmaments sind bereits die Wintersternbilder vollständig versammelt. Mit Ausnahme des Perseus haben alle Herbstbilder die Mittagslinie, den Meridian, überschritten und befinden sich in der westlichen Hemisphäre des Firmaments. Tief im Nordwesten ist noch das Sternenkreuz des fliegenden Schwans mit dem hellen Stern Deneb zu sehen. Der Schwan ist gewissermaßen ein Relikt des Sommerhimmels. Knapp über dem Nordhorizont flackert die Wega in der Leier, die bei uns nahezu zirkumpolar ist und daher fast das ganze Jahr über in klaren Nächten beobachtbar bleibt.

Hoch in westlicher Richtung erblickt man noch das Herbstviereck, das Pegasusquadrat, dessen Spitze zum Horizont

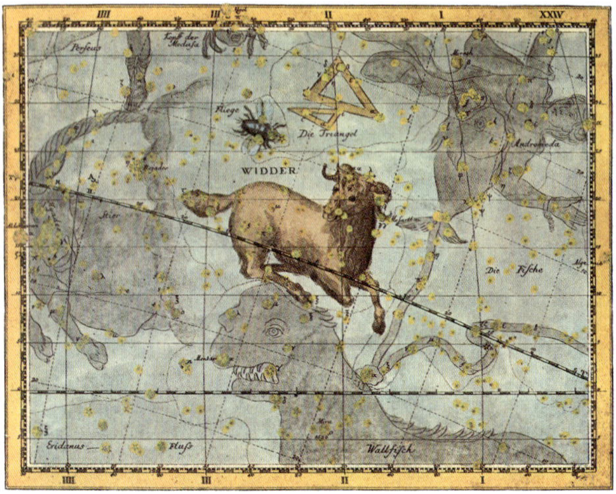

12.6 Der Widder:
Figürliche Darstellung des Sternbildes Widder in dem Sternatlas von Johann Elert Bode aus dem Jahre 1782.

deutet. Das Pegasusquadrat hängt mit der obersten Ecke an der Sternenkette der Andromeda, die sich vom Zenit ausgehend nach Westen erstreckt. Den Platz im Zenit nimmt nun der Perseus ein, der strahlende Held aus der Andromeda-Sage. Zwischen Kassiopeia und Perseus findet man fast senkrecht über unseren Köpfen die beiden prächtigen offenen Sternhaufen h und χ Perseï. Für den Einsteiger in die Beobachtung von Veränderlichen Sternen sei auf Algol (β Perseï) hingewiesen. Er ist der Prototyp der Algol-Bedeckungsveränderlichen. Algol steht jetzt hoch über unseren Köpfen und ist leicht zu finden. Schon mit bloßen Augen kann man sich im Schätzen seiner Helligkeit üben. Die Helligkeitsminima von Algol sind in der monatlichen Rubrik „Veränderliche Sterne“ vermerkt.

Hoch im Süden hat gerade der Widder (lat.: Aries) den Meridian durchschritten. Südlich des Widders macht der Sternenhimmel einen vergleichsweise düsteren Eindruck. Helle Sterne fehlen völlig in diesem Areal, das vom Walfisch und dem langgestreckten Fluss Eridanus eingenommen wird.

Die Boten des Winters

Umso eindrucksvoller zeigt sich nun der Ost- und Südosthimmel. Hoch im Osten, fast im Zenit, steht die helle, gelbliche Kapella im Fuhrmann, darunter die beiden Sternenketten der Zwillinge mit Kastor und Pollux. Die meisten Völker sahen in diesen beiden Sternenketten zwei Menschengestalten. Die Inder nannten das Bild Mithuna und sahen darin einen Knaben und ein Mädchen. Kastor (α Geminorum) ist mit $1\overset{m}{,}6$ scheinbarer Helligkeit etwas lichtschwächer als Pollux (β Geminorum). Kastor ist 52 Lichtjahre entfernt und setzt sich aus sechs Sonnen zusammen. Pollux ist ein orangefarbener, normaler Riesenstern (Spektraltyp K0 III) mit $1\overset{m}{,}2$ scheinbarer Helligkeit. Seine Entfernung beträgt 34 Lichtjahre. Damit ist Pollux uns ein wenig näher als Arktur. Er ist somit der sonnennächste rote Riesenstern mit einer dreißigfachen Sonnenleuchtkraft.

Der Stier mit dem prächtigen Sternhaufen der Hyaden, in des-

Veränderliche Sterne im Dezember

Algol-Minima	1. 0^h01^m	3. 20^h49^m	18. 4^h55^m	21. 1^h44^m	23. 22^h34^m	26. 19^h23^m
β-Lyrae-Minima	6. 21^hH	13. 8^hN	19. 20^hH	26. 7^hN		
δ-Cephei-Maxima	1. 20^h	7. 5^h	12. 14^h	17. 23^h	23. 7^h	28. 16^h
Mira-Helligkeit	1. 10^m	10. 10^m	20. 10^m	31. 10^m		

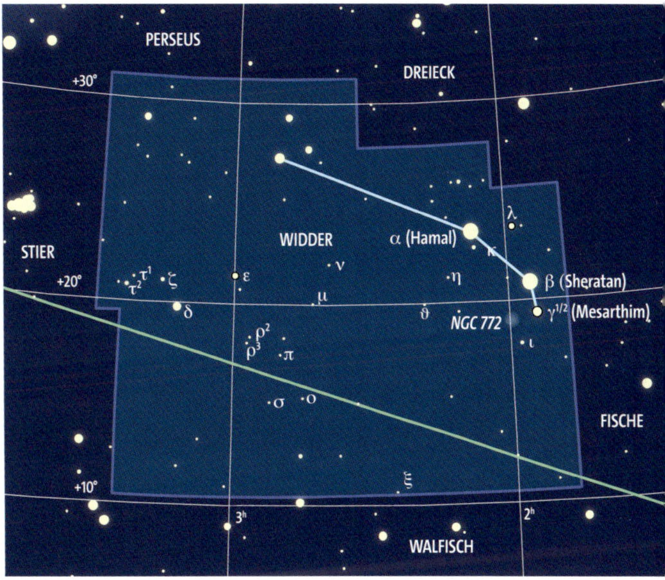

12.7 Das Sternbild Widder: Skelettkarte des Sternbildes Widder (lat.: Aries).

sem Vordergrund der rot-gelbe Aldebaran auffällig glänzt, und dem Siebengestirn, den Plejaden, schreitet zügig auf den Meridian zu. Die westlichen Teile des Stiers haben bereits die Mittagslinie erreicht.

Südöstlich des Stiers strahlt unübersehbar der Orion, das prominenteste der Wintersternbilder, mit den beiden hellen Sternen Beteigeuze und Rigel sowie den in einer geraden Linie stehenden drei Gürtelsternen. Auch Prokyon im Kleinen Hund (α Canis Minoris) ist bereits im Osten aufgetaucht. Tief im Süden ist soeben Sirius im Großen Hund (α Canis Maioris), der hellste Fixstern am irdischen Himmel, über die Horizontlinie gestiegen. Damit ist das komplette Wintersechseck am Osthimmel vertreten. Es setzt sich aus den Sternen Sirius, Prokyon, Pollux, Kapella, Aldebaran und Rigel zusammen.

Das Sternbild Widder (Aries)

Der Widder ist ein kleines, aber markantes Sternbild, das man leicht findet. Im Wesentlichen setzt es sich aus drei Sternen zusammen, die ein stumpfwinkliges Dreieck bilden. Dem Namen nach ist der Widder wohl vertraut. Denn er gehört zum Tierkreis, zu jenen Sternbildern also, durch die die Sonne im Laufe eines Jahres hindurchwandert, und zwar vom 19. April bis 14. Mai. Bei der Aufzählung der Tierkreissternbilder steht der Widder stets an erster Stelle. Denn vor mehr als zweitausend Jahren lag der Frühlingspunkt in diesem Sternbild. Der Frühlingspunkt ist der Schnittpunkt der aufsteigenden Sonnenbahn mit dem Himmelsäquator. Passiert die Sonne den Frühlingspunkt, so überschreitet sie den Himmelsäquator und wechselt von der Süd- auf die Nordhalbkugel des Himmels. Der Frühlingspunkt bleibt aber nicht unter den Sternen fixiert. Infolge der Kreiselbewegung der Erdachse, der sogenannten Präzession, wandert er entgegen dem Sonnenlauf, also von Ost nach West in knapp 26000 Jahren einmal durch den gesamten Tierkreis. Im Mittel alle zweitausend Jahre wechselt der Frühlingspunkt in ein neues Sternbild. Vom Jahre −1840 bis zum Jahr −70 lag er im Widder, ab dann wechselte er in die Fische und im Jahre 2610 wird er in den Wassermann treten. Auch wenn in unserer Zeit der Frühlingspunkt im Sternbild Fische liegt, so spricht man immer noch vom Widderpunkt, wenn der Frühlingspunkt gemeint ist, der auch der Ursprung für die äquatorialen und ekliptikalen Himmelskoordinaten ist.

Der himmlische Hammel

Der Hauptstern des Widders, Hamal (γ Arietis), leuchtet in einem orange-gelben Licht (Spektralklasse: K2 III). Er ist ein Stern zweiter Größenklasse ($2^{m}\!,0$). Hamal bedeutet arabisch so viel wie Lamm. Unser deutsches Wort Hammel leitet sich davon ab. Nach Bayer trägt Hamal die Bezeichnung α Arietis. Hamal ist ein Riesenstern in 66 Lichtjahren Entfernung. Er strahlt mit etwa hundertfacher Sonnenleuchtkraft. β Arietis ($2^{m}{,}6$) ist 59 Lichtjahre entfernt und wird Sheratan genannt, was auf Arabisch „das Zeichen" (für den Jahresbeginn) bedeutet. Sheratan leuchtet bläulich-weiß. Er ist ein spektroskopischer Doppelstern mit 107 Tagen Umlaufzeit. Der dritte im Bunde, γ Arietis, ist ein bekannter, leicht zu trennender Doppelstern. Mit Eigenname Mesarthim genannt, ist sein Licht zu uns rund 200 Jahre unterwegs. Seine beiden Komponenten sind $4^{m}{,}6$ und $4^{m}{,}7$ hell und sind $7''{,}5$ voneinander entfernt. Die Duplizität von Mesarthim hat Robert Hooke im Jahre 1664 zufällig beim Verfolgen eines Kometen entdeckt. Beide Sonnen leuchten weißlich.

Die Sage berichtet: Nephele, die Göttin der Wolken, liebt den Herrscher von Orchomenos und schenkt ihm zwei Kinder, Phrixos und Helle. Sie verlässt ihren Geliebten, weil er mit Prinzessin Ino ein neues Verhältnis beginnt. Ino hasst Nephele und erreicht, dass Phrixos und Helle geopfert werden sollen. Kurz vor ihrem Opfertod am Altar erscheint ein Widder mit goldener Wolle (das Goldene Vlies) und entführt die Geschwister durch die Lüfte. Helle stürzt aber ab und fällt ins Meer. Die Stelle, wo sie in den Fluten versinkt, wird heute Hellespont genannt.

Nach dem römischen Dichter Ovid verwandelt sich Zeus selbst in einen Widder, um sich vor dem Titanen Typhon zu verstecken.

Im alten Ägypten gehörten die Widdersterne zum Bild des Stieres. Später erkannte man hier den ägyptischen Gott Ammon, der einen Widderkopf trägt. Die Babylonier sahen hier eine menschliche Gestalt, nämlich einen Mietsklaven. Im chinesischen Tierkreis heißt dieses Sternbild Kiang Leu, der Hund.

Das große Zerreißen

Jahrtausendelang war man der Ansicht, der Kosmos und seine Gestirne seien für ewige Zeiten unvergänglich. Zwar erkannte man, dass Sterne nicht ewig leuchten können. Denn ihr – wenn auch großer – Energievorrat geht unweigerlich eines Tages zu Ende. Aber das Weltall als solches sah man als ewig existierend an. Noch bis weit über die Mitte des vorigen Jahrhunderts hielten einige Astronomen diese Ansicht für zutreffend.

Doch in den 20er Jahren des vorigen Jahrhunderts stießen Edwin Powell Hubble und sein Kollege Milton Humason nicht nur das Tor in die Tiefen des Universums auf, indem sie herausfanden, dass viele der nebelhaften Lichtfleckchen am Firmament gewaltige Sternsysteme sind weit jenseits unserer Milchstraße. Sie entdeckten auch mit dem 2,5-m-Reflektor auf dem Mt.-Wilson-Observatorium in Kalifornien, dass diese Milchstraßensysteme oder Galaxien sich von uns entfernen und zwar umso schneller, je weiter sie weg sind. Das Weltall dehnt sich aus, es expandiert. Daraus folgt, dass es in der Vergangenheit kleiner gewesen sein muss und damit auch heißer. Man postulierte den Urknall oder Big Bang.

Im Jahre 1965 entdeckten Arno Penzias und Robert Wilson per Zufall die von George Gamow bereits zwanzig Jahre vorher prophezeite Reststrahlung des superdichten und hyperheißen Beginns unseres Universums. Diese kosmische Hintergrundstrahlung fällt isotrop, also aus allen Richtungen gleichmäßig ein. Ihr Spektrum entspricht einem Schwarzen Strahler mit einer Temperatur von 3 Kelvin, das sind –270 °C, also nur drei Grad über dem absoluten Nullpunkt. Man spricht von der 3K-Hintergrundstrahlung oder vom CMB (Cosmic Microwave Background). Denn die maximale Intensität dieser Planckschen Strahlung liegt im Millimeterbereich, daher die Bezeichnung kosmischer Mikrowellenhintergrund. Drei Raumsonden, COBE, WMAP und PLANCK haben diese Strahlung mit hoher Winkel- und Temperaturauflösung untersucht. Im Mikrokelvin(Millionstel Grad)-Bereich gibt

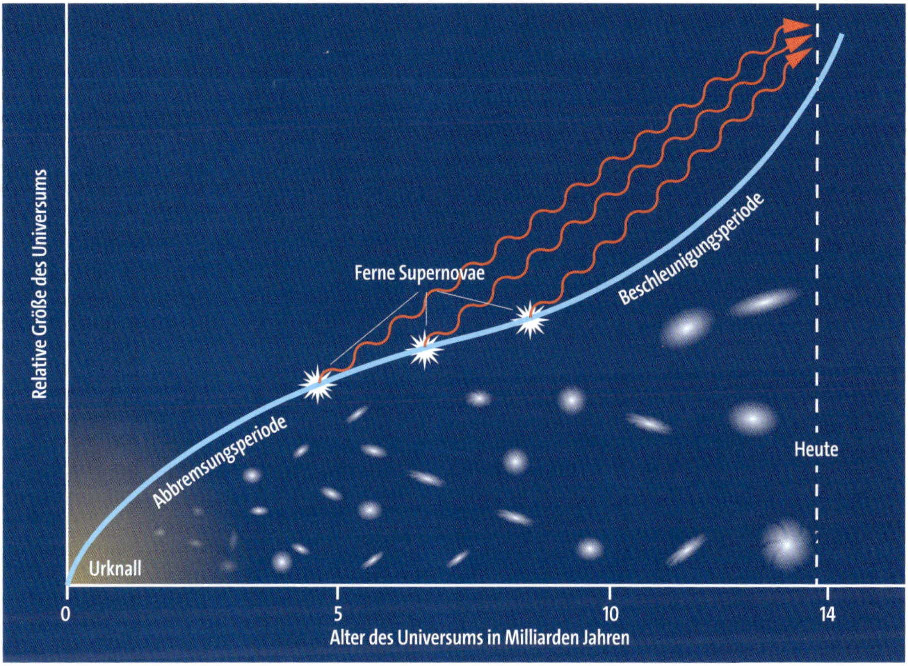

12.8 Seit etwa sechs Milliarden Jahren expandiert das Universum beschleunigt.

es jedoch Abweichungen von der absoluten Isotropie. Sie zeigen das Muster der primordialen Quantenfluktuationen. Diese sind die Keimzellen der großräumigen honigwabenartigen Struktur des Universums: Galaxienhaufen und -superhaufen bilden riesige Wände von Hunderten von Millionen Lichtjahren Ausdehnung, die gewaltige, fast völlig leere Raumgebiete umschließen.

Das Schicksal des Alls

Wird sich das Weltall ewig ausdehnen? Wirft man einen Ball in Höhe, so bremst ihn die Erdgravitation ab. Er wird immer langsamer und kommt schließlich zum Stillstand. Anschließend fällt er beschleunigt wieder herunter und kommt mit der gleichen Geschwindigkeit wieder an, mit der er hochgeworfen wurde (gilt genau genommen nur im Vakuum ohne Luftwiderstand). Ab einer gewissen Anfangsgeschwindigkeit kommt der Ball oder eine Rakete nicht mehr zurück. Sie werden zwar immer langsamer, aber sie kommen erst im Unendlichen zum Stillstand. Diese Grenzgeschwindigkeit heißt Flucht- oder Entweichgeschwindigkeit. Bei der Erde sind dies 11,2 Kilometer pro Sekunde. Übertrifft eine Rakete diese Geschwindigkeit, so wird sie zwar permanent abgebremst, aber sie kommt nicht mehr zum Stillstand.

Ebenso gibt es für das Universum drei Möglichkeiten: Entweder, die Expansion kommt eines mehr oder minder fernen Tages zum Stillstand, die Bewegung kehrt sich um und das Weltall stürzt in sich zusammen zu dem heißen, überdichten Zustand, aus dem es hervorgegangen ist. Dieses Szenario nennt man Big Crunch (engl., großes Knirschen). Oder die Expansion kommt erst nach unendlich langer Zeit zum Stillstand. Dann wird es eines Tages dunkel im Universum, wenn alle Sterne erloschen sind und der Wasserstoff, Baustoff für neue Sterne, aufgebraucht ist. Als dritte Möglichkeit bleibt die ewig anhaltende Expansion, die zwar mit fortschreitender Zeit immer langsamer wird, aber nie völlig aufhört.

Um zu entscheiden, welcher Fall auf das Universum zutrifft, muss man die Anziehungskraft der im Weltall vorhandenen Massen mit deren Bewegungsenergien vergleichen. Dazu sind die

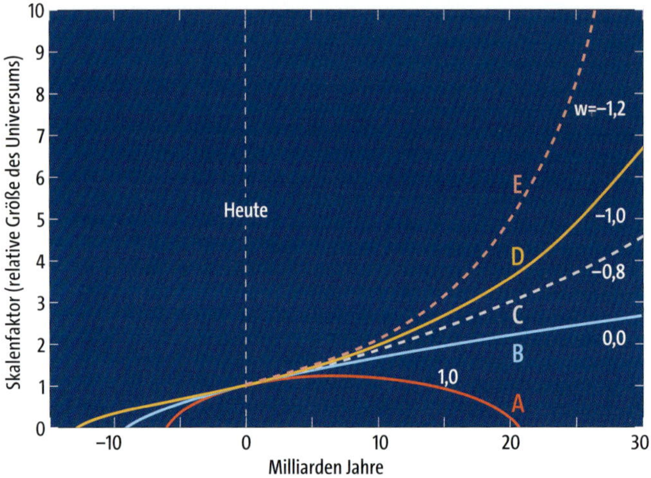

12.9 Der kosmologische Parameter w (Strahlungs- und Vakuumdruck zu Gesamtdichte) bestimmt die Zukunft des Universums:
A: Geschlossenes Universum, Ende Big Crunch
B: Flaches Universum, Expansion permanent abgebremst, Stillstand nach unendlich langer Zeit.
C, D: Offenes Universum, ewige beschleunigte Expansion.
E: Beschleunigte Expansion führt zum Big Rip, dem großen Zerreißen aller Materiestrukturen.

Expansionsrate, der Hubble-Parameter, und die mittlere Materiedichte im Weltall zu bestimmen. Beide Werte sind beziehungsweise waren allerdings nicht leicht zu ermitteln. Für jede Expansionsrate gibt es eine kritische Dichte, bei der die kinetische Energie gleich der potenziellen Gravitationsenergie ist. In diesem Fall kommt die Expansion nach unendlich langer Zeit zum Stillstand. Dieses Szenario heißt parabolischer Grenzfall. Ist die reale Dichte größer als die kritische, dann gewinnt die Gravitation. Sie bringt die Expansion zum Stillstand und anschließend das Weltall zum Zusammenstürzen. Ist die reale Dichte jedoch kleiner als die kritische, so expandiert das Universum für immer und ewig. Aus den Daten, die die Raumsonden von der kosmischen Hintergrundstrahlung geliefert haben, ergibt sich ein Hubble-Parameter von 68 km/s pro Megaparsec (1 Mpc = 3,26 Mio. Lichtjahre).

Dunkle Materie reicht nicht als Erklärung

Die reale Materiedichte im Weltall macht nur knapp fünf Prozent der kritischen Dichte aus. Selbst wenn man die ebenfalls gravitativ wirkende Dunkle Materie hinzunimmt, werden gerade mal 32 Prozent der kritischen Dichte erreicht.

Die Dunkle Materie wirkt ausschließlich durch ihre Schwerkraft. Sie macht sich bei den Bewegungen der Galaxien innerhalb eines Haufens bemerkbar, indem sie den Haufen zusammenhält, sowie bei der Rotation von Galaxien, deren Ränder sich zu schnell drehen, um dies allein durch die Gravitation der leuchtenden Materie erklären zu können. Auch bei dem von Einstein vorhergesagten Gravitationslinseneffekt spielt sie eine Rolle: Galaxienhaufen lenken durch ihre Masse Lichtstrahlen von dahinter liegenden Objekten ab, ähnlich wie eine konvexe Glaslinse Licht bündelt. Aus der Ablenkung ergibt sich die Masse des Galaxienhaufens. In allen drei Fällen zeigt sich: Es ist mehr Masse im All vorhanden als die mit elektromagnetischen Wellen beobachtbare Materie. Die Dunkle Materie sendet keine elektromagnetischen Wellen aus. Sie bleibt unsichtbar, daher nennt man sie „dunkel". Ohne sie wäre auch die Bildung von Sternen und Galaxien in der Frühphase des Kosmos nicht erklärbar. Denn nur durch ihre Schwerkraft kann es zur Verklumpung der Materie kommen. Die Expansion und der thermische Druck, den die Dunkle Materie eben nicht ausübt, hätten eine Sternentstehung verhindert.

Groß war die Überraschung, als sich zum Ende des 20. und zum Anfang des 21. Jahrhunderts herausstellte, dass keines der drei beschriebenen Expansionsmodelle auf das Universum zutrifft. Man entdeckte: Die Ausdehnung des Universums erfolgt immer schneller, das Weltall expandiert beschleunigt! Um die Expansionsrate, den Hubble-Parameter und seine zeitliche Änderung, genauer zu bestimmen, hatten sich zwei Beobachterteams daran gemacht, ferne Supernovae zu beobachten, um die Relation zwischen Rotverschiebung und Entfernung neu zu eichen (siehe Kasten „Extragalaktische Entfernungsbestimmung" auf Seite 231).

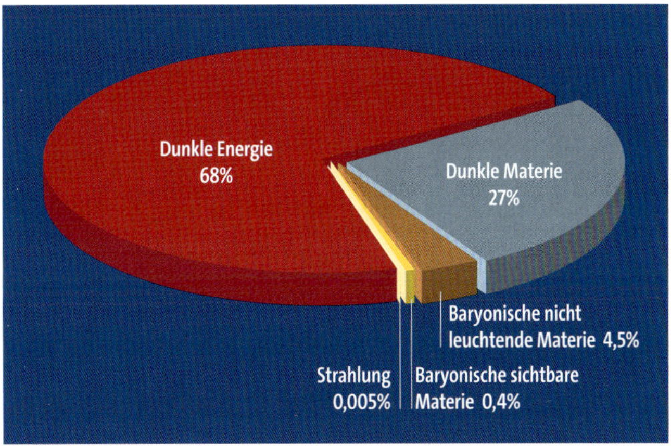

12.10 Die Anteile der Dunklen Energie, der Dunklen Materie und der baryonischen Materie inklusive Strahlung an den gravitativen Wirkungen im Universum.

Supernovae sind die absolut hellsten Einzelobjekte im Universum und daher auch noch in großer Ferne auszumachen. Außerdem geht man davon aus, dass die absoluten Helligkeiten von SN Ia nur geringfügig streuen, da sie durch den Gravitationskollaps eines Weißen Zwergs hervorgerufen werden, der Materie von einem Begleiter aufsammelt und bei Erreichen des Chandra-Limits (knapp 1,5 Sonnenmassen) detoniert. Es ist somit bei einer SN Ia immer die gleiche Menge „Sprengstoff" im Spiel.

Beide Beobachterteams stellten überrascht fest, dass Supernovae in zehn Milliarden Lichtjahren Distanz eine niedrigere absolute Helligkeit aufweisen als jene in wesentlich geringerer Entfernung. Dies ist aber offensichtlich ein Scheineffekt. Geht man davon aus, dass die fernen SN Ia die gleiche Leuchtkraft aufweisen wie die nahen, so sind die fernen SN Ia weiter entfernt als dies aufgrund ihrer kosmologischen Rotverschiebung in ihren Spektren anzunehmen ist, wenn man von einer parabolischen Expansion ausgeht. Denn die Rotverschiebung in den SN-Spektren ist ein Maß für ihre Fluchtgeschwindigkeit. Gleiche Fluchtgeschwindigkeit bei größerer Distanz bedeutet aber: Der Hubble-Parameter H muss zumindest eine Zeit lang *kleiner* gewesen sein als heute. Im Klartext: das Universum dehnt sich seit einigen Milliarden Jahren *beschleunigt* aus, eine Tatsache, die für fast alle Kosmologen eine unerwartete, sensationelle Entdeckung darstellte, mit der sich einige auch nur schwer abfinden können. Galt doch lange als allgemeiner Konsens, dass die im Weltall vorhandenen Massen die Expansion mehr oder weniger stark abbremsen.

Ein Nobelpreis für Physik

Die Leiter beider Beobachtungsteams, Saul Perlmutter vom Lawrence Berkeley National Laboratory mit seinem Beobachtungsprogramm „Supernova Cosmology" sowie Adam Riess und Brian Schmidt mit ihrem „High-z Supernova Search Team" am Australian National Observatory erhielten für ihre bahnbrechende Entdeckung im Jahre 2011 den Nobelpreis für Physik. Um zu erklären, wer oder was die beschleunigte Expansion bewirkt, hat man schon 1998 den Begriff „Dunkle Energie" eingeführt. Sie wirkt als abstoßende Kraft, die die Expansion beschleunigt. Nach der Speziellen Relativitätstheorie (SRT) von Albert Einstein sind aber Energie und Masse einander äquivalent. Jeder kennt heute die Formel: $E = m \cdot c^2$ (Energie ist gleich Masse mal Lichtge-

Max-Planck-Institut für extraterrestrische Physik

12.11 Die Raumsonde eROSITA zur Erforschung der Dunklen Energie.

schwindigkeitsquadrat). Wenn aber der Dunklen Energie auch eine Masse zugebilligt wird, so übt diese auch eine Schwerkraft aus, sie wirkt gravitativ. Diese Funktion erfüllt aber der von Einstein einst im Gravitationsgesetz Newtons eingefügte Λ-Term, der eine abstoßende Kraft darstellt. Einstein wollte damals das Weltall damit stabilisieren, weil er an ein statisches Weltall glaubte. Als sich herausstellte, dass das Universum expandiert, hat er den Λ-Term verworfen. Doch inzwischen wurde er wieder aus der Versenkung geholt und wird heute als kosmologische Konstante bezeichnet, die die Vakuumenergie darstellt. Wie der Name sagt, ist sie zeitlich konstant – so vermutet man zunächst. Sie verursacht damit aber eine ständig beschleunigte Expansion des Universums. Wenn nämlich die Vakuumenergie pro Raumeinheit konstant bleibt, nehmen die Distanzen der Galaxien mit der Zeit immer schneller, also beschleunigt, zu. Die Dunkle Energie ist offensichtlich eine Eigenschaft des Vakuums. Man kann sie auch als *Antigravitation* auffassen. Das Verhältnis von Vakuumenergiedichte ρ_Λ zu ihrem Druck p_Λ bezeichnet man als Zustandsgleichung w der Dunklen Energie: $w = -p_\Lambda/\rho_\Lambda$.

Für eine zeitlich konstante Vakuumenergie Λ hat w den Wert $w = -1$. Niemand weiß aber bis heute, ob das w tatsächlich zeitlich konstant bleibt. Man nennt die Dunkle Energie gelegentlich Quintessenz, wenn das w zwischen $-\frac{1}{3}$ und -1 liegt. Ist w jedoch kleiner als -1, dann spricht man von Phantomenergie.

Folgen der Phantomenergie

Sollte die Phantomenergie tatsächlich existieren, so hätte dies dramatische Folgen. Denn die Phantomenergie wird eines Tages die Herrschaft über die Gravitation gewinnen in einem Szenario, dem Großen Zerreißen (Big Rip). Dabei wächst die Expansionsrate mit fortschreitender Zeit enorm an. Dies führt zunächst zur Auflösung der Galaxienhaufen. Anschließend werden die Galaxien auseinandergerissen, ihre Sterne verstreuen sich im All. Danach verlieren die Sterne ihre Planeten und diese wiederum ihre Satelliten. Doch auch Sternen und Planeten geht es an den Kragen. Sie werden von der Phantomenergie zerrissen. Auch die Molekular- und Kernkräfte werden überrumpelt: Moleküle, Atome, selbst die Atomkerne zerplatzen. Schließlich sind die Elementarteilchen selbst dran: Protonen, Neutronen, Quarks und Elektronen werden zerrissen. Die einzelnen Vorgänge folgen immer schneller aufeinander (siehe Tafel „Big Rip" rechts). Nach diesem Großen Zerreißen endet das Weltall wie es vor knapp 14 Milliarden Jahren begonnen hat, im zeitlosen Zustand der Quantenvakuumfluktuation.

Wird das Große Zerreißen tatsächlich stattfinden, und, wenn ja, wann wird das sein? Dies lässt sich heute noch nicht sagen. Für ein $w = -1{,}1$ erfolgt der Big Rip in 86 Milliarden Jahren, bei $w = -1{,}2$ in 53 Milliarden und bei $w = -1{,}5$ schon in 22 Milliarden Jahren.

Nach den Messungen der Raumsonde PLANCK liegt der Wert von w zwischen $-0{,}89$ und $-1{,}13$. Zwar vermuten einige Kosmologen, w sei exakt gleich -1 (was dem Einsteinschen Λ-Term entspricht). Noch ist aber nicht auszuschließen, dass w kleiner als −1 ist, was unweigerlich zum Big Rip führen würde.

Die Suche nach dem Phantom

Zwei Projekte sollen den Wert von w möglichst präzise ermitteln. Einmal versucht man mit dem 8,4-m-LSST-Reflektor (Large Synoptic Survey Telescope) auf dem Cerro Pachon in Chile den gesamten Himmel zweimal pro Woche zu durchmustern, um Tausende von Supernovae des Typs Ia mit großen Rotverschiebungen ($1,9 < z < 3,5$) zu entdecken und deren Helligkeiten und Rotverschiebungen genau zu messen. Zum anderen plant man das Projekt eROSITA, das im Jahr 2015 eine Raumsonde mit sieben Röntgenteleskopen in den Lagrange-Punkt Nr. 2 (er liegt in 1,5 Millionen Kilometer Entfernung von der Erde in Opposition zur Sonne) bringen soll (siehe Abb. 12.11 links).

Die Bezeichnung eROSITA ist ein Akronym für **e**xtended **R**oentgen **S**urvey with an **I**maging **T**elescope **A**rray (engl., ausgedehnte Röntgenuntersuchung mit einer Anordnung von abbildenden Teleskopen). Mit eROSITA will man einige Zigtausend Galaxienhaufen detektieren, um Massen und Entfernungen von ihnen genau zu erfassen. Die Raumsonde beobachtet dabei nicht die Galaxien selbst, sondern das heiße intergalaktische Gas, das Temperaturen von etlichen Millionen Grad aufweist und darum im Röntgenlicht leuchtet. Man schätzt, dass die Masse des intergalaktischen Gases eines Haufens mindestens doppelt so groß ist wie die aller Galaxien im Haufen. Mit Hilfe von Parallelbeobachtungen im sichtbaren Licht wird man so Massen, Entfernungen und die räumliche Verteilung der Galaxienhaufen selbst in großen Distanzen recht genau erfassen können, um aus diesen Daten die Eigenschaften der Dunklen Energie zu bestimmen. Dann wird sich hoffentlich zeigen, ob in ferner Zukunft das Große Zerreißen dem Universum und seinen Gestirnen ein Ende bereiten wird oder ob es in alle Ewigkeit expandiert.

Big Rip

Zustandsgleichung der Dunklen Energie: $w = -p/\rho$

Nichtrelativistische Materie	$w = 0$	
Relativistische Materie	$w = 1$	
Elektromagnetische Strahlung	$w = 1/3$	
Kosmologische Konstante Λ (Vakuumenergie)	$w = -1$	Für $w > -1$ erfolgt ewige Expansion (Big Chill)
Quintessenz / $dw/dt \neq 0$ w zeitlich variabel	$-1/3 > w > -1$	Für $w < -1$ kommt es zum „Großen Zerreißen" (Big Rip) Für $w = -1,1$ erfolgt der Big Rip in 86 Milliarden Jahren Für $w = -1,2$ erfolgt der Big Rip in 53 Milliarden Jahren
Phantomenergie	$w < -1$	Für $w = -1,5$ erfolgt der Big Rip in 22 Milliarden Jahren

Szenario des Big Rip

Ereignisse vor dem Zeitpunkt 0:

$w = -1,1$	$w = -1,2$	
3×10^9 Jahre	1×10^9 Jahre	Galaxienhaufen lösen sich auf
200×10^6 Jahre	65×10^6 Jahre	Milkomedia und andere Galaxien werden zerstört, Sterne driften davon
1 Jahr	3 Monate	Planeten entfliehen der Sonne Sterne verlieren ihre Exoplaneten
1 Stunde	20 Minuten	Erde und andere Planeten explodieren
1 Sekunde	0,3 Sekunden	Materie wird ionisiert, Atome verlieren ihre Elektronen
$< 10^{-19}$ Sekunden	$< 10^{-22}$ Sekunden	Atomkerne und Elementarteilchen zerplatzen
0	0	Zeitloser Zustand der Quantenvakuumfluktation tritt ein

FÜR ALLE, DIE **HIMMLISCHE GESCHENKE** LIEBEN.

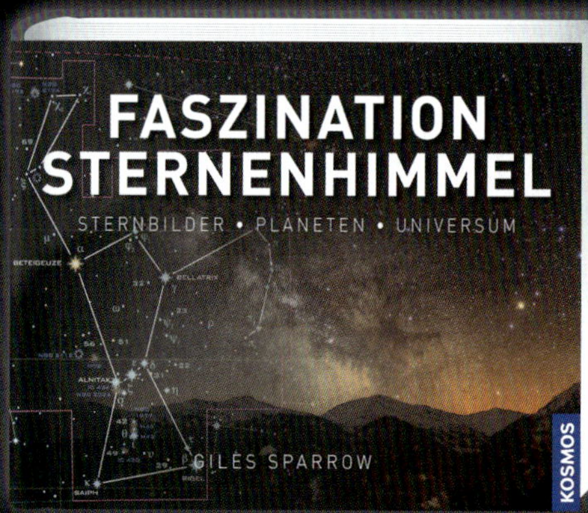

Ken Taylor
KOSMISCHE KULTSTÄTTEN DER WELT
240 Seiten
€/D 29,99

Überall auf der Welt zeigen beeindruckende Bauten das himmelskundliche Wissen unserer frühen Vorfahren. Dieses Buch beschreibt ausführlich über 50 bedeutende Kultstätten auf der ganzen Welt.
Das Firmament in den Augen unserer Vorfahren – Spektakuläre Aufnahmen und wissenschaftliche Entdeckungen!

Giles Sparrow
FASZINATION STERNENHIMMEL
320 Seiten
€/D 29,99

NEU!

Ein einzigartiger Himmelsatlas, der Ihnen alle 88 Sternbilder des gesamten Himmels vorstellt – mit Sagen und Geschichten rund um die Sternbilder und vielen Sehenswürdigkeiten, die sich mit einem Fernglas oder Fernrohr ganz einfach entdecken lassen.
Vom Einsteiger zum Astro-Profi – mit diesem Himmelsatlas gelingen Ihnen spannende Entdeckungstouren am Sternenhimmel.

EXPERIMENTIERKASTEN
12+
Astro-Teleskop
Refraktor 60/700
KOSMOS
KOSMOS

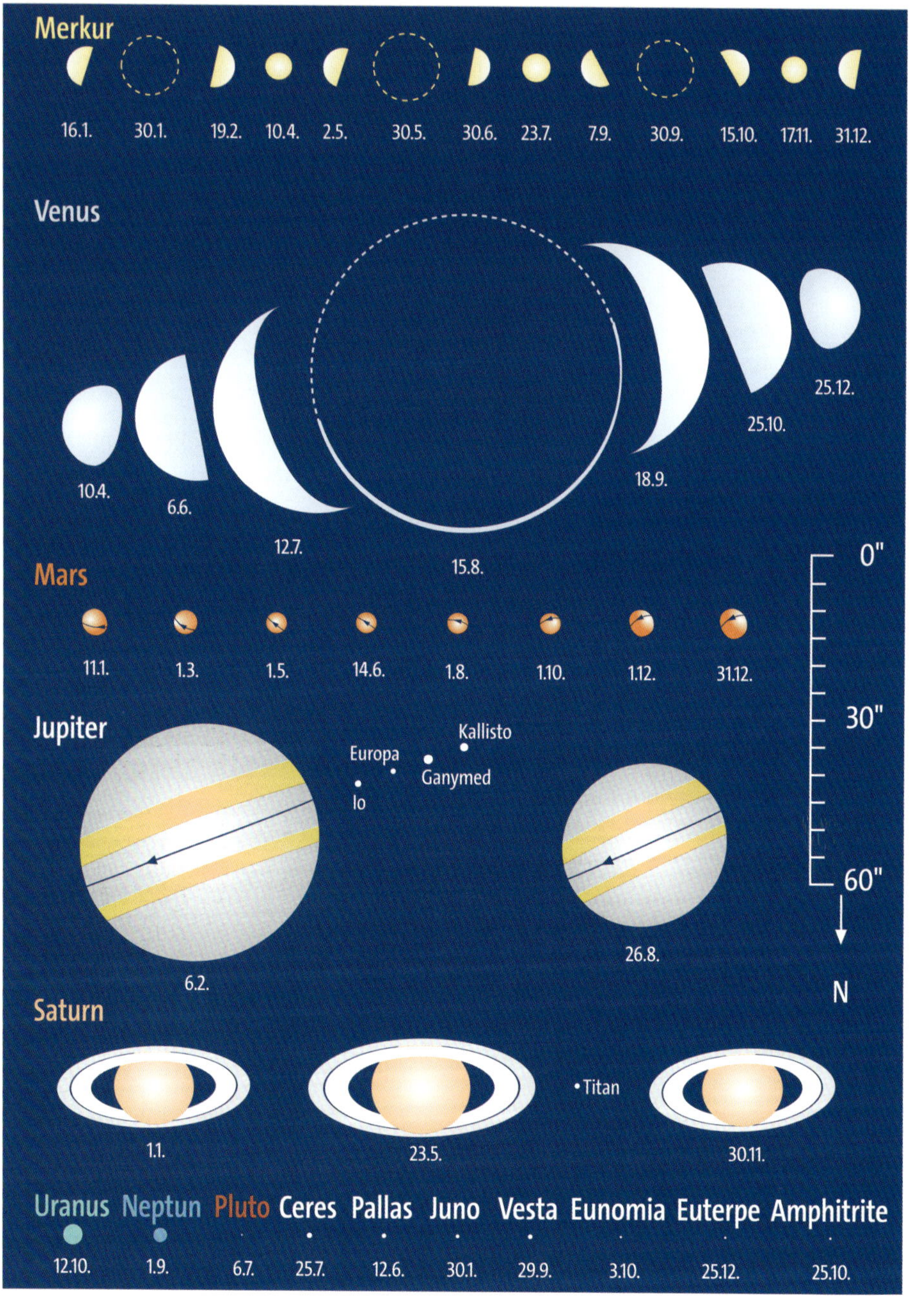

T.1 Die Größe der Planetenscheibchen im Jahre 2015. Man beachte den eingetragenen Maßstab in Bogensekunden. Anblick im umkehrenden Fernrohr (Norden unten, Osten rechts).

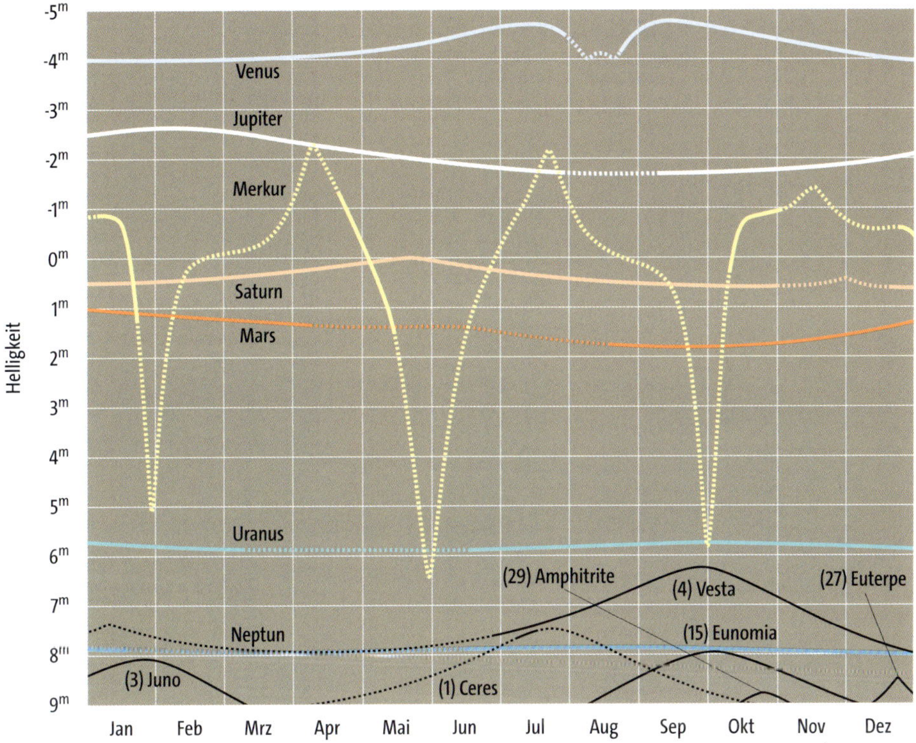

T.2 Die Helligkeiten der Planeten 2015.

T.3 Die Sichtbarkeiten der Planeten im Jahr 2015.

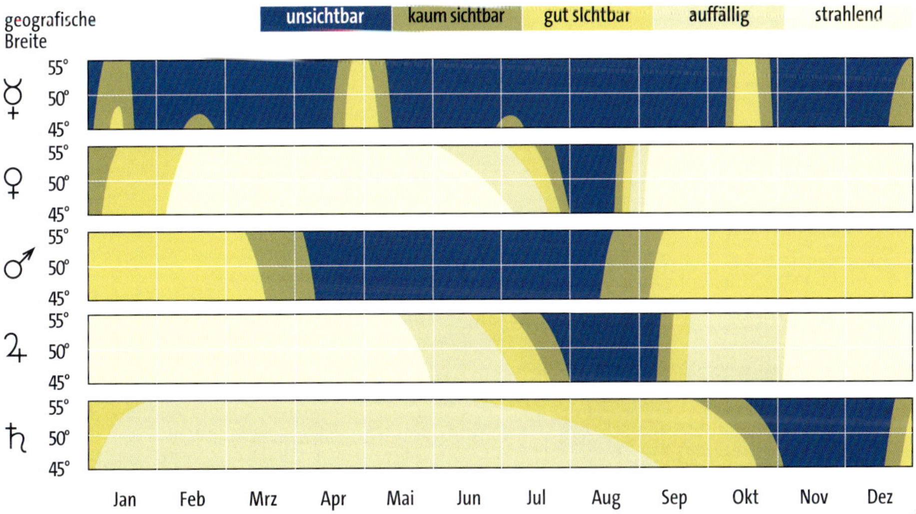

Ekliptikale Koordinaten des Mondes 2015

Tag	JANUAR Länge °	JANUAR Breite °	FEBRUAR Länge °	FEBRUAR Breite °	MÄRZ Länge °	MÄRZ Breite °	APRIL Länge °	APRIL Breite °	MAI Länge °	MAI Breite °	JUNI Länge °	JUNI Breite °
2.	63,5	−3,8	110,8	−5,0	120,0	−4,9	164,4	−2,3	196,7	+0,7	242,7	+4,1
4.	89,2	−4,8	135,0	−4,2	143,9	−3,8	188,2	−0,1	221,2	+2,7	269,3	+5,0
6.	114,1	−4,9	158,8	−2,7	167,5	−2,0	212,3	+2,0	246,6	+4,4	296,9	+4,8
8.	138,4	−4,1	182,4	−0,8	191,2	+0,1	237,1	+3,9	273,0	+5,2	324,9	+3,4
10.	162,1	−2,6	206,2	+1,4	215,3	+2,3	262,8	+5,1	300,1	+4,8	353,2	+1,2
12.	185,7	−0,7	230,9	+3,3	240,0	+4,1	289,6	+5,2	328,1	+3,4	21,4	−1,3
14.	209,9	+1,4	257,0	+4,7	266,0	+5,1	317,6	+4,2	356,6	+1,1	49,5	−3,4
16.	235,4	+3,4	285,0	+5,1	293,7	+5,1	346,8	+2,1	25,5	−1,5	77,0	−4,7
18.	262,6	+4,7	314,7	+4,3	322,9	+3,9	16,5	−0,6	54,2	−3,7	103,6	−5,0
20.	291,7	+5,0	345,2	+2,2	353,2	+1,5	45,9	−3,1	82,0	−4,9	129,0	−4,2
22.	321,8	+3,9	15,1	−0,4	23,2	−1,2	73,9	−4,7	108,3	−5,0	153,3	−2,7
24.	351,6	+1,8	43,5	−2,9	52,1	−3,6	100,4	−5,3	133,3	−4,2	177,0	−0,8
26.	20,2	−0,7	70,2	−4,5	79,1	−5,0	125,3	−4,7	157,3	−2,6	200,7	+1,3
28.	47,4	−2,9	95,6	−5,2	104,6	−5,3	149,2	−3,4	180,9	−0,6	225,2	+3,2
30.	73,4	−4,4	–	–	128,9	−4,6	172,8	−1,5	204,9	+1,5	251,1	+4,6

Tag	JULI Länge °	JULI Breite °	AUGUST Länge °	AUGUST Breite °	SEPTEMBER Länge °	SEPTEMBER Breite °	OKTOBER Länge °	OKTOBER Breite °	NOVEMBER Länge °	NOVEMBER Breite °	DEZEMBER Länge °	DEZEMBER Breite °
2.	278,3	+5,0	330,6	+2,7	24,3	−2,1	62,1	−4,6	111,3	−4,8	144,6	−2,8
4.	306,7	+4,3	0,1	+0,2	53,0	−4,2	89,6	−5,3	136,5	−3,6	168,7	−0,8
6.	335,5	+2,4	28,9	−2,3	80,1	−5,2	115,3	−4,8	160,5	−1,7	192,3	+1,3
8.	4,1	0,0	56,6	−4,2	105,9	−5,1	139,9	−3,5	184,1	+0,4	216,1	+3,1
10.	32,2	−2,4	83,2	−5,1	130,7	−4,1	163,7	−1,6	207,8	+2,4	240,6	+4,5
12.	59,6	−4,2	108,9	−4,9	154,8	−2,3	187,3	+0,6	232,0	+4,0	266,1	+5,0
14.	86,4	−5,0	133,7	−3,8	178,5	−0,2	210,9	+2,7	256,8	+5,0	292,5	+4,5
16.	112,3	−4,8	157,9	−2,1	202,0	+1,9	235,0	+4,3	282,5	+5,0	319,6	+3,0
18.	137,2	−3,6	181,6	0,0	225,8	+3,8	259,8	+5,2	309,0	+3,9	347,3	+0,8
20.	161,4	−1,9	205,1	+2,1	250,3	+5,0	285,5	+5,1	336,5	+2,0	15,4	−1,7
22.	185,0	+0,2	229,1	+3,9	276,0	+5,3	312,5	+3,9	5,1	−0,5	44,0	−3,7
24.	208,7	+2,2	254,2	+5,0	303,4	+4,5	341,1	+1,7	34,4	−3,0	72,5	−4,9
26.	233,2	+3,9	280,9	+5,2	332,4	+2,5	10,8	−0,9	63,9	−4,6	100,4	−4,8
28.	259,2	+5,0	309,4	+4,1	2,6	−0,2	41,0	−3,4	92,4	−5,0	127,1	−3,7
30.	286,8	+4,9	339,3	+1,9	32,9	−2,8	70,4	−4,9	119,3	−4,3	152,4	−1,9

Koordinaten gelten für 1^h MEZ und sind geozentrische Werte.
Von Mitteleuropa aus steht der Mond etwa 0°,7 südlicher.
Abstand der Mondbahn relativ zu helleren Sternen 2015:

Stern:	Aldebaran	Al Nath	Alhena	Pollux	Regulus	Spica	Antares	Nunki
Mond:	0°	11° südl.	1° nördl.	12° südl.	4° südl.	3° nördl.	8° nördl.	8° nördl.

T.4 Lage der Mondbahn im Tierkreis relativ zur Ekliptik von 180° bis 360° ekliptikaler Länge.

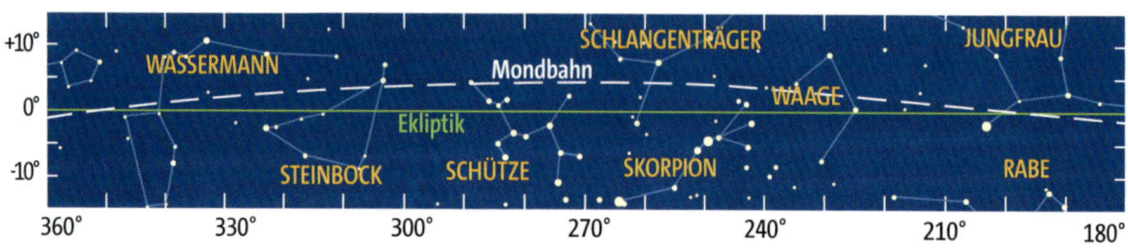

Ekliptikale Koordinaten der Sonne und der großen Planeten 2015

Datum		SONNE	MERKUR		VENUS		MARS		JUPITER		SATURN	
		Länge °	Länge °	Breite °	Länge °	Breite °	Länge °	Breite °	Länge °	Breite °	Länge °	Breite °
Jan	1.	280,0	293,5	−2,1	296,5	−1,4	320,8	−1,1	141,5	+0,9	240,7	+1,9
	10.	289,2	307,1	−1,4	307,8	−1,5	327,9	−1,0	140,8	+0,9	241,5	+1,9
	20.	299,4	316,6	+0,8	320,3	−1,6	335,7	−0,9	139,7	+0,9	242,4	+2,0
	31.	310,6	309,6	+3,5	334,0	−1,5	344,3	−0,8	138,3	+0,9	243,2	+2,0
Feb	10.	320,7	301,3	+2,8	346,4	−1,4	352,1	−0,7	137,0	+1,0	243,8	+2,0
	20.	330,8	304,6	+0,8	358,8	−1,1	359,8	−0,6	135,7	+1,0	244,3	+2,0
	28.	338,9	312,3	−0,6	8,6	−0,8	5,9	−0,5	134,8	+1,0	244,5	+2,1
Mrz	10.	348,9	325,2	−1,7	20,8	−0,3	13,5	−0,4	133,7	+1,0	244,7	+2,1
	20.	358,9	340,4	−2,3	32,9	+0,2	21,1	−0,3	133,0	+1,0	244,7	+2,1
	31.	9,8	359,7	−2,0	46,1	+0,8	29,3	−0,1	132,5	+1,0	244,5	+2,1
Apr	10.	19,6	19,4	−0,9	57,9	+1,4	36,7	0,0	132,4	+1,0	244,1	+2,2
	20.	29,4	40,3	+0,9	69,5	+1,9	44,0	+0,1	132,6	+0,9	243,7	+2,2
	30.	39,1	58,2	+2,3	80,9	+2,3	51,2	+0,2	133,1	+0,9	243,1	+2,2
Mai	10.	48,8	69,6	+2,5	92,0	+2,6	58,3	+0,3	133,9	+0,9	242,4	+2,2
	20.	58,5	72,9	+0,9	102,8	+2,8	65,3	+0,4	134,9	+0,9	241,6	+2,2
	31.	69,0	68,6	−2,2	114,2	+2,7	73,0	+0,5	136,3	+0,9	240,8	+2,2
Jun	10.	78,6	64,5	−4,0	123,9	+2,3	79,9	+0,6	137,7	+0,9	240,1	+2,2
	20.	88,2	66,8	−4,0	132,8	+1,7	86,7	+0,7	139,4	+0,9	239,5	+2,1
	30.	97,7	76,3	−2,5	140,5	+0,7	93,4	+0,7	141,2	+0,9	238,9	+2,1
Jul	10.	107,2	92,0	−0,4	146,5	−0,7	100,1	+0,8	143,1	+0,9	238,5	+2,1
	20.	116,8	112,3	+1,3	150,0	−2,6	106,7	+0,9	145,1	+0,9	238,2	+2,0
	31.	127,3	135,2	+1,8	149,9	−5,0	113,9	+1,0	147,3	+0,9	238,1	+2,0
Aug	10.	136,9	153,6	+1,1	145,9	−7,0	120,4	+1,0	149,5	+0,9	238,1	+1,9
	20.	146,5	169,4	−0,1	139,9	−8,1	126,9	+1,1	151,6	+0,9	238,3	+1,9
	31.	157,1	183,8	−1,7	135,0	−7,7	133,9	+1,1	154,0	+0,9	238,7	+1,9
Sep	10.	166,8	192,9	−3,2	134,4	−6,5	140,3	+1,2	156,2	+0,9	239,2	+1,8
	20.	176,5	195,4	−4,0	137,5	−4,9	146,6	+1,2	158,3	+0,9	239,9	+1,8
	30.	186,3	187,6	−2,6	143,2	−3,3	152,8	+1,3	160,4	+0,9	240,7	+1,8
Okt	10.	196,2	180,7	+0,5	150,8	−1,9	159,1	+1,3	162,4	+0,9	241,6	+1,7
	20.	206,1	188,8	+2,0	159,8	−0,7	165,2	+1,3	164,4	+1,0	242,6	+1,7
	31.	217,0	206,0	+1,0	170,7	+0,4	172,0	+1,4	166,3	+1,0	243,8	+1,7
Nov	10.	227,0	222,5	+0,6	181,3	+1,2	178,0	+1,4	168,0	+1,0	244,9	+1,7
	20.	237,1	238,5	−0,5	192,3	+1,8	184,0	+1,4	169,4	+1,1	246,0	+1,6
	30.	247,2	254,1	−1,5	203,8	+2,1	190,0	+1,5	170,7	+1,1	247,2	+1,6
Dez	10.	257,4	269,6	−2,1	215,5	+2,3	195,8	+1,5	171,7	+1,1	248,4	+1,6
	20.	267,5	284,7	−2,2	227,4	+2,2	201,6	+1,5	172,4	+1,2	249,6	+1,6
	31.	278,7	298,3	−1,0	240,6	+2,0	207,8	+1,5	172,9	+1,2	250,8	+1,6

Länge:	Jan 1.	Mrz 1.	Mai 1.	Jul 1.	Sep 1.	Nov 1.	Dez 31.	Breite
URANUS	12°,4	14°,2	17°,6	20°,0	19°,8	17°,5	16°,3	−0°,7 bis −0°,6
NEPTUN	335,2	337,2	339,1	339,5	338,2	336,9	337,3	−0,8 bis −0,7
PLUTO	282,9	284,8	285,3	284,2	282,9	283,1	284,8	+1,6 bis +2,2

T.4 Lage der Mondbahn im Tierkreis relativ zur Ekliptik von 0° bis 180° ekliptikaler Länge.

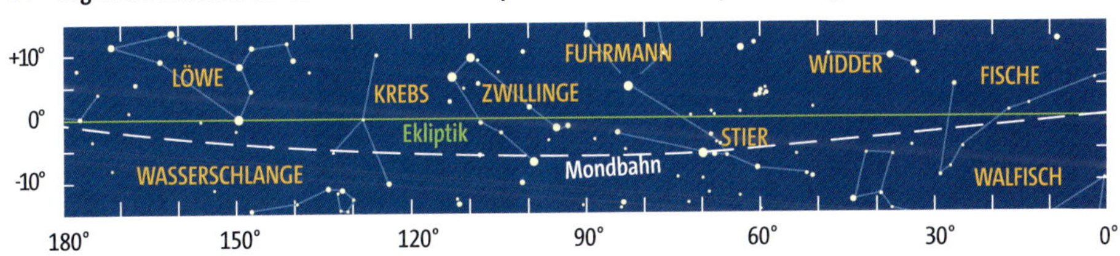

Ephemeriden der großen Planeten Januar – Juni 2015

Datum		Merkur Rektas. h m	Deklin. °	Kulmin. h m	Unterg. h m	Du. ″	bel. %	Venus Rektas. h m	Deklin. °	Kulmin. h m	Unterg. h m	Du. ″	bel. %
Jan	1.	19 43	−23,5	13 24	17 26	5,3	91	19 55	−22,2	13 36	17 45	10,4	96
	5.	20 09	−22,1	13 34	17 45	5,6	85	20 16	−21,2	13 41	17 57	10,5	96
	10.	20 40	−19,9	13 44	18 09	6,1	74	20 42	−19,8	13 47	18 12	10,6	95
	15.	21 03	−17,4	13 47	18 26	6,9	57	21 08	−18,1	13 53	18 27	10,7	94
	20.	21 15	−15,1	13 38	18 28	8,0	34	21 33	−16,2	13 58	18 43	10,8	94
	25.	21 10	−13,9	13 12	18 06	9,3	11	21 57	−14,2	14 03	18 59	10,9	93
	31.	20 44	−14,5	12 21		10,2	1	22 26	−11,5	14 07	19 18	11,1	92
Feb	5.	20 22	−15,8	11 40	Aufg.	10,0	9	22 49	− 9,1	14 11	19 33	11,3	91
	10.	20 11	−17,2	11 11	6 35	9,2	24	23 12	− 6,6	14 14	19 49	11,4	90
	15.	20 14	−18,0	10 56	6 23	8,3	39	23 35	− 4,1	14 17	20 04	11,6	89
	20.	20 27	−18,3	10 49	6 18	7,6	50	23 57	− 1,5	14 20	20 19	11,8	88
	25.	20 46	−18,1	10 49	6 16	7,0	59	0 19	+ 1,2	14 22	20 34	12,0	87
	28.	21 00	−17,6	10 51	6 15	6,6	64	0 33	+ 2,7	14 24	20 43	12,1	87
Mrz	5.	21 25	−16,5	10 57	6 14	6,2	70	0 55	+ 5,3	14 26	20 58	12,3	85
	10.	21 52	−14,8	11 05	6 13	5,9	76	1 17	+ 7,9	14 29	21 13	12,6	84
	15.	22 21	−12,5	11 14	6 10	5,6	80	1 40	+10,3	14 32	21 28	12,8	83
	20.	22 51	− 9,7	11 24	6 06	5,4	85	2 02	+12,7	14 35	21 44	13,1	82
	25.	23 23	− 6,5	11 36	6 02	5,2	89	2 25	+14,9	14 38	21 59	13,4	80
	31.	0 02	− 2,0	11 52	5 56	5,1	95	2 53	+17,5	14 42	22 17	13,9	78
Apr	5.	0 37	+ 2,3	12 07		5,0	98	3 17	+19,3	14 47	22 32	14,2	77
	10.	1 13	+ 6,8	12 24	Unterg.	5,0	100	3 41	+21,0	14 51	22 47	14,6	75
	15.	1 51	+11,4	12 43	19 47	5,2	98	4 05	+22,5	14 56	23 01	15,1	73
	20.	2 30	+15,7	13 02	20 30	5,5	89	4 30	+23,8	15 01	23 14	15,6	72
	25.	3 08	+19,4	13 20	21 07	6,0	75	4 55	+24,7	15 06	23 25	16,1	70
	30.	3 42	+22,0	13 33	21 36	6,7	59	5 20	+25,4	15 11	23 35	16,7	68
Mai	5.	4 09	+23,7	13 41	21 53	7,5	43	5 45	+25,9	15 16	23 43	17,4	66
	10.	4 30	+24,3	13 41	21 56	8,6	30	6 09	+26,0	15 21	23 48	18,1	64
	15.	4 42	+24,1	13 32	21 44	9,7	18	6 33	+25,9	15 25	23 52	18,9	61
	20.	4 45	+23,2	13 15	21 20	10,9	9	6 57	+25,6	15 29	23 52	19,7	59
	25.	4 41	+21,7	12 50	20 44	11,8	3	7 20	+24,9	15 32	23 51	20,7	57
	31.	4 29	+19,6	12 14		12,3	0	7 47	+23,9	15 35	23 46	22,0	53
Jun	5.	4 19	+18,0	11 45	Aufg.	12,0	3	8 07	+22,8	15 36	23 39	23,2	51
	10.	4 13	+17,1	11 20	3 51	11,2	9	8 27	+21,5	15 36	23 31	24,6	48
	15.	4 14	+16,9	11 02	3 34	10,2	17	8 46	+20,1	15 35	23 20	26,2	45
	20.	4 23	+17,5	10 51	3 19	9,1	26	9 03	+18,6	15 32	23 08	27,9	42
	25.	4 38	+18,8	10 48	3 08	8,0	37	9 19	+17,0	15 28	22 54	29,9	38
	30.	5 01	+20,3	10 52	3 03	7,1	49	9 32	+15,3	15 22	22 39	32,1	35

Datum		Saturn Rektas. h m	Deklin. °	Kulmin. h m	Aufg. h m	Äqu. ″	Pol. ″	Ring gr. A. ″	kl. A. ″	Öffn. °	hel. Ö. °	Leucht.
Jan	1.	15 56	−18,4	9 34	5 04	15,5	14,2	35,3	14,6	24,5	23,7	1,21
	15.	16 01	−18,6	8 44	4 16	15,8	14,4	35,8	15,0	24,7	23,8	1,20
	31.	16 06	−18,9	7 47	3 20	16,1	14,7	36,6	15,4	24,9	23,9	1,18
Feb	15.	16 10	−19,0	6 51	2 25	16,5	15,1	37,5	15,8	24,9	24,0	1,17
	28.	16 12	−19,0	6 02	1 36	16,9	15,4	38,3	16,2	25,0	24,1	1,18
Mrz	15.	16 13	−19,0	5 04	0 38	17,3	15,8	39,3	16,6	25,0	24,2	1,18
	31.	16 12	−18,9	4 00	23 29	17,8	16,2	40,3	17,0	24,9	24,3	1,20
Apr	15.	16 09	−18,8	2 59	22 27	18,1	16,5	41,1	17,2	24,8	24,4	1,23
	30.	16 06	−18,6	1 56	21 24	18,4	16,7	41,7	17,4	24,6	24,5	1,27
Mai	15.	16 02	−18,4	0 53	20 19	18,5	16,9	42,0	17,4	24,5	24,6	1,37
	31.	15 57	−18,2	23 41		18,5	16,9	42,0	17,3	24,3	24,7	1,34
Jun	15.	15 52	−18,0	22 38	Unterg.	18,4	16,7	41,7	17,1	24,2	24,7	1,26
	30.	15 49	−17,9	21 35	2 12	18,1	16,5	41,1	16,8	24,0	24,8	1,22

Mars Rektas. h m	Mars Deklin. °	Mars Kulmin. h m	Mars Unterg. h m	Mars Du. ″	Mars bel. %	Jupiter Rektas. h m	Jupiter Deklin. °	Jupiter Kulmin. h m	Jupiter Aufg. h m	Jupiter Äqu. ″	Jupiter Pol. ″	Datum
21 34	−15,6	15 13	20 01	4,8	94	9 37	+15,1	3 16	19 54	43,4	40,6	1. Jan
21 47	−14,6	15 10	20 03	4,7	95	9 36	+15,2	2 59	19 37	43,8	40,9	5.
22 02	−13,2	15 05	20 05	4,7	95	9 34	+15,4	2 38	19 14	44,2	41,3	10.
22 17	−11,8	15 00	20 08	4,6	95	9 32	+15,6	2 16	18 52	44,6	41,7	15.
22 31	−10,3	14 55	20 10	4,6	95	9 30	+15,8	1 54	18 29	44,9	42,0	20.
22 46	− 8,8	14 50	20 13	4,5	96	9 27	+16,0	1 32	18 05	45,1	42,2	25.
23 03	− 6,9	14 44	20 16	4,5	96	9 24	+16,2	1 05	17 37	45,3	42,4	31.
23 18	− 5,4	14 39	20 18	4,4	96	9 22	+16,5	0 43	17 14	45,4	42,4	5. Feb
23 32	− 3,8	14 33	20 20	4,4	97	9 19	+16,7	0 21		45,3	42,4	10.
23 46	− 2,2	14 28	20 22	4,3	97	9 16	+16,9	23 54	Unterg.	45,2	42,3	15.
0 00	− 0,6	14 22	20 24	4,3	97	9 14	+17,1	23 32	7 05	45,1	42,1	20.
0 14	+ 0,9	14 16	20 26	4,2	97	9 11	+17,2	23 10	6 44	44,8	41,9	25.
0 23	+ 1,9	14 13	20 27	4,2	97	9 10	+17,3	22 57	6 31	44,6	41,7	28.
0 36	+ 3,5	14 07	20 28	4,2	98	9 08	+17,5	22 35	6 10	44,2	41,4	5. Mrz
0 50	+ 5,0	14 01	20 30	4,1	98	9 06	+17,6	22 14	5 49	43,8	41,0	10.
1 04	+ 6,5	13 55	20 31	4,1	98	9 04	+17,8	21 52	5 29	43,3	40,5	15.
1 18	+ 8,0	13 50	20 33	4,1	98	9 03	+17,9	21 31	5 08	42,8	40,1	20.
1 32	+ 9,4	13 44	20 34	4,0	98	9 02	+17,9	21 11	4 48	42,3	39,5	25.
1 49	+11,1	13 37	20 36	4,0	99	9 01	+18,0	20 46	4 24	41,6	38,9	31.
2 03	+12,4	13 32	20 37	3,9	99	9 01	+18,0	20 26	4 04	41,0	38,3	5. Apr
2 17	+13,7	13 26	20 39	3,9	99	9 01	+18,0	20 07	3 44	40,4	37,8	10.
2 32	+14,9	13 21	20 40	3,9	99	9 01	+18,0	19 47	3 25	39,8	37,2	15.
2 46	+16,1	13 15	20 41	3,9	99	9 01	+17,9	19 28	3 05	39,2	36,6	20.
3 00	+17,2	13 10	20 41	3,8	99	9 02	+17,9	19 09	2 46	38,6	36,1	25.
3 15	+18,2	13 05	20 42	3,8	100	9 03	+17,8	18 51	2 27	38,0	35,5	30.
3 29	+19,2	12 59	20 42	3,8	100	9 05	+17,7	18 33	2 08	37,4	35,0	5. Mai
3 44	+20,1	12 54	20 43	3,8	100	9 06	+17,5	18 15	1 49	36,8	34,5	10.
3 59	+20,9	12 49	20 42	3,7	100	9 08	+17,4	17 57	1 31	36,3	34,0	15.
4 13	+21,6	12 44	20 42	3,7	100	9 10	+17,2	17 40	1 12	35,8	33,5	20.
4 28	+22,2	12 40	20 41	3,7	100	9 13	+17,0	17 22	0 55	35,3	33,0	25.
4 46	+22,8	12 34	20 39	3,7	100	9 16	+16,8	17 02	0 32	34,7	32,5	31.
5 01	+23,3	12 29	20 37	3,7	100	9 19	+16,6	16 45	0 14	34,3	32,1	5. Jun
5 16	+23,6	12 24		3,7	100	9 22	+16,3	16 28	23 53	33,9	31,7	10.
5 31	+23,9	12 19	Aufg.	3,6	100	9 25	+16,1	16 12	23 35	33,5	31,3	15.
5 46	+24,1	12 14	4 02	3,6	100	9 28	+15,8	15 56	23 17	33,1	31,0	20.
6 00	+24,1	12 10	3 56	3,6	100	9 32	+15,6	15 39	22 59	32,8	30,7	25.
6 15	+24,1	12 05	3 51	3,6	100	9 35	+15,3	15 23	22 41	32,5	30,4	30.

Uranus Rektas. h m	Uranus Deklin. °	Uranus Kulmin. h m	Uranus Unterg. h m	Uranus Du. ″	Neptun Rektas. h m	Neptun Deklin. °	Neptun Kulmin. h m	Neptun Unterg. h m	Neptun Du. ″	Pluto Rektas. h m	Pluto Deklin. °	Datum
0 47	+ 4,3	18 23	0 51	3,5	22 28	−10,4	16 06	21 19	2,2	18 54	−20,7	1. Jan
0 47	+ 4,4	17 29	23 53	3,5	22 30	−10,2	15 13	20 27	2,2	18 57	−20,6	15.
0 49	+ 4,6	16 28	22 52	3,4	22 32	−10,0	14 12	19 27	2,2	18 59	−20,6	31.
0 51	+ 4,8	15 31	21 57	3,4	22 34	− 9,8	13 15	18 31	2,2	19 01	−20,6	15. Feb
0 53	+ 5,0	14 42	21 09	3,4	22 36	− 9,7	12 25		2,2	19 02	−20,6	28.
0 56	+ 5,3	13 46	20 14	3,4	22 38	− 9,4	11 29	Aufg.	2,2	19 03	−20,5	15. Mrz
0 59	+ 5,7	12 46	19 16	3,4	22 40	− 9,2	10 28	5 09	2,2	19 04	−20,5	31.
1 03	+ 6,0	11 50		3,4	22 42	− 9,1	9 31	4 11	2,2	19 05	−20,5	15. Apr
1 06	+ 6,3	10 54	Aufg.	3,4	22 43	− 8,9	8 33	3 13	2,2	19 04	−20,5	30.
1 09	+ 6,6	9 58	3 24	3,4	22 44	− 8,8	7 35	2 14	2,3	19 04	−20,6	15. Mai
1 11	+ 6,9	8 58	2 22	3,4	22 45	− 8,8	6 33	1 12	2,3	19 03	−20,6	31.
1 13	+ 7,1	8 01	1 24	3,5	22 45	− 8,8	5 34	0 13	2,3	19 01	−20,7	15. Jun
1 15	+ 7,2	7 04	0 26	3,5	22 45	− 8,8	4 35	23 10	2,3	19 00	−20,7	30.

Ephemeriden der großen Planeten Juli – Dezember 2015

Datum		Merkur Rektas. h m	Deklin. °	Kulmin. h m	Aufg. h m	Du. ″	bel. %	Venus Rektas. h m	Deklin. °	Kulmin. h m	Unterg. h m	Du. ″	bel. %
Jul	1.	5 07	+20,6	10 54	3 02	7,0	52	9 35	+15,0	15 20	22 36	32,6	34
	5.	5 32	+21,8	11 03	3 04	6,4	63	9 44	+13,6	15 13	22 22	34,6	31
	10.	6 09	+23,0	11 21	3 14	5,8	78	9 54	+12,0	15 03	22 03	37,4	27
	15.	6 09	+23,4	11 45	3 34	5,4	91	10 01	+10,5	14 50	21 42	40,6	22
	20.	7 37	+22,8	12 11		5,1	98	10 05	+ 9,1	14 34	21 19	44,0	18
	25.	8 23	+21,1	12 36	Unterg.	5,0	100	10 05	+ 7,9	14 14	20 53	47,6	13
	31.	9 13	+18,0	13 02	20 35	5,0	96	10 01	+ 6,8	13 46	20 20	51,8	8
Aug	5.	9 50	+14,7	13 20	20 34	5,2	91	9 54	+ 6,3	13 18	19 50	55,0	5
	10.	10 24	+11,2	13 33	20 29	5,3	85	9 43	+ 6,2	12 48		57,3	2
	15.	10 54	+ 7,7	13 43	20 21	5,5	80	9 31	+ 6,5	12 16	Aufg.	58,3	1
	20.	11 21	+ 4,1	13 50	20 11	5,8	75	9 19	+ 7,1	11 45	5 09	57,9	2
	25.	11 45	+ 0,7	13 55	19 59	6,2	69	9 09	+ 7,9	11 15	4 35	56,1	4
	31.	12 11	− 3,1	13 56	19 43	6,7	61	9 01	+ 8,9	10 44	3 59	52,6	8
Sep	5.	12 29	− 5,8	13 54	19 27	7,2	54	8 58	+ 9,7	10 22	3 33	49,2	13
	10.	12 43	− 8,1	13 48	19 10	7,8	45	9 00	+10,3	10 05	3 12	45,7	17
	15.	12 51	− 9,5	13 35	18 51	8,6	34	9 05	+10,7	9 51	2 56	42,3	22
	20.	12 51	− 9,8	13 15	18 30	9,4	21	9 14	+10,9	9 40	2 43	39,2	26
	25.	12 41	− 8,4	12 44		10,1	8	9 25	+10,9	9 31	2 35	36,3	30
	30.	12 24	− 5,4	12 07	Aufg.	10,3	1	9 38	+10,6	9 25	2 30	33,8	34
Okt	5.	12 08	− 1,9	11 32	5 40	9,6	6	9 53	+10,1	9 20	2 28	31,5	38
	10.	12 03	+ 0,2	11 10	5 06	8,4	24	10 09	+ 9,4	9 16	2 28	29,5	41
	15.	12 14	+ 0,2	11 02	4 58	7,2	49	10 26	+ 8,4	9 14	2 30	27,7	44
	20.	12 36	− 1,6	11 04	5 09	6,2	70	10 44	+ 7,3	9 12	2 34	26,1	47
	25.	13 03	− 4,5	11 12	5 31	5,6	84	11 03	+ 5,9	9 12	2 40	24,6	50
	31.	13 39	− 8,5	11 25	6 03	5,2	93	11 26	+ 4,1	9 11	2 49	23,1	53
Nov	5.	14 10	−11,9	11 36	6 31	4,9	97	11 46	+ 2,4	9 11	2 57	22,0	55
	10.	14 41	−15,0	11 47	6 59	4,8	99	12 07	+ 0,6	9 12	3 06	20,9	58
	15.	15 12	−17,8	11 59	7 26	4,7	100	12 27	− 1,3	9 13	3 16	20,0	60
	20.	15 45	−20,3	12 12		4,6	100	12 48	− 3,2	9 14	3 27	19,2	62
	25.	16 17	−22,4	12 25	Unterg.	4,7	99	13 09	− 5,2	9 16	3 38	18,4	64
	30.	16 50	−24,0	12 39	16 34	4,7	98	13 31	− 7,2	9 18	3 50	17,7	66
Dez	5.	17 24	−25,1	12 53	16 42	4,8	96	13 53	− 9,2	9 20	4 02	17,1	68
	10.	17 58	−25,6	13 07	16 53	5,0	94	14 16	−11,2	9 23	4 15	16,5	70
	15.	18 32	−25,5	13 21	17 08	5,3	90	14 39	−13,1	9 27	4 28	16,0	72
	20.	19 05	−24,8	13 34	17 27	5,6	83	15 02	−14,9	9 30	4 41	15,5	73
	25.	19 35	−23,5	13 44	17 45	6,1	73	15 26	−16,5	9 35	4 54	15,0	75
	31.	20 02	−21,5	13 47	18 01	7,1	53	15 56	−18,3	9 41	5 10	14,5	77

Datum		Saturn Rektas. h m	Deklin. °	Kulmin. h m	Unterg. h m	Äqu. ″	Pol. ″	Ring gr. A. ″	kl. A. ″	Öffn. °	hel. Ö. °	Leucht.
Jul	1.	15 48	−17,9	21 31	2 08	18,1	16,5	41,1	16,7	24,0	24,8	1,22
	15.	15 46	−17,8	20 34	1 11	17,8	16,2	40,3	16,4	24,0	24,9	1,19
	31.	15 45	−17,8	19 30	0 07	17,3	15,8	39,4	16,0	24,0	25,0	1,18
Aug	15.	15 46	−17,9	18 31	23 04	16,9	15,4	38,4	15,7	24,1	25,1	1,17
	31.	15 48	−18,1	17 31	22 02	16,5	15,0	37,4	15,4	24,2	25,1	1,18
Sep	15.	15 51	−18,3	16 35	21 05	16,1	14,7	36,5	15,1	24,5	25,2	1,19
	30.	15 56	−18,6	15 41	20 09	15,8	14,4	35,8	14,9	24,7	25,3	1,22
Okt	15.	16 01	−18,9	14 47	19 14	15,5	14,1	35,2	14,8	25,0	25,4	1,25
	31.	16 08	−19,3	13 51	18 16	15,3	13,9	34,7	14,8	25,2	25,4	1,29
Nov	15.	16 15	−19,6	13 00		15,2	13,8	34,4	14,8	25,5	25,5	1,35
	30.	16 23	−19,9	12 08	Aufg.	15,1	13,8	34,3	14,9	25,7	25,6	1,64
Dez	15.	16 30	−20,2	11 16	6 57	15,2	13,8	34,4	15,0	25,9	25,6	1,35
	31.	16 38	−20,5	10 21	6 03	15,3	14,0	34,7	15,3	26,1	25,7	1,31

Mars						Jupiter							
Rektas.	Deklin.	Kulmin.	Aufg.	Du.	bel.	Rektas.	Deklin.	Kulmin.	Unterg.	Äqu.	Pol.	Datum	
h m	o	h m	h m	"	%	h m	o	h m	h m	"	"		
6 18	+24,1	12 04	3 50	3,6	100	9 36	+15,2	15 20	22 38	32,4	30,3	1.	Jul
6 30	+24,0	12 00	3 47	3,6	100	9 39	+15,0	15 07	22 24	32,2	30,1	5.	
6 44	+23,9	11 54	3 43	3,6	100	9 43	+14,6	14 51	22 06	32,0	29,9	10.	
6 59	+23,6	11 49	3 40	3,6	100	9 47	+14,3	14 36	21 49	31,7	29,7	15.	
7 13	+23,3	11 44	3 36	3,6	100	9 51	+14,0	14 20	21 31	31,5	29,5	20.	
7 27	+22,9	11 38	3 34	3,6	100	9 55	+13,6	14 04	21 13	31,4	29,3	25.	
7 44	+22,3	11 31	3 31	3,6	99	9 59	+13,2	13 45	20 52	31,2	29,2	31.	
7 58	+21,7	11 25	3 29	3,6	99	10 03	+12,8	13 30	20 35	31,1	29,0	5.	Aug
8 12	+21,1	11 19	3 27	3,7	99	10 08	+12,5	13 14	20 17	31,0	29,0	10.	
8 25	+20,3	11 13	3 25	3,7	99	10 12	+12,1	12 59	20 00	30,9	28,9	15.	
8 38	+19,6	11 07	3 23	3,7	99	10 16	+11,7	12 43	19 42	30,8	28,8	20.	
8 51	+18,8	11 00	3 21	3,7	99	10 20	+11,3	12 28		30,8	28,8	25.	
9 07	+17,7	10 52	3 19	3,7	98	10 25	+10,9	12 09	Aufg.	30,8	28,8	31.	
9 20	+16,8	10 45	3 17	3,8	98	10 29	+10,5	11 53	5 00	30,9	28,9	5.	Sep
9 32	+15,8	10 38	3 16	3,8	98	10 33	+10,1	11 38	4 47	30,9	28,9	10.	
9 45	+14,8	10 30	3 14	3,8	98	10 37	+ 9,7	11 22	4 33	31,0	29,0	15.	
9 57	+13,8	10 23	3 12	3,8	98	10 41	+ 9,3	11 06	4 19	31,1	29,1	20.	
10 09	+12,7	10 15	3 10	3,9	97	10 45	+ 8,9	10 51	4 05	31,2	29,2	25.	
10 21	+11,6	10 08	3 08	3,9	97	10 49	+ 8,5	10 35	3 52	31,4	29,4	30.	
10 33	+10,5	10 00	3 06	4,0	97	10 53	+ 8,1	10 19	3 38	31,6	29,5	5.	Okt
10 45	+ 9,4	9 52	3 04	4,0	97	10 57	+ 7,8	10 03	3 24	31,8	29,7	10.	
10 56	+ 8,2	9 44	3 01	4,1	96	11 00	+ 7,4	9 47	3 09	32,0	30,0	15.	
11 08	+ 7,1	9 35	2 59	4,1	96	11 04	+ 7,0	9 31	2 55	32,3	30,2	20.	
11 19	+ 5,9	9 27	2 56	4,2	96	11 07	+ 6,7	9 15	2 40	32,6	30,5	25.	
11 33	+ 4,5	9 17	2 53	4,2	95	11 11	+ 6,3	8 55	2 23	33,0	30,8	31.	
11 44	+ 3,3	9 08	2 50	4,3	95	11 14	+ 6,0	8 39	2 08	33,3	31,2	5.	Nov
11 55	+ 2,1	9 00	2 47	4,4	95	11 17	+ 5,7	8 22	1 52	33,7	31,5	10.	
12 06	+ 0,9	8 51	2 44	4,5	94	11 20	+ 5,4	8 05	1 37	34,1	31,9	15.	
12 17	− 0,3	8 43	2 41	4,6	94	11 23	+ 5,2	7 48	1 21	34,6	32,3	20.	
12 28	− 1,5	8 34	2 38	4,6	94	11 25	+ 4,9	7 31	1 05	35,0	32,8	25.	
12 39	− 2,6	8 25	2 35	4,7	93	11 28	+ 4,7	7 13	0 49	35,5	33,2	30.	
12 50	− 3,7	8 16	2 31	4,8	93	11 30	+ 4,5	6 56	0 32	36,0	33,7	5.	Dez
13 01	− 4,9	8 07	2 28	5,0	93	11 31	+ 4,3	6 38	0 15	36,5	34,2	10.	
13 11	− 6,0	7 58	2 24	5,1	92	11 33	+ 4,2	6 20	23 54	37,1	34,7	15.	
13 22	− 7,0	7 49	2 20	5,2	92	11 34	+ 4,1	6 01	23 36	37,7	35,2	20.	
13 33	− 8,1	7 40	2 16	5,4	92	11 35	+ 4,0	5 42	23 17	38,2	35,8	25.	
13 45	− 9,3	7 29	2 11	5,5	91	11 36	+ 3,9	5 20	22 55	38,9	36,4	31.	

Uranus					Neptun					Pluto			
Rektas.	Deklin.	Kulmin.	Aufg.	Du.	Rektas.	Deklin.	Kulmin.	Aufg.	Du.	Rektas.	Deklin.	Datum	
h m	o	h m	h m	"	h m	o	h m	h m	"	h m	o		
1 15	+7,2	7 00	0 22	3,5	22 45	−8,8	4 31	23 06	2,3	19 00	−20,7	1.	Jul
1 16	+7,3	6 06	23 24	3,5	22 44	−8,9	3 35	22 11	2,3	18 58	−20,8	15.	
1 16	+7,3	5 03	22 21	3,6	22 43	−9,0	2 31	21 07	2,3	18 57	−20,8	31.	
1 15	+7,3	4 03	21 22	3,6	22 41	−9,2	1 31	20 07	2,4	18 55	−20,9	15.	Aug
1 14	+7,1	2 59	20 18	3,7	22 40	−9,3	0 26		2,4	18 54	−21,0	31.	
1 12	+6,9	1 58	19 18	3,7	22 38	−9,5	23 22	Unterg.	2,4	18 54	−21,0	15.	Sep
1 10	+6,7	0 57	18 18	3,7	22 37	−9,6	22 21	3 42	2,3	18 54	−21,1	30.	
1 08	+6,5	23 52		3,7	22 36	−9,7	21 21	2 42	2,3	18 54	−21,1	15.	Okt
1 06	+6,3	22 47	Unterg.	3,7	22 35	−9,8	20 17	1 37	2,3	18 55	−21,1	31.	
1 04	+6,1	21 46	4 22	3,7	22 35	−9,8	19 18	0 38	2,3	18 56	−21,1	15.	Nov
1 02	+5,9	20 46	3 21	3,6	22 35	−9,8	18 19	23 35	2,3	18 58	−21,1	30.	
1 01	+5,8	19 46	2 21	3,6	22 35	−9,8	17 21	22 37	2,3	19 00	−21,1	15.	Dez
1 01	+5,8	18 43	1 18	3,6	22 36	−9,7	16 19	21 36	2,2	19 02	−21,1	31.	

Ephemeriden hellerer Kleinplaneten 2015

Ceres (1)

Datum		Rektas. h m	Deklin. °	Kulmin. h m
Jul	1.	20 46	−27,7	2 33
	5.	20 44	−28,2	2 14
	10.	20 40	−28,7	1 51
	15.	20 36	−29,3	1 28
	20.	20 31	−29,8	1 04
	25.	20 27	−30,2	0 39
	31.	20 21	−30,7	0 10

Vesta (4)

Datum		Rektas. h m	Deklin. °	Kulmin. h m
Jul	1.	0 36	− 3,5	6 22
	5.	0 40	− 3,3	6 11
	10.	0 45	− 3,1	5 56
	15.	0 49	− 3,0	5 40
	20.	0 53	− 3,0	5 24
	25.	0 56	− 3,0	5 08
	31.	0 59	− 3,2	4 47
Aug	**5.**	1 01	− 3,4	4 29
	10.	1 02	− 3,7	4 11
	15.	1 03	− 4,0	3 52
	20.	1 03	− 4,4	3 32
	25.	1 02	− 4,9	3 11
	31.	1 00	− 5,5	2 46
Sep	**5.**	0 57	− 6,1	2 24
	10.	0 54	− 6,7	2 01
	15.	0 51	− 7,3	1 38
	20.	0 47	− 7,9	1 14
	25.	0 42	− 8,5	0 50
	30.	0 38	− 9,0	0 26
Okt	**5.**	0 33	− 9,5	0 01
	10.	0 28	− 9,9	23 32
	15.	0 24	−10,2	23 08
	20.	0 20	−10,4	22 45
	25.	0 17	−10,5	22 22
	31.	0 13	−10,5	21 55
Nov	**5.**	0 11	−10,4	21 34
	10.	0 10	−10,2	21 13
	15.	0 09	−10,0	20 53
	20.	0 09	− 9,6	20 33
	25.	0 10	− 9,2	20 14
	30.	0 11	− 8,7	19 56
Dez	**5.**	0 13	− 8,2	19 38
	10.	0 15	− 7,6	19 21
	15.	0 18	− 6,9	19 04
	20.	0 22	− 6,2	18 48
	25.	0 26	− 5,5	18 32
	31.	0 31	− 4,6	18 14

Pallas (2)

Datum		Rektas. h m	Deklin. °	Kulmin. h m
Mai	1.	17 59	+20,9	3 45
	5.	17 57	+21,7	3 28
	10.	17 55	+22,5	3 06
	15.	17 53	+23,3	2 44
	20.	17 50	+23,9	2 22
	25.	17 46	+24,5	1 59
	31.	17 42	+25,0	1 30
Jun	5.	17 38	+25,3	1 07
	10.	17 34	+25,5	0 43
	15.	17 29	+25,6	0 19
	20.	17 25	+25,5	23 50
	25.	17 21	+25,3	23 27
	30.	17 17	+24,9	23 03

Juno (3)

Datum		Rektas. h m	Deklin. °	Kulmin. h m
Jan	1.	8 54	+ 0,6	2 34
	5.	8 51	+ 0,8	2 16
	10.	8 48	+ 1,2	1 53
	15.	8 44	+ 1,7	1 29
	20.	8 40	+ 2,3	1 05
	25.	8 36	+ 2,9	0 41
	31.	8 30	+ 3,8	0 13
Feb	5.	8 26	+ 4,7	23 44
	10.	8 22	+ 5,5	23 21
	15.	8 19	+ 6,4	22 58
	20.	8 16	+ 7,3	22 35
	25.	8 14	+ 8,1	22 14
	28.	8 13	+ 8,6	22 01
Mrz	5.	8 12	+ 9,4	21 40
	10.	8 12	+10,1	21 20
	15.	8 12	+10,8	21 01
	20.	8 13	+11,4	20 43
	25.	8 15	+11,9	20 25
	31.	8 18	+12,4	20 05

Euterpe (27)

Datum		Rektas. h m	Deklin. °	Kulmin. h m
Dez	1.	6 33	+22,6	2 17
	5.	6 31	+22,7	1 58
	10.	6 27	+22,9	1 35
	15.	6 22	+23,0	1 11
	20.	6 17	+23,2	0 46
	25.	6 12	+23,3	0 21
	31.	6 05	+23,5	23 46

Eunomia (15)

Datum		Rektas. h m	Deklin. °	Kulmin. h m
Aug	1.	0 27	+17,6	4 11
	5.	0 28	+18,4	3 57
	10.	0 30	+19,3	3 38
	15.	0 30	+20,1	3 19
	20.	0 30	+20,8	2 59
	25.	0 29	+21,5	2 38
	31.	0 26	+22,2	2 12
Sep	**5.**	0 24	+22,7	1 50
	10.	0 20	+23,0	1 27
	15.	0 17	+23,2	1 04
	20.	0 12	+23,3	0 40
	25.	0 08	+23,2	0 16
	30.	0 03	+23,1	23 46
Okt	**5.**	23 59	+22,8	23 22
	10.	23 54	+22,3	22 59
	15.	23 51	+21,8	22 35
	20.	23 47	+21,3	22 12
	25.	23 45	+20,7	21 50
	31.	23 43	+20,0	21 25
Nov	**5.**	23 42	+19,4	21 05
	10.	23 42	+18,8	20 45
	15.	23 43	+18,3	20 27
	20.	23 45	+17,9	20 09
	25.	23 47	+17,5	19 52
	30.	23 51	+17,2	19 36
Dez	**5.**	23 55	+17,0	19 20
	10.	23 59	+16,8	19 05
	15.	0 05	+16,7	18 51
	20.	0 10	+16,7	18 37
	25.	0 17	+16,8	18 24
	31.	0 25	+16,9	18 08

Amphitrite (29)

Datum		Rektas. h m	Deklin. °	Kulmin. h m
Okt	1.	2 10	+18,1	1 54
	5.	2 07	+18,1	1 35
	10.	2 03	+18,1	1 11
	15.	1 58	+18,0	0 47
	20.	1 53	+17,8	0 23
	25.	1 48	+17,6	23 53
	31.	1 42	+17,3	23 24
Nov	5.	1 38	+17,0	22 59
	10.	1 33	+16,7	22 36
	15.	1 30	+16,4	22 12
	20.	1 27	+16,2	21 50
	25.	1 24	+16,0	21 28
	30.	1 22	+15,8	21 06

Spaltenüberschriften: Rektaszension und Deklination für 1^h MEZ.
Kulmination = Meridiandurchgang: MEZ für 10° östliche Länge.
Aufgang und Untergang: MEZ für 10° östliche Länge und 50° nördliche Breite.
Scheinbarer Durchmesser für 1^h MEZ, Äqu.: Äquatordurchmesser, Pol: Poldurchmesser.
Beleuchteter Teil des Planetenscheibchens für 1^h MEZ.
Saturnring: große und kleine Ringachse, Öffnung, heliozentrische Öffnung, Leuchtkraft relativ zur Leuchtkraft der Saturnkugel.
In den halbfett gedruckten Tagesintervallen sind die Kleinplaneten einfacher aufzufinden.

Zentralmeridiane Jupiter 2015 (1^h MEZ = 2^h MESZ)

Jupiter System I

Dat.	Jan	Feb	Mrz	Apr	Mai	Jun	Okt	Nov	Dez
1.	57°	276°	20°	236°	290°	139°	295°	146°	201°
2.	215	74	178	33	87	296	93	304	359
3.	13	232	336	191	245	94	251	102	157
4.	171	30	134	349	43	252	49	259	314
5.	329	188	292	147	201	49	206	57	112
6.	127	346	90	305	358	207	4	215	270
7.	285	144	248	103	156	5	162	13	68
8.	83	302	46	260	314	162	320	171	226
9.	241	100	204	58	111	320	117	328	24
10.	39	258	2	216	269	118	275	126	182
11.	197	56	160	14	67	276	73	284	340
12.	355	214	318	172	225	73	231	82	138
13.	153	12	116	329	22	231	28	240	295
14.	311	170	273	127	180	29	186	37	93
15.	109	328	71	285	338	186	344	195	251
16.	267	126	229	83	136	344	142	353	49
17.	65	284	27	241	293	142	299	151	207
18.	223	82	185	38	91	299	97	309	5
19.	21	240	343	196	249	97	255	107	163
20.	179	38	141	354	46	255	53	264	321
21.	337	196	299	152	204	52	210	62	119
22.	135	354	97	310	2	210	8	220	277
23.	293	152	255	107	159	8	166	18	75
24.	91	310	53	265	317	165	324	176	233
25.	249	108	210	63	115	323	121	334	30
26.	47	266	8	221	273	121	279	132	188
27.	206	64	166	18	70	278	77	289	346
28.	4	222	324	176	228	76	235	87	144
29.	162		122	334	26	233	33	245	302
30.	320		280	132	183	31	190	43	100
31.	118		78		341		348		258
D	−0.2	−0.2	−0.1	0.0	0.0	−0.2	−1.2	−1.5	−1.7

Jupiter System II

Dat.	Jan	Feb	Mrz	Apr	Mai	Jun	Okt	Nov	Dez
1.	352°	335°	225°	204°	29°	2°	308°	282°	108°
2.	142	125	16	354	180	152	98	72	258
3.	293	275	166	145	330	302	248	222	48
4.	83	66	316	295	120	92	38	12	199
5.	234	216	107	85	270	242	188	163	349
6.	24	7	257	235	60	32	338	313	139
7.	174	157	47	26	210	182	129	103	289
8.	325	308	198	176	0	332	279	253	80
9.	115	98	348	326	150	122	69	43	230
10.	266	248	138	116	300	273	219	194	20
11.	56	39	289	266	91	63	9	344	170
12.	206	189	79	57	241	213	159	134	321
13.	357	339	229	207	31	3	309	284	111
14.	147	130	20	357	181	153	99	74	261
15.	298	280	170	147	331	303	249	224	52
16.	88	71	320	297	121	93	40	15	202
17.	238	221	110	87	271	243	190	165	352
18.	29	11	261	238	61	33	340	315	142
19.	179	162	51	28	211	183	130	105	293
20.	330	312	201	178	1	333	280	255	83
21.	120	103	352	328	151	123	70	46	233
22.	271	253	142	118	301	273	220	196	24
23.	61	43	292	268	92	63	11	346	174
24.	211	194	82	58	242	213	161	136	324
25.	2	344	233	209	32	3	311	287	114
26.	152	134	23	359	182	153	101	77	265
27.	303	285	173	149	332	303	251	227	55
28.	93	75	323	299	122	93	41	17	205
29.	243		114	89	272	243	191	167	356
30.	34		264	239	62	33	342	318	146
31.	184		54		212		132		296

D = Neigung der Planetenachse zur Erde

Korrektur für MEZ	0^h	1^h	2^h	3^h	4^h	5^h	6^h	7^h	18^h	19^h	20^h	21^h	22^h	23^h	24^h	Änderung
Jupiter System I	−37°	0°	+37°	+73°	+110°	+146°	+183°	+219°	− 98°	−62°	−25°	+12°	+48°	+85°	+121°	+36,6°/Stunde
Jupiter System II	−36	0	+36	+73	+109	+145	+181	+218	−104	−67	−31	+ 5	+41	+78	+114	+36,3°/Stunde

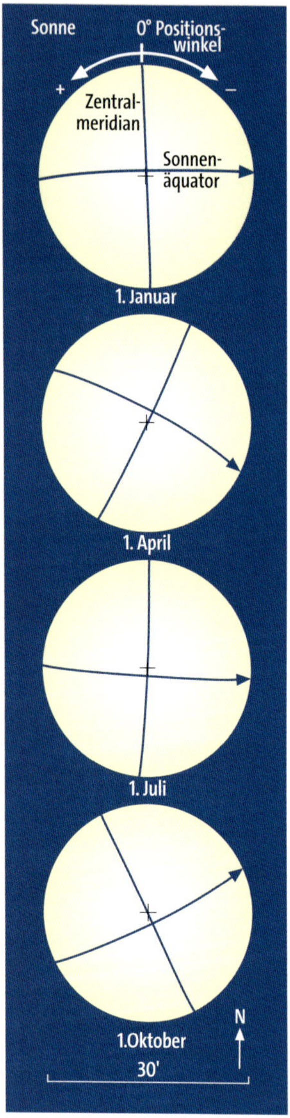

T.5 Lage des Zentralmeridians und des Äquators der Sonne im Verlauf des Jahres relativ zum Beobachter auf der Erde.

Ephemeride der Sonnenscheibe 2015 (1^h MEZ)

Datum		Entferng. AE	Du. ′	Z.M. °	B_0 °	P °	Sternzeit h m
Jan	1.	0,983	32,5	51,9	–3,0	+ 2,3	6 41
	10.	0,983	32,5	293,4	–4,0	– 2,0	7 17
	20.	0,984	32,5	161,7	–5,0	– 6,7	7 56
	31.	0,985	32,5	16,8	–5,9	–11,5	8 40
Feb	10.	0,987	32,4	245,2	–6,6	–15,4	9 19
	20.	0,989	32,4	113,5	–7,0	–18,8	9 58
	28.	0,990	32,3	8,1	–7,2	–21,1	10 30
Mrz	10.	0,993	32,2	236,4	–7,2	–23,4	11 09
	20.	0,996	32,1	104,6	–7,0	–25,1	11 49
	31.	0,999	32,0	319,5	–6,6	–26,1	12 32
Apr	10.	1,002	31,9	187,6	–6,0	–26,3	13 12
	20.	1,004	31,8	55,6	–5,2	–25,7	13 51
	30.	1,007	31,8	283,4	–4,3	–24,4	14 30
Mai	10.	1,010	31,7	151,3	–3,3	–22,4	15 10
	20.	1,012	31,6	19,0	–2,1	–19,7	15 49
	31.	1,014	31,6	233,5	–0,8	–16,0	16 33
Jun	10.	1,015	31,5	101,1	+0,4	–12,2	17 12
	20.	1,016	31,5	328,8	+1,5	– 7,9	17 52
	30.	1,017	31,5	196,4	+2,7	– 3,4	18 31
Jul	10.	1,017	31,5	64,0	+3,8	+ 1,1	19 10
	20.	1,016	31,5	291,7	+4,7	+ 5,5	19 50
	31.	1,015	31,5	146,2	+5,7	+10,2	20 33
Aug	10.	1,014	31,6	13,9	+6,3	+14,0	21 13
	20.	1,012	31,6	241,8	+6,8	+17,4	21 52
	31.	1,010	31,7	96,4	+7,2	+20,7	22 35
Sep	10.	1,007	31,8	324,3	+7,2	+23,0	23 15
	20.	1,004	31,8	192,3	+7,1	+24,8	23 54
	30.	1,002	31,9	60,3	+6,8	+25,9	0 34
Okt	10.	0,999	32,0	288,4	+6,2	+26,3	1 13
	20.	0,996	32,1	156,5	+5,5	+26,0	1 53
	31.	0,993	32,2	11,4	+4,5	+24,8	2 36
Nov	10.	0,990	32,3	239,5	+3,5	+22,8	3 15
	20.	0,988	32,4	107,7	+2,3	+20,1	3 55
	30.	0,986	32,4	335,9	+1,1	+16,7	4 34
Dez	10.	0,985	32,5	204,1	–0,2	+12,7	5 14
	20.	0,984	32,5	72,4	–1,5	+ 8,2	5 53
	31.	0,983	32,5	287,5	–2,8	+ 2,9	6 36

Z.M. Zentralmeridian (Abnahme 13°,2/Tag), B_0 Neigung der Sonnenachse zur Erde, P Positionswinkel des Sonnen-Nordpols, Sternzeit Greenwich

Beginn der synodischen Sonnenrotation nach Carrington 2015

Rot. Nr.	Datum		MEZ h m	Rot. Nr.	Datum		MEZ h m
2159	Jan	4.	23 33	2166	Jul	14.	21 07
2160	Feb	1.	7 42	2167	Aug	11.	2 19
2161	Feb	28.	15 49	2168	Sep	7.	8 11
2162	Mrz	27.	23 22	2169	Okt	4.	14 43
2163	Apr	24.	5 56	2170	Okt	31.	21 45
2164	Mai	21.	11 28	2171	Nov	28.	5 08
2165	Jun	17.	16 21	2172	Dez	25.	12 52

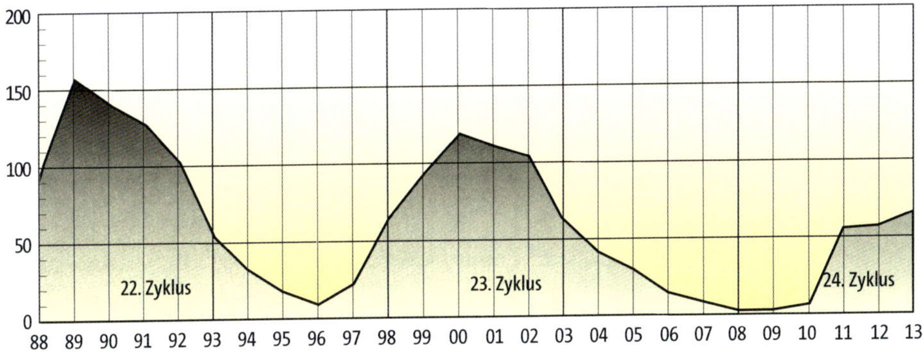

T.6 Jahresmittel der Sonnenfleckenrelativzahlen von 1988 bis 2013.

T.7 Monatsmittel der Sonnenfleckenrelativzahlen von Januar 2008 bis März 2014.

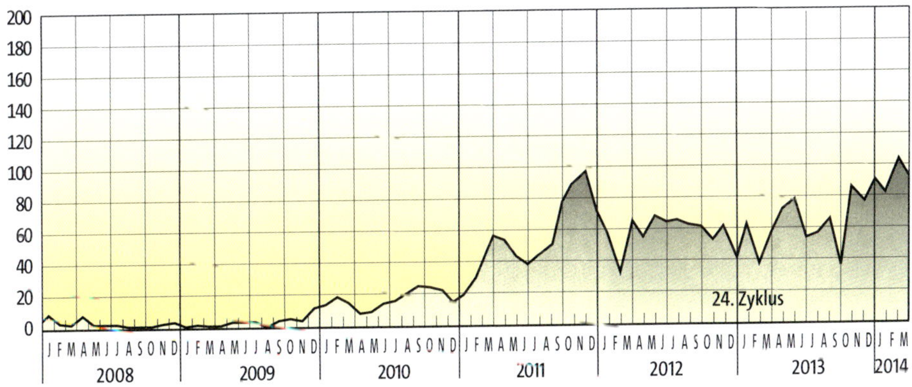

T.8 Stellung und relative Lage der zunehmenden Mondsichel zum Westhorizont jeweils am ersten Sichtbarkeitsabend nach Neumond eine halbe Stunde nach Sonnenuntergang im Jahre 2015.

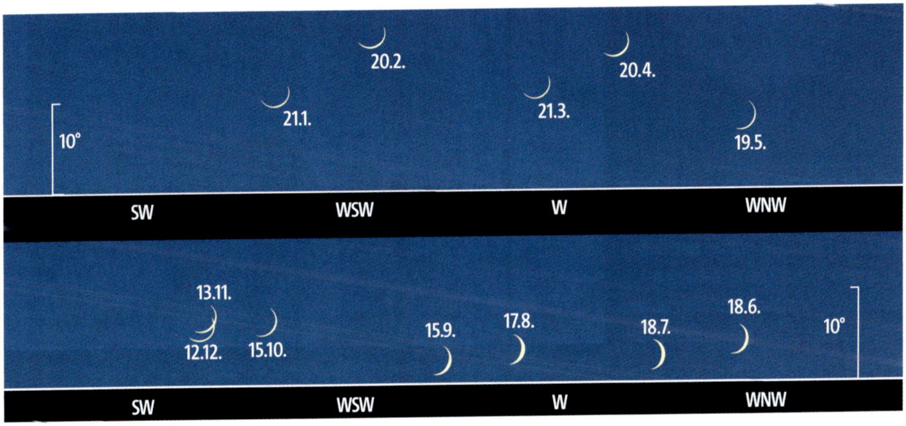

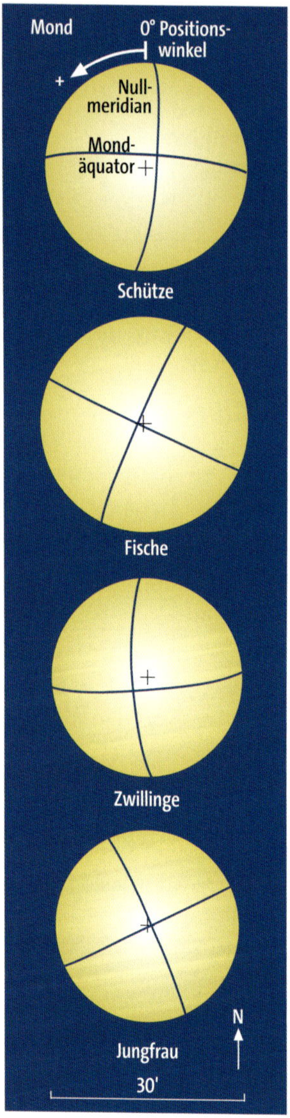

T.9 Lage des Nullmeridians und des Mondäquators relativ zum Beobachter auf der Erde in Abhängigkeit von der Position des Mondes im Tierkreis (siehe auch monatliche Rubrik „Der Mondlauf“).

Sternbedeckungen durch den Mond 2015

Datum		MEZ h m	Stern	Hell. m	bel. %	E/A	P °
Jan	25.	20 40	73 Psc	6,0	34	E	120
Feb	1.	19 35	**λ Gem**	3,6:	96	E	120
	16.	7 30	ϱ_1 Sgr	3,9:	11	E	75
	22.	18 40	CY Psc	6,4	19	E	120
	25.	18 35	63 Tau	5,6:	50	E	55
	26.	22 55	111 Tau	5,0	62	E	175
	27.	20 45	HR 2214	5,9:	71	E	45
	28.	18 30	HR 2635	5,8	79	E	165
Mrz	3.	4 35	Acubens	4,3:	94	E	90
	29.	21 40	HR 3376	6,3:	74	E	115
Apr	29.	0 05	35 Sex	6,3:	77	E	45
	29.	20 20	79 Leo	5,4:	83	E	110
Mai	23.	20 50	FX Cnc	6,7	32	E	115
	25.	20 25	43 Leo	6,1	51	E	60
Jun	27.	22 55	μ Lib	5,3:	81	E	185
Jul	11.	4 05	HR 931	5,6	25	A	285
	13.	3 55	HR 1585	5,5:	9	A	275
	25.	22 40	o Lib	6,1:	67	E	160
Aug	9.	0 10	Aldebaran	0,9	30	A	295
	22.	22 10	**ϑ Lib**	4,2	50	E	140
	27.	23 15	τ Cap	5,2:	95	E	70
Sep	1.	23 05	μ Psc	4,8	86	A	205
	4.	22 55	γ Tau	3,6	55	A	230
	5.	2 10	ϑ_1 Tau	3,8:	54	E	140
	5.	2 45	ϑ_1 Tau	3,8:	53	A	195
	5.	3 00	75 Tau	5,0:	53	A	295
	5.	4 10	HR 1427	4,8:	53	A	235
	5.	6 10	**Aldebaran**	0,9	52	E	90
	5.	7 25	Aldebaran	0,9	52	A	255
	6.	3 05	111 Tau	5,0	42	A	275
	6.	4 40	117 Tau	5,8	42	A	210
	8.	4 50	λ Gem	3,6:	22	E	115
	8.	6 00	λ Gem	3,6:	22	A	250
	21.	21 25	HR 6825	6,1	55	E	15
Okt	18.	18 55	HR 6679	6,5	28	E	30
	21.	17 05	τ Cap	5,2:	59	E	55
	26.	20 00	μ Psc	4,8	99	E	115
	29.	20 20	ϑ_2 Tau	3,4:	92	A	205
	29.	20 25	ϑ_1 Tau	3,8:	92	A	230
	29.	21 25	HR 1427	4,8:	92	A	260
	29.	22 50	**Aldebaran**	0,9	91	E	70
	29.	23 55	**Aldebaran**	0,9	91	A	270
Nov	1.	4 55	26 Gem	5,2	73	A	330
	17.	19 35	HR 7819	6,4	33	E	110
	19.	18 40	HR 8500	5,8	55	E	55
	21.	17 35	HR 2	6,3	76	E	55
	29.	6 45	λ Gem	3,6:	87	A	215
Dez	7.	5 05	82 Vir	5,0	16	A	240
	19.	21 45	HR 243	6,4	63	E	50
	23.	16 05	ϑ_1 Tau	3,8:	96	E	115
	23.	16 15	ϑ_2 Tau	3,4:	96	E	145
	23.	16 50	HR 1427	4,8:	96	E	85
	23.	19 15	**Aldebaran**	0,9	96	E	80
	23.	20 20	**Aldebaran**	0,9	96	A	255

Hell. = Helligkeit („:“ = Doppelstern), E/A = Eintritt/Austritt,
bel. = beleuchteter Teil der Mondscheibe, P = Positionswinkel
halbfett: Ereignis bereits im Fernglas sichtbar

Sternbedeckungen

Datum		MEZ h	Hamburg m	Hannover m	Berlin m	Dresden m	Leipzig m	Düsseldorf m	Frankfurt m	Nürnberg m	Stuttgart m	München m	Zürich m	Wien m
Jan	25.	20	31,6	33,8	36,7	40,4	38,6	33,4	38,1	42,4	42,5	47,1	46,8	51,0
Feb	1.	19	33,8	32,8	36,8	36,6	35,2	29,1	30,6	33,1	30,8	33,8	30,2	40,3
	16.	7	–	–	–	–	–	29,7	30,4	–	29,2	–	26,6	–
	22.	18	32,5	34,5	38,1	41,9	39,7	33,2	38,2	43,1	42,7	47,9	46,7	53,2
	25.	18	38,3	36,0	41,3	39,9	38,2	29,9	31,0	33,9	30,1	33,4	27,5	41,3
	26.	22	54,3	–	–	–	–	–	–	–	–	–	–	–
	27.	20	52,7	47,8	55,4	51,9	50,0	39,0	40,0	43,4	38,6	42,4	35,2	51,9
	28.	18	25,5	29,2	34,7	–	–	30,3	–	–	–	–	–	–
Mrz	3.	4	30,9	32,7	32,5	34,7	34,3	34,3	36,1	37,1	38,1	39,0	40,2	38,4
	29.	21	32,0	33,1	38,0	40,4	38,1	30,4	34,5	39,0	37,3	41,8	38,8	48,3
Apr	29.	23/0	06,4	04,2	–	11,4	08,9	58,0	01,5	05,8	02,6	06,7	02,0	14,3
	29.	20	19,9	19,4	25,1	25,8	23,6	15,0	17,8	21,7	19,0	23,0	18,4	31,0
Mai	23.	20	44,7	46,8	48,6	51,6	50,3	47,1	50,5	53,3	53,6	56,2	56,2	58,4
	25.	20	25,1	24,0	32,4	32,4	29,5	17,3	21,2	26,4	22,4	27,6	21,3	37,6
Jun	27.	22/23	47,6	52,4	54,6	03,4	59,8	–	–	–	–	–	–	–
Jul	11.	4	08,0	06,6	–	08,5	07,7	03,1	03,3	04,4	02,2	03,3	00,1	07,4
	13.	3	–	56,2	–	54,7	55,0	54,6	53,2	52,4	51,5	50,6	49,6	50,9
	25.	22	28,8	31,3	35,1	39,5	37,1	30,7	35,9	40,9	40,6	45,7	44,3	52,0
Aug	9.	0	–	–	10,9	09,6	–	–	–	–	–	–	–	06,4
	22.	21/22	59,8	02,2	05,2	09,1	07,1	01,8	06,3	10,5	10,2	14,5	13,3	19,4
	27.	23	14,5	14,1	18,6	19,2	17,4	10,1	12,3	15,6	12,9	16,4	11,8	23,3
Sep	1.	22/23	11,4	08,7	10,1	06,8	07,1	05,4	03,3	02,2	00,2	59,1	56,6	00,2
	4.	22/23	01,8	59,8	58,9	56,1	57,1	59,0	56,4	54,2	53,8	51,6	51,6	49,8
	5.	2	09,7	09,0	13,6	14,9	12,6	05,3	07,7	11,8	09,3	15,6	10,4	–
	5.	2	54,3	50,6	52,1	46,5	47,6	46,2	42,6	39,7	37,1	32,5	30,3	–
	5.	2/3	01,0	00,5	05,6	05,7	03,9	56,3	58,3	01,3	58,4	01,3	56,7	08,0
	5.	3/4	13,5	11,2	15,6	13,3	12,3	06,0	05,9	07,1	03,7	04,8	59,8	10,3
	5.	6	06,6	05,9	11,4	11,9	09,8	01,0	03,7	07,8	04,6	08,9	03,7	17,2
	5.	7	22,5	22,8	27,7	29,0	27,0	18,9	21,9	25,7	22,8	26,6	21,6	33,7
	6.	2/3	06,0	04,4	07,7	06,2	05,4	00,7	00,7	01,8	59,4	00,4	56,9	04,8
	6.	4	52,2	48,8	52,6	48,2	48,0	42,9	40,8	40,0	36,0	34,3	29,1	36,2
	8.	4	53,5	52,2	55,7	55,1	53,9	48,6	49,5	51,5	49,3	51,6	48,1	57,3
	8.	5/6	04,4	02,3	06,9	05,0	03,8	57,0	57,1	58,6	55,0	56,5	51,2	02,9
	21.	21	–	–	–	24,8	26,1	–	24,8	22,4	21,3	20,8	19,0	22,2
Okt	18.	18	56,1	54,8	56,4	55,8	55,3	52,2	52,3	53,5	51,8	53,4	50,5	56,8
	21.	17	06,5	04,5	09,2	07,7	06,3	–	–	–	–	–	–	07,7
	26.	19/20	59,2	57,8	01,8	01,2	59,8	54,0	54,9	57,1	54,5	–	–	–
	29.	20	27,7	25,1	24,2	20,4	21,7	23,5	20,1	17,3	16,5	13,4	13,0	10,5
	29.	20	33,4	31,3	31,2	28,2	29,0	29,6	27,2	25,5	24,5	22,8	22,0	22,0
	29.	21	28,0	26,1	27,5	25,3	25,3	23,6	22,4	22,0	20,4	20,0	18,1	21,6
	29.	22	56,6	54,2	56,7	54,3	53,9	50,4	49,3	49,7	47,3	47,9	44,5	51,8
	29.	23/0	59,0	57,6	02,0	01,0	59,7	53,2	54,1	56,2	53,2	55,2	50,8	01,2
Nov	1.	4/5	39,1	46,3	48,9	56,2	53,6	47,2	53,4	58,6	58,0	03,0	00,5	09,0
	17.	19	26,2	27,6	32,1	35,1	32,8	25,0	29,4	34,2	32,4	37,6	34,0	45,3
	19.	18	42,1	40,9	45,4	45,0	43,5	36,4	37,8	40,6	37,5	40,4	35,5	47,4
	21.	17	40,7	38,4	41,7	39,6	38,9	34,1	33,6	34,5	31,7	32,8	28,7	37,8
	29.	6	40,9	39,3	45,3	44,5	42,6	–	–	–	–	–	–	–
Dez	7.	4/5	14,7	11,7	15,9	12,9	12,0	05,6	04,2	05,1	00,2	01,2	52,4	08,7
	19.	21	45,9	45,2	48,2	48,3	47,1	42,0	43,4	45,7	43,6	46,1	42,7	50,8
	23.	16	07,0	–	05,8	04,4	04,6	–	–	–	–	–	–	02,4
	23.	16	16,1	15,6	17,0	17,9	16,8	–	–	–	–	–	–	–
	23.	16	54,0	52,2	52,5	50,3	50,7	50,6	48,9	47,9	47,0	46,2	45,1	46,7
	23.	19	18,5	16,3	19,1	17,0	16,5	12,6	11,9	12,6	10,2	11,1	07,7	15,4
	23.	20	24,1	22,4	26,5	25,0	23,9	17,9	18,3	19,8	16,9	18,5	14,2	23,9

Unter jeder Stadt sind die Minuten und Zehntelminuten der Sternbedeckungszeit angegeben.

Sternzeit um 20^h MEZ = 21^h MESZ auf 10° östlicher Länge

Tag	Jan	Feb	Mrz	Apr	Mai	Jun	Jul	Aug	Sep	Okt	Nov	Dez
	h m	h m	h m	h m	h m	h m	h m	h m	h m	h m	h m	h m
1.	2 24	4 27	6 17	8 19	10 18	12 20	14 18	16 20	18 22	20 21	22 23	0 21
2.	2 28	4 31	6 21	8 23	10 21	12 24	14 22	16 24	18 26	20 25	22 27	0 25
3.	2 32	4 35	6 25	8 27	10 25	12 28	14 26	16 28	18 30	20 29	22 31	0 29
4.	2 36	4 38	6 29	8 31	10 29	12 32	14 30	16 32	18 34	20 33	22 35	0 33
5.	2 40	4 42	6 33	8 35	10 33	12 36	14 34	16 36	18 38	20 37	22 39	0 37
6.	2 44	4 46	6 37	8 39	10 37	12 39	14 38	16 40	18 42	20 40	22 43	0 41
7.	2 48	4 50	6 41	8 43	10 41	12 43	14 42	16 44	18 46	20 44	22 47	0 45
8.	2 52	4 54	6 45	8 47	10 45	12 47	14 46	16 48	18 50	20 48	22 51	0 49
9.	2 56	4 58	6 49	8 51	10 49	12 51	14 50	16 52	18 54	20 52	22 55	0 53
10.	3 00	5 02	6 53	8 55	10 53	12 55	14 54	16 56	18 58	20 56	22 58	0 57
11.	3 04	5 06	6 56	8 59	10 57	12 59	14 57	17 00	19 02	21 00	23 02	1 01
12.	3 08	5 10	7 00	9 03	11 01	13 03	15 01	17 04	19 06	21 04	23 06	1 05
13.	3 12	5 14	7 04	9 07	11 05	13 07	15 05	17 08	19 10	21 08	23 10	1 09
14.	3 16	5 18	7 08	9 11	11 09	13 11	15 09	17 12	19 14	21 12	23 14	1 13
15.	3 20	5 22	7 12	9 14	11 13	13 15	15 13	17 15	19 18	21 16	23 18	1 16
16.	3 24	5 26	7 16	9 18	11 17	13 19	15 17	17 19	19 22	21 20	23 22	1 20
17.	3 28	5 30	7 20	9 22	11 21	13 23	15 21	17 23	19 26	21 24	23 26	1 24
18.	3 31	5 34	7 24	9 26	11 25	13 27	15 25	17 27	19 30	21 28	23 30	1 28
19.	3 35	5 38	7 28	9 30	11 29	13 31	15 29	17 31	19 33	21 32	23 34	1 32
20.	3 39	5 42	7 32	9 34	11 32	13 35	15 33	17 35	19 37	21 36	23 38	1 36
21.	3 43	5 46	7 36	9 38	11 36	13 39	15 37	17 39	19 41	21 40	23 42	1 40
22.	3 47	5 49	7 40	9 42	11 40	13 43	15 41	17 43	19 45	21 44	23 46	1 44
23.	3 51	5 53	7 44	9 46	11 44	13 47	15 45	17 47	19 49	21 48	23 50	1 48
24.	3 55	5 57	7 48	9 50	11 48	13 50	15 49	17 51	19 53	21 51	23 54	1 52
25.	3 59	6 01	7 52	9 54	11 52	13 54	15 53	17 55	19 57	21 55	23 58	1 56
26.	4 03	6 05	7 56	9 58	11 56	13 58	15 57	17 59	20 01	21 59	0 02	2 00
27.	4 07	6 09	8 00	10 02	12 00	14 02	16 01	18 03	20 05	22 03	0 05	2 04
28.	4 11	6 13	8 04	10 06	12 04	14 06	16 04	18 07	20 09	22 07	0 09	2 08
29.	4 15	–	8 07	10 10	12 08	14 10	16 08	18 11	20 13	22 11	0 13	2 12
30.	4 19	–	8 11	10 14	12 12	14 14	16 12	18 15	20 17	22 15	0 17	2 16
31.	4 23	–	8 15	–	12 16	–	16 16	18 19	–	22 19	–	2 20

Korrektur für andere östliche geografische Längen

Länge	4°	5°	6°	7°	8°	9°	11°	12°	13°	14°	15°	16°
Korr.	-24^m	-20^m	-16^m	-12^m	-8^m	-4^m	$+4^m$	$+8^m$	$+12^m$	$+16^m$	$+20^m$	$+24^m$

Korrektur für andere Uhrzeiten derselben Nacht (Datumswechsel um Mitternacht)

MEZ	18^h	19^h	21^h	22^h	23^h	0^h	1^h	2^h	3^h	4^h	5^h	6^h
MESZ	19^h	20^h	22^h	23^h	0^h	1^h	2^h	3^h	4^h	5^h	6^h	7^h
Korr.	-2^h00^m	-1^h00^m	$+1^h00^m$	$+2^h00^m$	$+3^h00^m$	$+4^h01^m$	$+5^h01^m$	$+6^h01^m$	$+7^h01^m$	$+8^h01^m$	$+9^h01^m$	$+10^h02^m$

Erläuterungen siehe auch Seite 14 unter „Sternzeit".
Die obige Tabelle gibt für jeden Tag des Jahres die Sternzeit um 20^h MEZ (= 21^h Sommerzeit) am Meridian 10° östlicher Länge an. Für den Ortsmeridian des Beobachters ist eine Korrektur entsprechend der geografischen Längendifferenz zu 10° östlicher Länge anzubringen. Pro Längengrad beträgt diese Korrektur vier Minuten. Für Orte westlich des Meridians ist die Korrektur abzuziehen, für Orte östlich hingegen zu addieren. Auf der rechten Seite findet man in der Tabelle „Geografische Koordinaten größerer Städte" in der letzten Spalte die Zeitkorrektur vermerkt. Wer zu einer anderen Zeit als 20^h beobachtet, muss noch die Zeitkorrektur gemäß der obigen Tabelle anbringen. Beispiel: Wieviel Uhr Sternzeit ist es am 25. März um 23^h in München? Aus der Tabelle entnimmt man: Sternzeit am 25. März um 20^h = 7^h52^m. Dies gilt für 10° östlicher Länge. Die Zeitkorrektur für München beträgt laut Tabelle rechts sechs Minuten. Da München östlich vom 10°-Meridian liegt, sind diese sechs Minuten zu addieren, und man erhält 7^h58^m (Achtung: Das Vorzeichen in der Spalte Zeitkorrektur der rechten Tabelle gilt für die Korrektur der Kulminationszeiten! Für die Sternzeitberechnung kehren sich die Vorzeichen um!). Am 25. März ist es also um 20^h MEZ 7^h58^m Sternzeit. Für 23^h MEZ ist gemäß obiger Tabelle die Korrektur von 3^h00^m anzubringen; um 23^h MEZ ist es also am 25. März in München 10^h58^m Sternzeit.

Geografische Koordinaten größerer Städte mit Zeitkorrektur

Stadt	östl. Länge	nördl. Breite	Zeitkorrektur gegen 10° östl. Länge
Aachen	6°,1	50°,8	+16^m
Amsterdam	4,9	52,4	+20
Antwerpen	4,4	51,2	+22
Augsburg	10,9	48,4	− 4
Baden-Baden	8,2	48,8	+ 7
Basel	7,6	47,6	+ 9
Berlin	13,4	52,5	−14
Bern	7,4	46,9	+10
Bielefeld	8,5	52,0	+ 6
Bochum	7,2	51,5	+11
Bonn	7,1	50,7	+12
Bozen	11,3	46,5	− 5
Braunschweig	10,5	52,3	− 2
Bregenz	9,8	47,5	+ 1
Bremen	8,8	53,1	+ 5
Brünn	16,6	49,2	−26
Brüssel	4,3	50,8	+23
Chemnitz	12,9	50,8	−12
Coburg	11,0	50,3	− 4
Darmstadt	8,7	49,9	+ 5
Dortmund	7,5	51,5	+10
Dresden	13,7	51,1	−15
Düsseldorf	6,8	51,2	+13
Duisburg	6,8	51,4	+13
Eisenach	10,3	51,0	− 1
Emden	7,2	53,4	+11
Erfurt	11,0	51,0	− 4
Essen	7,0	51,5	+12
Frankfurt (Main)	8,7	50,1	+ 5
Frankfurt (Oder)	14,6	52,3	−18
Freiburg (Breisgau)	7,9	48,0	+ 9
Genf	6,2	46,2	+15
Görlitz	15,0	51,2	−20
Graz	15,5	47,1	−22
Halle	12,0	51,5	− 8
Hamburg	10,0	53,6	0
Hannover	9,7	52,4	+ 1
Heidelberg	8,7	49,4	+ 5
Heilbronn	9,2	49,1	+ 3
Innsbruck	11,4	47,3	− 6
Kaiserslautern	7,8	49,4	+ 9
Karlsruhe	8,4	49,0	+ 6
Kassel	9,5	51,3	+ 2

Stadt	östl. Länge	nördl. Breite	Zeitkorrektur gegen 10° östl. Länge
Kiel	10°,1	54°,3	− 1^m
Klagenfurt	14,3	46,6	−17
Koblenz	7,6	50,4	+10
Köln	7,0	50,9	+12
Konstanz	9,2	47,7	+ 3
Krefeld	6,6	51,3	+14
Leipzig	12,4	51,3	−10
Linz (Donau)	14,3	48,3	−17
Ludwigshafen (Rh.)	8,4	49,5	+ 6
Lübeck	10,7	53,9	− 3
Lüttich	5,5	50,6	+18
Luxemburg	6,1	49,6	+15
Magdeburg	11,6	52,1	− 7
Mailand	9,2	45,5	+ 3
Mainz	8,3	50,0	+ 7
Mannheim	8,5	49,5	+ 6
Mönchengladbach	6,4	51,2	+14
München	11,6	48,1	− 6
Münster	7,6	52,0	+10
Nürnberg	11,1	49,5	− 4
Osnabrück	8,0	52,3	+ 8
Potsdam	13,1	52,4	−12
Prag	14,4	50,1	−18
Regensburg	12,1	49,0	− 8
Reutlingen	9,2	48,5	+ 3
Rostock	12,1	54,1	− 8
Rotterdam	4,5	51,9	+22
Saarbrücken	7,0	49,2	+12
Salzburg	13,1	47,8	−12
Schwerin	11,4	53,6	− 6
Stralsund	13,1	54,3	−12
Straßburg	7,7	48,6	+ 9
Stuttgart	9,2	48,8	+ 3
Trier	6,6	49,8	+13
Tübingen	9,1	48,5	+ 4
Ulm	10,0	48,4	0
Wien	16,4	48,2	−25
Wiesbaden	8,2	50,1	+ 7
Wilhelmshaven	8,1	53,5	+ 8
Worms	8,4	49,6	+ 7
Würzburg	9,9	49,8	0
Wuppertal	7,1	51,3	+11
Zürich	8,6	47,4	+ 6

Erläuterungen siehe auch Seite 13/14 unter „Auf- und Untergangszeiten".
Die Tabelle enthält die geografischen Koordinaten einiger größerer Städte in Mitteleuropa. In der vierten Spalte ist der Zeitunterschied der Ortszeit zum Meridian 10° östlicher Länge in Minuten angegeben. Um diesen Betrag kulminieren die Gestirne in der jeweiligen Stadt früher (negativer Wert) oder später (positiver Wert). Beispiel: Für Stuttgart findet man +3^m, für München −6^m.
In Stuttgart gehen die Gestirne jeweils drei Minuten später durch den Meridian als im Himmelsjahr angegeben, in München dagegen um sechs Minuten früher.
Die Auf- und Untergangszeiten sind außer von der geografischen Länge auch noch von der geografischen Breite abhängig.
Um sie für einen bestimmten Ort zu korrigieren, benutze man das Nomogramm auf Seite 292.

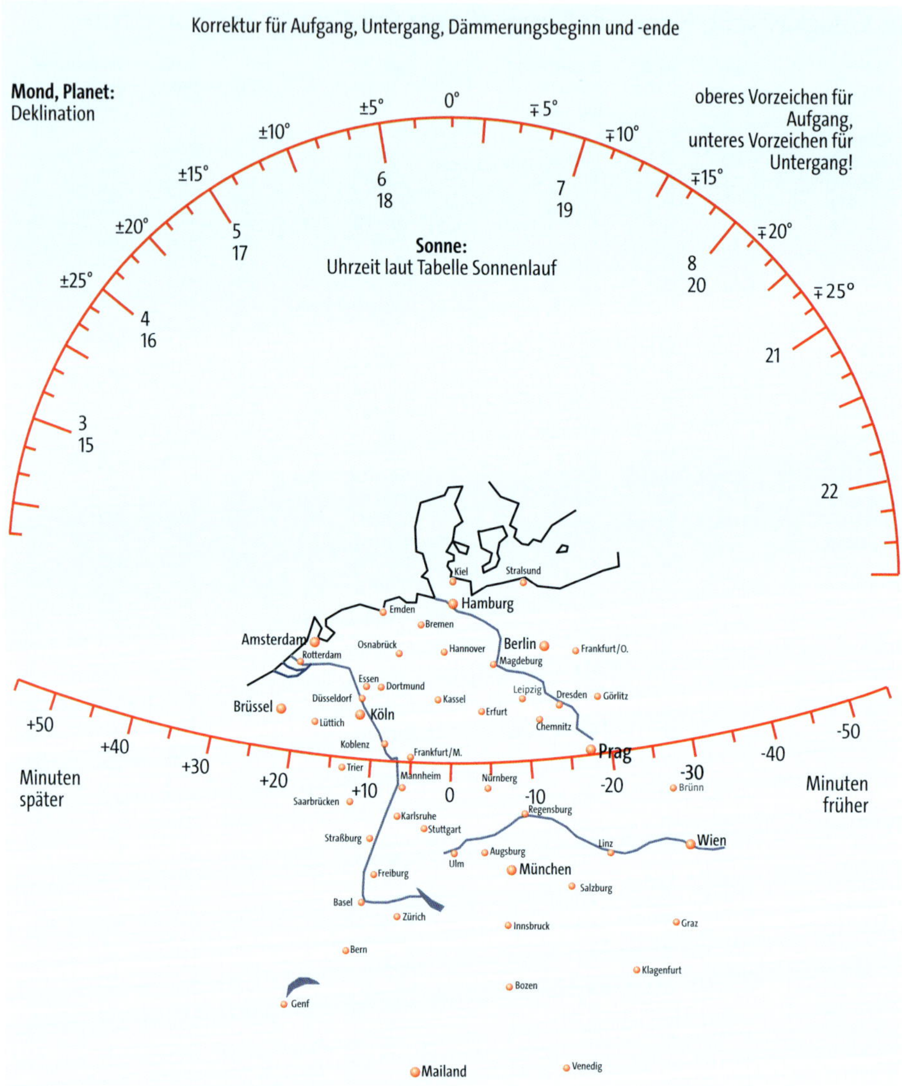

T.10 Nomogramm zur Bestimmung der Auf- und Untergangszeiten (Erläuterungen siehe Seite 13).

Korrektur für Auf- und Untergangszeiten

Sonne: Datum:			Jan. 21.	Febr. 8.	Febr. 23.	März 8.	März 20.	April 2.	April 16.	Mai 1.	Mai 20.	Juni 21.
		Dez. 22.	Nov. 22.	Nov. 3.	Okt. 19.	Okt. 6.	Sept. 23.	Sept. 10.	Aug. 27.	Aug. 12.	Juli 24.	
Mond, Planet:												
Deklination		−25°	−20°	−15°	−10°	− 5°	0°	+ 5°	+10°	+15°	+20°	+25°
Hamburg	Aufgang	+21^{m}	+15^{m}	+10^{m}	+ 6^{m}	+ 3^{m}	+ 1^{m}	− 4^{m}	− 7^{m}	−11^{m}	−16^{m}	−22^{m}
	Unterg.	−21	−15	−10	− 6	− 3	+ 1	+ 4	+ 7	+11	+16	+22
Hannover	Aufgang	+14	+11	+ 8	+ 5	+ 3	+ 1	− 1	− 4	− 6	− 9	−13
	Unterg.	−12	− 9	− 6	− 3	− 1	+ 1	+ 3	+ 6	+ 8	+11	+15
Berlin	Aufgang	+ 1	− 3	− 6	− 9	−12	−14	−16	−19	−21	−25	−29
	Unterg.	−28	−24	−21	−18	−16	−14	−11	− 9	− 6	− 3	+ 1
Dresden	Aufgang	− 9	−11	−12	−13	−14	−15	−16	−17	−18	−19	−21
	Unterg.	−20	−19	−18	−17	−16	−15	−14	−13	−12	−11	− 9
Leipzig	Aufgang	− 2	− 4	− 6	− 7	− 8	−10	−11	−12	−13	−15	−17
	Unterg.	−17	−15	−13	−12	−11	−10	− 8	− 7	− 6	− 4	− 2
Düsseldorf	Aufgang	+19	+18	+16	+15	+14	+13	+12	+11	+10	+ 8	+ 6
	Unterg.	+ 7	+ 8	+10	+11	+12	+13	+14	+15	+16	+18	+20
Frankfurt	Aufgang	+ 6	+ 6	+ 6	+ 5	+ 5	+ 5	+ 5	+ 5	+ 5	+ 5	+ 4
	Unterg.	+ 4	+ 5	+ 5	+ 5	+ 5	+ 5	+ 5	+ 5	+ 6	+ 6	+ 6
Nürnberg	Aufgang	− 6	− 6	− 5	− 5	− 4	− 4	− 3	− 3	− 2	− 2	− 1
	Unterg.	− 1	− 2	− 2	− 3	− 3	− 4	− 4	− 5	− 5	− 6	− 6
Stuttgart	Aufgang	− 3	− 1	0	+ 1	+ 2	+ 3	+ 4	+ 5	+ 6	+ 7	+ 9
	Unterg.	+ 9	+ 7	+ 6	+ 5	+ 4	+ 3	+ 2	+ 1	0	− 1	− 3
München	Aufgang	−15	−13	−11	− 9	− 8	− 6	− 5	− 3	− 1	+ 1	+ 3
	Unterg.	+ 3	0	− 2	− 3	− 5	− 6	− 8	− 9	−11	−13	16
Zürich	Aufgang	− 7	− 3	0	+ 2	+ 4	+ 6	+ 8	+11	+13	+16	+20
	Unterg.	+19	+15	+12	+10	+ 8	+ 6	+ 4	+ 1	− 1	−4	− 8
Wien	Aufgang	−34	−32	−30	−28	−27	−25	−24	−22	−21	−19	−16
	Unterg.	−17	−19	−21	−22	−24	−25	−27	−28	−30	−32	−35
Halber Tagbogen												
53° nördl. Breite		3^{h}32^{m}	4^{h}09^{m}	4^{h}41^{m}	5^{h}10^{m}	5^{h}37^{m}	6^{h}04^{m}	6^{h}31^{m}	6^{h}58^{m}	7^{h}28^{m}	8^{h}00^{m}	8^{h}38^{m}
50° nördl. Breite		3 50	4 21	4 50	5 15	5 40	6 04	6 28	6 52	7 19	7 47	8 20
47° nördl. Breite		4 04	4 32	4 57	5 20	5 42	6 03	6 25	6 47	7 11	7 36	8 04

+ positiv: Korrektur addieren, Auf- oder Untergang findet später statt
– negativ: Korrektur subtrahieren, Auf- oder Untergang findet früher statt

Beispiel: Auf- und Untergang der Sonne am 20. März in Stuttgart.
Laut Tabelle „Sonnenlauf“ auf Seite 76 lauten die Werte 6^{h}24^{m} und 18^{h}32^{m} für 50° Nord und 10° Ost.
Korrektur +3 und +3. Also geht die Sonne in Stuttgart um 6^{h}27^{m} auf und um 18^{h}35^{m} unter.
Für Daten und Deklinationen, die nicht in obiger Tabelle aufgeführt sind, nimmt man den nächstliegenden Wert, ohne einen großen Fehler zu begehen.

2016

Januar

Mo		4	11	18	25
Di		5	12	19	26
Mi		6	13	20	27
Do		7	14	21	28
Fr	1	8	15	22	29
Sa	2☾	9	16	23	30
So	3	10●	17☽	24○	31

Februar

Mo	1☾	8●	15☽	22○	29
Di	2	9	16	23	
Mi	3	10	17	24	
Do	4	11	18	25	
Fr	5	12	19	26	
Sa	6	13	20	27	
So	7	14	21	28	

März

Mo		7	14	21	28
Di	1	8	15☽	22	29
Mi	2☾	9●	16	23○	30
Do	3	10	17	24	31☾
Fr	4	11	18	25	
Sa	5	12	19	26	
So	6	13	20	27	

April

Mo		4	11	18	25
Di		5	12	19	26
Mi		6	13	20	27
Do		7●	14☽	21	28
Fr	1	8	15	22○	29
Sa	2	9	16	23	30☾
So	3	10	17	24	

Mai

Mo		2	9	16	23	30
Di		3	10	17	24	31
Mi		4	11	18	25	
Do		5	12	19	26	
Fr		6●	13☽	20	27	
Sa		7	14	21○	28	
So	1	8	15	22	29☾	

Juni

Mo		6	13	20○	27☾
Di		7	14	21	28
Mi	1	8	15	22	29
Do	2	9	16	23	30
Fr	3	10	17	24	
Sa	4	11	18	25	
So	5●	12☽	19	26	

Juli

Mo		4●	11	18	25
Di		5	12☽	19○	26
Mi		6	13	20	27☾
Do		7	14	21	28
Fr	1	8	15	22	29
Sa	2	9	16	23	30
So	3	10	17	24	31

August

Mo	1	8	15	22	29
Di	2●	9	16	23	30
Mi	3	10☽	17	24	31
Do	4	11	18○	25☾	
Fr	5	12	19	26	
Sa	6	13	20	27	
So	7	14	21	28	

September

Mo		5	12	19	26
Di		6	13	20	27
Mi		7	14	21	28
Do	1●	8	15	22	29
Fr	2	9☽	16○	23☾	30
Sa	3	10	17	24	
So	4	11	18	25	

Oktober

Mo		3	10	17	24	31
Di		4	11	18	25	
Mi		5	12	19	26	
Do		6	13	20	27	
Fr		7	14	21	28	
Sa	1●	8	15	22☾	29	
So	2	9☽	16○	23	30●	

November

Mo		7☽	14○	21☾	28
Di	1	8	15	22	29●
Mi	2	9	16	23	30
Do	3	10	17	24	
Fr	4	11	18	25	
Sa	5	12	19	26	
So	6	13	20	27	

Dezember

Mo		5	12	19	26
Di		6	13	20	27
Mi		7☽	14○	21☾	28
Do	1	8	15	22	29●
Fr	2	9	16	23	30
Sa	3	10	17	24	31
So	4	11	18	25	

Feiertage:

Aschermittwoch:	10. Februar	Pfingstsonntag:	15. Mai	Totensonntag:	20. November
Ostersonntag:	27. März	Fronleichnam:	26. Mai	1. Advent:	27. November
Chr. Himmelfahrt:	5. Mai	Buß- und Bettag:	16. November		

Das Jahr 2016 ist ein **Schaltjahr** zu 366 Tagen.

Beginn der Jahreszeiten:

Frühling: 20. März 5^h30^m
Sommer: 20. Juni 23^h34^m
Herbst: 22. September 15^h21^m
Winter: 21. Dezember 11^h44^m
Erde in Sonnennähe: 3. Januar 0^h
Erde in Sonnenferne: 4. Juli 17^h

Finsternisse:

9. März: Totale Sonnenfinsternis
23. März: Halbschattenfinsternis des Mondes
18. August: Halbschattenfinsternis des Mondes
1. September: Ringförmige Sonnenfinsternis
16. September: *Halbschattenfinsternis des Mondes*

Planeten:

Innere Planeten

Merkur:	Größte östliche Elongation:	**18. Apr.** (20°)		16. Aug.	(27°)	11. Dez.	(21°)
	Größte westliche Elongation:	*7. Feb.* (26°)		5. Juni	(24°)	**28. Sep.**	(18°)
Venus:	Obere Konjunktion:	6. Juni					
	Größte östliche Elongation:	12. Januar 20**17**	(47°)				

Äußere Planeten	Opposition	(Mio. km)	im Sternbild	Konjunktion
Mars:	22. Mai	76,2	Skorpion	–
Jupiter:	8. März	664	Löwe	26. September
Saturn:	3. Juni	1349	Schlangenträger	10. Dezember
Uranus:	15. Oktober	2835	Fische	9. April
Neptun:	2. September	4330	Wassermann	28. Februar
Pluto:	7. Juli	4804	Schütze	6. Januar

2017

	Januar	Februar	März	April
Mo	2 9 16 23 30	6 13 20 27	6 13 20☾ 27	3☽ 10 17 24
Di	3 10 17 24 31	7 14 21 28	7 14 21 28●	4 11○ 18 25
Mi	4 11 18 25	1 8 15 22 29	1 8 15 22 29	5 12 19☾ 26●
Do	5☽ 12○ 19☾ 26	2 9 16 23	2 9 16 23 30	6 13 20 27
Fr	6 13 20 27	3 10 17 24	3 10 17 24 31	7 14 21 28
Sa	7 14 21 28●	4☽ 11○ 18☾ 25	4 11 18 25	1 8 15 22 29
So	1 8 15 22 29	5 12 19 26●	5☽ 12○ 19 26	2 9 16 23 30

	Mai	Juni	Juli	August
Mo	1 8 15 22 29	5 12 19 26	3 10 17 24 31	7○ 14 21● 28
Di	2 9 16 23 30	6 13 20 27	4 11 18 25	1 8 15☾ 22 29☽
Mi	3☽ 10○ 17 24 31	7 14 21 28	5 12 19 26	2 9 16 23 30
Do	4 11 18 25●	1☽ 8 15 22 29	6 13 20 27	3 10 17 24 31
Fr	5 12 19☾ 26	2 9○ 16 23● 30	7 14 21 28	4 11 18 25
Sa	6 13 20 27	3 10 17☾ 24	1☽ 8 15 22 29	5 12 19 26
So	7 14 21 28	4 11 18 25	2 9○ 16☾ 23● 30☽	6 13 20 27

	September	Oktober	November	Dezember
Mo	4 11 18 25	2 9 16 23 30	6 13 20 27	3○ 10☾ 17 24 31
Di	5 12 19 26	3 10 17 24 31	7 14 21 28	4 11 18● 25
Mi	6○ 13☾ 20● 27	4 11 18 25	1 8 15 22 29	5 12 19 26☽
Do	7 14 21 28☽	5○ 12☾ 19● 26	2 9 16 23 30	6 13 20 27
Fr	1 8 15 22 29	6 13 20 27	3 10☾ 17 24	7 14 21 28
Sa	2 9 16 23 30	7 14 21 28☽	4○ 11 18● 25	1 8 15 22 29
So	3 10 17 24	1 8 15 22 29	5 12 19 26☽	2 9 16 23 30

Feiertage:

Aschermittwoch:	1. März	Pfingstsonntag:	4. Juni	Totensonntag:	26. November
Ostersonntag:	16. April	Fronleichnam:	15. Juni	1. Advent:	3. Dezember
Chr. Himmelfahrt:	25. Mai	Buß- und Bettag:	22. November		

Das Jahr 2017 ist ein **Gemeinjahr** zu 365 Tagen.

Beginn der Jahreszeiten:

Frühling: 20. März 11^h30^m
Sommer: 21. Juni 5^h25^m
Herbst: 22. September 21^h03^m
Winter: 21. Dezember 17^h29^m
Erde in Sonnennähe: 4. Januar 15^h
Erde in Sonnenferne: 3. Juli 21^h

Finsternisse:

11. Februar: *Halbschattenfinsternis des Mondes*
26. Februar: Ringförmige Sonnenfinsternis
7. August: *Partielle Mondfinsternis*
21. August: Totale Sonnenfinsternis

Planeten:

Innere Planeten

Merkur:	Größte östliche Elongation:	**1. Apr.**	(19°)	30. Juli	(27°)	24. Nov.	(22°)
	Größte westliche Elongation:	*19. Jan.*	(14°)	17. Mai	(26°)	**12. Sep.**	(18°)

Venus:	Größte östliche Elongation:	12. Januar	(47°)	Größte westliche Elongation:	3. Juni	(46°)
	Untere Konjunktion:	25. März				

Äußere Planeten	Opposition	(Mio. km)	im Sternbild	Konjunktion
Mars:	–	–	–	27. Juli
Jupiter:	7. April	666	Jungfrau	26. Oktober
Saturn:	15. Juni	1353	Schlangenträger	21. Dezember
Uranus:	19. Oktober	2830	Fische	14. April
Neptun:	5. September	4329	Wassermann	2. März
Pluto:	10. Juli	4839	Schütze	7. Januar

Astronomische Institute, Planetarien und Sternwarten

Aschersleben
Planetarium Aschersleben
Im Tierpark
Auf der Alten Burg 40
06449 Aschersleben
Tel.: (0 34 73) 25 92
www.sternfreunde-aschersleben.de

Augsburg
s-Planetarium
Im Thäle 3
86152 Augsburg
Tel.: (08 21) 3 24 67 62

Bamberg
Dr.-Remeis-Sternwarte Bamberg
Astronomisches Institut der Universität Erlangen-Nürnberg
Sternwartstraße 7
96049 Bamberg
Tel.: (09 51) 9 52 22 0
www.sternwarte.uni-erlangen.de

Basel
Astronomisches Institut der Univ. Basel
Venusstraße 7
CH-4102 Binningen
Tel.: ++41 (0 61) 20 55 4 54
www.astro.unibas.ch

Berlin
Zentrum für Astron. und Astrophysik
Technische Universität Berlin
Hardenbergstraße 36
10623 Berlin
Tel.: (0 30) 31 42 37 34
www-astro.physik.TU-Berlin.de

Archenhold-Sternwarte
Alt-Treptow 1
12435 Berlin-Treptow
Tel.: (0 30) 5 34 80 80
www.astw.de

Wilhelm-Foerster-Sternwarte und Planetarium
Munsterdamm 90
12169 Berlin
Tel.: (0 30) 7 90 09 30
www.planetarium-berlin.de

Zeiss-Großplanetarium Berlin
Prenzlauer Allee 80
10405 Berlin
Tel.: (0 30) 4 21 84 50
www.astw.de

Bern
Astrodrom
Universität Bern
Muesmattstr. 29
CH-3012 Bern
Tel.: ++41 (3) 16 31 86 52
E-Mail: schweng@sis.unibe.ch

Bochum
Astronomisches Institut der Ruhr-Universität
Universitätsstr. 150/NA7
44780 Bochum
Tel.: (02 34) 32 2 34 54
www.astro.ruhr-uni-bochum.de

Planetarium und Sternwarte
Castroper Straße 67
44777 Bochum
Tel.: (02 34) 32 2 34 54
www.planetarium-bochum.de

Bonn
Argelander Institut
Auf dem Hügel 71
53121 Bonn
Tel. Sternwarte: (02 28) 73 36 55, 56
Tel. Radioastronomie: (02 28) 73 36 57, 58
Tel. Astrophysik: (02 28) 73 36 71, 76
www.astro.uni-bonn.de

Radioobservatorium Effelsberg
53902 Bad Münstereifel
Tel.: (0 22 57) 30 11 01

Observatorium Hoher List
54550 Daun/Eifel
Tel.: (0 65 92) 21 50

Max-Planck-Institut für Radioastronomie
Auf dem Hügel 69
53121 Bonn
Tel.: (02 28) 52 50
www.mpifr-bonn.mpg.de

Bremen
Sternwarte der Olbers-Gesellschaft
Olbers-Planetarium der Hochschule
Werderstr. 73
28199 Bremen
Tel.: (04 21) 70 68 82
http://olbers.hs-bremerhaven.de/

Bremerhaven
Planetarium Bremerhaven
Bussestr. 24
27570 Bremerhaven
Tel. (0471) 77755

Cottbus
Raumflugplanetarium Juri Gagarin
Lindenplatz 21
03044 Cottbus
Tel.: (03 55) 71 31 09
www.planetarium-cottbus.de

Freiburg im Breisgau
Kiepenheuer-Institut für Sonnenphysik
Schöneckstraße 6
79104 Freiburg
Tel.: (07 61) 31 98 0
www.kis.uni-freiburg.de

Planetarium Freiburg
Bismarckallee 7 g
79098 Freiburg
Tel.: (07 61) 3 89 06 30
www.planetarium-freiburg.de

Garching siehe **München**

Göttingen
Institut für Astrophysik; Georg-August-Universität Göttingen
Friedrich-Hund-Platz 1
37077 Göttingen
Tel.: (05 51) 39 50 42/39 50 53
www.astro.physik.uni-goettingen.de

Graz
Sektion Astrophysik des Instituts für Geophysik, Astrophysik und Meteorologie der Universität Graz
Universitätsplatz 5
A-8010 Graz
Tel.: ++43 (0) 316 380 52 70
www.kfunigraz.ac.at/igam

Halle
Raumflugplanetarium
Peißnitzinsel 4 a
06108 Halle
Tel.: (03 45) 8 06 03 17
www.planetarium-halle.de

Hamburg
Hamburger Sternwarte
Gojenbergsweg 112
21029 Hamburg
Tel.: (0 40) 4 28 91-41 42
www.hs.uni-hamburg.de

Planetarium
Hindenburgstraße 1 b
22303 Hamburg
Tel.: (0 40) 4 28 86 52 52
www.planetarium-hamburg.de

Hannover
Astronomische Station am Institut für Erdmessung der Universität
Schneiderberg 50
30167 Hannover
Tel.: (05 11) 7 62 24 75

Heidelberg
Astronomisches Rechen-Institut
Mönchhofstraße 12–14
69120 Heidelberg
Tel.: (0 62 21) 40 50
www.ari.uni-heidelberg.de

Institut für Theoretische Astrophysik
Albert-Überle-Str. 2
69120 Heidelberg
Tel.: (0 62 21) 54 48 37
www.ita.uni-heidelberg.de

Max-Planck-Institut für Astronomie
Königstuhl 17
69117 Heidelberg
Tel.: (0 62 21) 52 80
www.mpia.de

Landessternwarte Königstuhl 12
69117 Heidelberg
Tel.: (0 62 21) 50 90
www.lsw.uni-heidelberg.de

Innsbruck
Institut fur Astro- und Teilchenphysik
Technikerstraße 25
A-6020 Innsbruck
Tel.: ++43 (0) 512 5 07 60 31
http://astro.uibk.ac.at/

Jena
Universitäts-Sternwarte
Schillergäßchen 2
07745 Jena
Tel.: (0 36 41) 94 75 01
www.astro.uni-jena.de

Planetarium
Am Planetarium 5
07743 Jena
Tel: (036 41) 94 75 01
www.planetarium-jena.de

Kassel
Planetarium im Museum für Astronomie und Technikgeschichte
Orangerie
An der Karlsaue 20 c
34121 Kassel
www.astronomie-kassel.de

Kiel
Institut für Theoretische Physik und Astrophysik
Leibnizstr. 15
24118 Kiel
www.astrophysik.uni-kiel.de

Kieler Planetarium e. V.
Fachhochschule Kiel
Sokratesplatz 6
24149 Kiel
Tel: (04 31) 2 10 17 41
www.Kieler-planetarium.de

Klagenfurt
Raumflugplanetarium
Villacher Straße 239
A-9020 Klagenfurt
Sternwarte Kreuzbergl
Tel.: ++43 (04 63) 2 17 00
www.planetarium-klagenfurt.at

Laupheim
Volkssternwarte und Planetarium
Milchstraße 1
88471 Laupheim
Tel.: (0 73 92) 9 10 59
www.planetarium-laupheim.de

Locarno
Istituto Ricerche Solari Locarno (IRSOL)
via Patocchi
CH-6605 Locarno-Monti
Tel.: ++41 9 17 43 42 26
www.irsol.ch

Luzern
Planetarium im Verkehrshaus der Schweiz
Lidostraße 5
CH-6006 Luzern
Tel.: ++41 (0 41) 3 70 44 44
www.verkehrshaus.ch

Mannheim
Planetarium
Wilhelm-Varnholt-Allee 1
68165 Mannheim
Tel.: (06 21) 41 56 92
www.planetarium-mannheim.de

München
Europäische Südsternwarte (ESO)
Karl-Schwarzschild-Straße 2
85748 Garching
Tel.: (0 89) 32 00 62 76
www.eso.org

München (Forts.)
Institut für Astronomie und Astrophysik der Universität München
Scheinerstraße 1
81679 München
Tel.: (0 89) 21 80 60 01
www.usm.uni-muenchen.de

Max-Planck-Institut für Astrophysik
Karl-Schwarzschild-Str. 1
85741 Garching
Tel.: (0 89) 3 00 00 0
www.mpa-garching.mpg.de

Max-Planck-Institut für extraterrestrische Physik
Giessenbachstraße 1
85748 Garching
Tel.: (0 89) 3 00 00 0
www.mpe.mpg.de

Planetarium und Bayerische Volkssternwarte
Rosenheimer Str. 145 h
81671 München
Tel.: (0 89) 40 62 39
www.sternwarte-muenchen.de

Planetarium Deutsches Museum
Museumsinsel 1
80538 München
www.deutsches-museum.de

Münster
Planetarium im Westfälischen Landesmuseum für Naturkunde
Sentruper Straße 285
48161 Münster
Tel.: (02 51) 5 91 05
www.lwl-planetarium-muenster.de

Nürnberg
Nicolaus-Copernicus-Planetarium
Am Plärrer 41
90429 Nürnberg
Tel.: (09 11) 9 29 65 53
www.planetarium-nuernberg.de

Osnabrück
Museum am Schölerberg/Planetarium
Klaus-Strick-Weg 10
49082 Osnabrück
Tel.: (05 41) 5 60 03 26
www.planetarium-osnabrueck.de

Astronomische Institute, Planetarien und Sternwarten

Potsdam
Leibniz-Institut für Astrophysik
Sternwarte Babelsberg
An der Sternwarte 16
14482 Potsdam
Tel.: (03 31) 7 49 90
www.aip.de

Leibniz-Institut für Astrophysik
Sonnenobservatorium Einsteinturm
Telegrafenberg A22
14473 Potsdam
Tel.: (03 31) 2 88 23 04/23 03

Observatorium für Solare Radio-astronomie Tremsdorf
14552 Tremsdorf
Tel.: (03 31) 7 49 92 92

URANIA-Planetarium
und „Bruno H. Bürgel-Gedenkstätte"
Gutenbergstr. 71/72
14467 Potsdam
Tel.: (03 31) 7 49 90
www.urania-potsdam.de

Recklinghausen
Westf. Volkssternwarte/Planetarium
Stadtgarten 6
45657 Recklinghausen
Tel: (023 61) 2 31 34
www.sternwarte-recklinghausen.de

Schneeberg
Sternwarte und Planetarium
Heinrich-Heine-Straße
08289 Schneeberg
Tel.: (0 37 72) 2 24 39
www.planetarium-schneeberg.de

Schwaz
Zeiss-Planetarium Schwaz
Alte Landstr. 15
A-6130 Schwaz/Tirol
Tel.: ++43 (0 52 42) 7 21 29
www.planetarium-schwaz.at

Siegen
Sternwarte der Universität
Adolf-Reichwein-Straße
57068 Siegen
Tel.: (02 71) 7 40 46 13
www.uni-siegen.de/fb7/didaktik/sternwarte

Sonneberg
Sternwarte Sonneberg
Sternwartestraße 32
96515 Sonneberg
Tel.: (0 36 75) 8 12 10
www.stw.tu-ilmenau.de

Stuttgart
Carl-Zeiss-Planetarium mit
Sternwarte Welzheim
Mittlerer Schlossgarten
70173 Stuttgart
Tel.: (07 11) 1 62 92 15
www.planetarium-stuttgart.de

Sternwarte Welzheim
www.sternwarte-welzheim.de

Tautenburg
Thüringer Landessternwarte Tautenburg
Karl-Schwarzschild-Observatorium
Sternwarte 5
07778 Tautenburg
Tel.: (03 64 27) 86 30
www.tls-tautenburg.de

Tübingen
Institut für Astronomie und Astrophysik
Abteilung Astronomie
Sand 1
72076 Tübingen
Tel.: (0 70 71) 29 7 24 86
www.astro.uni-tuebingen.de

Abt. Theoretische Astrophysik
Auf der Morgenstelle 10
72076 Tübingen
Tel.: (0 70 71) 29 7 40 07
www.tat.physik.uni-tuebingen.de

Welzheim
Tel: (0 71 82) 42 84
www.sternwarte-welzheim.de

Wernigerode
Harzplanetarium
Sekundarschule „Maxim Gorki"
Walther-Rathenau-Straße 11
38855 Wernigerode
Tel.: (0 39 43) 3 22 77
www.harzplanetarium.bildung-lsa.de

Wien
Astronomisches Büro und Freiluft-planetarium Sterngarten Georgenberg
Hasenwartgasse 32
A-1230 Wien
www.astronomisches-buero-wien.or.at

Wien (Forts.)
Institut für Astronomie der Universität
Wien, Universitäts-Sternwarte
Türkenschanzstraße 17
A-1180 Wien
Tel.: ++43 (0) 14 27 75 18 01
www.astro.univie.ac.at

Kuffner-Sternwarte
Johann Staud-Straße 10
A-1160 Wien
Tel.: ++43 (0) 19 14 81 30
www.kuffner.ac.at

URANIA-Sternwarte
Uraniastraße 1
A-1010 Wien
Tel.: ++43 (0) 17 12 61 91
www.urania-sternwarte.at

Planetarium
Oswald Thomas-Platz 1
A-1020 Wien
Tel.: ++43 (0) 1 7 29 54 94
www.planetarium-wien.at

Wolfsburg
Planetarium
Uhlandweg 2
38440 Wolfsburg
Tel.: (0 53 61) 89 02 55 10
www.planetarium-wolfsburg.de

Würzburg
Institut für Theoretische
Physik und Astrophysik
Am Hubland
97074 Würzburg
Tel: (09 31) 8 88 50 31
www.astro.uni-wuerzburg.de

Zürich
Institut für Astronomie
ETH-Zentrum
CH-8092 Zürich
Tel.: ++41 (0) 44 6 33 76 08
www.astro.phys.ethz.ch

URANIA-Sternwarte Zürich AG
Uraniastraße 9
CH-8001 Zürich
Tel.: ++41 (0) 44 2 11 65 23
www.urania-sternwarte.ch

Amateurastronomische Vereinigungen und Privatsternwarten

Aalen
Astronomische AG Aalen e. V.
Sonnenbergstr. 23
73447 Oberkochen
www.sternwarte-aalen.de

Aichwald
Schurwaldsternwarte e. V.
Im Lutzen 21
73773 Aichwald
www.schurwaldsternwarte.de

Albstadt
Sternwarte und Planetarium
Hartmannstraße 140
72458 Albstadt-Ebingen
www.sternwarte-zollern-alb.de

Alzey
Interessengemeinschaft der Hobby-astronomen Alzey u. Umland e. V.
Theodor-Heuss-Ring 34
55232 Alzey

Arnstadt-Espenfeld
Privatsternwarte Arnstadt-Espenfeld
Espenfeld Nr. 39 a
99338 Arnstadt-Espenfeld

Bad Driburg
Sternwarte der F.-W.-Weber-Realschule
Elsterweg 13
33014 Bad Driburg

Bad Dürkheim
Astronomischer Arbeitskreis
Pfalzmuseum für Naturkunde
Hermann-Schäfer-Str. 17
67098 Bad Dürkheim

Bad Zwesten
Sternwarte der Hardtwaldklinik I
Hardtstr. 31
34596 Bad Zwesten

Baindt s. **Waldburg-Weingarten**

Basel
Astronomischer Verein
Venusstraße 7
CH-4102 Binningen

Bautzen
Sternwarte Bautzen
Schulsternwarte und Planetarium
Czornebohstraße 82 (Naturpark)
02625 Bautzen

Beelitz
Sternfreunde Beelitz e. V.
Jahnstr. 9
14547 Beelitz
www.sternwarte-beelitz.de

Bentheim
Astronomischer Verein der Grafschaft Bentheim e. V.
Jahnstr. 3,
49828 Neuenhaus

Berg
Christian-Jutz-Volkssternwarte Berg e. V.
Lindenallee
82335 Berg-Aufkirchen
www.sternwarte-berg.de

Bittenfeld
Privatsternwarte Bittenfeld
Ofengasse 8
71336 Waiblingen
www.allbert.de

Bochum
Institut für Umwelt- und Zukunftsforschung e. V.
Blankensteiner Str. 200 a
44797 Bochum
www.sternwarte-bochum.de

Bonn
Volkssternwarte Bonn e. V.
Poppelsdorfer Allee 47
53115 Bonn

Bozen
Amateurastronomen „Max Valier"
Neustifterweg 5
I-39100 Bozen
www.maxvalier.org

Braunschweig
Sternfreunde Braunschw.-Hondelage e. V.
Ackerweg 1 B
38108 Braunschweig
www.sternwarte-braunschweig.de

Bremerhaven
Bremerhavener Sternfreunde e. V.
Buschkämpen 29
27576 Bremerhaven
www.bremerhavener-sternfreunde.de

Brittheim
Sternwarte Zollern-Alb
Am Wasserturm 4
72348 Rosenfeld
www.sternwarte-zollern-alb.de

Buchloe
Astronomische Gesellschaft Buchloe e. V.
Alois-Reiner-Str. 15 b
86807 Buchloe
www.astronomie-buchloe.de

Bülach
Schul- und Volkssternwarte Bülach
Rotzibüch bei Eschenmosen
CH-8180 Bülach

Casablanca
Sahara Sky
Dunes de Tinfou
45900 Zagora Marokko
www. saharasky.com

Darmstadt
Volkssternwarte Darmstadt e. V.
Karlstr. 41
64347 Griesheim
www.vsda.de

Donzdorf
Sternfreunde Donzdorf
Messelberg-Sternwarte
73072 Donzdorf
www.sternwarte-donzdorf.de

Dortmund
Sternwarte im Westfalenpark
Astronomischer Verein Dortmund e. V.
Hainallee 4
44139 Dortmund
www.volkssternwarte-dortmund.de

Drebach
Volkssternwarte und Zeiss-Planetarium
Straße der Jugend 14
09430 Drebach
www.sternwarte-drebach.de
www.planetarium-drebach.de

Duisburg
Rudolf-Römer-Sternwarte
Rheinhausen e. V.
Schwarzenberger Str. 147 (im KFR)
47226 Duisburg

Durmersheim
Sternfreunde Durmersheim e. V.
Im Eck 1/19
76448 Durmersheim

Ennepetal
Volkssternwarte Ennepetal e. V.
Hinnenberg 80
58256 Ennepetal
www.volkssternwarte-ennepetal.de

Amateurastronomische Vereinigungen und Privatsternwarten

Erkrath
Sternwarte Neanderhöhe Hochdahl
und Planetarium
Sedentaler Str. 105
40699 Erkrath

Essen
Walter-Hohmann-Sternwarte Essen e. V.
Wallneyer Str. 159
45133 Essen
www.sternwarte-essen.de

Frankfurt/Main
Volkssternwarte des Phys. Vereins
Robert-Mayer-Straße 2–4
60054 Frankfurt/Main
www.physikalischer-verein.de

Astro-AG der Liebigschule Frankfurt
a. M.
Kollwitzstr. 3
60488 Frankfurt/Main
www.astro.junetz.de

Freiburg
Sternfreunde Freiburg e. V.
Rosenstr. 1 a
79108 Freiburg
www.sternfreunde-breisgau.de

Fulda
Hans-Nüchter-Sternwarte
Freiherr-von-Stein-Schule
Domänenweg 2
36037 Fulda
www.hans-nuechter-sternwarte.de

Planetarium im Vonderau-Museum
Jesuitenplatz 2
36037 Fulda
www.museum-fulda.de

Fuldatal
Volkssternwarte Rothwesten
Brüder-Grimm-Str. 24
34233 Fuldatal

Germering
Sternwarte des
Max-Born-Gymnasiums
Johann-Sebastian-Bach-Str. 8
82110 Germering

Gilching
Volkssternwarte Gilching in der VHS
Landsberger Str. 17 a
82205 Gilching
www.astrogilde.de

Gmunden
Eisner-Sternwarte
Kalvarienberg
A-4810 Gmunden
www.eisner-sternwarte.at

Görlitz
Scultetus-Sternwarte und Planetarium
An der Sternwarte 1
02827 Görlitz
www.goerlitzer-sternfreunde.de

Gondelsheim
Kraichgau-Sternwarte Gondelsheim e. V.
Lilienstraße 25
76669 Bad Schönborn
www.mhm-ka.de

Göttingen
Amateurastronomische Vereinigung
Göttingen e. V.
Schlesierring 8
37085 Göttingen
www.avgoe.de

Förderkreis Planetarium
Göttingen e. V.
Nordhäuser Weg 18
37085 Göttingen
www.planetarium-goettingen.de

Hagen
Volkssternwarte
Eugen-Richter-Turm
58135 Hagen
www.sternwarte-hagen.de

Halle
Astronomische Station Kanena e. V.
Schkeuditzer Str. 4 B
06116 Halle-Kanena
www.sternwarte-halle.de

Gesellschaft für astron. Bildung e. V.
Peißnitzinsel 4 a
06108 Halle
www.astroverein-halle.de

Hamburg
Gesellschaft für volkstümliche
Astronomie e. V.
Eiffestraße 426
20537 Hamburg
www.gva-hamburg.de

Handeloh
Arbeitskreis Astronomie in Handeloh
und Umgebung e. V.
Häschenstieg 16
21256 Handeloh
www.astronomie-handeloh.de

Hechingen
Privatsternwarte in Hechingen
Friedrich-Wolf-Weg 23
72379 Hechingen
sternwarte_aurora@rdoelling.de

Heilbronn
Robert-Mayer-Volks- und Schulsternwarte
Bismarckstraße 10
74072 Heilbronn
www.sternwarte.org

Heringsdorf
Volkssternwarte „Manfred von Ardenne"
Strandpromenade
17424 Heringsdorf
www.sternwarte-usedom.de

Herzberg
Planetarium und Volkssternwarte
Lugstr. 3
04916 Herzberg
www.herzberger-sternfreunde-eV.de

Hofheim
Volkssternwarte im Volksbildungswerk
Hofheim-Marxheim
Ahornstr. 11
65719 Hofheim
www.sternwarte-hofheim.de

Ilsede
Privatsternwarte
Alter Weg 4 B
31241 Ilsede
http://Astro-Stammtisch.Korn-Deele.de

Ingolstadt
Sternwarte Ingolstadt AAI e. V.
Lilienthalstr. 137
85077 Manching
www.aai-Ingolstadt.de

Karlsruhe
Astronomische Vereinigung
Karlsruhe e. V.
Wilhelm-Leuschner-Str. 18
76189 Karlsruhe
www.avka.de

Kelheim
Sternfreunde Kelheim e. V.
Eschenstr. 5
93326 Abensberg
www.sternfreunde-kelheim.de

Kiel
GvA Gruppe Kiel
Hofbrook 64
24119 Kronshagen
www.gva-kiel.de

Volkssternwarte Kronshagen
Suchsdorfer Weg 33
24119 Kronshagen

Köln
Planetarium
Blücherstr. 15 17
50733 Köln
www.koelner-planetarium.de

Volkssternwarte Köln
Nikolausstr. 55
50937 Köln
www.volkssternwarte-koeln.de

Königsleiten
Sternwarte und Planetarium
Königsleiten 29
A-5742 Wald im Pinzgau
www.sternwarte-koenigsleiten.com

Krefeld
Vereinigung Krefelder Sternfreunde e. V.
Yorckstr. 42
47800 Krefeld
www.vks-krefeld.de

Kreuzlingen
Sternwarte Kreuzlingen
Breitenrainstraße 21
CH-8280 Kreuzlingen

Leonberg
Sternwarte Höfingen
Theodor-Heuss-Str. 6/1
71229 Leonberg
www.sternwarte-hoefingen.de

Lilienthal
Astronomische Vereinigung
Lilienthal e. V.
Ottersteiner Vorweide 10
28879 Grasberg
www.avl-lilienthal.de

Linz
Johannes Kepler
Sternwarte Linz
Sternwarteweg 5
A-4020 Linz

Lübeck
Sternwarte Lübeck
Am Ährenfeld 2
23564 Lübeck
www.sternwarte-luebeck.de

Luxembourg
Astronomes Amateurs du Luxembourg
16 B, Rue Emile Mayrisch
L 3522 Dudelange
www.aal.lu

Luzern
Astronomische Gesellschaft Luzern
6000 Luzern
luzern.astronomie.ch

Marburg
Volkssternwarte Marburg e. V.
Dresdener Str. 18 (Schulzentrum)
35274 Kirchhain
www.volkssternwarte-marburg.de

March
Sternwarte March
Volkshochschule March
Sportplatzstr. 9
79232 March
www.vhsmarch.de

Merseburg
Sternfreunde Planetarium Merseburg e. V.
Teichstr. 2
06217 Merseburg
www.planetarium-merseburg.de

Moers
Moerser Astronom. Organisation e. V.
Drinhausstr. 2
47447 Moers
www.sternwarte-moers.de

Monschau
Eifelastronomen e. V.
Görgesstr. 42
52156 Monschau
www.eifelastronomen.de

Münster
Sternfreunde Münster e. V.
Sentruper Straße 285
48161 Münster
www.sternfreunde-muenster.de

Neumarkt i. d. OPf.
Bayerische Volkssternwarte Neumarkt
Am Höhenberg 31
92318 Neumarkt i. d. OPf.
www.sternwarte-neumarkt.de

Neumünster
VHS-Sternwarte Neumünster
Hahnknüll 58
24537 Neumünster
www.sternwarte-nms.de

Neustadt/Weinstraße s. **Bad Dürkheim**

Nordenham
Planetarium
Bahnhofstraße 52
26954 Nordenham
www.sternfreunde.nordenham.de

Norderney
Astronomischer Arbeitskreis Norderney
„Wilhelm Dorenbusch Sternwarte"
Birkenweg 22
26548 Norderney
www.sternwarte-norderney.de

Norderstedt
Volkssternwarte Norderstedt e. V.
Am Wittmoor 52
24558 Henstedt-Ulzburg

Nürnberg
Regiomontanus-Sternwarte
Nürnberger Astronomische
Arbeitsgemeinschaft e. V.
Regiomontanusweg 1
90491 Nürnberg
www.naa.net

Nürtingen
Neckar-Alb-Sternwarte
Am Lerchenberg
Astronomische Vereinigung
Nürtingen e. V.
Birkenweg 7
72622 Nürtingen
www.sternwarte-nuertingen.de

Oberwallis
Astronomische Gesellschaft Oberwallis
Ebnetstr. 12
CH-3982 Bitsch

Oldenburg
Oldenburger Sternfreunde e. V.
Herbartstr. 15
26122 Oldenburg

Osnabrück
Astronomische Arbeitsgemeinschaft/
Naturwissenschaftlicher Verein
Museum am Schölerberg
Am Schölerberg 8

Amateurastronomische Vereinigungen und Privatsternwarten

Osnabrück (Forts.)
49082 Osnabrück
www.naturwissenschaftlicher-verein-os.de

Ottobeuren
Allgäuer Volkssternw. Ottobeuren e. V.
Bgm.-Hasel-Str. 17
87724 Ottobeuren
www.avso.de

Paderborn
Volkssternwarte Paderborn e. V.
Im Schlosspark 13
33104 Paderborn
www.vspb.de

Papenburg
Astronomischer Verein der Volkssternwarte Papenburg e. V.
Wilhelm-Leuschner-Str. 48
26871 Papenburg
www.astronomie-papenburg.de

Papenburger Sternwarte e. V.
Bethlehem rechts 51 b
26871 Papenburg
www.sternwarte-papenburg.de

Passau
Volkssternwarte
Veste Oberhaus 125
94034 Passau
www.Sternwarte-Passau.de

Pfarrkirchen
Sternfreunde Pfarrkirchen-Zeilarn
Johanniskirchen (Sternwarte)
Mahlgassinger Weg 52 c
84347 Pfarrkirchen
www.cosmopan.de

Prince Albert, South Africa
Starfriends of Prince Albert for Celestial Enjoyment
Astro Tours
Klipstr. 17
6930 Prince Albert
South Africa
www.astrotours.co.za

Radebeul
Sternwarte und Planetarium „Adolph Diesterweg“
Auf dem Ebenbergen 10 a
01445 Radebeul
www.sternwarte-radebeul.de

Regensburg
Verein der Freunde der Volkssternwarte Regensburg
Ägidienplatz 2
93047 Regensburg
www.sternwarte-regensburg.de

Remscheid
Astronomischer Verein Remscheid e. V.
Kreuzherrenweg 7
42399 Wuppertal
www.sternwarte-remscheid.de

Riesa
Sternwarte Riesa e. V.
Greizer Str. 2
01587 Riesa
SternwarteRiesa@web.de

Rodewisch
Schulsternwarte und Planetarium „Sigmund Jähn“
Rützengrüner Str. 41 a
08228 Rodewisch (Vogtland)
www.sternwarte-rodewisch.de

Rostock
Astronomische Station „Tycho Brahe“
Astronomischer Verein Rostock e. V.
Nelkenweg 6
18057 Rostock
www.sternwarte-rostock.de

Rümlang
Sternwarte Rotgrueb Rümlang
Obermattenstr. 9
CH-8153 Rümlang
http://ruemlang.astronomie.ch

Saar
Verein der Amateurastronomen des Saarlandes e. V. (VAS)
Sternwarte Peterberg
66625 Nohfelden-Eiweiler
www.sternwarte-peterberg.de

Saarlouis
Verein der Astronomiefreunde Cassiopeia Saarlouis e. V.
Großstr. 37
66740 Saarlouis
www.cassiopeia-saarlouis.de

Salzburg
Arbeitsgruppe für Astronomie am Museum Haus der Natur
Tischlerstr. 8
A-5101 Bergheim/Salzburg

Salzburger Volkssternwarte
Auer von Welsbach-Str. 22
84489 Burghausen
www.hausdernatur.at/astronomie

Schaffhausen
Sternwarte Schaffhausen
Weiherweg 1
CH-8200 Schaffhausen
www.sternwarte-sh.ch

Schkeuditz
Astronomisches Zentrum
An der Bergbreite
04435 Schkeuditz

Schwanden ob Sigriswil
Sternwarte Planetarium SIRIUS
CH-3657 Schwanden/Sigriswil
www.sternwarte-planetarium.ch

Seewalchen
Astronomischer Arbeitskreis Salzkammergut +
Sternwarte Gahberg
Sachsenstraße 2
A-4863 Seewalchen
www.astronomie.at

Senftenberg
Planetarium
An der Ingenieurschule
01968 Senftenberg
www.planetarium-senftenberg.de

Sohland
Volks- und Schulsternwarte „Bruno H. Bürgel“ Sohland e. V.
Zöllnerweg 12
02689 Sohland
www.sternwarte-sohland.de

Solingen
Walter-Horn-Ges. e. V. Sternwarte
Sternstraße 5
42719 Solingen
www.sternwarte-solingen.de

Steißlingen
Sternwarte Steißlingen
Im Städtle 19
78256 Steißlingen

Stuttgart
Schwäbische Sternwarte
Zur Uhlandshöhe 41
70188 Stuttgart
www.sternwarte.de

Suhl
Volks- und Schulsternwarte
Auf dem Hoheloh 1
98527 Suhl
www.suhler-sternfreunde.de

Tirschenreuth
Gerhard Franz Volkssternwarte
Marienstraße 49
95643 Tirschenreuth
www.sternwarte-tirschenreuth.de

Tornesch
Regionale Volks- und Schulsternwarte
Tornesch e. V.
Klaus Groth-Str. 11
25436 Tornesch
www.astronomie-tornesch.de

Trebur
Michael Adrian Observatorium
Fichtenstr. 7
65468 Trebur
www.tlt-trebur.de

Trier
Verein Sternwarte Trier e. V.
Bornewasserstr. 21
54294 Trier
www.sternwarte-trier.de

Tübingen
Astronom. Vereinigung Tübingen e. V.
Waldhäuser Straße 64
72076 Tübingen
www.sternwarte-tuebingen.de

Uitikon
Stiftung Sternwarte Uitikon
Zürcherstr. 59
CH-8142 Uitikon
inderbitzin.a@bluewin.ch

Villingen
Werner Antritter Sternwarte
Hoptbühl-Gymnasium
Stationenweg 2
78048 VS-Villingen

Waghäusel
Astronomiefreunde Waghäusel e. V.
Kettelerstr. 19
68753 Waghäusel
www.afw2000.de.vu

Waldburg
Astronom. AK Waldburg-Weingarten e. V.
Gartenstraße 31
88255 Baindt
www.sternwarte-waldburg.de

Weikersheim
Astronomische Vereinigung Weikersheim e. V.
Sternwarte Am Karlsberg
97990 Weikersheim
www.sternwarte-weikersheim.de

Weil der Stadt
Johannes-Kepler-Sternwarte
Max-Caspar-Str. 47
71263 Weil der Stadt
www.kepler-sternwarte.de

Wertheim
Johann-Kern-Sternwarte Wertheim e. V.
Am Galgengraben
97877 Wertheim-Reicholzheim

Wien
Astronomischer Jugendclub
Richard Wagner-Platz 2/8
A-1160 Wien

Wiesbaden
Astronomische Gesellschaft Urania e. V.
Volkssternwarte
Bierstadter Str. 47
65189 Wiesbaden

Winterthur
Sternwarte Eschenberg
der AG Winterthur
Breitenstraße 2
CH-8542 Wiesendangen

Winzer
Volkssternwarte Bayerischer Wald e. V.
Am Vogelsang 1
94577 Winzer

Wolfenbüttel
Astronomie-Verein „PEGASUS"
Wolfenbüttel e. V.
Nordring 56 c
38304 Wolfenbüttel
www.pegasus-wolfenbuettel.de

Zollern-Alb siehe **Brittheim**

Zweibrücken
Sternwarte des Naturwissensch. Vereins
FH Campus
Amerikastr. 1
66482 Zweibrücken
www.nawi-zw.de

Überregionale astronomische Amateur-Vereinigungen

Arbeitskreis Meteore e. V.
Mehlbeerenweg 5
14469 Potsdam

Bundesdeutsche Arbeitsgemeinschaft für Veränderliche Sterne e. V. (BAV)
Munsterdamm 90
12169 Berlin
www.bav-astro.de

Österreichischer Astronomischer Verein
Baumgartenstraße 23/4
A-1140 Wien

Schweizerische Astronomische Gesellschaft (SAG)
Mittlere Gstücktstrasse 14 d
CH-8180 Bülach
http://sas.astronomie.ch/

Vereinigung der Sternfreunde e. V. (VdS)
Geschäftsstelle
Lehrstr. 4
64646 Heppenheim
www.sternfreunde.de

Das Verzeichnis erhebt keinen Anspruch auf Vollständigkeit. Weitere Vereinigungen nimmt der Herausgeber gerne auf. Entsprechende Hinweise sende man bitte an:

PLANETARIUM STUTTGART
Mittlerer Schlossgarten
70173 Stuttgart